基因工程原理

文铁桥　主编

科　学　出　版　社

北　京

内 容 简 介

全书共8章，系统介绍了基因工程基本原理与操作技术，主要包括科学巨匠的贡献、常规分子技术、工具酶、表达系统、基因克隆、基因功能研究策略、动植物基因工程、基因信息分析技术等。注重基础知识与发展前沿的结合，紧扣基因工程发展脉络，体现了该领域的新技术、新成就与新动态。本书引用大量科学研究案例，简明扼要，深入浅出，注重科学性、先进性、实用性和启发性。

本书适用于高等院校生命科学领域本科生、研究生的教材，也可作为医学、环境科学等相关学科教学参考书，也可供相关研究人员参考。

图书在版编目(CIP)数据

基因工程原理／文铁桥主编. —北京：科学出版社，2014. 8

ISBN 978-7-03-041558-5

Ⅰ.①基… Ⅱ.①文… Ⅲ.①基因工程-高等学校-教材 Ⅳ.①Q78

中国版本图书馆CIP数据核字(2014)第174636号

责任编辑：陈 露／封面设计：殷 靓
责任印制：谭宏宇

科学出版社 出版
北京东黄城根北街16号
邮政编码：100717
http：//www.sciencep.com
南京展望文化发展有限公司排版
广东虎彩云印刷有限公司印刷
科学出版社出版 各地新华书店经销
*
2014年8月第 一 版 开本：A4(890×1240)
2022年11月第十五次印刷 印张：11
字数：310 000

定价：36.00元

前 言

20 世纪 70 年代基因工程问世成为生命科学史继 DNA 双螺旋后的又一标志性里程碑。经过 40 余年的发展历程，基因工程技术已经成为生命科学与医学领域的主要研究工具，并渗透到了农业、食品、化工、环保等不同领域。借助基因工程技术，人们初步看到了一个从微观到宏观的生物世界，迈出从认识自然到改造自然的雄劲步伐。基因工程技术是现代生物技术的核心，是衡量一个国家科学与技术发展水平的重要标志之一。

由于基因工程技术的迅猛发展，新技术、新方法、新概念层出不穷，在这样一种背景下，本书编写中融入了新的知识，如 ZFN、TALEN 技术与原理、光遗传载体与调控等，这些都是目前国际前沿基因操纵技术；同样由于我们所处这个时代在不停地进步与发展，培养学习的能力就显得十分重要，甚至比掌握一门具体技术本身更重要，基于此，本书在一定程度上加强了对问题的分析与思考。考虑到基因工程与有关学科的交叉，本书还安排了基因信息分析技术一章，帮助读者对基因海量数据的把握和功能分析，在一定程度上是对传统基因工程的拓宽，论述明确，有指导作用。

自 2002 年以来，我一直承担着本科生基因工程原理课程的教学，从课程建设的角度，先后历经了上海市重点课程、上海市精品课程的建设与探索，并获得上海市优秀教学成果奖。与此同时，我也承担着包括国家"973"计划、国家自然科学基金、上海市重点基础研究项目等一些科学前沿研究项目，从科学研究的视角审视教学内涵。我深切体会到教学与科研并重对于培养学生"坚实基础、了解前沿、解决实际"的关键与重要，希望编写一本教材有助于提升教学内涵。由科学出版社组织，成立了本书编写委员会，作者全部来自教学科研一线教师，具有教学与科研实际的经历与经验，形成了本书科研融于教学的特色。本书由上海大学、上海交通大学、上海师范大学、山东师范大学、宁波大学、浙江师范大学等高校教师集体编写而成。全书共八章，第一章、第六章、第七章（转基因动物）由文铁桥编写，第二章由开国银、崔丽洁、龚一富编写，第三章、第七章（转基因植物）由吴春霞编写，第四章由查笑君编写，第五章由顾志敏、黄海编写，第八章由陈峰编写、王凯修改。冯瑞丽、王娇对全文进行了校稿、排版及文献编排工作。全书由文铁桥统筹与修改。

在本书编写过程中，上海大学分子神经生物学实验室研究生吴婕、顾知立、吴翌鎏、李霄、蒋萌参与部分章节研究工作，张仕卿、郭健健、干林华、骆光洪参与部分章节校稿，在此一并致谢。

由于编者水平有限，内容上难免出现各种错误，由于不同作者语言表达方式、措辞风格不尽相同，虽经统筹修改，还是可能存在文字上的差异，真诚欢迎读者批评指正。

文铁桥

2014 年 3 月于上海

目　录

第1章 绪论

提 要

基因是存在于DNA上的核苷酸序列，具有特定的结构、功能以及遗传特征。从基因到基因工程的一个多世纪的研究结果，充分展示了人类从认识自然到改造自然的过程。基因工程技术在造福于人类的同时，也给人类无限遐想的空间，基因工程的迅猛发展将人类带入实现梦幻的年代。

基因工程(gene engineering)，又称遗传工程，一般指利用分子生物学的手段，将不同生物的遗传物质按人们的意志或需要，进行基因的定向改造、突变与重组，从而使生物体的遗传性状发生变异。基因工程操作涉及DNA特异位点酶切、载体连接、不同DNA片段重组、转入受体细胞、重组子筛选等系列过程。基因工程作为一门学科已被广泛地接受与认同。基因工程最显著的特征是能够打破种属的界限，在基因水平上改变生物遗传性，并通过工程化手段为人类提供有用的产品及服务。

1.1 基因工程的发展历程

生命科学发展的历史长河中，经历了从描述生物学、实验生物学到创造生物学三个发展阶段。描述生物学阶段可以追溯穴居的远古人类，通过观察与文字记载，积累形成对生命现象的描述；到了18～19世纪，人们对动物、植物和微生物做了大量的形态结构的观察、描述和分类的工作。从19世纪中叶至20世纪中叶，由于显微镜技术的迅速发展，人们可以看到细胞和细胞器的精细结构，可以通过设计实验来研究生命现象的规律，不再仅仅满足于生命现象的描述。这一世纪，可以说是生物学飞速发展的百年，最重要的里程碑有两个：1944年Avery首次证实了DNA是遗传物质；1953年Watson和Crick的DNA双螺旋模型提出，完成了对DNA功能与结构最本质的认识，标志着实验生物学阶段达到顶峰。人类花了近20年时间探索对DNA分子的操作技术，终于于20世纪70年代，人们在体外实现了DNA分子重组，意味着生物学进入了一个可以按照人们的意志对遗传物质操作的年代，这就是创造生物学阶段。20世纪末，人类意识到生命科学众多、重大的科学问题有望在21世纪解决，一个“21世纪是生命科学的世纪”在人们的期盼中到来。10多年过去了，一个面临大科学时代的大学科产生了，这就是系统生物学，它利用数理、计算机科学原理和基因工程技术，从系统、整体层面回答生命科学问题，这种不同学科高度交叉与融合，将生命科学推到一个前所未有的高度。

Note

(Wilhelm Johannsen,1857～1927)

1.1.1 基因概念提出

基因(gene)是丹麦科学家 Wilhelm Johannsen 在 1909 年提出来的。Wilhelm Johannsen(1857～1927)是丹麦的植物学家、植物生理学家和遗传学家。他首先提出了 phenotype(表型)和 genotype(基因型)概念。1909 年,当这部书翻译成德文(*Elemente der exakten Erblichkeitslehre*)时,Johannsen 用了"gene"一词。此时的基因仅是一个推理的概念,没有确凿实验证据。

1.1.2 基因结构与功能

在遗传学发展的早期阶段,人们意识到基因的重要性,但没有证实基因的物质结构。19 世纪 60 年代初,Mendel 以豌豆为实验材料表明生物的某种性状是由遗传因子负责传递的,遗传下来的不是具体的性状,而是遗传因子即基因,从而提出了遗传的分离定律和自由组合定律。这是具有历史意义的发现,可惜在当时并未获得认同,直到 1900 年,他的研究被荷兰科学家 Hugo de Vries、德国科学家 Carl Correns 和奥地利科学家 Erich von Tschermak 各自再次发现。

(Thomas Hunt Morgan,1866～1945)

最先从结构上赋予基因内涵的是 Thomas Hunt Morgan (1866～1945),美国遗传学家、现代遗传学之父。以果蝇为实验材料,通过遗传突变,确立了基因位于染色体上。发现位于同一染色体上的基因之间的连锁遗传特性,将多种突变基因定位在染色体上,制成染色体图谱,即基因的连锁图。1933 年获诺贝尔生理学或医学奖。Morgan 出版书籍 22 部,发表科学论文 370 篇,正是他的研究使果蝇成为当时主要的模式生物,时至现代,果蝇仍然是几类主要模式生物之一。Morgan 对基因研究的贡献在于将代表特定性状的特定基因与某一条特定染色体上的特定位置联系起来,使基因不再是抽象的符号,而是在染色体上占有一定空间的实体,从而赋予基因以物质的内涵。中国遗传学家谈家桢院士就读于美国加州理工学院,在 Morgan 实验室攻读研究生,获博士学位,后来成为中国现代遗传学的奠基人之一。

(Frederick Griffith,1879～1941)

20 世纪 40 年代以前,遗传信息被认为存在于细胞的蛋白中,究竟什么是遗传物质不能定论。1927 年 Frederick Griffith 首次完成细菌转化实验,证实肺炎链球菌之间可以转化,但原因并不知道,猜测可能存在一种转化因子。肺炎病菌有两种,一种是光滑型肺炎双球菌,有荚膜、菌落光滑且有毒,这种菌通常外包有一层黏性发光的多糖荚膜,它是细菌致病性的必要成分,引起肺炎;另一种是粗糙型肺炎双球菌,无荚膜、菌落粗糙且无毒。将光滑型肺炎双球菌注入小鼠体内,使小鼠致死;将粗糙型肺炎双球菌注入小鼠体内,小鼠存活;将光滑型肺炎双球菌加热杀死后,再注入小鼠体内,小鼠不会死亡;但将加热杀死的光滑型肺炎双球菌与粗糙型肺炎双球菌一起注入小鼠体内,小鼠死亡。这说明粗糙型肺炎双球菌转变成了致死的光滑型肺炎双球菌。

在 Frederick Griffith 的研究基础上,Oswald Theodore Avery(1877～1955)找到了细菌转化的原因。Avery 是最早的分子生物学家之一、免疫化学先驱。1944 年,Avery 等在 *Journal*

Note

of Experimental Medicine 发表了"脱氧核糖型的核酸是Ⅲ型肺炎球菌转化要素的基本单位"即DNA是细菌的转化因子，第一次证明了DNA是遗传物质。从加热杀死的光滑型肺炎双球菌中提取DNA，与粗糙型肺炎双球菌混合后，再注入小鼠体内，小鼠死掉。Avery的实验说明带有有毒性的和能使荚膜形成的信息分子DNA整合进了无毒菌种的染色体里，使它转化成了有毒的菌种。从一个供体菌得到DNA，通过一定的途径，授予另一个细菌，从而使后者的遗传特性发生改变，Avery的进一步实验证明了这种转化因子就是DNA。

(Oswald Theodore Avery，1877～1955)

1953年Watson和Crick在*Nature*发表了DNA分子结构模型，从结构上解释了DNA作为遗传物质的遗传信息传递机制。James Dewey Watson(1928～　)，美国分子生物学家，与Crick一同利用X射线衍射的数据，建构了DNA模型。1962年，Watson与Crick、Wilkins因为对DNA结构的研究而共同获得诺贝尔生理学或医学奖。1965年出版了划时代的教科书《基因的分子生物学》(*Molecular Biology of the Gene*)，1968年出版《双螺旋》(*Double Helix*)，同年开始兼任位于纽约长岛的冷泉港实验室(Cold Spring Harbor Laboratory)的总管，并将研究方向转移到癌症。

(James Dewey Watson，1928～　)

Francis Harry Compton Crick(1916～2004)是英国生物学家、物理学家及神经科学家。Crick最重要的成就是1953年在剑桥大学卡文迪许实验室与Watson共同发现了脱氧核糖核酸(DNA)的双螺旋结构。此外，他提出了众所周知的"中心法则"(central dogma)概念，认为在细胞中的遗传信息的流动基本上是单向的，即从DNA、RNA到蛋白质，尽管随后的研究表明RNA也可逆向到DNA，但"中心法则"的提出对生命科学研究起到了推动作用。1961年Crick又提出了三联体遗传密码，这样将DNA分子的结构与生物学功能有机地统一起来，也为揭示基因的本质奠定了分子基础。他最后的研究集中在神经生物学，试图探索人类的意识。2004年因大肠癌病逝于美国加州大学圣地亚哥分校，临死前还在修改研究论文，将终身献给了科学事业。

(Francis Harry Compton Crick，1916～2004)

到1959年，关于对DNA的几个重要的认识已经完成，如DNA作为遗传物质的证实，DNA双螺旋结构的提出，DNA半保留复制机制。但DNA如何指令蛋白质的表达，RNA在此过程有什么作用还不知道。Nirenberg和他的学生Matthaei建立和完善了大肠杆菌的无细胞翻译体系，回答了这些问题，完成了遗传密码的破译。

Marshall Warren Nirenberg(1927～2010)是一位犹太裔美国生物化学家与遗传学家。他们合成了一条完全由尿嘧啶核苷酸组成的RNA，将此放入来自大肠杆菌制备的无细胞体系，再加入20种氨基酸，其中一种是放射性标记的，在不同的实验中依次改变标记的氨基酸，结果发现合成的带有放射性标记的蛋白质为苯丙氨酸所组成，因此知道了RNA中UUU可以编码出的氨基酸为苯丙氨酸，首次破译了遗传密码。1961年8月，国际生物化学大会在莫斯科举行，

Note

(Marshall Warren Nirenberg, 1927～2010)

Crick 说服了大会主持人，邀请 Nirenberg 报告他们的研究，Nirenberg 的报告震惊了科学界。Nirenberg 很快便受到科学界极大关注，在接下来的几年，他们分别破译了赖氨酸密码(AAA)、脯氨酸密码(CCC)。从 1961 年到 1962 年的两年，被称为"译码竞赛"年代，Nirenberg 在(National Institutes of Health，NIH)工作，面临纽约大学医学院、诺贝尔奖得主 Severo Ochoa 大型团队的竞争。因遗传密码的破译，Nirenberg 与 Har Gobind Khorana 和 Robert W. Holley 共同获得 1968 年诺贝尔生理学或医学奖。Nirenberg 后来聚焦于神经科学、神经发育的研究，2010 年因癌症去世。

(François Jacob，1920～)

较早阐明基因结构、功能及调控的是 François Jacob，他是一位犹太裔法国生物学家，他与 Jacques Monod 通过不同的大肠杆菌乳糖代谢突变体来研究基因的作用，发现了乳糖利用过程中基因的调控角色，即乳糖操纵子。细菌和其他细胞可以通过调节关键代谢酶的水平，或这些酶的活性，以适应或应对外部条件。例如，如果细菌在含有乳糖而不含葡萄糖的培养基中，它必须适应性地做出调整，吸收乳糖，并能将乳糖切割成为葡萄糖和半乳糖，再将半乳糖转换成葡萄糖。执行这些步骤需要酶来完成，当所形成的产物足够时，酶的结构构象发生改变，停止酶的产生，起到开关的作用。1961 年，Jacob 和 Monod 认为细胞中酶的表达可能存在反馈抑制，以使酶的表达不至于过量。他们发现有种阻遏物(repressor)能直接与 DNA 结合，从而控制该基因的表达。在有乳糖存在条件下，阻遏物与乳糖结合，而再也不能与 DNA 结合，转录抑制解除。用这种方式，构建一个反馈环路，允许消化乳糖的蛋白质进行生产。由于发现乳糖操纵子调节机制，Jacob 和 Monod 与 André Lwoff 共同获得了 1965 年的诺贝尔生理学或医学奖。

1.1.3 基因操作关键技术突破

1968 年，H. O. Smith 等分离到一种酶，能够打断 DNA 分子，而且总是在 GTTAAC 序列中切开双链 DNA，表明此种酶具有酶切位点识别的专一性，也称为限制性，这就为剪断 DNA 分子提供了"手术刀"。由于这种酶是从流感嗜血杆菌(*Haemophilus influenzae*)分离得到的，所以称为 *Hind*II，这是第一个分离到的限制性核酸内切酶。一个基因执行功能需要转录成 RNA，翻译成蛋白质。在原核生物中，DNA 转录出可以直接翻译成蛋白质的 RNA，但真核生物由于内含子的存在，RNA 需要剪接加工，才能成为成熟的 RNA。RNA 不稳定，很容易被降解，要研究一个真核生物基因功能非常困难。1963 年，Baltimore 发现肉瘤病毒 RNA 能够逆转录成 DNA，给了分子生物学家新的启迪，分离真核生物 RNA 逆转录成 DNA，就可以用限制酶进行选择性切割，表达所获得的真核基因，然而所获的 DNA 存取成为问题。1970 年代，Stanley Cohen 首次将外源基因放入质粒，便可进行表达，这样质粒可以作为基因的运载体，携带人们希望表达的基因。上述三个重要技术的突破，奠定了基因操作技术基础。

1.1.4 基因工程问世

千百年来，人类进行基因改造主要通过人工选择，在人类生活的早期是自然选择，随着人类文明进步和科学技术的发展，出现了诱变选择。自 20 世纪 70 年代以来，人类可以通过直接操纵DNA分子进行物种改造，出现了真正工程意义学科——基因工程。“基因工程”一词首次出现于1951年出版的Jack Williamson的科幻小说“龙岛”，比Watson和Crick发现DNA分子双螺旋结构还早两年。1972年Paul Perg首次完成了第一个重组DNA分子，将猴病毒SV40与λ病毒的DNA相结合，因此与Gilbert和Sanger分享了1980年诺贝尔化学奖。1973年Herbert Boyer和Stanley Cohen将抗生素抗性基因插入质粒转化大肠杆菌产生了第一个转基因生物。一年以后，Rudolf Jaenisch将外源DNA注入早期小鼠胚胎，产生了世界上第一例转基因小鼠，成为国际上公认的转基因科学的开拓者，此后Jaenisch聚焦于转基因小鼠研究肿瘤和神经疾病。1976年Herbert Boyer和Robert Swanson成立了世界上首家基因工程公司(Genentech)，次年该公司利用大肠杆菌生产出人类蛋白质(生长抑素)。1978年Genentech公司宣布生产基因工程人胰岛素。1980年，美国最高法院裁定基因工程产品可以申请专利，因此，由细菌生产的人胰岛素于1982年获得美国FDA批准。1986年第一例植物基因工程产品——除草剂耐受烟草问世。1992年，中国将转基因植物商业化。1994年，具有较长货架期的基因工程番茄获准上市，同年欧盟批准抗除草剂(溴苯腈)的基因工程烟草商业化，在欧洲出现了第一个商业化的转基因植物。到2009年，11个转基因作物商业化种植于25个国家和地区，种植面积依次是美国、巴西、阿根廷、印度、加拿大、中国、巴拉圭和南非。

2010年，J. Craig Venter研究所的科学家宣布，他们已经创建了第一个合成细菌基因组，并把它添加到一个不含有DNA的细胞。由此产生的细菌，名为Synthia，这种微生物能够进行正常的生命活动，是世界上第一个人造生命形式。

1.2 基因工程大学科与大科学

基因工程问世以后，受到生命科学、医学等领域的高度关注，基因工程技术很快应用于动物、植物、微生物基础与应用的研究，形成了以基因工程为基础的大学科，不同学科的科学家首次在基因层面达成共同语言，阐释基因的本质，呈现了前所未有的大科学时代。这个时代具有两个突出特征：跨学科和跨国界。随着科学研究的迅猛发展，生命科学与其他学科如数学、物理、化学、计算机科学在研究兴趣点上形成聚焦。淡化专业，科学家突破自己所学专业的壁垒，不再受限于狭小的专业之间的隔离，充分利用各个学科的优势，解决所面临的重大科学问题。理工结合，文理交叉，大学科格局在科学研究需要的期盼中形成。从SCI发表论文统计来看(图1-1)，近20年来，与生命科学交叉发表论文数量急剧增加，尤其是近十年，2012年发表的论文大概是20世纪90年代的7倍，每年引文数急速攀升，显示学科交叉的高度关注。这些论文主要分布在工程类、计算机科学、环境科学领域。从统计数据看，美国几乎占到总数的一半，

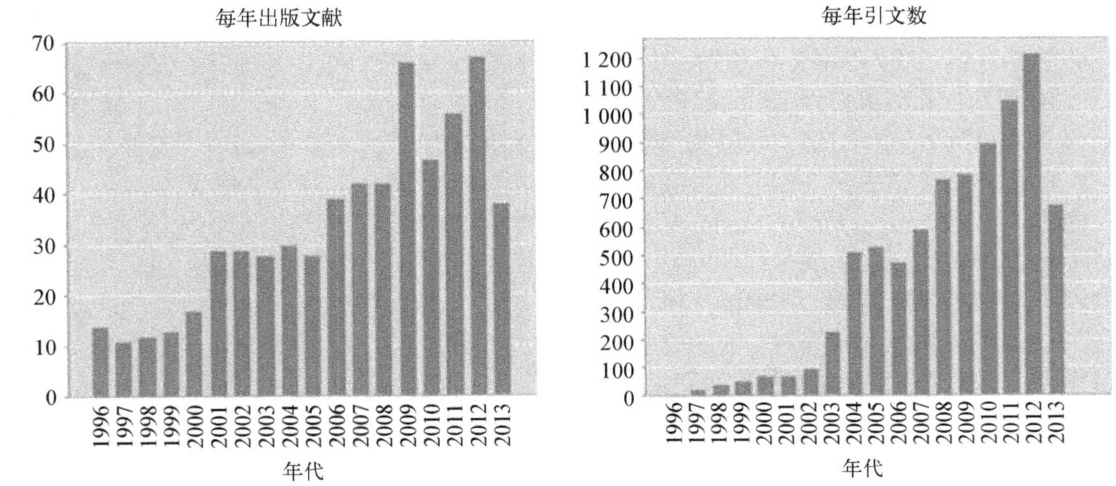

图1-1 跨学科发表的SCI论文统计

Note

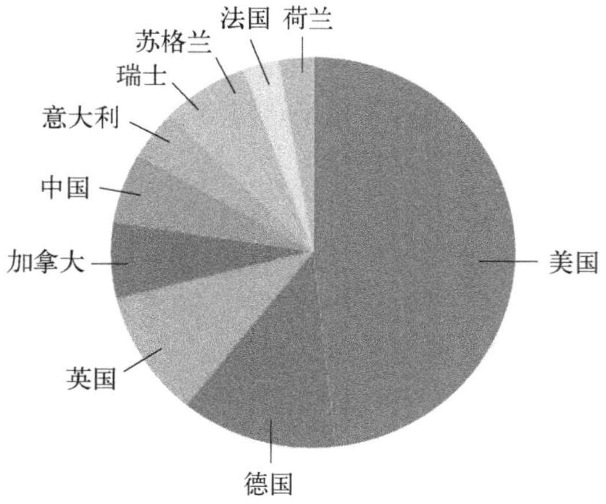

图 1-2　2012 年发表生命科学交叉论文前十国家排名

其次为德国、英国、加拿大、中国(图 1-2)。

1.2.1　海量基因信息

20 世纪 80 年代，Sanger 等创建了 DNA 序列测定方法，有力推动了人类对基因序列的认识。随后毛细管电泳测序法，采用的是与 Sanger 生物化学测序方法完全不同的原理，与荧光成像技术相结合，使测序能力提高到一个新的水平。进入 21 世纪，随着人类基因组计划的完成，获得一大批包括人类基因组在内的数据。2005 年，新一代测序技术问世，分析速度骤增，基因数据海量释放，科学家的传统基因信息概念受到挑战。庞大的数据信息，使得用户无法将初始图像数据进行分类存档，而必须交给相关公司，利用软件对数据进行读取，然后才能对数据进行保存。此外，研究人员还需要拥有一个足够强大的计算机平台，以便将测序得到的许多短小基因片段进行组合，拼接成基因组外显子。要处理这些海量数据，研究人员需要学习、掌握甚至开发能够应用的生物学信息分析软件，从而完成从基因信息获取到基因信息分析与研究的过程。

我们正处于生物信息爆炸的时代，各种生物基因组测序先后完成，随后的蛋白组学、糖组学、转录组学、代谢组学全面展开，为推进各个相关领域的研究提供了庞大的数据资源。现在已经完成的基因组测序有人类基因组、酵母基因组、线虫基因组等，存储于世界各地的生命科学、医学、农业相关的信息中心、研究机构和大学，供研究人员查阅分析。此外，小鼠、河豚、水稻、果蝇、大肠杆菌等各种模式生物基因组数据库或基因组信息资源都可以在网上找到。在英国 Roslin 研究所的 ArkDB 包括了猪、牛、绵羊、山羊、马等家畜以及鹿、狗、鸡等动物的基因组数据库，斑马鱼等鱼类基因组数据库以及玉米、大麦、高粱、菜豆等农作物基因组数据库可以分别在美国、英国、日本有关机构查找。

蛋白质序列数据库的雏形可以追溯到 20 世纪 60 年代，这显然早于基因数据库，因为当时已经可以测定蛋白序列，所以有蛋白序列的积累，只是没能称为“库”。从 20 世纪 60 年代到 80 年代，美国国家生物医学研究基金会将搜集到的蛋白质序列和结构信息编辑成“蛋白质序列和结构图集”(atlas of protein sequence and structure)，主要用来研究蛋白质的进化关系。1984 年，蛋白质序列数据库(protein information resource，PIR)诞生，1988 年美国、日本、德国合作成立了国际蛋白质信息中心(PIR - International)。

与基因组学相似，蛋白质组学(proteomics)是蛋白质(protein)与基因组学(genomics)的组合，最早于 1997 年由 Peter James 提出，目标是大规模研究蛋白质，尤其是蛋白质的结构与功能。蛋白质组(proteome)由 protein 和 genome 组合而成，由 Marc Wilkins 1994 年提出，指在一个有机体或系统内所有蛋白及其修饰，随着时间和特定生命活动需要，或在某种压力之下蛋白质的表达改变。这是一个庞大而复杂的信息，直接涉及生命活动，因此备受关注。

糖组学(glycomics)是继蛋白组学后又一重要的研究领域。主要研究细胞或个体全部糖链的分子结构、表达调控、功能多样性以及与疾病的关系，与蛋白组学研究密切相关。研究表明，很多蛋白需要糖基化修饰才能发挥作用，意味着糖基化位点就是蛋白的功能位点，因此，阻断或激活糖基化的发生意味着蛋白功能的改变，是理想的药物靶标。此外，也可借此研究糖与蛋白质的相互关系，探讨蛋白质糖修饰的表观遗传问题，解析可能的疾病机制。

代谢组学(metabolomics)由英国 Jeremy Nicholson 教授首次提出，主要研究生命体接收外界刺激或病理生理变化、基因突变而产生的体内各种代谢物变化，反映出生物体代谢活动结果。通过代谢组学研究既可以发现生物体在受到各种内外环境扰动后的应答不同，也可以区分同种不同个体之间的表型差异，广泛应用于疾病诊断、医药研制开发、营养食品科学、毒理学、环境学、植物学等与人类健康护理密切相关的领域。常用核磁共振波谱和质谱两大分析技术表征代谢物，如与色谱联用，其方法的灵敏度和准确度可以进一步提高。与基因组学和蛋白质组学相比，代谢组学的研究侧重于对代谢组分的共性、特性和规律的认识，从最终引起代谢产物发生相应的改变，提示机体病理生理过程变化，这些代谢物异常，则是疾病的标志，因此可以用来作为疾病的判断依据。

1.2.2 复杂基因网络

基因行使其功能可以在不同水平上，有些是单基因，有些是多基因，从生命现象的复杂性出发则更多是基因的相互作用，以及由此构成的基因网络。从目前来看，建立基因网络，阐明它们之间的关系，最有效的方法之一就是将数学理论与计算机技术相结合，将基因间相互作用整合成网络，通过建立模型来研究基因上下游关系、关键调控点以及动力学性质。最初随机网络模型被用来描述基因网络结构，随后在规则网络与随机网络相结合的基础上，建立了小世界(small-world)网络模型。1999年，Barabase等发现了真实网络的无标度性质，与真实基因网络具有很大程度的一致性。可以从基因数据库如KEGG查询一些基因网络以及调控转录因子调控信息，结合实验数据，或通过实验对基因网络进行验证，完成理论网络的修正，为认识网络的复杂性提供切入点，也为药物开发提供借鉴。

1.2.3 基因工程系统

随着基因研究的深入开展，单个基因层面的研究已经不能满足科学研究的需要，在很多情况下需要从系统的层面解释基因或基因间的复杂关系。如一个基因的突变，可能引发多个基因表达异常，继而导致整个基因网络的紊乱、基因表达失调。事实上，多基因的突变，可能更为常见，更为复杂。即使不是基因突变，由于环境因素的影响，也会使得基因之间、蛋白质之间相互作用系统异常。这种失衡的结果，可能导致不同层面上错误的结局，出现mRNA降解，蛋白翻译障碍，蛋白网络系统不能工作等。因此，现代的基因工程具有系统学特征，已经明显区别于早年(问世年代)的基因工程，这种长足的发展，使得基因工程更具活力和魅力，对研究人员知识储备、背景、能力的要求更高。

随着基因工程技术的飞速发展，基于基因工程系统的药物开发备受关注，人们试图从基因网络、蛋白网络、基因相互作用、蛋白相互作用、基因与蛋白相互作用、网络调控来寻找可能的候选药物，这种药物明显的优势是作用于关键调控点，因此药效强；由于是基于网络系统筛选，最大程度避免了药物不良反应。

1.3 基因工程研究的意义

1.3.1 揭示生命现象规律

基因工程是自然科学家的重要工具。从众多生物体来源的基因或遗传信息可以转化至细菌，形成基因工程菌株，用以基因存储和改造。细菌价格便宜，容易生长，繁殖很快，比较容易转换，几乎可以在−80℃无限期保存。一旦分离到一个基因，它可以存储在细菌内，为研究提供了一个无限量供应。

转入有特定基因的生物体表型的改变可以用来研究、发现这些基因的功能。常用实验手段是功能丧失或获取、基因跟踪和表达。通过基因敲除技术使生物体缺失一个或更多基因，从而判断这些被敲掉基因的功能，常称之为缺失基因功能(loss of function)；与基因敲除相对应的是在生物体增加基因的拷贝数，增强基因功能(gain of function)；为了追踪所关注的蛋白在生物体是如何作用的，往往将编码基因与报告基因(如GFP)相结合，形成融合蛋白，虽然这是一个很有用的技巧，但形成融合蛋白后可能影响到基因功能，因此这样的实验结果往往会被人质疑。

为了解决这一问题，在构建载体时添加一段可以与单克隆抗体结合的序列，通过免疫组化检测即可追踪蛋白去向。为了研究一个基因的时空表达，可以将该基因的启动子连接报告基因或能催化反应产生有色产物的酶类，以便观察该基因何时何处表达。

1.3.2 基因工程与疾病治疗

基因工程在医学上已被广泛应用，如用基因工程菌生产胰岛素、人类生长激素、人血白蛋白、单克隆抗体、抗血友病因子、疫苗以及其他许多药物。遗传工程病毒正在开发，此种病毒可以赋予机体免疫力，但失去传染性。通过基因工程鼠杂交瘤可产生人源化单克隆抗体，实施抗体治疗。

利用基因工程技术可以制作人类疾病的动物模型。最常见的基因工程动物模型是转基因小鼠，用于癌症、肥胖、心脏疾病、糖尿病、关节炎、焦虑和帕金森病等的研究。利用这些小鼠模型，可以测试潜在治疗药物；基因工程改造的猪可用于人体器官移植。

基因工程可以用于由于基因缺失、突变疾病的基因治疗，将正常的基因插入到基因组取代引起疾病的非正常基因，如果用于治疗的基因插入生殖细胞，患者后代将不再患此基因缺陷的遗传疾病。一个治疗的基因送入体内并准确的进入靶细胞需要运载工具，即载体。目前用于基因治疗的常用载体是病毒载体，主要有逆转录酶病毒、腺病毒、腺相关病毒、单纯疱疹病毒，这些载体已经被改造过，对人体没有毒害。此外，也有其他基因传送方式，如用脂质体包裹将治疗用的 DNA 直接穿膜送入靶细胞；将 DNA 用化学方法连接到能与细胞膜受体结合的分子上，通过细胞膜的内吞作用，将 DNA 引进细胞。

基因治疗存在的问题是安全性问题，到目前为止 FDA 尚未批准人类基因治疗产品上市，临床试验尚未证实技术水平的完全成熟。1990 年开始了第一例基因治疗的临床试验，然而在 1999 年，基因治疗面临了极大挫折。例如，美国患者 Jesse Gelsinger 患有鸟氨酸氨甲酰基转移酶缺陷症（ornithine transcarbamylase deficiency，OTCD），即尿素循环障碍，是一种伴性遗传病。该病往往在患者出生时就会致命，而 Gelsinger 所患不是遗传病，是基因突变的结果，病情并非十分严重，他有些细胞是正常的，因而使他能够在特制的食品、药物控制下存活。1999 年 9 月 13 日，Gelsinger 在美国宾夕法尼亚大学接受基因治疗，注射了携带纠正基因的腺病毒载体，四天之后引发了体内大规模的免疫反应，死于多器官功能衰竭，年仅 18 岁。

1.3.3 基因工程产业

1. 工业

基因工程工业是一个涵盖较广的概念，可以包括所有基因工程的产业。但习惯上，人们往往狭义的限于微生物基因工程，尤其是微生物发酵，以此与医药业分开。利用细菌作为表达系统可以生产蛋白质和酶等，对于不适于细菌表达的产品，可以用酵母菌来表达。此外利用基因工程还可以制造生物燃料，治理环境污染，分解有害有毒废物等。

由于遗传操作便利，酵母菌、大肠杆菌是广泛而主要的微生物细胞工厂，可以生产酶类和生化药物。由于杆菌属是一类非致病菌，不含内毒素和外毒素，被认为是安全菌株，是未来极具发展前途的产业平台。新建的 T7 枯草芽孢杆菌表达系统已用于产生大量重组蛋白，通过 IPTG（异丙基硫代半乳糖苷）诱导调控内源性和外源性酶的表达。由于 IPTG 价格昂贵且有毒性，不适合工业上酶的生产，人们很快发展了一种麦芽糖诱导表达系统和甘露醇诱导表达系统。

2. 农业与食品

早期的转基因作物希望能够抗虫、抗除草剂、抗真菌和抗病毒，并且已经商业化。随后的转基因作物主要在抗盐、抗冻、抗旱以及增加营养品质方面进行提升。基因工程为制药农作物诞生提供了直接技术支撑，这些农作物含有可食用的疫苗和其他药物。一些动物因转生长激素基因体型增大，产量增加，利用基因工程奶牛可以在牛奶中表达药物和蛋白质。

基因工程最知名的也是饱受争议的应用之一是转基因食品。转基因食品安全性一直是人们关注的问题，食用转基因食品是否对人体有害以及长久的影响现在尚未定论，但对转基因食品的知情权已经掌握在消费者手中，转基因的食品已有明确标记，消费者可以自由选择。

虽然没有因为消费基因改造食物而危害人类健康的记载，但转基因食品对健康的影响饱受争议。在美国历史上最大的一次食品召回丑闻是转BT(bacillus thuringiensis)基因玉米。这种转基因玉米编码有苏云金芽孢杆菌(BT)毒素，以防止植物虫害。由于此种转基因玉米编码有一种耐热、耐酸性蛋白(胃液不能降解)，类似于食物过敏原，因此食用此种玉米是否会引发过敏反应令人担忧。随后的调查表明BT转基因玉米没有危害健康问题，对人类健康的风险不大。一些消费者或组织认为，关于基因改造食物的安全性的研究很少，需要在动物体进行长期、多代的研究。目前这些研究主要是由生物技术产业资助，并没有政府监管机构监督。

3. 生物制药

生物制药通常是指通过基因工程、抗体工程、细胞工程技术等制备生物药品用于疾病诊断、预防和治疗的行业，核心是通过重组DNA技术生产具有药用功能的生物制品。生物制药往往反映一个国家生物技术水平。第一个基因工程药品是重组人胰岛素，1982年由美国食品和药物管理局批准上市，此后生物制药已成为生物医学领域增长最快最具活力的技术密集型产业。1989年我国首个基因工程药物重组人干扰素α1b问世，此后约25年间，生物技术的增长率始终保持在高于许多发达国家8～10倍，表明我国生物制药通过发展初期逐渐进入到迅速增长期。

在生物制药研发方面，美国最为领先，产品多样，已成市场规模。在所有的生物制药专利中，美国占授权专利的59%，欧洲19%，日本17%，产品主要是重组抗体、细胞因子、激素、酶类以及以聚乙二醇(PEG)为基础的产品和其他改性剂。这些产品在治疗许多威胁生命的疾病中都发挥了显著作用，逐渐凸显在国民经济中的重要性。2000年后，医药市场不断发展壮大，据统计，2010年生物制药占全球制药的年度收入的15.19%(图1-3)。

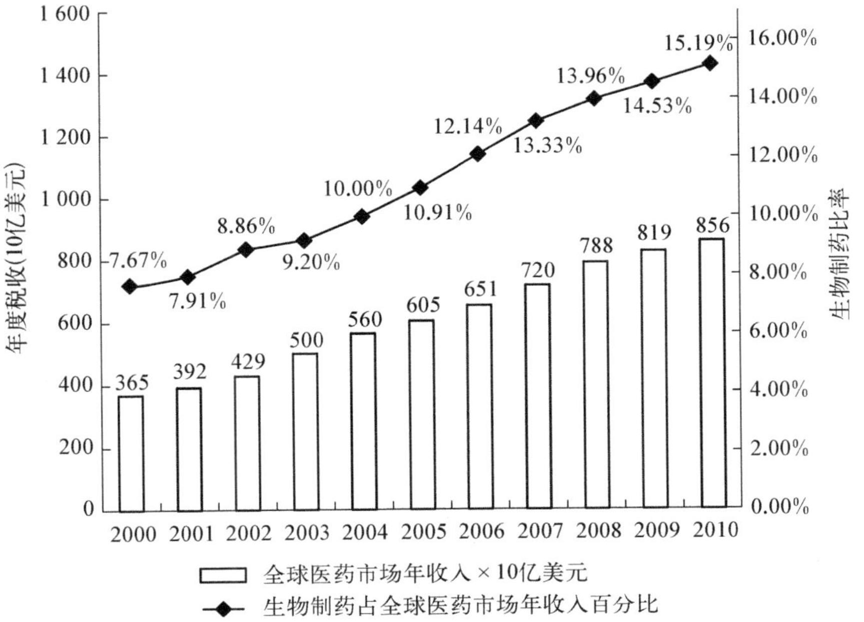

图1-3　全球生物制药市场年度增长(2000～2010)

(引自Kai Gao，Junzhi Wang，2012)

Note

我国的生物制药研究在国家863计划的支持下，在国家层面建立健全了针对生物药品研发技术、质量控制、药物评价平台。到2011年12月，由中国食品药品监督管理局批准40个生物药品。虽然大多数生物药品为仿制，但我国生物制药已己逐渐进入到迅速增长期。

4. 展望

基因工程技术自20世纪70年代问世历经40余年，为推动生命科学、医学以及相关学科的发展起到了杠杆作用，人们可以按照自己的研究目的对基因进行操作设计、载体构建、体内体外证实。这些研究往往只是针对单一基因功能，而实际上，生物体反应是极其复杂的，一种表型的出现往往是多基因相互作用的结果，它们之间的平衡与信号网络联系构成了生命现象的“稳态”，一旦失去平衡或者这种稳态被扰动，正常生命活动就会受到干扰，表现异常。这就对现有的基因工程技术提出了新的挑战，需要更为理性、更为准确地理解生命现象，为此，一种新的研究动向日趋显现，这就是基因组工程。

所谓基因组工程，就是构建一个基因型可以产生所需要的表型。与现在单基因操作不同，基因组工程是在基因组层面进行，涉及对一个基因组至少有两个不同区域进行序列改造或修饰。基因组工程主要包括多路复用基因组工程(multiplexed genome engineering)、半合成和合成基因组(semi-synthetic and synthetic genomes)、测试和验证工程基因组(testing and validation of engineered genomes)、基因组代谢工程(genome-scale metabolic engineering)、有机体基因组工程(organismic genome engineering)。基因组工程的主要优势是能修改一个特定区域的DNA，从而增加了校正或外源基因插入的精度，重现性好，将成为今后基因工程主要的发展方向。

将基因工程技术与3D打印技术相结合有望实现人体器官打印，从而解决器官移植供体来源问题。如果取自患者自身细胞，按照基因组工程设计进行器官打印，可以避免器官移植的排异现象，也无违背伦理道德之忧。近来已有报道表明，可以通过3D打印进行烧伤皮肤的移植，已经昭示基因工程带给人类的光明前景，也给科技工作者为造福人类展开无限遐想的空间。

思 考 题

1. 从基因到基因工程的发展历程有哪些关键问题的解决？
2. 海量基因数据意味着什么？
3. 如何理解基因工程大学科与大科学？
4. 评述基因工程双刃剑作用。
5. 你对未来基因工程的期待是什么？

第2章 基因工程基本技术原理

提 要

本章主要介绍基因工程基本技术原理，包括核酸提取与鉴定、PCR技术、核酸序列测定以及分子杂交技术，尤其对基因工程操作中经常出现的问题进行了分析，并提出解决问题的办法，提供了较为详细的技术指南，突出实用性。

2.1 核酸的提取与鉴定

核酸(nucleic acid)是遗传信息的携带者，是基因表达的物质基础，是最重要的生物信息分子，也是分子生物学研究的主要对象之一。无论是进行核酸结构还是功能研究，首先需要对核酸进行分离和纯化，而且核酸提取质量将直接影响后续的基因功能研究。因此提取高质量的核酸是顺利进行分子生物学研究的前提和基础。

2.1.1 基因组DNA的提取

脱氧核糖核酸(deoxyribonucleic acid，DNA)是生物遗传信息的载体，DNA在细胞中大都以与蛋白质结合的状态存在。真核生物中90%以上的DNA主要存在于细胞核内，这部分DNA被称为基因组DNA。核外DNA存在于细胞质中，主要分布在线粒体和植物叶绿体中。获得高质量和高纯度的基因组DNA是开展PCR反应、DNA测序、DNA分子标记、Southern杂交及转基因克隆重组等基本分子生物学实验操作的前提。

1. DNA分离纯化的原理

基因组DNA的制备是进行基因结构和功能研究的重要步骤，因为不同生物(植物、动物、微生物)的细胞结构及所含的成分有差异，其基因组DNA的提取方法亦有所不同。在提取某种特殊组织的DNA时应该根据文献和经验建立相应的提取方法，以获得高质量的DNA分子。一般情况下基因组DNA的分离纯化主要分为以下几步。

(1) *细胞的破碎*：根据细胞来源不同，可以选择不同的处理方法对细胞进行破碎。常用的细胞破碎方法有液氮研磨法、高速组织捣碎机破碎法、玻璃匀浆器匀浆法、超声波处理法、生化法(溶菌酶、纤维素酶等)、化学处理法(SDS、吐温80)等。通过破碎细胞，促使DNA从细胞核内释放。

(2) *DNA与蛋白的分离*：核酸与蛋白质的结合力主要是正负静电作用(核酸与碱性蛋白的

结合)、氢键和非极性的范德华力。NaCl 破坏核酸-蛋白质间的静电引力,使氢键破坏,核蛋白解聚;SDS 可破坏细胞膜、抑制核酸酶,还可使核酸从蛋白质上游离出来。苯酚/氯仿混合使用能增加去除蛋白的效果,并对核酸酶有抑制作用。

(3) DNA 的纯化与沉淀:利用基因组 DNA 较长的特性,可以将其与细胞器中的 DNA 或质粒等小分子 DNA 分离。沉淀是浓缩核酸最常用的方法。通过改变核酸的溶解缓冲液,重新调整核酸的浓度或者去除溶液中某些盐离子与杂质。加入一定量的异丙醇或乙醇,基因组的大分子 DNA 即沉淀形成纤维状絮团,可用玻棒缠绕取出,而小分子 DNA 则只形成颗粒状沉淀附于壁上及底部,从而达到提取的目的。加入乙醇的优点是对盐类沉淀少,沉淀中所含乙醇易挥发除去,但缺点是乙醇需要量大(2～3 倍体积);加入异丙醇的优点是需要体积小,速度快,适于浓度低、体积大的 DNA 样品沉淀,但是易使盐类、蔗糖与 DNA 共沉淀,且异丙醇难以挥发去除。进一步纯化的时候用两种不同的有机溶剂交替抽提除去蛋白质,最常用的是苯酚、氯仿。

(4) DNA 的鉴定与保存:DNA 样品溶于 pH8.0 的 TE,4℃或－20℃或加 1 滴氯仿－70℃可保存数年。

2. 常规 DNA 提取方法

DNA 在细胞中常以核酸-蛋白质复合物的形式存在,因此早期常用二步法提取分离核酸,首先提取核酸-蛋白质复合物,然后进一步把核酸和蛋白质分离。DNA -核蛋白溶解度的研究发现,在低浓度氯化钠(0.14 mol/L)中,DNA -核酸蛋白的溶解度仅为水中的 1%。DNA -核蛋白的溶解度随着氯化钠浓度增加逐渐增加,而当氯化钠浓度进一步增大时,溶解度又相对减少。因此早期常用 0.14 mol/L 氯化钠提取 DNA -核蛋白,此时 DNA -核蛋白溶解度极少,从而与核糖核蛋白分开。各种核酸在细胞内有不同的分布,因此可将各种不同的细胞器分开,然后在不同细胞器提取所需的 DNA -蛋白,再进一步把核酸与蛋白质分离。

随着分子生物学技术的发展,二步法提取核酸由于操作时间过长、核酸降解比较严重,被一步法所取代。用一步法提取植物、动物和细菌基因组 DNA 时,首先破碎细胞,然后采用化学或酶学方法,去除蛋白质、RNA 以及其他的大分子。不同材料的核酸结合蛋白的情况各不相同,因而要采取不同的提取方法。

(1) 十六烷基三乙基溴化铵(CTAB)法:CTAB 是一种阳离子去污剂,具有从低离子浓度溶液中沉淀核酸与酸性多聚糖的特性。在离子浓度较高的溶液中(>0.7 mol/L NaCl),CTAB 与蛋白质和多聚糖形成复合物并发生沉淀,而核酸则处于溶解状态。通过有机溶剂抽提,去除蛋白、多糖、酚类等杂质后加入乙醇沉淀即可使核酸分离出来。用该方法提取植物基因组 DNA 时,使用 PVP(聚乙烯吡咯烷酮)与多酚结合形成复合物,从而可有效防止 DNA 降解。

(2) 十二烷基磺酸钠(SDS)法:SDS 是一种阴离子去垢剂,在高温(55～65℃)条件下能裂解细胞,使染色体离析,蛋白变性,同时 SDS 与蛋白质和多糖结合成复合物,释放出核酸。提高盐(KAc 或 NH_4Ac)浓度并降低温度(冰浴),使 SDS -蛋白质复合物转变为溶解度更小的钾盐形式,使蛋白质及多糖杂质沉淀更加完全,离心后即可除去沉淀。上清液中的 DNA 用苯酚/氯仿反复抽提后用乙醇沉淀水相中的 DNA。SDS 法操作简单温和,也可提取到高分子质量的 DNA,但该方法提取的 DNA 常含有较多的多糖。故适用于本身多糖含量不高的材料或多糖含量不致影响后续实验分析的样品。

传统的提取方法不需要昂贵仪器和药品,而且提取的 DNA 纯度完全能满足一般分子生物学的需要,已成为分子生物学实验室 DNA 提取最常用的方法。但也存在着操作步骤复杂、易污染、有机溶剂毒性等问题,因此目前也有学者提出一些植物 DNA 提取新方法。

3. DNA 提取新方法

近年来出现了离子交换纯化柱、螯合树脂及磁珠或玻璃粉吸附等 DNA 提取新方法。这些方法多应用于提取病毒、微生物、人和动物细胞、包埋组织样品、古生物标本及土壤环境样品 DNA 分析。这些方法被很多公司开发成为试剂盒,给研究工作带来极大的方便。

(1) 螯合树脂/阴离子交换树脂法:螯合树脂是一类能与金属离子形成多配位络合物的交

联功能高分子材料，与离子交换树脂相比，螯合树脂与金属离子的结合力更强，选择性也更高。Chelxe 100 是最早使用的一种螯合树脂，通常用于新鲜或者冻融血液、细菌、病毒等 DNA 的提取。在有 5% Chelxe 100 悬液中煮沸时可使细胞膜破裂释放出 DNA，同时与二价金属离子螯合，从而避免样品中存在的金属离子在高温和低离子强度条件下作为催化剂使 DNA 降解，一步完成提取过程，同时获得纯度较高的 DNA。阴离子交换树脂的基本原理是利用被分离物质在两相中分配系数的不同使不同组分分离，亲水、大孔径树脂表面含有非常高的离子效价，在低盐高 pH 结合核酸，高盐低 pH 洗脱，适用于纯度要求高的实验。

(2) *玻璃粉吸附法*：玻璃粉又称玻璃奶(glassmilk)，为一种细微颗粒的硅珠。在 3 倍体积 6 mol/L NaCl 条件下，吸附 DNA 的玻璃奶，可以用离心的方法进行洗涤，然后用水或低盐缓冲液将玻璃粉吸附的 DNA 洗脱出来。不同直径的玻璃粉颗粒吸附 DNA 的能力差异较大，颗粒越小吸附能力越强。另外，不同生产来源的产品，其吸附 DNA 的能力亦不同。吸附提取 DNA 前宜进行梯度实验，确定最适玻璃粉用量，玻璃粉加入过多，会导致杂质过多而影响 DNA 的纯度。玻璃粉加入过少，则 DNA 的吸附不充分，在洗脱过程中大部分 DNA 随上清液被弃掉，因而回收率偏低。

(3) *磁珠吸附法*：磁珠是指包覆有高分子的超顺磁性毫微粒均匀分散在一定的基液中所形成的具有高度稳定性的胶态液体材料，既有液体的流动性质，又有固体材料的磁性，在外加磁场中有较强的磁响应性，撤去磁场后，磁性微粒很快均匀分散于溶液中，因而运动方式极为新颖，成本低、能耗少、无污染。常用的磁性材料为 $FeZO_3$、Fe_3O_4、铁钴合金等。在一定浓度的盐(如 NaCl、$MgCl_2$、$CaCl_2$、KCl、LiCl 等)和聚乙二醇(PEG-8000)的条件下，DNA 可非特异性地结合于表面有 COO^- 的末端磁粒上，一旦结合，可用 70%的乙醇对 DNA-磁粒复合物进行彻底清洗，最后用 Tris 缓冲液将 DNA 洗脱下来。

比较而言，苯酚/氯仿等有机溶剂抽提 DNA 适用于大多数标本 DNA 的提取和纯化，而树脂法多适用于培养和各种临床标本的 DNA 提取，玻璃珠吸附法则更多的应用于土壤标本的研究中，磁珠吸附法则适用于冰冻和陈旧组织的 DNA 提取。

4. DNA 提取的原则

在 DNA 提取过程中必须遵循以下原则：① 尽量避免使 DNA 断裂和降解，保持 DNA 分子一级结构的完整性；② 防止因 DNase 导致的 DNA 的降解；③ 减少机械损伤，在整个提取过程中，应尽量在温和的条件下操作，温度不要过高，控制一定的 pH 范围(pH 为 5～9)，保持一定的离子强度。适当减少苯酚/氯仿抽提，混匀过程要轻缓，以保证得到较完整的 DNA 分子。

目前，基因组 DNA 提取方法研究的发展趋势为：① 用非有机溶剂提取法替代传统的有机溶剂提取法；② 一步提取法，省去繁琐的提取和多次离心过程，一份标本一管一次完成提取过程，适于批量操作；③ 物理吸附法，该方法有操作简便，提取效率高，对基因组 DNA 没有损伤作用，适宜于自动化操作等优点；④ 提取过程自动化，把基因组 DNA 的提取与其他分子生物学技术(如毛细管电脉、PCR、基因芯片技术等)结合起来，实现从样品处理到基因分析过程的全部自动化操作。

5. 实验中常见问题分析

在获得 DNA 后，往往需要对 DNA 质量进行鉴定，主要包括 DNA 是否完整和 DNA 纯度评价。通过 DNA 凝胶电泳，发现电泳条带弥散，即"smear"现象，说明 DNA 被降解，其主要原因是 DNA 抽提过程中 DNA 酶活性未能被有效抑制，或提取过程操作过于剧烈，DNA 被机械打断，或是被外源核酸酶污染，也可能是 DNA 样本反复冻融所致。这就需要在提取 DNA 时，加入适量酶活性螯合剂，操作过程所用材料灭菌处理。如果 DNA 样本含有蛋白、多糖、多酚类杂质，可采用乙醇沉淀 DNA。

当 DNA 提取量较少时，需要从选材是否新鲜、破壁或裂解是否充分方面进行分析，可低温沉淀，延长沉淀时间，或加辅助物，促进沉淀。洗涤沉淀时，最好用枪头将洗涤液吸出，勿倾倒。

2.1.2 RNA 的提取

Note

核糖核酸(ribonucleic acid,RNA)是另一种重要的遗传信息分子。提取和纯化完整的RNA是进行Northern杂交、RT-PCR(reverse transcription PCR,反转录PCR)、定量PCR、cDNA合成及体外翻译等实验的前提。细胞中的RNA主要有三类：核糖体(rRNA)占80%～85%,转运RNA(tRNA)和核内小RNA占10%～15%,信使RNA(mRNA)占1%～5%。这三类RNA的总和即为总RNA。mRNA分子种类繁多,是基因表达的中间产物,因此RNA的操作对于通过核酸杂交或反转录来分析基因的转录情况、基因克隆等方面具有重要意义。提取总RNA有很多种方法,目前应用较多的有Trizol法、苯酚法、氯化锂法等。

1. RNA的提取方法

(1) *Trizol法*：Trizol试剂是直接从细胞或组织中提取总RNA的试剂,它在破碎和溶解细胞时能保持RNA的完整性。加入氯仿后离心,样品分成水层和有机层,RNA存在于水层中(图2-1)。收集上面的水层后,RNA可以通过异丙醇沉淀来获得。在除去水层后,样品中的DNA和蛋白也能相继以沉淀的方式还原。乙醇沉淀能析出中间层的DNA,在有机层中加入异丙醇能沉淀出蛋白。共纯化DNA对于样品间标准化RNA的产量十分有用。

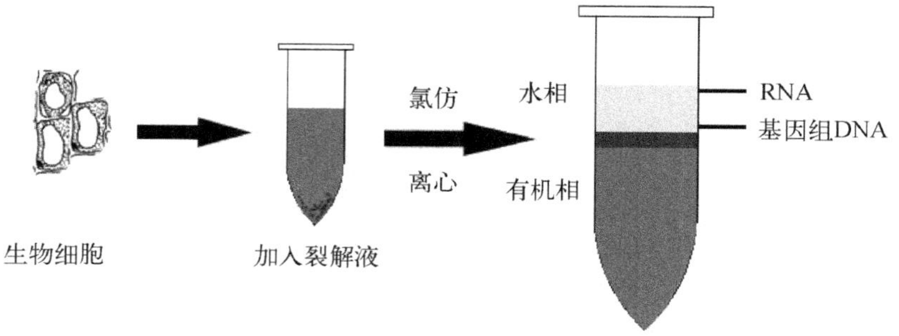

图2-1 RNA的提取示意图

(2) *苯酚法*：细胞内大部分RNA均与蛋白质结合在一起,以核蛋白的形式存在。因此,提取RNA时要把RNA与蛋白质分离,并除去蛋白。在苯酚法中,使用SDS作为蛋白质变性剂,裂解细胞,解离核蛋白,使RNA释放到溶液中,然后用酸性苯酚/氯仿反复抽提,去除蛋白质和基因组DNA,最后在高盐条件下用无水乙醇将RNA从溶液中沉淀出来。该方法中使用的SDS和苯酚可以抑制RNA酶的活性,保证RNA分子的完整性。

(3) *氯化锂沉淀法*：在一定的条件下,锂离子能特异性沉淀RNA,通过反复沉淀可获得纯度较高的RNA样品。在该方法中,结合使用SDS、苯酚等蛋白质变性剂,或二硫苏糖醇等还原剂,还可抑制RNA酶活性。在氯化锂沉淀法提取的RNA中易残留锂离子,对后续的反转录有抑制作用。

从生物细胞中分离mRNA比分离DNA要困难得多,mRNA在细胞内尤其在原核细胞内的半衰期极短,平均只有几分钟,而且由于基因表达具有严格的时序性,目的基因的表达程序对相应的mRNA的成功分离非常重要。另外,mRNA在体外也不稳定,这对分离纯化过程和方法都提出更高的要求。对于富含RNA酶(RNase)的组织或核质不易分开的组织,可用强变性剂,如盐酸胍或异硫氰酸胍溶液处理细胞,抑制RNase活性并使核糖体解聚释放RNA,最后用超速离心或乙醇沉淀获得总RNA。RNase极为稳定且广泛存在,在RNA提取过程中要防止RNase的污染,并设法抑制其活性,这是实验成败的关键。

2. RNA提取的注意事项

要成功地提取真核生物RNA,并保证结构完整性,关键在于尽可能抑制或去除RNA酶的活性,从而获得完整的RNA。RNA在核糖的2′位上有一个羟基,它在水溶液中容易发生变构,使RNA结构不稳定,不利于长期保存。另外,RNA酶是导致RNA分子降解的重要因素。RNase分布广泛,不仅大量存在于样品细胞中,也存在于操作者身上、实验环境的微生物中、实验器皿和耗材上，极易污染样品。而且 RNase 非常稳定，耐高温、耐酸、耐碱，不宜失活，变性后容易复性。在 RNA 操作过程中，一方面要严格控制外源性 RNA 酶污染，另一方面要最大限度地抑制各种组织和细胞中内源性的 RNase。

（1）防止外源性 RNA 酶污染：操作者的皮肤、手指、唾液、试剂、容器等均可能均存在 RNA 酶，因此实验过程中实验人员均需戴手套和口罩并经常更换。所用的玻璃器皿需置于干燥烘箱中 200℃烘烤 2 h 以上。凡是不能耐受高温烘烤的材料如塑料容器等，可用 0.1%的焦碳酸二乙酯（DEPC）水溶液处理。DEPC 是 RNase 的化学修饰剂，它和 RNase 的活性基团组氨酸的咪唑环反应而抑制酶活性。DEPC 与氨水溶液混合可产生致癌物，因而使用时需格外小心。试验所用试剂也可用 0.1%的 DEPC 处理。加入 DEPC 溶液后，剧烈振荡 10 min，再煮沸 15 min 或高压灭菌以消除残存的 DEPC，否则 DEPC 也能和腺嘌呤作用而破坏 mRNA 活性。由于 DEPC 能与胺和巯基反应，所以含 Tris 和 DTT 的试剂不能用 DEPC 处理。Tris 溶液可用 DEPC 处理的水配制然后高压灭菌。配制的溶液如不能高压灭菌，可用 DEPC 处理水配制，并尽可能使用未开封的试剂。除 DEPC 外，也可使用异硫氰酸胍、钒氧核苷酸复合物、RNA 酶抑制蛋白等。此外，为了避免 mRNA 或 cDNA 吸附在玻璃或塑料器皿管壁上，所用器皿需经硅烷化处理。

（2）减少内源性 RNA 酶引起的降解：细胞破碎要完全，迅速，如果细胞受损伤但内含物未释放或释放不完全，不仅会造成 RNA 产量降低，还会因为植物细胞内部结构的破坏而产生内源性降解，降解的 RNA 在以后的提取过程中释放出来，影响 RNA 的质量。另外，破裂细胞时间不应过长，否则有可能使已释放的 RNase 发挥作用而降解 RNA。

近年来，常用的 RNase 抑制剂主要有：① 异硫氰酸胍：目前被认为最有效的 RNA 酶抑制剂，它在裂解组织的同时也使 RNA 酶失活。它既可破坏细胞结构使核酸从核蛋白中解离出来，又对 RNA 酶有强烈的变性作用。② DEPC：一种强烈但不彻底的 RNA 酶抑制剂，使用浓度为 0.05%～0.1%。使用时需要注意，DEPC 具有强烈的毒性，且容易降解，在高浓度时 DEPC 也能破坏单链核酸中大部分腺嘌呤环。③ 钒氧核糖核苷复合物：由氧化钒离子和核苷形成的复合物，它和 RNA 酶结合形成过渡态类物质，因而能有效地抑制 RNA 酶的活性。其使用浓度一般为10 mmol/L。④ RNA酶的蛋白质抑制剂（RNasin）：一种从大鼠肝或人胎盘中分离出来的酸性糖蛋白。RNasin 是 RNA 酶的一种非竞争性抑制剂，可以和多种 RNA 酶紧密结合形成复合物从而使其失活。⑤ 其他 RNase 抑制剂：SDS、尿素、硅藻土等对 RNA 酶也有一定抑制作用。

3. 实验中常见问题分析

在抽提 RNA 过程中，由于样品量过多，常导致匀浆不完全，单位体积内的 DNA 和蛋白质所占比例增大，使 RNA 不能有效地释放到上清中，当变性的蛋白质和基因组 DNA 一起形成絮状凝集物容易包裹 RNA，使 RNA 不能有效地释放到溶液中，导致相分离困难，降低 RNA 沉淀效率，甚至无 RNA 沉淀。在这种情况下，可以通过减少取样量，增加裂解液用量，延长匀浆和裂解时间得以解决。若样品暂时不作 RNA 提取，应立即用液氮冷冻，置－80℃贮存。

在 RNA 抽提过程中，最重要的是要防止 RNA 酶污染导致的 RNA 降解，必须对实验所用的试剂和器材进行 DEPC 处理。为减少 DNA 的污染，可使用无 RNA 酶的 DNase 处理 RNA 抽提物。同时由于 RNA 极易降解，应选择新鲜的样品。

2.1.3　质粒 DNA 的提取

质粒是细菌、真菌、酵母菌和放线菌等生物中染色体以外的遗传物质，是存在于细胞质中的闭合环状的双链 DNA 分子，能稳定地独立存在于染色体外，并传递到子代，一般不整合到宿主染色体上（图 2-2）。质粒的复制和转录要依赖于宿主

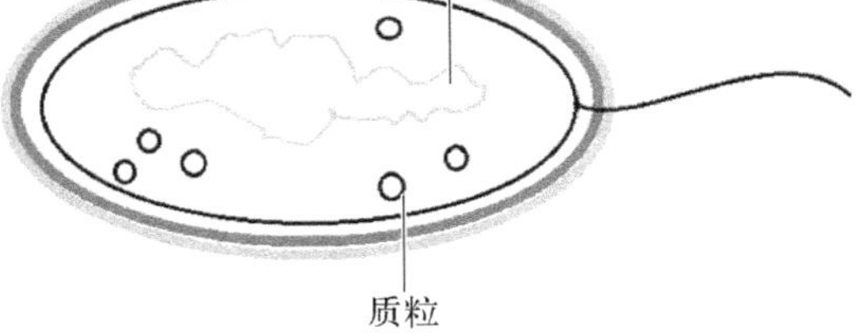

图 2-2　细菌中的质粒 DNA

细胞编码的某些酶和蛋白质，如离开宿主细胞则不能存活。质粒不是细菌生长繁殖所必需的物质，可能会自行丢失或经人工处理而消除，且质粒携带的遗传信息能赋予宿主菌某些生物学性状，有利于细菌在特定的环境下生存。

Note

质粒在细胞内的复制一般有两种类型：严紧控制型（stringent control）和松弛控制型（relaxed control）。严紧型质粒的复制是在寄主细胞严格控制之下的，只在细胞周期的一定阶段进行复制，与寄主细胞染色体的复制偶联同步，在一个细胞中只有一份或几份拷贝，如 F 因子。而松弛型质粒的复制不受寄主细胞复制的控制，因此拷贝数高，在整个细胞周期中随时可以独立于细菌细胞周期而进行自主复制，在每个细胞中有许多拷贝，一般 20 个以上，如 Col E1质粒。质粒的这种特性使其成为携带外源基因进入细胞中，进行扩增或表达的重要载体，这种基因运载工具在基因工程中具有广泛的应用价值，基因工程中使用的质粒多为松弛型质粒。

质粒通常含有编码某些酶的基因，其表型包括对抗生素的抗性、降解复杂有机物、产生大肠杆菌素和肠毒素及某些限制性内切酶与修饰酶等。质粒载体是在天然质粒的基础上为适应实验室操作而进行人工构建的。与天然质粒相比，质粒载体通常含有一个或一个以上的选择性标记基因（如抗生素抗性基因）和一个人工合成的多克隆位点序列，供插入基因选用。这一多克隆位点序列往往由多个单一限制性内切酶识别位点组成，并去掉了大部分非必需序列，尽可能减小分子质量以便于基因工程操作（图 2-3）。大多质粒载体带有一些多用途的辅助序列，这些用途包括通过组织化学方法肉眼鉴定重组克隆、产生用于序列测定的单链 DNA、体外转录外源 DNA 序列、鉴定片段的插入方向、外源基因的大量表达等。一个理想的克隆载体大致应有下列一些特性：① 分子质量小、多拷贝、松弛控制型；② 具有多种常用的限制性内切酶的单切点；③ 能插入较大的外源 DNA 片段；④ 具有容易操作的检测表型。常用的质粒载体大小一般在 1 kb 至 10 kb 之间。

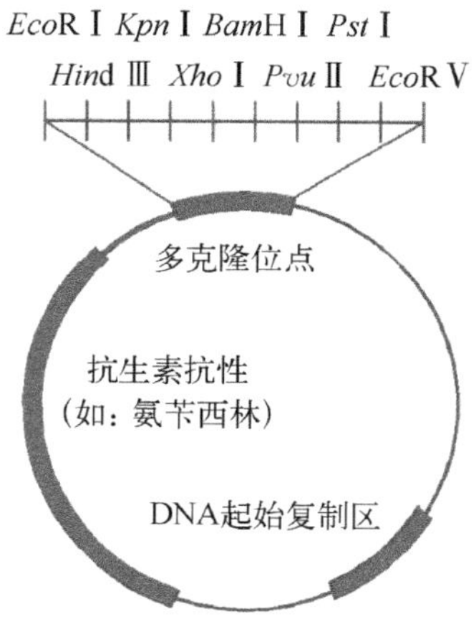

图 2-3　载体质粒 DNA 示意图

1. 碱裂解法

质粒 DNA 是一种运载基因工具，在基因工程操作中不可缺少，因而质粒 DNA 的分离提取是分子生物学实验中最基本的技术。质粒 DNA 的提取效率和纯度会直接影响到后续分子生物学实验的结果，比如酶切、连接、转化、PCR 扩增等。目前质粒提取方法较为成熟的主要有碱裂解法、煮沸法及 SDS 裂解法，其中碱裂解法最为常用，简述如下。

在细菌细胞内，质粒以超螺旋形式存在，与细菌基因组相比较小。当溶液的 pH 大于 12 时，双链 DNA 中的氢键被破坏，染色体发生变性，DNA 双链分离成单链。再将溶液的 pH 调回中性时，由于细菌基因组 DNA 较大，单链 DNA 互相缠绕并且与蛋白质结合生成网络状大分子不能复性而发生沉淀；而超螺旋状态的质粒 DNA 仅仅部分氢键被破坏，只是部分双链解离成单链，pH 调回中性时容易复性并溶解于水中，通过离心很容易将两者分开，达到分离的目的。

经典的碱裂解法提取质粒 DNA 时涉及三种主要试剂即溶液Ⅰ、溶液Ⅱ和溶液Ⅲ，其在抽提质粒 DNA 中的作用如下。

溶液Ⅰ：由葡萄糖、EDTA（ethylene diamine tetraacetic acid，乙二胺四乙酸）、Tris-HCl 组成。葡萄糖的作用是增加溶液的黏度，减少抽提过程中的机械剪切作用，防止破坏质粒 DNA；EDTA 的作用是与 Mg^{2+} 等二价金属离子形成络合物，防止 DNA 酶对质粒分子的降解作用；Tris-HCl 能使溶菌液维持溶菌作用的最适 pH 范围。

溶液Ⅱ：由 SDS 与 NaOH 组成，SDS 的作用是解聚核蛋白并与蛋白质分子结合使之变性，NaOH（pH>12）的作用是破坏氢键，使 DNA 分子变性。溶液Ⅱ中 NaOH 应该现配现用，若不是新配制的，可能会由于空气中的 CO_2 与 NaOH 作用，减弱其碱性。这一步操作要注意两点：其一，放置时间不能过长，因为在这样的碱性条件下基因组 DNA 片段会慢慢断裂；其二，混匀动作要轻柔，既保证细菌沉淀在试剂中充分扩散又要避免机械剪切已变性的质粒 DNA 和染色体基因组 DNA。

溶液Ⅲ：由 KAc 与 HAc 组成，是 pH 为 5.5 的高盐溶液。能中和溶液Ⅱ的碱性，使染色体 DNA 复性而发生缠绕，并使质粒 DNA 复性。K^+ 会与 SDS 形成溶解度很低的盐，并与蛋白质形成沉淀而除去。溶液中的染色体 DNA 也与蛋白质- SDS 形成相互缠绕的大分子物质，很容易与小分子的质粒 DNA 分离。此外，高盐溶液也有利于各种沉淀的形成。

一般来说，质粒越小，提取的效果越好；质粒越大，其特性与染色体 DNA 越接近，分离提取也就越难。要达到良好的分离效果，就必须寻找出溶菌的最适 pH、SDS 浓度、溶菌温度和时间等，以便使质粒 DNA 保持完整而染色体 DNA 变性。提取质粒时，细菌浓度也非常重要。溶菌时，菌体浓度过高可能因溶菌液与菌液不易很快混合而使溶菌不彻底，导致质粒的回收率降低，菌体浓度过低则因溶菌过于充分而使蛋白质、染色体和菌体碎片过多，沉淀时易携带质粒而降低产出率。

2. 煮沸法

煮沸裂解法是将细菌悬浮在含有将细菌悬浮于含 Triton X－100 和溶菌酶的缓冲液中，再用沸水浴裂解细胞，使宿主细胞的蛋白质与染色体 DNA 变性。加热除了能破坏细菌外壁，还有助于解开 DNA 链的碱基配对，并使蛋白质和染色体 DNA 变性。但是闭环质粒 DNA 链彼此不会分离，因为它们的磷酸二酯骨架具有互相缠绕的拓扑结构，当温度下降后闭环 DNA 的碱基复性形成超螺旋分子，变性的染色体 DNA 和蛋白质可以通过离心除去，然后回收上清液中的质粒 DNA。煮沸裂解法对于小于 15 kb 的小质粒抽提非常有效，但对于那些经变性剂、溶菌酶及加热处理后能释放大量碳水化合物的大肠杆菌菌株则不适用，如大肠杆菌菌株 HB101 及其衍生菌株（其中包括 TG1），这是因为碳水化合物很难除去，从而抑制限制酶和聚合酶的活性。该方法的优点是提取快速、简便。

3. SDS 裂解法

SDS 碱裂解法的原理主要基于三种裂解液的应用：溶液Ⅰ的主要作用为控制反应的 pH，促进细胞壁的溶解，增加溶液浓度以帮助细胞悬浮；溶液Ⅱ的主要作用是使长链基因组 DNA 解链变性，并与细胞裂解后释放的蛋白质、细胞碎片相互缠绕成大型复合物，然后被溶液中的 SDS 包盖，而部分超螺旋的闭合环状质粒 DNA 在此时也会发生可逆变性；溶液Ⅲ的主要作用是使管内体系恢复中性条件，从而使质粒 DNA 复性，同时，加入溶液Ⅲ后形成的十二烷基磺酸钾（PDS）会把 SDS 包盖的大型复合物共沉下来，通过离心可以与上清液中的质粒 DNA 分离开来。由于条件温和，SDS 裂解法有利于大质粒 DNA 的提取，但该方法在处理过程中有一部分质粒 DNA 因缠结在细胞碎片上而丢失，故产出率不高。

4. 质粒 DNA 试剂盒提取法

传统的碱裂解法在提取质粒的过程中需要如苯酚/氯仿抽提和醇类沉淀等耗时费力的操作步骤，大大影响实验的效率。目前一些国内研发机构将经典的碱裂解法与硅胶柱结合起来，去除了传统抽提过程中的有毒的苯酚/氯仿抽提过程和耗时的醇类沉淀过程，让操作者可以在20 min内完成质粒的提取工作，大大加速了实验效率。试剂盒适合从 1～5 mL 培养过夜的细菌中提取 5～35 μg 高纯度的质粒 DNA，以用于自动测序、酶切以及各种其他实验。用试剂盒提取质粒可以保证提取的质量与数量，操作简单方便，结果可靠，是今后 DNA 提取的一个趋势。

在细菌细胞内，质粒以超螺旋形式存在，在提取质粒过程中，除了超螺旋 DNA 外，还会产生其他形式的质粒 DNA，如果质粒 DNA 两条链中有一条链发生一处或多处断裂，分子就能旋转而消除链的张力，形成松弛型的环状分子，称开环；如果质粒变性后复性不完全，则会形成复制中间体（又称 Q 环），当提取的质粒 DNA 电泳时，同一质粒 DNA 其超螺旋形式的泳动速度要

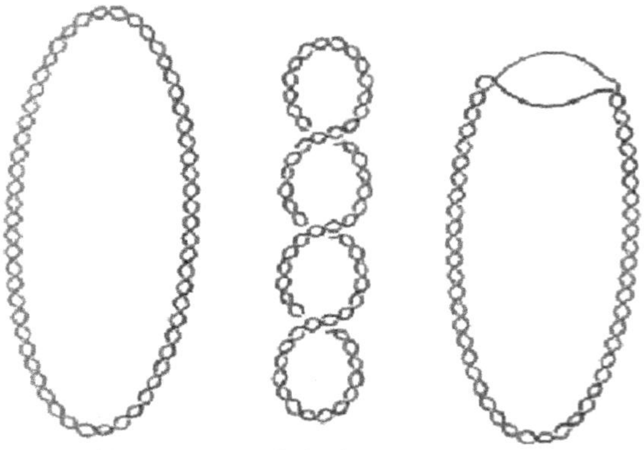

图 2-4　不同形式的质粒 DNA

比开环和复制中间体的泳动速度快(图 2-4)。

2.1.4　核酸的凝胶电泳

带电粒子在电场作用下可以移动，这一特性在基因工程中用于核酸的分离与鉴定，成为常规而重要的基本技术。凝胶电泳的原理是带电颗粒在电场作用下，以琼脂糖和聚丙烯酰胺凝胶为支持介质发生迁移。那么如何使被分离的物质带电呢？核酸与蛋白分子类似，都具有可电离基团，是一种两性离子。在酸性条件下(pH3.5)，核酸分子碱基上的氨基解离，核酸分子带正电荷，在电场中向负极移动。相反，在碱性条件(pH8.0～8.3)下，碱基上的氨基几乎不解离，而磷酸基团全部解离，核酸分子带负电荷，在电场中向正极移动。电泳就是利用在电场的作用下，由于待分离样品中各种分子带电性质以及分子本身大小、形状等性质的差异，使带电分子产生不同的迁移速度，从而对样品进行分离、鉴定或提纯的技术。但是不同大小和构象的核酸分子电荷密度大致相同，自由电泳时很难将它们分开。因此，采用适当浓度的凝胶介质进行电泳，发挥分子筛作用将不同大小和构象的核酸分子分开。用于 DNA 分离、纯化和鉴定的凝胶电泳有两类：一类是琼脂糖凝胶电泳，适用于大于 500 bp 以上的 DNA 分离、鉴定；另一类是聚丙烯酰胺凝胶电泳，适用于小片段 DNA 分子的分析与鉴定，其分辨力极高，甚至相差 1 bp 的 DNA 片段也能分开。聚丙烯酰胺凝胶电泳很快，可容纳大量的 DNA，但制备和操作比琼脂糖凝胶困难。

1. DNA 琼脂糖凝胶电泳

琼脂糖凝胶电泳常用于分离、鉴定核酸，如 DNA 鉴定、DNA 限制性内切酶图谱制作等，为 DNA 分子及其片段的分子质量测定和 DNA 分子构象的分析提供了重要手段。该技术操作简单而迅速，可以分辨用其他方法(如密度梯度离心法)所无法分离的 DNA 片段。当用低浓度的荧光嵌入染料如溴化乙啶(ethidium bromide, EB)染色，在紫外光下至少可以检出 1～10 ng的 DNA 条带，从而可以确定 DNA 片段在凝胶中的位置。此外，还可以从电泳后的凝胶中回收特定的 DNA 条带，用于以后的克隆操作。琼脂糖凝胶分离 DNA 片段大小范围较广，不同浓度琼脂糖凝胶可分离长度从 200 bp 至近 50 kb 的 DNA 片段。由于这种方法具有操作方便，设备简单，需要样品少，分辨力高的优点，因此已成为基因工程研究的常用方法之一。目前，一般实验室多用琼脂糖水平平板凝胶电泳装置进行 DNA 电泳。有下列因素影响电泳迁移率。

(1) DNA 分子的大小：线状双链 DNA 分子在一定浓度琼脂糖凝胶中的迁移速率与 DNA 分子质量对数成反比，分子越大则所受阻力越大，也越难以在凝胶孔隙中蠕行，因而迁移得越慢(图 2-5)。

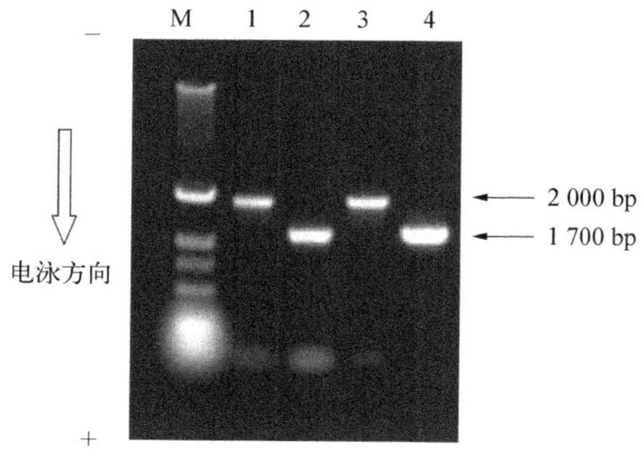

图 2-5　DNA 的琼脂糖凝胶电泳

(2) 琼脂糖的浓度：一个给定大小的线状 DNA 分子，其迁移速度在不同浓度的琼脂糖凝胶中各不相同。DNA 电泳迁移率的对数与凝胶浓度呈线性关系。凝胶浓度的选择取决于 DNA 分子的大小。分离小于 0.5 kb 的 DNA 片段所需胶浓度是 1.2%～1.5%，分离大于10 kb的 DNA 分子所需胶浓度为 0.3%～0.7%，DNA 片段大小介于两者之间则所需胶浓度为0.8%～1.0%(表 2-1)。

表 2-1　琼脂糖浓度与分离的 DNA 分子范围的关系

琼脂糖凝胶浓度/%	可分辨的 DNA 线性大小范围/kb
0.3	60～5
0.6	20～1
0.7	10～0.8
0.9	7～0.5
1.2	6～0.4
1.5	4～0.2
2.0	3～0.1

(3) DNA 分子的构象：当 DNA 分子处于不同构象时，它在电场中移动距离不仅和分子质量有关，还和它本身构象有关。分子质量相同而构象不同的 DNA 分子在琼脂糖凝胶中移动速度是不一样的，超螺旋 DNA 移动最快，而开环 DNA 次之，复制中间体移动最慢。如在电泳鉴定质粒纯度时发现凝胶上有数条 DNA 带，难以确定是否由质粒 DNA 不同构象引起，可从琼脂糖凝胶上将 DNA 带逐个回收，用同一种限制性内切酶分别水解，电泳时如在凝胶上出现相同的 DNA 图谱，则为同一种 DNA。

(4) 电源电压：在低电压时，线状 DNA 片段的迁移速率与所加电压成正比。但是随着电场强度的增加，不同分子质量的 DNA 片段的迁移率将以不同的幅度增长，片段越大，因场强升高引起的迁移率升高幅度也越大，因此电压增加，琼脂糖凝胶的有效分离范围将缩小。要使大于 2 kb 的 DNA 片段的分辨率达到最大，所加电压不得超过 5 V/cm。

(5) 嵌入染料的存在：荧光染料溴化乙啶用于检测琼脂糖凝胶中的 DNA，该染料会嵌入到堆积的碱基对之间并拉长线状和带缺口的环状 DNA，使其刚性更强，还会使线状 DNA 迁移率降低 15%。

(6) 离子强度影响：电泳缓冲液的组成及其离子强度影响 DNA 的电泳迁移率。在没有离子存在时(如误用蒸馏水配制凝胶)，电导率最小，DNA 几乎不移动，在高离子强度的缓冲液中(如误加 10×电泳缓冲液)，则电导很高并明显产热，严重时会引起凝胶熔化或 DNA 变性。对于天然的双链 DNA，常用的几种电泳缓冲液有 TAE[含 EDTA(pH8.0)和 Tris-乙酸]，TBE(Tris-硼酸和 EDTA)，TPE(Tris-磷酸和 EDTA)，一般配制成浓缩母液，室温储藏。

目前的琼脂糖凝胶电泳方法在检测不同核酸时有了改进，如在普通琼脂糖凝胶电泳的基础上，结合甲醛变性琼脂糖凝胶电泳加以改进，可检测到提取的总 RNA 28S、18S、5.8S(5S)三条清晰的 rRNA 条带。

2. RNA 琼脂糖凝胶电泳

RNA 可以用非变性或变性凝胶电泳进行检测。在非变性电泳中，可以分离混合物中不同分子质量的 RNA 分子，但是无法确定分子质量。只有在变性情况下，RNA 分子完全伸展，其泳动率才与分子质量成正比。判断 RNA 提取物的完整性是进行电泳的主要目的之一。完整的未降解的 RNA 制品的电泳图谱应可清晰地看到 18S rRNA、28S rRNA、5S rRNA 的三条带，且 28S rRNA 的亮度应为 18S rRNA 的两倍。常用的 RNA 琼脂糖凝胶电泳检测方法有乙二醛变性电泳、甲醛变性电泳、羟甲基汞变性电泳。

3. 核酸聚丙烯酰胺凝胶电泳

聚丙烯酰胺凝胶电泳(polyacrylamide gel electrophoresis，PAGE)是以聚丙烯酰胺凝胶作为支持介质的电泳方法。PAGE 应用广泛，可用于蛋白质、酶、核酸等生物分子的分离、定性、定量及少量的制备，还可测定分子质量、等电点等。

聚丙烯酰胺凝胶与琼脂糖凝胶相比，其制备和操作相对困难，需要在垂直电泳槽中进行；但聚丙烯酰胺凝胶在分离小片段 DNA 分子时效果很好，其分辨率极高，相差 1 bp 的 DNA 片段都能分开，而且在一个标准点样孔中可以容纳相对大量的DNA。常用的聚丙烯酰胺凝胶有两种：非变性聚丙烯酰胺凝胶和变性聚丙烯酰胺凝胶，前者用于分离和纯化双链DNA片段，后者用于分离和纯化单链DNA片段。非变性聚丙烯酰胺凝胶电泳已广泛用于动、植物微卫星DNA的检测，以利于遗传图谱构建、数量性状基因定位、标记辅助选择、亲子鉴定及生物多样性研究等。

4. 脉冲场凝胶电泳

脉冲场凝胶电泳(pulsed field gel electrophoresis，PFGE)是近年来发展起来的一种分离大片段DNA的电泳技术，在现代分子生物学研究中得到了广泛的应用。

普通的琼脂糖凝胶电泳是借助琼脂糖凝胶的分子筛作用对核酸片段进行分离，核酸片段因其分子质量或分子形状不同，电泳移动速度有差异而分离，但是它只能分离15～20 kb以下的小分子DNA以及质粒DNA分子，而无法分离更大的DNA分子。在普通的琼脂糖凝胶电泳中，大分子DNA(一般长度超过20 kb，在某些情况下超过40 kb)在电场作用下通过孔径小于分子大小的凝胶时，将会改变无规则卷曲的构象，沿电场方向伸直，与电场平行从而才能通过凝胶。此时，大分子通过凝胶的方式相同，迁移率也相同(也称“极限迁移率”)，因此不能达到分离的目的。

脉冲场凝胶电泳技术利用自身的特点可以解决大分子DNA分离的难题，它可以分离纯化大小在10～2 000 kb之间的DNA片段。它是在两个不同方向的电场周期性交替进行的，DNA分子在交替变换方向的电场中作出反应所需的时间显著地依赖于分子大小。DNA越大，构象改变需要的时间越长，重新定向的时间也越长，在每个脉冲时间内可用于新方向泳动的时间越少，因而在凝胶中移动越慢。反之，较小的DNA移动较快，因此不同大小的分子可以被成功分离。

2.1.5 变性梯度凝胶电泳

变性梯度凝胶电泳(denatured gradient gel electrophoresis，DGGE)是根据DNA在不同浓度的变性剂中解链行为的不同而导致电泳迁移率发生变化，从而将片段大小相同而碱基组成不同的DNA片段分开。具体而言，就是将特定的双链DNA片段在含有从低到高的线性变性剂梯度的聚丙烯酰胺凝胶中电泳，随着电泳的进行，DNA片段向高浓度变性剂方向迁移，当它到达其变性要求的最低浓度变性剂处，双链DNA形成部分解链状态，这就导致其迁移速率变慢。由于这种变性具有序列特异性，因此DGGE能将同样大小的DNA片段很理想地分开，它是一种很有用的分子标记方法。

DGGE技术于20世纪80年代初期产生，起初主要用来检测DNA片段中的点突变。现在该技术被广泛用于微生物分子生态学研究以及生物多样性调查、亲缘关系鉴定、基因突变检测等多个领域。这一技术能够提供群落中优势种类信息，并同时分析多个样品，具有可重复和操作简单等特点，适合于调查种群的时空变化。而且可通过对条带的序列分析或与特异性探针杂交分析，鉴定群落组成。

作为一种突变检测技术，DGGE具有如下的优点：① 突变检出率高。DGGE的突变检出率为99%以上。② 检测片段长度可达1 kb，尤其适用于100～500 bp的片段。③ 非同位素性。DGGE不需同位素掺入，可避免同位素污染及对人体造成的伤害。④ 操作简便、快速。DGGE一般在24 h内即可获得结果。⑤ 重复性好。但是，该方法需要特殊的仪器，而且合成带GC夹的引物也比较昂贵。

2.1.6 核酸的定量与纯度的测定

在分子生物学实验中，核酸提取需要进行其纯度和浓度的测定。目前实验室常用的测定方法有紫外分光光度计法、荧光定量PCR法和试剂盒测定法。

Note

1. 分光光度法

DNA链上碱基的苯环结构在紫光区具有较强吸收，DNA/RNA在260 nm处有最大的吸收峰，蛋白质在280 nm处有最大的吸收峰，盐和小分子则集中在230 nm处。因此，可以用260 nm波长进行分光测定DNA浓度，OD值为1大约相当于双链DNA50 μg/mL，单链DNA33 μg/mL，RNA40 μg/mL，寡核苷酸35 μg/mL。如用1 cm光径，用H_2O稀释DNA/RNA样品n倍并以H_2O为空白对照，根据此时读出的OD260值即可计算出样品稀释前的浓度：

DNA(mg/mL)＝50×OD260读数×稀释倍数/1 000

RNA(mg/mL)＝40×OD260读数×稀释倍数/1 000

DNA/RNA纯品的OD260/OD280为1.8或2.0，故根据OD260/OD280的值可以估计DNA的纯度。若比值较高说明含有RNA，比值较低说明有残余蛋白质存在。

DNA浓度测定的OD260/OD280比值大于1.8，说明存在RNA，可重新用RNaseA处理，苯酚：氯仿：异戊醇(25：24：1)抽提；DNA浓度测定的OD260/OD280比值小于1.8，则说明有蛋白质等杂质存在，需再用蛋白酶K、SDS及苯酚、氯仿、异戊醇重新对DNA进行纯化[也可加入1/8体积的3 mol/L NaAc(pH5.2)与冷乙醇一同促使DNA沉淀析出]。

RNA浓度测定OD260/OD280比值小于1.8时，说明溶液中蛋白或者其他有机物的污染比较明显；OD260/OD280比值大于2.2时，说明RNA已经水解成单核苷酸了。

采用紫外检测法测核酸含量的优点是简单、快速、灵敏度高。缺点是该法在测定样品内混杂有大量的上述吸收紫外光物质时，则会产生较大测定误差，需要设法事先除去。

样品中含有核苷酸类杂质可以通过离子层析柱进一步提纯，再用紫外吸收法测定。

2. 荧光法

PicoGreen荧光染料法是一种灵敏的双链DNA检测方式，通过Modulus检测仪可以检测到pg级的微量DNA。这种方法主要用来测定微量的DNA残留，或对DNA样品进行精确定量。用PicoGreen荧光染料，测定DNA、RNA浓度比较灵敏，并且适合测量低浓度和微量DNA和RNA，并且受其他杂质的影响不大，缺点是要有专门的荧光检测仪器，试剂比较昂贵。

3. 二苯胺法

脱氧核糖核酸中的α-脱氧核糖在酸性环境中变成ω-羟基-γ酮基戊醛与二苯胺试剂一起加热产生蓝色化合物，在595 nm处有最大的吸收，在每毫升含DNA 20～400 μg范围内，光密度与DNA的浓度成正比，在反应液中加入少量乙醛，可以提高反应的灵敏度。除DNA外，脱氧木糖、阿拉伯糖也有同样的反应。

二苯胺法测定DNA含量灵敏度不高，待测样品中DNA含量低于50 mg/L即难以测定。乙醛可增加二苯胺法测定DNA的发色量，又可减少脱氧木糖和阿拉伯糖的干扰，能显著提高测定的灵敏度。

样品中含有少量RNA并不影响测定，但因蛋白质、多种糖类及其衍生物、芳香醛、羟基醛等能与二苯胺反应形成有色化合物，故能干扰DNA定量。

2.2 PCR技术

聚合酶链式反应(polymerase chain reaction，PCR)具有特异、敏感、产率高、快速简便、重复性好、易自动化等突出特点，能在普通实验室完成，可短时间内在试管中获得数百万个特异DNA序列的拷贝。PCR技术虽然问世时间不长，但已迅速进入生命科学、医学工程、遗传工程、疾病诊断、法医学、考古学等各个领域。现在，该技术已成为分子生物学中强有力的工具之一，并正在开拓新的应用领域，许多新方法相继脱颖而出。发明人Kary Banks Mullis也因此荣获 1994 年度诺贝尔化学奖。

Note

2.2.1 PCR 的原理

PCR 与生物体内的 DNA 复制过程相类似，其最终的结果也是一样的，即以亲本的 DNA 为模板产生新的相同的子代 DNA。现已知道，细胞中的 DNA 复制是一个非常复杂的过程，需要各种因素有序配合完成。而 PCR 是在体外进行的 DNA 复制反应，虽然其基本原理与前者相似，但其用耐热的 *Taq* 酶取代了 DNA 聚合酶，用合成的 DNA 引物替代了 RNA 引物，而且反应体系相对较简单，易于操作，在短时间内就可实现目的 DNA 的大量扩增。

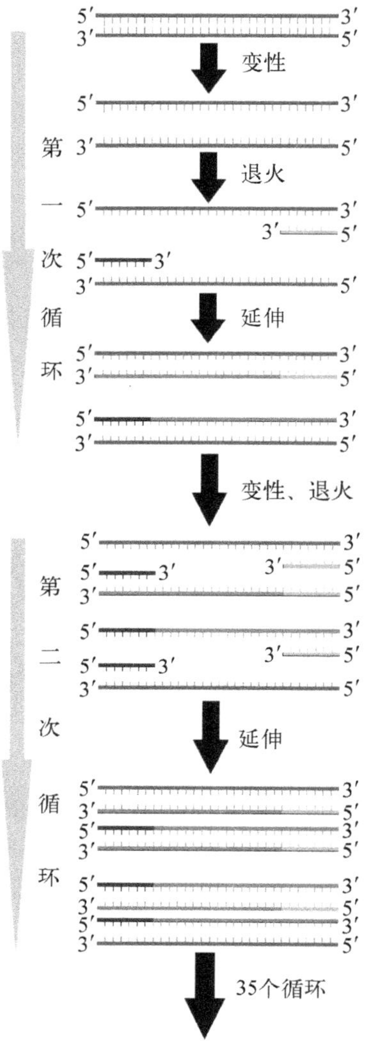

图 2-6　PCR 反应原理示意图

PCR 技术实际上是在 DNA 模板、Mg^{2+}、引物和 4 种核苷酸底物存在条件下由 *Taq* 酶进行的酶促反应，配合热循环进行高效扩增，扩增片段的特异性取决于引物和模板的特异结合。PCR 由变性—退火—延伸三个基本反应步骤构成：①变性：当反应体系被加热至 94℃左右并保持一定时间后，双链模板 DNA 或经 PCR 扩增形成的双链 DNA 间氢键断裂而解离为单链 DNA，以便与特异引物结合，为下轮反应做准备。② 复性：变性完成后，将反应体系的温度迅速降至低于 T_m 值 5℃左右时（一般为 55℃），特异性的引物就会和单链模板 DNA 的互补序列杂交。由于引物的物质的量远多于模板 DNA，且模板 DNA 结构比较复杂，所以单链模板 DNA 间形成双链的机会就少得很。③ 延伸：将反应体系的温度升到 72℃，单链 DNA 模板-引物复合物在 *Taq* 酶的作用下，以 DNA 链为模板、4 种 dNTPs 为反应原料，按照碱基配对原则使 DNA 链按照 5′→3′不断延伸，合成一条新的与模板 DNA 链互补的链。以上三步为一个循环，经过一个循环后，目的基因扩增了 1 倍，新扩增的片段又可以作为下一循环的模板进行扩增。因此 n 次循环后，反应体系中的目的基因片段会以 2^n 的形式得到累积，经过 30～35 个循环后就能将目的基因扩增几百万倍（图 2-6）。

PCR 的反应动力学：PCR 反应经过若干个循环后，目的 DNA 的含量就会以指数形式得到相应的增加，其含量可以用公式 $A=B(1+C\%)^n$ 计算。A 为目的基因的拷贝数，B 为目的 DNA 的起始数目，C 为平均每次的扩增效率，n 为扩增的循环数。理论上讲 C 值为 100%，但实际上 C 值不可能一直为理论值。一般在 25～35 个循环内，C 值才能保持相对恒定，随着循环次数增加，引物浓度和目的基因浓度等条件不断变化，C 值就会逐渐变小，直至为 0。此时，DNA 片段不再呈指数增加，而进入线性增长期或静止期，即平台期。一般情况下，平台期是无法避免的。

2.2.2 PCR 的操作

1. 反应体系

DNA 在细胞中的复制是一个比较复杂的过程。参与复制的基本因素有：DNA 聚合酶、DNA 连接酶、DNA 模板、由引发酶合成的 RNA 引物、dNTPs、无机离子、合适的 pH 以及解开 DNA 的超螺旋及双螺旋等结构的若干酶与蛋白质因子等。PCR 在试管中进行 DNA 复制反应，用加热（变性）、冷却（退火）、保温（延伸）等改变温度的办法使 DNA 得以复制，反复进行变性、退火、延伸循环，就可使 DNA 无限扩增。PCR 反应体系主要包括模板、引物、TaqDNA 聚合酶、缓冲液、Mg^{2+}、三磷酸脱氧核苷酸(dNTPs)。

(1) 模板：PCR 的模板可以是 DNA，也可以是 RNA。当用 RNA 作为模板时，首先要进行反转录生成 cDNA，然后再进行正常的 PCR 循环。核酸模板来源广泛，可以从培养细胞、细菌、病毒、组织、病理标本、考古标本等中提取。标本处理的基本要求是除去杂质，并部分纯化标本中的核酸。多数样品需要经过 SDS 和蛋白酶 K 处理。难以破碎的细菌，可用溶菌酶加 EDTA 处理。所得到的粗制 DNA，经酚、氯仿抽提纯化，再用乙醇沉淀后用作 PCR 反应模板。PCR 反应时加入的 DNA 模板量一般为 100～100 000 拷贝，现在的技术水平已能从单个细胞制备出相应的 cDNA 文库。PCR 反应时加入适当的 DNA 模板量可以减少 PCR 多次循环带来的碱基错配。

(2) 引物：引物决定 PCR 扩增产物的特异性与长度。因此，引物设计决定 PCR 反应的成败。对引物的基本要求有：① 引物长度一般要求有 16～30 bp，常用为 20 bp 左右。如果引物长度过短会影响 PCR 的特异性，过长可能会延长引物与模板结合时间，扩增效率下降。② G+C 的含量一般为 40%～60%。G+C 的含量太低扩增效果不佳，G+C 的含量过高易出现非特异性扩增。③ 四种碱基应随机分布，不要有连续 3 个以上的相同嘌呤或嘧啶存在。尤其是在引物的 3′端，不应有连续 3 个 G 或 C，否则会使引物与核酸的 G 或 C 富集区错误互补，而影响 PCR 的特异性。④ 引物自身不应存在互补序列而引起自身折叠，至少引物自身连续互补碱基不能超过 3 bp。⑤ 两引物之间不应互补，尤其是它们的 3′端不应互补。一对引物之间不应多于 4 个连续碱基有互补性，以免产生引物二聚体。⑥ 引物与非特异靶区之间的同源性不要超过 70%或有连续 8 个互补碱基同源，否则易导致非特异性扩增。⑦ 引物 5′端可以修饰，包括加酶切位点，用生物素、荧光物质、地高辛等标记，引入突变位点，引入启动子序列，引入蛋白质结合 DNA 序列等，引物的设计最好以电脑软件进行指导。引物 T_m 值与退火温度有关，常用的计算公式为：$T_m=4(G+C)+2(A+T)$。

(3) 耐热的 *Taq* DNA 聚合酶：*Taq* 酶是从栖热水生菌 *Thermus aquaticus*(*Taq*)中分离出的具有热稳定性的 DNA 聚合酶，对于 PCR 的应用有里程碑的意义。多数酶在高温时即变性失活，然而该酶可以耐受 90℃以上的高温而不失活，所以不需要每个循环加酶，使 PCR 技术变得非常简捷、同时也大大降低了成本，PCR 技术得以大量应用，并逐步应用于临床。在应用 *Taq* DNA 聚合酶进行 PCR 反应时，变性往往在 94～95℃条件下进行，这也是 *Taq* DNA 聚合酶进行 30 个或者 30 个以上 PCR 循环而活力不受到过多损失时所能耐受的最高温度。然而这种酶的保真度不高，因为这种酶的 DNA 聚合作用依赖于 3′→5′校正。以往用 *Taq* 酶进行 PCR 扩增，一般只能扩增小于 400 bp 的 DNA 片段，经过对酶的结构与功能的改造，以及 PCR 方法学的改进，现已能扩增 20 kb 以上的 DNA 分子。

(4) 缓冲液：缓冲液提供 PCR 反应合适的酸碱度与某些离子，常用 10～50 mmol/L Tris-HCl(pH8.3～8.8)缓冲液。缓冲液中含有 50 mmol/L KCl 有利于引物的退火。

(5) Mg^{2+}：Mg^{2+}浓度对 *Taq* DNA 聚合酶的活性影响很大，Mg^{2+}浓度过低，*Taq* 酶活力显著降低；Mg^{2+}浓度过高，又使酶催化非特异性扩增。Mg^{2+}浓度还影响引物的退火、模板与 PCR 产物的解链温度以及引物二聚体的形成等。*Taq* 酶的活性只与游离的 Mg^{2+}浓度有关，而 PCR 反应体系中，dNTP、引物、DNA 模板等中的所有磷酸基团均可与 Mg^{2+}结合而降低 Mg^{2+}的游离浓度。因此，Mg^{2+}的总量应比 dNTP 的浓度高 0.2～0.25 mmol/L。

2. 反应温度和循环次数

PCR 扩增是由变性、复性和延伸 3 个步骤反复循环实现的，其中每一步骤的温度、时间及循环次数等参数是非常重要的。

(1) 变性温度与时间：PCR 反应中变性这一步很重要，若不能使模板 DNA 和 PCR 产物完全变性，PCR 反应就不能成功，DNA 分子中 G+C 含量愈多，要求的变性温度愈高。太高的变性温度和时间又会影响 *Taq* 酶的活性，通常的变性温度和时间分别为 95℃、30 s，有时用 97℃、15 s。虽然 DNA 链在变性温度时两链分离只需几秒钟，但反应管内部达到所需温度还需要一

Note

定的时间，因此要适当延长时间。

（2）退火温度和时间：退火温度决定 PCR 的特异性，合适的退火温度应低于引物 T_m 值 5℃。退火温度过低，引起非特异性扩增；增高退火温度，可提高扩增的特异性，因此要严格规定退火温度。退火反应时间一般为 1 min。在 PCR 开始的头一次循环时，反应从远低于 T_m 值的温度升温，由于 *Taq* 酶在低温时仍具有活性，这时就可能因引物与模板非特异性配对而出现非特异性产物或出现引物二聚体，从而导致非特异性产物在整个 PCR 反应中反复扩增，而使 PCR 严重失败。为了尽量消除这种非特异性扩增，可以使用热起动的方式。

（3）延伸温度与时间：延伸温度一般为 72℃左右，此时 *Taq* 酶活性为每秒钟掺入核苷酸 35～100 个，2 kb 的片段用 1 min 已足够，若 DNA 片段较长，扩增时间可适当延长。延伸时间过长又可引起非特异性扩增。

（4）循环次数：循环次数主要取决于最初靶分子的浓度，一般为 30(25～30 个)个周期。过多的循环次数会增加非特异性产物量及碱基错配数。此外，PCR 经过一定数量的循环后，DNA 片段不再呈指数积累，而是进入静止期或平台期。

3. PCR 实验中常见问题分析

（1）假阳性：由于 PCR 反应的灵敏度极高，所以只要污染了微量的靶基因，就会造成大量扩增；此外，样品中含有靶基因的同源序列，也会出现假阳性。为了避免假阳性，试剂要分装，枪头及离心管等均应一次使用，简化操作。

（2）假阴性：PCR 反应本该出现扩增条带而实际上却没有，就会出现假阴性。常见的原因有：*Taq* 酶失活，或活性受到了抑制；引物的设计或合成错误；提取的模板质量和数量达不到要求；变性的温度和时间不合理。为避免假阴性，体系中要避免有抑制 *Taq* 酶活性的成分，遵循 *Taq* 酶的使用及保存规范。选一个好的引物合成单位，两条引物的浓度要大体一致，引物分装保存，避免反复冻融。虽然 PCR 对模板的纯度要求不高，但不能污染有机试剂（苯酚、氯仿等）。Mg^{2+} 浓度对 PCR 扩增效率影响很大，浓度过高可降低 PCR 扩增的特异性，浓度过低则影响 PCR 扩增产量甚至使 PCR 扩增失败而不出扩增条带。

2.2.3 PCR 衍生技术

PCR 技术在生物实验中发挥越来越重要的作用，成为分子生物学及其相关实验的经典实验方法。随着 PCR 技术的发展，产生了一系列的 PCR 改良、派生技术使 PCR 的应用趋于多元化，在基因扩增与检测、基因克隆、基因改造和遗传分析等方面发挥着重要作用。

1. 反转录 PCR

反转录 PCR(reverse transcription-polymerase chain reaction，RT - PCR）又被称为逆转录 PCR，是一种利用逆转录酶将组织和细胞中的 RNA 反转录成为 cDNA，并以此为模板通过 PCR 进行 DNA 扩增来间接检测 RNA 的链式聚合酶反应。与 Northern 杂交相比，反转录 PCR 具有快速、使用样本量小等优点，1 μg 的细胞 RNA 足够用于扩增其中的稀有 mRNA 序列。此外，反转录 PCR 的敏感性也比 Northern 杂交提高了几个数量级，可以分析一些微量的 RNA。

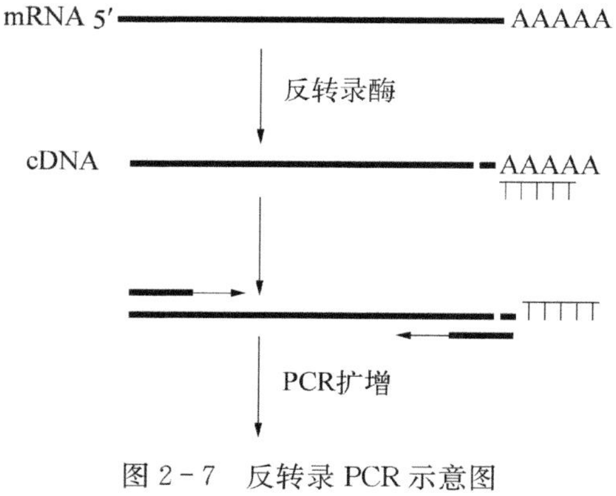

图 2 - 7　反转录 PCR 示意图

反转录 PCR 通常分为两个步骤（图 2 - 7），第一步是将单链 RNA 分子逆转录为互补的单链 DNA(cDNA)，这一过程对 RNA 质量的要求很高，要求 RNA 模板完整性好，其完整性可以通过普通琼脂糖凝胶电泳来检测。一般所抽提的 RNA 应该包括 28S、18S 两条带，并且 28S 带的亮度应该是 18S 的两倍左右；并且不含有蛋白质、DNA 等杂质，RNA 在 260 nm 有很强的光吸收值，它的纯度可以通过 A260/A280 来确定。用于合成 cDNA 的逆转录酶种类很多,如禽类骨髓细胞瘤病毒逆转录酶(AMV)和莫洛尼鼠白血病病毒逆转录酶(MMLV)。第二步则是以合成的cDNA为模板,根据不同目的选择合适条件进行PCR扩增。为了对基因的表达做出更进一步的分析,通常使用一些内标来规范不同样品间的相对表达量,如β-肌动蛋白(β-Actin)、3-磷酸甘油醛脱氢酶(G3PD)、18S rRNA等。

Note

两步法的操作步骤较多,耐受污染的能力不强,最近发展完善了一种一步法的RT-PCR,称为一步法扩增(one step amplification)。主要不同在于发现了*Taq*酶不仅具有DNA聚合酶的作用,而且具有逆转录酶的活性,因此在同一体系中直接使用*Taq*酶,以mRNA为模板进行反转录和扩增,这样不仅简化了步骤、降低了污染的风险,同时也减少了对样品的需求,有利于微量或者低丰度样品的检测。

2. Real-Time PCR

Real-Time PCR即实时定量PCR,和反转录PCR共用一个简称(RT-PCR)。荧光定量PCR是一种利用外参或者内参为标准,在PCR体系中加入荧光信号强度与DNA数目相关的荧光物质,并通过对PCR扩增反应中每一个循环产物荧光信号的实时变化检测来实现对起始模板定量及定性的分析工作。该技术是美国Applied Biosystems公司在1996年推出的,与常规的PCR相比,该技术不仅实现了PCR从定性到定量的飞跃,而且具有特异性更强、PCR过程污染问题可解决、自动化程度高等特点。该技术的应用十分广泛,主要用于监测细胞mRNA表达量的变化,比较不同组织的mRNA表达差异,验证基因芯片或者siRNA干扰的实验结果等。

荧光定量PCR一般分为荧光染料法与探针法。荧光染料法常用的是SYBR GreenⅠ的染料,这种染料是一种DNA小沟结合染料,与DNA结合时发荧光,而独自游离时并不发光,这使得荧光信号强度与DNA的浓度成正比从而检测扩增过程。其优点是：成本低,灵敏度高,适合初步筛查等。缺点是：给出所有双链DNA的总信号不能分辨主带与杂带,之后还要做溶解曲线以确定扩增过程中是否有杂带和引物二聚体;每孔只能定量1个基因。探针法常用的是TaqMan荧光探针,该探针为一寡核苷酸,两端分别标记一个报告荧光基团和一个淬灭荧光基团,探针完整时荧光基团与淬灭基团相互作用并不发射荧光,PCR扩增时,*Taq*酶的5′→3′外切酶活性将探针酶切降解,使报告荧光基团和淬灭荧光基团分离从而使探针发出荧光,即每扩增一条DNA链就有一个荧光分子形成,使得荧光信号强度与DNA的浓度成正比。相比而言,TaqMan荧光探针定量法可以具有减少背景,提高信噪比,提高淬灭效率,定量更多基因等优点。

3. RACE-PCR

在鉴定和分离新的cDNA的时候常常会碰到整个基因只有一部分序列已知的情况,而绝大多数的物种没有完成全基因组测序,所以转录本的其他部分可能无法直接查到,这时就需要一种通过部分序列克隆出整个基因的技术方法,而cDNA末端快速扩增方法即RACE-PCR(rapid amplification of cDNA ends PCR)就是这样的技术。总体来说,RACE就是指以mRNA为模板,反转录合成cDNA的第一条链,然后用PCR技术扩增出从某个特定位点到3′或5′的未知核苷酸序列。该技术原理如图2-8所示。

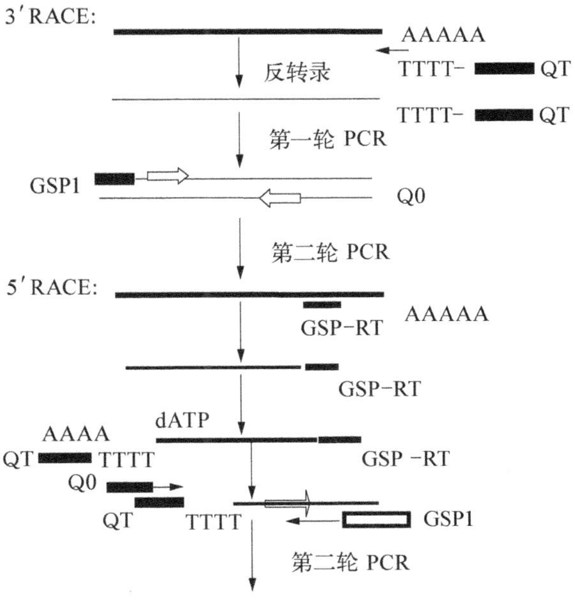

图2-8　RACE-PCR示意图

RACE-PCR一般分为5′RACE和3′RACE两种,此处的5′和3′是相对于

mRNA 而言的。3′RACE 较简单，根据一般基因具有 polyA 尾巴的特点首先选用含 polyT 特异引物命名为 QT，将 mRNA 或总 RNA 反转录，然后用基因特异性引物 GSP1 和含部分接头序列的引物 Q0 进行第一轮 PCR，第二轮再用内部引物 Q1 和基因特异性引物 GSP2 进行第二轮 PCR 即可。5′RACE 与 3′RACE 略有不同。首先，引物多设计了一个用于逆转录的基因特异引物 GSP－RT；其次，在酶促反应中增加了逆转录和加尾步骤，即先用逆转录 mRNA 获得第一链 cDNA 后，用脱氧核糖核酸末端转移酶和 dATP 在 cDNA 3′端加 poly(A)尾，再用锚定引物合成第二链 cDNA，接下来与 3′RACE 过程相同。用接头引物和位于延伸引物上游的基因特异性引物进行 PCR 扩增。一般基因特异性引物 GSP 大小为 23～28 bp，GC 含量 50％～70％，T_m 值大于 65℃。

经典 RACE 步骤多、时间长、特异性差，许多实验室和公司对这项技术做了改进以使它更加实用。对传统 RACE 技术的改进主要集中在两个方面：一是引物设计的改进，二是反转录 PCR 技术的改进。改进之一是在 oligo(dT)引物的 3′端引入两个简并的核苷酸，可以使引物定位在 poly(A)尾的起始点，从而消除了在合成第一条 cDNA 链时 oligo(dT)与 poly(A)尾的任意结合所带来的影响；改进之二是采用莫洛尼氏鼠白血病毒(MMLV)逆转录酶或嗜热 DNA 聚合酶可能在高温条件下逆转录 mRNA，从而消除了 5′ 端由于高 CC 含量导致的 mRNA 二级结构对逆转录的影响。

目前 RACE 技术日益完善，许多商业化 RACE 技术产品已经推出并占据了相当大的市场。例如，Clontech、TaKaRa 等公司都推出了 RACE 试剂盒。

4. 反向 PCR

常规 PCR 可以扩增两条引物之间的序列，而对于两端序列未知的 DNA 片段常规的 PCR 就难以发挥作用。而反向 PCR 正是从一般 PCR 中改进出来的一种用于扩增一段已知序列两侧 DNA 的方法。也就是说反向 PCR 可以扩增与已知 DNA 区段相连接的未知染色体 DNA 序列，因此这种方法又被称为染色体步移技术。

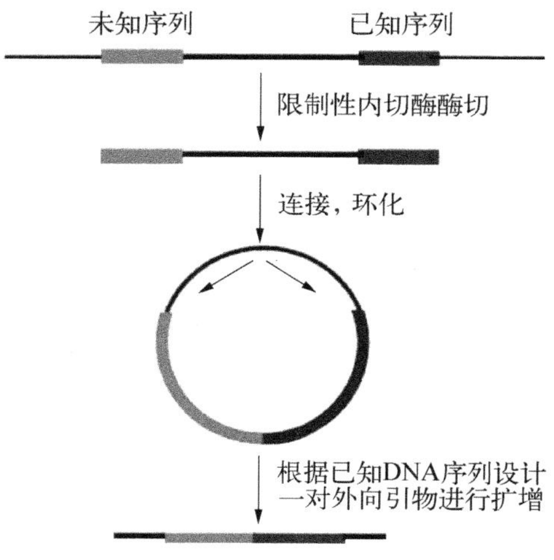

图 2－9　反向 PCR 示意图

反向 PCR 的基本方法(图 2－9)是首先根据已知序列设计一对引物，与常规引物不同的是这对引物的 3′端是相互反向的。其次寻找合适的限制性内切酶，且该酶的酶切位点不在已知序列中含有，用这种限制性内切酶酶切样品 DNA 得到一个含有已知序列且两端酶切位点相同的 DNA 片段。用连接酶将这段 DNA 片段环化后就可以利用开始合成的那对引物进行 PCR 扩增，由于引物的 3′端是相互反向的，故可以扩增出临近已知片段的序列。

由于扩增的是未知片段，无法提前预知酶切出的片段长度，而 PCR 扩增实际上是有上限的(3～4 kb)，所以选择合适的酶切位点是该法成功与否的关键。此外有核基因组中含有的重复序列也会对该法产生不利的影响。但总的来说反向 PCR 是一种探索已知序列临近序列的有效方法，常用于分析基因游走、转位因子或者转基因序列插入位点等。

5. 巢氏 PCR

巢氏 PCR 是一种特殊的 PCR，主要用来提高扩增的特异性。在巢氏 PCR 中使用两对引物分别进行两轮 PCR 扩增，第一轮 PCR 扩增中使用的引物与普通 PCR 相似，而第二轮 PCR 扩增中使用的引物在第一次 PCR 扩增片段的内部(也称巢式引物)，使得第二次 PCR 扩增片段比第一次扩增的片段更短一些。由于两轮扩增使用两对引物，使得整个 PCR 过程中的特异性很强，基本不可能扩增非目的片断，在整个巢氏 PCR 过程中极大地减少了非特异性扩增带来的污染。巢氏 PCR 可以在较大的基因组背景下检出和扩增目的产物，常用于病毒基因的特异性检测、启动子克隆等工作(图2-10)。

2.2.4　PCR定点诱变

寡聚核苷酸定点诱变技术用来在体外对已知的DNA片段内的核苷酸进行转换、增删的突变。这就改变了以往对DNA进行诱变时的盲目性和随机性,可以根据实验者的设计而有目的地得到突变体。

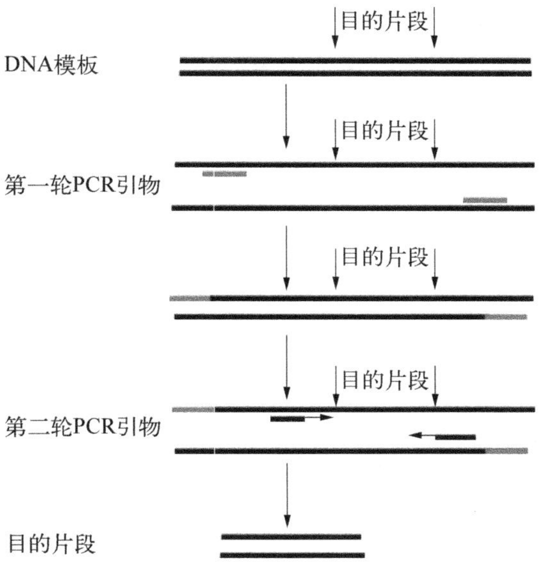

图2-10　巢式PCR示意图

定点突变是指通过聚合酶链式反应(PCR)等方法向目的DNA片段(可以是基因组,也可以是质粒)中引入所需变化(通常是表征有利方向的变化),包括碱基的添加、删除、点突变等。定点突变能迅速、高效的提高DNA所表达的目的蛋白的性状及特征,是基因研究工作中一种非常有用的手段。体外定点突变技术是研究蛋白质结构和功能之间的复杂关系的有力工具,也是实验室中改造和优化基因常用的手段。蛋白质的结构决定其功能,两者之间的关系是蛋白质组研究的重点之一。对某个已知基因的特定碱基进行定点改变、缺失或者插入,可以改变对应的氨基酸序列和蛋白质结构,对突变基因的表达产物进行研究有助于人类了解蛋白质结构和功能的关系,探讨蛋白质的结构或者结构域。而利用定点突变技术改造基因,比如野生型的绿色荧光蛋白(wtGFP)是在紫外光激发下能够发出微弱的绿色荧光,经过对其发光结构域的特定氨基酸定点改造,现在的GFP能在可见光的波长范围被激发(吸收区红移),而且发光强度比原来强上百倍,甚至还出现了黄色荧光蛋白、蓝色荧光蛋白等。定点突变技术的潜在应用领域很广,比如研究蛋白质相互作用位点的结构、改造酶的不同活性或者动力学特性,改造启动子或者DNA作用元件,提高蛋白的抗原性或者是稳定性、活性,研究蛋白的晶体结构,以及药物研发、基因治疗等方面。

定点诱变已成为分子生物学研究的常用方法,可用于研究基因结构与功能之间的关系,探索蛋白质的结构与功能、定点改造目的基因等。定点诱变技术有寡核苷酸介导的定点诱变、盒式诱变和以PCR为基础的定点诱变。定点突变能迅速提高DNA所表达的目的蛋白的性状及表征,是实验室中改造、优化基因常用的手段,也是研究蛋白质结构和功能之间复杂关系的有力工具。近年来,以PCR为基础的定点诱导技术得到不断的创新和改进,产生突变体的回收率高,并且快速、简便、准确,简单易行,所以备受研究者青睐。以下主要介绍PCR介导的基因突变。

1. 在基因5′和3′端产生突变

利用引物的5′端序列不要求与模板序列严格配对便可与模板结合的特点,在设计引物时在引物序列中引入突变碱基位点。用化学合成的含有突变碱基的寡核苷酸片段作为引物,启动单链DNA分子进行复制,随后这条引物便成为新合成DNA分子子链的一个组成部分,再以这条含有突变位点的子链为模板合成新的子链,以此含突变位点的基因为模板进行转录与翻译就会产生如图中所示的氨基酸的突变(图2-11)。

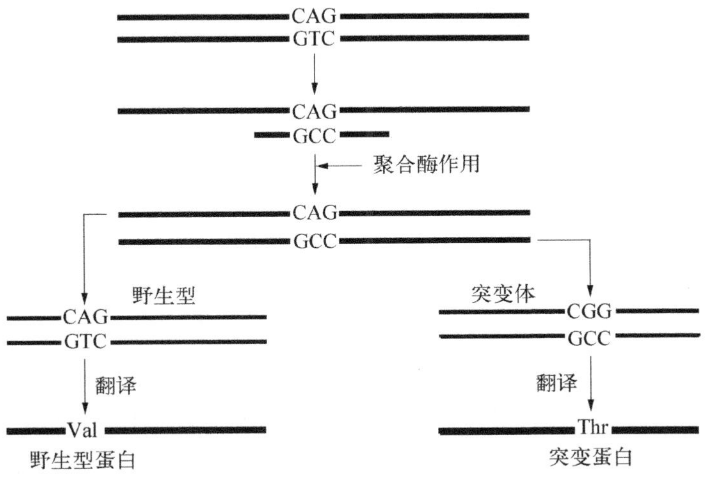

图2-11　PCR介导的基因末端突变示意图

Note

2. 在基因内部产生突变

(1) 重叠延伸 PCR：重叠延伸 PCR(splicing by overlap extension PCR, SOE-PCR)技术是 1989 年创建的。它是根据目的基因的核苷酸序列，将目的基因分成 70～90 bp 不等的多条引物，分别进行合成，利用相连片段间 15～20 bp 重叠的核苷酸部分互相搭桥、互为模板，通过几轮连续的 PCR 反应将各个片段组合成为目的基因，其关键点就是设计嵌合引物对，该方法主要应用于定点突变、框内删除和插入片段以及制备嵌合分子或完整 cDNA 等，在扩增长片段 DNA 方面更是优势突出。

此技术利用 PCR 技术在体外进行有效的基因重组和定点突变，不需要内切酶消化和连接酶处理，操作非常简便，用这一技术可很快获得利用内切酶消化的方法难以得到的产物，用于大片段基因的人工合成，且成功率非常高。

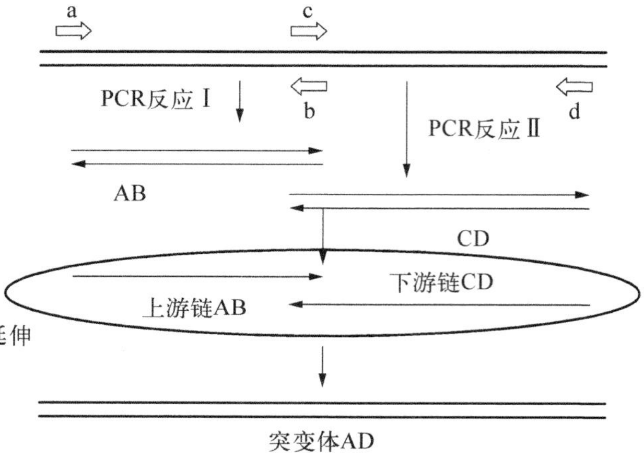

图 2-12　重叠延伸 PCR 法诱变示意图

首先设计两个 PCR 反应以产生两个含突变位点的 DNA 片段，随后将上述两个 PCR 产物混合，两者通过末端互补区结合并在适宜的温度下互为引物延伸得到完整的含突变的基因，对第一次 PCR 产物进行纯化处理可显著提高突变效率(图 2-12)。

重叠延伸 PCR 法几乎没有特殊限制，而且成功率高，因此运用非常广泛。利用重叠延伸 PCR 可以对基因中心区段进行取代、插入、缺失的突变。

(2) 大引物 PCR 法：大引法 PCR(megaprimer PCR)需要一个用于导入精确突变的突变引物和位于序列上下游的两个旁侧引物。用野生型 DNA 作为模板，利用突变引物和一个旁侧引物进行第一轮 PCR 扩增，然后用第一轮 PCR 扩增产物直接作为引物，与另一个旁侧引物进行第二轮 PCR 扩增，从而生成含精确突变的全长 DNA 产物。由于这个特殊的双链 DNA 引物小至几十个碱基大至几百个碱基甚至上千个碱基长度，所以称为大引物，这种 PCR 定点突变的方法也称为大引物方法。

先设置一个 PCR 反应产生一个含突变的 DNA 片段，然后再以此 DNA 片段作为引物与原模板退火进行 PCR 扩增得到含突变的完整的基因(图 2-13)。

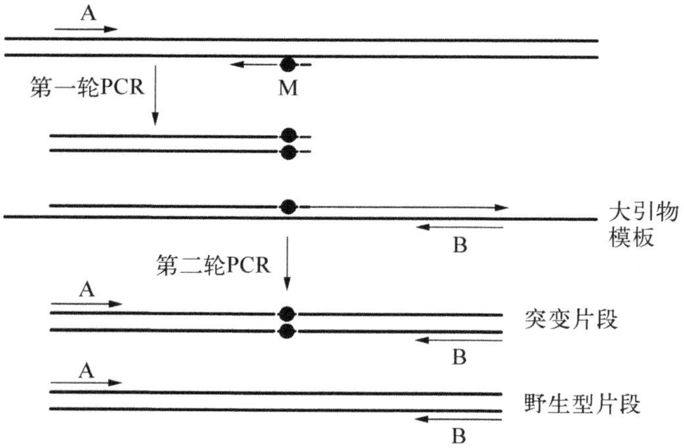

图 2-13　大引物 PCR 定点诱变技术路线

重叠延伸 PCR 法需要两个侧引物，两个突变引物，3 次 PCR，才能构建一个突变体。而大引物 PCR 只需一个突变引物，2 次 PCR 即能构建一个突变体，是目前 PCR 突变方法中最简便、最经济、最有效的方法。

(3) 环状诱变 PCR 法：环状诱变 PCR 法是以整个带有目的基因的质粒为模板，用诱变剂进行扩增，最后产生环状的带有目的突变的质粒。常用的方法有：① 用两个引物反向、紧邻但没有重叠区，扩增产物是平末端的线性 DNA，需用 T4 连接酶环化处理，如图 2-14。② 以 Stratagene 公司开发的定点突变试剂盒为代表，两个引物也是反向的并且其 5′端有 15 个碱基以上的重叠区，扩增产物为带黏性末端的线性 DNA，可自行环化（图 2－15）。

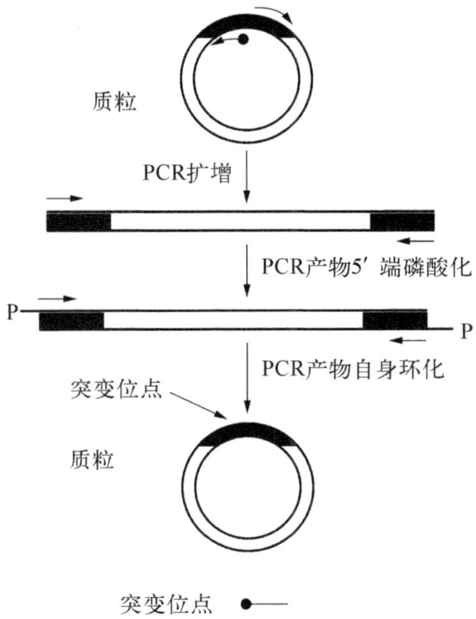

图 2－14　环状 PCR 法诱变技术示意图

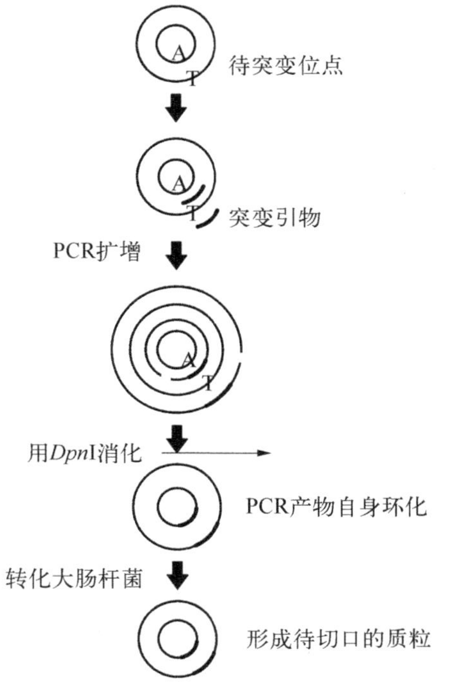

图 2－15　Stratagene 公司开发的定点突变路线

（4）TAMS 定点诱变技术：2003 年，TAMS 定点诱变（targeted amplification of mutant strand，TAMS）技术产生，能够一次引入多个位点的突变，并且能够有目的扩增突变链，从而使突变链效率几乎达到 100%。该方法主要分 3 个步骤（图 2－16）：① 线性单链 DNA 模板的制备。通过线性 PCR 制备单链 DNA 模板；② 突变链的合成。用 2 个锚锭引物（Anchor 5′和 Anchor 3′）和多个诱变引物（Mut1 和 Mut2）。首先在多核苷酸激酶的作用下使每个引物磷酸化，接着在 DNA 聚合酶的作用下使引物与线性模板退火、延伸，最后在 DNA 连接酶的作用下，合成突变链；③ 有目的地扩增突变链。设计扩增引物（PCR5 和 PCR3），使其 3′端碱基分别与锚锭引物引入的突变碱基配对，扩增引物只能退火到突变链而不是亲本链，所以只有突变链才能扩增。

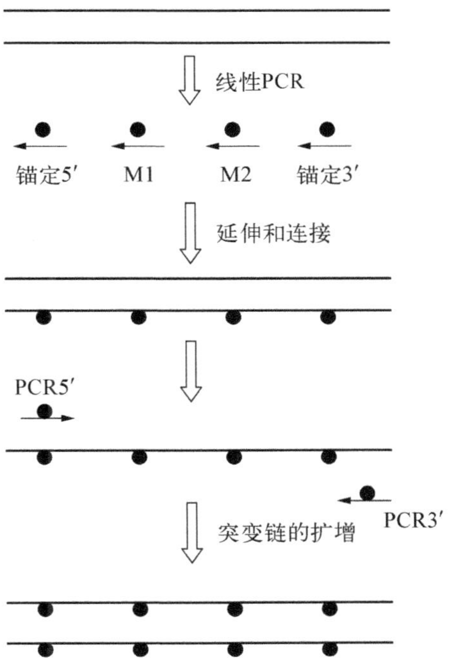

图 2－16　TAMS 定点诱变技术

根据生物学理论知识，基因会发生突变，突变可以自发，也可以诱发。但在加拿大生物化学家 Micheal Smith（1932～2000）发明定点突变法之前，突变株的产生必须经由自然界或用化学等方法诱使基因体突变。这类方法属于随机突变，突变株必须在生物性状上有所改变，才能确定有突变发生，而且除非用分子生物学方法或遗传方法找到此突变处，否则无法确定突变位置。也就是说，这种突变是盲目的。而史密斯发明的定点突变法却是有目的性的突变，该法可经由设计好的寡核苷酸，在任何一个基因片段上进行随意或设计好的突变，也就是说，这种突变是预先设定好的，所以也有人将该法称为“反遗传法”。

现在，几乎每个生物实验室都会用定点突变法来研究基因或蛋白质的功能。定点突变法不仅广泛用于基因工程技术领域，还可用于农业培育抗虫、抗病的良种，用于医学可矫正遗传病、

Note

治疗癌症等。

不同于定点突变的是基于 PCR 的随机突变，通过改变 PCR 条件提高 PCR 过程中的随机出错，这种方法适用于未知的蛋白质，作全局性分析，所以有人称为饱和突变（saturation mutagenesis）。不过这种方法由于没有目的性，分析操作相当繁琐，并且不会出现一个位点 2 个以上碱基突变，因而应用上有局限性。定点突变适用于蛋白结构已有初步了解的基因，比 PCR 随机突变更有目的性，也更为精确、简单，同时改造基因更加“随心所欲”。由于定点突变技术在蛋白质组学中有着非常广泛的应用前景，相信这个技术在不远的将来还会有更大的改进和发展，也必将为更多人熟悉应用。

2.3 核酸序列测定

核酸序列测定是研究、改造基因的基础，是在核酸的酶学和生物化学的基础上创立并发展起来的一门重要的核酸分析技术。核酸测序技术为系统描述生物提供了精确工具，也使现代生物学的研究现状发生了根本变化。核酸序列测定技术的发展经历了以下几个重要阶段。

1. 经典的手工测序

核酸手工测序技术成熟于 20 世纪 70 年代中后期，是以 Sanger 双脱氧链末端终止法和 Maxam－Gilbert 化学降解法为技术基础。1968 年，著名华裔生物化学与分子生物学家吴瑞独创性地设计了一种崭新的引物—延伸测序策略，并于 1971 年成功测定了 λ 噬菌体的两个黏性末端序列。1977 年，F. Sanger 在引物—延伸测序策略的基础上发展出了快速测定核酸序列的双脱氧链末端终止法，并测定了噬菌体 ΦX174 的基因组序列。随后，K. B. Mullis 完善了聚合酶链式反应（PCR）扩增 DNA 的方法，M. Smith 发明了碱基定点突变技术，三位科学家因在核酸序列测定方面的贡献均获得了诺贝尔奖。

2. 第一代测序技术

1986 年，Caltech 团队和应用生物系统有限公司（Applied Biosystems Inc.，ABI）共同开发了一种使用荧光检测终端产物的自动化平台，在单个聚丙烯酰胺凝胶（PAG）管中分离 4 种颜色标记的终止反应。1990 年实现了荧光检测与毛细管电泳结合，建立了集成双脱氧的终止能力、荧光标记、毛细管电泳分离和计算机驱动的 DNA 片段激光检测技术的高通量 Sanger 测序方法。该毛细管电泳测序技术由 ABI 公司和贝克曼·考尔特公司（Beckman Coulter Inc.）推上市场，发表于 2001 年的第一个人类基因组复合序列就是由毛细管电泳测序系统来测定完成的，不仅耗资庞大，花费大量人力，而且历时超过 10 年。

3. 第二代测序技术

又称新一代测序技术（next-generation sequencing technology）。随着技术的不断进步，传统的测序技术已经无法满足高通量和高效率的大规模基因组测序。第二代高通量测序技术（high-throughput sequencing）以能一次并行对几十万到几百万条 DNA 分子进行序列测定和一般读长较短等为标志。第二代核酸序列测序技术靠的是连接测序，或者合成测序，包括焦磷酸测序和可逆性的链终止法。第二代测序技术主要有 Roche 公司应用焦磷酸测序原理的 454 测序技术及 454 基础上的 GS FLX、GS Junior 测序平台；Illumina 公司应用合成测序原理的新一代 solexa genome analyzer 测序平台，ABI 公司使用连接技术的 SOLiD 测序平台。第二代测序技术基本实现了高通量、高效率和高准确度的测序，大大降低了测序的成本，使 DNA 测序可以向个人测序发展。第二代测序技术已很好地应用于单核苷酸多态性（single nucleotide polymorphism，SNP）的研究，对探索人类的遗传及基因病有极大的意义。

4. 第三代测序技术

高通量的第二代核酸序列测定技术也存在着成本高、效率低、准确度不是很高等技术难题，第三代核酸序列测定技术已经开始崭露头角。第三代测序技术主要有 Helicos 公司开发的单分子测序、Complete Genomics 公司对人类大型基因组研究中最新技术、OpGen 公司的 optical mapping solutions 测序等。以将人类基因组测序的成本降到 1 000 美元以下为终极目标，美国国立健康研究院/美国国立人类基因组学研究所(NIH/NIGRI)正试图改进第二代测序技术或研发其他的测序方法，包括扫描隧道电子显微镜(scanning tunneling electron microscope, STEM)、荧光共振能量转换(fluorescence resonance energy transfer, FRET)、单分子检测(single-molecule detection)和蛋白质纳米孔(protein nonopores)等方法。目前，新一代测序技术平均每天可产出 500 Mb，是人类基因组计划标准 96 孔毛细管机器测序效率的 1 000 倍。目前，新的核酸测序技术及手段还在不断涌现，新一代核酸测序技术有助于人们以更低廉的价格，更全面、更深入地分析基因组、转录组及蛋白质组之间交互作用的各项数据。今后，第三代甚至第四代测序技术会像芯片技术一样迅速普及开来，成为一项广泛使用的常规实验手段，这有望给生物学和生物医学研究领域带来革命性的变革，使我们能利用测序技术来揭开生物学和医学上的众多谜团。

2.3.1　Sanger 双脱氧链终止法

Sanger 双脱氧链终止法的基本原理：在 DNA 合成过程中，DNA 聚合酶能以单链 DNA 为模板，合成其互补链。但当反应液中存在有与 DNA 聚合反应所需的底物 dNTP 结构相似的 2′,3′-双脱氧核苷三磷酸(ddNTP)底物时，ddNTP 也可直接掺入到新合成的 DNA 链中，但 ddNTP 由于不具 3′-OH 结构，不能与后续的 dNTP 或 ddNTP 形成磷酸二酯键，从而导致 DNA 链发生特异性的合成终止。如果在 4 个反应管中同时加入一种 DNA 合成的放射性标记引物、待测序 DNA 模板、DNA 聚合酶 I、4 种 dNTPs(dATP、dTTP、dGTP 和 dCTP)，且分别在 4 个反应管中加入 4 种不同的 ddNTPs(ddATP、ddTTP、ddGTP 和 ddCTP)，经过适当温育后，将会产生不同长度的 DNA 片段混合物，他们都具有相同的 5′-末端，带有 ddNTP 的 3′-末端。将该混合物进行变性凝胶电泳分析，可获得一系列长度不同的 DNA 条带，再通过放射自显影技术，检测单链 DNA 片段的放射性条带。最后在放射性 X 线底片上，直接读出 DNA 的核苷酸序列(图 2-17)。

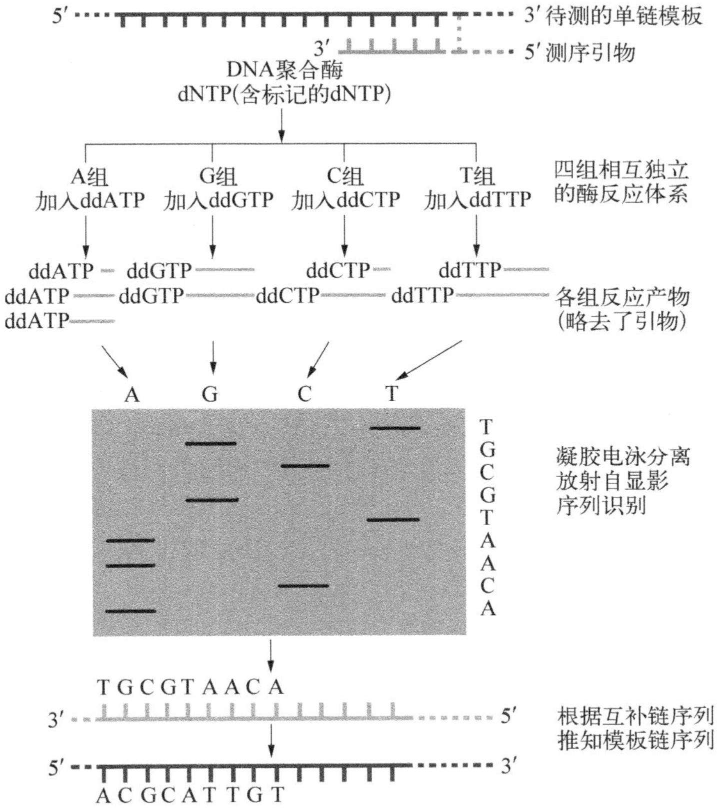

图 2-17　Sanger 双脱氧链终止法测序的原理

Note

2.3.2 Maxam-Gilbert 化学修饰法

Maxam-Gilbert DNA 序列测定方法的基本原理：首先用碱性磷酸酶除去磷酸基团，用 T4 激酶标记其末端，然后将双链 DNA 分子变性成两条单链，回收其中一条单链 DNA 分子，分装在 4 个含不同特定化学试剂的反应管中进行裂解反应，每种反应只断裂某一种或某一类碱基。化学试剂硫酸二甲酯(Dimethylsuphate)作用于 G 和 A，特异性地断裂嘌呤处的磷酸二酯键，通过控制温度和时间，可选择性地断裂 G 而不降解 A。化学试剂肼(Hydrazine)作用于 T 和 C，在高盐浓度下可选择性降解 C。通过碱基的特异性切割，可产生 4 种起始于放射性标记末端的不同长度的标记分子，经变性 PAGE 凝胶电泳分离各组不同大小的 DNA 片段，并进行放射性自显影，即可根据 X 线底板上显现的相应谱带，直接读出待测 DNA 片段的核苷酸序列(图2-18)。

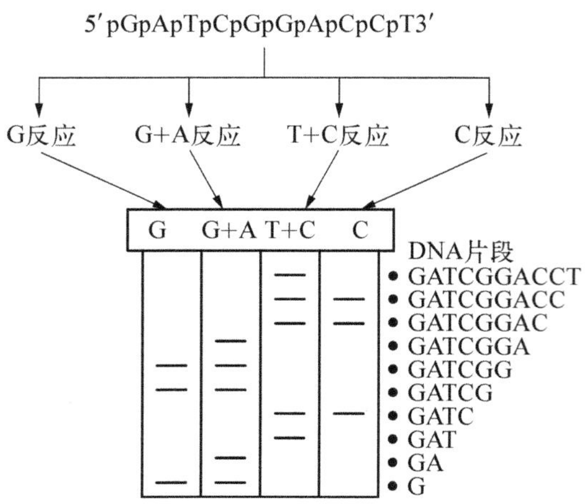

图 2-18 Maxam-Gilbert 化学修饰法作用原理

2.3.3 Roche 454 测序

454 生命科学公司是新一代核酸测序技术的奠基人。2005 年底，454 公司推出了革命性的基于焦磷酸测序法的超高通量基因组测序系统——基因组测序仪 20(genome sequencer 20 system)，*Nature* 杂志以里程碑事件报道，开创了边合成边测序(Sequencing-by-Synthesis)的先河。2005 年，454 公司被 Roche 诊断公司收购，2006 年 12 月推出了性能更优的第二代基因组测序系统——基因组测序仪 FLX(genome sequencer FLX system，GS FLX)，其通量达到 1 亿个碱基对且平均可读序列长度超过 240 bp。全新的 GS FLX Titanium 系列试剂和软件的补充，让 GS FLX 的通量一下子提高了 5 倍，每天可以生产高质量的 4 亿～6 亿个碱基校读数据，准确性、读长也进一步提升。2009 年推出的 454 GS Junior 小型测序仪，能在 10 h 内以 400 bp 的读长完成 35 Mb 的数据。454 测序仪的出现，解决了高通量测序问题，简化了样品准备步骤，缩小了测序反应体积，节省了试剂，提高了测序能力、测序读长和精确度，大大降低了测序检测的费用，推动了测序技术平民化进程，使得小实验室也能开展测序检测项目，打破了以往只有少数几个大型测序中心才能进行测序研究的“垄断地位”。454 测序技术是继 Sanger 测序技术之后出现的第一个用于对细菌基因组进行从头测序的新技术，也是第一个被用来对人类基因组进行测序的非 Sanger 测序技术。目前，454 测序技术已广泛应用于基因组测序、植物遗传学、小 RNA、基因调控、转录组分析、古 DNA 分析、宏基因组和环境多样性研究等方面。

454 焦磷酸测序的技术核心是利用微乳液 PCR 技术(emulsion PCR)来实现 DNA 片段的扩增，利用焦磷酸法产生的光学信号进行显微观察检测，达到实时测定 DNA 序列的目的，是边合成边测序。

GS FLX 测序系统有 3 个主要组件(图 2-19)：DNA 文库制备、乳胶 PCR 和 PicoTiterPlate (PTP)测序。

(1) DNA 文库制备：GS FLX 系统支持各种不同来源的样品，包括基因组 DNA、PCR 产物、BAC、cDNA、小分子 RNA 等。基因组 DNA 或 BAC 等大样品被打断成 300～800 bp 的片段；小分子 RNA 或 PCR 扩增产物则不用打断。借助一系列标准的分子生物学技术，将通用的接头 A 和 B 连接到 DNA 片段上。

(2) 乳胶 PCR：将单链 DNA 文库模板与磁珠(约 35 μm)混合，使每一个磁珠携带一个特定的单链 DNA 片段，磁珠结合的文库被扩增试剂乳化，形成只包含一个磁珠和一个特定片段

Note

的微乳滴，每个微乳滴都是一个进行后续 PCR 反应的微反应器。整个片度文库平行扩增，多个热循环后，每个磁珠表面都结合了几百万个相同的 DNA 拷贝，然后乳滴破碎而片段仍然结合在它们特异的磁珠上，富集以后，克隆扩增的磁珠加载到 PTP 装置上用于测序。

(3) PTP 测序：PTP 孔的直径(29 μm)只能容纳一个磁珠(20 μm)。然后将 PTP 板放置在 GS FLX 中，测序开始。放置在 4 个单独的试剂瓶里的 4 种碱基，依照 T、A、C、G 的顺序依次循环进入 PTP 板，每次只进入一个碱基。如果发生碱基配对，就会释放一个焦磷酸。这个焦磷酸在 ATP 磷酸化酶和荧光素酶的作用下，经过一个合成反应和一个化学发光反应，最终将荧光素氧化成氧化荧光素，同时释放出光信号。此反应释放出的光信号实时被仪器配置的高灵敏度 CCD 捕获到。有一个碱基和测序模板进行配对，就会捕获到一分子的光信号。由此一一对应，就可以准确、快速地确定待测模板的碱基序列。

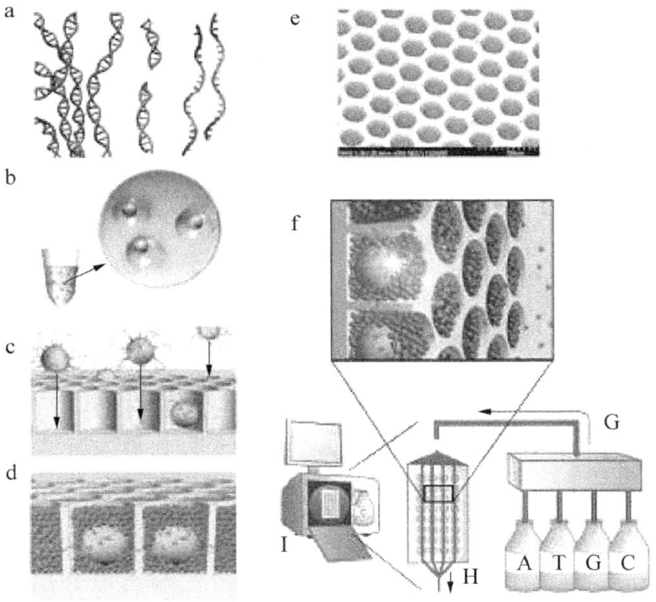

图 2-19　GS FLX 测序系统技术流程

a. DNA 文库制备；b. 乳胶 PCR；c. 一个小孔放置一个磁珠；d. 每个小孔均置入磁珠；e. 磁珠置入前芯片图像；f. GS FLX 测序组件；G. DNA文库制备；H. 乳胶 PCR；I. PTP 测序

2.3.4　Illumina 测序

Illumina 测序仪通常也被称作 Solexa 测序仪。Illumina 公司的第二代测序仪基因组分析仪Ⅱ(Genome Analyzer Ⅱ)最早是由 Solexa 公司研发，利用其专利核心技术"DNA 簇"和"可逆性末端终结(reversible terminator)"，实现自动化样本制备和大规模并行测序。Illumina 公司于 2007 年花费 6 亿美金的巨资收购了 Solexa，就是为了促成基因组分析仪Ⅱ的商品化。基因组分析仪Ⅱ只需一名操作员人工操作不到 6 h，每天可测出 10 亿个碱基的高质量数据。基因组分析仪Ⅱ作为新一代测序技术平台，具有准确性高、通量高、灵敏度高和运行成本低等突出优势，可以同时完成全基因组和目标基因组测序、表观基因组学、转录表达谱、蛋白质-核酸互作、复合扩增等研究。第一个荷兰女人基因图谱、第一个亚洲人基因组图谱(炎黄一号)、第一个癌症患者图谱和第一个非洲人基因组图谱均是采用 Illumina 公司的第二代测序仪基因组分析仪Ⅱ完成的。

基因组分析仪Ⅱ进行边合成边测序程序包括以下 3 个阶段(图 2-20)。

(1) *DNA 文库构建*：将全基因组、宏基因组或长 PCR 的 DNA 用雾化或超声波打碎成几百个碱基(或更短)的小片段，用聚合酶和外切核酸酶把 DNA 片段切成平末端，磷酸化并增加一个腺苷酸黏性末端，将 Illumina 测序接头(adapter)与片段连接。

(2) *克隆簇的构建*：将模板加入芯片(有 8 个独立封闭通道)用于产生克隆簇和测序循环。将 DNA 片段文库稀释、变性并注入芯片的 1～8 个泳道。正向链和反向链通过与芯片表面的引物碱基互补被一端"固定"在芯片上。另外一端(5′或 3′)随机和附近的另外一个引物互补，也被"固定"住，形成"U"形桥。由引物复制的 DNA 桥形成一个双链 DNA 桥，双链 DNA 桥通过变性、与引物结合和延伸形成更多的桥，当扩增程序重复 35 次后，每个单分子可得到 2 000 倍扩增，成为单克隆 DNA 簇。DNA 簇产生之后，扩增子被线性化，测序引物随后杂交在目标区域一侧的通用序列上，然后将带有合成克隆 DNA 簇的芯片转到基因组分析仪进行

Note

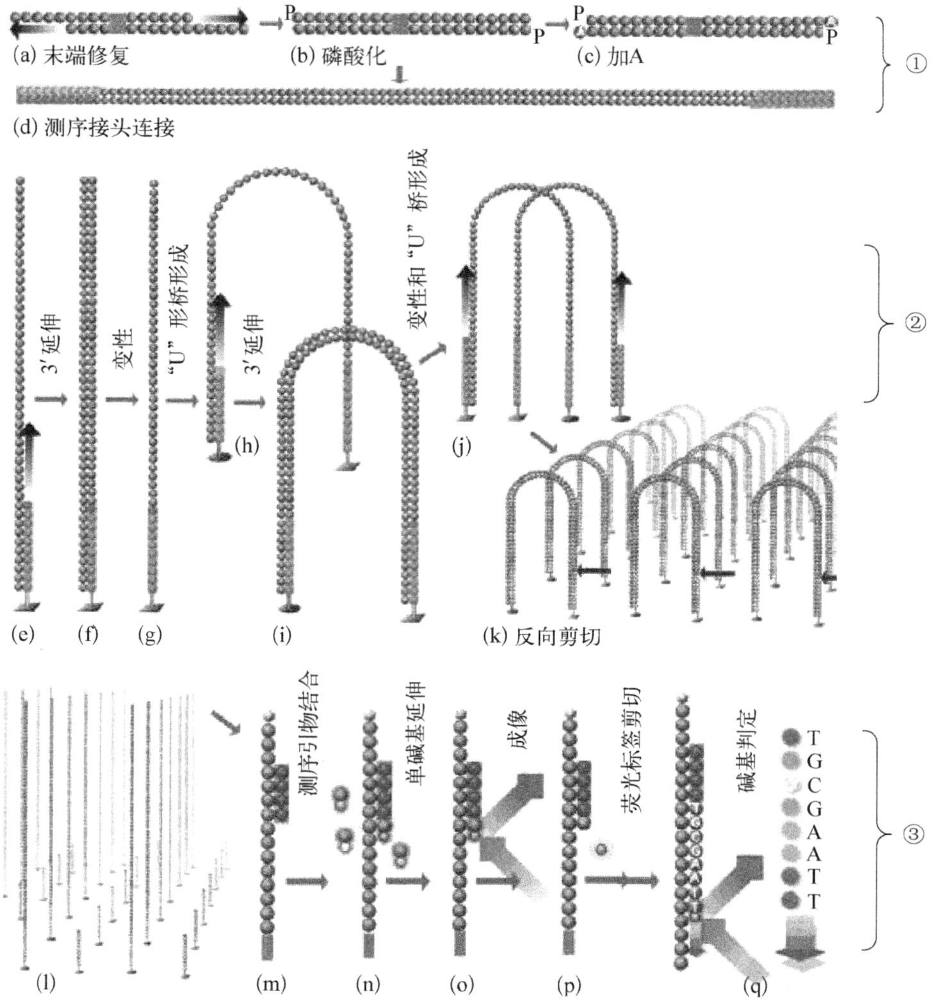

图 2-20 Illumina(Solexa)测序系统技术流程

① DNA 文库制备;② 克隆簇的构建;③ 测序测定

测序。

(3) 测序测定:基因组分析仪Ⅱ系统应用了边合成边测序的原理,加入改造过的 DNA 聚合酶和带有 4 种荧光标记的 dNTPs。这些核苷酸是"可逆终止子",因为 3′- OH 末端带有可化学切割的部分,它只允许每个循环掺入单个碱基。此时,用激光扫描反应板表面,读取每条模板序列第一轮反应所聚合上去的核苷酸种类。之后,将这些基团化学切割,恢复 3′端黏性,继续聚合第二个核苷酸。如此继续下去,直到每条模板序列都完全被聚合为双链。这样,统计每轮收集到的荧光信号结果,就可以得知每个模板 DNA 片段的序列。

2.3.5 ABI SOLiD 测序

应用系统生物公司 ABI 的新一代 SOLiD(supported oligo ligation detetion)测序技术是以四色荧光标记寡核苷酸的连续连接合成为基础,取代了传统的聚合酶连接反应,使其对克隆扩增的 DNA 片段进行大规模扩增和高通量并行测序。SOLiD 测序系统整合了 3 个尖端的创新特性,即连接酶化学反应的高准确性、引物重置功能和双碱基编码(two-base encoding),从而保证了高通量变异的准确检测。SOLiD 测序还具有探针特异性、连接探针的高效化学裂解和测序产物染色标记等特性,使其在众多新一代测序系统中脱颖而出。SOLiD 系统在测序通量上具有较大的优势,目前,SOLiD 4 系统单次运行能产生 100～200 GB 的人类基因组序列数据,大致相当于基因组 30～50 倍的覆盖率,其原始碱基数据准确率达 99.94%。SOLiD 测序技术已大量应用于大规模测序、从头测序、基因标签的基因表达、全转录组分析、全基因组重测序、全基因组甲基化分析、染色质免疫沉淀、miRNA 探究、数字核型分析、末端序列表达谱、微生物生物标记的检测等方面。

ABI SOLiD 测序系统包括以下三个阶段：文库构建、乳滴 PCR、连接法测序。

（1）*文库构建*：SOLiD 测序使用两种随机生成的 DNA 测序文库：片段文库（fragment library）和末端配对文库（mate-paired library）。

（2）*乳滴 PCR*：逆向乳滴由水性试剂和特异性油制备而成。水性试剂中包含文库、PCR 组分、结合 PCR 引物的直径只有 1 μm 的小磁珠。在制备乳滴之前，水溶液中文库被稀释，得到大量的微反应器，PCR 反应在制备乳滴时形成的水相微型反应器中进行。采用标准磁珠纯化设备并用适宜缓冲液的连续冲洗，使乳滴破裂并从微型反应器中释放出磁珠。通过对扩展的 PCR 扩增模板的末端化学修饰，将纯化的磁珠共价连接到化学修饰的载玻片上，使磁珠在载玻片上沉积（图 2－21）。SOLiD 系统最大的优点是每张载玻片能容纳更高密度的磁珠，在同一系统中轻松实现更高的通量。

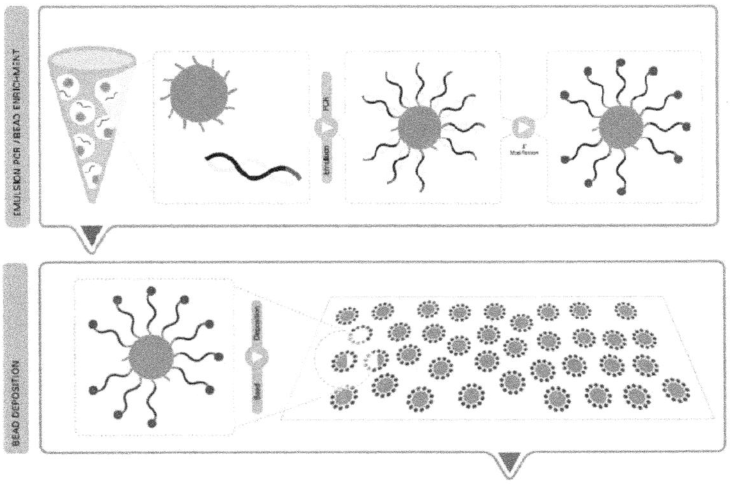

图 2－21　模板磁珠制备和固定

（3）*连接法测序*：SOLiD 测序使用 DNA 连接酶和荧光标记寡核苷酸探针来实现测序反应。SOLiD 连接反应的底物是 8 bp 单链荧光探针片段（图 2－22），连接反应时，这些探针按照碱基互补配对原则与单链 DNA 模板进行配对，探针的 5′端分别标记了 CY5、Texas Red、CY3、6－FAM 这 4 种颜色的荧光染料，探针 3′端 1～5 位为随机碱基，可以是 ATCG 四种碱基中的任何一种碱基，其中第 1、2 位构成的碱基对是表征探针染料类型的编码区。SOLiD 测序包括 5 轮测序反应（图2－23），每轮测序反应含有多次连接反应。第一轮测序的第一次连接反应由连

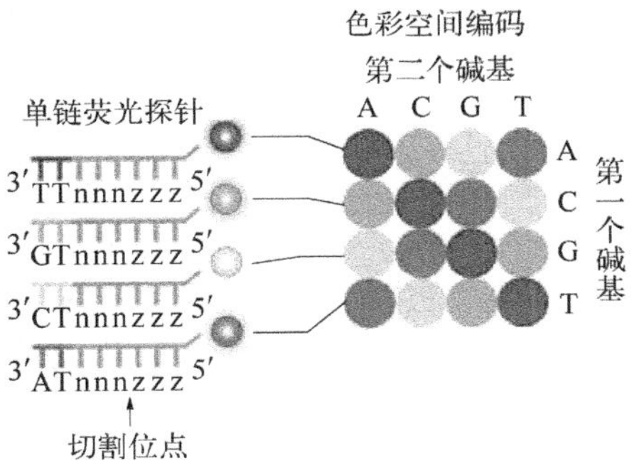

图 2－22　八聚体荧光探针标记

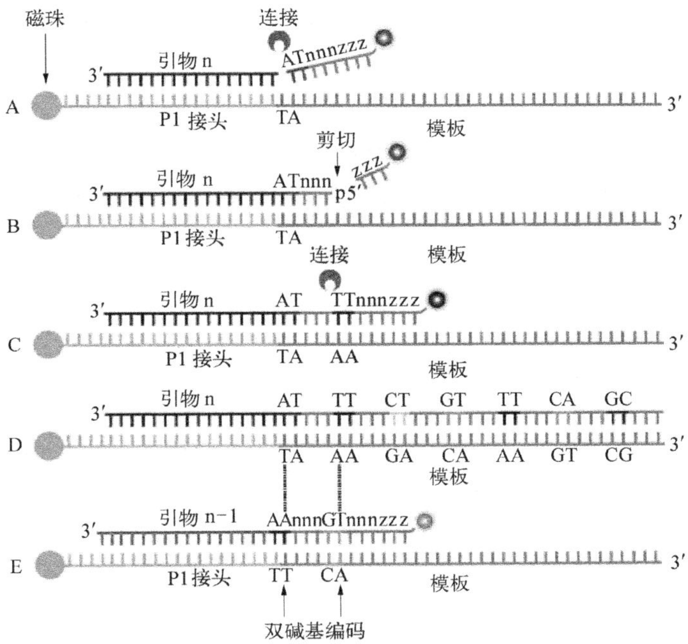

图 2－23　边连接边测序

Note

接引物"n"介导，由于每个磁珠只含有均质单链 DNA 模板，所以这次连接反应掺入一种 8 碱基荧光探针，SOLiD 测序仪记录下探针第 1、2 位编码区颜色信息，随后的化学处理断裂探针 3′端第 5、6 位碱基间的化学键，并除去 6～8 位碱基及 5′末端荧光基团，暴露探针第 5 位碱基 5′磷酸，为下一次连接反应作准备。因为第一次连接反应使合成链多了 5 个碱基，所以第二次连接反应得到模板上第 6、7 位碱基序列的颜色信息，而第三次连接反应得到的是第 11、12 位碱基序列的颜色信息。几个循环之后，引物重置，开始第二轮的测序。由于第二轮连接引物 n−1 比第一轮错开一位，所以第二轮得到以 0、1 位起始的若干碱基对的颜色信息。五轮测序反应后，按照第 0、1 位，第 1、2 位等的顺序把对应于模板序列的颜色信息连起来，就得到由 0、1、2、3 组成的 SOLiD 原始颜色序列。

"双碱基编码"是 SOLiD 技术平台的一大特点，碱基编码矩阵规定了此编码区 16 种碱基对和 4 种荧光的对应关系。通常连接测序反应可以进行五轮，每轮测序反应含有多次连接反应，每轮测序的第一次连接反应由与引物区互补的"连接引物"介导，五种含有磷酸基团而且位置上只相差一个碱基的连接引物就可以介导连接测序反应的进行。由于每个磁珠上单链模板是相同的，所以每次连接反应后产生相应荧光信号，而起始位点的碱基是已知的，因此可以根据双碱基校正原则，利用颜色信号来推断碱基序列。该双碱基编码还能在软件分析时，对测序错误进行校正，最后能够解码形成完整的原始序列。

2.3.6 HeliScope 测序

HeliScope 测序仪是由 Quake 团队设计开发的，是一种循环芯片测序设备。HeliScope 测序最大的特点是无需对测序模板进行扩增，它使用一种高灵敏度的荧光探测仪直接对单链 DNA 模板进行合成法测序。首先，将基因组 DNA 切割成随机的小片段 DNA 分子，并且在每个片段末端加上 polyA 尾巴。然后通过 polyA 尾巴和固定在芯片上的 polyT 杂交，将待测模板固定到芯片上，制成测序芯片。最后借助聚合酶将荧光标记的单核苷酸掺入到引物上。采集荧光信号，切除荧光标记基团，进行下一轮测序反应，如此反复，最终获得完整的序列信息。

2.3.7 单分子测序

太平洋生物科学公司(PacBio)率先研发出一种可靠的基于实时单分子测序技术(single molecule real time, SMRT)的第三代测序平台。PacBio 的单分子测序技术在高速测序、长序列产出和低成本方面有着巨大的潜力。

这一单分子合成测序技术依赖于被称为零级波导(zero modewaveguide, ZMW)的纳米结构来实时观察 DNA 的聚合(图 2-24)。该结构在一片薄金属膜上蚀刻出数以千计直径数十纳米的亚波长小孔，并将金属膜附着在透明的支持基质上。由于每个小孔的尺寸低于光的波长，所以当光线从透明一侧照射时无法透射。在每个小孔的底部形成指数衰减的消逝波，这样创造了一个很小体积的检测空间。每个小孔底部固定一个聚合酶分子。在测序过程中，由固定的酶根据单链 DNA 模板合成双链，每次加入一个碱基，聚合酶捕获具有荧光标记的 dNTP，并将其带到检测区间，产生荧光光曝。光曝的荧光颜色就揭示了模板上的互补碱基。通过连续实时的监控每个波导孔的荧光光曝，就快速测定了每一个孔内 DNA 模板的序列。

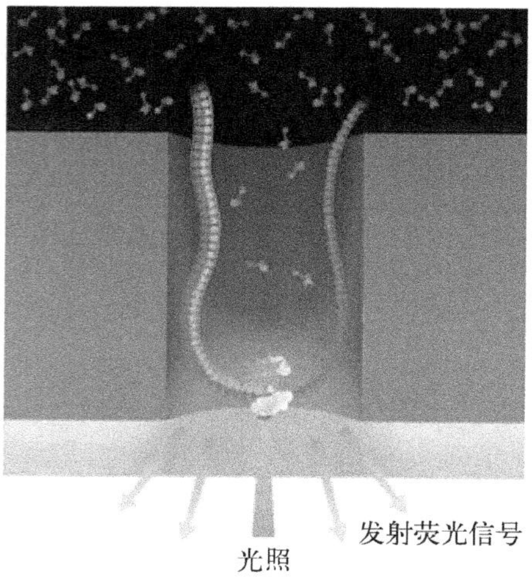

图 2-24　单个零点启动模式波导纳米结构的侧面图

Note

2.3.8　纳米孔测序技术

纳米孔测序技术是一种基于纳米孔(直径在纳米尺度的小孔,1～2 nm)结构的完全不同的测序技术(图 2-25)。单个碱基的读取可以靠测定经由纳米孔而跨越或透过薄膜的电导率来进行。在电场驱动下,线状 DNA 分子穿过纳米孔时,每种碱基的化学性质差异会导致流经该纳米孔的电流值发生变化,电极隧道接头(tunnelling electrode junction)读取的每种碱基的电势不一样,然后由计算机解析碱基信号,以构建出基因组序列。

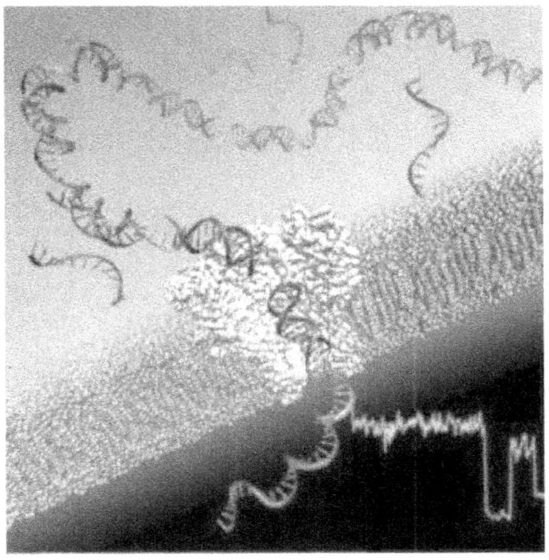

图 2-25　纳米孔读取 DNA 碱基

纳米孔测序技术因其高速和高通量,被认为是很有潜力的第四代测序技术。纳米孔测序技术与其他测序技术相比,测序速度快,简单。硅芯片比目前使用的一些易损材料更耐用,易洗涤重复使用,测序价格低廉。

2.4　分子杂交技术

分子杂交技术(technique of molecular hybridization)又称为核酸杂交技术,其基本原理是,将标记的核酸探针(probe)以碱基互补配对原则与组织细胞中的待测核酸进行特异性的杂交组合,形成探针标记与待测核酸的杂交体,然后利用各种标记物的显色技术,在光学显微镜、荧光显微镜或电子显微镜下探察待测目标核酸(mRNA 或 DNA)的存在及位置。因此,分子杂交技术的实质是标记的核酸探针与待测核酸形成杂交体。核酸分子杂交形成杂交体有两个条件,一是核酸探针与待测核酸都应该以单链形式存在。因此,如果待测核酸是 DNA,则必须先对待测 DNA 进行变性,使双链 DNA 变成单链 DNA。二是核酸探针与待测核酸之间必须有一定的碱基互补配对序列,保证探针与待测核酸杂交的特异性。

核酸分子杂交按照杂交反应进行的环境可分为固相杂交和液相杂交两种类型。固相杂交是将参加杂交反应的待测核酸先固定在固体支持物如硝酸纤维素滤膜、尼龙膜、乳胶颗粒、磁珠和微孔板上,探针则游离于溶液中。而液相杂交的待测核酸和探针都游离于溶液中。在固相杂交过程中,因未杂交探针易漂洗去除,杂交物易检测,可防止待测核酸的自我复制等。常用的固相杂交类型有: Southern 杂交(southern blotting)、Northern 杂交(northern blotting)、组织原位杂交(tissue *in situ* hybridization)、菌落原位杂交(colony *in situ* hybridization)、斑点杂交(dot blotting)等。

2.4.1　Southern 杂交

1. Southern 杂交基本原理

Southern 杂交其基本原理是用一种或多种限制性内切酶消化基因组 DNA,通过琼脂糖凝胶电泳按分子大小分离消化的 DNA 片段,经碱变性处理双链 DNA 分子在原位变性成单链,经毛细管作用或物理方法将单链 DNA 从凝胶转移至固相支持物(硝酸纤维素膜或尼龙膜)上。DNA 转移至固相支持物的过程中,DNA 片段的相对位置保持不变,用标记好的 DNA 探针与固着于膜上的 DNA 杂交,经放射自显影确定与探针互补的电泳条带的位置(图 2-26)。

早期的 Southern 杂交是将凝胶中的 DNA 变性后,经毛细管的虹吸作用,转移到硝酸纤维素膜上。近年来,印迹方法和固定支持滤膜都有了很大的改进,印迹方法有电转法、真空转移法等。滤膜发展了尼龙膜、化学活性膜(APT、ABM 纤维素膜)等。

Note

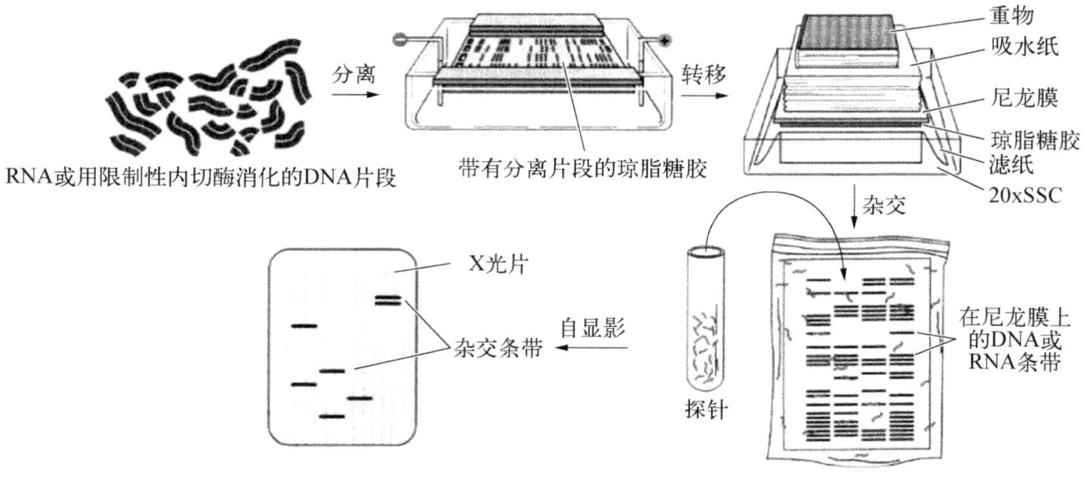

图 2-26　Southern 杂交和 Northern 杂交过程示意图

Southern 杂交是分子生物学中 DNA 分析常用的方法，通过 Southern 杂交可鉴定目的基因在基因组中的拷贝数。由于其高度特异性及检测方法的高度灵敏性，使其广泛应用于基因克隆的筛选、酶切图谱制作、基因组中特定基因序列定性和定量检测、基因突变分析、限制性片段长度多态性(RFLP)分析及疾病的诊断等。

2. Southern 杂交的操作过程

(1) 基因组 DNA 提取和限制酶消化：采用本章第一节所述的 DNA 提取方法从动植物组织器官中提取并分离纯化基因组 DNA，经琼脂糖凝胶电泳检测基因组 DNA 提取质量，紫外分光光度法测定基因组 DNA 含量。选择一种或多种限制性内切酶消化基因组 DNA，然后加入 EDTA，65℃加热灭活限制酶，样品即可直接进行电泳分离，必要时可进行乙醇沉淀，浓缩 DNA 样品后再进行电泳分离。

(2) 琼脂糖凝胶电泳分离基因组 DNA 样品及预处理：将限制性内切酶消化的基因组 DNA 样品在琼脂糖凝胶中进行电泳，使 DNA 样品按照片段长短在凝胶中进行分离。基因组 DNA 所需要的含量根据不同靶基因确定。一般而言，对地高辛杂交系统，所需 DNA 样品的浓度较低，每泳道加 2.5～5 μg 人类基因组 DNA 或 10 μg 植物 DNA 或小于 1 μg 质粒 DNA。在制备凝胶和电泳过程中，尽可能使用新鲜配制的凝胶，凝胶中不要添加溴化乙锭(EBr)，否则会引起非特异性背景。在电泳结束后用 1 μg/mL 的 EBr 染色评价靶 DNA 质量，然后用水脱色，以保证 DNA 的完整性。

将琼脂糖凝胶中的 DNA 片段转移到固相支持物上时，其转移时间与 DNA 片段的大小有关。分子质量超过 10 kb 的 DNA 大片段需要更长的转移时间。为了有效地实现 Southern 印迹转移，需要对 DNA 凝胶进行预处理。使 DNA 片段在合理的时间内从凝胶中转移出来，将 DNA 大片段打成缺口，使其长度在 2 kb 以下。因此，电泳后将凝胶浸泡在 0.25 mol/L 的 HCl 溶液中进行脱嘌呤处理，然后移到碱性溶液中浸泡，使 DNA 变性并断裂形成较短的单链 DNA 片段，再用中性 pH 的缓冲液中和凝胶中的缓冲液。这样，DNA 片段经过碱变性作用，可保持单链状态而易于与探针杂交。

(3) 转膜：将凝胶中的单链 DNA 片段转移到固相支持物上的过程称为转膜。DNA 沿凝胶平面垂直方向移出并转移到膜上，转移后各个 DNA 片段在膜上的相对位置与凝胶中的相对位置一样，因此也称为印迹(blotting)。用于转膜的固相支持物有硝酸纤维素膜(NC 膜)、尼龙(nylon)膜、化学活性膜和滤纸等，转膜时可根据需要选择不同的固相支持物，目前最常用的是硝酸纤维素滤膜和尼龙膜。常用的 Southern 杂交转膜方法有毛细管虹吸印迹法、电转移法和真空转移法。

毛细管虹吸印迹法是利用浓盐酸转移缓冲液的推动作用将凝胶中的 DNA 转移到固相支持物上的。其具体步骤为：将预处理的凝胶平铺在已用电泳缓冲液饱和的两张滤纸上，在凝胶上部覆盖一张硝酸纤维素滤膜，接着加一叠干滤纸，最后压上一重物。上层干滤纸的虹吸作用使缓冲液通过滤纸桥、滤纸、凝胶、硝酸纤维素滤膜或尼龙膜向上运动，同时带动凝胶中的单链 DNA 片段垂直向上运动而滞留在膜上。在 80℃下烘烤 1～2 h 或采用紫外线交联法，DNA 片段就稳固在硝酸纤维素滤膜上。

电转移法是通过电泳作用将凝胶中的 DNA 转移到固相支持物上。其基本方法是将滤膜和凝胶粘在一起，并将凝胶与滤膜一起置于滤纸之间，固定在凝胶支持夹上，将支持夹置于盛有转移电泳缓冲液的转移电泳槽中，凝胶平面与电场方向垂直，附有滤膜的一面朝向正极。在电场作用下凝胶中的 DNA 片段从凝胶中移出，滞留在滤膜上形成印迹。电转移法具有简单、快速、高效转移 DNA 片段的特点，一般只需 2～3 h 即可完成转移过程。但电转移法中固相支持物不能用硝酸纤维素滤膜。

真空转移法原理与毛细管虹吸法相同，只是以滤膜在下、凝胶在上的方式将其放置在一个真空室内，利用真空作用将转膜缓冲液从上层容器中通过凝胶和滤膜抽到下层真空室中，同时将 DNA 片段转移到硝酸纤维素滤膜或尼龙膜上。真空转移法的最大优点是快速，一般 30～60 min 即可完成转膜过程。

(4) *探针标记*：用于 Southern 杂交的探针一般是纯化的 DNA 片段或寡核苷酸片段。探针的标记可采用灵敏度高效果好的放射性物质标记或安全性好的非放射性物质（地高辛、生物素、荧光素等）标记。人工合成的寡核苷酸探针可用 T4 多聚核苷酸激酶进行末端标记。在 Southern 杂交中，放射性标记探针和非放射性标记探针的用量分别是 5～100 ng/mL 和 25～1 000 ng/mL。适当选择甲酰胺和盐溶液浓度、合适的杂交温度、适宜的杂交时间、添加杂交促进剂（硫酸葡聚糖、聚乙二醇、聚丙烯酸、酚、硫氰酸胍）等均可提高杂交特异性和杂交率。

(5) *预杂交、杂交和洗膜*：固相支持物既然能结合 DNA 片段，同样它也能够与探针结合，因此在杂交之前，必须将固相支持物上所有能与 DNA 结合的位点全部封闭，这个过程称为预杂交（prehybridization）。将转印后的滤膜置于一个浸泡在水浴摇床的封闭塑料袋中，袋中装有不含探针的预杂交液，预杂交液中的鲑鱼精子 DNA 或牛血清等大分子可以封闭膜上所有非特异性吸附位点。

转印膜在预杂交液中温育 4～6 h 后，即可加入变性的标记 DNA 探针与膜上待测 DNA 片段进行杂交反应。杂交是在高盐缓冲液中进行的，杂交过夜后，在较高温度下用盐溶液洗膜。洗完的膜浸入 2×SSC 中 2 min，用滤纸吸干水分，用保鲜膜包裹。

(6) *放射性自显影检测*：将滤膜正面朝上，放入暗盒中，在暗室内将 X 光底片放入曝光暗盒，合上暗盒，在暗室中曝光一定时间，然后冲洗 X 光底片，观察 DNA 谱带（图 2-27）。

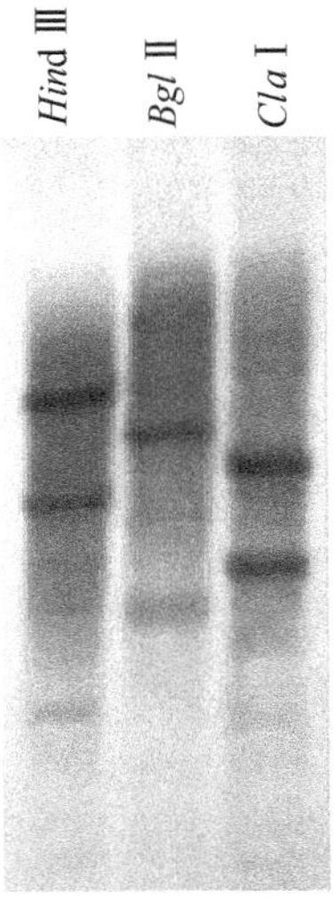

图 2-27　Southern 杂交放射性自显影检测

2.4.2　Northern 杂交

1. Northern 杂交基本原理

RNA 分子不能与硝酸纤维素滤膜结合，所以 Southern 杂交技术不能直接应用于 RNA 的吸印转移。1979 年，Alwine 等发展了一种新的方法，其基本步骤是将电泳凝胶中 RNA 转移到叠氮化的或化学修饰的活性滤纸上，通过共价交联作用使 RNA 与其结合在一起。这种方法与 Southern 杂交相似，因此称为 Northern 杂交（northern blotting）。1980 年，Thomas 发现，在适当的实验条件下，硝酸纤维素滤膜也可用于 RNA 印迹，之后，又发展了可用来转移 RNA 的尼龙膜。

Note

Northern 杂交是将 RNA 样品通过琼脂糖凝胶电泳进行分离，再转移到固相支持物上，用同位素或生物素标记的探针对固定于膜上的 mRNA 进行杂交，洗膜去除非特异性杂交信号，对杂交信号进行分析。将杂交的 mRNA 分子在电泳中的迁移位置与标准分子质量进行比较，即可知道细胞中特定的基因转录产物的大小，以便对该基因进一步研究，对杂交信号的强弱比较，可以知道该基因表达 mRNA 的强弱，该技术常用于对基因的表达调控、基因的结构与功能、遗传变异及病理研究中。

2. Northern 杂交的操作过程

(1) RNA 的提取：采用前面章节所述动植物总 RNA 提取方法从动植物组织器官中提取总 RNA，经琼脂糖凝胶电泳检测 RNA 提取质量，采用紫外分光光度计测定 RNA 含量。Northern 杂交中所用的 RNA 可以是总 RNA，也可提纯得到 poly(A)$^+$ RNA。

(2) RNA 变性凝胶电泳：由于 RNA 容易降解，RNA 电泳所需的缓冲液、试剂和仪器均需用 DEPC 水处理。RNA 在凝胶电泳前需进行变性处理，以除去 RNA 中的二级结构，保证 RNA 完全按分子大小分离。RNA 变性电泳有三种：甲醛变性电泳、乙二醛变性电泳和羟甲基汞变性电泳。羟甲基汞是一种强力可逆变性剂，有剧毒，因此 Northern 杂交中一般使用甲醛变性电泳。Northern 杂交时每泳道总 RNA 含量约 20 μg，样品不纯或上样量大于 20 μg都会引起条带不清晰。在凝胶中不能添加 EBr，因为它会影响 RNA 与硝酸纤维素滤膜结合。

(3) RNA 的转膜：电泳完毕后，先用 DEPC 水淋洗除去甲醛。如果琼脂糖浓度大于 1%，或凝胶厚度大于 0. 5 cm，或待分析的 RNA 大于 2. 5 kb，需用 0. 05 mol/L NaOH 浸泡凝胶 20 min，然后立即将变性 RNA 自琼脂糖凝胶转移到硝酸纤维素滤膜或尼龙膜上。RNA 转膜的方法有毛细管虹吸印迹法、电转移法和真空转移法，与 Southern 杂交中 DNA 印迹方法一样。RNA 的固定采用 UV 交联法或真空烘烤法。

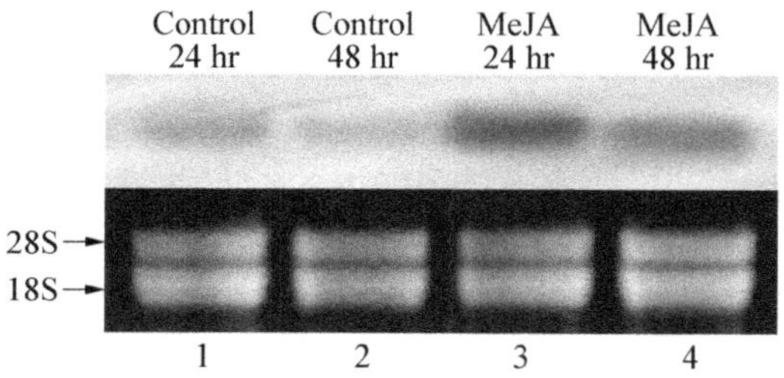

图 2-28 Northern 杂交结果

(4) Northern 杂交及显影：固定于滤膜上的 RNA 的预杂交、杂交和洗膜等条件与 DNA Southern 杂交的相应条件基本相同。杂交条带显影结果如图 2-28 所示。

2.4.3 Western 杂交

1. Western 杂交基本原理

Western 杂交(western blotting)，又称蛋白印迹或免疫印迹(immunoblotting)，是将蛋白质转移到膜上，然后利用抗体进行蛋白质检测的方法，是目前分析鉴定蛋白质最有效的技术之一。对已知表达蛋白，可用相应抗体作为一抗进行检测，对新基因的表达产物，可通过融合部分的抗体检测。

1979 年，Towbin 等在 Southern 杂交的基础上开始研究蛋白质的分离区带转移，设计了一种电转移装置，即在凝胶电泳后，将带有蛋白质分离区带的凝胶与硝酸纤维素滤膜紧贴，然后置于低压高电流的直流电场内，以电驱动的转移方式，将凝胶上的蛋白质转印到硝酸纤维素滤膜上。Burnette 将这种以电驱动方式将蛋白质从凝胶转移到膜上的蛋白质印迹方法称为 Western 杂交。

与 Southern 或 Northern 杂交方法类似，但 Western 杂交采用的是聚丙烯酰胺凝胶电泳(PAGE)，被检测物是蛋白质，“探针”是抗体，“显色”用标记的二抗。经过 PAGE 分离的蛋白质样品按照分子质量大小分离，然后转移到固相载体(如硝酸纤维素薄膜)上，固相载体以非共价键形式吸附蛋白质，且能保持电泳分离的多肽类型及其生物学活性不变。再将膜浸泡在高浓度的蛋白质溶液中温育，以封闭其非特异性位点，然后加入特异性抗体(一抗)，膜上的目的蛋白(抗原)与一抗特异性结合后,再加入能与一抗专一性结合的带标记的二抗(一抗为兔来源的抗体时,二抗常用羊抗兔免疫球蛋白抗体),最后通过二抗上带标记化合物(一般为辣根过氧化物酶或碱性磷酸酶)的特异性反应来进行检测电泳分离的特异性目的基因表达的蛋白成分。

Western 杂交能有效地鉴定某一蛋白质的性质和定量分析小分子抗原。随着技术的发展,Western 杂交可利用任何与蛋白质结合的配体进行蛋白质多肽的检测和配体的检测,而不止限于抗原抗体反应。Western 杂交具有灵敏度高、费时少、速度快、易于操作等优点,目前已广泛应用于免疫学、分子遗传学、生物化学与分子生物学等领域,用于结构域分析、斑点印迹、配基结合、抗体纯化、蛋白质氨基酸组成分析和序列分析、蛋白质定量、疾病诊断等方面的研究。

2. Western 杂交的操作过程

(1) *蛋白质样品的制备*:不同来源的组织、细胞,其蛋白质样品的制备方法不同,可采用不同的提取方法或选择不同的试剂盒产品。提取蛋白质时可通过选择裂解液 pH、盐浓度、表面活性剂和还原剂使蛋白质保持溶解状态。提取过程中要防止蛋白质降解、聚集、沉淀和修饰作用,尽量除去核酸、多糖和脂类物质的干扰。蛋白质样品制备好后可用考马斯亮蓝染色结合法(Bradford 法)、福林-酚法(Lowry 法)、二喹啉甲酸法(BCA 法)和斑点滤膜结合法来测定蛋白质含量,其中考马斯亮蓝染色结合法和福林-酚法最常用。

(2) *SDS-聚丙烯酰胺凝胶电泳*:一般情况下,抗体只能识别抗原蛋白中的部分序列结构,因此,为使抗体能够达到结合该表面而需要将蛋白质样本进行变性,使之打开折叠的空间结构。蛋白质变性一般使用阴离子变性去污剂十二烷基磺酸钠(SDS),SDS 与还原剂巯基乙醇并用,通过加热使蛋白质解离成单个的多肽亚基。变性的多肽与 SDS 结合并因此带负电荷,由于多肽结合 SDS 的量与多肽的相对分子质量成正比而与其序列无关,因此 SDS 多肽复合物在聚丙烯酰胺凝胶电泳中的迁移只与多肽的大小相关。SDS-PAGE 大多在不连续缓冲系统中进行,当两电极间接通电流后,凝胶中形成移动界面,并带动凝胶中 SDS 多肽复合物向前推进。样品通过高度多孔性的浓缩胶浓缩后,复合物在分离胶表面聚集成一条很薄的区带。SDS-PAGE 过程包括配胶、制胶、上样、电泳和显色等。

(3) *蛋白转膜*:蛋白因结合 SDS 而带电荷,在电场下从胶中转移到膜上。目前,转膜方式有水浴式电转移和半干式电转移两种。水浴式电转移中印迹装置的排列顺序为海绵—纸—胶—膜—纸—海绵,全部紧密排列,胶与膜之间不能留有气泡,印迹装置安放的方向必须正确,负极方为带负电的凝胶中的蛋白质,正极方为膜,转移时蛋白质由负极向膜正极转移。半干式电转移中印迹装置的排列顺序为纸—胶—膜—纸,用电转缓冲液浸湿后,直接置于电转仪的正负极之间。胶置于负极,膜置于正极。Southern 杂交所用膜可以是硝酸纤维素膜和 PVDF 膜(正电荷尼龙膜)。转膜完成后,可用丽春红染色法检测转膜是否成功。

(4) *免疫检测*:为防止一抗或二抗与膜的非特异性结合产生的高背景,需要用脱脂奶粉或 BSA 对膜进行封闭。免疫检测根据二抗分子标记物不同有以下几种方法:酶标抗体法(如辣根过氧化物酶 HRP、碱性磷酸酶 AP 等)、ABC 法、同位素抗体法(^{125}I 法)、免疫金法、荧光素标记抗体法。显色方法包括酶促底物发光法和化学发光法或荧光法,酶促底物发光法的代表是 DAB 显色法,最常用的化学发光法是 HRP 化学发光法。

2.4.4　菌落原位杂交

菌落原位杂交(colony *in situ* hybridization)是 1977 年由 Benton 和 Davis 在 Southern 杂交的技术上发展的一种杂交技术,它能从成千上万个重组子中迅速检测出期望的与探针序列同源的重组子。其基本原理是将细菌菌落或噬菌斑从培养平板通过影印转移到硝酸纤维素滤膜上,然后将滤膜上的菌落用 0.5 mol/L NaOH 裂解菌落以释放出 DNA,将 DNA 烘干固定于膜上与放射性同位素标记的特异性 DNA 或 RNA 探针杂交,放射自显影检测菌落或噬菌斑杂交

Note

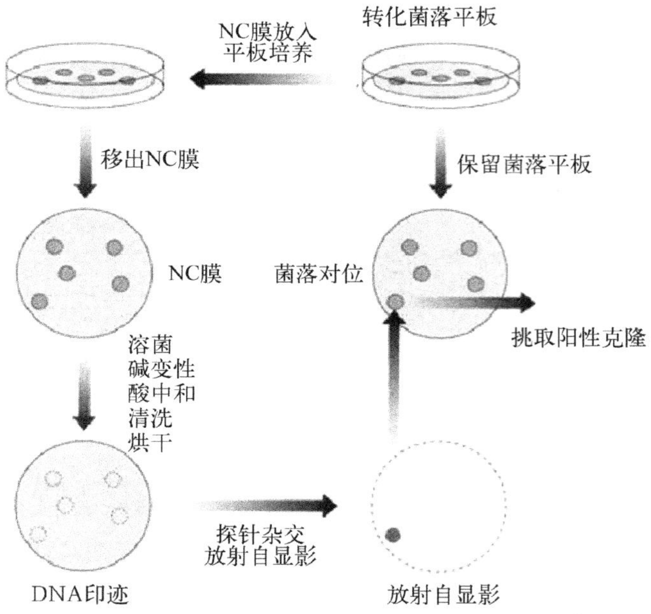

图 2-29　菌落原位杂交示意图

信号、并与平板上的菌落或噬菌斑对位，从中挑选出含有目的条带的菌落或噬菌斑（图 2-29）。菌落原位杂交的方法与 Southern 杂交相同。

2.4.5　荧光原位杂交

1. 荧光原位杂交基本原理

荧光原位杂交（fluorescence *in situ* hybridization，FISH）技术是将分子杂交和组织化学相结合的一种重要的非放射性原位杂交技术，可用于已知基因或序列的染色体定位，还可用于未克隆基因或遗传标记及染色体畸变的研究。其基本原理是：利用与待检测的染色体或 DNA 显微切片上的靶 DNA 相互补的核酸探针进行染色体水平上的原位杂交。核酸探针与染色体或 DNA 显微切片上的靶 DNA 经过变性、退火、复性等步骤后，靶 DNA 与核酸探针特异性结合形成杂交体。用于 FISH 技术的探针可分为直接标记探针和间接标记探针。直接标记探针是荧光分子直接标记在探针的某个核苷酸上。间接标记探针是先用生物素或地高辛等中间分子标记核酸探针，然后利用中间分子与荧光素标记的特异亲和素进行免疫组织化学反应，经荧光检测系统在荧光显微镜下进行定性、定量和定位分析。间接标记探针使被检测信号放大，从而提高 FISH 的阳性检出率。

FISH 技术的迅速发展主要归功于探针标记和染色体显带技术的发展。1974 年 Evans 将染色体显带技术和染色体原位杂交技术首次联合应用。1981 年，Bauman 首先应用荧光素标记探针进行原位杂交成功。进入 20 世纪 90 年代，随着技术的发展，新的荧光原位杂交技术不断涌现，各种原位杂交技术被广泛应用于基础理论研究和临床实践中。应用探针组合标记法（combinant - labelling）和比例标记法（ratio - labelling）发展了多色荧光原位杂交技术（multiplex fluorescence *in situ* hybridization，M - FISH）。荧光原位杂交不仅可用来检测染色体的异常，还可用来检测间期细胞核中染色质的异常和 DNA 纤维的变化（DNA 纤维- FISH 技术）。将染色体荧光原位杂交技术与显微切割技术结合发展了显微-荧光原位杂交技术（Micro - FISH）、比较基因组原位杂交技术（comparative genomic hybridization，CGH）和基因芯片技术（genetic chip）。将荧光原位杂交技术与原位 PCR 技术相结合建立了原位 PCR - FISH。总之，提高分辨率、灵敏度、容量和杂交特异性是 FISH 技术发展的重要趋势。从单色 FISH 到多色 FISH，从中期染色体到粗线期染色体再到延伸染色质 FISH，其灵敏度和分辨率由 MB 到 kB、百分距离向碱基对、多拷贝向单拷贝的方向深入。

2. 荧光原位杂交的操作过程

（1）染色体标本制作：FISH 所要检测的靶 DNA 或 RNA 固定在载玻片上的细胞核内。细胞可以是处于分裂期或间期的贴壁细胞或悬浮细胞。细胞组织切片可以制成冷冻组织切片、石蜡包埋组织切片、新鲜细胞印片、血涂片和组织芯片（tissue microarray）。

（2）探针荧光标记：FISH 技术中常用的探针按照 DNA 来源可分为 DNA 涂染探针（全染色体涂染探针、染色体臂涂染探针、染色体特异性区带涂染探针）、DNA 单一序列探针（酵母人工染色体 YAC、噬菌体人工染色体 PAC、细菌人工染色体 BAC）、质粒 DNA 探针（黏粒、λ 噬菌体和细菌质粒）。常用的荧光探针标记染料包括红色（spectrum red、spectrum orange、rhodamine、texas red）、绿色（FITC、spectrum green）、蓝色（spectrum green）和黄色（gold）。荧光探针的标记方法有缺口平移标记法、随机引物标记法和 PCR 标记法。

（3）杂交前处理与杂交：杂交前处理包括染色体载玻片的处理、染色体变性和探针变性。在杂交前，染色体载玻片需要用 RNA 酶或蛋白酶 K 处理，然后将染色体载玻片放入 75℃变性液（70% Formamide，2×SSC）中变性 2 min，并经渐高梯度乙醇中脱水。在含探针的杂交缓冲液中加入 70%甲酰胺、10%硫酸葡聚糖和 DNA 阻断剂（Cot I DNA）在 75℃下使探针变性。标记的变性探针与染色体载玻片上的 DNA 在甲酰胺溶液中进行杂交，杂交结束后，标本经清洗去除错配或未杂交的探针，然后用荧光标记的检测系统进行检测。

Note

（4）染色体显带：染色体显带技术是鉴别 FISH 后探针杂交位点主要技术。目前，染色体显带技术有 G 显带技术、R 显带技术、Q 显带技术、C 显带技术和 T 显带技术，其中前三者是最常用的显带技术。G 显带技术采用吉姆萨（Giemsa）混合燃料的染色方法，是应用最广的显带方法之一。R 显带技术与 G 显带技术相反，即 G 阳性带为 R 阴性带。Q 显带技术采用喹吖因（Quinacrine）或喹吖芥子荧光燃料染色。

（5）荧光显微镜检测：荧光显微镜的质量和滤片的选择对 FISH 结果影响较大。用多色滤光片仅一次曝光即可拍摄境下所见，简化了观察和照相过程，但灵敏度不如单色滤光片高。共聚焦显微镜通过对染色体不同平面进行断层扫描而获得高质量的图像，空间定位效果好，但灵敏度低。数字成像显微镜可分析荧光信号光谱组成以区分不同荧光，敏感性高，能进行定量和自动化分析，已越来越多地应用于 FISH 信号的检测（图 2-30）。

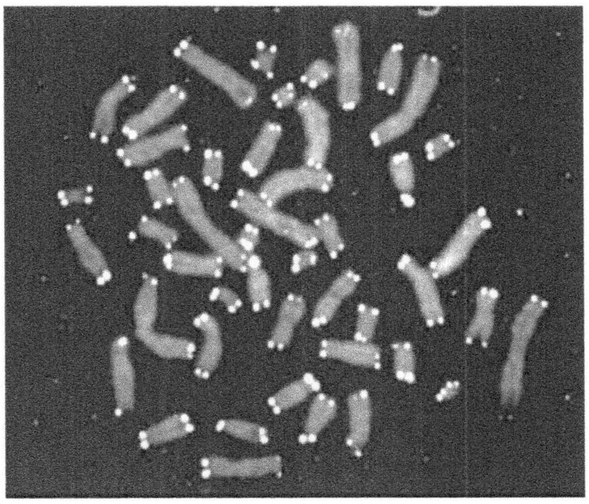

图 2-30　人染色体端粒 FISH 杂交结果

思　考　题

1. 常规 DNA 提取有哪些方法？简述其原理。
2. 高质量 RNA 提取的关键是什么？
3. 如何利用 PCR 技术实施待研究基因任何位点的突变？
4. DNA 自动测序的原理是什么？
5. 简述荧光原位杂交原理。

第 3 章 基因工程工具酶

提　要

各种核酸酶类是基因工程中的重要工具。

基因工程实验操作主要是在核酸分子之间进行的，由一系列的酶类催化完成。其中限制性核酸内切酶和 DNA 连接酶是完成 DNA 分子重组的主要酶。此外，还有 DNA 聚合酶、碱性磷酸酶、末端核苷酸转移酶等核酸修饰酶类。所有这些酶类作为 DNA 操作的工具，为人们进行重组 DNA 创造了条件。

本章旨在着重讨论限制性核酸内切酶、聚合酶和连接酶在重组 DNA 分子中的作用，同时简要讨论其他的一些核酸酶类。

3.1 限制性核酸内切酶

限制性核酸内切酶是一类能够识别双链 DNA 分子中的某种特定核苷酸序列，并由此切割 DNA 双链结构的核酸内切酶。它们主要是从原核生物中分离纯化出来的。限制性核酸内切酶在基因工程技术中扮演了如裁缝的“剪刀”的角色，它使研究人员可以按照预期目标将核酸分子切割开来，获取所需要的核酸序列片段。根据 REBASE 网站(http://rebase.neb.com/rebase/rebase.html)统计，截止到 2012 年 10 月 5 日，仅Ⅱ型限制性核酸内切酶就已分离出了 3 506 种。限制性核酸内切酶的发现源于对细菌限制修饰现象的研究。

3.1.1 限制和修饰现象

任何物种都有排除异物保护自身的防护机制，如人与哺乳动物中都有免疫系统，植物体内也有免疫防御系统。细菌里面也具有类似的防护系统，即限制修饰系统。

1952 年 Luria 和 Human 在 T 偶数噬菌体，1953 年 Weigle、Bertani 在 λ 噬菌体对大肠杆菌的感染实验中发现了细菌的限制和修饰现象。当噬菌体感染宿主细胞时会形成噬菌斑，根据噬菌斑多少可以来测定其感染的效价，用涂板效率表示(efficiency of plate, EOP)。研究发现，经大肠杆菌菌株 λ. B 培养得到的 λ. B 噬菌体能高效感染大肠杆菌 B，却不能有效感染大肠杆菌菌株 K，即称为 λ. B 受到了大肠杆菌菌株 K 的限制。如果这些噬菌体是通过侵染大肠杆菌菌株 K 获得的，当它们再次涂布于大肠杆菌菌株 K 上时就不会受限制了。但是如果这些噬菌体先在大肠杆菌菌株B中培养，再重新涂布于大肠杆菌K上时又会受到限制。(图3-1)由此可以看出，噬菌体侵染特定宿主菌的效价决定于它涂布于该菌株前在什么菌株中繁殖。

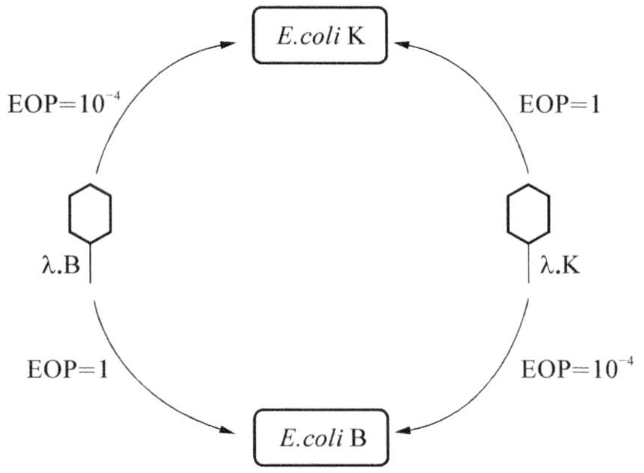

图3-1 细菌的限制修饰现象

Note

Arber及其团队(1962)用放射性同位素标记的噬菌体进行实验，结果表明：在噬菌体受限制的宿主细胞中，噬菌体生长的限制伴有噬菌体DNA的迅速降解，然而，用作繁殖噬菌体的感染宿主菌株并不导致类似的噬菌体DNA的降解。如果某一细菌细胞具有一种能选择性降解来自侵染病毒(或其他来源)的核酸酶，那么，它必须能将这种外来DNA同它自己的DNA区分开来，之所以能够如此，乃是通过宿主控制的修饰作用(host-controlled modification)来完成的，此种现象即为宿主控制的限制-修饰作用。需要指出的是尽管用噬菌体侵染不同大肠杆菌菌株的实验作为例子来说明细菌的限制修饰现象，但这个现象也同样发生在核酸分子从一个细菌菌株转到另一个菌株的过程中。

因此，限制(restriction)作用是指细菌体内产生的限制性核酸内切酶对DNA的分解作用，一般是指对外源DNA侵入的限制。修饰(modification)作用是指细菌的修饰酶对于DNA碱基结构改变的作用(如甲基化)，经修饰酶作用后的DNA可免遭其自身所具有的限制酶的分解。

1960年，Linn和Arber在研究细胞限制和修饰现象时在大肠杆菌中发现了限制性核酸内切酶，人们才搞清了细菌限制和修饰作用的分子机制。Arber因此于1978年获得了诺贝尔奖。

到20世纪60年代中期，科学家推测细菌的限制—修饰系统(restriction-modification system，R-M system)有作用于同一DNA的两种酶，即分解DNA的限制酶和改变DNA碱基结构使其免遭限制酶分解的修饰酶，而且，这两种酶作用于同一DNA的相同部位。一般说来，不同种的细菌或不同种的细菌菌株具有不同的限制酶和修饰酶组成的限制—修饰系统。大肠杆菌菌株K和菌株B中都含有各自不同的限制—修饰系统，λ.K和λ.B长期分别寄生在大肠杆菌的K菌株和B菌株中，宿主细胞内的甲基化酶已将其染色体DNA和噬菌体DNA特异性保护，封闭了自身所产生的限制性核酸内切酶的识别位点。当外来DNA入侵时，便遭到宿主限制性核酸内切酶的特异性降解，由于这种降解作用的不完全性，总有极少数入侵的DNA分子幸免于难，得以在宿主细胞内复制，并在复制过程中被宿主的甲基化酶修饰。此后，入侵噬菌体的子代便能高频感染同一宿主菌，但丧失了在其原来宿主细胞中的存活力，因它们在接受了新宿主菌甲基化修饰的同时，也丧失了原宿主菌甲基化修饰的标记。细菌正是利用限制修饰系统来区分自身DNA与外源DNA的。

目前发现有限制性核酸内切酶的生物主要是细菌、少数霉菌，蓝藻中也发现有限制性核酸内切酶。

3.1.2 限制性核酸内切酶的类型

限制性核酸内切酶的功能一般是降解外来DNA，保护宿主免受外来DNA的入侵；而与之对应的甲基化酶则通过修饰宿主自身的DNA保护了自身DNA不被降解。根据酶的亚基组成、识别序列的种类及辅助因子等不同，传统上将限制性核酸内切酶分为四大类(见表3-1)。然而，蛋白测序的结果表明，限制性内切酶的变化多种多样，若从分子水平上分类，则远远不止四类。

Note

表 3-1　各种限制修饰系统比较

	Ⅰ型	Ⅱ型	Ⅲ型	Ⅳ型
酶活性	三亚基多功能酶	内切酶和甲基化酶分开	二亚基的双功能酶	双功能酶
限制作用所需要的辅助因子	ATP、Mg^{2+}和 SAM	Mg^{2+}	ATP、Mg^{2+}和 SAM	
识别位点	非对称	回文序列(IIs 型除外)	非对称	非对称，识别甲基化的序列
切割位点	在距离识别位点至少 1 000 bp 处	在识别位点处或其附近	在识别位点下游 24～26 bp	不确定
基因工程中的用途	无用	十分有用	无用	有用

1. Ⅰ型、Ⅲ型、Ⅳ型限制性核酸内切酶的基本特性

1968 年，Meselson 从大肠杆菌 K 菌株中分离出了第一个限制性核酸内切酶 *Eco*K，同年 Linn 和 Aeber 从大肠杆菌 B 菌株中分离到了限制性核酸内切酶 *Eco*B。这种酶后来被命名为Ⅰ型限制性核酸内切酶。Ⅰ型限制性核酸内切酶的种类较少，约占 1%，其中研究较多的是大肠杆菌的 *Eco*K 和 *Eco*B，它们均为异源多聚体，其亚基 R、M 和 S 分别具有限制性内切酶、甲基化酶和 DNA 特异性位点识别的活性。Ⅰ型限制性核酸内切酶发挥限制性活性除了需要 Mg^{2+} 之外，还需要 ATP 与辅助因子 *S*-腺苷甲硫氨酸(SAM)的相互作用。Ⅰ型限制性核酸内切酶的切割位点与识别位点通常相距 1 000～5 000 bp，切割位点的序列并不表现出严格的特异性，两条 DNA 链上的断裂位点相距 70～75 个核苷酸，因此切开的 DNA 分子末端是单链形式。虽然 *Eco*K 和 *Eco*B 这种Ⅰ型限制性核酸内切酶能够识别 DNA 分子中特定的核苷酸序列，但切割位点却是随机进行的，不够专一，因此在基因工程中意义不大，没有实用价值。例如，*Eco*K 和 *Eco*B 的识别序列分别是：

$$EcoB\text{: } 5'\text{-TGA(N)}_8\text{TGCT-}3'$$
$$EcoK\text{: } 5'\text{-AAC(N)}_6\text{GTGC-}3'$$

N 可以是 4 种脱氧核苷酸中的任何一种。

Ⅲ型限制性核酸内切酶的数量更少。Ⅲ型限制性核酸内切酶由 R 亚基和 MS 亚基组成，其中 MS 亚基具有位点识别和甲基化修饰双重活性。Ⅲ型限制性核酸内切酶发挥限制性活性除了需要 Mg^{2+} 之外，也需要 ATP 与辅助因子 *S*-腺苷甲硫氨酸(SAM)的相互作用。这类酶的切割位点位于识别位点下游的若干碱基对处，但无序列特异性，只与识别位点的距离有关，而且不同的Ⅲ型限制性核酸内切酶具有各自不同的距离，从 7～26 bp 不等，如 *Mbo* Ⅱ识别 5′-AAGA-3′序列，其切割位点则是：

$$5'\text{-GAAGANNNNNNNN}\downarrow\text{N-}3'$$
$$3'\text{-CTTCTNNNNNNN}\downarrow\text{NN-}5'$$

产生仅一个碱基突出的 3′末端(N 可以是 4 种脱氧核苷酸中的任何一种)。

Ⅲ型限制性核酸内切酶的识别序列是非对称的，它同Ⅰ型限制性核酸内切酶一样，在基因工程中也没有什么实际的用处。

Ⅳ型限制性内切酶识别经典的甲基化或修饰的 DNA。以大肠杆菌的 *Mcr*BC 和 *Mrr* 系统为代表。这部分在甲基化酶一节中具体讲述。

2. Ⅱ型限制性核酸内切酶的基本特性

1970 年，Smith 和 Wilcox 从流感嗜血杆菌中分离到一种限制性核酸内切酶，能够特异性地切割 DNA，这个酶后来命名为 *Hind* Ⅱ，这是第一个分离到的Ⅱ型限制性核酸内切酶。由于这类酶的识别序列和切割位点特异性很强，对于分离特定的 DNA 片段就具有特别的意义。

Ⅱ型限制性核酸内切酶所占的比例最大，可达 93%。绝大多数Ⅱ型限制性核酸内切酶的识别序列是由 4～6 个核苷酸组成，但有少数酶可识别更长的序列。有些识别序列是连续的(如

5′-GGATCC-3′)，而有些是间断的(如5′-GANTC-3′)，但这些识别序列都呈回文结构。它们是在识别序列处还是其附近切开靶DNA，因酶而异。

Note

Ⅱ型限制性核酸内切酶切割DNA分子的断裂类型通常有两种：一种是形成一条单链突出末端，称为黏性末端；一种是在识别的回文序列的对称轴处将DNA双链切开，称为平末端。黏性末端又包括3′-OH单链突出末端和5′-P单链突出末端两种。

例如，*Eco*RⅠ的识别序列为：

5′-G↓AATTC-3′
3′-CTTAA↑G-5′

对称轴位于第三和第四位碱基之间，箭头所示为切割位点处，切割后形成5′-P单链突出末端。

*Pst*Ⅰ的识别序列为：

5′-CTGCA↓G-3′
3′-G↑ACGTC-5′

对称轴位于第三和第四位碱基之间，箭头所示为切割位点处，切割后形成3′-OH单链突出末端。

*Sma*Ⅰ的识别序列为：

5′-CCC↓GGG-3′
3′-GGG↑CCC-5′

对称轴位于第三位和第四位碱基之间，箭头所示为切割位点处，切割后形成平末端。

对于由五对碱基组成的识别序列而言，其对称轴为中间的一对碱基。

如*Bcn*Ⅰ的识别序列为：

C
5′-CC↓GGG-3′
3′-GGG↑CC-5′
C

对称轴位于第三位碱基处，箭头所示为切割位点处，切割后形成5′-P单碱基突出末端。而第三位碱基可是G或C，这也导致了该酶的识别位点不是单一的。

有的限制性核酸内切酶的识别序列有更多的碱基。如*Not*Ⅰ的识别序列为：

5′-GC↓GGCCGC-3′
3′-CGCCGG↑CG-5′

一部分Ⅱ型酶的识别序列中某一或某两位碱基并非严格专一，但都在两种碱基中具有可替代性，这种不专一性并不影响内切酶和甲基化酶的作用位点，只是增加了DNA分子上的酶识别位点与作用频率。如*Bst*XⅠ的识别位点为：

5′-CCANNNNN↓NTGG-3′
3′-GGTN↑NNNNNACC-5′

N可为4种脱氧核苷酸中的任意一种。这使得*Bst*XⅠ有很多识别序列，在用这样的限制性核酸内切酶进行DNA分子重组时，要特别注意具体的识别序列及切割出的序列是否相同，如果识别序列不同，切出的DNA分子末端可能不能直接进行连接。

后来又鉴定出了与标准的Ⅱ型限制性核酸内切酶不同的Ⅱs型限制性核酸内切酶，即移动切割的限制性核酸内切酶，约占5%。Ⅱs型限制性核酸内切酶识别位点不具有对称性，一般在离它的不对称识别位点一侧的特定距离处切割DNA双链。如*Hga*Ⅰ的识别序列和切割位点为：

5′-GACGCNNNNN↓　　　　-3′
3′-CTGCGNNNNNNNNNN↑　　-5′

第三种常见的Ⅱ型限制性内切酶是ⅡG型限制性内切酶，在同一蛋白上表现有限制和修饰两种活性。此类酶在其识别序列外进行切割；那些识别连续性序列的ⅡG内切酶(如*Acu*Ⅰ识别

CTGAAG)仅在识别位点的一端切割 DNA 链;而那些识别非连续性序列的ⅡG 内切酶(如 *Bgl* Ⅰ识别 GCCNNNNNGGC),会在识别位点的两端切割 DNA 链,产生一小段含识别序列的片段。

Note

随着现代科学技术的发展,发现的Ⅱ型限制性内切酶的种类越来越多,人们也对其进行了更为详尽的分类,具体分类情况可查阅有关工具书。

3. 同裂酶

有一些来源不同的限制性核酸内切酶的识别序列相同,这类酶称为同裂酶。同裂酶的切割位点可能相同,也可能不同。有一些同裂酶对于切割位点的甲基化敏感性不同,故可用来研究 DNA 甲基化作用。关于同裂酶,国外的主要限制酶生产公司如 MBI Fermentas、NEB(New England Biolabs)、Roche 等均有介绍,且多数列出了各个酶的同裂酶。

4. 同尾酶

有的限制性核酸内切酶虽然识别序列各不相同,但切割后都产生出相同的黏性末端,称之为同尾酶。同尾酶切割产生的黏性末端可直接进行连接。但是由一对同尾酶分别产生的黏性末端形成的重组片段可能不再被该同尾酶切开。例如 *Bam*H Ⅰ、*Bcl* Ⅰ、*Bgl* Ⅱ、*Sau*3A Ⅰ和 *Xho* Ⅱ就是一组同尾酶。这组同尾酶各自的识别序列如下:

*Bam*H Ⅰ	5′- G ↓ GATCC - 3′
	3′- CCTAG ↑ G - 5′
Bgl Ⅱ	5′- A ↓ GATCT - 3′
	3′- TCTAG ↑ A - 5′
Bcl Ⅰ	5′- T ↓ GATCA - 3′
	3′- ACTAG ↑ T - 5′
Xho Ⅱ	5′- U ↓ GATCY - 3′
	3′- YCTAG ↑ U - 5′
	U 代表嘌呤;Y 代表嘧啶。
*Sau*3A Ⅰ	5′- ↓ GATC ······ 3′
	3′······ CTAG ↑ - 5′

由 *Bgl* Ⅱ和 *Bam*H Ⅰ切割后形成的位点是:

5′- GGATCT - 3′

3′- CCTAGA - 5′

这个杂种位点不能被 *Bam*H Ⅰ和 *Bgl* Ⅱ识别,但可以被 *Sau*3A Ⅰ识别(下划线部分)。由这组同尾酶两两形成的杂种位点都可以被识别序列为四个碱基的 *Sau*3A Ⅰ识别。

不同限制性核酸内切酶的同尾酶可以查阅有关工具书或生物公司产品介绍。

3.1.3 Ⅱ型限制性核酸内切酶的命名

根据 Smith 和 Nathans(1973)提议的命名系统并经过在实践中改进,Ⅱ型限制性核酸内切酶的统一命名规则是:以酶来源的生物体属名的第一个大写字母和种名的前两个小写字母构成酶的基本名称,如果酶存在于一种特殊的菌株中,则将株名的一个字母加在基本名称之后,若酶的编码基因位于噬菌体(病毒)或质粒上,则用一个大写字母表示这些非染色体的遗传因子。如果酶来源的菌株中包括不同的限制修饰系统,则在酶的名称的最后部分用罗马数字表示在该菌株中发现的次序,如 *Hind* Ⅲ 则是在 *Haemophilus influenzae* d 株中发现的第三个酶,而 *Eco*R Ⅰ 则表示其基因位于 *Escherichia coli* 中的抗药性 R 质粒上。

3.1.4 影响限制性核酸内切酶活性的因素

影响限制性核酸内切酶活性的因素有许多,其中主要有 DNA 的纯度、DNA 的甲基化程度、温度、缓冲液等。

1. DNA的纯度

高纯度的DNA是保证限制性核酸内切酶活性的主要因素。DNA制品中的污染物主要有蛋白质、酚、氯仿、乙醇、EDTA、SDS以及高浓度的盐离子等，这些污染物都可能抑制限制性核酸内切酶的活性。可采取如下方法来提高限制性核酸内切酶的反应效率：

增加限制性核酸内切酶的用量，但限制性核酸内切酶的用量不要超过酶切反应总体积的1/10；

通过加大酶切反应的总体积降低抑制物的浓度；

适当延长酶切反应的时间。

如果以上方法都不奏效，就需要对DNA重新进行纯化，以获取高纯度的DNA。

2. DNA的甲基化程度

DNA甲基化现象普遍存在于原核和真核生物中。被消化的DNA序列中核苷酸的甲基化会影响到限制性核酸内切酶的活性。大肠杆菌中一般都含有两种甲基化酶：一种是作用于腺嘌呤A的甲基化酶 *dam*，催化5′-GATC-3′序列中的腺嘌呤残基甲基化；*Bam*H Ⅰ、*Bcl* Ⅰ、*Bgl* Ⅱ、*Sau*3A Ⅰ和 *Xho* Ⅱ这组同尾酶的识别序列中都含有5′-GATC-3′，还有一些限制性核酸内切酶中部分含有这一序列，如 *Cla* Ⅰ(1/4，该酶的识别序列是ATCGATN，4个识别序列中有1个含有5′-GATC-3′)、*Xba* Ⅰ(1/16)、*Taq* Ⅰ(1/16)、*Mbo* Ⅱ(1/16)、*Hph* Ⅰ(1/16)；另一种是作用于胞嘧啶C的甲基化酶 *dcm*，使5′-CCA/TGG-3′序列中的胞嘧啶残基甲基化。基因工程中所用的大肠杆菌菌株是甲基化酶失活突变的菌株，这样可以避免从中分离出来的DNA，不被限制性核酸内切酶完全消化，或完全不被消化。

3. 酶切消化反应的温度

不同的限制性核酸内切酶具有不同的最适反应温度。大多数限制性核酸内切酶的最适反应温度是37℃，但也有例外。例如，*Apa* Ⅰ和 *Sma* Ⅰ的最适反应温度是25℃，*Apo* Ⅰ是50℃，*Ape*K Ⅰ是75℃。酶切反应的温度低于或高于所用酶的最适反应温度，都会影响限制性核酸内切酶的活性，甚至完全失去活性。

4. 限制性核酸内切酶的缓冲液

一般限制性核酸内切酶的标准缓冲液包括Tris-HCl、Mg^{2+}、二硫苏糖醇(DTT)以及牛血清白蛋白(BSA)等。Tris-HCl提供酶切反应体系所需的pH，一般为7.0～7.9(25℃时)；Mg^{2+}一般由$MgCl_2$提供。

不同限制性核酸内切酶对离子浓度(由缓冲液中的NaCl或KCl提供)的要求不同，据此可分为高盐、中盐和低盐缓冲液，在进行双酶解或多酶解时，若这些酶切割可在同种缓冲液中作用良好，则几种酶可同时酶切；若这些酶所要求的缓冲液有所不同，可采用以下两种方法进行消化反应：先用要求低盐缓冲液的限制性内切酶消化DNA，然后补足适量的NaCl或KCl，再用要求高盐缓冲液的限制酶消化；或者先用一种酶进行酶切消化，然后用乙醇沉淀反应产物，再重悬于另一缓冲液中进行第二次酶切消化。

5. 星活性

在非最适反应条件下(包括高浓度的限制性核酸内切酶、高浓度的甘油、低离子强度、用Mn^{2+}取代Mg^{2+}以及高pH等)，有些限制性核酸内切酶能切割和识别与特定识别序列相似的序列，这种改变的特殊活性叫做星活性。为了避免星活性的出现，要求不同的酶要使用专用的标准反应缓冲液及在最适反应温度下进行作用。

现在商品化的限制性核酸内切酶都有专用的反应缓冲液，不同商家的缓冲液往往成分有所不同，在使用时要注意。

6. DNA的分子结构

DNA分子结构对限制性核酸内切酶的活性有很大影响，如消化超螺旋的DNA比消化线性DNA用酶量要高出许多倍。有些限制性核酸内切酶在消化不同部位的限制性位点时效率也有明显差异，这可能是由于侧翼序列的核苷酸成分差异造成的。

Note

7. DNA 分子末端长度

限制性核酸内切酶切割 DNA 时，对识别序列不同末端长度的 DNA 切割效率不同。了解不同酶对末端长度的要求，便于更好地分析双酶切及对 PCR 产物进行酶切。如 *Bam*H Ⅰ识别序列为 GGATCC，当两侧只有一个核苷酸时，即：NGGATCCN，酶切效率只有 10%，而两侧有两个核苷酸时，即 NNGGATCCNN，酶切效率可达 90%。为保证有效酶切，识别序列两侧需要三个核苷酸。

3.2　DNA 聚合酶

DNA 聚合酶（DNA polymerase）是细胞复制 DNA 的重要酶。DNA 聚合酶是以 DNA 为复制模板，在具备模板、引物、dNTP 等的情况下，将 DNA 由 5′端开始复制到 3′端的酶。

真核生物细胞中有 5 种 DNA 聚合酶，分别为 DNA 聚合酶 α（定位于细胞核，参与复制引发，不具 5′→3′外切酶活性），细胞 β（定位于细胞核内，参与修复，不具 5′→3′外切酶活性），细胞 γ（定位于线粒体，参与线粒体复制，不具 5′→3′外切活性，有 3′→5′外切活性），细胞 δ（定位于细胞核，参与复制，具有 3′→5′外切活性，不具 5′→3′外切活性），细胞 ε（定位于细胞核内，参与损伤修复，具有 3′→5′外切活性，不具 5′→3′外切活性）。

原核生物细胞中，以大肠杆菌为例。在大肠杆菌中，到目前为止已发现有 5 种 DNA 聚合酶，分别为 DNA 聚合酶Ⅰ、Ⅱ、Ⅲ、Ⅳ和Ⅴ，都与 DNA 链的延长有关。DNA 聚合酶Ⅰ是单链多肽，主要与 DNA 损伤和修复有关，于 1956 年发现；DNA 聚合酶Ⅱ在修复损伤中也有重要的作用；DNA 聚合酶Ⅲ是一种多亚基的蛋白，是促进 DNA 链延长的主要酶。DNA 聚合酶Ⅳ和Ⅴ直到 1999 年才被发现，主要在 SOS 修复过程中起作用。

基因工程中常用的 DNA 聚合酶有：① 大肠杆菌聚合酶Ⅰ（全酶）；② 大肠杆菌聚合酶Ⅰ大片段（Klenow 片段）；③ T4 噬菌体 DNA 聚合酶；④ T7 噬菌体聚合酶及经修饰的 T7 噬菌体聚合酶；⑤ 耐热 DNA 聚合酶（*Taq* DNA 聚合酶）；⑥ 逆转录酶（依赖于 RNA 的 DNA 聚合酶）。

DNA 聚合酶的共同特点是：① 需要提供合成模板；② 不能起始新的 DNA 链，必须要有引物提供 3′- OH；③ DNA 合成的方向都是 5′→3′；④ 除 DNA 合成外还有其他功能。

3.2.1　大肠杆菌 DNA 聚合酶

到目前为止，已经从大肠杆菌中发现了 5 种不同类型的 DNA 聚合酶，即 DNA 聚合酶Ⅰ、Ⅱ、Ⅲ、Ⅳ和Ⅴ。在这些 DNA 聚合酶中，只有 DNA 聚合酶Ⅰ是基因工程中最常用的工具酶。

1. 大肠杆菌 DNA 聚合酶Ⅰ（全酶）（DNA polymerase Ⅰ，DNA pol Ⅰ）

这是 1956 年由美国生化学家 Arthur Kornberg 首先发现的 DNA 聚合酶，又称 Kornberg 酶。纯化的 DNA pol Ⅰ由一条多肽链组成，约含 1 000 个氨基酸残基，分子质量为 109 kD，是由大肠杆菌 PolA 基因编码的。

DNA 聚合酶Ⅰ具有三种活性（图 3-2）：① 5′→3′DNA 聚合酶活性：能以单链 DNA 为模

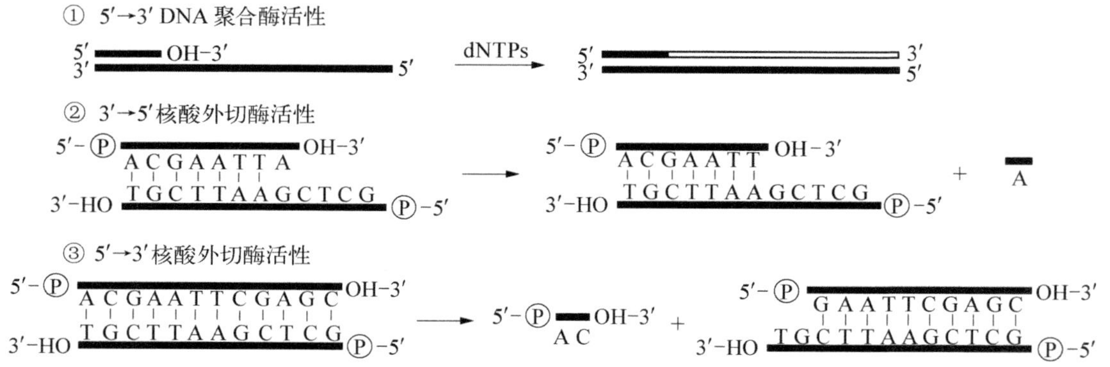

图 3-2　DNA 聚合酶Ⅰ的活性

板，在3′-OH引物的引导下，按5′→3′方向合成互补的DNA序列；② 3′→5′核酸外切酶活性：能够去除延长的核酸链上的3′-OH末端上的核苷酸，可以沿3′→5′方向降解双链或单链DNA，释放5′-单核苷酸；③ 5′→3′核酸外切酶活性：能从DNA链5′-P末端降解双螺旋DNA的一条链，沿5′→3′方向，释放出单核苷酸或寡核苷酸，该活性对双链DNA的单链缺口也有活性，只要它存在有一个5′-P基团就行。

根据DNA聚合酶Ⅰ的活性，在基因工程中可有如下主要用途：① 用切口平移方法标记DNA(可作杂交探针)(图3-3)；② 利用其5′→3′核酸外切酶活性降解寡核苷酸作为合成cDNA第二链的引物；③ 用于对DNA分子的3′突出末端进行末端标记，用于DNA序列分析。

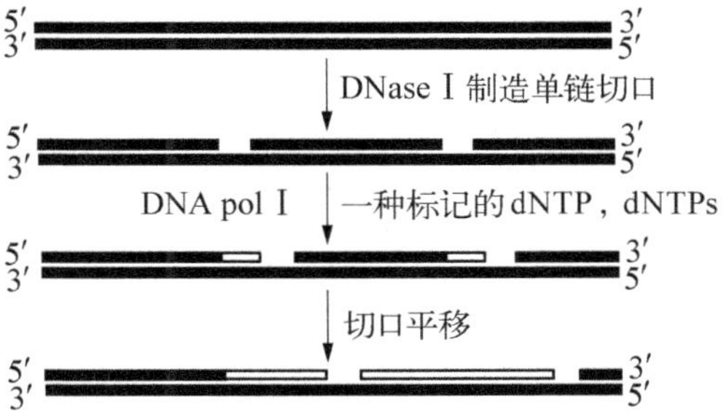

图3-3　切口平移法标记DNA分子探针

示被标记的DNA链

2. 大肠杆菌DNA聚合酶Ⅱ(DNA polⅡ)

DNA聚合酶Ⅰ缺陷的突变株仍能生存，这表明DNA polⅠ不是DNA复制的主要聚合酶。人们于1970年发现了DNA polⅡ。此酶分子质量为120 kD，活性只有DNA polⅠ的5%。它具有2种活性：① 5′→3′DNA聚合酶活性：最适模板是双链DNA中间有空隙(gap)的单链DNA部分，且该单链空隙部分不长于100个核苷酸。单链结合蛋白可以提高该酶催化以单链DNA为模板的DNA聚合作用。② 3′→5′核酸外切酶活性，但无5′→3′核酸外切酶活性。另外DNA pol Ⅱ一般只将2-脱氧核苷酸掺入到DNA链中。

3. 大肠杆菌DNA聚合酶Ⅲ(DNA pol Ⅲ)

DNA pol Ⅲ全酶由多种亚基组成，而且容易分解。大肠杆菌每个细胞中只有10～20个酶分子，因此不易获得纯品。该酶具有3种活性：① 5′→3′DNA聚合酶活性：对模板的要求与DNA聚合酶Ⅱ相同，最适模板也是双链DNA中间有空隙的单链DNA，单链结合蛋白可以提高该酶催化单链DNA模板的DNA聚合作用；② 3′→5′核酸外切酶活性：最适底物是单链DNA，只产生5′-单核苷酸，即每次只能从3′端开始切除一个核苷酸；③ 5′→3′核酸外切酶活性：要求有单链DNA为起始作用底物，但一旦开始后，便可作用于双链区。DNA聚合酶Ⅲ是细胞内DNA复制所必需的酶。

在DNA聚合作用中，核苷酸添加的错误率达1/10 000。由于DNA聚合酶Ⅰ和DNA聚合酶Ⅲ全酶的3′→5′外切酶活性，可以终止核苷酸掺入并去除错误核苷酸，然后继续加入正确的核苷酸，可将错误率减少到百万分之一或更少。

3.2.2　大肠杆菌DNA聚合酶Ⅰ的Klenow片段

大肠杆菌DNA聚合酶Ⅰ全酶经过枯草杆菌蛋白酶处理后，酶分子分裂成两个片段，大片段分子质量为76 kD，小片段的分子质量为34 kD。其中大片段通常称为Klenow片段，又叫做Klenow聚合酶或Klenow大片段酶。

Klenow聚合酶仍具有5′→3′的DNA聚合活性和3′→5′核酸外切酶活性，但失去了全酶的5′→3′的核酸外切酶活性。此酶的模板专一性和底物专一性均较差，它可以用RNA作为模板，也可以用核苷酸为底物。在无模板和引物时还可以从头合成同聚物或异聚物。

在基因工程中，Klenow聚合酶的主要用途有：① 补平经限制性核酸内切酶切割DNA产生的3′隐蔽末端；② 用α-^{32}P-dNTP补平3′隐蔽末端，对DNA片段进行末端标记；③ cDNA克隆中的第二链cDNA的合成；④ 应用双脱氧链末端终止法进行DNA测序；⑤ 也用于PCR反应进行体外扩增基因DNA序列，但已经被*Taq* DNA聚合酶代替。

现在也应用Klenow片段的聚合酶功能用随机引物法来标记DNA分子探针。

3.2.3　T4 DNA聚合酶

T4 DNA聚合酶是由噬菌体基因43编码的一条多肽链，分子质量是114 kD。它具有2种活性：5′→ 3′的 DNA 聚合酶活性和 3′→ 5′的核酸外切酶活性。在有缺口的双链 DNA 作模板时，需要有基因 32 蛋白的辅助(基因 32 蛋白在 T4 DNA 复制中的作用和大肠杆菌单链结合蛋白的作用相似)。它的外切核酸酶活性比 Klenow 片段要强 200 倍。它在基因工程中的主要用途有：① 补平或标记限制性核酸内切酶切割 DNA 后产生的 3′隐蔽末端；② 对带有 3′突出端的 DNA 分子进行末端标记；③ 标记用作探针的 DNA 片段；④ 将双链 DNA 的突出末端转化成为平端；⑤ 使结合于单链 DNA 模板上的诱变寡核苷酸引物得到延伸。

在没有 dNTP 存在的条件下，T4 DNA 聚合酶行使 3′外切酶活性，作用于双链 DNA 片段，并按 3′→ 5′的方向从 3′- OH 末端开始降解 DNA。如果反应混合物中只有一种 dNTP，那么这种降解作用进行到暴露出同反应物中唯一的 dNTP 互补的核苷酸时就会停止。于是当反应物中加入标记的 dNTP(α-^{32}P-dNTP)之后，T4 DNA 聚合酶的聚合作用速率超过了外切作用的速率，局部消化的 DNA 片段便起到一种引物模板的作用，重新合成了完整的具有标记末端的 DNA 分子。由于在这种反应中，通过 T4 DNA 聚合酶的作用，α-^{32}P-dNTP 逐渐地取代了被删除掉的 DNA 片段上原有的核苷酸，因此称为取代反应。应用取代合成法可以给平末端的 DNA 片段或具有 3′-隐蔽末端的 DNA 片段作末端标记(图 3-4)。

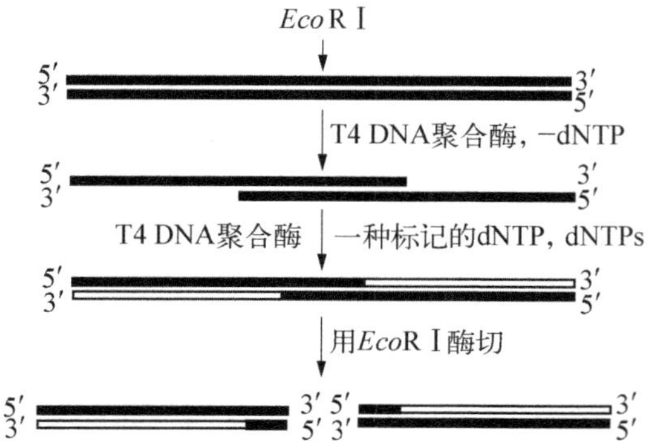

图 3-4　取代合成法标记 DNA 分子探针
═ 示被标记的DNA链

3.2.4　T7 DNA 聚合酶(修饰的 T7 DNA 聚合酶)

T7 DNA 聚合酶是 Tabor 等于 1978 年报道的，是从感染了 T7 噬菌体的大肠杆菌寄主细胞中纯化出来的。它由两种紧密结合的亚基组成：一种是 T7 噬菌体基因 5 蛋白，分子质量是 84 kD，具有 DNA 聚合酶和单链 3′→ 5′核酸外切酶活性；另一种是宿主编码的硫氧还原蛋白，分子质量是 12 kD，起辅助蛋白作用。该酶是所有已知 DNA 聚合酶中持续合成能力最强的一个，它的 3′→5′核酸外切酶活性约为 Klenow 片段的 1 000 倍。

该酶的主要用途有：① 用于大分子质量的 DNA 模板的引物延伸反应；② 通过补平或取代反应进行快速末端标记；③ 将 3′或 5′的突出末端变成平端。

用氧化还原剂把 T7 噬菌体基因 5 蛋白分子与氧及二价铁离子处理可使酶的 3′→5′核酸外切酶活性灭活而保留其聚合酶活性。修饰后的 T7 DNA 聚合酶的持续合成能力很强，无 3′→5′核酸外切酶活性，是双脱氧链终止法对长 DNA 片段进行测序的理想用酶。

3.2.5　实验室常用的耐热 DNA 聚合酶

耐热 DNA 聚合酶多在 PCR 技术中应用。各种耐热 DNA 聚合酶均具有 5′→3′聚合酶活性，但不一定具有 3′→5′和 5′→3′的核酸外切酶活性。

1. *Taq* DNA 聚合酶

Taq DNA 聚合酶是一种耐热的依赖 DNA 的 DNA 聚合酶，原是从嗜热的水生菌 *Thermus aquaticus* 中纯化来的，现在利用基因工程技术生产并出售。该酶分子质量为 94 kD，75～80℃时每个酶分子每秒钟可延伸约 150 个核苷酸。温度过高(90℃以上)或过低(22℃)都可影响 *Taq* DNA 聚合酶的活性。*Taq* DNA 聚合酶的热稳定性是该酶用于 PCR 反应的前提条件，也是 PCR 反应能迅速发展和广泛应用的主要原因。

Taq DNA 聚合酶是 Mg^{2+} 依赖性酶，该酶的催化活性对 Mg^{2+} 浓度改变非常敏感，Mg^{2+} 浓度过高就抑制酶活性。该酶只有 5′→3′聚合酶活性，无校对活性，所以在其产物中易产生错配碱基。*Taq* DNA 聚合酶还具有非模板依赖的聚合酶活性，可将 PCR 双链产物的每一条链 3′末端加入单 A 核苷酸，使 PCR 产物具有 3′突出的单核苷酸末端；另一方面，在仅有 dTTP 存在

时，它可将平端的质粒的 3′端加入单 T 核苷酸尾，产生 3′端突出的单 T 核苷酸尾。应用这一特性，可实现 PCR 产物的 T－A 克隆。此外，*Taq* DNA 聚合酶还具有逆转录活性，其作用类似于逆转录酶，此活性温度一般为 65～68℃，有 Mn^{2+} 存在时，其逆转录活性更高。

2. *Tth* DNA 聚合酶

该酶是从 *Thermus thermophilus* HB8 中纯化的，在高温和 $MnCl_2$ 条件下，能有效地逆转录 RNA；当加入 Mg^{2+} 后，聚合活性大大增加，从而使 cDNA 合成与扩增可用一种酶催化。

3. 高保真 DNA 聚合酶

pfu DNA 聚合酶：是从 *Pyrococcus furiosis* 中精制而成的高保真耐高温的 DNA 聚合酶，具有 3′→5′核酸外切酶活性，不具有 5′→3′ 核酸外切酶活性，可校正 PCR 扩增过程中产生的错误碱基。

Vent DNA 聚合酶：是从 *Litoralis* 栖热球菌中分离的，具有 3′→5′外切酶活性，不具有 5′→3′外切酶活性，可以去除错配的碱基，具有校对功能。

高保真 DNA 聚合酶催化合成的 PCR 产物是平末端，不能直接用 T－A 法进行 PCR 产物克隆。

3.2.6　逆转录酶

逆转录酶也叫做依赖于 RNA 的 DNA 聚合酶或 RNA 指导的 DNA 聚合酶。该酶首先是于 1970 年从鼠白血病毒和劳氏肉瘤病毒中发现的，迄今为止已经从许多种 RNA 肿瘤病毒中纯化提取了这种酶。目前普遍使用的商品化的逆转录酶主要有两种：一种来自鸟类骨髓母细胞瘤病毒(avian myeloblastosis virus，AMV)；另一种来自鼠白血病病毒(MMLV)。AMV 逆转录酶的分子质量约为 157 kD，由 α 和 β 两条多肽链组成，其中 α 肽链具有反转录酶和较强的 RNase H 活性。RNase H 是一种核酸外切酶，它能特异地降解 RNA－DNA 杂交分子中的 RNA 链。β 链具有以 RNA－DNA 杂交分子为底物的 5′→3′脱氧核酸外切酶活性。

逆转录酶是基因工程中一种非常重要的酶，在一段引物和一条模板分子存在时，有 5′→3′方向的聚合活性。逆转录酶在基因工程操作中的主要用途如下。

1）以 mRNA 为模板合成 cDNA，是逆转录酶的最主要的用途，还可以用于以单链 DNA 或 RNA 为模板合成核酸探针；

2）RNA 及 DNA 的双脱氧测序；

3）具 5′突出末端的 DNA 片段作末端标记；

4）用引物伸长法组建 mRNA 5′末端的物理图谱；

5）双链 DNA 3′隐蔽末端的修复。

3.3　DNA 连接酶

基因工程的核心技术是 DNA 重组技术，主要为异源 DNA 分子之间的连接。如果说限制性核酸内切酶好像裁缝的“剪刀”——能够将 DNA 分子切割成不同大小的片段，那么 DNA 连接酶就是“针线”——将不同来源的 DNA 分子连接起来。因此，DNA 连接酶是基因工程中必不可少的工具酶。

3.3.1　DNA 连接酶的类型

DNA 聚合酶能够合成新的核酸链但不能将两条 DNA 链连接起来或者封闭单链 DNA。细菌的基因组 DNA 是环形的，复制后的 DNA 是线状的，那么线形的 DNA 分子如何变成环形的呢？DNA 环化现象的存在促使人们于 1967 年发现了能使 DNA 连接起来的大肠杆菌 DNA 连接酶。1970 年，发现了由大肠杆菌 T4 噬菌体编码的 T4 DNA 连接酶。

根据 DNA 连接酶的来源不同，可分为三类：一种是来自大肠杆菌的 DNA 连接酶，另一

Note

种是由大肠杆菌T4噬菌体DNA编码的T4 DNA连接酶，还有一种是从嗜热高温放线菌中获得的热稳定的DNA连接酶(在85℃下都有较好的连接活性)。此外，哺乳动物中也发现了4种DNA连接酶。目前常用的DNA连接酶主要是大肠杆菌DNA连接酶和T4 DNA连接酶。

大肠杆菌的DNA连接酶是一条分子质量为75 kD的多肽链，对胰蛋白酶敏感，可被其水解。该酶用NAD^+作辅助因子，只能连接具有突出末端的双链DNA分子，但如果在聚乙二醇(PEG)及高浓度一价阳离子存在的条件下，也能连接平滑末端的DNA分子，但不能催化DNA的5′-P末端与RNA的3′-OH末端以及RNA之间的连接。T4 DNA连接酶分子也是一条多肽链，分子质量为60 kD，其活性很容易被浓度为0.2 mol/L的KCl和精胺所抑制。此酶的催化过程需要ATP辅助。T4 DNA连接酶可连接DNA-DNA、DNA-RNA、RNA-RNA和双链DNA黏性末端或平头末端，因此在基因工程中有广泛的用途。T4 DNA连接酶对不同末端DNA分子的连接要求及结果见表3-2。

表3-2　T4 DNA连接酶连接要求和结果

外源DNA末端性质	连接要求	连　接　结　果
不对称黏性末端	两种限制性内切酶消化后，需纯化载体以提高连接效率	载体与外源DNA连接处的限制性内切酶酶切位点常可保留；非重组克隆的背景较低；外源DNA可以定向插入到载体中。
对称性黏性末端	线形载体DNA常需脱磷处理	载体与外源DNA连接处的限制性内切酶酶切位点常可保留；重组质粒会带有外源DNA的串联拷贝；外源DNA会以两个方向插入到载体中。
平端	要求高浓度的DNA和连接酶	载体与外源DNA连接处的限制性内切酶酶切位点消失；重组质粒会带有外源DNA的串联拷贝；非重组克隆的背景较高。

3.3.2　DNA连接酶的特点

DNA连接酶是一种封闭DNA链上缺口的酶，借助ATP或NAD水解提供的能量催化DNA链的5′-P与另一DNA链的3′-OH生成磷酸二酯键。但这两条链必须是与同一条互补链配对结合的(T4 DNA连接酶除外)，而且必须是两条紧邻DNA链才能被DNA连接酶催化成磷酸二酯键。DNA连接酶不能连接两条单链的DNA分子或环化单链DNA分子(图3-5)。

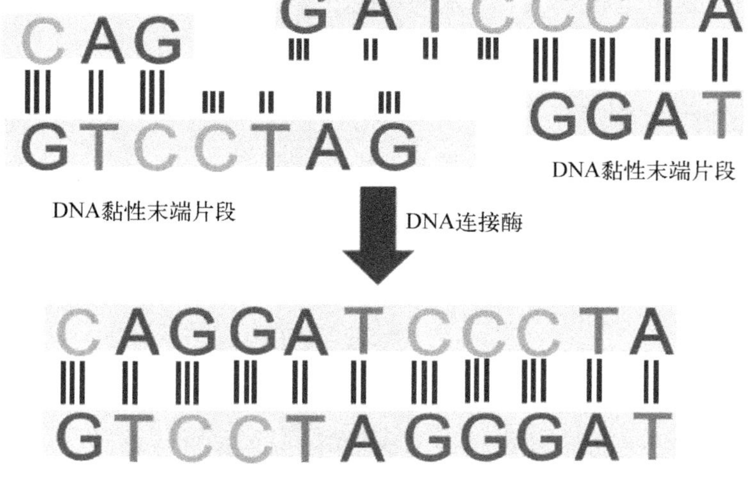

图3-5　DNA连接酶的活性(以黏性末端连接为例)

DNA连接酶可以连接带有缺口的DNA分子、平末端的DNA分子、带有突出末端的DNA分子。

Note

3.3.3　连接反应的机制

所谓连接反应就是在连接酶的作用下两条 DNA 形成 3′,5′-磷酸二酯键。反应过程耗能，需要向连接体系提供 ATP(或 NAD^+)。在连接反应中，ATP 水解释放焦磷酸(PPi)和 AMP，AMP 同 DNA 连接酶生成一种共价结合的酶- AMP 复合物，一条链的 3′- OH 对另一条链的活跃的磷原子做新核攻击，3′5′-磷酸二酯键形成，酶- AMP 复合物解离，释放游离连接酶和 AMP(图 3-6)。

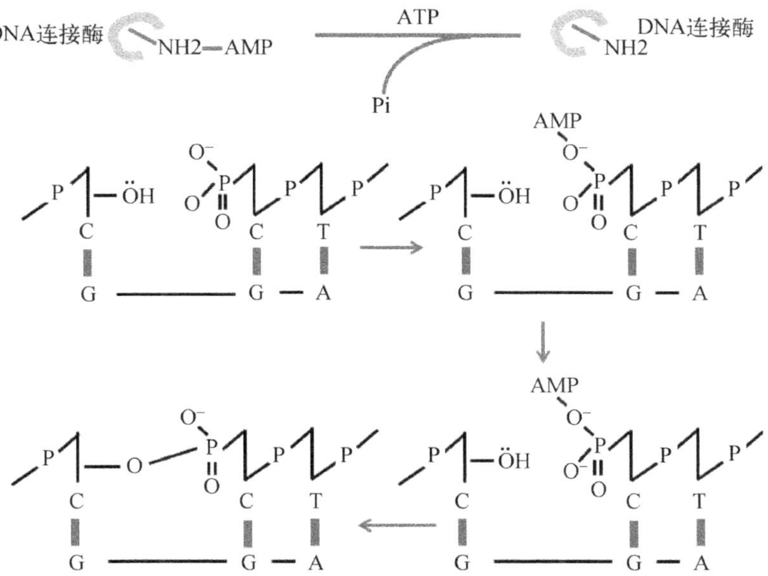

图 3-6　T4 DNA 连接酶连接反应的分子机制

3.3.4　影响连接反应的因素

影响连接反应效率的因素有很多，其中主要有 DNA 末端的形式、DNA 分子浓度、温度与时间、连接缓冲液成分、酶浓度等。

1. DNA 末端的形式

(1) *具黏性末端的 DNA 片段的连接*：这又分为两类，一类是相同黏性末端的 DNA 片段的连接，一类是不同黏性末端的 DNA 片段的连接。

在基因工程的 DNA 分子连接中，相同黏性末端的 DNA 片段的连接是最合适的。产生相同的黏性末端的方法是用同一种限制性核酸内切酶或同尾酶切割载体和外源 DNA。如果只用一种限制性核酸内切酶处理，载体分子的两个黏性末端也相同，容易自我连接起来，这时要用碱性磷酸酶处理切割后的载体分子，以防止载体分子自连。如果用产生不同末端的两种限制性核酸内切酶处理，则外源 DNA 分子将以一定的方向连入载体中。

不同黏性末端之间不能直接进行连接，可以用 Klenow 聚合酶或 T4 DNA 聚合酶将突出的末端补平或切去，利用平末端进行连接。

(2) *具平末端的 DNA 片段的连接*：具有平末端的 DNA 片段，可以直接进行连接，也可以采取同聚物加尾法、加接头连接法等。

1) 直接连接法　平末端的 DNA 片段的连接用 T4 DNA 连接酶，但连接速率远远低于黏性末端之间的连接。可通过增加连接酶浓度、增加 DNA 片段浓度、向连接反应体系中加入一价阳离子和低浓度聚乙二醇来提高平末端 DNA 分子的连接效率。

2) 同聚物加尾法　在体系中只有一种脱氧核苷酸时，末端核苷酸转移酶可以连续地将其添加到 DNA 链的 3′- OH 末端，形成某一脱氧核苷酸的同聚物尾巴的黏性末端(图 3-7)。同

Note

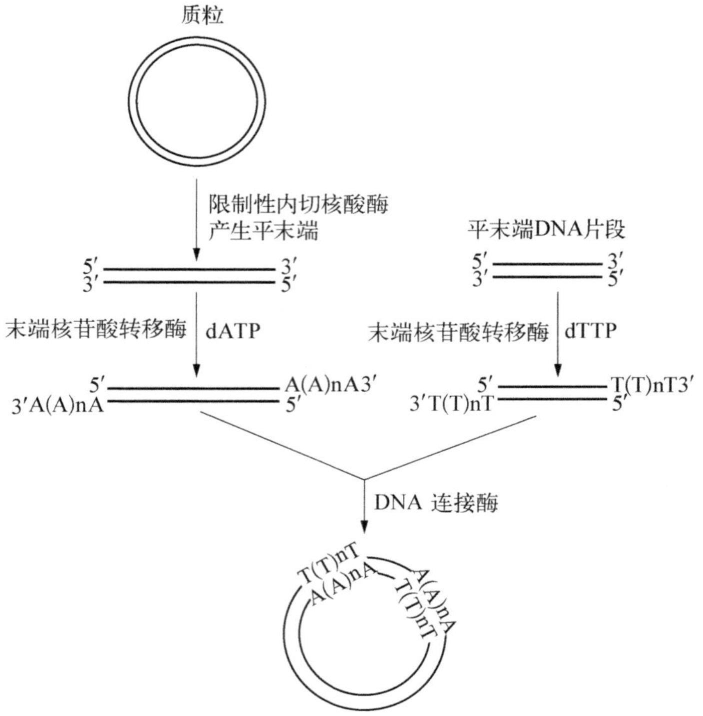

图 3-7 利用互补的同聚物加尾法连接平末端 DNA 片段

聚物加尾也可用于不同黏性末端的改造和连接，但要注意使用。

3) 衔接物(Linker)连接法 衔接物是指用化学方法合成的由 8～16 个核苷酸组成、含有一个或几个限制性核酸内切酶识别位点的平末端的双链寡核苷酸片段。先将这样的衔接物连接在平末端 DNA 片段末端，然后用限制性核酸内切酶切割，产生出黏性末端，然后进行连接(图 3-8)。

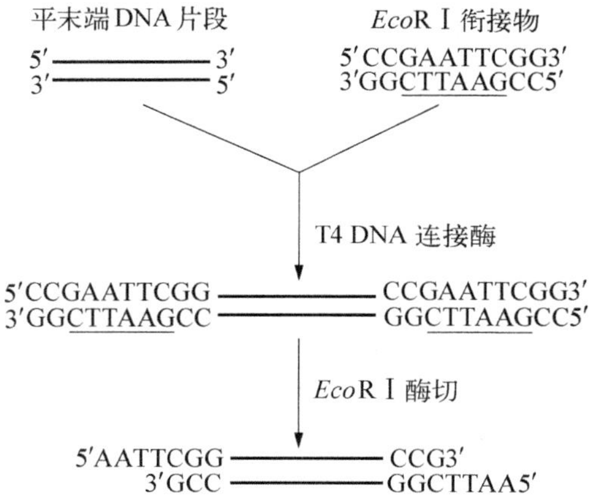

图 3-8 用衔接物改造平末端的 DNA 片段末端

(以 *Eco*R Ⅰ衔接物为例，下划线部分是 *Eco*R Ⅰ的识别序列)

(3) 不同限制性核酸内切酶形成的 DNA 分子末端：连接反应因末端碱基顺序的不同而反应速度各异，一般有下列倾向：

突出末端：*Hind* Ⅲ＞*Pst* Ⅰ＞*Eco*R Ⅰ＞*Bam*H Ⅰ＞*Sal* Ⅰ

平末端：*Hae* Ⅲ＞*Alu* Ⅰ＞*Hinc* Ⅱ＞*Sma* Ⅰ *Eco*R Ⅴ＞*Sca* Ⅰ＞*Pvu* Ⅱ＞*Nru* Ⅰ

2. DNA 分子浓度的影响

外源片段与载体分子进行体外重组时，外源片段和载体分子之间的物质的量比值一般为(3～10)∶1，即插入片段数要多于载体数，这样有利于提高重组率。一般的计算公式为：

$$\text{插入 DNA 分子质量数(ng)}=\frac{\text{载体分子质量数(ng)}\times\text{插入 DNA 长度(kb)}}{\text{载体 DNA 分子长度(kb)}}\times\text{比率(一般为 3～10)}$$

如果外源 DNA 片段的浓度低于以上比率时，则连接反应效率很低，很难获得合适的重组 DNA 分子。

3. 连接反应温度与时间的影响

连接反应温度是影响连接反应效率的重要因素。连接酶的最适反应温度是 37℃，但在此温度下，只有几个碱基突出的黏性末端双链之间的氢键接合不稳定。因此实际应用的连接反应的温度低于连接酶的最适反应温度，一般为 4～22℃。不同公司的连接酶所用的温度有所不同。连接反应的时间一般 30 min 就足以取得较好的连接效果。对于平末端是不用考虑氢键问题的，可使用较高的温度，使酶活力得到更好的发挥。

4. 连接缓冲液的影响

连接缓冲液含有以下组分：① Tris－HCl，pH 的范围在 7.4～7.8，目的是为连接体系提供合适的 pH；② $MgCl_2$，作用是激活连接酶反应；③ 二硫苏糖醇(DTT)，作用是维持还原环境，稳定酶活性；④ 还含有 ATP，这是 T4 DNA 连接酶所必需的辅酶因子。有的公司的连接缓冲液中还含有 BSA，作用是增加蛋白质的浓度，防止因蛋白浓度过稀而造成酶的失活。

5. 酶浓度的影响

T4 DNA 连接酶的用量也会影响转化子的数目。在平末端 DNA 分子的连接反应中，最适的反应酶量大约是 1～2 单位；而对于具黏性末端(如 *Eco*R Ⅰ末端)DNA 片段间的连接，在同样的条件下，酶浓度仅为 0.1 单位时，便能得到最佳的连接效率。

6. ATP 浓度的影响

连接缓冲液中 ATP 的浓度在 0.5～4 mmol/L 之间，较多用 1 mmol/L。由于 ATP 极易分解，所以含有 ATP 的缓冲液应于－20℃保存，防止反复冻融。

3.4 核酸修饰酶

3.4.1 末端脱氧核苷酸转移酶

末端脱氧核苷酸转移酶(terminal deoxynucleotidyl transferase，TdT)，简称末端转移酶(terminal transferase)，是从小牛胸腺中纯化出来的一种分子质量为 60 kD 的核酸修饰酶。这种酶能够不依赖 DNA 模板，在单链或双链 DNA 分子的 3′－OH 末端逐个添加脱氧核苷酸。当反应体系中只有一种 dNTP 时，就可以在 3′端形成单一核苷酸的同聚物尾巴(图3－8)。

末端脱氧核苷酸转移酶起作用需要二价阳离子。在 Mg^{2+} 作用下，受体 DNA 可以是具有 3′－OH 末端的单链 DNA，也可以是具有 3′－OH 突出末端的双链 DNA。如果用 Co^{2+} 代替 Mg^{2+} 作为辅助因子，平末端的 DNA 分子也可以成为它的有效底物。

在基因工程中，末端脱氧核苷酸转移酶的主要用途是分别给外源 DNA 片段及载体加上互补的同聚物尾巴，使它们可以方便地连接起来。有时同聚物加尾还可以再生限制性内切酶的酶切位点(图 3－9)。除此之外，该酶还可以标记 DNA 片段的 3′-末端，也可按照模板合成多聚脱氧核苷酸的同聚物。

末端转移酶除了用于同聚物加尾克隆 DNA 片段之外，还具有其他若干方面的重要用途。① 通过核苷酸 3′-末端标记检测 DNA 损伤。正常的或正在增殖的细胞几乎没有 DNA 的断裂，因而没有 3′－OH 形成，但凋亡细胞由于 DNA 断裂出现大量 3′－OH，因此判断细胞是否发生凋亡，可以采用末端转移酶在断裂的 DNA 3′－OH 上添加带标记的核苷酸，即可判断细胞 DNA 损伤程度，从而推断细胞凋亡的发生。② 可催化非放射性的标记物掺入到 DNA 片段的 3′-末端，如生物素－11－dUTP 等，在末端转移酶作用下，当这些核苷酸掺入之后，便可分别作为非放射性标记物荧光染料及抗生物素蛋白接合物(avidin conjugates)的接受位点。

3.4.2 T4 多核苷酸激酶

T4 多核苷酸激酶(T4 polynucleotide kinase，T4 PNK)来源于大肠杆菌的 T4 噬菌体的 *pseT* 基因。而且迄今为止，在多种的哺乳动物细胞中也发现了这种激酶。现在商品化的 T4 多

Note

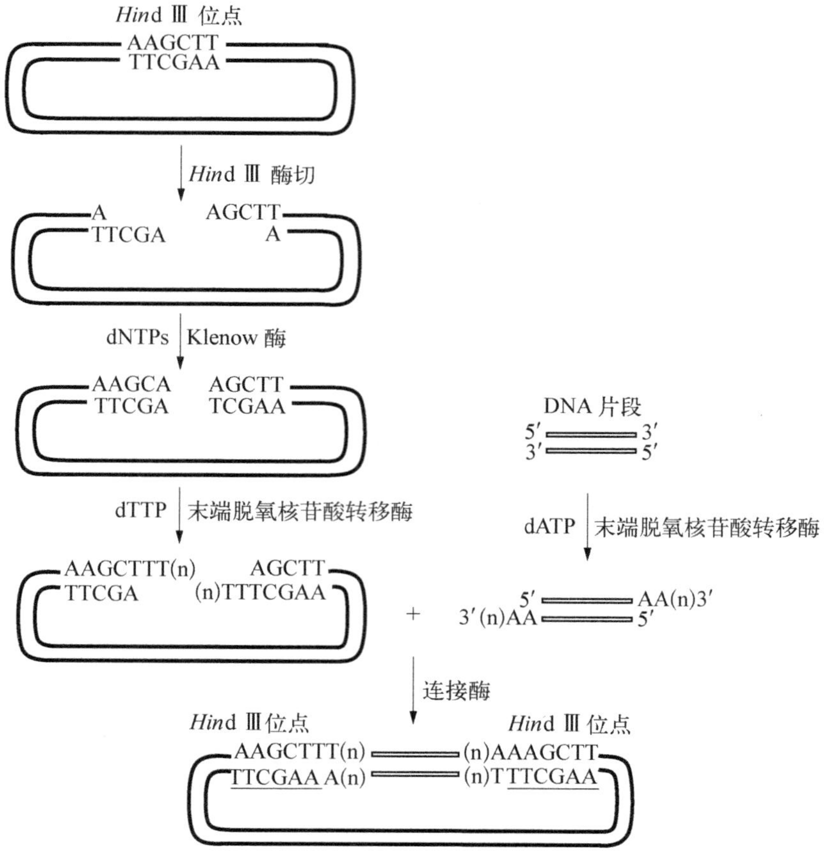

图 3-9 用同聚物加尾法再生限制性核酸内切酶酶切位点

（以 *Hin*d Ⅲ为例）

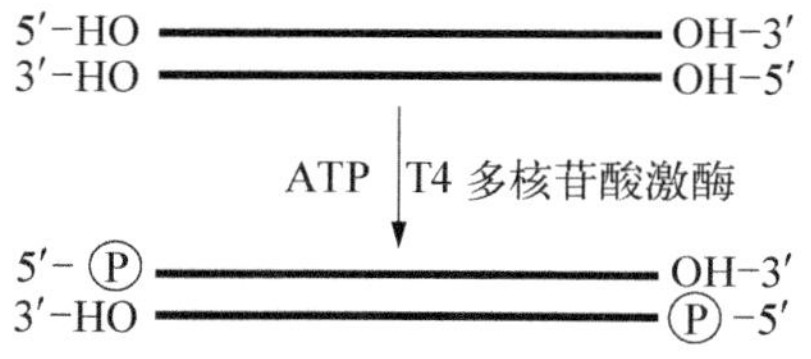

图 3-10 T4 多核苷酸激酶的作用

核苷酸激酶是原核细胞表达的产物。

T4 多核苷酸激酶有两种活性：一种是正向反应，催化 γ-磷酸从 ATP 分子转移给 DNA 或 RNA 分子的 5′-OH 末端，这种作用不受底物分子的长短限制，甚至是单核苷酸也同样适用，常用来标记核酸分子的 5′-末端，或是使寡核苷酸磷酸化（图 3-10）。另一种是逆向反应，催化 5′-P 交换，活性较低。在超量 ADP 存在的情况下，T4 多核苷酸激酶能够催化 DNA 分子的 5′-P 与 γ-^{32}P-ATP 发生交换，从而标记 DNA 分子的 5′-末端。

T4 多核苷酸激酶在基因工程中的用途不仅可标记 DNA 的 5′-末端，而且还可以使缺失 5′-P 末端的 DNA 发生磷酸化作用。

T4 多核苷酸激酶催化的核酸 5′-末端标记反应的效率受 5′-末端形状的影响较强。一般效率按：单链末端≥双链 5′-突出末端＞双链平滑末端＞双链 3′-突出末端的顺序降低。特别是由于双链的缺口（gap）及切口（nick）部分的磷酸化非常困难，所以，为了提高标记效率需要使用高浓度、过量的 ATP。另外，即使同为平滑末端，富含 AT 的末端标记效率较高。

3.4.3 碱性磷酸酶

碱性磷酸酶能够将单链或双链 DNA 分子或 RNA 分子脱去 5′磷酸基团，将 5′-磷酸转换成 5′-OH（图 3-11）。碱性磷酸酶催化所有磷酸单酯的水解，不能催化磷酸二酯及磷酸三酯的水解，但能催化 ATP 等焦磷酸键的水解。

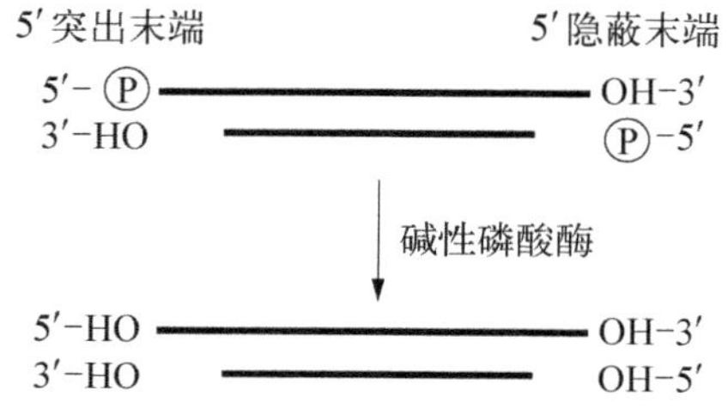

图 3-11 碱性磷酸酶的作用

在基因工程中，碱性磷酸酶与 T4 多核苷酸激酶一起，可标记 DNA 分子的 5′-末端。先用碱性磷酸酶除去 DNA 分子的 5′-磷酸基团，再用 T4 多核苷酸激酶加上标记的 5′-磷酸，从而使 5′-末端标记。另外在 DNA 体外重组中，为了防止线性载体分子发生自我连接，也需要从这些 DNA 片段上除去 5′- P 基团（图 3 - 12）。

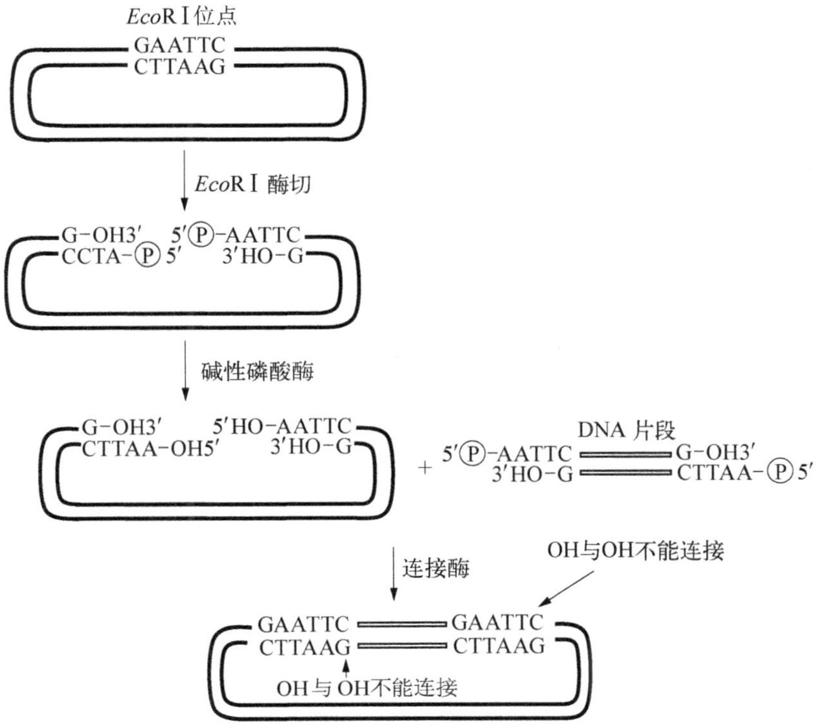

图 3 - 12　载体脱磷酸化防止自连

（重组分子的缺口将在大肠杆菌中被修复）

有三种不同来源的碱性磷酸酶：一种是从大肠杆菌中纯化出来的，叫做细菌碱性磷酸酶（bacterial alkaline phosphatase，BAP）；另一种是从小牛肠中纯化出来的，叫做小牛肠碱性磷酸酶（calf intestinal alkaline phosphatase，CIAP）；还有一种是从虾中纯化的，叫做虾的碱性磷酸酶（shrimp alkaline phosphatase，SAP）。BAP、CIAP 及 SAP，在实用上有所差别。SAP 通过 65℃处理 15 min，即可完全失活。CIAP 在 SDS 中加热到 68℃就可以完全失活。而 BAP 是一种热稳定性很高、每一个酶分子中含有 2 个 Zn^{2+} 的金属蛋白质。在螯合剂存在的条件下，100℃加热可暂时性失活，但恢复至室温时酶活性可以恢复，因此必须进行苯酚处理，才能使其完全失活。而且 CIAP 的比活性要比 BAP 的高出 10～20 倍。因此，在大多数情况下都优先选用 CIAP 酶。

3.4.4　核酸外切酶

核酸外切酶（exonodeases）是一类从多核苷酸链的一端开始按序催化降解核苷酸的酶。按作用特性的差异，可分为单链的核酸外切酶和双链的核酸外切酶。前者包括大肠杆菌核酸外切酶Ⅰ（exo Ⅰ）和核酸外切酶Ⅶ（exo Ⅶ）等，后者有大肠杆菌核酸外切酶Ⅲ（exo Ⅲ），λ 噬菌体核酸外切酶（λ exo），以及 T7 噬菌体基因 6 核酸外切酶等。

大肠杆菌核酸外切酶Ⅶ能够从 5′-末端或 3′-末端降解 DNA 分子，产生出寡核苷酸短片段，不需要 Mg^{2+}，甚至在 10 mmol/L EDTA 环境中仍能保持着完全的酶活性。核酸外切酶Ⅶ可以用来测定基因组 DNA 中的间隔子和表达子的位置。它只切割末端有单链突出的 DNA 分子（图 3 - 13），实际操作时需要配合解旋酶使用。

图 3－13　核酸外切酶Ⅶ的活性

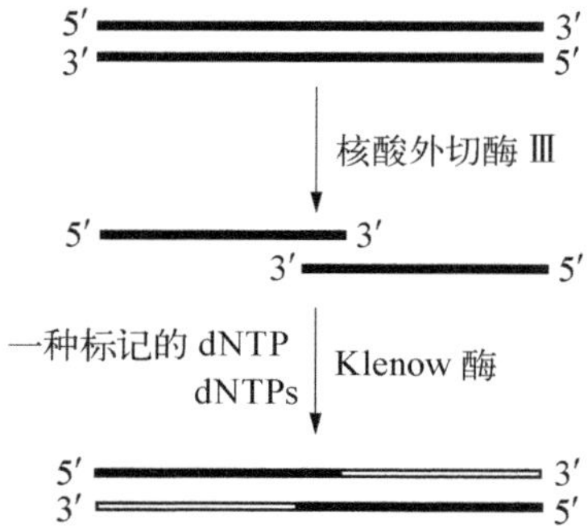

图 3－14　核酸外切酶Ⅲ的活性及应用

大肠杆菌核酸外切酶Ⅲ的主要活性是具有双链 DNA 的 3′→5′外切酶活性。这种酶对双链 DNA 具有高度特异性，能降解平末端、3′-隐蔽末端及有切口的 DNA，但是不能降解 3′-突出末端。所以，可以用产生不同末端的限制酶通过双重降解(double digestion)后，利用该酶的 3′→5′的外切酶活性，从一端降解，得到互补的单链 DNA 和 5′－P 单核苷酸。大肠杆菌核酸外切酶Ⅲ(exo Ⅲ)通过其 3′→5′外切酶活性使双链 DNA 分子产生出单链区，经过这种修饰的 DNA 再配合使用 Klenow 酶，同时加进带放射性同位素的核苷酸，便可以制备特异性的放射性探针(图 3－14)。

λ 噬菌体核酸外切酶(λ exo)最初是从感染了 λ 噬菌体的大肠杆菌细胞中纯化出来的。这种酶催化双链 DNA 分子从 5′－P 末端沿 5′→3′方向逐步水解释放出 5′-单核苷酸(图 3－15)。但它不能降解 5′－OH 末端。

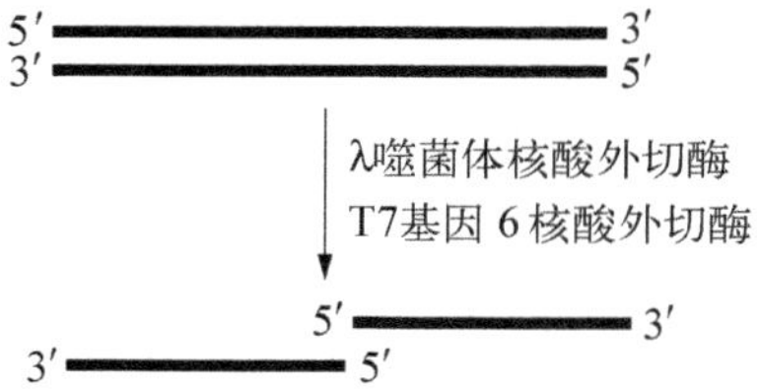

图 3－15　λ 噬菌体核酸外切酶及 T7 噬菌体基因 6 核酸外切酶的活性

T7 噬菌体基因 6 核酸外切酶是大肠杆菌 T7 噬菌体基因 6 的编码产物，现在已经通过原核表达获得了该酶。该酶作用于双链 DNA，沿 5′→3′方向催化去除 5′-单核苷酸(图 3－15)，它既能从 5′末端起始消化，也能从双链 DNA 的切口或缺口处起始消化。它既能降解 5′－P 末端 DNA 也能降解 5′－OH 末端 DNA。

在基因工程中，这两种外切酶主要有两种用途，一是将双链 DNA 转变成单链 DNA，二是降解双链 DNA 的 5′突出末端。

3.4.5　单链 DNA 内切酶

1. S1 核酸酶

S1 核酸酶来源于稻谷曲霉(*Aspergillus oryzae*)，是单链特异的核酸内切酶，在最适的酶催反应条件下，降解单链 DNA 的速率要比双链 DNA 的快 75 000 倍。这种酶需要低水平的 Zn^{2+}，最适 pH 范围为 4.0～4.3。

S1 核酸酶的主要功能是，能将 DNA 或 RNA 降解成为酸可溶性 5′－P 核苷酸，最终 90%以上被降解为 5′－P 单核苷酸。也可以降解双链核酸中的单链部分。如果所用 S1 核酸酶酶量过大，则双链核酸可以被完全消化；而中等量的 S1 核酸酶可在切口或小缺口处切割双链 DNA(图 3－16)。假如两种不同来源的 DNA 分子之间仅有一个碱基对是非互补的，那么在它们所形成的异源双链 DNA 分子中，便只有一个碱基对是错配的，S1 核酸酶能够在这个错配的碱基对位置使 DNA 分子断裂。不过 S1 核酸酶却不能使天然构型的双链 DNA 和 RNA－DNA 杂种分子发生降解。

S1 核酸酶在基因工程中的作用是：① 分析 DNA－RNA 杂交体的结构；② 去除 DNA 片段中突出的单链末端以产生平末端；③ 打开双链 cDNA 合成中产生的发夹环。

2. Bal 31 核酸酶

Bal 31 核酸酶来源于海洋性细菌 *Alteromonas espejiana* BAL 31，是在菌体外产生的酶。该酶具有高度特异的单链脱氧核糖核酸内切酶活性，也可在缺口或超螺旋卷曲瞬间出现的单链区域降解双链环状 DNA；没有单链时也作用于双链 DNA，表现出从 DNA 两端同时降解的 5′→

Note

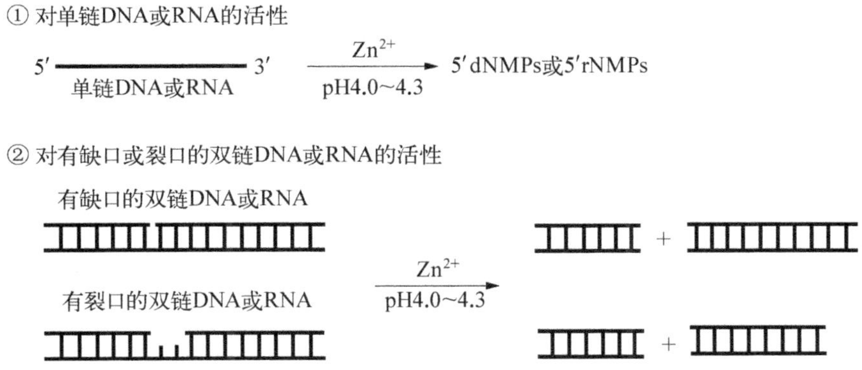

图 3－16 S1 核酸酶的活性

3′及 3′→5′的外切酶活性，最终产物为 5′－P 单核苷酸(图 3－17)。Bal 31 核酸酶具有核糖核酸酶活性，能降解 rRNA 和 tRNA。该酶反应需要 Ca^{2+} 和 Mg^{2+} 为辅助因子。Ca^{2+} 的特异螯合剂 EGTA 可终止该酶的水解反应。

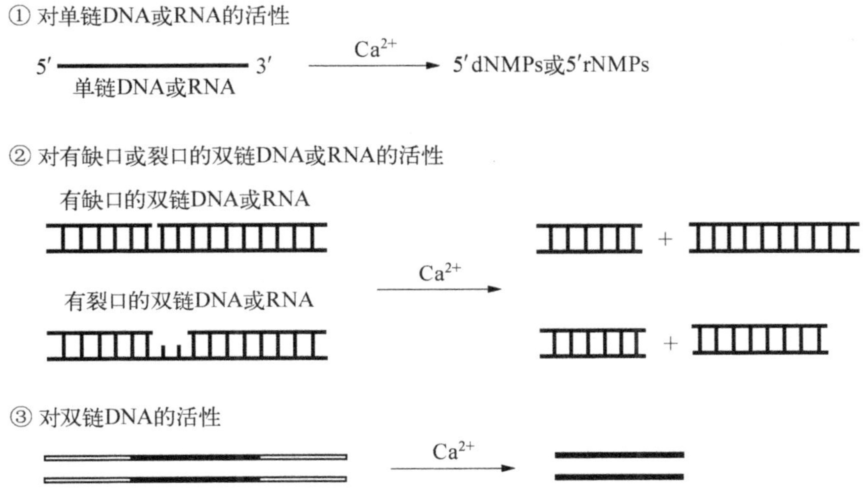

图 3－17 Bal 31 核酸酶的活性

Bal 31 核酸酶主要用途如下：① 从 DNA 片段的两端限定降解(制作缺失)。缺失的长度适合于 100～1 000 个碱基左右。制作 100 bp 以下缺失时，可与 S1 和 exo Ⅲ组合使用；② 绘制 DNA 限制性核酸内切酶图谱；③ 研究超螺旋 DNA 的二级结构和致畸剂引起的双链 DNA 螺旋结构变化。

3.4.6 甲基化酶

真核生物和原核生物中存在大量的甲基化酶。原核生物甲基化酶是作为限制与修饰系统中的一员，用于保护宿主 DNA 不被相应的限制性核酸内切酶所切割。许多Ⅱ类限制性核酸内切酶都有相应的甲基化酶伙伴，甲基化酶的识别位点与限制性核酸内切酶相同，并在识别序列内使某位碱基甲基化，从而封闭该酶切口。这类甲基化酶的命名常在相对应的限制性核酸内切酶名字前面冠以 M。例如，*Eco*R Ⅰ的甲基化酶 M. *Eco*R Ⅰ催化 SAM 上的甲基基团转移到 *Eco*R Ⅰ识别序列中的第三位腺嘌呤上，经过 M. *Eco*R Ⅰ处理的 DNA 分子便不再为 *Eco*R Ⅰ所降解。有时一种甲基化酶在封闭一个限制性核酸内切酶切口的同时，却产生出另一种酶的切口，如两个串联的 *Taq* Ⅰ识别位点经 M. *Taq* Ⅰ甲基化封闭后，出现了一个依赖于甲基化的限制性核酸内切酶 *Dpn* Ⅰ的切割位点。

1. 甲基化酶种类

大肠杆菌中大多数都有三个位点特异性的 DNA 甲基化酶，即 DNA 腺嘌呤甲基化酶

Note

dam(DNA adenine methylase)、DNA 胞嘧啶甲基化酶 *dcm*(DNA cytosine methylase)和 *Eco*KⅠ甲基化酶。*dam* 和 *dcm* 这两类酶本身没有限制性内切酶活性。*dam* 酶可在 5′-GATC-3′序列中腺嘌呤 N6 位置上引入甲基基团,而 *dcm* 酶则在序列 5′-CCAGG-3′或 5′-CTGG-3′中的胞嘧啶 C5 位置上甲基化,使得从大肠杆菌细胞中提取的 DNA(包括染色体 DNA 和质粒 DNA)不能被某些限制性核酸内切酶切开。值得注意的是,有些限制性核酸内切酶的识别序列本身不含有完整的 *dam* 或 *dcm* 甲基化酶识别序列,但在其左右两侧的核苷酸也许构成了完整的甲基化酶识别序列。例如 *Cla* Ⅰ的识别序列为 5′-ATCGAT-3′,当其 5′端外侧含有 G、或 3′端外侧含有 C、或两者同时出现时,便成为 *dam* 甲基化酶的修饰靶子,而真正的甲基化位点却在 *Cla* Ⅰ的识别位点内。*dam* 酶的这种甲基化修饰作用反而增加了 *Cla* Ⅰ酶的切割位点特异性,其有效的识别切割序列不再是 5′-NATCGATN-3′,而是 5′-(C/T/A)ATCGAT(T/A/G)-3′。有此特性的限制性核酸内切酶还有 *Xba* Ⅰ(1/16)、*Taq* Ⅰ(1/16)、*Mbo* Ⅱ(1/16)、*Hph* Ⅰ(1/16)。另一方面,有些限制性核酸内切酶的活性对 *dam* 和 *dcm* 的甲基化修饰并不敏感。例如 *Bam*H Ⅰ、*Bgl* Ⅱ、*Pvu* Ⅱ、*Sau*3A Ⅰ、*Xho* Ⅱ、*Bcl* Ⅰ、*Mbo* Ⅰ等酶的识别位点中均含有 5′-GATC-3′序列,但前四个酶的 DNA 切割活性并不为腺嘌呤的甲基化作用所限制,这可能与限制性核酸内切酶本身的空间结构以及 DNA 切割的机制不同有关。*Eco*KⅠ甲基化酶识别 5′-AC$(N)_6$GTGC-3′和 5′-GCAC$(N)_6$GTT-3′序列,使这些序列中腺嘌呤的 N6 位置引入甲基基团。但这种甲基化酶的识别位点少(1/8 kb),所以研究较少。

*Sss*Ⅰ甲基化酶来自原核生物 *Spiroplasma*,可使 CG 序列中的 C 在 C5 位置上甲基化。甲基化的模板可以是甲基化或半甲基化(新合成链)的 DNA 链。*Sss*Ⅰ甲基化的 DNA 受大肠杆菌中 *mcrA*、*mcrBC*、*mrr* 系统的限制。许多酶对此甲基化敏感,如 *Aat*Ⅱ、*Cla*Ⅰ、*Xho*Ⅰ、*Sal*Ⅰ等,也有不敏感的,如 *Bam*HⅠ、*Eco*RⅠ、*Sph*Ⅰ和 *Kpn*Ⅰ。

1988 年,从真核生物中克隆了甲基化酶 *DNMT1*,其催化活性位于 C 端,调节功能位于 N 端。

2. 依赖于甲基化的限制系统

大肠杆菌中至少有 3 种依赖于甲基化的限制系统 *mcrA*、*mcrBC* 和 *mrr*,它们识别的序列各不相同,但只识别经过甲基化的序列,都限制由 CpG 甲基化酶(M. *Sss*Ⅰ)作用的 DNA。*Mrr* 限制^{m6}A;*McrA* 限制 *Hpa*Ⅱ甲基化修饰的位点;*McrBC* 切割两套位点(G/A)^{m}C,这两套位点之间间隔 2 kb,最适为 55~103 bp,反应需要 GTP;大多数常用的大肠杆菌都含有这三个限制系统中的一个或几个,三个都不限制 *dcm* 修饰的位点。

3. 甲基化对限制性核酸内切酶酶切的影响

(1) 修饰酶切位点:通过甲基化酶的作用,可使原来被限制性核酸内切酶识别的序列不受该酶的切割作用。例如,*Hinc* Ⅱ可识别四个位点(GTCGAC、GTCAAC、GTTGAC 和 GTTAAC),甲基化酶 M. *Taq*Ⅰ可甲基化 TCGA 中的 A,所以 M. *Taq*Ⅰ处理 DNA 后,GTCGAC 将不受 *Hinc*Ⅱ切割。M. *Msp*Ⅰ修饰的产物为^{m5}CCGG,在 *Bam*HⅠ识别位点 GGATCC 前面如果为 CC 或后面为 GG,那么经 M. *Msp*Ⅰ处理的 DNA GGAT^{m5}CCGG 对 *Bam*HⅠ不敏感(即抵抗切割)。

构建 DNA 文库时,用 *Alu*Ⅰ(AG↓CT)和 HaeⅢ(GG↓CC)部分消化基因组 DNA 后,将得到的片段用 M. *Eco*RⅠ甲基化酶处理,然后加上合成的 *Eco*RⅠ接头,再用 *Eco*RⅠ来切割时只有接头上的位点可被切割,从而保护基因组片段。

(2) 产生新的酶切位点:通过甲基化修饰可产生新的酶切位点。*Dpn*Ⅰ是依赖甲基化的限制酶,TCGATCGA 受 M. *Taq*Ⅰ处理后形成甲基化 A 产物 TCG * ATCG * A,其中 G * ATC 即为 *Dpn*Ⅰ的识别位点。

(3) 对基因组作图的影响:在研究哺乳动物^{m5}CG、植物^{m5}CG 和^{m5}CNG、肠道细胞 G^{m6}ATC 的甲基化水平和分布时,利用限制性核酸内切酶对甲基化的敏感性差异,大有作为。

思　考　题

1. 简述细菌的限制修饰现象。这种现象有何意义?
2. 限制性核酸内切酶在基因工程中有何作用?
3. 简述限制性核酸内切酶的命名原则。
4. 简述 DNA 连接酶的发现。该酶在基因工程中有何重要意义?
5. 简述各种 DNA 聚合酶的酶活特性。
6. 简述大肠杆菌中的甲基化酶种类及特性。
7. S1 核酸酶有何作用?
8. Bal 31 核酸酶有何作用?

第4章 基因工程载体与表达系统

提 要

本章主要介绍了基因工程中常用克隆载体如质粒载体、噬菌体载体、噬菌粒载体、病毒载体和人工染色体的特性与功能。并以常用的原核表达系统和真核表达系统为例介绍了基因工程中的蛋白表达系统。

4.1 载体概述

基因克隆过程中往往需要借助特殊的工具才能使外源 DNA 分子进入宿主细胞中并进行复制和表达。这种携带外源目的基因或 DNA 片段进入宿主细胞进行复制和表达的工具称为载体(vector)。

载体按功能可分为克隆载体和表达载体两种基本类型。克隆载体是最简单的载体,主要用来克隆和扩增 DNA 片段,有一个复制子,能带动外源基因在宿主细胞中复制扩增。克隆载体目前主要有质粒载体、噬菌体载体、噬菌粒载体、病毒载体和人工染色体等。现在人们还在不断寻找新的载体,如叶绿体或线粒体 DNA 等也有可能成为克隆载体。表达载体除具有克隆载体的基本元件外,还具有转录、翻译所必需的 DNA 元件,使外源基因在宿主细胞中有效的表达。表达外源蛋白是基因工程的重要内容之一,人们利用基因表达技术制备各种目的基因的重组蛋白质,在分析基因的表达与调控、基因的结构与功能、基因治疗以及生物制药等领域均取得了令人振奋的成果。不同的表达载体需要不同的受体系统进行基因表达,受体系统根据宿主细胞的性质可以分为两大类:原核表达系统和真核表达系统。

4.1.1 载体研究背景

基因工程是按人们的意愿有目的地改造、创建生物遗传性,因此其最基本的前提是要得到目的基因或核酸序列。分离或改建的基因和核酸序列自身不能繁殖,需要载体携带它们进入合适的细胞进行复制和表现功能。克隆载体是指以 DNA 片段扩增为目的的一类载体。这类载体一般较小,其复制不是处于寄主的严谨控制下,因此特定的 DNA 序列可以通过克隆技术大量制造,如 pBR322、pUC18/19 等。穿梭载体是指那些既能在真核细胞中繁殖又能在原核细胞中繁殖的载体。这类载体必须既有细菌的复制原点,又含有真核生物的复制原点,还具备酶切位点和合适的筛选标记,它可以转化原核细胞如大肠杆菌,也可以转化真核细胞。表达载体是

Note

用于使克隆的外源基因在寄主细胞内表达的一类载体。它具有很强的能为寄主 RNA 聚合酶识别的启动子，使 RNA 聚合酶只转录克隆的基因而不能转录无关序列的强终止子；其次启动子还应是受控制的即只在诱导时才进行转录，以保证转录效率，防止给细胞造成不利影响，如：pBV220、pKK223－3。按构建克隆载体的 DNA 来源可以分为：质粒载体、噬菌体载体、噬菌粒载体、病毒载体和人工染色体克隆载体。不管是哪种载体，他们都具有共同的性质。

作为载体，为完成基因工程所赋予的任务，须具备以下功能：① 为外源基因提供在受体细胞中的复制和整合能力。外源基因进入受体细胞后，直接整合在受体细胞染色体 DNA 内或独立复制遗传，载体必须具有复制和整合能力才能保证外源 DNA 的复制和遗传；② 为外源基因提供进入受体细胞的转移能力。外源 DNA 片段从理论上讲可以以物理渗透的方式进入细胞，但是这种方式效率极低。载体 DNA 分子本身具有高效转入受体细胞的能力。由外源基因与载体拼接成的 DNA 重组分子转入受体细胞的概率比外源 DNA 片段单独转化高几个数量级；③ 为外源基因提供在受体细胞中的扩增和表达能力，外源基因的扩增依赖于载体分子在受体细胞中高拷贝自主复制的能力。为满足以上三点要求，通常选择生物体内天然存在的质粒及噬菌体或病毒 DNA 作为载体母本，并根据分子克隆的操作原理，对其进行必要的修饰和改造，构建出具有多种性能的载体 DNA 分子。

4.1.2　载体共性特征

目前所用的载体有细菌的质粒（如大肠杆菌质粒）、噬菌体或病毒，更多的是经过人工改造的载体。用于分子克隆的载体都应具备下述条件（图 4－1）：

1）自主复制，即具有复制原点，可以使所携带的外源 DNA 在受体细胞内忠实地复制，插入外源基因后不能影响自己的复制（不同的载体有不同的容纳量）。

2）易于扩增分离纯化。

3）有适宜的限制酶切位点。最好是对多种限制酶有单一切点，且酶切位点不在复制原点内。

4）具备对重组体易于检测的选择性遗传标记。

5）表达载体还应有表达调控元件（如启动子、增强子、终止子、SD 序列）。

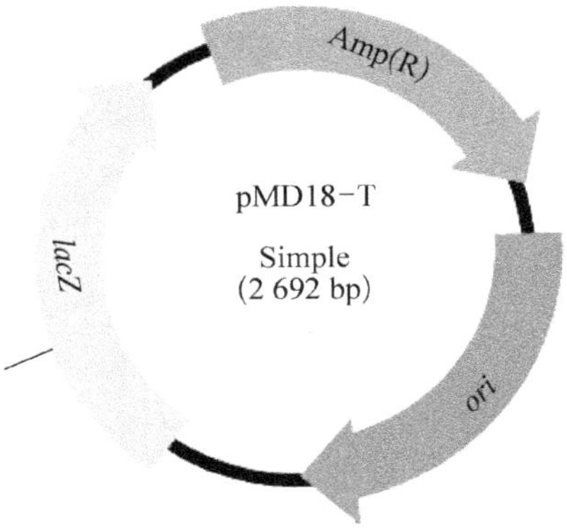

图 4－1　pMD18－T 载体图谱

除上述的基本条件外，根据实验的需要，人们还常希望载体具有其他的各种特征，如容量大，能携带外源 DNA，具备促进外源 DNA 高水平表达的调控区，有较好的安全性，载体在特定宿主细胞外不能生存等。

4.2　克隆载体类型

4.2.1　质粒载体

1. 质粒及其命名

质粒是一类存在于宿主细胞中能独立于染色体之外进行自主复制的共价闭环双链 DNA 分子，可自然形成超螺旋结构，其大小通常在 1～500 kb 范围内，如图 4－2 所示。质粒对宿主生存并不是必需的，这点不同于线粒体，线粒体 DNA 也是环状双链分子，也有独立复制的调控，但线粒体的功能是细胞生存所必需的，线粒体是细胞的一部分。质粒不是细菌生存所必需，但赋予细菌某些抵御外界环境不利影响因素的能力，如抗生素的抗性、重金属离子的抗性、细菌毒素的分泌以及复杂化合物的降解等，这种质粒称为抗药性质粒，又称 R 质粒，带有 R 质粒的

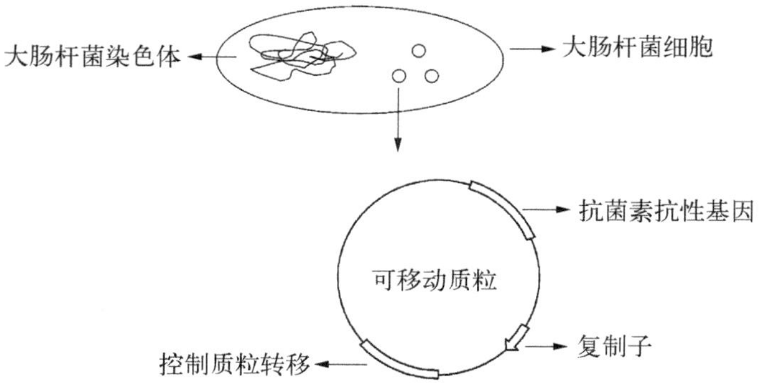

图 4-2 大肠杆菌质粒分子结构示意图

细菌就能在相应的抗生素环境中生存繁殖。上述性状均由存在于质粒上相应的基因编码控制，它依赖于宿主的酶来维持和复制。科学家通过基因片段在细菌染色体和质粒之间的转移发现了质粒是自主复制的遗传因子，最早被发现的质粒是大肠杆菌的 F 因子(F factor)。经过多年发展，质粒形成较统一的命名方式：第一个字母为小写字母 p，p 代表质粒(plasmid)，其后跟大写英文字母与数字，大写英文字母代表发现者或实验室，数字代表编号。如 pCAMBIA1300 质粒，第一个“p”表明是质粒载体，“CAMBIA”指发现者和实验室，“1300”是编号。

质粒 DNA 以三种不同的构型存在，在细胞内质粒一般以超螺旋共价闭合环形双链 DNA 存在，称为 cccDNA。在体外理化作用下，一条链断裂了一个缺口或多个，另一条链完好，形成开环 DNA，称为 ocDNA 构型。如果两条链都断裂，或在酶切的作用下，形成线形 DNA，称为 ssDNA 构型(图 4-3)。在质粒分离提取过程中，由于操作的机械损伤，电泳鉴定得到三条带，从上到下，依次为开环 DNA，线形 DNA 和共价闭环 DNA，如图 4-4。

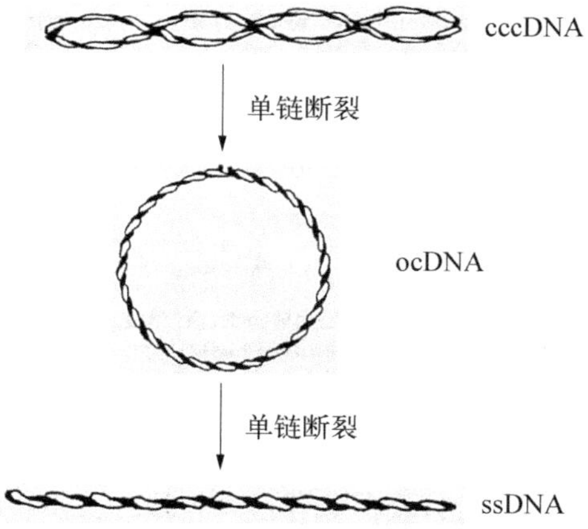

图 4-3 质粒 DNA 分子的三种构型

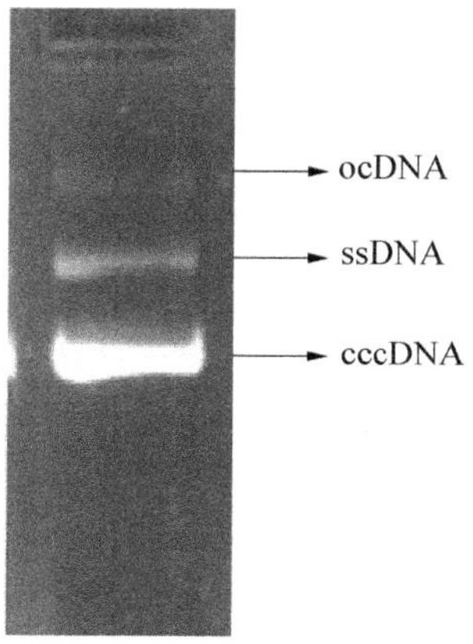

图 4-4 三种不同构型质粒 DNA 分子的电泳图

ocDNA：开环 DNA；ssDNA：线形 DNA；cccDNA：共价闭合 DNA

2. 质粒的生物学特点

(1) 质粒 DNA 分子大小：质粒 DNA 分子在宿主细胞内可以持续稳定地游离于染色体外，但在一定条件下又能可逆地整合到宿主染色体上并随之复制，通过细胞分裂传递给后代。质粒 DNA 是共价闭合的环状双链分子，常带有一些特殊的基因，如致育基因、合成抗菌素的基因以及降解复杂有机化合物的基因等，从而赋予寄主细菌一些额外的特性。质粒的大小范围为 1～200 kb，小的不足 2 kb，大的可达 100 kb 以上，多数在 10 kb 左右。

(2) 质粒 DNA 的复制：质粒 DNA 能自主复制，是能独立复制的复制子(autonomous replicon)。一般质粒 DNA 复制的质粒可随宿主细胞分裂而传给后代。一种质粒在一个细胞中存在的数目称为质粒的拷贝数(copy)。按质粒复制的调控及其拷贝数可分两类：严紧控制(stringent control)型质粒和松弛控制(relaxed control)型质粒。严紧控制型质粒的复制常与宿主的繁殖偶联，拷贝数较少，每个细胞中只有 1 个到十几个拷贝；松弛控制型质粒，其复制与宿主不偶联，每个细胞中有几十到几百个拷贝。例如：ColE1 在大肠杆菌中有 10～18 个拷贝，

pUC 系列及其衍生载体在宿主中达 500～700 个拷贝。每个质粒 DNA 上都有复制的起点，只有 ori 能被宿主细胞复制蛋白质识别的质粒才能在该种细胞中复制，不同质粒复制控制状况主要与复制起点的序列结构相关。有的质粒可以整合到宿主细胞染色质 DNA 中，随宿主 DNA 复制，称为附加体，例如细菌的性质粒就是一种附加体，它以质粒形式存在，也能整合入细菌的 DNA，又能从细菌染色质 DNA 上切下来。

（3）质粒的不亲和性：质粒具有不亲和性（incompatibility）是指在没有选择压力的情况下，两种亲缘关系密切的不同质粒不能共存于同一宿主细胞内。在细胞增殖的过程中有一种会被逐渐排斥掉。这样的两种质粒称为不亲和质粒。图 4－5 正是基于质粒的不相容性，分子克隆可在只带一种质粒的细菌中提取单一的质粒 DNA 供作载体进行 DNA 重组。

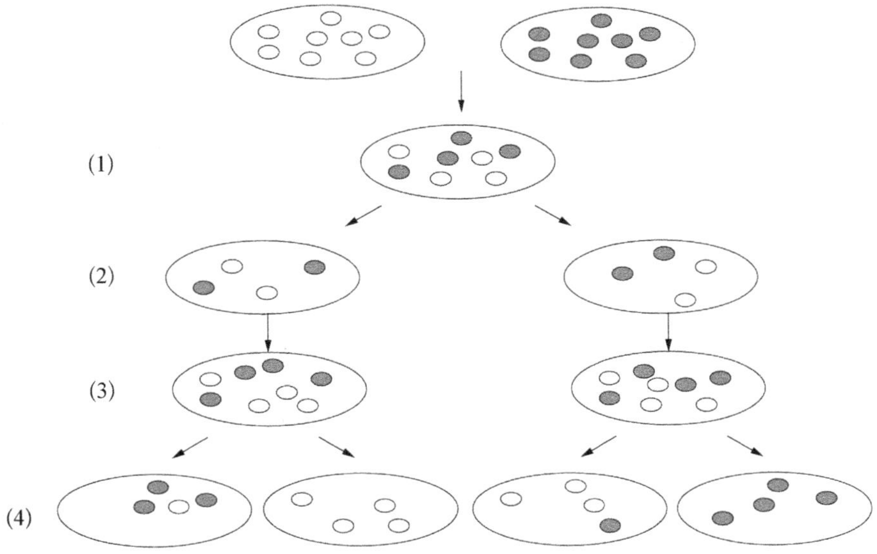

图 4－5　质粒不亲和性示意图

（1）具有两种不同质粒的细胞融合后产生具有两种质粒的细胞；（2）随着细胞的分裂，质粒随机分配到两个子细胞中去；（3）质粒拷贝数加倍，为下一次细胞分裂做准备；（4）细胞进行再次分裂后，两种不相容质粒的拷贝数比例发生变化，最终产生出只含有一种类型质粒的子细胞。

（4）转移性：质粒具有转移性。在自然条件下，许多质粒可以通过细菌结合的作用转移到新宿主细胞内。它需要移动基因 *mob*、转移基因 *tra*、顺式作用元件 *bom* 及其内部的转移缺口位点 *nic*。如 F 因子携带这些基因，其编码的蛋白质能使两个细菌间形成纤毛状细管连接的接合，通过细管遗传物质可在两个细菌间传递。质粒 pBR322 是常用的质粒克隆载体，本身不能进行结合转移，但含有转移起始位点 *nic*，可在第三个质粒（如 ColK）编码的转移蛋白作用下，通过结合质粒来进行转移。结合型质粒的相对分子质量较大，有编码 DNA 转移的基因，因此能从一个细胞自我转移到原来不存在此质粒的细胞中去。在基因操作中可以将转移必需的因子放在不同的复制单位上，通过顺反互补来控制目的质粒的结合转移。但大多数克隆载体无 *nic*/*bom* 位点，比如 pUC 系列质粒载体。

3. 质粒的种类

目前为止，已发现含有质粒的细菌有几百种，放线菌有几十种，在酵母菌等一些真核生物中也有质粒的存在。按照它们不同的特性可以分为以下几类：

（1）依据能否在宿主细胞中表现出性状：依据能否在宿主细胞中表现出性状，质粒分为显性质粒和隐性质粒。显性质粒指宿主细胞由于含有某种质粒而呈现出新的性状。这类质粒除含有本身复制和转移相关的基因外，有的还携带一些其他的基因，宿主细胞因含有这样的质粒而呈现出新的性状。如含有抗生素的抗性质粒（R 质粒）、产大肠杆菌素的 Col 质粒、引起细胞结合的育性质粒（F 质粒）、降解石油、降解塑料等的降解质粒、引起植物冠樱瘤的 Ti 质粒等。

Note

这些质粒的性质在基因工程中常用来做为筛选标记。例如，pUC 系列载体，含有氨苄青霉素或者卡纳青霉素等抗性，在建立转基因系统中起着十分重要的作用，被广泛用于构建克隆载体。隐性质粒指宿主细胞含有某种质粒，但无异样性状表现，目前的检测手段还未能检测出因含该基因而导致性状、宿主代谢物等的改变。

（2）依据质粒的复制类型：根据质粒在宿主中拷贝数的多少分为严紧控制型的质粒和松弛控制型的质粒。其生物学特征前已述及，从机制上，某种质粒属于严紧控制型还是松弛控制型由质粒和宿主细胞共同决定，同一种质粒在不同的宿主中拷贝数不同，属于不同的复制型。在基因克隆中采用的质粒载体一般是松弛控制型质粒。让转入松弛控制型质粒的感受态细胞在抗性培养基上大量扩增，这样才能达到在体外大量扩增或表达基因的目的。

（3）依据质粒迁移性质：依据质粒迁移性质，分为接合质粒和非接合质粒。接合质粒指含 *nic/born* 基因，能自我转移的质粒。质粒上具有 *nic/born* 基因，可控制生成的蛋白，能识别且移动质粒载体使其向宿主靠近。这类质粒能自我复制，同时质粒上还附带调控细菌配对所需结合管的功能基因，促使自身从宿主细胞中转移至受体细胞，如 F 因子、Ti 质粒。这类质粒相对来说分子质量较大，拷贝数较少，宿主广，安全系数小，基因工程中需要对其进行加工后才能用于克隆。非接合质粒指不含 *nic/born* 基因，不能自我转移的质粒。该类质粒能自主复制，但失去转移功能，不能自由离开宿主细胞，如 R 质粒。这类质粒相对来说分子质量较小，高拷贝数，安全性高，在基因克隆中应用较广泛。

（4）质粒载体的选择标记：抗生素是某些微生物的代谢产物，能在低浓度下选择性地杀灭其他生物或者抑制某些生物的生长。如青霉素，它是第一个从微生物中分离获得的抗生素。在质粒载体中利用这些抗性基因作为显性的遗传标记，以便分离那些维持质粒高拷贝复制的大肠杆菌细胞。表 4－1 中是几个基因工程中常用的抗性标记。

表 4－1　基因工程中常用的抗性标记

抗性标记名称	作用机制	贮存液的配制
氨苄青霉素(Amp)	通过阻断肽聚糖的交联，干扰细胞壁的合成，从而杀死细菌细胞。溶于水。能渗透革兰氏阳性菌及部分革兰氏阴性菌。阻碍细菌合成细胞壁的第三及最后阶段，最终引致细胞裂解。	溶于水(50 mg/mL)
卡那霉素(Kan)	卡那霉素从链霉菌(*Streptomyces kanamyceticus*)中分离得到。能结合细菌核糖体的 30S 亚基上的 16S rRNA，干扰 tRNA 与 30SrRNA 的连接，阻断细菌蛋白质的合成。	溶于水(10 mg/mL)
四环素(Tet)	四环素能够抑制基因转译而抑制细胞生长，它能与细菌核糖体 30S 亚基上的 16SrRNA 结合，抑制 amino-acyl tRNA 进入核糖体 A－位置，而在自然界中，这种结合是可逆的。	溶于乙醇(5 mg/mL)
氯霉素(Cml)	氯霉素从委内瑞拉链霉菌(*Streptomyces venezuelae*)成功分离，氯霉素能控制细菌核糖体的肽酰转移酶从而抑制细菌蛋白质生物合成。	溶于乙醇(34 mg/mL)
潮霉素 B(Hyp)	潮霉素 B 是由吸水链霉菌(*Streptomyces hygroscopicus*)产生的抗生素，是氨基糖苷类抗生素之一。潮霉素 B 可通过抑制细胞内的蛋白质生物合成来杀死这些细胞。潮霉素 B 可溶于甲醇、乙醇和水，不溶于乙醚、氯仿或苯中。	溶于水(50 mg/mL)

4. 理想质粒载体的构建原理

因为天然质粒具有分子质量大、拷贝数低、选择标记少等特点。而基因工程操作中的质粒载体需要低分子质量、高拷贝、多选择标记。所以对天然的质粒进行加工方能成为合适的载体。以下几点是改造载体的原则和方法。

1）选择合适的原始质粒，应具有作为载体所需要的起始子、终止子、筛选标记等。然后切除天然质粒中非必需区域，尽量减小质粒的分子质量，增加外源 DNA 的容量。

2）减少限制性内切酶切点，尽量增加单一酶切位点的概率。

3）为了便于检测，适当增加筛选标记。

4）选择或用强复制起始子代替，提高拷贝数。

5）灭活或去除 *nic/born* 基因及毒性蛋白编码区域，提高质粒的安全。

6）进行性状表达的改造，使转入的质粒不导致宿主细胞产生一些不必要的表型，影响后续研究。

5. 重要的质粒载体

质粒载体是目前使用最为广泛的一种载体，其结构简单，转化效率较高，重组子筛选方便，外源 DNA 的载入量范围大约＜5 kb。质粒载体发展经历了几个时期，pSC101 质粒载体、ColE1 质粒载体和 pBR322 质粒载体。在 pBR322 出现之前，前两者载体，分子质量较大，拷贝数较低。pSC101 质粒是第一个成功克隆真核 DNA 的载体，属于严紧控制型的质粒。ColE1 质粒，属于松弛控制型多拷贝载体。选用的选择标记是大肠杆菌素免疫性，筛选困难。pBR322 质粒载体出现后，转化效率得到有效提高，PUC 系列载体在 pBR322 基础进行改造，加入了多克隆位点和筛选标记，在此基础上，又增加了一些功能，形成穿梭载体和表达载体。

（1）大肠杆菌质粒克隆载体 pBR322：质粒克隆载体 pBR322 由三部分组成：第一部分选用亲本质粒 pMB1 中含有 ColE1 松弛控制型复制子，在大肠杆菌细胞中高拷贝复制。第二部分来自质粒 pSF2124 中含 Amp^r 基因的 DNA 片段。第三部分来自质粒 pSC101 中含 Tet^r 基因的 DNA 片段。对于多余的 DNA 片段进行切除。三种质粒通过载体改造后形成，具有松弛控制型 *ori* 和 Amp^r 及 Tet^r 两种抗性基因的理想的基因克隆载体。pBR322 分别由 pMB1（*ori*）、pSF2124（Amp^r）和 pSC101（Tet^r）、Tet^r（*Eco*R Ⅰ、*Nhe* Ⅰ、*Bam*H Ⅰ、*Sph* Ⅰ、*Hind* Ⅲ 切点）、Amp^r（*Sca* Ⅰ、*Pvu* Ⅰ、*Pst* Ⅰ）构成（图4－6）。

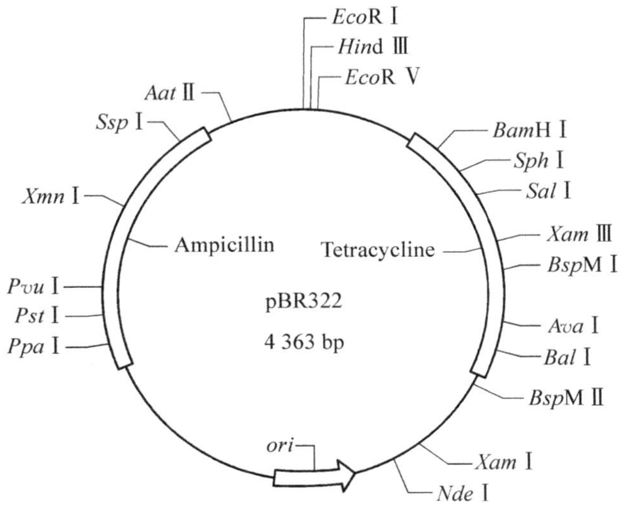

图 4－6　pBR322 质粒载体图

（Ampicillin：氨苄青霉素抗性，Tetracycline：四环素抗性）

pBR322 质粒载体较之前的载体具有无可比拟的优点：分子质量较小（4 363 bp），具有较高的拷贝数；有两种抗性基因可作为转化子的选择标记；单一性酶切位点增多。同时也具有它的缺点：虽然它具有两个筛选标记，但是在筛选阳性克隆子的时候，采用的是插入失活筛选法（图 4－7）。插入失活法是指外源 DNA 片段插入到载体的选择标记基因中而使此基因失活，丧失其原有的表型特征。如 pBR322 质粒的 *Bam*H Ⅰ位点，在此位点插入外源 DNA 片段，会使四环素抗性基因失去活性。

（2）pUC 系列质粒载体：pUC 系列质粒载体来自 pBR322，它用乳糖操纵子的一个 DNA 片段替换了 pBR322 选择标记 Tet^r 基因。它由来自 pBR322 质粒的复制起点、氨苄青霉素抗性基因、携带 MCS 的 *lacZ′* 基因（大肠杆菌 β－半乳糖酶 *lacZ* 基因的启动子及其编码 α－肽链的 DNA 序列）等几部分组成（图 4－8）。它的筛选机制应用了 α－互补原理，即 pUC 载体携带细菌的 *lacZ* 基因的一部分，它编码 β－半乳糖苷酶 N－端的 146 个氨基酸，称为 α－肽，载体转化的宿主细胞为 *lacZ*Δ15 基因型，它表达 β－半乳糖苷酶的 C－端肽链，载体与宿主细胞同时表达两个片段时，宿主细胞才有 β－半乳糖苷酶活性，使特异的底物 X－gal 在 IPTG 作用下变为蓝色化合物。载体位于 *lacZ* 基因中靠近 5′端增加一段 MCS 片段，当 MCS 插入外源 DNA 片段时，会阻断 α－肽链的合成，失去 α－互补能力，因而不产生 β－半乳糖苷酶，无法分解培养基中的乳糖，菌落呈白色。这就是基因工程里的蓝白斑筛选机制。

Note

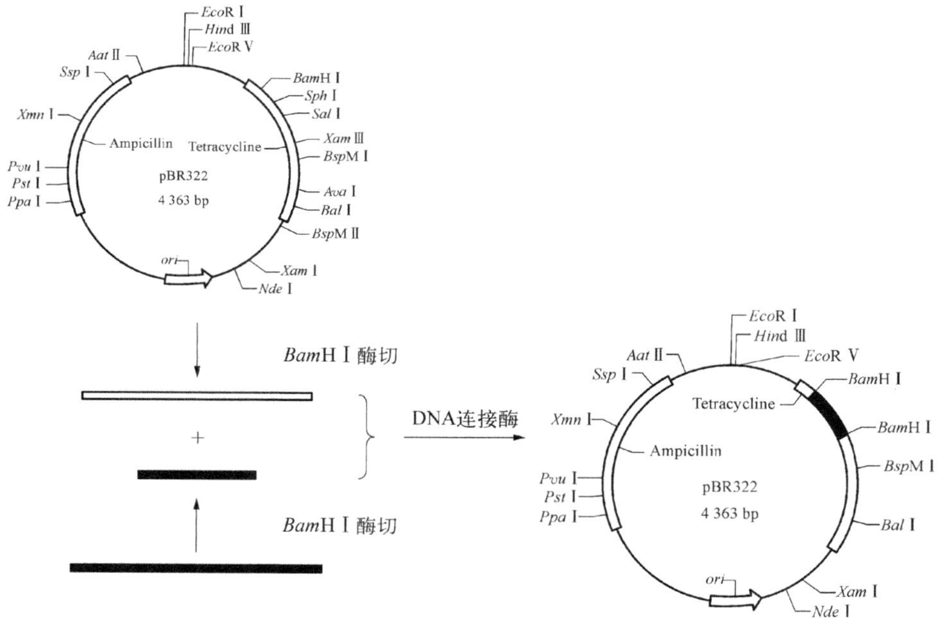

图 4-7　pBR322 质粒载体 Tet^r 基因的插入失活效应

pUC 系列质粒载体具有更小的分子质量和更高的拷贝数(不经氯霉素扩增,能达到平均每个细胞 500～700 拷贝),适用于组织化学方法检测重组体(半乳糖酶基因插入失活),具有多克隆位点(multiple clone site,MCS)区段等优点。

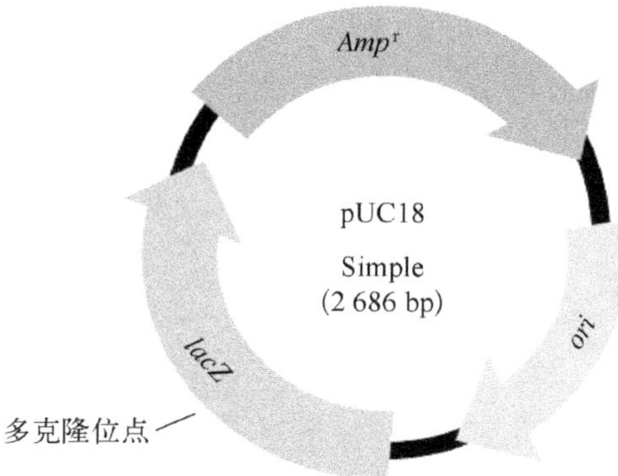

图 4-8　pUC18 载体图

pUC 系列中的 pUC18 和 pUC19 质粒载体是最常用的克隆载体之一,pUC18 质粒载体与 pUC19 质粒载体除了多克隆位点部分反向互补外,其他部分完全一样。pUC18、pUC19 载体适合于 DNA 片段的克隆、DNA 测序等。由于在 *lacZ* 序列中含有多克隆位点,因此在以 *lacZ* 缺失细胞作为宿主(如 DH5a、JM109 等)进行转化后,在含有 IPTG、X-Gal 的平板培养基上进行培养时,可以很容易地通过蓝白斑筛选,判断载体中有无 DNA 片段的插入。同时还可以通过载体上的 *lac* promoter 表达外源基因,对插入载体中的 DNA 片段进行测序等。进行 DNA 测序时,可以方便地使用 M13 系列的通用引物。

(3) pGEM-T 载体:市场上另外一个畅销的克隆载体是 pGEM-T 载体,主要用于 PCR 产物的克隆。T 载体指由相应的环状载体改造而来,即用一个能产生平末端的内切酶酶切 pBS 或 pUC 质粒,然后在 *Taq* 酶催化下将 T 加到 DNA 链的 3′末端即成为 T 载体。pGEM-T 载体是通过 EcoRV 酶切 pGEM-5zf 产生平末端后,在 3′末端加入胸腺嘧啶所得。插入位点 3′-T 突出端可提高 PCR 产物的连接效率。因为 3′-T 突出末端可以防止载体的自身环化,Taq DNA 聚合酶在 PCR 产物的 3′端加上一个非配对的脱氧腺嘌呤核苷 A,A 和 T 在连接酶的作用下互补连接,PCR 产物与线性质粒形成环状质粒 DNA,即形成 TA 克隆。pGEM-T 载体包含噬菌体的启动子 T7 与 SP6 聚合酶启动子,其侧翼和多克隆位点区相接。多克隆位点位于 β-半乳糖苷酶的 α-肽编码区内,外源基因插入失活,可以用蓝白斑筛选阳性克隆子。

4.2.2　噬菌体载体

1. 噬菌体的定义

噬菌体是一类细菌病毒的总称,一个噬菌体的颗粒感染了一个细菌细胞后,便可迅速形成数百个子代噬菌体。病毒颗粒由 DNA(或 RNA)和外壳蛋白组成。噬菌体中的核酸多为 DNA,少量为 RNA。含 DNA 的病毒中,最常见的是双链线性 DNA。

2. 噬菌体的分类

根据噬菌体核酸类型分为双链环状 DNA、双链线性 DNA、单链环形 DNA、单链线性 DNA、单链 RNA 噬菌体。

根据噬菌体与宿主的关系,将噬菌体分为温和性噬菌体和烈性噬菌体。温和性噬菌体指噬菌体感染宿主细胞后,其 DNA 整合到宿主染色体 DNA,随宿主染色体 DNA 一起复制,因无噬菌体颗粒形成,不会使宿主细胞裂解,也无感染其他细胞的能力,这样一种生长特性称为溶源生长周期。此时的噬菌体,叫做温和噬菌体(temperatephage)。具有一套完整的噬菌体基因组的细菌叫做溶源性细菌(lysogen)。用温和噬菌体感染细菌培养物使之形成溶源性细菌的过程,叫做溶源化(lysogenization)。与之相对应,烈性噬菌体指噬菌体感染宿主细胞后,其 DNA 不插入宿主染色体 DNA,经过一定的潜伏期,产生大量的增殖新噬菌体颗粒,使宿主细胞裂解,释放出的噬菌体颗粒又感染其他细胞。这样一种生长特性称为溶菌生长周期。噬菌体的溶菌生命周期可以分为以下 5 个时期。

1) 吸附　噬菌体颗粒吸附到位于感染细胞表面的特殊接受器上;

2) 注入　噬菌体 DNA 穿过细胞壁注入寄主细胞;

3) 转变　被感染的细菌细胞的功能发生变化,成为制造噬菌体颗粒的场所;

4) 合成　功能发生了转变的寄主细胞大量合成噬菌体特有的核酸和蛋白质;

5) 组装　包装了 DNA 的头部和尾部组装成噬菌体的颗粒,这个过程也叫做噬菌体的形态建成。

值得注意的是,溶源生长周期与溶菌生长周期可以转换,当整合到寄主染色体 DNA 上的噬菌体 DNA 脱离后,成为游离状态的噬菌体 DNA 可以包装成新的噬菌体颗粒,并大量增殖,导致寄主细胞裂解,也即从溶源生长周期转入溶菌生长周期。反之亦然,当游离状态的噬菌体 DNA 整合到寄主染色体 DNA 时,不再产生噬菌体颗粒,溶菌生长周期即转入溶源生长周期。

3. λ噬菌体

(1) λ噬菌体的性质:λ噬菌体是迄今为止研究得最为详尽的一种大肠杆菌双链 DNA 噬菌体。它的 DNA 分子为线状双链分子,两端各有由 12 个核苷酸组成的黏性末端,通过黏性末端的互补作用形成双链环形 DNA。这种由黏性末端结合形成的双链区段即 cos 位点(cohesive end site, cos)(图 4-9)。

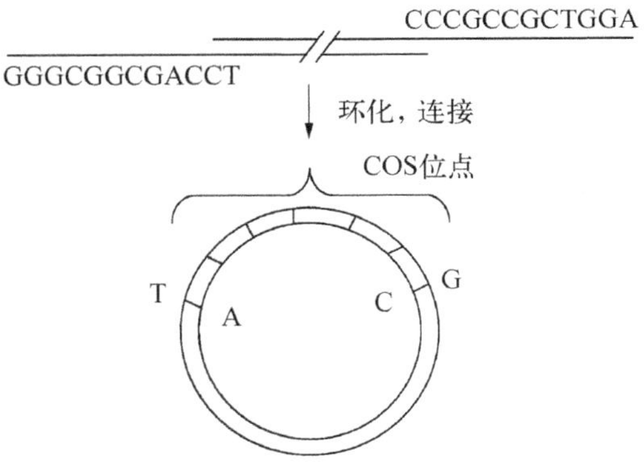

图 4-9　λ噬菌线性 DNA 分子的黏性末端及其环化作用

λ噬菌体由头和尾构成,其基因组是长约 49 kb的线性双链 DNA 分子,组装在头部蛋白质外壳内部,其序列已被全部测出。λ噬菌体感染时,通过尾管将基因组 DNA 注入大肠杆菌,而将其蛋白质外壳留在菌外。DNA 进入大肠杆菌后以其两端 12 bp 的互补单链黏性末端环化成环状双链,以溶菌和裂解两种方式繁殖。

溶菌性方式(lytic pathway):在营养充足,条件适合细菌繁殖时,利用宿主菌中的酶类和原料,λDNA 上基因可按调控的顺序表达合成构成噬菌体头、尾和尾丝所需的各种蛋白质,λDNA 经多次复制合成许多子代 λDNA,于是装配成许多子代的 λ噬菌体,最后裂菌,释放出许多新的 λ噬菌体。

溶源性方式(lysogenic pathway):进入细菌的 λDNA 可整合入细菌的染色质 DNA 中,随细菌染色体 DNA 复制,传给细菌后代。

λDNA 的整合是可逆的,原噬菌体可从宿主 DNA 中分离,进入溶菌性方式的繁殖。λ噬菌体整个基因组可分为左臂、右臂和中段三个部分。左臂:从 A 到 J 长约 20 kb,其中的基因编码构成头部、尾部、尾丝对组装完整噬菌体所需要的蛋白质。右臂：长约 10 kb，是调控区，控制溶菌和溶源生长最重要的调控基因和序列以及 λDNA 复制起始均在这区域内。中段：长约 20 kb，是 λDNA 整合和切出，溶源生长所需的序列。左右臂包含 λDNA 复制、噬菌体结构蛋白合成、组装成熟噬菌体、溶菌生长所需全部序列；对溶菌生长来说，中段是非必需的。

利用 λ 噬菌体作载体，主要是将外源目的 DNA 替代或插入中段序列，使其随左右臂一起包装成噬菌体，感染大肠杆菌，并随噬菌体的溶菌繁殖而繁殖。现在广泛使用的 λ 噬菌体载体也是已作过许多人工改造的，主要的改造是：① 设计去除 λDNA 上的一些限制性酶切位点。这是因为 λDNA 较大，序列中的限制性酶切点过多，妨碍其应用。② 在中段非必需区，替换插入某些标志基因如上述的可供蓝白筛选 lacI－lacZ′序列和多克隆位点等。③ 建立 λDNA 分子体外包装系统。插入或置换中段外源的 DNA 长度是有一定限制的，当噬菌体 DNA 长度大于野生型 λ 噬菌体基因组 105%或小于 78%时，包装而成的噬菌体存活力显著下降。所以 λ 噬菌体载体可插入长 5～20 kb 的外源 DNA，这比质粒载体能插入的 DNA 长得多；而且包装的 λ 噬菌体感染大肠杆菌要比质粒转化细菌的效率高得多，所以 λ 噬菌体载体常用于构建 cDNA 文库或基因组文库。但 λ 噬菌体载体的克隆操作要比质粒载体复杂。如果将左右臂和中段都去除，仅留下 λDNA 两端包装噬菌体所必需的 cos 序列，再加上质粒的复制序列、标志基因、多克隆位点等，就可构成 cos 质粒（cosmid）或称为噬菌粒的载体。

（2）λ 噬菌体的类型：λ 噬菌体载体根据外源基因整合的方式不同，分为插入型载体和置换型载体两大类。

插入型载体指改造后使 λ DNA 分子的中心仅有几个单一酶位点插入外源 DNA 片段，只能承受较小的分子质量（一般小于 10 kb）的外源 DNA 片段的插入，可用于 cDNA 及小片段 DNA 的克隆。如图 4－10 所示，λgt10 载体中在 32.7 kb 处一酶切位点 *Eco*R Ⅰ，外源 DNA 片段可以在此处插入载体中。

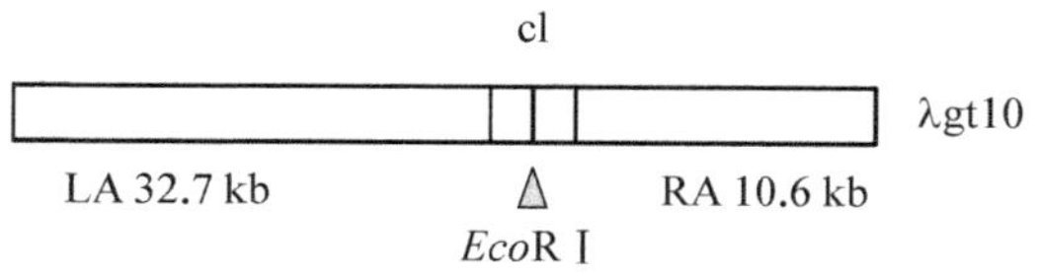

图 4－10　λ 噬菌体的插入型载体 λgt10 示意图

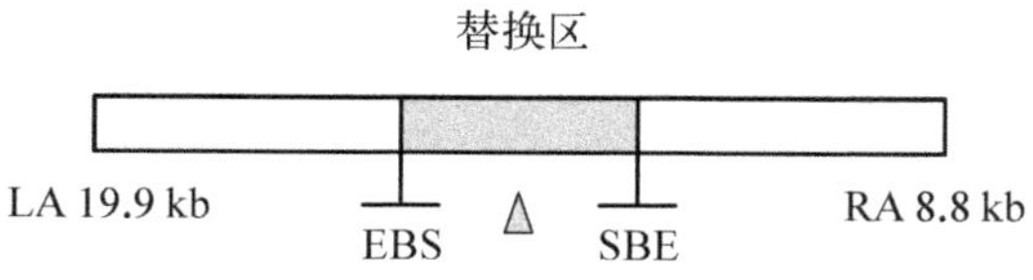

图 4－11　λ 噬菌体的替换型载体 λEMBL4 示意图
（E：*Eco*R Ⅰ，B：*Bam*H Ⅰ，S：*Sal* Ⅰ）

置换型载体指基因组中间部分约三分之一的基因组可以被外源基因进行替换，从而扩大载体的装载容量，如 EMBL 系列可克隆 20 kb 外源片段。如图 4－11 所示，λEMBL 载体中的可替换区段长 13.2 kb，其两侧由反向的多聚衔接物包围。

4. 单链 DNA 噬菌体载体

（1）M13 噬菌体的生物学特性：M13 噬菌体是一种丝状噬菌体，内有一个环状单链 DNA 分子。其基因组 DNA 由 6 407 个碱基组成，含有编码 10 种蛋白质的重叠基因，成熟的 M13 噬菌体只含有 DNA 正链，但所有的噬菌体基因均有 DNA 负链转录。基因Ⅲ和Ⅷ编码的蛋白质是噬菌体的主要包装成分，Ⅷ蛋白亚基与 M13 单链紧密结合形成噬菌体的丝状结构。如果将外源 DNA 大片段插入 M13DNA 中，则Ⅷ蛋白在感染的细菌细胞中大量繁殖，重组噬菌体的长度也等比例扩大，其包装极限可达 M13DNA 本身的 7 倍。M13 噬菌体与宿主菌性伞毛结合后，将其单链 DNA（正链）通过伞毛内腔注入细菌细胞内，成熟的噬菌体颗粒则从细胞内通过挤压的方式释放出去，并不裂解宿主细胞（图 4－12）。

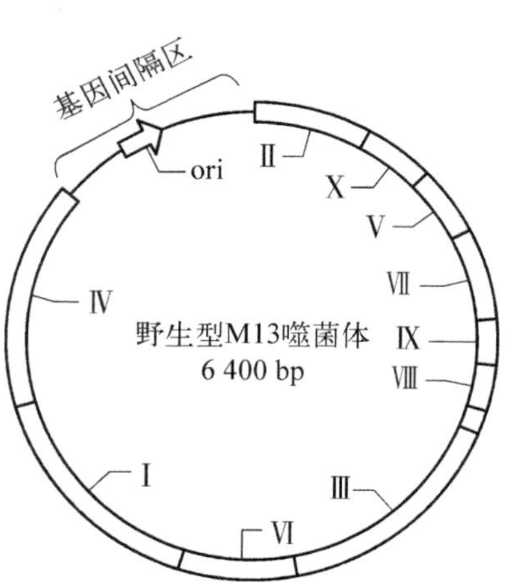

图 4－12　野生型 M13 单链 DNA 噬菌体的基因图

(2) M13 DNA的复制和M13噬菌体的增殖：M13DNA的复制主要包括三个步骤。第一步：以进入宿主菌的噬菌体DNA正链为模板，复制其互补的负链DNA，形成亲本型双链DNA。第二步，由基因Ⅱ编码的蛋白产物在双链DNA上形成一个缺口，并以负链为模板，在宿主细胞DNA聚合酶Ⅲ的作用下，从游离的正链3′末端复制一个正链分子。然后蛋白Ⅱ切开正链二聚体，形成带有缺口的双链DNA分子以及一个亲本正链，后者环化后，继续复制新的负链DNA分子，以此循环。第三步，当宿主细胞内双链DNA分子增殖到100～200个分子时，基因Ⅴ的表达产物也已积累到一定的程度，它通过与正链DNA结合形成单链DNA-蛋白复合物，使宿主细胞内积累大量的正链DNA。当复合物移至宿主细胞膜间隙中，包装蛋白取代蛋白Ⅴ，包装成熟的带正链的噬菌体颗粒。

Note

(3) M13克隆载体的应用：M13克隆载体主要应用于克隆和分离单链外源DNA片段。M13 DNA不管是单链DNA还是双链DNA，均可转染大肠杆菌细胞。所以构建的M13噬菌体克隆载体或装入了外源DNA片段的重组M13 DNA分子，不必进行体外包装就可直接转染受体细胞。

4.2.3 噬菌粒载体

噬菌粒载体，又名黏性质粒、柯斯质粒(cosmid)，是人工构建的带有黏性末端cos的一类质粒，其主要组成有质粒的复制起始区和抗药标记、一种或多种限制酶的单一切点以及λDNA的cos区小片段(约20至数百个碱基对)。因而这类质粒兼具λ噬菌体和质粒的优越性，又具有高容量的克隆能力，容纳外源DNA的长度可达45 kb左右。应用柯斯质粒为载体，在大肠杆菌细胞中克隆基因组大片段DNA的技术称为柯斯克隆(cosmid cloning)。这一技术的优点是，首先由于柯斯载体的前述特性，提高了克隆外源DNA片段的能力，是构建真核生物基因组文库特别有用的克隆载体；其次，以柯斯质粒为载体，所形成的非重组体的克隆其本底表达较低。

Cos质粒载体的特点：① 具有质粒的性质：自我复制、可转化、包含克隆位点；② 含有Cos位点：带有λ噬菌体的黏性末端片段；③ 能承载较大的外源DNA片段：可承载大于自身大小的DNA片段。

4.2.4 病毒载体

质粒和噬菌体载体只能在细菌中繁殖，不能满足真核DNA重组需要。感染动物的病毒可改造用作动物细胞的载体。由于动物细胞的培养和操作较复杂、花费也较多，因而病毒载体构建时一般都把细菌质粒复制起始序列放置其中。使载体及其携带的外来序列能方便地在细菌中繁殖和克隆，然后再引入真核细胞。目前常用病毒载体来自猴肾病毒SV40(simian virus 40)、逆转录病毒和昆虫杆状病毒等，使用这些病毒载体的目的多为将目的基因或序列放入动物细胞中表达或试验其功能或作基因治疗等。

近年腺相关病毒(adeno-associated virus，AAV)日益受到科学工作者重视。腺相关病毒是一种复制缺陷病毒，目前尚未见引起人类疾病。作为基因治疗的载体，AAV能够感染正在分裂的细胞和未分裂处于静止状态的细胞而不整合入寄主细胞基因组，以AAV为载体对视网膜进行的临床基因治疗的人体实验已经取得可喜结果。

AAV是非致病性单链DNA病毒，基因组两端为末端反向重复序列(ITR)，ITRs对于病毒的复制和包装具有决定性作用。AAV在进行病毒包装时还需要另外两个蛋白：Cap和Rep。Cap蛋白为病毒衣壳蛋白，Rep蛋白参与病毒的复制和整合。Rep蛋白存在时，病毒基因组很容易整合到人类第19号染色体的特异位点(AAVS1)上，这一特性赋予AAV能够定点整合哺乳动物DNA的能力，可以避免由于随机整合可能带来的抑癌基因失活和原癌基因激活的潜在危险性。AAV载体对于骨骼肌、视网膜、肝细胞、心脏平滑肌细胞、神经元细胞、胰岛B细胞、关节滑膜细胞等具有良好的感染效果，而对于淋巴细胞、造血干细胞、神经胶质细胞、成纤维细

Note

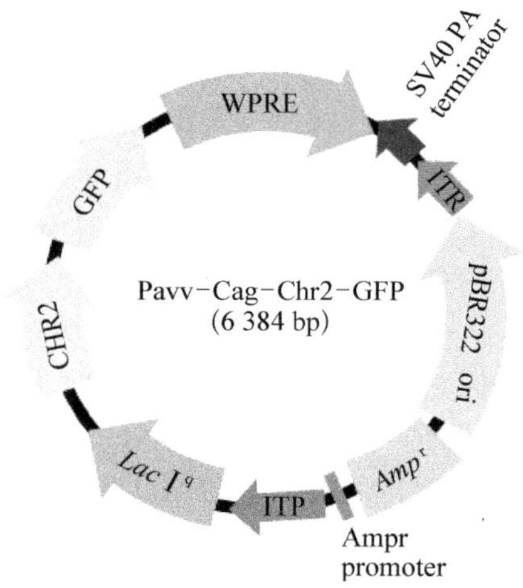

图 4-13 AAV 病毒载体

胞等感染效果较差。

普通 AAV 载体如图 4-13 所示,图中 CHR2 是需要表达的光敏感通道蛋白,在神经回路的研究中广泛使用。研究人员可以根据需要更换 CHR2,表达自己希望表达的蛋白。图中 CAG 是启动子,最初由 Miyazaki 博士构建,由巨细胞病毒(the cytomegalovirus,CMV)早期增强子(early enhancer element)和鸡 β-肌动蛋白(chicken beta-actin)启动子组成,常用于哺乳动物高水平基因表达。WPRE 是转录后调控元件,作用是增强基因表达。

4.2.5 人工染色体克隆载体

以噬菌体为基础构建的载体以及噬菌粒(cosmid)系统只能接纳在一定大小范围内的插入片段,但是一些真核基因过于庞大不能作为单一片段克隆到这些载体中。于是发展出噬菌体人工染色体(phage artificial chromosome,PAC)、细菌人工染色体(bacterial artificial chromosome, BAC)、酵母人工染色体(yeast artificial chromosome,YAC)等新的克隆载体技术,其中酵母人工染色体克隆系统应用广泛。

以酵母作为构建人工染色体的材料,是由于其基因组很小,约为 1~14 Mb,且其中极少内含子,没有重复序列和假基因。其基因行为和表达方式基本上与高等生物类似,如复制、重组、染色体分离等,因而是研究真核生物分子遗传学的重要实验模型。加之近年对有关酵母染色体的主要组分:着丝粒、自主复制序列(autonomously replicating sequence, ARS)及端粒的研究又较清楚,并被分离和克隆出来,其功能区已缩小到数百碱基对,这些对研究高等生物染色体的结构与功能也是极为有利的。所以 YAC 人工染色体载体是利用酿酒酵母(*Saccharomyces cerevisiae*)的染色体的复制元件构建的载体,其工作环境也是在酿酒酵母中。

人基因组十分庞大,约含 4×10^9 bp,建立和筛选人的基因组文库,要求有容量更大的载体。YAC 含有酵母染色体端粒(telesome)、着丝点(centromere)及复制起点等功能序列,可插入长度达 200~500 kb 的外源 DNA,导入酵母细胞可以随细胞分裂周期复制繁殖供作克隆,是人类基因组研究计划的重要工具。

4.3 原核表达系统

克隆基因的目的最终是为了在宿主细胞中表达。整个表达的过程包括:外源基因插入表达载体连接后形成的重组载体导入宿主细胞,在宿主细胞中表达出目的蛋白并提取纯化。根据宿主细胞的不同,可以分为原核表达系统和真核表达系统。原核生物基因表达系统包括大肠杆菌表达系统、芽孢杆菌表达系统、链霉菌表达系统。真核生物基因表达系统包括酵母表达系统、丝状真菌表达系统、昆虫表达系统、哺乳动物细胞表达系统、植物生物反应器等。表达系统主要由表达载体和受体细胞两部分组成。

4.3.1 原核表达载体高效表达的元件

原核生物表达系统的蛋白表达涉及蛋白质的合成、抑制蛋白产物降解、维持或恢复蛋白特异性的空间构象等。其中增加外源基因的表达量主要由外源基因的拷贝数、基因转录水平、mRNA 翻译速率来控制,这势必要求表达载体比克隆载体来得复杂。这些过程由表达载体的各个调控元件的精确调控来完成。这些调控元件包括启动子、终止子、核糖体结合位点(ribosome binding site, RBS)也叫 SD(shine-dalgarno sequence, SD)序列、筛选标记、复制子、多克隆位点(MCS)等(图 4-14)。

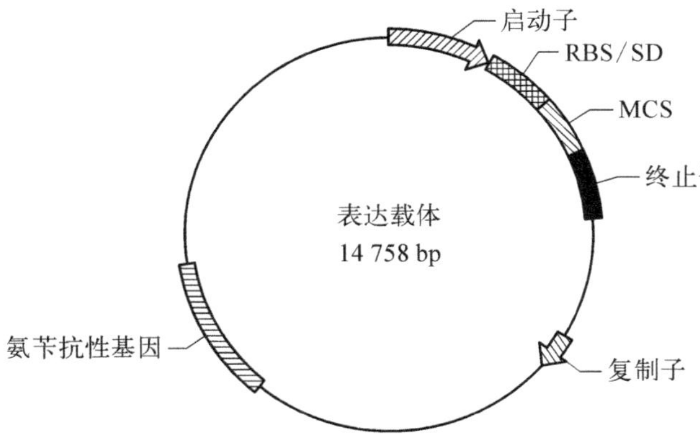

图 4-14　表达载体示意图

1. 启动子

启动子是一段提供 RNA 聚合酶识别和结合的 DNA 序列,位于基因的上游,长度因生物种类而异。不同的基因启动子序列具有特异性,有保守序列框,一般位于基因的上游或基因内的前端,具有方向性,不同种属的基因启动子也不同。目前使用的大肠杆菌启动子有 *Plac*、*Ptrp*、*Ptac*、*Pl*。它们分别来自乳糖操纵子、色氨酸操纵子、λ噬菌体早期操纵子以及 *recA* 基因的启动子,这些启动子相对有强有弱,它们的—35 区与—10 区与原核生物的保守序列有所不同,所以除了使用天然的启动子,也可以根据需要,人工将两种启动子杂合或者将两个启动子串联,以增强外源基因的表达效果。

启动子根据转录模式不同分为组成型启动子与诱导型启动子。组成型启动子是指该启动子指导的基因表达于各个组织,而诱导型启动子是指在一定的诱导剂作用下,才能启动基因的转录与表达。如果作为表达系统的启动子必须具备以下条件:首先是强启动子,能使外源基因的蛋白产量达到细胞总蛋白的 10%甚至 30%以上;其次呈现低水平的基础转录,便于表达毒性蛋白等;其三是可诱导型的,用温度或化学试剂诱导。表达系统常选用诱导型启动子,可以避免前期表达目的产物对菌株生长的影响;减少细菌蛋白酶对目标基因产物的降解。典型的诱导型启动子是乳糖操纵子。乳糖启动子 *Plac*,来自大肠杆菌,用乳糖或其类似物 IPTG 充当诱导物,与阻遏蛋白结合,解除抑制(图 4-15)。在外界没有诱导物存在的情况下,乳糖启动子与阻遏物结合,阻止结构基因的转录。当外界有 IPTG 或其类似物等诱导物存在时,诱导物与阻遏物结合,乳糖启动子得以启动下游结构基因的表达。

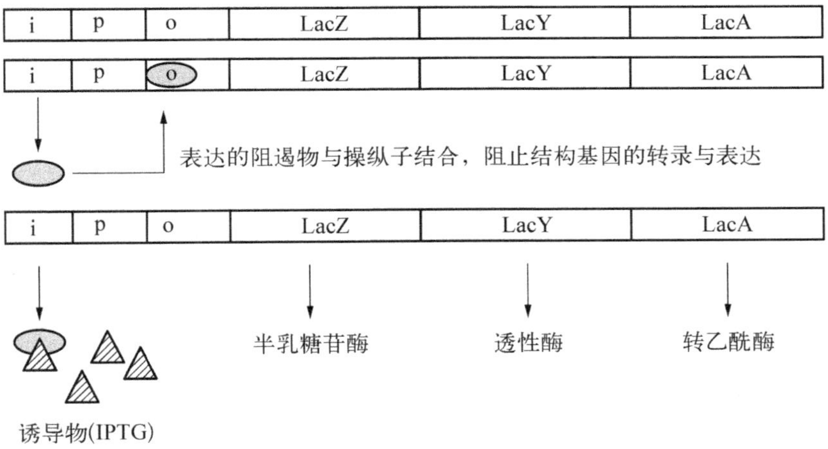

图 4-15　乳糖操作子模型

Plac、*Ptrp*、*Ptac* 启动子都是大肠杆菌 RNA 聚合酶特异性的识别和作用元件,外源基因的启动效率不仅取决于 RNA 聚合酶与这些启动子的单位时间的转录次数,同时还与转录启动后,聚合酶沿着 DNA 模板链移动的速度有关。目前使用最为广泛的 T7 表达系统,采用 T7 噬菌体 DNA 编码的 RNA 聚合酶表达重组大肠杆菌中的外源基因。这种 RNA 聚合酶特异性的与 T7 噬菌体的启动子结合转录,它在不影响转录次数的同时,在 DNA 模板链上移动的速度是大肠杆菌的 5 倍。表 4-2 列举了部分常用启动子的保守序列,启动子的强弱与保守序列组成有关。启动子的—35 区与—10 区的序列越接近于保守序列,则启动能力越强。

Note

表 4-2　大肠杆菌典型启动子的保守序列

启动子	−35 区	−10 区
Plac	TTTACA	TATAAT
Ptrp	TTGACA	TTAACT
PrecA	TTGATA	TATAAT
Ptac	TTGACA	TATAAT
保守序列	TTGACA	TATAAT

2. 终止子

转录终止子防止转录物过长，过长的转录物在很大程度上会影响外源基因的表达。转录产物越长，外源基因本身的转录效率下降。工程菌增加了无谓的能量消耗，影响重组质粒的不稳定性。过长的转录物往往不能形成理想的二级结构，从而大大降低基因编码产物的翻译效率。大肠杆菌表达载体常用来自大肠杆菌 rRNA 操纵子上的 *rrnT1T2* 终止子以及 T7 噬菌体 DNA 上的 *TΦ* 终止子。转录终止区的存在保证载体不会转录非必须基因，不必浪费资源和能量，不干扰基因的正常表达。对于一些终止较弱的终止子，可以形成特殊的二级结构比如发夹结构达到终止的目的(图 4-16)。

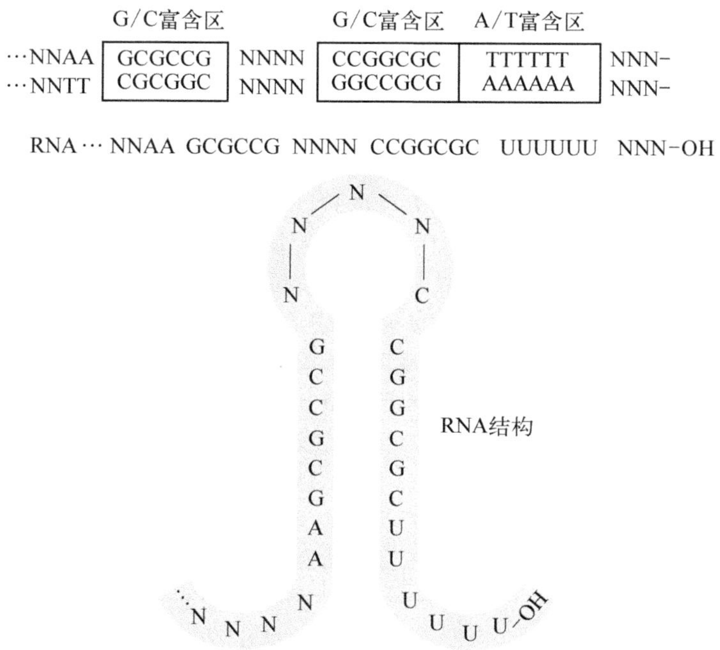

图 4-16　强终止子的发夹结构

3. 核糖体结合位点

外源基因在大肠杆菌中的表达不仅取决于转录启动频率，而且与 mRNA 的翻译起始效率有关。核糖体结合位点也叫 SD 序列，是 mRNA 上与核糖体 16sRNA 结合的序列，即位于翻译起始密码子上游的 6～8 个核苷酸序列，一般序列排列为 5′- UAAGGAGG - 3′。它通过识别大肠杆菌核糖体小亚基中的 16S rRNA 3′端区域 3′- AUUCCUCC - 5′并与之专一性结合，将 mRNA 定位于核糖体上，从而启动翻译。一般 mRNA 与核糖体结合程度越强，翻译起始效率就越大。其结合程度主要取决于 mRNA 上与核糖体 16sRNA 的结合强度。如果将其中的 GGAG 中的任何一个换成 C 或 T，那么翻译效率将会大大降低。SD 序列后面的碱基排列也会影响基因的表达。如果是 A(或者 U)，翻译效率最高；如果是 G(或者 C)，效率只有 50%或 25%。例如，大肠杆菌半乳糖苷酶的 mRNA，SD 序列后面的碱基排列最佳组合是 UAU 或 CUU，SD 序列与 AUG 翻译起始密码子间距 6～12 bp 最佳。

4. 密码子

不同的生物，基因对兼并密码子的选择具有一定的偏爱性。这与生物体基因组的碱基含量，密码子与反密码子相互作用的自由能，细胞内的 tRNA 的含量有关。由于真核生物与原核生物基因组中密码子的使用频率具有不同程度的差异，因此，外源基因尤其是真核生物基因在大肠杆菌中的高效表达，密码子的选择也是一个重要的影响因素。如原核表达系统的翻译起始密码子多数以 AUG 为起始子，少数以 GUG 为起始子，而真核生物中一般以 ATG 为起始密码子。AUG 左侧的碱基也有影响，为了保证翻译的效率至少不能与 mRNA 的 5′端非编码区形成茎环结构。

4.3.2　大肠杆菌表达系统

大肠杆菌表达系统是目前使用最为广泛的原核表达系统。大肠杆菌基因组较小，目前已完成全基因组测序，全基因组共有 4 405 个开放型阅读框架，大部分基因的功能已被鉴定。大肠杆菌基因克隆表达系统成熟、完善，菌体繁殖迅速，培养简单，操作方便，遗传稳定，已被 FDA(美国食品药品监督管理局)批准为安全的基因工程受体生物。目前已经实现商品化的数十种基因工程产品，大部分是由重组大肠杆菌生产的。大肠杆菌作为原核生物，因其表达翻译及翻译后加工系统与真核生物不同，所以在表达真核生物基因蛋白时，具有一定的缺陷。如缺乏对真核生物蛋白质的折叠与修饰，表达的真核生物蛋白质没有活性，细胞周质内含有种类繁多的内毒素，微量的内毒素即可导致人体热原反应。上述的缺陷在一定程度上制约了真核生物基因大规模的在大肠杆菌表达系统中进行表达。

1. 外源基因在大肠杆菌中的表达形式与表达部位

(1) *表达形式*：外源蛋白在大肠杆菌中表达按照其溶解特性分为不溶性蛋白和可溶性蛋白，这些蛋白存在以下几种结构形态：包涵体型蛋白、融合型蛋白和分泌型蛋白。① 包涵体型蛋白是指蛋白聚集成致密无膜的裸露结构，存于细胞质或细胞周质中，无正确的空间构象，一般无生物活性。它的优点在于外源基因表达产物易于分离纯化，能在一定程度上保持表达产物的结构稳定，能表达对宿主有毒或有致死效应的目标蛋白。但是包涵体用变性溶剂溶解、复性后，不一定能恢复生物学活性，回收的蛋白生物活性差，复性成本较高。② 分泌型表达的异源蛋白一般是通过分泌或运输方式定位于细胞周质，甚至穿过外膜进入培养基中。蛋白产物 N 端信号肽序列的存在是蛋白质分泌的前提条件。信号肽(signal peptide)一般位于 N 端，指能带领蛋白穿过膜到达周质，蛋白成熟时被正确切除。常用的原核信号肽，如大肠杆菌信号肽：phoA、OmpA、OmpT、OmpF、LamB、β-内酰胺酶(lactamase)、肠毒素(enterotoxin) ST-II、LT-B等。分泌表达形式的优点在于目的蛋白稳定性高，易于分离且具有生物活性。其缺点在于外源真核生物基因很难在大肠杆菌中进行分泌型表达，表达率通常要比包涵体方式低。③ 融合型表达蛋白是将外源蛋白基因与受体菌自身蛋白基因重组在一起进行表达，并能正确折叠形成良好的杂合构象，但不同于天然构象。其特点是目的蛋白表达率高，稳定性好，易于分离，目的蛋白易溶解。

表达融合蛋白(图 4-17)是常用的手法，其表达载体构建需注意以下几点：处于融合蛋白 C 端的结构基因应为融合蛋白提供终止密码子；两个结构基因拼接位点处的序列设计十分重要，它直接决定着融合蛋白的裂解工艺；两个蛋白编码序列应保持一致的翻译阅读框架。

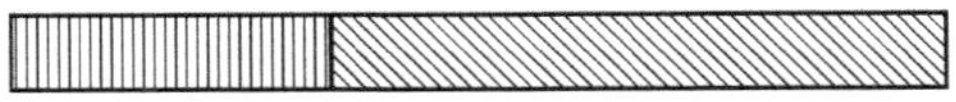

图 4-17　融合蛋白形式

(2) *表达部位*：以上形式表达的蛋白常位于细胞不同的部位。

1) 细胞质中表达　表达的外源蛋白常以包涵体(inclusion body)形式存在，以包涵体形式表达的外源蛋白表达量大，但基本没有活性，需要经过复杂的活化复性过程。

2) 胞外表达　分泌于胞外的外源蛋白基本具有蛋白本身的活性，但是由于需要穿过大肠杆菌的细胞壁与细胞膜，能分泌到培养基中的蛋白质相对较少。

Note

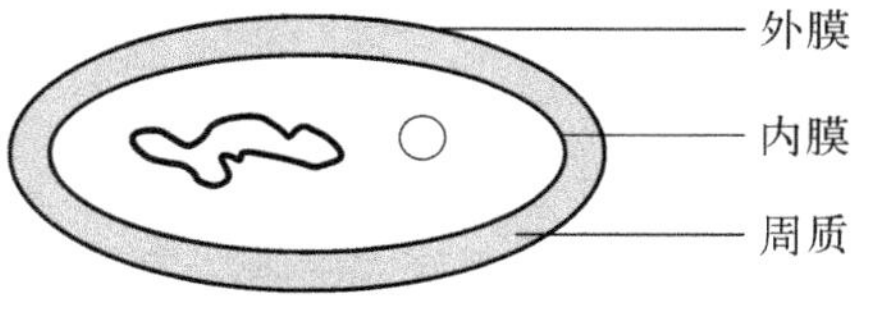

图 4-18 细菌周质示意图

3) 在周质(periplasm)中表达 周质是指格兰氏阴性大肠杆菌位于内膜和外膜之间的细胞结构部分。蛋白质从细胞质转运到周质的复杂机制目前不完全清楚。分泌到周质中的外源蛋白易被浓缩和纯化,有利于蛋白的正确折叠,而且不易降解(图 4-18)。

2. 几种类型的原核表达载体

(1) pET 系列载体:大肠杆菌的表达载体种类繁多,但是 Novagen 公司的 pET 表达系统无疑是大肠杆菌蛋白表达的首选。这个经典系统成功的根本原因之一在于其表达能力强及可控性能好。如图 4-19,pET30a 是典型的 pET 表达载体。目标基因被克隆到 pET 载体上受 T7 噬菌体启动子控制,而 T7 噬菌体启动子只能被噬菌体 RNA 聚合酶识别,而不能被 *E. coli* 的 RNA 聚合酶识别。因此,要求用于表达的宿主菌必须能表达 T7 噬菌体的 RNA 聚合酶。大肠杆菌 BL21(DE3)是常用的 pET 表达载体宿主菌。它的基因组中整合了一个 λ 噬菌体的 DNA,在 λ 噬菌体的 DE3 区整合了一个 T7RNA 聚合酶基因,该基因受 *lacUV5* 启动子控制,由于宿主菌的 *lac* Ⅰ 基因表达阻遏物,阻遏物与 *lacUV5* 启动子结合抑制了 T7RNA 聚合酶基因的表达,那么载体上的目的基因无法表达。当加入诱导剂 IPTG 时,IPTG 与阻遏物结合,启动 T7 噬菌体 RNA 聚合酶的表达,从而启动外源目的基因的表达。许多基因原本以 *E. coli* 内源启动子(例如 *tac*、*lac*、*trp* 等)驱动难以获得稳定的克隆和表达,在采用 pET 系统后这些问题得以轻松解决。T7 RNA 聚合酶不仅可以选择性诱导,而且功能强大,一经诱导几乎所有的宿主细胞的资源都被转化用于目的基因的表达。诱导后数小时内,目的基因产物往往能超过总蛋白的 50%。

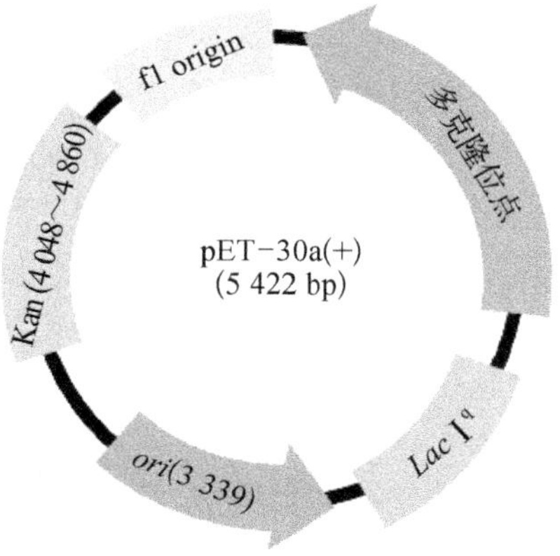

图 4-19 pET30a 表达载体示意图

当外源蛋白表达量大时,容易在细胞质中形成包涵体。通过机械研磨、超声波处理等方法破碎外源蛋白的细胞后,再通过离心,洗涤去除杂蛋白,即可获得包涵体,所得包涵体基本不具备活性。通常利用盐酸胍、尿素和 SDS 等溶解包涵体,再让蛋白复性,重新折叠的蛋白也不一定能表现其应有的活性。

(2) 融合蛋白表达载体:表达的外源蛋白,最终目的都是分离纯化。为了方便分离纯化,表达融合蛋白成为常用的方法。用于分离的载体蛋白被称为标签蛋白或标签多肽,常用的有谷胱甘肽 S 转移酶(glutathione S - transferase, GST)、六聚组氨酸肽(6XHis)、绿色荧光蛋白(green fluorescent protein, GFP)、FLAG tag(亲水性多肽,DYKDDDDK)等。

GST 表达载体由 Amersham 公司开发的系列 pGEX 组成,如图 4-20 所示 pGEX-4T-1,在 tac 启动子与多克隆位点之间加入谷胱甘肽转移酶基因与凝血蛋白酶识别序列的基因。前者表达的融合状态的谷胱甘肽转移酶保持酶的活性,对谷胱甘肽有很强的结合力,后者用于凝血蛋白酶的切割。将谷胱甘肽固定在琼脂糖树脂上形成亲和层析柱,当表达融合蛋白的全细胞提取物通过层析柱时,融合蛋白将吸附在树脂内,其他蛋白就被洗脱下来。然后再用含游离的还原型谷胱甘肽的缓冲液洗脱,再用凝血蛋白酶切割融合蛋白便可获得纯化的目的蛋白(图 4-21)。

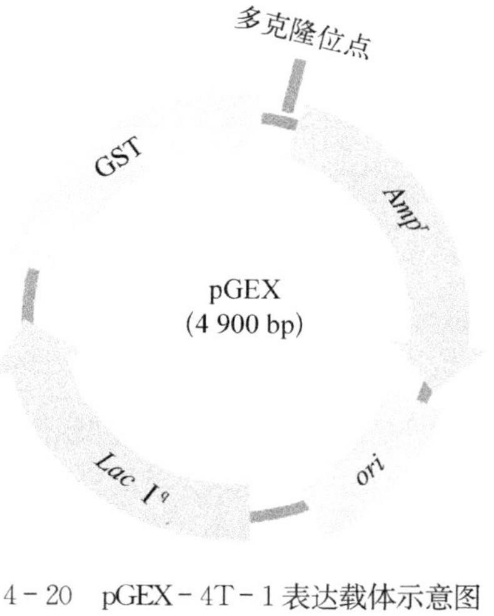

图 4-20 pGEX-4T-1 表达载体示意图

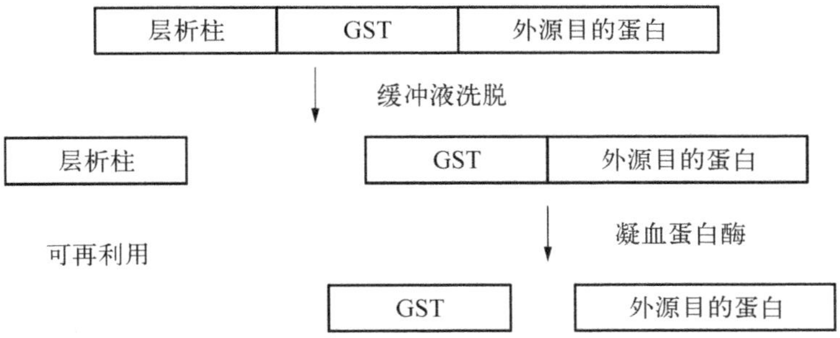

图 4-21　利用谷胱甘肽层析柱分离纯化目的蛋白示意图

其他融合蛋白系统，如 His-tag(组氨酸标签)，在外源多肽的 N 端或 C 端接上 6 个组氨酸(His)。利用组氨酸标签的表达载体较多，在 pET 系列载体中，如 pET30a，在 T7 启动子下游含有一段编码 6 个组氨酸的序列和编码 Xa 因子酶切位点的序列。在 BL21(DE3)菌株表达出融合蛋白后，可以与镍柱(Ni^{2+})结合，用 EDTA(或咪唑溶液)洗脱。再用 Xa 因子处理可去除标签多肽，从而得到目的蛋白。

(3) *分泌型表达载体*：这种表达方式表达出的外源蛋白质与细菌的分泌信号肽连在一起，可被宿主菌分泌到细胞外或细胞周质中，可使目的蛋白正确折叠，去除 N 端的甲硫氨酸后，可获得有活性的目的蛋白。常用的载体如 pIN Ⅲ 系列(图 4-22)，表达元件有脂蛋白基因启动子(*lp*P)和 *lacUV5* 启动子，调节基因 *lac* Ⅰ，SD 序列和起始密码子，MCS 以及大肠杆菌外膜蛋白基因 *ompa* 分泌信号肽。

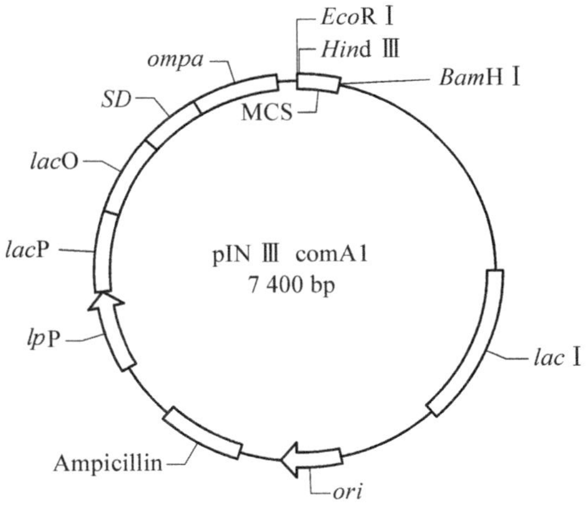

图 4-22　pIN Ⅲ comA1 分泌型表达载体示意图

3. 根据蛋白用途选择基因的表达策略

1) 表达蛋白用于生物化学和分子生物学研究　主要考虑保持蛋白质原有的功能不变，可以采用的表达策略有融合表达或直接表达。

2) 表达蛋白用作抗原　主要考虑表达蛋白的快速提纯，表达策略以包涵体形式合成目的蛋白或融合表达目标蛋白(不用去除标签蛋白)。

3) 表达蛋白用作结构研究　表达蛋白以天然可溶形式产生。表达时考虑因素：适当降低表达温度(高温促进包涵体的形成)，表达水平(高表达促成包涵体的形成)，采用合适的表达载体受体菌。

外源基因不能带有内含子，必须用 cDNA；须利用原核细胞的调控原件(启动子等)，防止外源基因产物对宿主细胞的毒害。

4. 原核表达的例子——利用重组大肠杆菌生产人胰岛素

胰岛素广泛存在人与动物的胰脏中，发现于 1922 年。迄今为止，胰岛素仍是治疗胰岛素依赖型糖尿病的特效药物。随着生活水平的提高，饮食结构的改变，劳动强度的改善，世界各地糖尿病发病率也随之有所增高。据统计，目前我国的糖尿病发病率已达 2.5%。因此，为临床提供质量可靠价格低廉的胰岛素是现代医药领域的一项重要工程。

(1) *胰岛素的结构及其生物合成*：胰岛素是在胰岛 β-细胞的内质网膜结合型核糖体上合成的。核糖体先合成比胰岛素分子大一倍多的前胰岛素原单链多肽，由三个串联的区域形成。N 端是疏水信号肽，后面依次为含 30 个氨基酸的 B 链、31 个氨基酸的 C 链和 21 个氨基酸的 A 链。当机体需要胰岛素的时候，高尔基体内的特异性肽酶分别在 A-C、B-C 连接处将胰岛素原切成三段，其中 A 链与 B 链之间以二对二硫键相连，A 链第 6 位与第 11 位的两个 Cys 之间

Note

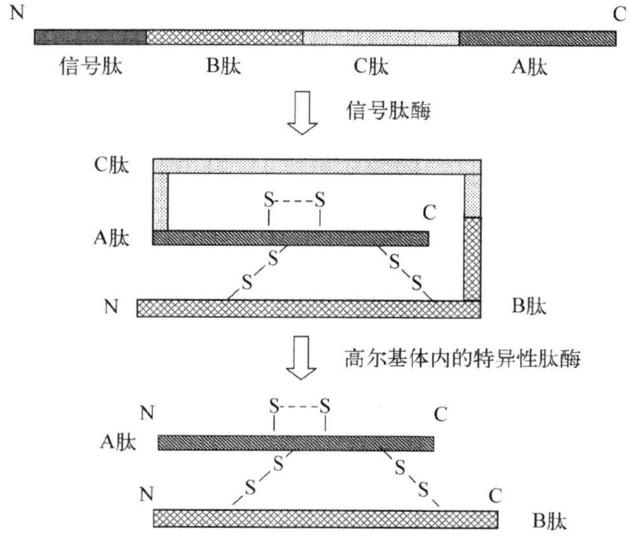

图 4-23　胰岛素成熟示意图

形成一对二硫键交联。重新折叠后形成有活性的胰岛素(图 4-23)。

(2) 人胰岛素生产方法：胰岛素的生产经历了几个阶段。

第一阶段直接从胰脏中提取人胰岛素，该方法因原材料有限，难以大规模生产所需药物。

第二阶段化学合成法，将单个氨基酸合成多肽链，该法可行，但是成本昂贵。

第三个阶段化学转型法。猪的胰岛素可从原料丰富的猪胰脏中提取获得，而且猪胰岛素与人胰岛素只在 B 链的 C 末端有一个氨基酸的差异，猪的为 Ala，人的为 Thr，因此可将猪胰岛素在体外酶促转化为人胰岛素。但是因为这一微小的差异，长期使用猪胰岛素将在患者体内产生一定的免疫反应。

第四阶段基因工程法制备人胰岛素，也是目前市场仍广为流传的方法。1982 年，美国 Ely LiLi 公司首先使用重组大肠杆菌生产人胰岛素，成为世界上第一个上市的基因工程药物。1987 年，Novo 公司又推出了利用重组酵母菌生产人胰岛素的新工艺。由工程菌生产的胰岛素与猪胰岛素在功效上是等同的，但在患者体内不会产生免疫性反应，所以深受广大患者的喜爱。美国 Ely LiLi 公司在生产胰岛素的工程，先后尝试了三种不同的工艺。

1) A 链和 B 链分别表达法　这种工艺在美国 Ely LiLi 公司早期采用重组大肠杆菌生产胰岛素时采用。如图 4-24，化学合成 A 链与 B 链的编码区，然后两链分别与 β-半乳糖苷酶融合

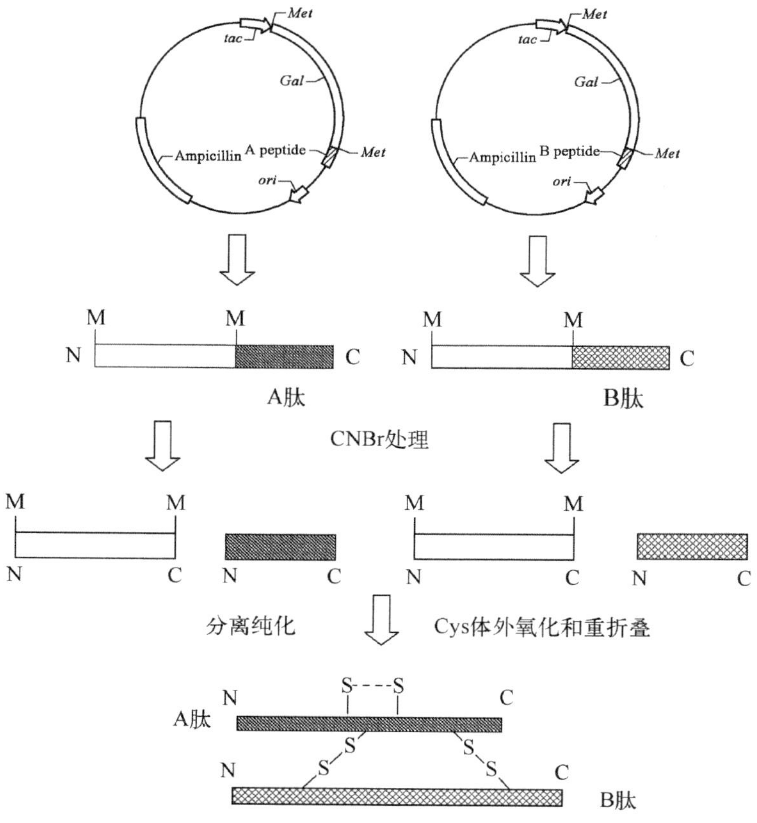

图 4-24　A、B链分别表达法示意图

表达，表达后纯化融合蛋白，以溴化氰去除β-半乳糖苷酶，得到 A 链与 B 链。A、B 链以 2∶1 混合，体外化学折叠。因该工艺需要后续比较复杂的复性工艺，所以成本并不低。

2）A 链和 B 链同时表达法　这种方法是将 A 链与 B 链的编码区拼接在一起进行表达。表达后还是以溴化氢裂解。再特异性裂解 A 链与 B 链，经体外折叠后成为有活性的胰岛素。该方法的缺陷同方法一，所以目前应用的不多（图 4-25）。

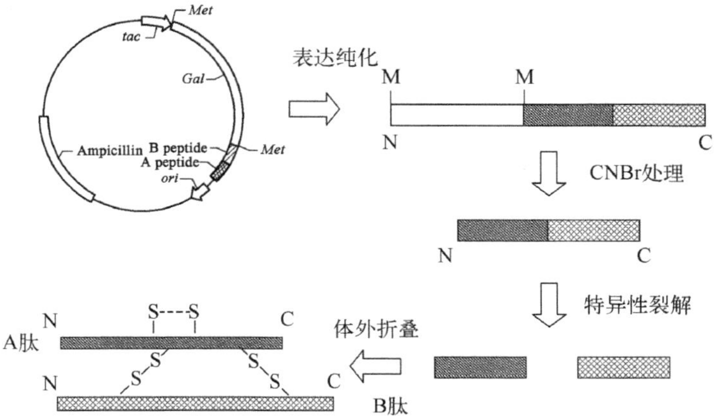

图 4-25　A、B 链同时表达法示意图

3）人胰岛素原表达法　该方法将人胰岛素原 cDNA 编码序列克隆在β-半乳糖苷酶基因的下游，人胰岛素原在大肠杆菌中表达后，纯化目的蛋白，然后以溴化氰化学裂解回收人胰岛素原。折叠后的胰岛素原以胰蛋白酶处理，因 B 链 C 端的精氨酸不敏感，需再以羧肽酶 B 进一步处理。因 C 肽的存在，胰岛素的折叠正确率高达 80%以上，所以使产品的成本大大降低。是目前以基因工程菌生产人胰岛素的主要方法（图 4-26）。

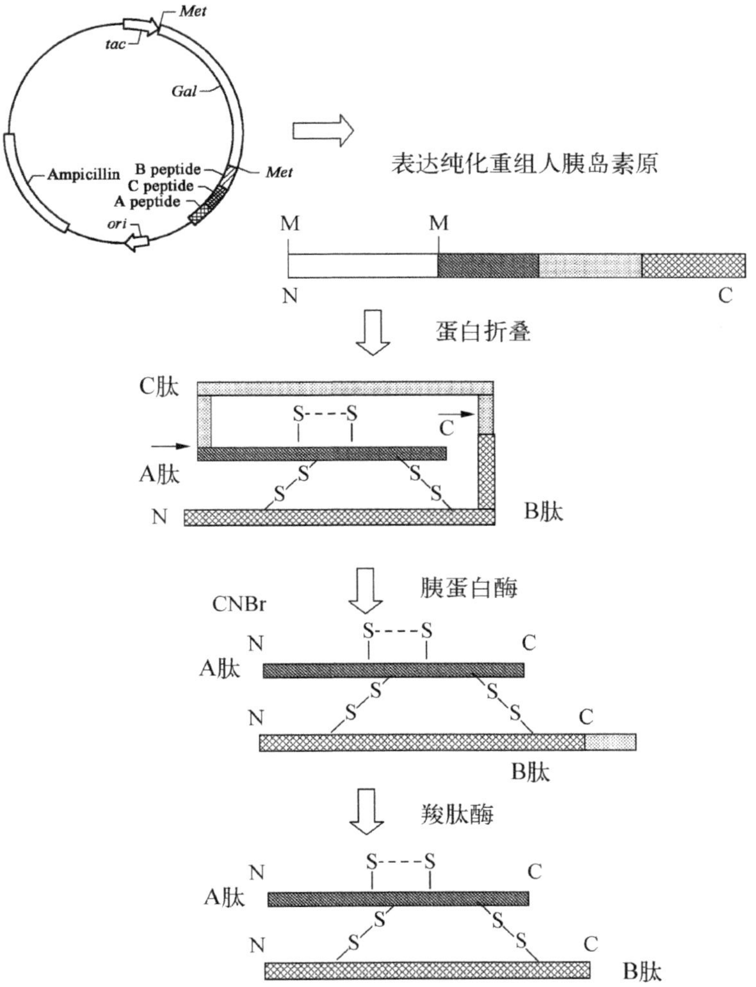

图 4-26　人胰岛素原表达法示意图

Note

4.4 真核生物表达系统

真核生物基因表达系统有酵母表达系统、丝状真菌表达系统、昆虫表达系统、哺乳动物细胞表达系统和植物生物反应器等。如果说大肠杆菌表达系统是最常用的原核表达系统，那么酵母表达系统是最常用的真核表达系统。酵母菌是一群以芽殖、裂殖为繁殖方式的单细胞真核微生物，其遗传物质有染色体DNA、线粒体DNA和质粒组成，大多数的酵母菌落面积较大、表面光滑、湿润、黏稠。作为表达系统，酵母菌具有以下优势：① 操作与大肠杆菌一样简单；② 具有真核生物的蛋白表达后翻译修饰加工系统；③ 不产生毒素，属于安全基因工程受体系统；④ 发酵工艺简单、快速、价格低廉；⑤ 外源蛋白表达水平高。因此酵母表达系统具有极为重要的经济意义和学术价值。

4.4.1 酿酒酵母表达系统

酿酒酵母菌株中含有一个6 318 bp的野生型2 μ环状质粒，它在宿主细胞核内的拷贝数可维持在50～100之间，呈核小体结构，其复制的控制模式与染色体DNA相同。2 μ环状质粒内含两个相互分开的599 bp长的方向重复序列(inverted repeat sequence，IRs)，两者在某种条件下可发生同源重组。除酿酒酵母外，其他几种酵母菌的细胞内也含有野生型的相似质粒，如结合酵母属的pSR Ⅰ等。酿酒酵母基因组上每隔30～40 kb便有一个单一自主复制序列(autonomously replicating sequence，*ARS*)，*ARS*能使重组质粒的转化效率大幅度提高。酵母自主复制型载体质粒的构建主要包括引入复制子的结构、选择标记基因、克隆位点三部分DNA序列。复制子可以来源于宿主染色体的*ARS*，也可以来源于2 μ质粒。前者称*YRp*载体，后者称*YEp*载体。*YRp*与*YEp*转化宿主后能自主复制，拷贝数可高达200拷贝每个细胞，但是转化子通过几代扩增后容易丢失。

酿酒酵母表达系统常用启动子有以下三种：① 糖酵解途径中关键酶的强启动子，受葡萄糖诱导，如甘油醛-3-磷酸脱氢酶基因*GAPDH*、磷酸甘油激酶基因*PKG*及乙醇脱氢酶基因*ADH*的启动子；② 半乳糖激酶启动子(*GAL1*)，受半乳糖诱导、葡萄糖抑制；③ *pho4TS*-*PHO5*启动子，受低温诱导、磷酸盐抑制。酿酒酵母具有较好的分泌系统，其常用分泌信号肽有性结合因子(*MF*-*α*)、酸性磷酸酯酶(*PHO 5*)等，前者在酵母系统中具有通用性，分泌效率高。酿酒酵母自身的信号肽保守性低，大多异源宿主系统的信号肽不能互用。酿酒酵母糖基化修饰具有过糖基化(超糖基化修饰)的特点，N型或O型糖基的外链进一步形成庞大的、由甘露糖组成的、复杂分支结构的现象，对增加免疫原性、蛋白活性与药物代谢稳定性均有影响。

酿酒酵母的宿主载体表达系统已成功用于重组异源蛋白的生产，但也暴露出一些问题。如由于乙醇发酵途径的活跃导致生物大分子的合成代谢普遍受到抑制，因此外源基因的表达水平不高；表达载体(*YEp*、*YRp*)传代不稳定；此外，酿酒酵母细胞能使异源重组蛋白超糖基化，使得异源蛋白与受体细胞紧密结合而不能大量分泌。上述缺陷可以用非酿酒酵母系统来弥补，如巴斯德毕赤酵母。该表达系统表达的蛋白修饰更接近哺乳动物，能将各种异源蛋白分泌到培养基中。

4.4.2 巴斯德毕赤氏酵母表达系统

巴斯德毕赤氏酵母是一种甲基营养菌，培养基中的甲醇能诱导甲醇代谢途径中各种酶的高效表达，其中研究最为详细的是催化该途径第一步反应的乙醇氧化酶基因*AOX1*(alcohol oxidase，AOX)，其基因组存在二个*AOX*基因，*AOX1*与*AOX2*。*AOX1*与*AOX2* 97%同源，*AOX1*占主导地位，负责*AOX* 99%以上活性。*AOX*基因启动子是目前发现的最强的真核启动子之一，属于严谨调控型启动子，受甲醇的诱导。巴斯德毕赤氏酵母表达系统较酿酒酵母表达系统具有以下优势：生长迅速，外源蛋白表达水平高，产物可翻译后修饰，包括糖基化、磷酸化、酰脂化，其中过糖基化程度比酿酒酵母弱（8～15个甘露糖），产物可正确折叠和高效分泌，可利用简单无机盐培养基，高密度发酵，生物量大，实验室和工业操作简单。毕赤氏酵母表达的最适温度是30℃，最适pH4.5，受甘油阻遏，部分过度糖基化，可以高密度发酵。常用的巴斯德毕赤酵母的表达载体有pPIC 3.5。目前，已有上百种具有经济意义的蛋白在巴斯德毕赤酵母表达系统中表达成功，实践证明，巴斯德毕赤酵母表达系统优于酿酒酵母表达系统。

4.4.3　酵母表达系统的应用

目前，利用酵母表达系统已成功表达了许多外源蛋白，如生长因子、人血清白蛋白、破伤风毒素蛋白等。外源蛋白在酵母中表达有两种形式，胞内和胞外。胞内表达水平较高，胞外表达的产物纯化较方便。因巴斯德毕赤氏酵母只分泌很低水平的内源蛋白，分泌表达是其优先选择的方式。一些在其他表达系统中不能分泌表达的蛋白可以在巴斯德毕赤氏酵母中高效分泌表达，如重组乙肝疫苗。重组乙肝疫苗的开发研究起源于20世纪70年代末，人们努力用大肠杆菌表达系统表达乙肝表面抗原（HBsAg），但是表达量极低。80年代初开始用酿酒酵母表达系统生产乙肝疫苗。在工业化生产改良中利用巴斯德毕赤氏酵母表达系统表达HBsAg显示了更大的优越性，其可获得多于酿酒酵母表达系统10倍量的产品。

思　考　题

1. 作为载体的必要元件有哪些？
2. 简述质粒载体、噬菌体载体、噬菌粒载体、病毒载体性能的异同。
3. 人工染色体的定义？有哪几类？
4. 表达载体所必需的元件有哪些？
5. 按来源分载体可以分为哪几类？按功能分载体可以分为哪几类？

第5章 目的基因分离与鉴定

提 要

对基因功能的研究，首先需要获取基因或基因片段，即目的基因(target gene)。从体内或体外分离目的基因是进行基因操作的最为关键的步骤之一。随着分子生物学研究的发展，基因工程操作中的目的基因范围也变得越来越广泛，既包括包含完整开放阅读框或部分编码序列的DNA或cDNA，也包括启动子、增强子或其他基因调控序列的DNA片段。

本章主要介绍基因文库的构建，目的基因的分离，对图位克隆、转座子标签法、电子克隆等方法也进行了较为详细的介绍，提供了获取基因的基本思路与技术方法。

5.1 基因文库法获取目的基因

5.1.1 基因文库的构建

1. 概念

对于复杂的染色体DNA分子来说，单个基因所占比例十分微小，如果想从庞大的基因组中将其分离出来，一般需要先进行扩增，所以需要构建基因文库。用重组DNA技术将某种生物细胞的总DNA或mRNA的所有片断随机地连接到基因载体上，然后转移到适当的宿主细胞中，通过细胞增殖而构成各个片段的无性繁殖系(克隆)，在制备的克隆数目多到可以把某种生物的全部基因都包含在内的情况下，这一组克隆的总体就被称为某种生物的基因文库(gene bank, gene library)。

基因文库包括基因组文库(genome library)和cDNA文库(cDNA library)。基因组文库是指将某生物的全部基因组DNA切割成一定长度的DNA片段克隆到某种载体上而形成的集合。cDNA文库是指某生物某一发育时期所转录的mRNA经反转录形成的cDNA片段与某种载体连接而形成的克隆的集合。基因组文库与cDNA文库的区别在于cDNA文库是有时效性的，cDNA文库构建时的信息供体是某一时空条件下的细胞总mRNA，它是在转录水平上反映该生物在某一特定发育时期、某一特定组织(或器官)在某种环境条件下的基因表达情况，并不能包括该生物有机体的全部基因。

2. 基因组文库的构建

基因组文库的构建是指通过重组、克隆将某一生物的基因组DNA保存在宿主细胞中的过程。构建过程如图 5-1 所示，主要包括：① 生物供体 DNA 片段的制备；② 载体的选择与制备；③ DNA 片段与载体的连接；④ 重组体转化宿主细胞；⑤ 基因组文库质量的评价。

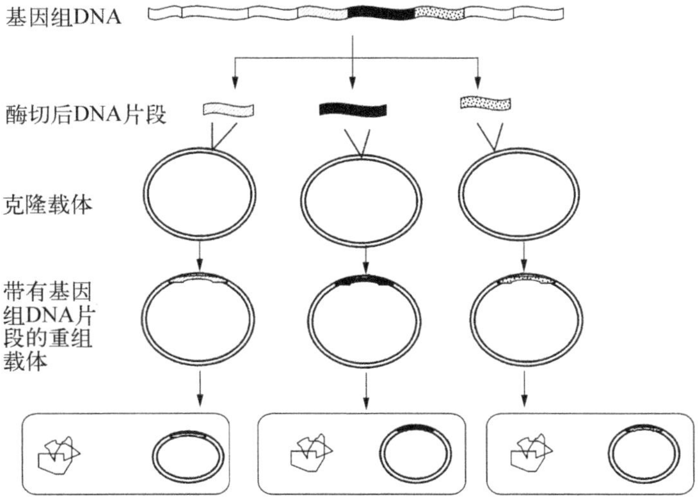

图 5-1　基因文库的构建

（1）*生物供体 DNA 片段的制备*：构建基因组 DNA 文库的关键一步是制备高分子质量的基因组 DNA。染色体 DNA 分子越长，酶切产生有效末端的克隆片段越多，连接反应的效率越高。因此，在提取染色体 DNA 时，必须尽可能地避免机械切割，以便获得分子质量大的基因组 DNA。同时要注意防止线粒体或叶绿体等细胞器 DNA 的污染。高分子质量 DNA 制备的经典方法是在 EDTA 和 SDS 存在条件下，用蛋白酶 K 消化细胞，然后用苯酚-氯仿混合液抽提蛋白质，并用透析法去除低分子质量杂质，如此获得的基因组 DNA 通常在 100～150 kb 之间，能够满足基因组文库构建的需要。然后通过机械剪切法或限制性内切酶消化法将基因组 DNA 降解成大小适中的随机片段。

（2）*载体的选择与制备*：根据预筛选的目的 DNA 片段的大小、供体生物物种的基因组大小和特点选择合适的载体。基因组文库构建中常用的载体有 λ 噬菌体、cosmid、YAC 以及 BAC 等。在构建基因组文库时，一般用 *Sau*3A Ⅰ 或 *Mbo* Ⅰ 限制性核酸内切酶对真核 DNA 进行部分消化，因此需用与 *Sau*3A Ⅰ 或 *Mbo* Ⅰ 作用产生的黏性末端互补的同尾酶 *Bam*H Ⅰ 对克隆载体进行酶切处理，以便产生相匹配的黏性末端。载体 DNA 的酶切既可以是单酶切，也可以是双酶切。在酶切反应结束后，通常需要用碱性磷酸酶对载体进行去磷酸化处理，目的是减少载体分子间的自身连接，从而降低非重组背景。

（3）*DNA 片段与载体的连接*：DNA 片段与载体的连接主要是插入片段与经过特定限制性核酸内切酶处理的载体的连接，从而产生重组 DNA 分子的过程。DNA 插入片段与载体之间的连接效率主要受两种因素影响：一是插入片段与载体 DNA 的物质的量比，二是反应体系中 DNA 的总浓度。

（4）*重组体转化宿主细胞*：重组噬菌体和黏粒 DNA 都能在体外包装成噬菌体颗粒，以细菌感染的方式将重组 DNA 分子导入到大肠杆菌中。因为噬菌体感染细菌的效率远较其 DNA 转化细菌的效率高，所以以噬菌体颗粒的形式将重组 DNA 分子导入大肠杆菌细胞中，可大大提高建立基因文库的效率。

（5）*基因组文库质量的评价*：在建立基因组文库时，一个需要认真考虑的问题是所建基因文库的代表性，即所建基因文库中含有该生物序列的数量。所含序列越多，该基因文库的代表性越好。在正常情况下，质量优良的基因文库的代表性与基因文库的大小（即克隆数多少）呈正相关。

$$N = \ln(1-P)/\ln(1-F)$$

Note

式中，N——重组子(空斑或菌落)的数量；

P——所要求的概率；

F——某一插入片段与相应生物基因组大小的比值。

例如，对于大肠杆菌基因组文库(4.6×10^6 bp)和人的基因组文库(3×10^9 bp)而言，欲获得概率为0.99，大小为20 kb的插入片段所要筛选的重组子的数量分别是：

$$N(\text{大肠杆菌}) = \ln(1-0.99)/\ln[1-(2\times10^4/4.6\times10^6)] = 1.1\times10^3$$
$$N(\text{人类}) = \ln(1-0.99)/\ln[1-(2\times10^4/3\times10^9)] = 6.9\times10^5$$

上述数值解释了质粒载体可用来构建原核细菌基因组文库的原因。要获得5～10 kb的插入片段，仅需筛选几千个重组子；而对于较大的基因组来说，插入片段越大，所需筛选的重组子就越少，这就是人们为什么研究大容量黏粒和YAC载体的原因所在。虽然噬菌体载体的装载容量相对较小，但由于其克隆方法简便和包装效率较高，所以仍然是构建基因组文库的常用载体。

5.1.2 cDNA文库的构建

真核生物基因组DNA十分庞大，其复杂程度是蛋白质和mRNA的100倍左右，而且含有大量的重复序列。cDNA文库显然比基因组DNA文库小得多，能够比较容易地从中筛选克隆得到细胞特异表达的基因。但对真核细胞来说，从基因组DNA文库获得的基因与从cDNA文库获得的不同，基因组DNA文库所含的是带有内含子和外显子的基因组基因，而从cDNA文库中获得的是已经过剪接、去除了内含子的cDNA。因此，与构建基因组文库相比，构建cDNA文库时，首先要从总RNA中分离纯化出mRNA，逆转录成cDNA。

1. mRNA的分离纯化

分离既定组织或者细胞的mRNA是构建cDNA文库的首要步骤。因为mRNA仅占细胞总RNA的1%～5%，所以需要一定的纯化技术手段来富集mRNA。将mRNA从细胞的总RNA中分离是根据一个很重要的特性：即所有真核细胞mRNA的3′端有一串伸展的腺嘌呤核苷，这段核苷被称为多聚A尾巴(poly A tail)，并且该特性是mRNA分子所特有的。poly(A)尾巴通常足够长，并且能与人工合成的互补的寡脱氧胸苷酸[oligo(dT)]杂交，正是这种特性使得mRNA能够从细胞或者组织中的总RNA混合物中分离出来。目前常用的分离mRNA的标准方法为寡脱氧胸苷酸亲和层析法，将一个一般为12～18碱基的寡脱氧胸苷酸连接到纤维素的亲和层析柱上，然后将总RNA混合物过柱，在此过程中，mRNA能与寡脱氧胸苷酸杂交而被吸附在柱子上，而不具有poly(A)尾巴的RNA则不能够结合，最后再用低盐缓冲液将已结合的mRNA从柱子上洗脱下来。

2. 逆转录合成双链cDNA

cDNA第一条链的合成一般都需要依赖RNA的DNA聚合酶(反转录酶)来催化反应，在这个过程中，mRNA模板和反转录酶是两个关键的因素。目前，常用的反转录酶主要有两种：一种是鼠源反转录酶(reverse transcriptase)，另一种是禽源反转录酶。这两种酶的共性为都无3′→5′外切酶活性，而禽源反转录酶有很强的RNase H酶活性，鼠源的反转录酶具有相对较弱的RNase H酶活性。一般反转录过程都是采用鼠源反转录酶，主要鉴于RNase H酶活性在该反应中起负作用，即降解mRNA分子末端的poly(A)序列和cDNA-RNA杂交分子中的RNA。“自身引导法”是合成cDNA第二条链的传统方法，主要源于合成的单链cDNA分子的3′末端自身环化，形成发卡结构，这就为第二链的合成提供了现成的引物，在DNA聚合酶作用下则可以合成第二条链。所得到的产物是双链cDNA，随后可以用单链特异性的SI核酸酶消化在mRNA5′端的发卡闭环结构，即可以得到可供克隆的双链cDNA分子。

3. cDNA的克隆

将上述合成的cDNA与载体(质粒或噬菌体)组成重组子，然后转化到受体菌中进行扩增，其技术与基因组 DNA 文库的构建相同。

5.1.3　筛选基因文库获得目的基因

Note

通过上述方法构建好基因文库以后就可以从中筛选目的基因了。目前常用的方法有以下三种。

1. PCR 法

目前最常用的从基因文库中获得目的基因的方法为 PCR 法。通过已知目的序列的长度和两端的序列，设计合成一对引物，以转化细胞的 DNA 为模板进行扩增，若能得到预期长度的 PCR 产物，则该细胞就可能含有目的的序列。

2. 核酸杂交法

核酸杂交筛选法的基本原理是指具有同源性的两条核酸分子单链在一定的条件下，可依据碱基互补的原则形成双链，该过程高度特异。一般利用已标记的核酸分子作为探针，与转化细胞的 DNA 进行分子杂交，可以直接筛选和鉴定目的序列克隆。常规的方法是将转化后生长的菌落复印到硝酸纤维膜上，用碱裂解菌体，膜上就会吸附菌落释放的 DNA，再与已标记的核酸探针杂交，核酸探针就结合在含有目的序列的菌落 DNA 上。标记核酸的探针分两种：放射性核素标记，结合了放射性核酸探针的菌落可用放射性自显影法指示出来；非放射性物质标记，一般会通过显示颜色指示位置，随后可将含有目的序列的菌落挑选出来。

3. 免疫学方法

该方法特异性强、灵敏度高，主要利用特异性的抗体与目的基因表达的产物进行特异性结合而进行筛选。由于不是直接筛选目的基因，而是通过与目的基因表达产物进行反应显示目的基因，因而必须要求目的基因在受体细胞能够正确表达编码的蛋白产物。抗体可用多种酶标记，常用过氧化物酶、碱性磷酸酶等，结合酶标抗体，酶可催化特定的底物分解而呈现颜色，从而指示出含有目的基因的细胞克隆位置，适用于从大量转化细胞集合体中筛选少数含目的基因的细胞克隆。

5.2　PCR 技术分离目的基因

PCR 作为一种体外快速扩增目的 DNA 片段的技术，自发明以来，因为其灵敏、快速、自动化等特点而广泛应用于基因工程及分子生物学研究中。目前 PCR 技术已经成为基因操作中获取目的基因的主要手段。在实际应用中，根据待分离目的基因的特点，所采用的 PCR 方法也有所不同，下面介绍常用的分离目的基因的 PCR 技术。

一般有两种情况：一种是已知基因全长序列，另外一种是只知道基因部分序列，两种情况下所采用的 PCR 技术不同。

5.2.1　已知基因全长序列

这种 PCR 技术相对简单，但也是最常用 PCR 技术之一。如图 5-2 所示，根据目的基因编码区的两侧序列设计上下游引物，两个引物必须保证能扩增出基因的编码序列。若是只扩增目标基因的 cDNA 序列，则需要在 PCR 之前，提取材料的总 RNA，通过逆转录酶的作用合成 cDNA 第一链，再以此为模板合成 cDNA 第二链，这种方法称为逆转录 PCR，即 RT-PCR（reverse transcription PCR）。

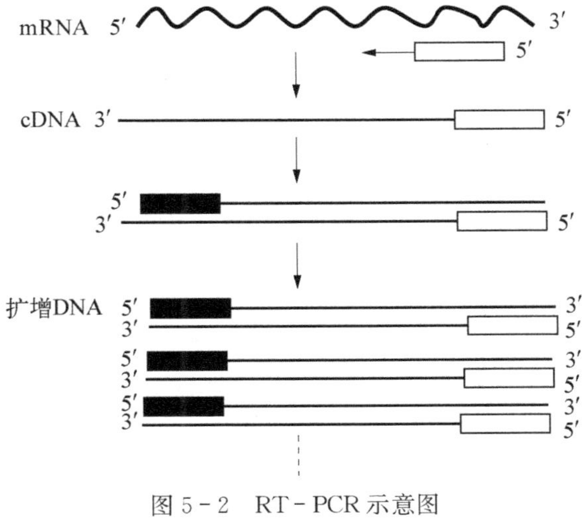

图 5-2　RT-PCR 示意图

5.2.2 已知基因部分序列

Note

如果获得的目的基因的 DNA 或者 cDNA片段是不完整的，那么就需要进一步通过 PCR 技术将全长序列扩增出来，常用反向 PCR 技术扩增全长 DNA 序列，采用 RACE 技术扩增全长 cDNA 序列。

1. 反向 PCR 技术

反向 PCR 可用于研究与已知 DNA 区段相连接的未知染色体 DNA 序列，因此又可称为染色体缓移或染色体步移。这时选择的引物虽然与核心 DNA 区两末端序列互补，但两引物 3′端是相互反向的。如图 5－3 所示，扩增前先用限制性内切酶酶切样品 DNA，然后用 DNA 连接酶连接成一个环状 DNA 分子，通过反向 PCR 扩增引物的上游片段和下游片段。这种技术的关键是 DNA 样本采用单一酶切，因此酶切产物所有 DNA 片段虽大小不同，但其两端序列是互补的黏性末端，在连接酶作用下可以自我成环，形成环形双链 DNA 分子。

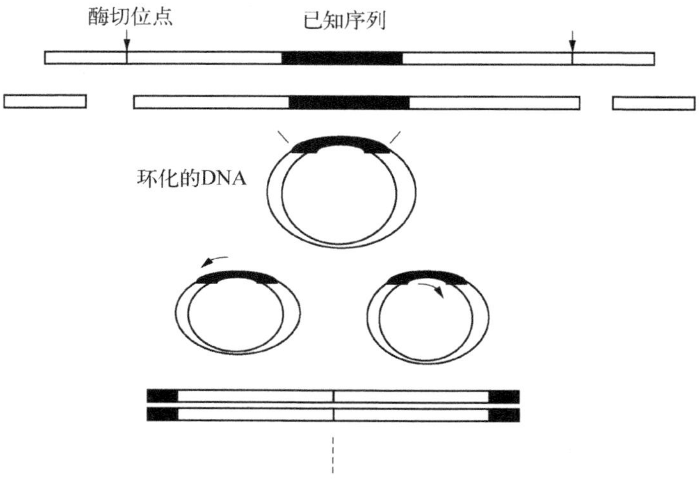

图 5－3 反向 PCR 示意图

2. RACE 技术

cDNA 末端快速扩增技术（rapid amplification of cDNA ends，RACE）是一种基于 PCR 技术，从低丰度的转录本中快速扩增 cDNA 的 5′和 3′末端的有效方法，以其简单、快速、廉价等优势而受到越来越多的重视。RACE 技术分为 3′－RACE 和 5′－RACE，以下就以国内目前应用最广的 SMART™ RACE 试剂盒为例，简要概述 RACE 技术的原理和操作过程。

（1）SMART™ 3′－RACE 原理：如图 5－4，利用 mRNA 的 3′ 末端的 poly(A)尾巴作为一个引物结合位点，以连有 SMART 寡核苷酸序列通用接头引物的 Oligo(dT)30MN 作为锁定引物反转录合成标准第一链 cDNA。然后用一个基因特异引物 GSP1(gene specific primer，GSP)作为上游引物，用一个含有部分接头序列的通用引物 UPM(universal primer，UPM)作为下游引物，以 cDNA 第一链为模板，进行 PCR 循环，把目的基因 3′ 末端的 DNA 片段扩增出来。

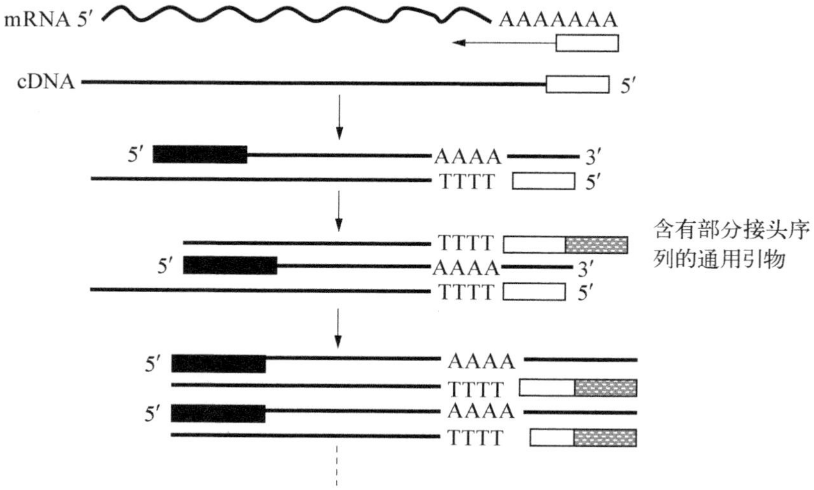

图 5－4 SMART™ 3′－RACE 原理

Note

(2) SMART™ 5′-RACE 原理：如图 5-5，先利用 mRNA 的 3′末端的 poly(A)尾巴作为一个引物结合位点，以 Oligo(dT)30MN 作为锁定引物在反转录酶 MMLV 作用下，反转录合成标准第一链 cDNA。利用该反转录酶具有的末端转移酶活性，在反转录达到第一链的 5′ 末端时自动加上 3～5 个(dC)残基，退火后(dC)残基与含有 SMART 寡核苷酸序列 Oligo(dG)通用接头引物配对后，转换为以 SMART 序列为模板继续延伸而连上通用接头。然后用一个含有部分接头序列的通用引物 UPM(universal primer，UPM)作为上游引物，用一个基因特异引物 2 (GSP 2 gene-specific primer，GSP)作为下游引物，以 SMART 第一链 cDNA 为模板，进行 PCR 循环，把目的基因 5′末端的 cDNA 片段扩增出来。

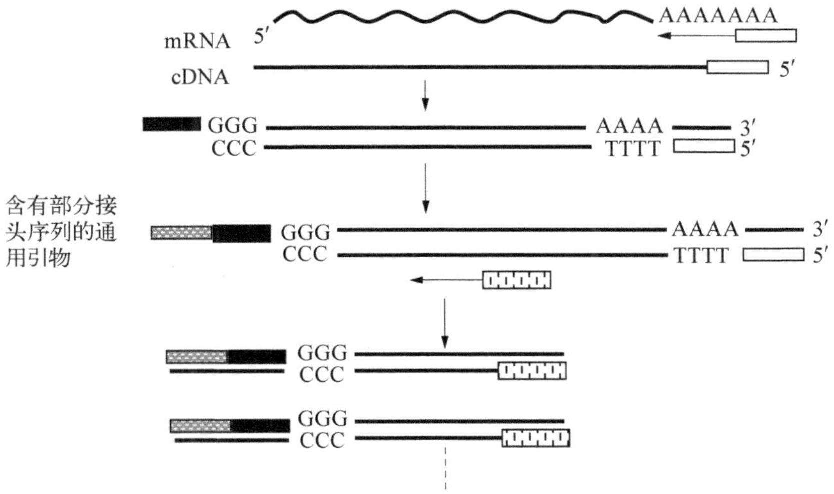

图 5-5　SMART™ 5′-RACE 原理

5.3　图位克隆获得目的基因

1. 概念

图位克隆(Map-based cloning)又称定位克隆(positional cloning)，1986 年首先由剑桥大学的 Alan coulson 提出，用该方法分离基因是根据目的基因在染色体上的位置进行的，无需预先知道基因的 DNA 顺序，也无需预先知道其表达产物的有关信息。其技术原理是根据功能基因在基因组中都有相对稳定的基因座，再利用分子标记技术对目的基因进行精确定位的基础上，用与目的基因紧密连锁的分子标记筛选 DNA 文库，从而构建目的基因区域的物理图谱，再利用此物理图谱通过染色体步移逐步逼近目的基因或通过染色体登陆的方法，最终克隆目的基因并通过遗传转化实验可以研究目的基因的功能。

2. 方法

在图位克隆技术中，关键是要构建能够包含完整基因信息的基因组文库，常见的人工染色体有 Yeast artificial chromosome(YAC)文库，这是较早使用的方法，可以克隆长达 2 Mb 左右。Bacterial artificial chromosome(BAC)文库插入片段的平均长度为 120 kb，稳定性好，操作简便。此外，Cos 质粒载体也可用来建库，其克隆能力在 25～35 kb 之间。图位克隆如图 5-6 所示，主要包括如下操作步骤。

1) 首先找到与目标基因紧密连锁的分子标记；
2) 用遗传作图和物理作图将目标基因定位在染色体的特定位置；
3) 构建含有大插入片段的基因组文库(BAC 库或 YAC 库)；
4) 以与目标基因连锁的分子标记为探针筛选基因组文库；
5) 用获得阳性克隆构建目的基因区域的跨叠群；
6) 通过染色体步行、登陆或跳跃获得含有目标基因的大片段克隆；

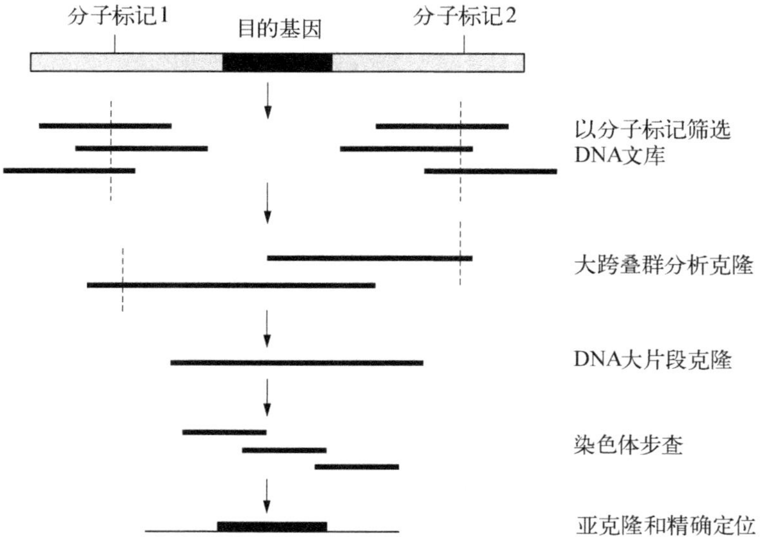

图 5－6　图位克隆示意

7）通过亚克隆获得含有目的基因的小片段克隆；

8）通过遗传转化和功能互补验证最终确定目标基因的碱基序列。

5.4　转座子标签法获得目的基因

转座子标签技术是利用转座子作探针克隆出突变基因，再用突变基因做探针，从野生型个体中分离并克隆出野生型基因，最终得到完整的基因的技术方法。转座子标签(transposon tagging)技术是研究功能基因的有效的工具之一。转座子标签法不但可以通过上述转座突变分离基因，而且当转座子作为外源基因通过农杆菌介导等方法导入植物时，还会由于 T－DNA 整合到染色体中引起插入突变，进而分离基因，因此大大提高了分离基因的效率。

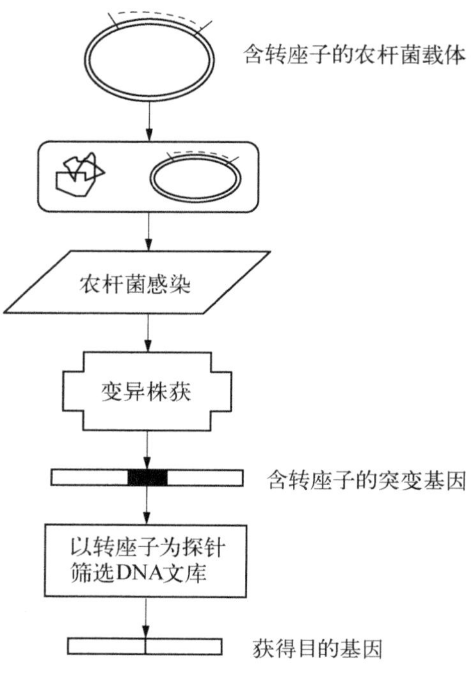

图 5－7　转座子标签技术克隆基因示意

转座子标签技术克隆基因的基本原理：转座子是染色体上一段可移动的 DNA 片段，它可从染色体的一个位置跳到另一个位置。当转座子跳跃而插入到某个功能基因时，就会引起该基因的失活，并诱导产生突变型，而当转座子再次转座或切离这一位点时，失活基因的功能又可得以恢复。遗传分析可确定某基因的突变是否由转座子引起。由转座子引起的突变便可以转座子 DNA 为探针，从突变株的基因组文库中钓出含该转座子的 DNA 片段，并获得含有部分突变株 DNA 序列的克隆，进而以该 DNA 为探针，筛选野生型的基因组文库，最终得到完整的基因。

如图 5－7 所示，转座子标签法的主要步骤如下。

1）采取农杆菌介导等适当的转化方法把转座子导入目标生物体；

2）转座子在目标生物体内的初步定位；

3）转座子插入突变的鉴定及分离；

4）转座子在目标生物体内的活动性能检测；

5）对转座子插入引起的突变体，利用转座子序列作探针，分离克隆目的基因。

Note

5.5　电子克隆

生物信息学(Bioinformatics)是研究生物信息的采集、处理、存储、传播、分析和解释等各方面的一门学科，它通过综合利用生物学，计算机科学和信息技术而揭示大量而复杂的生物数据所赋有的生物学奥秘。随着生物信息学的发展，各种生物软件的开发以及海量数据库的开放，出现了一种全新的基因克隆技术，即电子克隆(in silico cloning)，其技术核心是利用生物信息学技术组装延伸 ESTs 序列，获得基因的部分乃至全长 cDNA 序列，进一步利用 RT－PCR 的方法进行克隆分析、验证。电子克隆的程序如图 5－8 所示，方法如下。

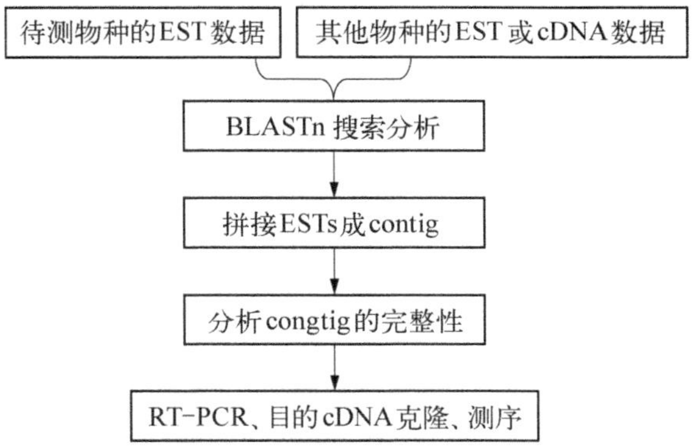

图 5－8　电子克隆示意图

1）选择数据库“Nucleotide”，利用 blastn 程序进行同源性检索；

2）从 GenBank 的核酸(nr)数据库中检索已测序列植物的目的基因，获得目的基因 cDNA 序列；

3）以该序列为模板对另一种未测序列植物 EST 数据库进行 BLAST 检索，获得与之部分同源的 EST 群；

4）从中选取一条 EST 作为种子序列 BLAST 检索该植物的 EST 数据库，将检出与种子序列同源性较高或有部分重叠的 EST 序列拼接组装为重叠群(contig)；

5）再以此重叠群序列重复以上 BLAST 检索过程，反复进行 EST 重叠群序列的拼接和比对，直至检出所有的重叠 EST 或重叠群不能继续延伸，最终获得未测序列植物基因的 cDNA 全序列。

随着 EST 数据库的进一步完善，电子克隆策略已成为克隆新基因的重要方法，并成功地应用于人类基因组的研究。利用 EST 资料的电子克隆是克隆功能基因的新途径，与传统的基因克隆方法相比，具有快捷、成本低、针对性强等特点，但也受到 dbEST 的 EST 数量和质量的限制，因此在 EST 资料非常丰富的模式物种(如人、鼠等)中应用较多。在实际应用中，以模式物种某一已知基因序列为起点，结合目标物种 EST 数据库，采用现代生物信息学及实验验证相结合的技术方法，尤其是通过同源性比较，完全有可能快速筛选到一些具有重要功能的基因。

5.6　目的基因的鉴定

了解真核基因的功能首先需要完全解析基因序列，包括基因的上下游调控区域。因此需要从克隆菌落或基因文库中筛选出目的基因片段，进行测序鉴定。当获得基因全序列后，就可以通过启动子分析、结构功能分析、体内体外生化分析等手段，对目的基因进行沉默、敲除、敲入、表达谱分析和蛋白的亚细胞定位等，进一步去了解基因的功能。

前面已经阐述了基因的分离方法和过程，将目的序列与载体 DNA 连接后，转化或转染细菌，由于连接和转化效率不同，最后的克隆菌落并非全部带有完整的基因序列。实际上将目的 DNA 与载体的连接反应混合物转化或转染受体菌后，可以产生千万个转化菌，最后培养出来的正确的阳性菌落只有小部分含有目的基因序列。所以当我们成功获得基因的克隆后，筛选正确的阳性克隆是一项重要的但又耗时的工作。目前有多种克隆筛选的方法，例如可以通过菌落抗性筛选、蓝白斑筛选、探针杂交筛选，PCR 等方法，对带有目的 DNA 片段的质粒重组体

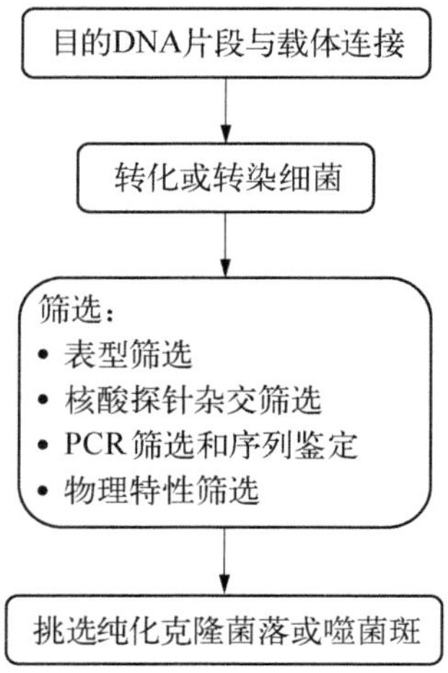

图5-9　基因鉴定的筛选流程图

(recombinant)进行筛选鉴定。只有当目的DNA片段完全测序分析后才能够确认获得了目的序列的克隆，所以筛选是基因克隆的重要步骤(图5-9)。

在开展基因克隆或构建文库工作时，就必须仔细考虑筛选过程中可能出现的问题，包括选择构建合适载体、宿主细胞、分子克隆方案、使用基因组DNA或cDNA等。目前已有许多商品化的改造载体和可视化报告基因，使得从转化菌中筛选带有目的DNA的重组子的方法变得越来越快速和简单。我们可以将重组子鉴定方法分为四大类：表型检测法、核酸杂交检测法、PCR和序列鉴定法及物理特性检测法。

5.6.1　表型检测法

表型检测法主要分为两类：一类是利用克隆载体本身携带的遗传标记和表型特征将重组子和非重组子区分开，还有一类是利用目的基因编码蛋白质形成的重组子表型，进行抗原的免疫检测，或蛋白活性功能的检测。

1. 载体表型特征选择法

(1) 载体的抗药性标志筛选：大多数的克隆载体都携带有抗生素的抗药性标志，如抗氨苄青霉素(Amp^r)、抗四环素(Ter^r)、抗卡那霉素(Kan^r)等。当培养基中含有抗生素时，只有携带相应抗药性基因载体的菌落才能生存繁殖，未能接受载体DNA的菌落由于抗生素的存在而不能生长，这样首先筛选出成功转化的菌落。下一步再利用插入失活效应进一步筛选，因为如果外源目的DNA片段是插入到载体带有的另外一个抗药性基因中间，使抗药性基因失活，这个抗药性标志就会消失。以质粒pBR322为例(图5-10)：该质粒含有Amp^r和Ter^r两个抗药基因，若将目的DNA片段插入Ter^r基因序列中，转化大肠杆菌，首先让细菌涂布在含氨苄青霉素的平皿上，这样没有接受质粒pBR322的菌落都不能生长，长成的菌落都含有质粒pBR322。然后将在含有氨苄青霉素平皿上的菌落影印到含有四环素的平皿上，这时如果pBR322中Ter^r基因插入有目的DNA片段，则在四环素平皿中不能生长。比较两块平皿，挑选能在含有氨苄青霉素的培养基中生长而不能够在含四环素培养基中生长的菌落，该菌

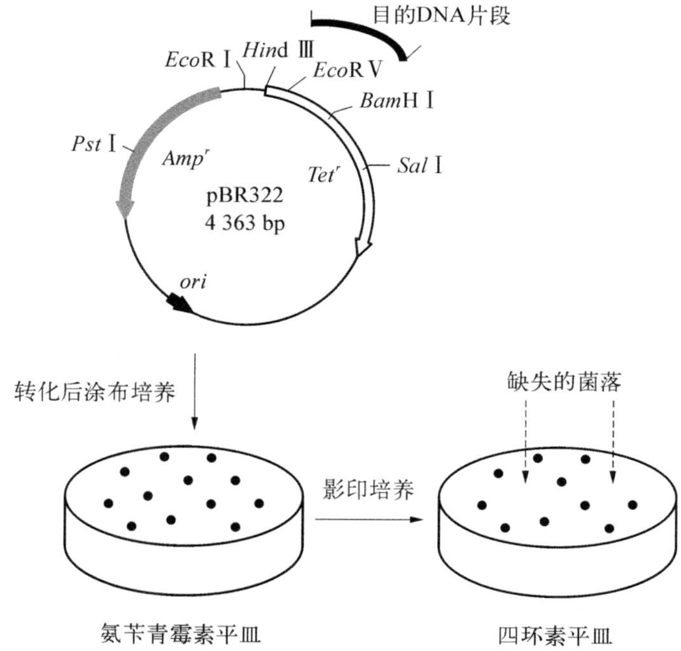

图5-10　利用pBR322双抗标记进行重组子的筛选示意图

落细菌就很可能是含有目的DNA片段的重组质粒。当然由于细菌可能发生变异也会引起抗药性的改变,这种情况并不一定代表目的DNA片段的插入,所以需要利用下面其他方法做进一步的鉴定。

Note

(2) 蓝白斑筛选法:利用α互补现象进行的蓝白斑筛选也是常用的一种筛选方法(图5-11)。许多克隆载体(如pUC、pGEM系列载体等)含有一段大肠杆菌β半乳糖苷酶的启动子及其α肽链的DNA序列,此结构称为*lacZ'*基因,该基因编码的α肽链与宿主菌失去了正常氨基端的β半乳糖苷酶突变体进行α互补而形成有活性的β半乳糖苷酶,能将无色的化合物X-gal(5-溴-4-氯-3-吲哚-β-D-半乳糖苷)切割成半乳糖和深蓝色的底物5-溴-4-靛蓝。因此任何携带着*lacZ'*基因的质粒载体转化了染色体基因组存在着此种β半乳糖苷酶突变的大肠杆菌细胞后,便会产生出有功能活性的β半乳糖苷酶,通过IPTG(异丙基硫代β-D-半乳糖苷)诱导蛋白表达后,在含有X-gal的培养基平板上形成蓝色菌落。而当有外源DNA片段插入到位于*lacZ'*中的多克隆位点后,就会破坏α肽链的阅读框,从而不能合成与受体菌内突变的β半乳糖苷酶相互补的活性α肽,而导致不能形成有功能活性的β半乳糖苷酶,也就不能够降解X-gal形成蓝色产物。

因此将目的DNA片段插入到克隆载体,例如插入到pUC19质粒的多克隆位点,转化大肠杆菌,涂布在含氨苄青霉素、IPTG、X-gal的培养基中培养,凡能生长并呈白色的菌落,其细菌中就很可能含有插入目的序列的重组质粒,这样就很容易筛选出目的序列的克隆。也有一些特殊情况,如果外源DNA插入片段相当短,不破坏β-半乳糖苷酶的氨基端氨基酸序列的阅读框,有时产生的重组体菌落不呈白色而是呈浅蓝色。

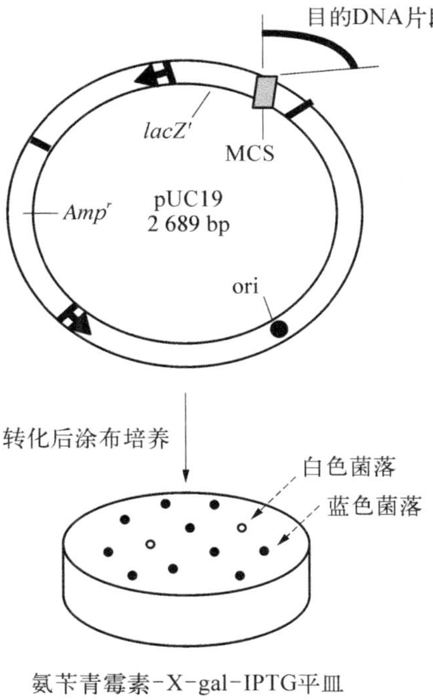

图5-11 利用pUC19进行DNA克隆和筛选示意图

2. 目的基因编码的蛋白质形成重组子表型

(1) 抗体筛选法:如果使用表达载体进行cDNA克隆,那么表达出来的蛋白或融合蛋白则可以通过特异抗体来检测。在人类的某些自身免疫疾病或肿瘤等疾病中,特定人群往往针对某些特定蛋白产生抗体,如果是研究这类基因,就可以直接使用含有特定蛋白的抗体的人的抗血清进行克隆筛选。也可以使用实验室制备的动物多克隆抗血清或单克隆抗体。

例如,cDNA克隆常用的载体λgt11就能够表达外源性蛋白,将cDNA片段重组到λgt11后转染大肠杆菌LE392或Y1090,重组子将表达目的蛋白。将噬菌斑影印到硝酸纤维素膜上,封闭非特异性结合位点后与特异性抗体进行杂交,用辣根过氧化物酶/碱性磷酸酶标记的二抗进行化学发光检测,或荧光标记的二抗进行荧光检测,可以对阳性克隆进行挑选(图5-12)。

(2) 目的蛋白表型特征直接选择法:如果转化到宿主菌的外源DNA编码的蛋白具有特定的生物学功能,可以直接检测该蛋白的功能来确定重组子。例如:目的蛋白是能够催化某种反应的酶,或能够形成膜表面蛋白和特异性配体结合,或者能够对大肠杆菌寄主菌株所具有的突变表型,发生体内抑制或互补效应等,那么根据不同情况,进行酶活力测定、受体-配体检测、突变表型检测等。

5.6.2 核酸探针杂交法

如果已经知道目的DNA片段的序列,或者相似物种的同源序列,则可以利用带标记的核酸作为探针与转化菌的DNA进行分子杂交,直接进行筛选和鉴定目的DNA片段。核酸探针杂交法是筛选重组DNA的最通用的方法。核酸探针序列也是利用已经获得的目的蛋白全部

Note

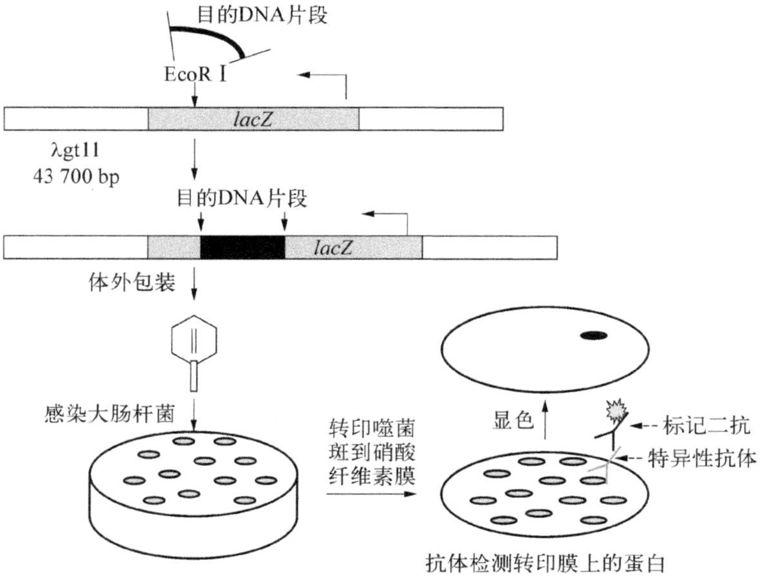

图 5-12　通过特异性抗体检测表达蛋白进行克隆筛选

氨基酸序列或部分氨基酸序列进行设计，并且人工化学合成。通常引物的长度至少需要达到18个核苷酸长度。

常用的核酸探针杂交法是首先将转化菌落影印到尼龙膜或硝酸纤维素膜上，经过短暂的孵育培养，用氢氧化钠溶液裂解膜上的菌落，菌落裂解后释放出DNA到膜上，经过80℃温度烘烤固定DNA。将膜与标记的核酸探针孵育杂交，标记后的探针与目的DNA片段紧密结合。核酸探针的标记可以采用放射性核素如^{32}P、^{33}P和^{35}S，成功杂交后通过放射自显影检测阳性克隆。核酸探针也可以用生物素或地高辛标记，利用辣根过氧化物酶偶联的亲和素，或抗地高辛抗体进行化学发光检测，通过比对同源培养基平板上菌落位置，将含有目的DNA片段的菌落挑选出来(图5-13)。

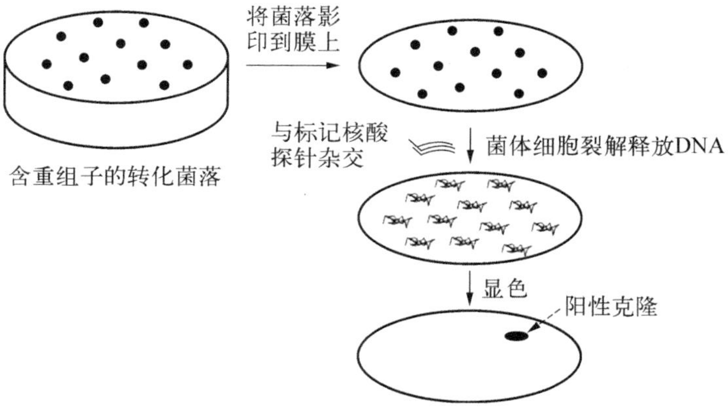

图 5-13　核酸探针杂交筛选法示意图

5.6.3　PCR 筛选和序列鉴定法

PCR法是常用重组子筛选法。如果已知目的DNA片段的序列，则可以设计合成一对引物，也可根据载体克隆位点两翼存在的恒定序列设计通用引物，抽提转化后的菌落中的质粒DNA，并作为模板进行PCR扩增。琼脂糖凝胶电泳分析PCR产物长度，如果长度和预期片段长度相同，则该转化克隆就可能含有目的序列。

PCR的方法除了可以迅速扩增特异的外源性DNA片段，其产物还可以直接进行DNA测序。实际上通过不同方法初步筛选得到的阳性菌落，其含有的目的DNA片段都要用核酸序列测定来最后确证克隆片段DNA序列的准确无误。

5.6.4　物理特性检测法

1. 凝胶电泳检测法

该方法主要用来快速初步筛选重组子。首先快速裂解挑选出的菌落，将抽提得到的质粒

DNA进行琼脂糖凝胶电泳。含有插入DNA片段的重组体DNA分子质量较大，在凝胶中的迁移速度较慢，不具有外源DNA插入片段的质粒分子质量较小，移动更快，根据这种泳动速率的差别，就可以很容易地鉴定出哪些菌落是含有外源DNA插入片段的重组子。

Note

2. 限制图谱分析法

当目的DNA片段插入载体会使载体DNA限制图谱(restriction map)发生变化。通过提取转化菌落的质粒DNA，进行单一种类限制性内切酶或多种限制性内切酶消化后，琼脂糖电泳分析酶切后的片段，构建重组质粒的限制图谱，从而确定重组子是不是含有所要的目的DNA片段。

3. R-环检测法

该方法主要利用目的基因的mRNA去筛选目的基因片段，由于目的基因中存在内含子，因此杂交后的三链会出现空环。简单来说，在特定的条件下(临近双链DNA变性温度下和70%甲酰胺溶液中)双链的DNA-RNA分子要比双链的DNA-DNA分子更为稳定，因此，将mRNA及DNA的混合物置于这种退火条件下，mRNA便会同双链DNA分子中的互补序列形成稳定的DNA-RNA杂交分子，被取代的另一链处于单链状态而形成的“泡状”体，叫做R-环结构。R-环结构可以通过电子显微镜观察到，从而鉴定出双链DNA中存在的与特定RNA分子同源的区域。早期使用这种方法发现内含子存在，也有人采用该种方法，利用富集的mRNA去筛选基因文库。

上面介绍的几种基因重组体筛选和鉴定的方法，在应用时要根据具体情况选择，本着先粗后精的原则，对重组体进行逐步的分析，最后得到克隆正确的基因序列。

思 考 题

1. 何为cDNA文库?
2. 如何评价基因组文库?
3. 何为BAC文库、YAC文库? 它们各有什么特点?
4. 解释获取全长mRNA方法的原理。
5. 解释蓝白斑筛选克隆载体的原理。

第6章 基因功能研究技术

提　要

基因功能研究是人类从认识自然到改造自然的必经阶段。基因功能研究技术主要包括常规分析技术、高通量分析技术以及大分子相互作用分析技术等。研究层面上可分为分子、细胞和整体，目前普遍使用的是小鼠条件性基因剔除模型，通过基因剔除、突变、相互作用回答基因功能。光遗传操作技术为研究神经基因功能，揭示大脑奥秘提供了强有力的工具。

6.1 常规分析技术

6.1.1 基因沉默

1. 小分子 RNA 沉默

小分子 RNA(microRNA，简写 miRNA)是一类长 20～25 bp 的非编码小 RNA，是由细胞内源性产生的小双链 RNA(small double-stranded RNAs，dsRNAs)经一系列的成熟加工过程而来。miRNA 是细胞自体在转录后和翻译水平调节基因表达的重要手段。近些年的研究表明，miRNA 在生命活动的很多过程中具有非常重要的作用，遂其已成为当今生命科学领域的研究焦点之一。

近年来的研究发现，基因组上非编码序列并非冗余，有些可以通过转录为非编码 RNA (noncoding RNA，ncRNA)对基因的表达起着极为重要的调控作用，而 miRNA 便是众多 ncRNA 中的一种。miRNA 最早是在线虫中由 Horvitz 和 Lee 等发现，是一种长度为 21 nt 的单链非编码的小 RNA，通过抑制 LIN14 蛋白的表达来调控线虫的发育。进一步的研究发现，此 RNA 分子是线虫异时发育时钟途径蛋白 LIN14、LIN28 的 mRNA 反义翻译抑制物，其可通过与 mRNA 的 3′UTR 区域序列互补而抑制 mRNA 的翻译，这便是第一个被发现的 miRNA lin－4。2000 年，Reinhart 等又在线虫中发现了第二个 miRNA let－7。随后的 2001 年，Science 杂志报道了数位研究者从线虫，果蝇和人类中克隆到的几十个类似于 lin－4 和 let－7 的非编码小 RNA，并正式将这种分子称为 microRNA(miRNA)。之后的几年，miRNA 的研究迅速展开，多种生物的上千个 miRNA 被鉴别出来。

2003 年，Ambros 等提出了 miRNAs 的判断标准，其主要内容如下。

1) miRNAs 表达标准　应用 Northern 杂交的方法能够检测到大约 21 bp 的 RNA 片段；

从小 RNA 中构建片段能得到 21 bp 的 cDNA，并且这些序列与基因组序列精确匹配。

2）miRNAs 的生成标准　具有发卡结构的前体，其中一条臂含有 mature 序列，发卡结构具有最低自由能，结构中不含有大的内环或者空泡；miRNAs 的序列及其二级结构的前体具有进化的保守性；如果 Dicer 酶的功能降低，则 miRNA 的前体会在细胞内不断积累。

近年来，通过对 miRNA 越来越多的研究和了解，发现 miRNA 调控方式参与了哺乳动物细胞的生长、分化、凋亡、免疫调节及疾病发生等几乎所有的生命过程。

miRNA 的基因主要分布于结构基因的内含子或者间隔区域。在表达时，先转录出一条长的转录本 pri－miRNA（初级 miRNA），之后 pri－miRNA 经过 Drosha 酶切割，形成发卡状结构的 pre－miRNA（前体 miRNA），之后，pre－miRNA 在 Exportin5 蛋白的作用下穿越核膜，从细胞核到达胞浆。在胞浆中，pre－miRNA 会在 Dicer 酶的作用下，被剪切为 21～22 nt 的双链 miRNA。Dicer 酶又被称为双链 RNA 专一内切酶，其是一种多结构域的 RNase Ⅲ，其具有 2 个 RNase Ⅲ结构域，1 个 ATP 的结合基序以及 1 个 dsRNA 的结合域，此外，含有 PAZ，Piwi 两种结构域的 Argonaute 蛋白（PPD protein）以及 TRBP 蛋白也参与形成 Dicer 复合体，并在 miRNA 从前体到成熟的加工过程中起到重要作用。

（1）小分子 RNA 作用原理：成熟后的 miRNA 要在细胞内发挥作用，需要形成特定的蛋白复合体 miRNP。miRNA 形成 miRNP 的过程为：Dicer 酶从 pre－miRNA 上剪切得到带有成熟 miRNA 的双链 RNA，双链 RNA 转移到 pre－miRNP，在解旋酶的作用下，双链 RNA 解旋为单链，形成 mature miRNP（图 6－1）。

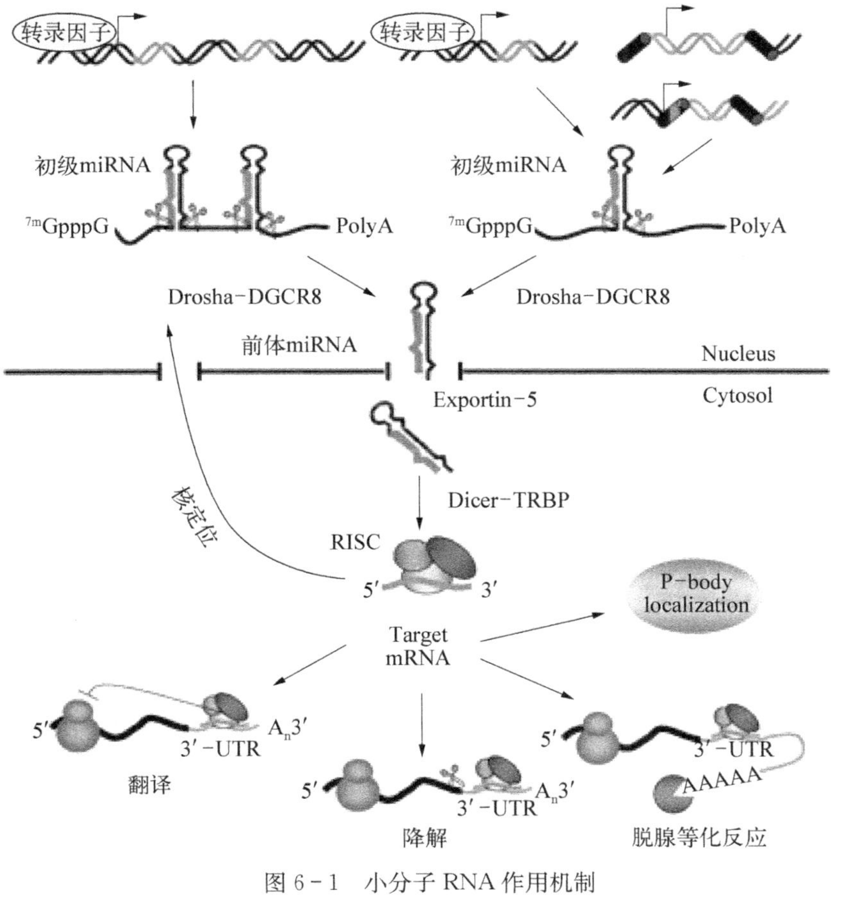

图 6－1　小分子 RNA 作用机制

（引自 Francesco F，2008）

当 miRNA 成熟后，便可行使其功能，经典的 miRNA 作用机制模型认为：有别于 RNAi，miRNA 可以通过两种不同的方式调控基因。当 miRNA 结合在靶基因的 3′UTR 区域时，如果 miRNA 能够和靶位点完全互补，则靶 mRNA 如同 RNAi 机制一般被降解；如果 miRNA 与靶位点为非完全互补结合，则 miRNA 不能够降解靶 mRNA，只能够抑制 mRNA 的翻译。

然而，miRNA 对于基因的调控机制目前尚不完全清楚，所以除了上述机制模型外，还有与其不同的其他理论，并且这些理论均有研究结果所支持。如 John 和 Kloosterman 等提出的 Seed region 理论，该理论认为 miRNA 成熟序列的 5′端具有一个 Seed region 的区域，只要该区域与靶 mRNA 的任意区域发生完全互补或不完全互补的结合，都可对靶 mRNA 进行调控。另一种理论认为 miRNA 与靶 mRNA 非完全互补配对，也能通过不同于 RNAi 的机制降解 RNA，在此研究中发现 RNA 诱导的沉默复合物(RISC)可以引导靶 mRNA 聚集于胞质中名为 P-body 的蛋白上，靶 mRNA 隐藏于 P-body 中，再以依赖 GW 182 蛋白的方式通过去腺苷酸化和去帽反应的方式来降解 mRNA。此外，Place 等经过研究还发现，miRNA 除了一般认为的能够直接抑制基因的表达外，通过其自身结合靶基因的启动子区域，还能够促进基因的表达，他们将此种现象命名为 RNA activation(RNAa)。

miRNA 在表达上具有组织与时间的特异性，是调控其他功能基因表达的重要调控分子。根据预测，人类 30%以上的基因都受到 miRNA 的调控，高等生物的多种重要生命活动都有 miRNA 发挥作用，如个体发育、细胞的分化和凋亡等。在神经系统中，miRNA 也同样发挥着重要的作用。

(2) miRNA 的研究策略：由于 miRNA 在调控靶基因的机制中具有不确定性与不唯一性，即 miRNA 与靶位点并非完全互补而是具有一定的模糊性，以及 miRNA 可针对的靶基因并非唯一的，而是有大量的潜在靶基因；一条基因也并非只被一个 miRNA 分子所调控，而是在其全序列上有大量的潜在靶位点。这就为 miRNA 的研究造成了很大的困难。所以，针对 miRNA 的研究，形成了生物信息学分析结合实验技术、正向遗传学结合反向遗传学的特殊研究策略。

在 miRNA 的研究中，寻找新的 miRNA 是一大热点，到目前为止，miRBase 上公布的 miRNA 已有近 3 000 种。目前的 miRNA 多是通过生物信息学筛选和基因克隆发现和得到的。

随着生物全基因组测序的完成，研究者们根据目前已知的 miRNA 的序列特征，编写了一些筛选程序，通过筛选程序，能够从基因组数据库中找到那些可能是 miRNA 的基因序列。目前生物信息学的算法主要针对：① RNA 二级结构的检测，即检测该段序列是否能形成发卡结构；② miRNA 特征性的保守序列。使用生物信息学手段能够对基因组序列信息进行高通量的筛查，从而极大地提高了 miRNA 的鉴定效率，随着生物信息学的发展，其分析方法正逐渐成为研究 miRNA 的主要手段。

然而，生物信息学分析的缺点在于不能够精确的鉴定 miRNA 的完整序列信息，在预测结束后，需要使用 Northern blot 的方法对 miRNA 的预测结果进行验证。

而要得到 miRNA，最常用的实验手段是 cDNA 克隆。通过变性 PAGE 分离得到 miRNA 后，将其反转录为 cDNA，连接载体，测序和鉴定，即可完成 miRNA 的获取。

除了发现与获取 miRNA，miRNA 在各种组织，各个生物学过程中表达量的检测也是目前研究的重点和潮流。为了了解 miRNA 在生命过程中的重要作用，迅速准确地定量检测 miRNA 的表达量非常关键。目前常用的 miRNA 检测方法有以下几种。

1) Northern blot 方法　此种方法是最早采用的也是目前应用最广泛地用来检测 miRNA 的方法，所有的生物信息学分析和 cDNA 克隆都需经过 Northern blot 来验证与确认，但作为一种早期采用的方法，Northern blot 被认为灵敏度较低且不能进行高通量检测。

2) 基因芯片(microarray)技术　此种方法是通过探针微阵列对样本中的 miRNA 进行高通量筛选和检测。其最大的优点在于检测的效率极高且应用领域非常广泛，被认为是当代 miRNA 检测技术的潮流。然而 microarray 技术的突出弱点在于信息质量的稳定性和可重复性比较差，也无法做到绝对定量检测。但随着更新的microarray技术如液相芯片(liquichip)的出现，其检测的精度和质量也有了很大的提升。

3) 实时定量PCR技术　是目前最精确的定量分析miRNA表达的方法，通过Taqman探针的特异性扩增，低丰度的miRNA表达水平和极小的miRNA表达差异也能够被检测到。

4) 原位杂交技术　能够方便的检测miRNA的时空表达差异，但对样本中miRNA的丰度有一定的要求。

研究miRNA下游所调节的靶基因，是解析miRNA生物功能的重要领域。然而由于miRNA的序列极短，所以其在整个基因组中必然有大量的靶位点能与其互补配对，而且miRNA并不需要与靶位点完全配对即可行使生物学功能，所以要辨别出哪些才是miRNAs的精确靶基因是一件相当复杂而且具有挑战性的工作。

为了筛选出miRNA的潜在靶基因，研究人员根据miRNA与靶序列之间相互作用的特征，编写了若干的算法对潜在靶基因进行筛选和推断，目前常用的算法主要有以下几种。

1) MiRscan算法　由Thadani等提出，通过分析发卡结构的同源性进行靶基因预测，他们应用该方法预测了线虫和大鼠miRNA的靶基因。

2) miRanda算法　由John等提出，根据碱基互补配对优化，通过筛选具有最小自由能的结合方式预测miRNA的靶基因。

3) PicTar算法　由Lall等提出，根据miRNA与mRNA结合的热力学特征评价配对的结构、能量和保守性。

4) Vienna Folding算法　由Robins等提出，通过对miRNA与靶位点的匹配程度进行评分，预测靶基因。

5) 其他算法　如RNAHybrid、TargetBoost等。

预测miRNA靶基因的各种算法，其原理上有相似之处，但也有少许不同。各种算法均有其优缺点，所预测的靶基因也并不完全相同，但所得结果是有所重叠的。此外预测所得的靶基因，需要实验进行验证。目前最常用的研究UTR区域的方法，是通过UTR区域连接荧光素酶报告基因，通过荧光素酶的表达活性，确定miRNA是否可调控该基因。

2. RNAi

RNA干扰(RNA interference，RNAi)是外源和内源性双链RNA(duble-stranded RNA，dsRNA)在细胞内诱导同源序列的基因表达受抑制的现象。RNAi的发现源于1995年康奈尔大学的Guo试图阻断秀丽新小杆线虫(*Caenorhabditis elegans*)中的*Par-1*基因表达实验。他在给对照组秀丽新小杆线虫注射正义RNA后发现不但不增加该基因的表达，反而产生与反义RNA同样的效果——特异性阻断该基因的表达。这一与反义RNA技术传统知识相矛盾的现象直到1998年才有了新的解释，Fire等在尝试用反义RNA抑制基因表达时意外发现正链RNA与反义RNA的混合物，即双链RNA对基因的沉默作用较任一单链RNA都要强10倍以上。Fire认为前面提到的单链RNA导致*Par-1*基因沉默是由于制备单链时混有微量的互补ssRNA所造成的，并将这种有双链RNA分子介导的基因沉默现象，称为RNA干扰。RNAi现象广泛存在于生物界中，从低等原核生物到植物、真菌、无脊椎动物，甚至在哺乳动物中也发现了此种现象，只是机制更为复杂。鉴于RNAi技术的高效性和特异性，近年来被广泛地应用于基因功能的研究，并且已经得到良好的实验结果。特别是RNAi技术在哺乳动物细胞中的应用，已延伸到功能基因组和人类疾病的基因治疗中。

(1) RNAi的作用机制：RNAi发生的基本过程可分为起始阶段和效应阶段。在起始阶段，各种方式产生的双链RNA(double-stranded RNA，dsRNA)由Rde-1(RNAi defective)/Ago-1(argonaute)和Rde-4蛋白介导，被细胞浆内RNaselⅡ家族的双链特异的核糖核酸酶(又称Dicer酶)切割成21～25 bp的小干扰RNA(small interfering RNA，siRNA)，此过程需要ATP。在效应阶段，siRNA参与形成RNA诱导的沉默复合物(RNA-induced silencing complex，RISC)，随后由ATP提供能量，双链siRNA解链使RISC激活，激活的RISC由单链

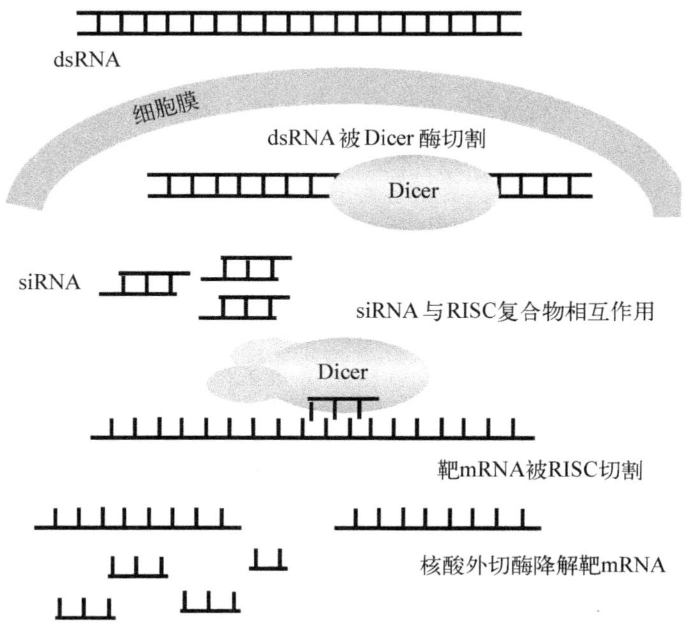

图 6-2　RNAi 的作用机制示意图

siRNA 介导识别结合同源靶 RNA，由核酸内切酶在同源结合区中央将靶 RNA 切断，最后由核酸外切酶降解靶 RNA。需要指出的是，siRNA 如果与靶 RNA 不完全配对，也有可能在翻译水平抑制基因表达。RNAi 发生示意图如图 6-2。

（2）RNAi 技术关键问题

1）siRNA 序列的选择　由于较大的 dsRNA 导入哺乳动物细胞后引起干扰素反应，导致 mRNA 非特异性降解，所以在设计 siRNA 时，必须使其长度控制在 30 bp 之内，通常为 21～23 bp。虽然理论上认为 siRNA 选择在靶基因 mRNA 的任何位置都将导致靶基因 mRNA 的特异性降解，但是大量研究数据表明，将 siRNA 设计在靶基因 mRNA 的蛋白编码区会大大提高实验的特异性和成功率。

2）siRNA 的获得　siRNA 的获得方法很多，各有所长，但主要有化学合成法和载体胞内表达法。化学合成是合成 siRNA 的最早的方法，利用化学方法合成 siRNA，一般是分别合成正义链和反义链，再在细胞外适当温度下将正义链和反义链混合，通过碱基互补配对形成 siRNA。然后通过转染技术导入细胞，诱导序列特异性基因沉默。此方法操作简单快捷，但 siRNA 进入细胞后容易被降解，引起的 RNA 干扰效应难以持久。

针对这种状况，出现了质粒、病毒类载体介导的 siRNA 体内表达。该方法的基本思路是：将 siRNA 对应的 DNA 双链序列克隆入载体内，位于 RNA 聚合酶Ⅲ的启动子后，这样就能在体内表达所需的 siRNA 分子。根据细胞内表达 siRNA 的方式不同，可分为两类：一类是在构建表达载体时，将正义链和反义链在同一转录子中转录，中间隔有 3～9 个碱基，因而转录产物通过折叠和碱基配对形成发卡结构的 RNA，并在细胞内通过多种酶的作用形成 siRNA；另一类是在构建表达载体时，正义链和反义链在不同转录子或不同载体上，在胞内正义链和反义链通过碱基配对形成双链 siRNA。载体介导的 siRNAs 体内表达方法具有如下的优点：① 无需进行体外合成及相关的 RNA 操作；② 可对基因抑制现象进行长期与短期的研究；③ 载体内提供多种抗性标记（嘌呤霉素、新霉素、潮霉素），在转化效率低等情况下可利用抗性标记筛选出含有 siRNA 的克隆，达到富集的作用。

3）psiRNA 载体　psiRNA-hH1neo 载体为 Invivogen 公司的商品化载体，物理图谱如（图 6-3）。psiRNA 载体特点有以下几点。① H1 prom：可为 RNA 聚合酶Ⅲ所识别，启动小 RNA 的转录。转录起始位点为一个保守的 A，终止序列包括 5 个连续的 T。当识别出终止信号时，从转录子的第二个 T 剪切，从而产生 2 nt 的突出末端。② BbsⅠ：psiRNA 使用 BbsⅠ限制性内切酶，BbsⅠ酶切可产生不对称的末端，所以 BbsⅠ的双酶切不会使载体产生自连。③ EM7-alpha-peptide：可采用蓝白斑筛选标记筛选阳性克隆。④ *Neo* 基因：编码 3′APH Ⅱ。原核细胞中在 EM7 启动子启动下抗卡那霉素（knamycin），哺乳动物细胞中在 SV40 启动子启动下产生 G418 抗性。

（3）RNAi 的应用

1）利用 RNAi 技术研究基因功能　RNAi 技术作为研究未知基因功能的一种新型反向遗传学手段，已经成功地应用于线虫、真菌、植物、果蝇及脊椎动物等生物的基因功能研究。在对果蝇心脏发育基因功能的研究中，利用 RNAi 技术分别将 *tinman* 和 *wingless* 的 dsRNA 注入

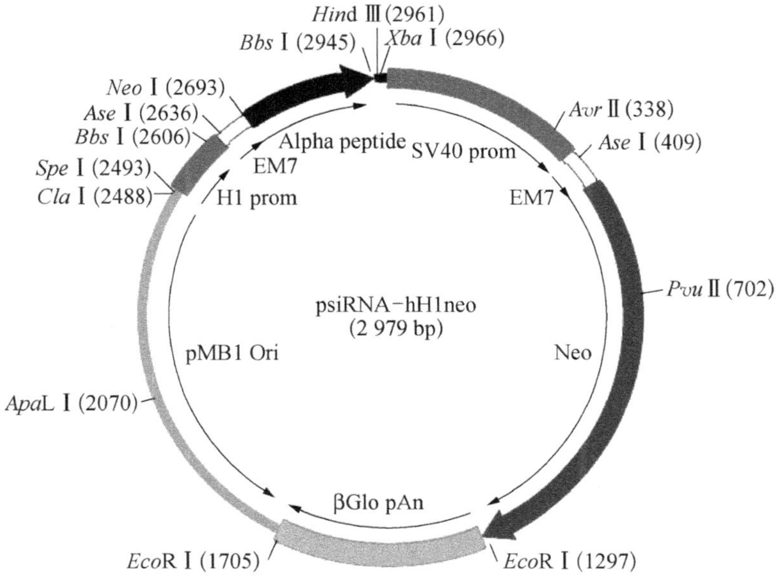

图 6-3　psiRNA 载体图谱

果蝇早期胚胎,得到这两个基因的干扰表型,与这两个基因的突变体表型非常相似,都表现为果蝇心脏前体细胞不能形成或心脏管缺失。*tinman* 的 dsRNA,还会引起肠中胚层缺失和体壁肌肉组织的紊乱,而 wingless 的 dsRNA 的确只影响心脏的形成,而不影响肠中胚层,这说明 dsRNA 干扰技术具有非常强的特异性。目前哺乳动物方面的工作主要集中在利用 siRNA 对组织培养细胞进行的研究。比如,最近在体外培养的人类体细胞里已经成功地对近 20 种基因功能进行了"敲除",尤其是因此而了解了人类空泡蛋白 101Tsg 对 HIV 在人体内增殖的作用,进而深化了人们对 HIV 致病机制的认识。虽然哺乳动物 RNAi 干扰技术较以前有了很大进步,但是仍具有一定的局限性,能够利用 RNAi 技术成功抑制的基因只占总基因的 1/3 左右,并且 RNAi 在对一些基因进行抑制时的特异性并不十分理想,可能是由于干扰素反应的残余作用造成的。

2) RNAi 在基因组学研究中的应用　微阵列技术现今已广泛用于不同条件下各个基因的表达水平的研究,这使人们获得了大量的基因信息,其中包括一些与疾病相关的基因信息。但是由于信息量非常大,当研究到某一种疾病时总觉得无从下手,并不能得到这些相关基因间的确切关系。此时,可以借助 RNAi 技术对这些在特定疾病情况下上调、下调的基因间的关系进行研究,从而更深入地了解致病的分子机制。一些生物信息学工作者以高通量的方法对人类的基因组进行研究,每次"敲除"一个基因并将细胞或组织的表现记录下来,建立一个人类 RNAi 文库,这将是一个在后基因组时代具有重大意义的巨大工程。

3) RNAi 在信号转导通路方面的应用　细胞间的信号分子在生物体发育过程中起着至关重要的作用。例如,生长因子、细胞因子、细胞黏着分子、神经递质等都是哺乳动物中重要的细胞信号分子,而细胞中特异的受体与相应的配体之间的相互作用及随后的级联放大反应又是非常复杂的。最近一些研究表明有效的"敲除"信号转导蛋白可以阐明其在信号转导途径中的作用。例如,通过脂质体导入的 siRNA 抑制 Hela 细胞中的 schA 的表达,从而揭示了 schA 在细胞增殖中的作用。再如,通过 RNAi 降低磷脂酰肌醇 3-激酶的产量后观察到肿瘤细胞的无限增殖性和组织侵染性明显减弱,使人们对该酶在信号途径中的作用有了更深入的认识。

4) RNAi 在基因治疗领域的应用　RNAi 最重要的临床应用就是在基因治疗领域,通过"敲除"一个或多个特异蛋白的表达来减慢或终止疾病的致病过程,达到治疗的目的。目前 RNAi 技术主要应用于癌症和传染病的治疗。

3. 转录因子圈套原理

转录因子是在基因调节中起关键作用的核蛋白,对基因表达起到正、负调控的作用。其生

Note

物学活性可以被人工合成的寡脱氧核苷酸(oligodeoxynucleotides, ODNs)改变,这种模仿转录因子结合位点的方法称为转录因子圈套。这些ODNs与特定的转录因子相结合,阻止它们结合到内源作用位点,使转录因子丧失与内源性基因作用的能力或从作用部位脱离,导致基因表达抑制。用与特异DNA结合的药物作用于基因启动子或选择性结合一些序列,靶向干预基因的转录调控,可能成为有效的基因疗法。转录因子圈套方法如此引起科学家们的兴趣原因很多。第一,只需要掌握转录因子内源性结合序列,而不需要知道其分子结构,体外实验已经证实这是一种非常有效的治疗方法。第二,人工合成序列特异性圈套的成本不高,简单可行。第三,具有大量的转录因子上的药物作用靶点可供研究。但这种方法也存在缺陷,磷酸二酯寡脱氧核苷酸可被核酶在细胞中迅速降解,这种迅速降解可以通过在合成寡脱氧核苷酸时进行硫代化和甲基化这种方法所避免。如今,科学家们发明一种双链圈套,它对核酶的抵抗性更强,表现出更强的转运能力。

文铁桥、王娇等利用转录因子圈套策略,研究了HNF4-1和MAZ-1两个转录因子对*Rho-GDI-γ*基因的调控(图6-4)。通过合成dODNs模拟*Rho-GDIγ*基因5′上游调节区域两个转录因子(HNF4-1和MAZ-1)的结合位点,抑制HNF4-1,MAZ-1的活性,达到在转录水平抑制Rho-GDIγ表达的目的。研究通过转录因子HNF4-1,MAZ-1圈套序列(HNF4-1,MAZ-1 dODNs)下调目的基因*Rho-GDIγ*,进而研究其对神经干细胞C17.2分化的影响。在正常情况下,转录因子HNF4-1,MAZ-1与*Rho-GDI-γ*启动子区结合使其活化,抑制其下游的信号通路。将圈套寡核苷酸(*dODNs*)转染进入细胞后,*dODNs*能够竞争性的抑制转录因子HNF4-1、MAZ-1的功能,使转录因子丧失与内源性基因*Rho-GDIγ*的顺式作用元件相互作用的能力或从作用部位脱离,导致*Rho-GDIγ*表达沉默。

为检测HNF4-1和MAZ-1转录因子圈套与HNF4-1和MAZ-1转录因子在体外结合的特异性,进行了凝胶电泳阻滞实验,并以没有核细胞蛋白组作为阴性对照组,进行计量依赖性实验。竞争性抑制和非竞争性抑制实验证明转录因子圈套序列能够与转录因子特异性结合。进一步通过DAPI对神经干细胞的细胞核进行染色,Confocol检测FITC标记的转录因子圈套序列在细胞内的定位。结果显示HNF4-1和MAZ-1转录因子圈套序列能够进入到神经干细胞的细胞核中。

为了检测沉默效果,采用Real-time PCR检测了HNF4-1和MAZ-1转录因子圈套序列对*Rho-GDIγ*的mRNA水平的影响。琼脂糖凝胶电泳结果显示,与空白对照组相比,转染HNF4-1转录因子圈套组和转染MAZ-1转录因子圈套组都发生了*Rho-GDIγ*基因表达沉默。免疫荧光染色显示,通过dODNs对转录因子HNF4-1和MAZ-1的抑制,Rho-GDIγ表达水平明显下调。从而证明*Rho-GDI-γ*基因的表达受HNF4-1和MAZ-1转录因子的调控。

(1) 转录因子圈套关键技术问题:要增强寡核苷酸作为圈套发挥潜在的治疗作用,关键是改进其结构组成以增加在体内的稳定性和特异性,提高转染系统的效率。一方面,通过化学修饰,如硫代寡核苷酸、甲基化,也许会失去部分关键特异性和亲合性且可诱导免疫反应,但增加了圈套在生态环境的稳定性,具有实际的生物活性。另一方面,在空间结构上进行修饰,将双链寡核苷酸通过连结环形成发夹样结构,Xu等应用该结构的圈套在鼠血管内皮细胞中抑制iNOS的表达效果显著。而Hosoya等在用环状哑铃形的NF-κB圈套(circular dumbbell DNA oligonucleotides decoy)调控HIV-1的基因表达,发现环状哑铃形的圈套比普通的NF-κB双链圈套及有缺口的哑铃形的NF-κB圈套序列(nicked dumbbell DNA oligonucleotides decoy)更能抵抗核酸酶的分解,特异性更强,效率更高。Mischiati等应用肽核酸与脱氧核糖核酸杂交体(PNA-DNA chimeras)作为NF-κB的圈套,发现PNA/PNA分子和PNA/DNA杂交体以不同方式抑制转录,且DNA/PNA比DNA/DNA更耐核酸酶,同样可以取得满意的效果。Crinelli等用锁核酸(locked nucleic acids, LNAs)与合成的DNA形成LINA-DNA-LNA聚合物,能有效抗核酸酶降解,而不影响与NF-κB结合。

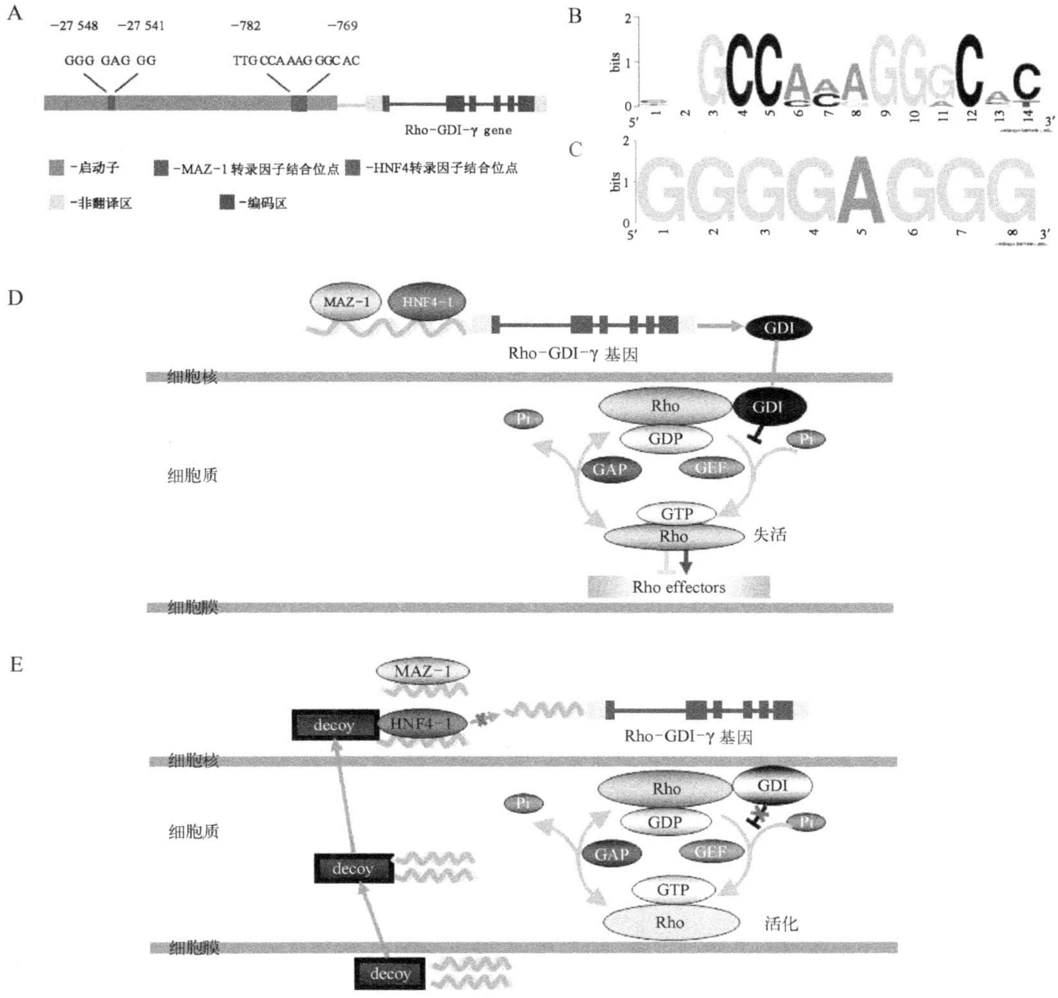

图 6-4　转录因子圈套策略沉默基因表达

(引自 Wang J et al.,2013)

(2) 转录因子圈套策略在临床中的应用：转录因子圈套策略对于疾病的治疗很有帮助。E2F家族是已知的调控细胞周期和细胞生长、分化的转录因子家族。1996年，FDA美国食品药品监督管理局(Food and Drng Administration)就批准在临床上应用针对E2F的圈套策略治疗静脉移植所产生的内膜增生。虽然仅仅导致50%治疗失败，但仍有许多问题有待解决，但是这种基因疗法在其他疾病的治疗中潜力是无限的。转录因子圈套策略应用于关节炎、败血症、脑缺血再灌注、移植血管病变(NF-κB)、肾小球肾炎(E2F和AP-1)、过敏性哮喘(STAT-1，NF-κB)等众多疾病的治疗。转录因子NF-κB广泛表达于前列腺癌，调控许多肿瘤相关基因，因此NF-κB抑制因子可以用来治疗雄激素非依赖型前列腺癌。NF-κB圈套序列为人类恶性肿瘤的治疗提供有力工具。已有研究证实，NF-κB的异常激活在多种肿瘤细胞的增殖调控中发挥着重要作用，如何杰金氏淋巴瘤及乳腺癌均存在NF-κB的异常激活。NF-κB可启动细胞周期蛋白D1(cyclin D1)的基因转录，并增强细胞周期蛋白依赖酶4(Cdk-4)的活性。CyclinD1与Cdk-4形成的复合体可加速细胞从G_1/G_0期向S期转换，促进细胞增殖，最终使细胞发生恶性转化、癌变。Gill等检测了三种恶性胶质瘤细胞系(U87、U37、A172)的NF-κB活性，发现NF-κB的活性均显著增强。经PLGA(polyDL-lactic-co-glycolic acid)微粒转运系统将NF-κB decoy ODN转运至恶性胶质瘤细胞的胞质内，以阻断NF-κB的核转位及靶基因的激活，同时以无义寡脱氧核苷酸(nonsense ODN或scrambled ODN)作为对照。结果显示，转入NF-κB decoy ODN的细胞，其NF-κB活性显著降低。转入NF-κB decoy ODN后48 h，三种细胞系的细胞数目均比scrambled ODN对照组明显减少。经检测发现，转入NF-κB

decoy－ODN 的恶性胶质瘤细胞，其 cyclin D1 的表达及 Cdk－4 的活性均明显下降，这提示更多的细胞处于 G_0 期，从而减慢了细胞增殖的速度。由于恶性胶质瘤往往会浸润至周围的正常脑组织，所以肿瘤切除不完全以及残余肿瘤组织产生抗药性，最终会导致恶性胶质瘤的进行性发展。Gill 等的研究表明，在离体情况下，NF－κB decoy ODN 能有效抑制人恶性胶质瘤细胞的增殖，这为肿瘤的基因治疗提供了新的思路和研究方向。

在脑缺血中，随着脑血流的中断或减少，神经细胞的缺血缺氧，谷氨酸的过度释放，细胞内钙离子水平的持续升高，一氧化氮的产生，磷酸酶的激活，自由基的产生等一系列反应都与 NF－κB的活化关系密切。而造成脑细胞缺血死亡的各种因素，如细胞因子、自由基、钙超载、毒性刺激等可能是通过活性氧这一共同机制而发挥作用的。活性氧和细胞钙内流的增加是激活 NF－κB 最重要的诱发因素。通过抑制 NF－κB 的活化，在脑缺血及再灌注损伤中起着重要的作用。Hess 等在人脑血管内皮细胞体外培养的模型中，应用高渗甘露醇将含有 3 个 κB 基序拷贝的 NF－κB 圈套转染到内皮细胞，同时合成与 κB 基序无关的杂合圈套作为对照，然后将已转染的血管内皮分别在 TNF－α 和缺氧/复氧环境处理，结果发现，ICAM－1 的 mRNA 和蛋白水平都被 NF－κB 圈套抑制到极低的或静止状态时的水平，而杂合圈套未起抑制作用或仅有轻微抑制作用，说明应用 NF－κB 圈套有效地抑制了脑血管内皮细胞在缺氧/复氧条件或 TNF－α 诱导下黏附分子 ICAM－1 的产生、合成。Matsushita 等将体外培养的人主动脉内皮细胞低氧处理，细胞凋亡数目随时间延长而增加，6 h 后活化的 NF－κB 逐渐增加，应用 NF－κB 圈套，解除 NF－κB 与 bcl－2 作用而增加 bcl－2 mRNA 和蛋白水平，细胞凋亡明显被抑制。

（3）*转录因子圈套方法的前景和意义*：自 Bielinska 等开始应用 NF－κB 圈套抑制 HIV－LTR 基因的活性以来，转录因子圈套已成为在基因治疗和基因调控中的一个有力工具。因为其合成相对简单，针对特定组织，易识别，应用时不必知道目标转录因子精确的分子结构，并可阻断与同一顺式元件连接的多种转录因子的效应，抑制表达因子能力优于反义寡核苷酸，因此转录因子圈套策略被广泛应用。

作为一种安全高效的基因治疗手段，转录因子圈套策略应用于临床还存在一些问题：① 转录因子圈套作用的广泛性，可导致无关基因激活或抑制，干扰机体正常的生理反应；② 现有圈套的结构，转染技术、方法还有待改进，圈套进入细胞易被一些酶类降解，从而降低了效率；③ NF－κB具体作用机制尚待明确，如 NF－κB 作用的双重性，既有保护作用又有破坏作用，如何选择性阻断 NF－κB 在转录过程中的损伤作用，将 NF－κB 合理控制在一个什么范围内最合适，还有待于进一步研究；④ 由于转录因子圈套含有鸟嘌呤、胞嘧啶等核苷酸，会引起机体免疫反应，大剂量应用造成对机体毒性作用，引起肝肾损害、出血时间延长、低血压等不良反应。

6.1.2 基因敲除

基因打靶技术，也称基因敲除(gene knockout)，是 20 世纪 80 年代发展起来的，建立在基因同源重组技术以及胚胎干细胞技术基础上的一种新分子生物学技术。该技术通过同源重组将外源基因定点整合入靶细胞基因组上某一确定的位点，以达到定点修饰改造染色体上某一基因的目的。它克服了随机整合的盲目性和偶然性，是一种理想的修饰、改造生物遗传物质的方法。尤其是条件性、诱导性基因打靶系统的建立，使得对基因靶位时间和空间上的操作更加明确，效果更加精确、可靠。它的发展将为发育生物学、分子遗传学、免疫学及医学等学科提供一个全新的、强有力的研究和治疗手段，具有广泛的应用前景和商业价值。

1. 条件基因剔除技术

将基因修饰控制在某一特定时期或特定组织中，一直是基因功能研究人员期望能实现的目标。这不仅可以有效地解决重要功能基因所带来的胚胎致死性问题，还可以对多功能基因在不同组织以及在生长发育的不同时期的功能进行更精确的分析。条件性基因剔除（conditional gene knock-out）是在常规的基因剔除的基础上，利用重组酶介导的位点特异性重组技术，在对小鼠基因修饰的时空范围上设置一个可调控的“按钮”，从而使对小鼠基因组修饰的范围和时间处于一种可控状态。

（1）*Cre－loxP 体系介绍*：细菌的 Cre－loxP 和来自酵母的 FLP－frt 系统可以研究特定组织器官或特定细胞中靶基因灭活所导致的表型。Cre－loxP 体系在基因打靶技术中的应用可以说给基因打靶技术带来了一场革命。Cre－loxP 系统包括 Cre 重组酶和 loxP 序列。Cre 重组酶是来源于 p1 噬菌体的重组酶家族的由 343 个氨基酸残基组成的分子质量为 38 kD 的一种活性蛋白，具有限制性内切酶特征，可以特异性识别一段长 34 bp 的特异序列，称为 loxP 位点，并进行酶切反应，从而使 loxP 位点间的基因删除或重组。loxP 位点由两个 13 bp 反向重复序列和 8 bp 的中间序列组成，共计 34 bp，loxP 方向由中间的 8 bp 序列方向决定（图 6－5）。

图 6－5　loxP 序列的结构特征

由于 loxP 方向的不同，Cre 重组酶作用的结果是不同的（图 6－6）。如果两个 LoxP 位点位于一条 DNA 链上，且方向相同，Cre 重组酶能有效切除两个 LoxP 位点间的序列，如切除一个基因或基因的一段序列；如果两个 LoxP 位点位于一条 DNA 链上，但方向相反，Cre 重组酶能导致两个 LoxP 位点间的序列方向颠倒；如果两个 LoxP 位点分别位于两条不同的 DNA 链或染色体上，Cre 酶能介导两条 DNA 链的交换或染色体易位。Cre 蛋白在哺乳动物细胞，尤其在 ES 细胞中均具有活性，使其在基因打靶操作中具有举足轻重的作用。采用这些手段，Cre 介导的在脑、乳腺、肠等组织器官的条件性基因打靶小鼠亦相继产生。

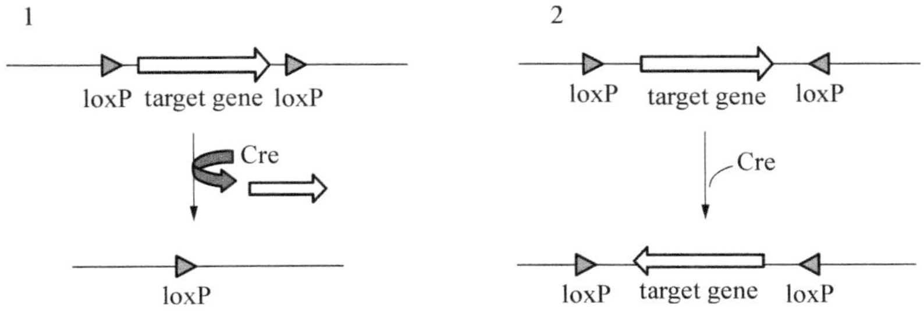

图 6－6　loxP 位点的不同方向可以决重组酶的作用方式

（2）*利用 Cre－LoxP 重组系统获得条件基因剔除小鼠*：目前，在基因删除操作过程中广泛地采用 Cre－LoxP 重组系统，以去除要删除的或已无用的基因。例如，在进行基因删除的操作过程中，必须要有筛选标志基因进入到 ES 细胞的基因组上，但由于重组到基因组上的筛选标志基因将有可能影响基因组中的其他基因的表达，这样最终将会影响实验结果的准确性。所以当得到重组子后，要除去此筛选标志基因，就可采用 Cre－LoxP 重组系统。因为选择基因即使放在内含子中也常常会阻断靶基因的转录。为了切除选择基因，可用 Cre 重组酶表达质粒转染基因剔除阳性 ES 细胞或将纯合突变体与表达 Cre 重组酶的转基因小鼠杂交等方法将 *Cre* 基因导入突变体小鼠体内，*Cre* 基因表达产生的 Cre 重组酶促进选择基因两侧 LoxP 序列重组而将选择基因切除（图 6－7）。

将 *Cre* 序列的前端插入组织特异性的启动子就使得 *Cre* 在不同的组织中表达，也就形成不同组织特异性的 *Cre* 转基因小鼠。目前这种小鼠已经商品化。因此，当目的基因位于 LoxP 位点间的转基因小鼠与组织特异性的 *Cre* 转基因小鼠交配后，目的基因就可在特异的组织中剔除。此外这个系统还可以在时间上控制 *Cre* 的重组。通常的方法是将 *Cre* 与特异性配体的结合序列相融合，这样 *Cre* 的作用将依赖外源性配体的介入。当 *Cre* 融合配体结合序列的转基因小鼠与目的基因转基因小鼠交配后，在任何时间注入相应的配体. 就可使目的基因在特异的时间内剔除，达到了对剔除时间上的控制。

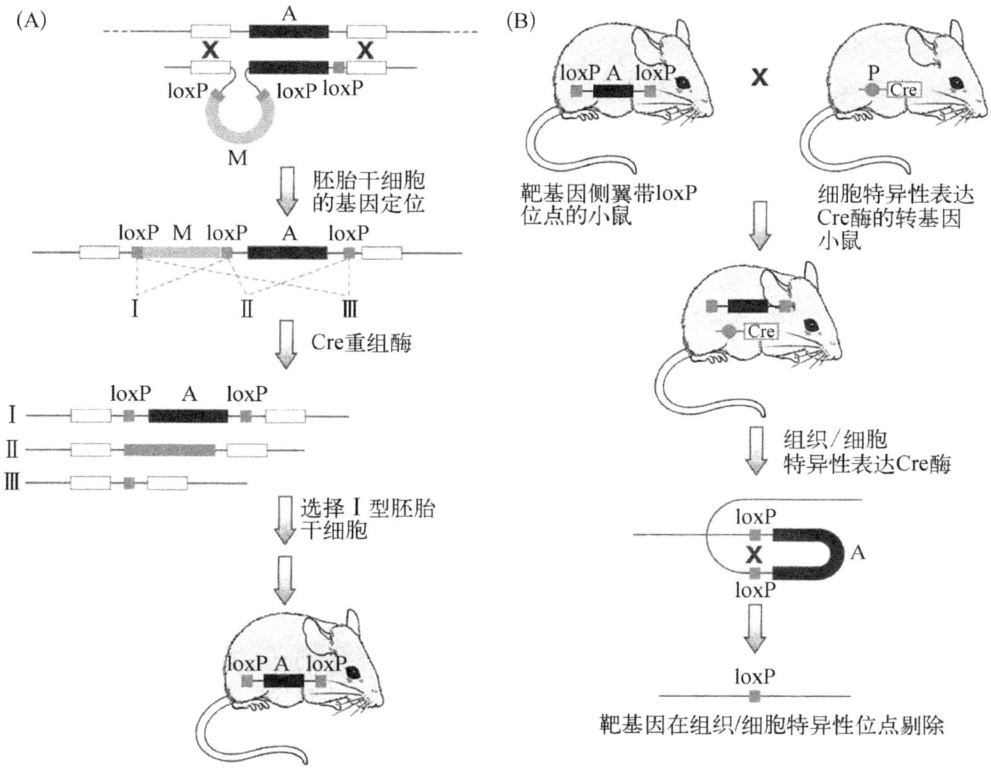

图 6－7　利用 Cre－loxP 系统进行条件基因剔除流程图

(引自 Tom S and Andrew P. R，1999)

(3) 由诱导系统进行 Cre 活性的时空调节：Cre 活性在靶组织的诱导或阻遏，实现了对靶基因在特定组织的“关闭-开启”，对研究其功能十分便利。现在主要有两种方法用于这种调节，即基于 tet 的转激活因子系统和基于类固醇受体的系统。

1) 四环素诱导系统(the tetracycline-dependent regulatory systems，tet systems)　四环素调控的基因表达系统是以大肠杆菌 Tn10 特异的四环素抗性操纵子为基础而建立的，属负调控作用方式，是目前研究最多的诱导表达系统。在这个系统中包括两种转基因：四环素控制的转录激活物(tetracycline-controlled transactivator，tTA)和 tTA 依赖的启动子(tet operator，tetO)转基因。tTA 是四环素的抑制物和单纯疱疹病毒 VP16 的 C 末端部分拼接体。tTA 依赖的启动子则是 RNA 聚合酶Ⅱ的启动子和四环素操纵子的拼接体，这些启动子下游则是被调节的目的基因。在缺乏四环素(tet)或其衍生物强力霉素(Dox)时，tTA 与 tetO 序列结合，使得其下游目的基因激活。然而当四环素存在时，四环素与 tTA 结合使得其不能与它的靶序列结合，因此不能发生转录。因为四环素的出现使得转录下调，所以使用 tTA 的 tet system，叫 tet－OFF。因为动物体内通常没有内源性的四环素及其衍生物，所以可以通过注入外源性的四环素及其衍生物，从而在时间上可以使目的基因的表达得以控制。而 Dox 又因与 tTA 的结合能力强，毒性小，故而在实际中经常应用。

tet－OFF 也存在一定的缺点，如果只在小鼠成年时才诱导目的基因，以防止目的基因的表达，则该小鼠自胚胎期至成年期必须持续喂养足够量的 Dox。而长期喂养这类抗生素可导致一些副作用。有研究表明，在发育中如果始终接触 Dox，可导致小鼠出现空间记忆能力的减弱和容易受惊吓等症状，而且受诱导的器官不同，所需的剂量也不尽相同，所以这个系统操作起来较麻烦。

针对以上问题，另一种 tTA 的突变体 rtTA 得以出现。与 tTA 不同的是，rtTA 是当 Dox 出现时目的基因方能转录，因此这个系统叫做 tet－ON。这个系统中，抗生素直接在体内起作用，而不像 tet－OFF 还须抗生素在体内的清除过程，因此作用更快。但在这个系统中，在没有

Dox 的情况下，rtTA 也可与 tetO 有微弱的结合，导致目的基因有一定的基础表达，因此也有一定的缺陷。

2）类固醇激素受体系统　该技术结合了组织特异性和可诱导的 Cre 切除的作用，即 Cre－类固醇激素受体融合序列能够被组织特异性的启动子驱动，但只有配基存在时才被激活（图 6－5）。如 Cre 和雌激素受体融合蛋白不表现重组酶活性，因为在胞质中，该蛋白的配基结合结构域与 Hsp90 相结合，阻碍了 Cre 到达核靶；抗雌激素泰米酚（tamoxifen）的结合使 Cre 恢复活性，而内源雌激素不能激活 Cre 融合蛋白。目前，只与泰米酚结合的雌激素受体突变体（ERt）-Cre 以及只与抗孕激素米啡司酮（RU486）结合的孕激素受体- Cre 融合蛋白已被开发。将 Cre 和雌激素受体融合基因（*Cre－ERt*）处于 Wnt－1 的控制下，使 Cre－ERt 限于胚胎神经管表达，向孕鼠注射泰米酚后在胚胎神经管快速诱导出 Cre 重组活性，从而使 LoxP 化的靶基因发生剔除。然而，因为 Cre -融合蛋白突变结合位点的亲和力低，需要高水平的泰米酚来激活，所以会出现致畸（ter-atogenesis）及致死的可能。人们正在筛选亲和力强的受体-配基来改善这些系统的适用性。

（4）特异性位点重组系统的改进：但无论是采用转染还是杂交来导入 *Cre* 基因，操作都极其复杂，实验周期特别长，而且杂交还得喂养大量不必要的小鼠用来与突变体小鼠交配，这浪费了大量时间和资金。

为了解决这些问题，使这一方法更简单化，研究人员构建了一个修改过的新霉素抗性基因（*Neo′*）作为选择基因（图 6－8）。它由 2 个功能部分组成，一部分是新霉素抗性基因，含有 1 个调控 *Neo* 基因表达的启动子；一部分是 *Cre* 基因，含有 1 个睾丸 *ACE* 启动子，该启动子为高组织特异性启动子，只在雄性动物产生的生殖细胞中才会激活。在 Neo′基因两侧各有 1 个 LoxP 位点。睾丸 *ACE* 启动子在 ES 细胞中保持沉默，也就不能促进 *Cre* 重组酶的表达，*Neo′*在功能上与一般的新霉素抗性基因一样，没有差别。将 ES 细胞注射到受体胚胎的胚泡后，该胚胎发育成的小鼠就带有了修改基因 *Neo′*。在雄性小鼠体内，修改基因同样保持稳定存在。当小鼠性成熟时，如果产生精子细胞，睾丸 *ACE* 操纵子就会被激活，并控制合成 *Cre* 重组酶。*Cre* 重组酶就能促进标志基因两侧 *LoxP* 位点重组，从而将标志基因 *Neo′*（包括 *Cre* 基因剔除）。这种方法通过对选择基因进行巧妙设计，实现了选择基因的自身切除，简化了使用特异性位点重组法来产生诱导型基因剔除小鼠的繁琐实验操作。

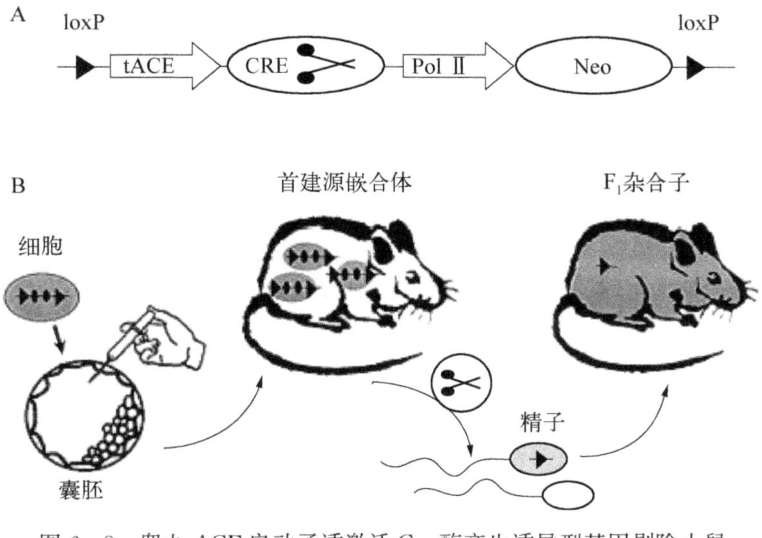

图 6－8　睾丸 ACE 启动子诱激活 Cre 酶产生诱导型基因剔除小鼠

2. 基因剔除技术的应用前景和展望

（1）基因功能的研究：后基因组时代主要任务就是研究大量新基因的功能。用体细胞基因打靶技术通过定点改造基因组中的特定基因，有可能在细胞水平上研究某一基因的功能及调控

Note

机制；从定点突变的干细胞获得基因突变型个体，可在生物体整体水平上了解某些基因在体内的具体作用。另外，胚胎发育是非常复杂的生命现象，在这一过程中包含着许多生理、生化的复杂变化，尤其是要考察某一基因对某一组织器官发育的影响，用传统的研究方法很难进行观察研究，基因打靶为这一领域的研究提供了理想的方法。

（2）建立人类疾病的动物模型：人类疾病动物模型对病理研究及临床治疗非常重要。自发或诱变病理模型需漫长的时间，应用转基因技术，外源基因在基因组中的随机整合可能带来不确定的表型，基因打靶技术在很大程度上克服了上述不足。通过对ES细胞打靶可获得含特定突变基因的小鼠模型。

（3）用于疾病的基因治疗：通过基因敲入技术将正常基因引入病变细胞中，取代原来异常的基因或对缺陷基因进行精确改正，使修复后的细胞表达正常蛋白，不再表达错误产物，是一种理想的基因治疗策略。另外，可通过基因敲除技术敲除多余的、过量表达的、影响正常生理功能的基因以达到治疗目的。

（4）用于改造生物和培育新的生物品种：基因打靶技术的出现使转基因动物和生物反应器的制备更为精确，外源基因将被准确地插入受体的基因组中，定点改造原有的基因功能，使生物获得优良的性状、并避免由于外源基因在基因组中随机整合可能带来的不利影响。对动物生殖细胞或早期胚胎干细胞的基因进行修饰改造可以产生一些人类需要的新品种。

在基因功能的研究中，基本策略是 gain of function 和 loss of function。上文已介绍如何沉默基因，使之功能丧失。然而，在研究中，还需要将沉默的基因过表达，通过“营救”(rescue)进一步证实该基因功能。

6.2 高通量分析技术

6.2.1 基因芯片

在生命活动过程中，如细胞的生长、增值、分化，相关基因的表达会不断改变，这种变化涉及往往不止一种基因，而是多种基因。从这些发生表达改变的基因中，人们可以发现或找到这一生命过程的关键基因，从而揭示基因功能。对于了解疾病的机制，也可以采用基因表达谱技术，从基因表达层面寻找疾病发生原因，发现或提出药物靶点，筛选可以调控的药物。基因表达谱涉及成千上万的基因，需要借助计算机软件等分析技术，解读这些变化的基因彼此之间的关联，还需要建立网络，说明上下游的关系。

1. 基因表达谱芯片

基因的表达产物是mRNA，在同一时刻研究不同基因mRNA表达差异，用芯片为载体进行检测，这就是基因表达谱芯片。其原理是将待测样本与对照样本的mRNA通过两种不同的荧光分子进行标记，与固定于特殊玻璃片或硅芯片上的cDNA或寡核苷酸片段的探针进行杂交，通过分析两种样品与探针杂交的荧光强度的比值，检测基因表达水平的变化。这是一种定量的分析技术，可以大量(众多基因)、精准、迅速获取基因功能的信息。

2. 功能分类芯片

基因表达谱芯片可以获取大量的基因表达信息，但同时带来了问题，即信息庞大使得问题过于复杂，给进一步明确基因功能造成了分析上的困难。为此，功能分类芯片应运而生。功能分类芯片是一种“预制芯片”，是根据科学家研究目的需要设计的芯片。如要研究肿瘤凋亡的信号通路，首先通过生物信息学分析，从已有的文献中得知与此肿瘤相关基因和不同的信号通路，将这些基因做成信号通路芯片，从而判断肿瘤发生主要涉及哪条信号通路，或哪条通路受到的影响最大。由于对细胞信号转导途径重要意义的认识，美国高科技协会(AAAS)和 *Science* 专门建立了一个网页(Http://stke.sciencemag.org/index.dtl)，以帮助研究人员了解信号通路的研究进展。为了给研究人员或读者提供更为直接的服务，美国SABiosciences公司将基因按重要生物学通路进行筛选与分类，制备了细胞凋亡、细胞周期、信号传导以及疾病相关的肿瘤、炎症反应等各类芯片，更符合对基因功能进一步研究的需要。用 Signal Transduction Pathway Finder Array 研究了破骨细胞的信号通路。破骨细胞由多核组成，行使骨吸收的功能。在炎症情况下，如风湿性关节炎，破骨细胞增大，与正常情况相比含有更多的核（10 个以上核），蛋白酶活性增高，RANK 和 TNF－RI 受体激活，而小的破骨细胞（2～5 个核）高水平表达 IL－1RII。显然，大小两种不同的破骨细胞采取了不同的信号途径。在设计芯片时就考虑植入不同信号途径基因，结果发现 NF－κB 和 AP－1 信号途径被激活，同时血管内皮生长因子（VEGF－A）信号增强。

6.2.2　蛋白芯片

人类基因组计划的完成使人们对治疗各种疾病的策略思考转向到基因水平。然而，在大多数情况下，基因在细胞中的功能是间接地通过其编码产物-蛋白质来实现的。因此，蛋白质参与几乎所有信号、代谢和网络的过程。

基因芯片可以较好反映出 mRNA 表达状态，从基因的表达水平看到生命活动过程的基因间关系。然而，细胞中 mRNA 的表达量常常不能反映相应的蛋白表达水平，并非所有 mRNA 都能翻译成蛋白质，很多生理状态下蛋白质是行使功能的直接执行者，蛋白质通过修饰与表达定位，行使其应有的功能。在这种情况下，基因芯片就显得无能为力，需要蛋白芯片技术来实现。

蛋白芯片是指将大量蛋白质分子按预先的设置进行微阵列排布，固定于载体制成芯片，根据蛋白质分子间抗原、抗体、受体、配体等特异性结合的原理，检测蛋白表达差异。芯片往往是在一个支持表面如玻片上或 NC 膜上等点上蛋白样本，用荧光染料标记的探针分子加于点有蛋白样本的膜上，通过激光扫描仪，可以看到探针与之相结合蛋白的荧光信号。蛋白质芯片是一个高通量的方法，最突出的优势是可以同时追踪多个蛋白，在大规模层面研究蛋白质功能，为研究蛋白质相互关系、DNA－蛋白质、RNA－蛋白质、药物蛋白靶标提供支持。

1. 分析蛋白芯片（analytical microarrays）

此类芯片点有抗体库、配体库，由于它们对蛋白质特异性的结合，而捕获蛋白质，所以此类芯片也称为捕获芯片（capture arrays）。让细胞生长在某一特定条件下，如给予细胞试剂处理，再将细胞裂解，与芯片杂交，可以看到该试剂会引起哪些蛋白或转录因子的表达，此办法比较适合对病变组织的鉴定与分析。

2. 功能性蛋白芯片（functional protein microarrays）

将蛋白质固定于芯片上，研究蛋白质-蛋白质、蛋白质- DNA、蛋白质- RNA、蛋白质-小分子相互作用，如酶的催化活性。与分析蛋白芯片不同的是，功能性蛋白芯片上所用蛋白是全长的，或是蛋白的功能域，此方法比较适合从蛋白组层面研究生化活动。

3. 反相蛋白芯片（reverse phase protein microarray）

反相蛋白芯片是一种蛋白微量分析技术，激光捕获细胞或从不同来源的细胞（如疾病组织）裂解，体液如血清、脑脊液、尿液、唾液等液体固定于芯片，采用目标蛋白的抗体为探针，用比色或荧光方法检测。为了获得定量结果，可用已知量的肽类作参考。此方法适合于检测由于疾病导致的蛋白表达改变，特别是翻译后修饰（post-translational modifications）的研究。

6.3　大分子相互作用分析技术

有很多种方法研究分子相互作用，就其灵敏性与专一性，每种方法都各有优缺点。高灵敏度意味着相互作用的检测不会遗漏，高特异性则表明结果的真实性，而排除非特异性的假性结果。

6.3.1 免疫共沉淀

Note

免疫沉淀(immunoprecipitation，IP)是将抗体固定在一个固体支持介质上，使用抗体来沉淀蛋白(抗原)的方法，可以从成千上万不同的蛋白质中分离和挑选特异蛋白。被分离的蛋白样品可以是植物、动物组织的裂解液。

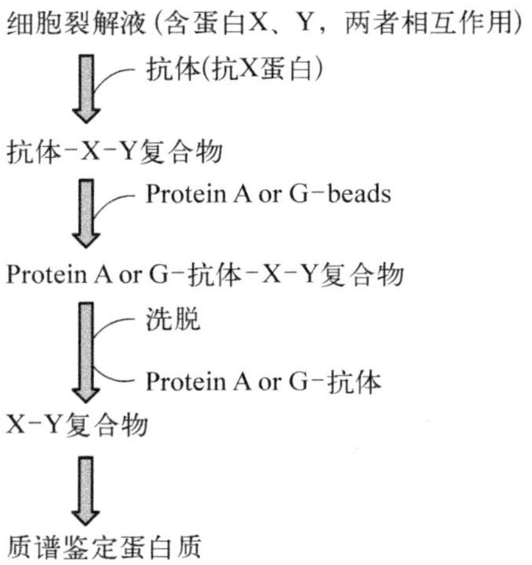

图 6-9　Co-IP 原理

对由蛋白及其配体形成的天然蛋白复合物进行的免疫沉淀称为免疫共沉淀(co-immunoprecipitation，Co-IP)，基于抗原抗体特异结合的原理(图 6-9)，确定两种蛋白质在细胞内的相互作用，内源性蛋白检测。通过抗体分离得到与之结合的蛋白，Western 杂交进一步证实，这样获得的结果往往具有可靠性。方法中 Protein A 是一种金黄色葡萄球菌细胞壁蛋白质，能特异性与人和哺乳动物抗体结合，主要是 IgG FC 区(IgG 的 2 条重链的羧基端)。因而，将 Protein A 与琼脂糖珠结合，制备成 Protein A-beads，能直接与抗体结合。Protein G 是链球菌 G 的细胞表面蛋白，与 Protein A 特性相似，常用于抗体纯化。免疫共沉淀所获得的结果，可能表明两种蛋白直接相互作用，也可能是通过一个或更多的桥梁分子而发生作用，这些桥梁分子包括蛋白质、DNA、RNA 或其他一些分子。免疫共沉淀的优点是反映了自然状态下的蛋白质相互作用以及这些蛋白质含量，缺点是由于使用的是细胞裂解物，所获得的相互作用蛋白可能不是在同一细胞，而且对于不稳定的相互作用蛋白来说不易获得。

在免疫沉淀中，通过抗体将蛋白质拽出，这种方法也称为“pull-down”，是分子生物学常用的研究蛋白质相互作用的方法。通过“pull-down”获得的蛋白复合物有待进一步确定，原因如下：① 一个特定的抗体往往与易感靶蛋白暴露的抗原表位作用，因此如果抗原表位隐蔽，抗体将失去对任何蛋白质复合体的识别作用，在这种情况下，即使使用大量抗体也不能获得结合蛋白。② 开始一轮的 IP 往往会发现许多新的蛋白质，研究人员需要专门针对一个新发现的蛋白质制备抗体，重复整个免疫沉淀反应实验；第二轮的沉淀会发现在第一次未能看到的新的成员，如此反复进行多轮 IP，确定蛋白质的数量还会继续增加。在不同条件下(如不同时间)，会发现所确定的蛋白质并不存在，这可能提示在不同时刻生物功能需要蛋白表达的差异，这些蛋白质之间可能存在相互作用的网络。③ 免疫沉淀得到的蛋白质复合体需要重复实验验证。如果一个特定的蛋白质只能在一个复合物中找到，而不能在另一个已知的复合物中找到，那么，这个蛋白质作为复合物成员的身份可能会受到质疑。

6.3.2 染色质免疫沉淀技术

染色质免疫沉淀技术(chromatin immunoprecipitation，ChIP)是研究体内蛋白质与 DNA 相互作用的一种技术。真核生物的基因组 DNA 以染色质的形式存在，蛋白质与 DNA 的结合决定基因表达调控。染色质免疫沉淀技术能够真实地反映细胞内蛋白因子与基因组 DNA 结合的状况，提供蛋白质与 DNA 相互作用的信息。近年来由于该技术不断地发展和完善，其应用范围已经从研究目的蛋白与已知靶序列间的相互作用，发展到研究目的蛋白与整个基因组的未知序列的相互作用；从研究一个目的蛋白与 DNA 的相互作用，发展到研究多个蛋白与 DNA 复合物的协同作用；从研究结合在 DNA 序列上的蛋白复合物，发展到研究蛋白质的加工与修饰，因此也是表观遗传信息研究的主要方法，为判断在细胞核中的基因组的某一特定位置会出现何种组蛋白修饰提供帮助。ChIP 不仅可以检测体内反式因子与 DNA 的动态作用，还可以用来研究组蛋白的各种共价修饰与基因表达的关系。随着对基因功能研究的不断深入，这项技术正越来越多的被应用于生命科学与医学研究的各个领域。

Note

染色质免疫沉淀技术的原理是：在生理状态下把细胞内的 DNA 与蛋白质交联在一起，通过超声或酶处理将染色质切成小片段后，利用抗原抗体的特异性识别反应，将与目的蛋白相结合的 DNA 片段沉淀下来，通过解偶联，获得纯 DNA，对所获得的 DNA 测序，最后定位于基因组位置。染色质免疫沉淀基本操作包括细胞固定、染色质断裂、染色质免疫沉淀、交联反应的逆转、DNA 的纯化、DNA 的鉴定，如图 6－10 所示。

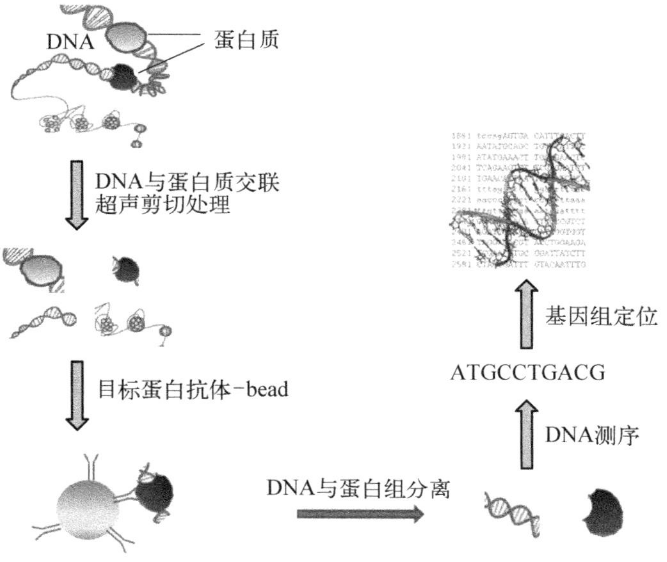

图 6－10　ChIP 原理

ChIP 在研究基因的表达方面具有突出的优势。基因结构包括启动子、开放阅读框、终止子。一个基因能否转录，由转录因子与该基因的结合来决定，这些转录因子是蛋白质。在启动子区域，转录因子有两类功能，即开启转录与关闭转录。当具有激活作用的转录因子与启动子结合，基因即开始转录，反之亦然。因此转录因子对于基因表达具有开关作用，它成为基因功能研究的热点。ChIP 提供了研究 DNA－蛋白质结合的有力工具，通过 ChIP 技术可以发现新的参与基因调控的转录因子。

6.3.3　RNA 免疫沉淀法

研究发现 mRNA 表达水平在有些情况下并非与其蛋白表达水平一致，也就是一个高水平 mRNA 的表达不一定导致高水平蛋白表达，这样一种矛盾现象是因为 RNA 加工和 RNA 转录后调控。这一加工过程涉及 mRNA 拼接、mRNA 出核、亚细胞定位、mRNA 翻译。到目前为止，已经发现 RNA 结合蛋白（RNA－binding proteins，RBPs）和非编码 RNA（noncoding RNAs）起了重要作用。因此研究 RNA－蛋白质就显得特别重要和有意义。

与染色质免疫沉淀反应（ChIP）类似，采用 RNA 免疫沉淀（RNA immunoprecipitation，RIP）方法从细胞抽提物分离鉴定 mRNA、microRNA、蛋白质，从而研究 RNA－蛋白质相互作用。与 ChIP 不同，RIP 研究的是与 RNA 结合的蛋白质，原理与 ChIP 相似，首先选择所研究或感兴趣蛋白的抗体，将其偶联 protein A 琼脂糖，与细胞裂解液混合，经洗脱、分离，获得 RNA－蛋白质，经 RNA 测序便可知道所研究的蛋白结合了什么基因。

在上述各类免疫沉淀反应中，主要的技术障碍是针对蛋白抗体的获得存在困难，人们不可能对每种研究的蛋白都能如愿地制备出专一性抗体。绕开这一障碍的办法是在待研究的蛋白上带上标签，如 GFP，GST（Glutathione－S－transferase），FLAG－tag。通过标签的抗体便可 pull-down 到与该蛋白质相互作用的蛋白质、DNA、RNA，从而无需针对每一种待研究的蛋白去制备特异性抗体。由于标签抗体具有通用性，很多公司都有出售，相对其他抗体，标签抗体价格便宜。

6.3.4　酵母双杂交

酵母双杂交技术作为发现和研究在活细胞体内的蛋白质与蛋白质之间的相互作用的技术，近几年得到了广泛运用。酵母双杂交系统是在真核模式生物酵母中进行的，研究活细胞内蛋白质相互作用，对蛋白质之间微弱的、瞬间的作用也能够通过报告基因的表达产物敏感地检测得到，它是一种具有很高灵敏度的研究蛋白质之间关系的技术。

1989 年，Fields 和 Song 创立了一种崭新的遗传学方法，用于研究蛋白质之间的相互作用，即酵母双杂交系统，它是一种直接作用于细胞内部检测蛋白与蛋白相互作用、灵敏度很高的新方法，自建立以来得到了不断地完善和改进，已经成为分析蛋白质相互作用的重要方法之一。

Note

近几年来，双杂交系统不断改进，发展出了许多的新技术，对传统的双杂交系统做出了重要的补充和扩展。在酵母双杂交系统建立的初期阶段，由于只采用β-半乳糖苷酶这一单一的报告基因体系，其表达往往不能十分严谨的加以控制，容易产生一些假阳性。目前大多数双杂交系统往往同时使用两个或三个报告基因，其中一个是 *LacZ*，这些改造后的基因在启动子区有相同的转录激活因子结合位点，可以被相同的转录激活因子激活，通过多重选择既提高了检测的灵敏度又降低了假阳性的概率。

1995 年，Le. Douarin 等构建了一套新的双杂交系统，用 *URA3* 基因作为报告基因，该方法比 *LacZ* 基因表达在含有 X－gal 的培养基上生长的颜色反应更为精确。由于双杂交系统中 BD－X 与 AD－Y 在酵母细胞核内才能发生相互作用，限制了大量非核内蛋白的相互反应，通过 ras 途径可以冲破该限制。近几年来还建立了哺乳动物细胞的双杂交系统，利用β-半乳糖苷酶构建的杂交体系成功地在成肌细胞中表达。1993 年还发展了一种研究蛋白质与 DNA 相互作用的酵母单杂交系统，与双杂交系统的不同之处在于 AD 融合蛋白 Y 直接与 DNA 结合位点相结合，使 AD 直接激活启动子下游报告基因的表达。一些科学家随后发展出了反式双杂交系统、分裂双杂交系统、蛋白三杂交系统。这些发展为杂交系统的完善和应用做出了可喜的贡献。

经过发展的酵母双杂交技术应用领域广阔，目前主要应用在高灵敏度的检测蛋白-蛋白相互作用、寻找与靶蛋白相互作用的新蛋白、寻找具有药物治疗作用的小分子多肽、寻找调控蛋白质相互作用的化合物以及蛋白质相互作用图谱绘制等领域。其中酵母双杂交系统最广泛最有价值的应用是寻找与靶蛋白相互作用的新蛋白，这已经成为发现新基因的主要途径。将已知基因作为诱饵，在选定的 cDNA 文库中筛选与诱饵蛋白相互作用的蛋白，从筛选到的阳性酵母菌株中可以分离得到 AD－Library 载体，并从载体中进一步克隆得到随机插入的 cDNA 片段，并对该片段的编码序列在 GENEBANK 中进行比较，研究与已知基因在生物学功能上的联系。另外，也可作为研究已知基因的新功能或寻找筛选到的多个已知基因之间功能如何相互关联的主要方法。

1. 酵母双杂交系统原理

酵母双杂交系统的建立是基于对真核生物转录调控起始过程的认识。细胞起始基因转录需要有反式转录激活因子的参与。反式转录激活因子，如酵母转录因子 GAL4 在结构上是组件式的（modular），往往由两个或两个以上结构上可以分开，功能上相互独立的结构域（domain）构成，其中有 DNA 结合功能域（DNA binding domain，DNA－BD）和转录激活结构域（activation domain，DNA－AD）。这两个结合域将它们分开时仍分别具有功能，但不能激活转录，只有当被分开的两者通过适当的途径在空间上较为接近时，才能重新呈现完整的 GAL4 转录因子活性，并可激活上游激活序列（upstream activating sequence，UAS）的下游启动子，使启动子下游基因得到转录（图 6－11）。

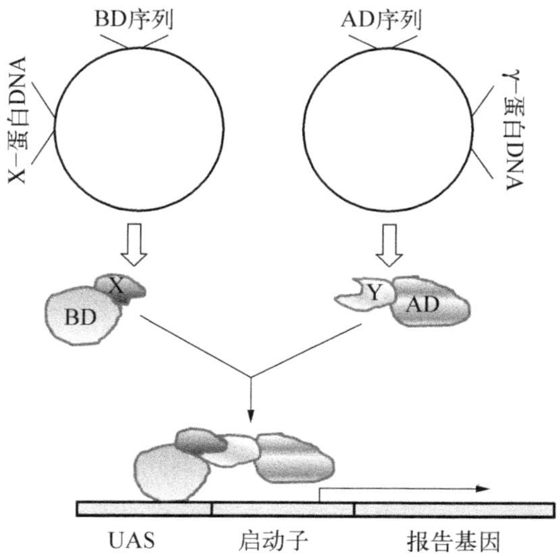

图 6－11　酵母双杂交的作用原理示意图

2. 酵母双杂交系统的基本程序和关键因素

根据这个特性，将编码 DNA－BD 的基因与已知诱饵蛋白（bait protein）的基因构建在同一个表达载体上，在酵母中表达两者的融合蛋白（BD－Bait protein）。将编码 AD 的基因和 cDNA 文库的基因构建在 AD－Library 表达载体上，同时将上述两种载体转化改造后的酵母细胞，这种改造后的酵母细胞如 MATCHMAKER 酵母双杂交系统的 AH109 酵母菌株和 Y187 酵母菌株（图 6－12）的基因组中既不能产生 *GAL4*，又不能合成 *LEU*、*TRP*、*HIS*、*ADE*，因此，酵母在缺乏这些营养的培养基上无法正常生长。当上述两种载体所表达的融合蛋白能够相互作用时，功能重建的反式作用因子能够激活酵母基因组中的报告基因 *HIS*、*ADE*、*LACZ*、*MEL1*，从而通过功能互补和显色反应筛选到阳性菌落。将阳性反应的酵母菌株中的 AD－LIBRARY 载体提取分离出来，从而对载体中插入的文库基因进行测序和分析工作。

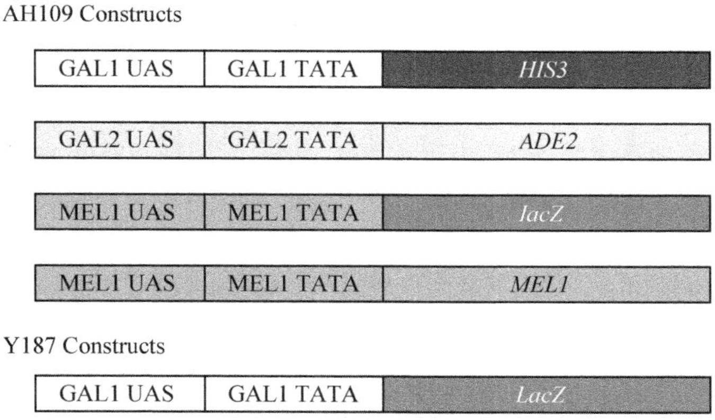

图 6－12　酵母 AH109 和 Y187 的报告基因结构

值得提出的是在阳性克隆筛选中，除用缺陷型培养基进行初筛，还要辅以 X－Gal 检测（分为 X－α－Gal 和 X－β－Gal 检测）。下面以 X－β－Gal 检测为例说明。X－Gal 检测是一种敏感的比色检测方法，X－Gal 是作为β-半乳糖苷酶的底物而起作用的。这种检测β-半乳糖苷酶活性的方法最早用来去除在 GAL4 酵母双杂交或单杂交中从 HIS3 筛选中剩余的共转化体。酵母中的 *LacZ* 基因在完整的 GAL1 UAS 的调控下可以诱导β-半乳糖苷酶以较高水平表达，所以当诱饵蛋白和文库蛋白相互作用时，GAL1 UAS 被激活，会开启 *LacZ* 的表达，从而产生β-半乳糖苷酶使底物显蓝色。

3. 酵母双杂交系统的应用优势

同以往研究蛋白质-蛋白质之间相互作用的实验手段相比，双杂交系统具有独特优势。

（1）真实性：融合蛋白之间的相互作用是在真核酵母细胞内进行，蛋白质有可能保持天然的折叠状态，表达的融合蛋白能进行一些基本的修饰（如糖基化和磷酸化等），并可在细胞核中产生交互作用，类似其在体内生理状态下的情况。而生物化学史上所应用的交联、免疫、共沉淀、亲和层析等方法均采用体外实验来研究蛋白间的相互作用，受到外界实验条件、环境、方法的影响，因而较之后者，双杂交系统所证实的蛋白质相互作用将更接近于在体内的真实水平。

（2）敏感性：双杂交系统的敏感性极高，可以检测到在蛋白质之间结合常数低至 1 mmol/L 左右的微弱作用。许多微弱或短暂的蛋白质之间的相互作用借助报告基因表达过程中 mRNA 产生多种稳定的酶的多级放大效应反映出来。融合蛋白基因在强启动子的作用下，处于较高的表达水平。3 种质粒转入宿主菌后，诱导前的扩增、筛选步骤使各种质粒拷贝数达到最佳程度。激活结构域和结合结构域结合形成转录起始复合物，之后又与启动子 DNA 结合，此三元复合体使杂交蛋白各组分间结合更趋于稳定。报告基因的复合启动子使其对 LexA 或 GAL4 特别敏感，但这种敏感程度受报告基因 DNA 结合位上的性质（如数量、序列、分布）、融合体蛋白表达水平的高低等因素的影响，一定范围内具有可变性。

4. 酵母双杂交系统的局限性

首先，它并非对所有的蛋白质适用，因为融合蛋白的相互作用激活报告基因是在细胞核内发生的，所以表达的融合蛋白在细胞内能否正确折叠并被运至核内是检测蛋白之间有否相互作用的前提条件。因而不能被转运到细胞核内的蛋白质就不宜使用该系统。尽管目前已在表达质粒中加入了核定位序列，但仍不能完全解决这类问题。同时由于酵母的后加工系统与哺乳动物细胞的后加工系统不尽相同，某些哺乳动物细胞的蛋白需经过翻译后加工才能相互作用，对这类蛋白质该系统也不适用。其次，假阳性的发生频率较高，其中部分原因还不清楚，可能与酵母中其他蛋白质的作用有关。

Note

再次，大量表达的外源基因可能具有毒性作用，从而影响菌株的生长和报告基因的表型；为抑制背景表达而在培养基中加入的 3－AT 等物质也对菌株有一定的毒性，使得一些较弱的蛋白质间的相互作用呈假阴性结果。另外，双杂交系统虽可筛选出大量的相互作用，但其中部分蛋白质可能处于不同生长发育时期、不同细胞空间或不同的细胞类型中，在正常生理状态下是不可能相互作用的，所以对于筛选对象和范围需有一个明确的界定。

目前，在经典的酵母双杂交系统基础上，又相继提出许多新的研究方法，如三杂交系统、单杂交系统、逆向双杂交系统、SOS 富集系统等。酵母双杂交及其衍生系统已经成功地运用于蛋白质之间，蛋白质与 DNA、RNA、配体之间的相互作用的研究，同时也必将在研究蛋白质功能、转录调节、基因功能定位和信号转导等领域发挥重要作用，使我们对细胞活动的机制和功能有更深入的理解。

6.3.5 光遗传

光遗传(optogenetics)是一种将光学和基因工程相结合的技术，用以控制和监视活体状态下大脑神经元的活动，通过对特定神经元的激活与抑制研究大脑功能。这种技术的优势是克服了传统研究技术的不足，如侵入性电极不能精准控制神经元活动，药物处理不能及时产生相应行为。2010 年 12 月 Science 杂志发表题为“*Stepping Away From the Trees For a Look at the Forest*”一文，称光遗传是自 2000 年以来的十年突破之一。

Karl Desseroth 是一位神经病理学和神经科学家，他很想知道精神分裂症、抑郁症患者是哪里出了问题，也就是不同的大脑回路如何影响行为，但当时的研究手段过于粗糙，插入脑内的电极刺激太多的邻近细胞。2004 年，戴瑟罗斯和他的学生发明了一种新工具，将一种能被光激活的海藻蛋白送入小鼠脑内，再用激光刺激这些细胞，他们发现能够以毫秒精度控制特定的神经回路，这种技术称为“optogenetics”。借助光遗传技术，他们考察了大脑奖赏回路哪种细胞被可卡因所强行控制，多深的脑刺激可缓解帕金森氏病症状等。如今国际上众多实验室使用光遗传学探究大脑是如何工作的。由于对光遗传学的发明和改进，Ernst Bamberg，Ed Boyden，Karl Deisseroth，Peter Hegemann，Gero Miesenböck 和 Georg Nagel 等分享 2013 年欧洲大脑奖(The Brain Prize)。

光遗传技术的核心是光敏感通道蛋白受光刺激后作出的迅速反应(毫秒级)，区别于传统的“loss-of-function”和“gain of function”的慢速反应(一般需要几小时或几天甚至几个月)。常用的激活神经细胞蛋白是 channelrhodopsins(ChR2，ChR1，VChR1，and SFOs)，可以在接受 473 nm 蓝光刺激 50 ms 内，打开通道，使阳离子钠、钾流入细胞内，从而使神经细胞去极化。抑制性通道蛋白是 halorhodopsin (NpHR)，archaerhodopsin(Arch)和 bacteriorhodopsin(eBR)作用原理如图 6－13 所示。为了使调控的细胞更为准确，可采用特异细胞启动子或条件性激活病毒。此外，还需要光纤、光源等硬件设备。对于大脑皮层等表面脑区，光纤可以直接置于动物头骨，如需更深脑部观察应根据脑定位仪确定植入光纤的位置。

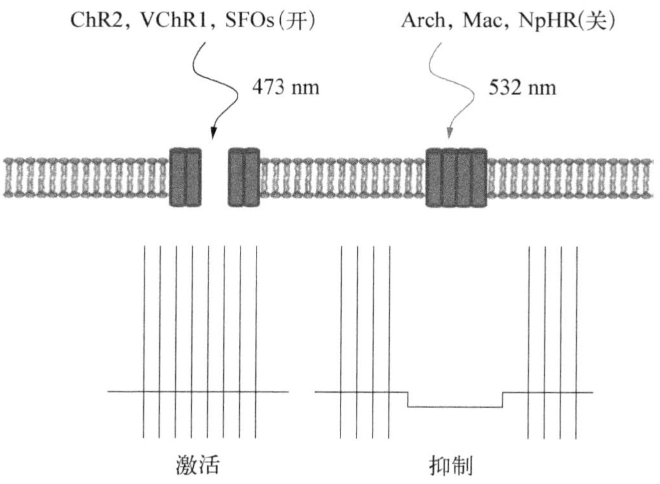

图 6－13　光遗传调控原理

思　考　题

1. 如何判断一个 RNA 分子是否属于 miRNAs?
2. 解释 RNAi 作用机制。
3. 何谓转录因子圈套？列举其在疾病研究中的应用。
4. 解释条件剔除基因原理。
5. 列举研究蛋白质相互作用的方法。

第7章 动植物基因工程

提　要

通过基因工程技术可以构建人们所需要的各类基因工程动植物，以满足科学研究、医学、农业的不同需求。有多种动植物转基因的方法，各有优势与不足。为增强基因表达可以使用调控元件。通过理化及分子生物学方法筛选、鉴定转基因动植物，使之应用于各种需求。

7.1 转基因植物

转基因植物是指利用基因工程原理和技术，将感兴趣的基因在植物中表达并实现稳定遗传。通过转入基因的表达改变了植物的遗传性状，使转基因植物品质改善、抗性增强、花色改变等。植物转基因的方法很多，包括农杆菌或病毒介导的间接转基因方法，以及基因枪、显微注射等直接转基因方法，近几年又发展了定点改变植物基因组的各种新方法，如ZFN、TALENs、CRISPR - Cas9系统等。

7.1.1 植物基因工程的常用方法

在众多的植物转基因方法中，农杆菌介导的方法应用最多、最广泛。农杆菌介导植物转化需要包括T - DNA序列的植物表达载体。

1. 农杆菌介导法

农杆菌是普遍存在于土壤中的一种革兰氏阴性细菌，能在自然条件下感染大多数双子叶植物的受伤部位，并诱导产生冠瘿瘤或发状根。根癌农杆菌细胞中含有Ti(tumour inducing)质粒[发根农杆菌中是Ri(root inducing)质粒]，其上有一段T - DNA(transferred DNA)，农杆菌通过侵染植物伤口进入细胞后，可将T - DNA插入到植物基因组中，这些植物细胞可形成愈伤组织，愈伤组织可以培养成完整的转化植株，并且可以通过减数分裂稳定地遗传给后代。

(1) Ti质粒结构：Ti质粒是根癌农杆菌染色体外的遗传物质，为共价闭合双链环状DNA分子，分子质量在200～800 kb。可分为4个功能区：① T - DNA区，这是农杆菌侵染植物细胞后Ti质粒上能够转移到植物细胞中的一段DNA。不同Ti质粒所含的T - DNA区数目不同，有的含有一个，有的含有多个。② 毒性区(Vir区)，该区基因可使农杆菌具有毒性，在植物细胞转化中能激活T - DNA转移。③ 接合转移区(region encoding conjucations，Con区)，该区段存在有与细菌间接合转移有关的基因(*tra*)，调控Ti质粒在农杆菌间转移。④ 复制起始区

(origin of replication，ori 区)，该区段调控 Ti 质粒的自我复制。

T－DNA 上包含 *tms*、*tmr*、*tmt* 三套基因。*tms* 由吲哚乙酰胺水解酶基因(*iaaH*)色氨酸 2－单加氧酶基因(*iaaM*)组成，控制植物生长素合成；*tmr* 的编码产物是异戊烯转移酶(iptZ)，负责合成植物分裂素；*tmt* 的编码产物负责合成氨基酸衍生物-冠瘿碱。冠瘿碱的代谢产物是农杆菌生长必需的物质。另外，在 T－DNA 的两端还含有左右两个边界(图 7－1中的 T_L和 T_R)，为 25 bp 的末端重复序列，在切除和整合过程中具有重要意义。

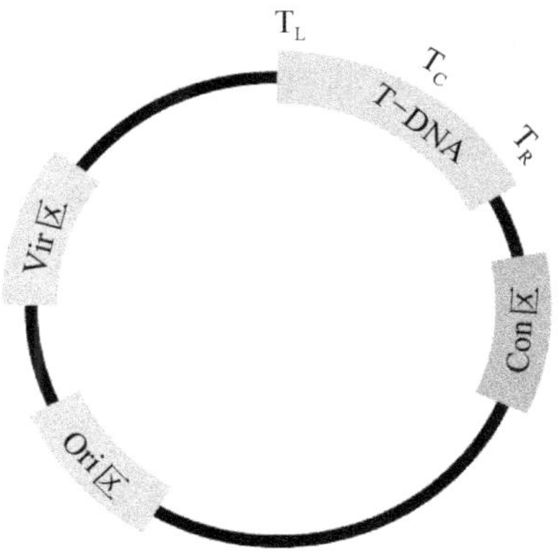

图 7－1　Ti 质粒的基本结构

(2) *农杆菌介导法转化植物细胞的分子机制*：研究表明，农杆菌介导植物细胞转化法分子机制主要分为以下几步，如图 7－2。

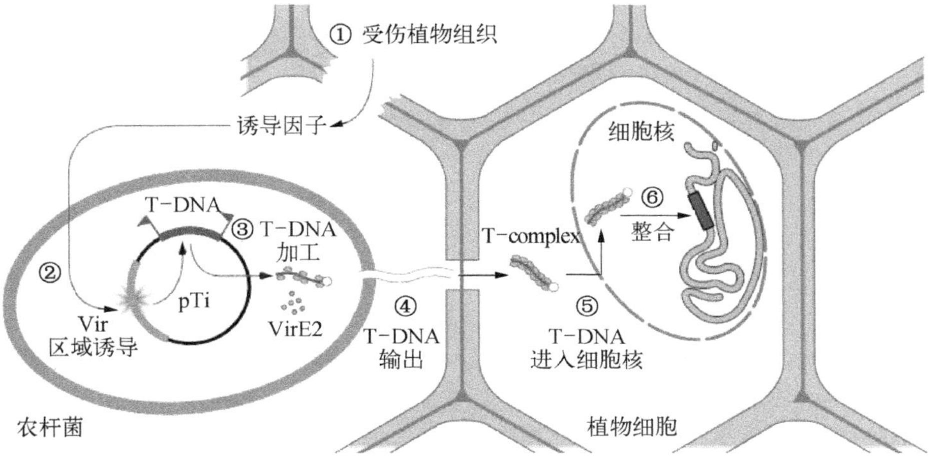

图 7－2　农杆菌介导的植物基因转化策略

(引自 Crouzet P and Hohn B，2002)

1) 农杆菌对受体的识别与附着　分为接触和成囊两步。① 接触：单个农杆菌以极性方式通过细胞表面的乙酰化酸性荚膜多糖介导附着在植物细胞表面。受伤的植物组织分泌一系列的酚类、糖类、氨基酸类等趋化性物质吸引农杆菌向受伤组织集中。② 成囊：在创伤部位生存了 8～16 h之后的菌株才能诱发肿瘤，这段时间称为细胞调节期。在调节期内，农杆菌会产生大量纤维素和一些糖类化合物将自身束缚在植物细胞壁表面并将细胞包裹形成一个囊状结构。

2) 农杆菌对特异的植物信号分子的感应　农杆菌对不同植物组织的附着与植物细胞表面的不同蛋白有关。植物渗出物对农杆菌毒性基因的转录激活及农杆菌的附着是必需的，特别是从植物伤口渗出的单糖及小的酚类化合物可被农杆菌的信号传导系统所识别。像乙酰丁香酮(acetosyringone，As)、α－羟基乙酰丁香酮等酚类化合物与植物中合成次生代谢产物(如木质素、黄酮类物质等)的苯丙烷途径的产物非常类似。这些酚类小分子化合物被称为信号分子，能够诱导 Ti 质粒上的毒性基因(*vir*)表达。

3) virG 介导的信号传导及毒性基因的活化　*vir* 区基因在接受植物细胞产生的创伤信号分子后，首先是 virA 编码一种结合在膜上的化学受体蛋白(virA)。virA 可能是一种整合在膜上的传感蛋白。virA 直接与植物渗出物相互作用，使整个 virA 蛋白构象发生变化，从而激活 virA 蛋白。被激活的 virA 蛋白可以转移其磷酸基团至 virG 蛋白，作为一种转录调控因子活化 *vir* 启动子启动 *vir* 基因表达。因此，virG 在此过程中起反应调节器的作用。

4) 毒性蛋白作用产生 T－DNA 单链　virD1 和 virD2 是 *virD* 基因编码的 2 个产物，它们相互作用并具有单链或特异位点核酸内切酶功能。virD1 蛋白是一种拓扑异构酶，可将超螺旋

DNA转变成松弛型DNA，并起到辅助virD2作用。virD1识别并结合到Ti质粒—25 bp正向重复序列（T-DNA边界）上促进virD2的酶解作用。

Note

virD2直接参与T-DNA的形成和加工，起内切酶作用。先在T-DNA右边界处切开，随后virD2与切断的T-DNA5′末端共价连接，然后以未切断的核酸链为模板，在复制酶作用下从右向左复制合成新的T-DNA。当复制到左边界时，T-DNA释放。

virD2作为引导子引导T-DNA链从细菌转移到植物细胞。章鱼碱Ti质粒是virC（章鱼碱Ti质粒含virC1和virC2）蛋白结合到T-DNA右边界的驱动子序列上，促进virD2的酶解剪切作用，提高转移效率。

5）毒性蛋白转移复合体的形成及T-DNA和毒性蛋白进入宿主胞质　virE作为一种DNA结合蛋白，与单链T-DNA有很高的亲和力。virE能够防止核酸外切酶降解T-DNA链，而且virE2的C-末端含有2个核定位信号（nuclear-localization signal，NLS）可以协助T-DNA复合物运输到植物细胞核。virE1是一种特异的分子伴侣，它可以帮助virE2以合适的形态运输到植物细胞。当复合体转移到细胞质后，virE2和virE1才分离开。

6）成熟T-DNA复合体的形成　当T-DNA进入植物细胞质后，细菌致病蛋白virE2和virD2与植物蛋白相互作用，将T-DNA复合物转运至细胞核。在宿主植物细胞中，virD2和viE2可能与细胞内因子相互作用介导T-DNA复合物的核输入并整合到宿主基因组。拟南芥中发现VIP1是一种与virE2结合的蛋白，能介导染色质蛋白和转录复合物间的相互作用，含有保守的亮氨酸锌指结构域的蛋白质，是一种与植物特异的virE2的核输入有关的细胞因子。

7）T-DNA整合进入植物基因组　T-DNA的整合效率要远远高于通过非农杆菌介导转化方法的整合效率。这与T-DNA复合物蛋白组分virD2和virE2的活性有关。它们能促进T-DNA的核输入及整合。virD2在整合过程中具有双重作用，即确保整合的忠实性及有效性。

在T-DNA整合过程中有植物DNA连接酶的参与。而且，在整合前或整合期间应该存在将T-DNA链转换成双链T-DNA分子的宿主细胞DNA聚合酶，除DNA连接酶和聚合酶外，细胞中其他的因子也参与整合过程。VIP1、VIP2或virE2以一种多蛋白复合体的形式行使某些功能。这种复合体表现双重功能：它首先促使virE2对核的靶定，然后介导virE2及T链在核内转移到染色体的特定区域。

现在一般是先将外源目的基因构建到合适的植物表达载体上，再将重组植物表达载体转化到农杆菌中，用农杆菌介导转化植物细胞。

（3）*Ti质粒的改造*：虽然Ti质粒是植物基因工程的天然载体，但野生型的Ti质粒存在分子质量大、限制性核酸内切酶位点多、含有影响植物生长的基因等缺点，所以需要对其进行改造，以适合植物基因工程所用。改造主要分为以下几方面。

1）除去T-DNA上的生长素（*tms*）、分裂素（*tmr*）和有机碱（*tmt*）生物合成基因，这样既除去了影响植物正常生长的因素，又缩短了Ti质粒的长度。

2）除去Ti质粒上的其他非必需序列，最大限度地缩短其长度。

3）安装大肠杆菌复制子，使其能在大肠杆菌中复制，以利于克隆操作。

4）安装植物细胞的筛选标记，如neo^r（新霉素磷酸转移酶）基因。

5）安装人工多克隆位点，以利于外源基因的克隆。

用于农杆菌介导法的植物表达载体，分为一元载体系统和二元载体系统。一元载体系统又叫共整合式载体系统，就是先将外源目的基因插入到一个中间表达载体上（该载体包含了T-DNA，可与Ti质粒进行同源重组），然后将构建好的重组质粒转移到含有Ti质粒的农杆菌中，这样重组质粒和Ti质粒进行同源重组，最后用此农杆菌转化植物细胞获得转化植株。这种载体系统现在已经很少使用了。

双元载体系统由两个载体组成（图7-3）。一个微型Ti质粒是一种大肠杆菌-农杆菌穿梭载体，通过在克隆载体上插入了改造过的T-DNA部分构建成的，分子质量小，便于外源目的基因插入。另一个载体是含有Vir毒性区但不含T-DNA的质粒，又叫做辅助Ti质粒。含有双元载体的农杆菌侵染植物细胞时，就可以将包含目的基因的 T－DNA 区整合进植物基因组中。目前大多用双元载体系统转化植物细胞。

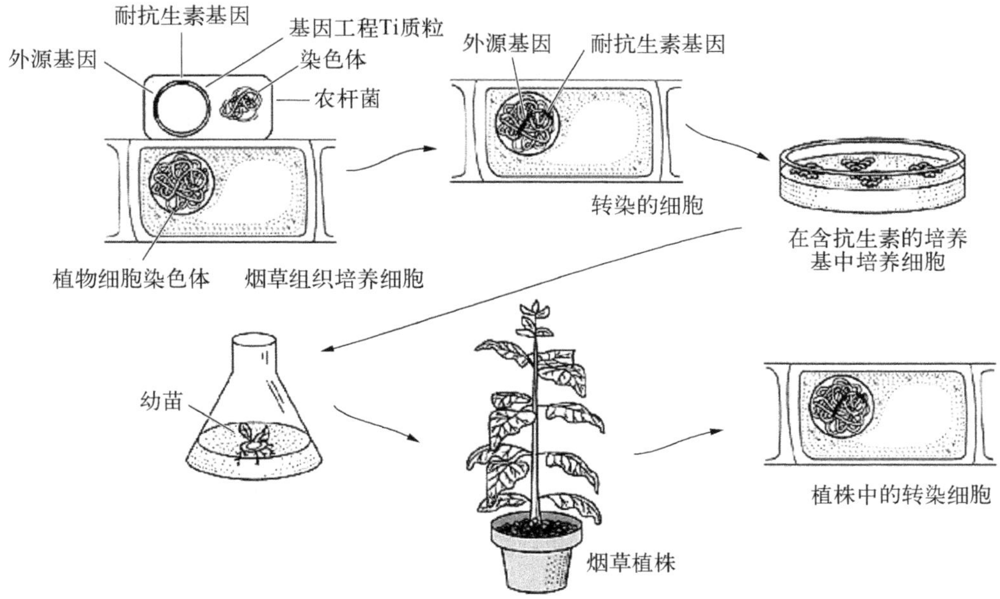

图 7－3　农杆菌介导烟草转基因的基本步骤

2. 原生质体法

原生质体是植物细胞除去细胞壁后的部分，是一个质膜包围的“裸露细胞”。通过将原生质体与农杆菌进行短暂的共培养，可将目的基因转化到原生质体中。原生质体在合适的条件下具有分化、繁殖并再生成完整植株的能力，具有细胞全能性。原生质体在体外比较容易完成一系列细胞操作或遗传操作，互相之间可以发生细胞融合，而且还可以直接高效的捕获外源基因，嵌合体少。但缺点是遗传稳定性差，培养周期长，难度大，再生频率低。应用此法转化植物细胞的首要条件是建立良好的原生质体培养和稳定的再生体系。

3. 植物病毒 DNA 介导法

随着植物病毒分子生物学及遗传学研究的不断深入，用病毒分子作为载体转化植物细胞日益受到人们的重视。因为病毒感染寄主细胞时，其核酸能进入寄主细胞中并进行复制表达，所以通过将外源目的基因插入病毒基因组中，通过病毒感染寄主细胞就能将外源基因导入植物细胞中。此法不受单子叶或双子叶的限制。

但不同的植物病毒的寄主不同，所以不同的植物往往需要用不同的植物病毒进行转化。目前已知的植物病毒中，其核酸多为 RNA，DNA 病毒只占极少部分（6%左右），但在植物病毒学家的努力下，越来越多的植物病毒应用到植物基因工程中。目前应用成熟的植物病毒载体系统是花椰菜花斑病毒（CaMV）和番茄金花叶病毒（TGMV）载体。

应用植物病毒载体转化植物细胞存在以下几方面的问题：转化细胞中的目的基因稳定性差，不容易获得遗传稳定的转基因植株；病毒载体容纳外源基因的大小有限，不利于较长目的基因的转化；有些病毒的寄主范围比较广，容易造成环境危害。

4. 基因枪法

应用农杆菌介导法转化植物细胞，对于双子叶植物是非常有效的。经过多年的研究，现在对于主要的单子叶植物，如水稻、小麦等，也克服了其中的主要技术障碍，获得了转基因植株。但是对于许多的单子叶植物及有些双子叶植物，农杆菌介导法往往转化效率很低或根本不成功。为了克服农杆菌的这种局限性，人们又发展出了物理学的途径，将外源 DNA 直接导入植物细胞中。其中基因枪法就是最有用的方法。

Klein 等 1987 年首次用基因枪轰击洋葱上表皮细胞，成功地将包裹了外源 DNA 的钨弹射入

Note

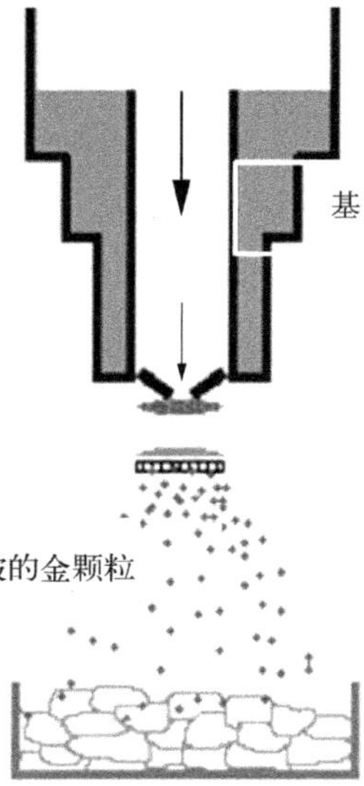

图 7-4 基因枪转化植物示意图

其中,并实现了外源基因在完整组织中的表达。基因枪法的基本原理是:将吸附着 DNA 的金粉粒或钨粉粒,通过基因枪装置获得加速度,高速通过小孔直接射入受体,这样外源 DNA 也随之进入受体细胞(图7-4)。基因枪法已广泛用于将外源 DNA 稳定地转化给单子叶及双子叶植物的各种类型的细胞中。基因枪法的操作对象可以是完整的植物细胞或组织,突破了基因转移的物种界限,也不必制备原生质体,实验步骤比较简单易行,具有相当广泛的应用范围,已经成为研究植物细胞转化和培养转基因植物的最有效的手段之一。

5. 显微注射法

这是一种借助显微镜将外源 DNA 直接注入受体细胞的方法。适用于此种方法的植物样品包括原生质体、游离的细胞,以及愈伤组织、分生组织和胚胎组织等多细胞结构。由于一些重要的禾本科粮食作物均为单子叶,在原生质体再生和 Ti 质粒的转化方面都存在着相当的困难,所以对此类植物来说,DNA 的直接注射法具有特别重要的实用价值。本法的一个突出优点是转化效率高,但操作困难,需要经过特殊训练的专门技术人员才能进行。

6. 脂质体介导法

脂质体是由磷脂组成的膜状结构,用它包装外源 DNA 分子,然后与植物原生质体共保温。于是脂质体与原生质体膜结构之间发生相互作用,通过细胞的融合或内吞作用而将外源 DNA 高效地纳入植物的原生质体。这种方法具有多方面的优点,包括可保护 DNA 在导入细胞之前免受核酸酶的降解作用,降低了对细胞的毒性效应,适用的植物种类广泛,重复性高,包装在脂质体内的 DNA 可稳定地贮藏等。但原生质体再生出完整植株比较难。

7. 电穿孔法

这种方法可适用于单子叶植物及双子叶植物细胞原生质体的转化,具有简单方便、对细胞毒性低及转化效率高等优点。将高浓度的含有外源基因的载体加到原生质体悬浮液中,然后置于电场下进行电脉冲刺激,通过如此处理的原生质体经过培养筛选后,可再生成植株。

8. 微激光束法

利用激光微束脉冲引起细胞膜可逆性穿孔,从而将外源 DNA 导入受体细胞。在荧光显微镜下找到合适的细胞,再用激光光源替代荧光光源,使目的细胞的细胞壁在激光微束脉冲作用下被击穿,从而使外源 DNA 进入受体细胞。

9. 花粉管导入法

让外源 DNA 沿着花粉管经过珠心进入尚未形成正常细胞壁的卵子、合子或早期胚胎细胞中,从而实现基因的转移。这一方法是我国科学家周光宇于 1983 年首先提出设计的,目前已应用于水稻、小麦、棉花、大豆、花生、蔬菜等作物的转基因研究。

花粉管导入法的特点是直接、简便。它的受体材料为植株整体,省略了细胞组织培养的诱导和传代过程,排除了植株再生的障碍,特别适合于难以建立有效再生系统的植物。由于转化的是完整植株的卵细胞、受精卵或早期胚胎细胞,导入的 DNA 分子整合效率较高。

以上这些方法多以原生质体为转化受体,原生质体的再生效率在这些植物转基因技术中至关重要。标准的高等植物原生质体制备和再生程序是:① 将植物嫩叶、幼芽或愈伤组织切成碎片,浸入含有纤维素酶的缓冲液中保温;② 悬浮物离心除去细胞碎片;③ 将原生体悬浮液滴在无菌滤纸片上,并置于含有普通植物细胞(即所谓的滋养细胞)的固体再生培养基的表面,使原生质体与滋养细胞不直接接触,但可吸收由滋养细胞分泌扩散出来的植物生长因子及其他化合物;④ 培养 2～3 周后,将滤纸上的植物细胞转移至含有高浓度分裂素和低浓度生长素的固体培养基上继续培育 2～4 周，滤纸片上便长出嫩芽；⑤ 将嫩芽置入含有低浓度生长素而无分裂素的固体培养基上，使其根部发育；⑥ 大约 3 周后再将之移植在土壤中，长成整株植物。

Note

10. 人工核酸酶介导的植物基因组定点修饰技术

近年来的研究表明，人们通过多种方式可以改变植物活细胞的 DNA，这些方式包括：在一个基因中插入一段核苷酸序列从而改变该基因编码的氨基酸序列；删除基因或染色体片段；在特定基因组位置插入外源基因。这些定点 DNA 序列修饰可通过在要改变的基因组位点能产生双链 DNA 断裂的序列特异性核酸酶来实现。通过同源重组（homologous recombination，HR）或非同源末端连接（nonhomologous end joining，NHEJ）即可实现定点序列修饰（图 7－5）。这种序列改变可用来研究基因的功能，而且还可以利用植物来生产许多农产品。

用于基因组定点修饰改造的核酸酶主要包括：锌指核酸酶（zincfinger nucleases，ZFN）、转录激活因子样效应物核酸酶（transcription activator-like effector nucleases，TALEN）和归巢核酸内切酶（engineered meganucleases），以及 CRISPR－Cas 系统（图 7－6）。这些核酸酶及相关技术能够实现精确的基因组编辑，为基因功能研究、动植物基因组的改造以及疾病治疗创造了新的可能性。

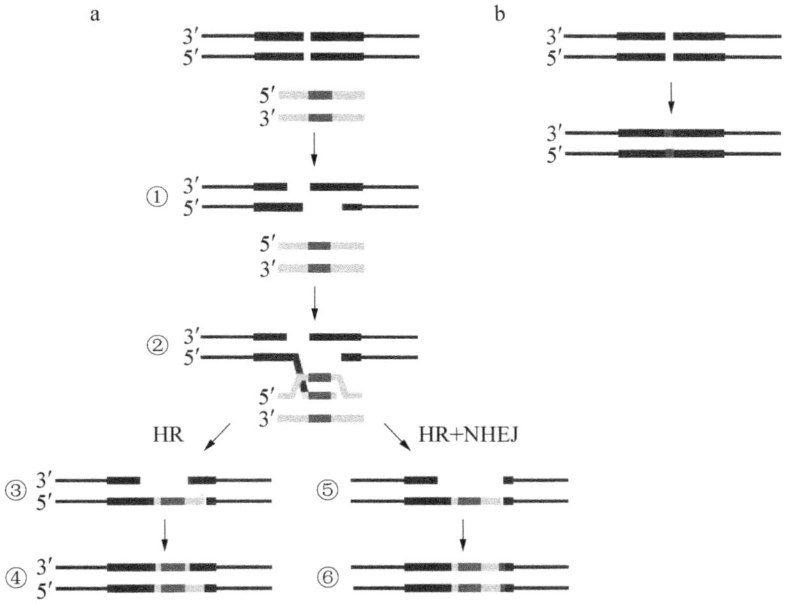

图 7－5　利用同源重组或非同源末端连接修复双链 DNA 断裂
（引自 Voytas DF，2013）

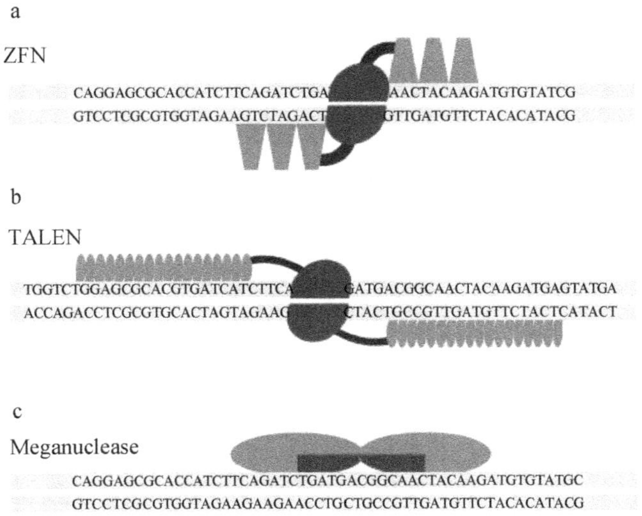

图 7－6　三种序列特异的核酸酶
（引自 Voytas DF，2013）

Note

(1) 锌指核酸酶(zinc finger nucleases,ZFN):ZFN 是异源二聚体,其中每个亚基由锌指结构的 DNA 结合结构域和 DNA 切割结构域(Fok Ⅰ核酸内切酶)融合而成。ZFNs 包括 3～4 个锌指结构,每个锌指结构可识别 3 个核苷酸,这样 ZFNs 能够识别 18～24 个特定的核苷酸序列并结合指定的位点,高效且精确地切断靶 DNA。随后细胞利用天然的 DNA 修复过程——"同源定向修复"或"非同源末端接合"来治愈靶断裂。ZFN 技术的应用使基因组靶向修饰成功的效率达到 1%～20%,与同源重组技术相比有了很大的提高。ZFN 技术还能在用户指定的目标位点插入基因(报告基因或亲和标签)。

(2) TALEN(transcription activator-like effector nucleases):转录激活因子样效应物(TALE)来源于一种细菌性植物病原体——黄单胞菌(*Xanthomonas*)。在黄单胞菌侵染过程中,将转录激活因子样效应物送入植物细胞内,结合到特定的植物基因启动子上并激活其表达,这样可增强病原菌的毒性。

TALE 包含了 13～28 个拷贝的含有 34 个氨基酸的重复序列,能与 DNA 的单核苷酸特异结合。科研人员将 TALE 与 Fork Ⅰ核酸内切酶融合在一起,可在基因组的特异位点使 DNA 断裂,从而可在该位点进行 DNA 编辑修饰操作。

与 ZFN 相比,TALEN 更易设计,不受上下游序列影响,也更廉价。

(3) 归巢核酸内切酶(meganucleases or engineered homing endonucleases):归巢核酸内切酶或(兆碱基)大范围核酸酶是生物体内由移动的内含子编码的一类非常罕见的核酸内切酶,它的识别位点为 12～40 bp。当归巢核酸内切酶识别无内含子的特定的序列并切割双链 DNA 后,然后以含有内含子的等位序列做模板进行修复,因此在切割位点处拷贝了内含子。但是,与 ZFN 或 TALEN 不同,归巢核酸内切酶只有单个结构域,这样改造起来难度更大,DNA 结合结构的任何改变都有可能破坏切割。

(4) CRISPR - Cas9 系统(clustered regularly interspaced short palindromic repeat (CRISPR)/CRISPR - associated protein 9 system):CRISPR - Cas9 系统是继锌指核酸酶(ZFNs)和 TALEN 核酸酶之后另一个可精确定点编辑基因组 DNA 的新技术。该系统利用短 RNA 序列引导 Cas 核酸酶在基因组上特定的位置进行切割形成双链断裂,随后利用植物自身的修复机制,引入随机突变或导入特定的 DNA 序列,从而对基因组进行突变、置换、插入等精确编辑,具有设计简单、快速等优点。

CRISPR - Cas9 系统是 2012 年基因组工程的主要研究新进展。在细菌的抗病毒和转录调控系统中(图 7 - 7),crRNA(CRISPR - derived RNA)通过碱基配对与 tracrRNA(*trans*-activating RNA)结合形成双链 RNA,此 tracrRNA/crRNA 二元复合体指导 Cas9 蛋白在 crRNA 引导序列靶定位点剪切双链 DNA,其中 Cas9 的 HNH 核酸酶结构域剪切互补链,其 RuvC - like 结构域剪切非互补链。这个 RNA 复合体简化成由目标序列反转录来的指导 RNA (guide - RNA,gRNA)。gRNA 含有与目标 DNA 互补的 20 个核苷酸序列的大约 100 个核苷酸的 RNA 序列(形成结合 Cas9 的必须二级结构)。为了能够被 Cas9 - gRNA 复合体识别,目标序列必须以 5′- NGG - 3′[the protospacer adjacent motif(PAM)]结尾。识别后,Cas9 从 PAM 上游 3 个核苷酸处切割互补链,在上游 3～8 个核苷酸处切割非互补链。目前除了动物中的应用外,CRISPR - Cas9 介导的突变在拟南芥、烟草、水稻、小麦等植物中都获得了成功。在稳定转化的植物中用该系统获得的突变效率高于 ZFNs 和 TALENs。

7.1.2 转基因植物的筛选与鉴定

外源基因转化植物细胞后,外源基因是否进入植物细胞,进入植物细胞的外源基因是否整合到了植物细胞的染色体上,整合的方式是怎样的,整合到染色体上的外源基因是否表达,这一系列的问题,只有用足够的实验证据证实后才能证明被检测的材料是转基因的。

为了获取真正的转基因植物,基因转化后首先要对转化植物细胞进行筛选。即在含有选择压力的培养基上诱导转化细胞分化形成转化芽,再诱导芽生长、生根,再生成完整的植株。然后

Note

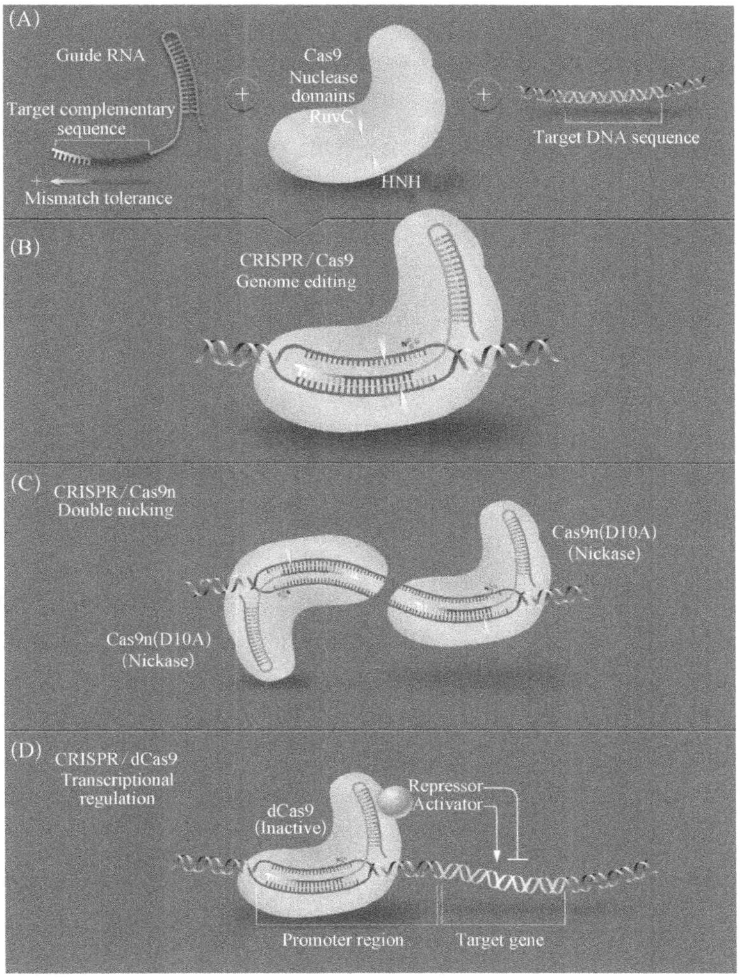

图 7-7　CRISPR-Cas9 系统
(引自 Vorge LJ et al.,2014)

对获得的转化植株进行生化或分子生物学鉴定。最后是对鉴定正确的转基因植株进行表型性状鉴定及对外源基因功能进行研究,对转基因植株进行遗传学分析等。

一般说来,检测外源基因是否转化成功,可分为对报告基因进行检测和通过分子生物学方法对目的基因进行检测。在对转基因植物进行检测时,一定要设置阳性对照和阴性对照材料一起检测。

1. 报告基因的检测

报告基因是指编码产物能够被快速测定,常用来判断外源基因是否已经成功导入寄主细胞并检测其表达活性的一类特殊用途的基因。根据报告基因的编码特点,主要分为两类:一类是抗性基因,一类是编码酶的基因或发光基因。

抗性的报告基因应该具备以下条件:① 抗性基因应该是显性的;② 在选择压力存在下,转化细胞能继续生长,而非转化细胞受到抑制,从而使转化子得以富集;③ 抗性基因的产物本身不能对转化细胞的生长或发育有抑制作用;④ 选择物应价廉易得,且非转化的靶细胞对其没有抗性或抗性极低。

(1) 抗性基因

1) 抗生素抗性基因　常用的抗生素抗性基因使抗生素失活,解除抗生素对转化细胞在转录和翻译过程中的抑制作用,使转化细胞得以继续生长。一般抗生素抗性基因直接添加到培养基中形成选择压力,对转化细胞进行筛选。

Note

① 新霉素磷酸转移酶基因(*npt*)：对卡那霉素、巴龙霉素、新霉素都有抗性，其中，卡那霉素抗性基因(kan^r)、新霉素抗性基因(NPT Ⅱ)是最常用的标记基因。

② 潮霉素磷酸转移酶基因(*hpt*)：潮霉素抗性标记基因在禾谷类作物上的选择效率高。

③ 链霉素磷酸转移酶基因(*spt*)：来源于转座子 Tn5，适合于叶绿体转化。

④ 氯霉素乙酰转移酶基因(*cat*)：编码产物使氯霉素丧失抗菌活性。

⑤ 庆大霉素-3-N-乙酰转移酶(*aacc3* 和 *aacc4*)：对庆大霉素有抗性。

2) 抗除草剂基因　基因产物能抵抗除草剂的杀灭作用，除草剂抗性基因在植物遗传转化中可同时用做选择标记和培育抗除草剂的作物。

① *bar*：编码磷酸化乙酰转移酶(PAT)使磷化麦黄酮(PPT)(除草剂 Basta 的活性成分)的自由氨基乙酰化从而对 PPT 解毒。

② *epsps*：草甘膦抗性标记基因，用作显性选择标记。

③ *als*：绿黄隆抗性标记基因。绿黄隆是一种磺酰脲除草剂，抑制乙酰乳酸合成酶的活性。绿黄隆抗性标记基因在水稻上可代替潮霉素抗性基因，转化效率相似。

(2) 显色或发光报告基因：这类报告基因的编码产物可用简单的生物化学反应或借助特殊的仪器直接观察。

1) β-葡萄糖苷酸酶(GUS)基因　*gus* 基因存在于某些细菌体内，编码 β-葡萄糖苷酸酶(β-glucuronidase，GUS)，该酶是一种水解酶，能催化许多 β-葡萄糖苷酯类物质的水解。因为绝大多数植物细胞内不存在内源的 GUS 活性，因此 *gus* 基因广泛用作转基因植物的报告基因，尤其是在研究外源基因瞬时表达的转化实验中广泛应用。此外，*gus* 基因 3′端与其他结构形式的融合基因也能够正常表达，所产生的融合蛋白仍具有 GUS 活性，这对研究外源基因表达的具体细胞部位提供了方便条件，也是它相对于其他报告基因的一个优点。主要有以下三种检测方法。

① 组织化学染色定位法：该法以 5-溴-4-氯-3-吲哚-β-D 葡萄糖苷酸酯(X-Gluc)为底物，通过显色反应可直接观察到组织器官中 GUS 的活性。该方法不用将酶从组织中提取出来，而是使底物进入被测的植物组织、细胞或原生质体之中。将被测材料浸泡在含有底物的缓冲液中保温，具有 GUS 活性的部位或位点呈现蓝色，可用肉眼或在显微镜下观察到。

② 荧光法：该法以 4-甲基伞形酮酰-β-D-葡萄糖醛酸苷酯(4-MUG)为底物，GUS 催化其水解为 4-甲基伞形酮(4-MU)及 β-D 葡萄糖醛酸。4-MU 分子中的羟基解离后被 365 nm的光激发，产生 455 nm 的荧光，可用荧光分光光度计定量检测。

③ 分光光度法：对硝基苯 β-D-葡萄糖醛酸苷(PNPG)是该法的最好底物，GUS 将其水解生成对硝基苯酚，在 pH7.15 时离子化的发色团吸收 400～420 nm 的光，溶液呈黄色，随反应进行显色增强。这种方法简单，但其灵敏度不高。

2) 荧光素酶活性检测　萤火虫荧光素酶催化的底物是 6-羟基喹啉类，在 Mg^{2+}、ATP 及氧作用下，该酶使底物氧化脱羧，生成激活态的氧化荧光素，其发射光子后转变成常态的氧化荧光素。来自细菌的荧光素酶以脂肪醛为底物，在醛氧化成酸的同时，放出光子。依据上述原理建立的荧光素酶检测的方法简便、灵敏，且通常无本底，所以该基因很适合在植物基因转化中作报告基因。

3) 绿色荧光蛋白检测　绿色荧光蛋白(green-fluorescent protein，GFP)是一些腔肠动物所特有的生物荧光素蛋白，它是能够接收光辐射能并最终发射荧光的物质。作为报告基因 *gfp* 基因在各种生物中广泛使用。*gfp* 发射的荧光可用荧光显微镜检测。

用 *gfp* 基因作报告基因具有以下优点：适用于各种生物的基因转化；检测方法简便；便于活体检测，该基因对活体细胞无毒害；检测时可获得直观信息，有利于转基因植物安全性问题的研究及防范。

现在科研人员又开发了红色荧光蛋白(RFP)、黄色荧光蛋白(YFP)、蓝色荧光蛋白(BFP)等新型的荧光蛋白。相信在不久的将来，这些荧光蛋白可更好地用于植物转基因中。

Note

2. 分子生物学水平的检测

分子生物学水平的检测可对转基因植物中的外源基因从基因组 DNA 到外源基因表达产物进行一系列检测。按照检测方法不同可分为：分子杂交、PCR 方法、酶联免疫检测方法。

(1) 分子杂交：不同来源的核酸单链之间或蛋白质亚基之间由于结构互补而发生非共价键的结合。利用探针与其互补的核苷酸序列或蛋白质亚基杂交后，就可以从诸多的核苷酸序列中检测出与其互补的序列或从蛋白质中检测出与其互补的蛋白质亚基，因而分子杂交是重组子鉴定以及检测外源基因整合与表达的强有力的手段，它是证明外源基因在植物染色体上整合的最可靠方法。转基因植物分子杂交包括两部分：一是核酸分子杂交，其中又包括 Southern 杂交及 Northern 杂交；二是属于蛋白质分子"杂交"的 Western 杂交。

1) Southern 杂交　从基因组水平上检测外源基因是否整合到植物染色体上。可以确定外源基因在植物中的组织结构，整合的位置及拷贝数，F1 代外源基因的稳定性。

2) Northern 杂交　从 RNA 水平上检测外源基因是否在植物体内进行转录，更接近于性状表现，更有现实意义。

3) Western 杂交　检测目的基因在翻译水平上的表达结果，能直接显示目的基因在转化体中是否经过转录、翻译最终合成蛋白而影响植株的性状表现。

(2) PCR 方法：根据转基因植物中外源基因的特点，设计并合成相应的引物，以转基因植物 DNA 为模板进行 PCR 扩增反应。还可以 RNA 为模板，经 RT - PCR (Reverse-transcription PCR)检测外源基因是否转录。如 PCR 扩增反应的产物与外源基因片段相同，表明该植物为转基因植物。应用 PCR 检测易出现假阳性，可用 PCR - Southern 杂交进一步验证。PCR 检测方法模板用量少，操作简便、快速，可在短时间内获得结果，所以该方法是转基因植物检测的重要方法。

(3) 酶联免疫吸附(ELISA)检测：酶联免疫吸附检测是指利用外源基因表达蛋白的抗体与抗原的特异性，通过结合在抗体上的酶作用于特定的底物后发生显色反应，借助比色鉴定转基因植物。酶与底物反应的颜色与样品中的抗原的含量成正比，因此 ELISA 检测可以对样品进行定性和定量检测，也可确定表达蛋白在转基因植物组织及细胞中的分布。

(4) 原位杂交检测：原位杂交(in situ hybridization, ISH)技术是利用核酸分子单链之间有互补的碱基序列，将有放射性或非放射性的外源核酸(即探针)与组织、细胞或染色体上待测 DNA 或 RNA 互补配对，结合成专一的核酸杂交分子，经一定的检测手段将待测核酸在组织、细胞或染色体上的位置显示出来。为显示特定的核酸序列必须具备 3 个重要条件：组织、细胞或染色体的固定、具有能与特定片段互补的核苷酸序列(即探针)、有与探针结合的标记物。通过原位杂交技术可确定外源基因在染色体上的位置及在组织细胞内的表达定位。

原位杂交技术是分子生物学、组织化学及细胞学相结合而产生的一门新兴技术，始于 20 世纪 60 年代。1969 年美国耶鲁大学的 Gall 等首先用爪蟾核糖体基因探针与其卵母细胞杂交，将该基因进行定位，与此同时 Buongiorno-Nardelli 和 Amaldi 等相继利用同位素标记核酸探针进行了细胞或组织的基因定位，从而创造了原位杂交技术。自此以后，分子生物学技术的迅猛发展，为原位杂交技术的发展奠定了深厚的技术基础。

7.1.3　提高外源基因在植物中表达水平的策略

1. 以叶绿体为转化受体

叶绿体转化体系统是由 Svab 等于 20 世纪 90 年代初期建立的。叶绿体作为一个核外遗传物质的载体，基因转录和翻译机制类似于原核生物。叶绿体的转化具有如下优点：由于叶绿体基因组具很高的拷贝数(1 900 ～5 000 个/成熟植物叶细胞)，且它作为光合作用产能的细胞器能为终产物的超量合成创造条件，另外叶绿体对物质的积累有较强的承受能力，所以往往能使外源基因得以超量表达；叶绿体结构简单，背景清楚，便于设计同源重组位点，这种位点特异重组方式可以消除位置效应导致的基因沉默；能更有效的控制外源基因，防止它向环境释放。

Note

2. 核基质附着区(MAR)序列的功能

核基质附着区(matrix attachment region, MAR)是指真核生物基因组中能特异与核基质结合并富含AT的DNA序列。不同来源的MAR序列中常含有T-box、AT结构域及拓扑异构酶Ⅱ识别序列等结构域。这些序列常常在含有环状(loop)结构的基部有规律地出现,推测MAR序列在形成环状结构过程中和内源基因的表达密切相关。研究人员将分离到的MAR序列连接在报告基因的两翼。通过大量转基因实验来探索MAR序列的功能。结果发现,在稳定整合的转基因植物中,MAR在一定程度上提高了转基因的平均表达水平,同时也可以降低不同转化体之间转基因表达水平的差异。研究还发现,MAR具有的这种转录增强作用与转录的起始点和转基因与MAR序列之间的距离无关,而与该基因的整合状态及拷贝数有关。不含MAR的转基因随着拷贝数的增多而表达水平降低,两翼连有MAR的转基因在拷贝数增加到9~10个之前,其表达水平有随拷贝数的增多而提高的倾向。但当拷贝数超过了9~10个,转基因的表达水平就会急剧下降。对这种现象的解释是:MAR减少了DNA配对引起的同源依赖的转基因沉默,但当拷贝数很高时,这种作用就消失了。虽然研究者提出了4种分子模型来解释MAR序列的功能,但还缺少更可信的实验证据。

3. 选择启动子

启动子是指位于转录起始点上游区的一段特殊的DNA序列,是基因表达的必要元件。启动子的特性决定着其驱动的结构基因的表达特性,是决定基因转录效率的关键因素,因此启动子的选择对增强外源基因的表达量至关重要。根据试验目的的不同,可选择不同的启动子来驱动外源基因的表达。根据其驱动基因表达方式不同将启动子分为组成型启动子、诱导型启动子、组织器官特异性启动子。组成型启动子驱动的基因的表达不受时间和空间及诱导物的影响,这类启动子驱动的基因往往是生长发育所必需的。如花椰菜花叶病毒(CaMV)35S启动子、水稻肌动蛋白基因(*actin1*)的启动子和玉米泛素基因(*ubiquitin*)的启动子等都是常用的组成型启动子。由于单子叶植物与双子叶植物之间有较大差异,不同来源的强启动子在异源系统中不一定就表现出强驱动能力。35S启动子在烟草、拟南芥等双子叶植物体系中都表现出非常高的启动活性,但是在大麦中则几乎没有启动活性。

诱导型启动子驱动的基因表达受植物自身合成的物质如生长素、脱落酸(ABA)或一些环境因素如温度、光照、干旱、高盐、重金属离子等所诱导。在诱导型启动子中通常含有一些与诱导因素所对应的元件,如与温度对应的顺式应答元件有GCGAC-motif、HSE-motif、CCAAT-box等。诱导型启动子只在当其诱导因素出现后才能启动下游基因的表达,当诱导因素消失时就停止启动下游基因的转录,从而有效地避免了因外源基因表达产物的过分积累而对宿主植物造成伤害。

组织器官特异性启动子驱动的基因只在某个特定的组织或器官里表达。用组织特异性启动子驱动外源基因,可实现在特定的组织部位表达外源基因,这为创制特定的转基因种质提供了途径。

4. 使用强终止子

植物基因的转录终止子,至少含有一个多聚腺苷酸信号(例如AATAAA、AATTAA或AACCAA),但还需要其他3′序列一起才能正常发挥其功能。植物转基因中常用的终止子是CaMV 35S终止子和根瘤土壤杆菌T-DNA的胭脂氨酸合成酶基因的nos终止子。Poly(A)尾巴,特别是其中的茎环结构,可以有效地抗御核酸酶的水解作用,使mRNA分子保持稳定性。

5. 添加内含子

内含子是指在前体RNA剪接产生mRNA过程中丢失的RNA片段或对应基因组中DNA片段。虽然内含子一般并不参与编码蛋白质序列,但其具有特定的生物学功能,其中一个重要的功能就是增强外源基因在受体中的表达。用非变性蛋白胶研究玉米脱氢酶等位基因*Adh1-S*和*Adh1-F*发现:若用同拷贝数的*Adh1-S*的基因组序列做遗传转化时,其表达量与内源*Adh1-F*一致,用*Adh1-S*的cDNA做遗传转化时,则几乎检测不到其表达的蛋白，但若在cDNA序列中正确插入*Adh1*－*S*基因的9个内含子中的一个或多个之后又可恢复到其正常表达水平。目前已知的能增强外源基因表达的内含子来自玉米脱氢磷酸核酮糖羧化酶小亚基、马铃薯的光诱导组织特异性蛋白ST－LS1和拟南芥的聚泛素蛋白3等基因。

6. 使用植物偏爱的密码子

大多数氨基酸都由不止一个密码子编码，这些编码同一个氨基酸的密码子称为同义密码子，通常只是在密码子的第三位核苷酸存在差异。虽为同义密码子，但它们在不同的生物体中或同一生物体内不同的基因却有着不同的使用频率；在单子叶植物与双子叶植物中存在密码子使用的整体性差异，单子叶植物使用的密码子的第三位往往是G/C，而双子叶则偏向使用A/T结尾的密码子；如玉米waxy基因的密码子主要使用G/C结尾的密码子，很少或避免使用A/T结尾的密码子。因此，为提高外源基因的表达效率，必须根据受体生物的密码子偏爱性对目的基因进行改造，尤其是将原核生物的基因导入到植物基因组，某个或某几个使用频率低的密码子就会使目的基因的表达受到极大的限制。

除了密码子偏爱性之外，信使RNA的稳定性是决定表达水平非常关键的因素，因此，密码子改造通常还包括去除影响mRNA稳定性的序列，研究发现转录本中含有某些非植物来源的序列被植物识别为不稳定信号，例如：AUUUA、AAUAAA等；原核生物和原生动物通常都含有较高频率的AU和许多不稳定信号，通过优化序列去除基因编码序列中的不稳定信号，可以大幅度提高蛋白的产率。

7. 增强子的应用

增强子是指一段可以增强与其连锁的基因的转录效率的DNA序列，其所在位置及增强作用的方向均具有不确定性，可位于基因的任何位置，但具有组织细胞特异性。增强子增强RNA聚合酶Ⅱ介导的转录作用机制有两种较为有代表性的模型："开或关"与"渐进"模型，"开或关"模型认为增强子并不改变每一个细胞中该基因的表达水平，而是增加转录活化的细胞数从而整体上增强表达活性。"渐进"模型则认为增强子是增强启动子的启动活性而提高转录活性，但不改变转录活化的细胞数量。

8. Kozak序列

Kozak是一个女科学家的名字，她通过对起始密码子ATG周围碱基的定点突变在统计学水平来分析其对转录和翻译速率的影响，最终确定ATG两侧序列为GCCATGATGG、GCCACCATGG时，转录和翻译效率最高，尤其是－3位的A对翻译效率特别重要，该序列即为Kozak序列，并被广泛应用于表达载体的构建中。

9. Ω序列

Ω序列是位于mRNA起始密码子之前的一段67 bp左右的非翻译序列，因其独特的迁移属性被Mandeles称为Ω序列。实验证明Ω序列能够增强报告基因的表达活性。

10. 使用一些病毒编码蛋白

研究证明一些病毒能编码某种特异抑制寄主植物的PTGS（转录后水平的基因沉默）的蛋白质，将这种蛋白的基因转入宿主基因组中表达可以抑制基因的沉默。

11. 使用信号肽

每种蛋白质作用的空间位置都是不同的，蛋白质定向运输需要特殊多肽信号的引导作用，为了提高转基因在特定组织中的表达，使用信号肽序列是必需的。植物细胞本身是一个平衡体系，蛋白质水平的动态变化是细胞保持活力和进行生命活动的基本特征和必要前提。利用信号肽将外源蛋白引导到特定的亚细胞或植物细胞外，从而减少或避免植物细胞酶系统的降解作用，提高外源蛋白的含量，或者有利于外源表达蛋白执行应有的功能。

12. 在有性生殖后代中筛选单拷贝植株

通过遗传和分子生物学方法筛选转基因植株，获得单拷贝转基因植株，可减少因多拷贝重复而引起PTGS。

Note

到目前为止，提高外源基因表达的方法很多。但对于一个特定的植物受体来说，不同的方法所起的实际作用往往不尽相同。所以在实际操作时，针对不同的转基因受体，要根据受体本身的特点选择不同的方法或其组合来提高外源基因在转基因植株体内的表达水平，不能千篇一律，这样才能达到事半功倍的效果。

植物细胞是一个平衡体系，进入一个外源因素必然会扰乱其固有的平衡，为此，植物细胞必然会采取相应的措施去消除外源因素或将其干扰作用降到最低而达到一个新的平衡。因此，为了最大限度地提高外源基因的表达，需要在基因表达的不同阶段做适度的修饰，从而不至于扰乱植物细胞内部的平衡而产生拮抗作用。

7.1.4　转基因植物的应用

1. 抗虫转基因作物

虫害往往使农作物遭受重大产量损失。全世界每年用于化学杀虫的费用高达几十亿美元。杀虫剂的大量使用不仅增加农业成本，还会造成环境污染，破坏生态平衡。因此转基因抗虫植物应运而生。目前应用最广并已投入生产的转基因抗虫植物所用的基因是苏云金杆菌(*Bacillus thuringiensis*，Bt)δ-内毒素基因和豇豆胰蛋白酶基因(*CpTI*)，其他还有植物凝集素基因、来自动物的昆虫毒素基因和蜘蛛毒素基因等。

Bt是革兰氏阳性细菌，在芽孢形成过程中能产生大量的伴胞晶体，具有高度特异性杀虫活性，这种蛋白被称作δ-内毒素蛋白。δ-内毒素被昆虫摄食后进入昆虫中肠，在消化酶的作用下将原毒素降解成具有毒性的多肽，结合到中肠上皮细胞特异性的受体上，导致细胞膜穿孔、细胞肿胀裂解，最后细胞死亡。由于Bt毒素对哺乳动物无毒害作用，因而被广泛地用来构建抗虫转基因作物。经过科研人员长期不断的努力，自20世纪90年代以来，已获得了多种具有较高抗虫效果的转基因作物。目前Bt毒素基因已成功转化了水稻、棉花、玉米、马铃薯、番茄、烟草、苹果、唐棣、核桃、杨树、蚕豆、白三叶、菊花、酸果和大豆等。

蛋白酶抑制剂发现于1938年，广泛存在于植物中。蛋白酶抑制剂能与昆虫消化道的蛋白消化酶结合，形成酶-抑制剂复合物，从而阻断或降低蛋白酶对外源蛋白的水解作用，导致外源蛋白不能被正常消化。同时酶抑制剂复合物也能刺激昆虫分泌过量的消化酶，引起昆虫厌食反应。此外，蛋白酶分子还能通过消化道进入血液和淋巴系统，干扰昆虫的蜕皮过程和免疫功能，影响昆虫的正常发育。植物中存在丝氨酸蛋白酶抑制剂、巯基蛋白酶抑制剂和金属蛋白酶抑制剂等，其中对丝氨酸蛋白酶抑制剂的研究最多。目前已有多种蛋白酶抑制剂基因被转移到植物中，其中大部分工作集中于豆科、茄科和禾本科的丝氨酸蛋白酶抑制剂基因的转移。

植物凝集素(lectin)是一种糖蛋白或结合糖的蛋白质，存在于多种植物中，特别是富含于植物种子和储藏器官。当昆虫摄取含凝集素的食物后，植物凝集素与昆虫肠道黏膜上的糖配体结合，影响营养物质的吸收。目前成功用于植物抗虫基因工程的凝集素基因有雪花莲凝集素基因、豌豆凝集素基因、麦胚凝集素基因、半夏凝集素基因等。

2. 抗病毒转基因作物

植物病毒病害已成为植物病害的最大类群之一，基因工程技术的发展，为培育抗病毒的植物品种开辟了新的途径。目前已有多种方法获得抗病毒转基因植物。

(1) *利用植物自身编码的抗病毒基因培育抗病毒植物*：许多植物对病毒具有天然的抗性，将这些基因克隆并转化到其他植物中，可使转化的植物获得抗病毒的能力。在植物中有几种基因编码的蛋白具有抗病毒的功能，如烟草中获得的*N*基因，广泛存在于植物中的病程相关蛋白(pathogenesis-related protein，PR蛋白)对病毒都表现一定的抗性，PR蛋白是植物受到病毒侵染或其他因子影响后产生的一种蛋白，它可能参与植物细胞壁的抗侵染作用。

(2) *病毒外壳蛋白转基因植物*：病毒外壳蛋白(coat protein，CP)转基因植株抗病毒的机制有两种观点：其一是认为将病毒外壳蛋白基因转移到植物细胞后，转化株内CP基因表达的蛋白能将入侵病毒裸露的核酸包裹，从而阻止入侵病毒核酸的翻译和复制；其二是认为 CP 基因的表达可抑制入侵病毒的脱壳，从而抑制病毒的繁殖。自 1986 年 Beachy 等将 TMV 外壳蛋白基因转移到烟草后，至今已有 30 多种植物病毒的 CP 基因转移到烟草等十多种双子叶植物中，并获得了抗性强弱不等的多种转基因植株，某些转基因植物已释放到大田中，取得了明显的经济效益。

(3) *病毒复制酶转基因植物*：将病毒 RNA 复制酶基因改造后导入植物体后，可干扰病毒的复制，从而达到抗病毒的目的。病毒复制酶转基因植株对病毒抗性远高于病毒外壳蛋白转基因植株。

(4) *移动蛋白转基因植物*：植物病毒系统侵染宿主包括两个重要的过程，病毒通过胞间连丝在细胞间移动和通过微管束系统在组织器官间的移动。病毒在细胞间的移动主要受病毒本身编码的移动蛋白(movement protein, MP)和寄主因素控制，移动蛋白能够修饰胞间连丝、增加其有效孔径；同时又能与病毒核酸结合，使病毒核酸的三维结构改变成丝状的核酸-蛋白质复合体，有利于通过胞间连丝。对移动蛋白基因进行改造后转化植株，可使转化株对病毒产生抗性。

(5) *核糖体失活蛋白转基因植物*：核糖体失活蛋白(ribosome-inactivating protein, RIP)是一类能抑制蛋白质生物合成的蛋白，对蛋白酶抑制剂表现一定的适应性，能被诱导合成对蛋白酶抑制剂不敏感的消化酶。

(6) *病毒卫星 RNA 转基因植物*：在某些多分体病毒颗粒内除含有基因组 RNA 外还含有小分子 RNA，它们与病毒 RNA 没有同源性，要依赖病毒的核酸才能侵染和复制，这种 RNA 称为卫星 RNA(satellite RNA, sRNA)，其依赖的病毒称为辅助病毒。通过对病毒卫星 RNA 改造，导入植物细胞中，当相应的辅助病毒入侵植物时，卫星 RNA 被激活并大量表达，干扰病毒的复制，达到抗病毒的目的。sRNA 赋予植物的抗性不会受病毒的接种量的影响，且抗性的获得不需要产生新的异源蛋白，因而提高了转基因植物的生物安全性。

3. 抗菌转基因植物

细菌病害是危害作物的主要病害之一。其中水稻白叶枯病是危害水稻产量的重要细菌病害。目前已从水稻中发现了 29 个抗白叶枯病基因，已克隆了其中 6 个抗性基因：*Xa1*、*Xa21*、*Xa26*、*xa5*、*Xa27*、*xa13*。其中 *Xa21* 基因来自长药野生稻，对水稻白叶枯病 Xoo 的多个小种或致病型有广谱抗性。我国已有许多学者利用转基因技术将 *Xa21* 基因导入不同水稻品种中，从而使这些品种获得了对白叶枯病的抗性。

植物对真菌等病原微生物的防御主要包括机械防护和生物保护两个方面。当致病菌入侵植物时，植物细胞壁的结构发生变化，细胞壁的强度和硬度增加。另一方面，植物细胞被诱导合成多种活性物质如抗毒素和几丁质酶等，以抑制真菌的生长和入侵。

(1) *几丁质酶转基因植物*：几丁质酶(chitinase)广泛存在于植物和微生物中，它能降解几丁质，而几丁质是许多植物病原真菌细胞壁的主要成分，因而利用几丁质酶转基因植物在防治植物真菌病害中有重要意义。病原真菌侵染植物能诱导产生几丁质酶活性升高。Broglie 等将菜豆几丁质酶的 cDNA 与 CMV 35S 启动子重组，导入烟草和番茄中，转化株对立枯丝核菌(*Rhizoctonia* solani)的抗性显著提高。

(2) *植物抗毒素转基因植物*：植物抗毒素是植物对病原真菌侵染抵抗所产生的有毒性低分子化学物质。不同的植物可产生不同的抗毒素，但大多数是类黄酮类物质。病原真菌对非寄主植物抗毒素比较敏感，植物抗毒素的合成和积累与植物的抗病性密切相关。

4. 抗逆转基因植物

长期的植物生理学研究结果表明，植物对盐、碱、旱、寒、热等环境不利因素的自我调节能力很大程度上取决于细胞内的渗透压，提高渗透压往往能改善植物对上述环境不利因素的耐性。

植物在生长发育过程中会遇到各种各样不利环境条件如盐碱、旱、寒和热等的挑战，面对这些不利的逆境，植物只能通过机体自我调节而生存下去。随着基因工程技术的发展，人类可以有目的地改造生物的特性，使之能在某些恶劣的环境下生存，从而为解决人类的生存与环境问题提供新的途径。

(1) 抗盐转基因植物：土壤盐碱化是影响农业生产的重要因素之一，全球盐碱地约占陆地面积的1/3，在我国15亿亩耕地中约有1亿亩为盐碱地，此外还有5亿多亩为盐碱荒地。土壤盐渍化是限制植物生长、导致农作物减产的重要因素。植物的耐盐是在一系列酶的调节下而发挥作用的，这些酶或蛋白分别参与植物的渗透调节、离子区隔化和离子的选择吸收。将大肠杆菌和菠菜的醛脱氢酶基因转移到烟草中，获得了具有高抗盐能力的转基因植株。跨膜运输蛋白对植物的耐盐性也起重要作用，它决定植物细胞内盐离子浓度的水平。

(2) 抗旱转基因植物：世界上有近三分之一的地区属于干旱地区，干旱给全球农业和林业带来了严重危害。培育耐旱植物对解决旱灾具有重要意义。渗透调节是植物抗旱的重要方式，在多种植物渗透调节物质中，脯氨酸是一种主要的渗透调节物质，将麦脯氨酸合成酶基因克隆并转移到烟草中，可增强转化植株的耐旱能力。

5. 抗除草剂转基因植物

在大田中杂草与农作物争夺空间、阳光和各种养分，导致农作物减产。目前使用的除草剂或多或少会影响农作物的生长。草甘膦(glyphosate)是一种广谱性的有机磷除草剂，通过抑制叶绿体芳香族必需氨基酸生物合成途径中的5-烯醇式丙酮酸基莽草酸-3-磷酸盐合成酶(EPSPS)的活性，对许多一年生或多年生杂草都有很强的抑制作用。磺酰脲类除草剂通过抑制支链氨基酸合成过程中的一个关键酶——乙酰乳酸合成酶起作用。草丁膦是有机磷类除草剂，是非选择性光谱除草剂Basta的活性成分。阿特拉津是三嗪除草剂的主要代表，主要抑制植物叶绿体中的光合作用，导致光合作用停止，最终植物死亡。溴苯腈是除草剂buctril的活性成分，对于生长素2,4-D不能控制的杂草特别有效，它也是通过抑制植物光合作用的电子传递来起作用。

6. 改良作物品质

作物的高产优质一直是人类追求的目标。随着人们生活水平的提高，对食物的营养品质要求越来越高，所以培育富含营养、品质优良的作物新品种势在必行。

(1) 控制果实成熟的转基因植物：蔬菜和水果成熟后，其组织呼吸速度和乙烯合成速度普遍加快，并迅速导致果实皱缩和腐烂。控制蔬菜水果细胞中乙烯合成的速度，能有效延长果实的成熟状态及存放期，为长途运输提供了有利条件，具有重要的经济价值。

植物细胞中的乙烯由S-腺苷甲硫氨酸经氨基环丙烷羧酸合成酶(ACC)和乙烯合成酶催化裂解而成。科学家采用反义RNA技术抑制上述两个酶编码基因的表达，转基因番茄的乙烯合成量分别仅为野生植物的3%和0.5%，明显增长了番茄的保存期。

(2) 将不饱和脂肪酸转化为饱和脂肪酸：植物油大都是含有双键的不饱和脂肪酸，故在室温下呈液态。利用反义RNA技术，特异性灭活植物体内硬脂酰-ACP脱饱和酶的编码基因，即可提高转基因油料作物中饱和脂肪酸的含量。

(3) 提高粮食中必需氨基酸的含量：一般粮食种子的储存蛋白中几种必需氨基酸的含量较低，例如禾谷类蛋白的赖氨酸含量低，豆类植物的蛋氨酸、胱氨酸、半胱氨酸含量低，直接影响到人类主食的营养价值。将蚕豆中一种富含赖氨酸和甲硫氨酸的蛋白编码基因植入玉米中，可显著提高其营养价值。马铃薯和水稻也进行了类似的改良。

(4) 提高粮食中铁元素和维生素的含量：目前全世界有24亿人以大米为主食，约有1.3亿人因缺铁而引起贫血，2.5亿～10亿人患有不同程度的维生素A缺乏症。为了增加稻米中的铁质含量，将大豆芽中的铁蛋白编码基因转入亚洲稻谷一个普通品系中，转基因稻谷能储存相当于普通稻谷3倍的铁质。瑞士科学家将来自水仙等植物的相关基因植入水稻中，不仅铁的含量有所提高，而且维生素A的含量也丰富了。

7. 转基因植物在杂种优势中的应用

生物学上，利用两个不同系进行杂交，培育出比亲本更出色的后代，就是杂种优势。自然杂交只能在亲缘关系较近的亲本之间进行，无法在无亲缘关系的植物之间进行杂交，这限制了优良基因在不同植物之间的利用。通过基因工程技术可以改变这种情况，使不同来源的优良基因聚合到同一植物中，然后再通过传统杂交获得聚杂种优势的植株，以用于生产实际。

8. 其他转基因植物

(1) *改变花卉的颜色*：花卉的颜色是由花冠中的色素成分决定的。大多数花卉的色素为黄酮类物质，由苯丙氨酸通过一系列的酶促反应合成，而颜色主要取决于色素分子侧链取代基团的性质和结构，如花青素衍生物呈红色，翠雀素衍生物呈蓝色等。在黄酮类色素的生物合成途径中，苯基苯乙烯酮合成酶(CHS)是一个关键酶。利用反义 RNA 技术可有效抑制矮牵牛花属植物细胞内的 *CHS* 基因表达，使转基因植物花冠的颜色由野生型的紫红色变成了白色，并且对 *CHS* 基因表达抑制程度的差异还可产生一系列中间类型的花色。

(2) *改变花卉的形状*：植物激素在控制花朵的形状和大小方面起着重要的作用，例如，细胞分裂素与植物生长素的比值可以决定植株包括花的形状。分子生物学和遗传学的研究都表明，同源异形基因表达的加强或减弱都会改变花的大小和形状，而这些基因的表达时间直接影响到植物的花期。同源异形基因控制花形的过程十分保守，在几乎所有的观赏花卉中都是一样的，这就为人们用基因工程的方法改变花形和花期提供了有利条件。

7.2　转基因动物

转基因动物是指利用基因工程技术，将人们想要研究的基因在动物体实现表达。这些基因可以是动物体本身存在的，转基因的目的是使该基因表达增强，以此判断基因过表达时出现的生物学现象；这些基因可以是动物体本身并不存在，转基因的目的是研究基因从无到有的功能。由于转基因动物是对动物的遗传物质(DNA)进行了添加、更改或删除的特定性改造，使之出现新的可遗传的特征，如抗病能力增强、生长加快等，这些特征在自然状态不会发生，是人为基因操纵的结果。制备转基因动物的方法有很多，例如，显微注射法、精子载体法、逆转录病毒载体法、胚胎干细胞介导法、体细胞克隆介导法、人工染色体介导的基因转移法等，这些方法各有其优缺点，在转基因动物生产中有着不同程度的应用。

7.2.1　动物基因工程的常用方法

1. 显微注射技术构建转基因小鼠

最早建立成功的转基因哺乳动物是转基因小鼠。利用转基因小鼠，可以使得在动物整体水平来调控和研究某一基因的表达和功能，转基因小鼠已经成为人类病理模型。原核显微注射技术(pronuclear microinjection)是应用最广的转基因小鼠方法，最早由 Gordon 和 Ruddle 提出。原核显微注射是利用显微注射方法将外源基因直接注入受精卵原核，在目的基因与胚胎基因组融合后进行体外培养，移入假孕小鼠，以获得转基因动物。转基因小鼠的构建过程主要包括：超排受精卵、假孕母鼠、原核显微注射、胚胎移植以及首建鼠的鉴定(图 7-8)。该方法的优点是：目的基因的整合效率相对较高，重复性好，转入的基因表达稳定，可世代遗传，能在动物体水平从生理到行为进行系列研究。该方法缺点是：基因整合到基因组时具有随机性和不可预见性，导致转入基因出现不希望的插入突变。

为了克服在转基因小鼠的构建过程中的缺点，可以在构建载体时，利用不同的启动子来控制基因转入体内在不同的组织细胞中表达。人们已经成功利用转基因技术在神经元细胞中过表达 Bcl-2 从而起到保护神经元的作用，也可以通过此技术来建立人类重要疾病的模型，便于人类在体内进一步研究功能基因。

2. 基因打靶策略

基因打靶(gene targeting)技术是利用同源重组去改变内源性基因，通过基因打靶可以成功地剔除一个基因外显子，增加一个基因和引起点突变。基因打靶可以是永久性的，也可以是

Note

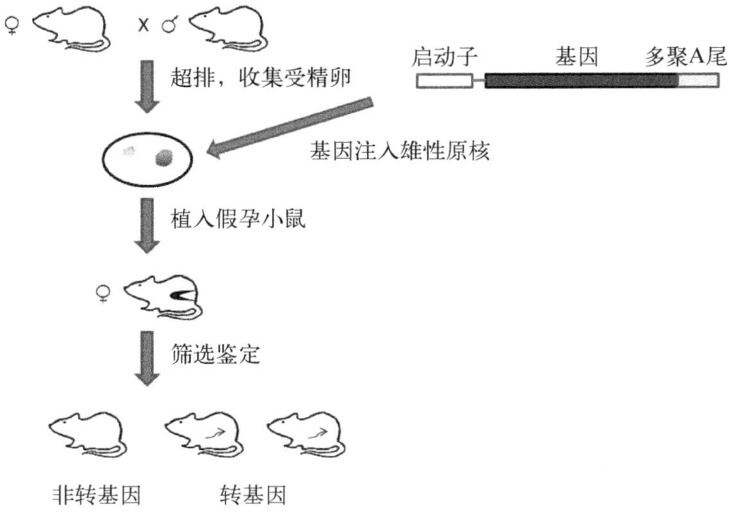

图 7-8　转基因小鼠的制作过程

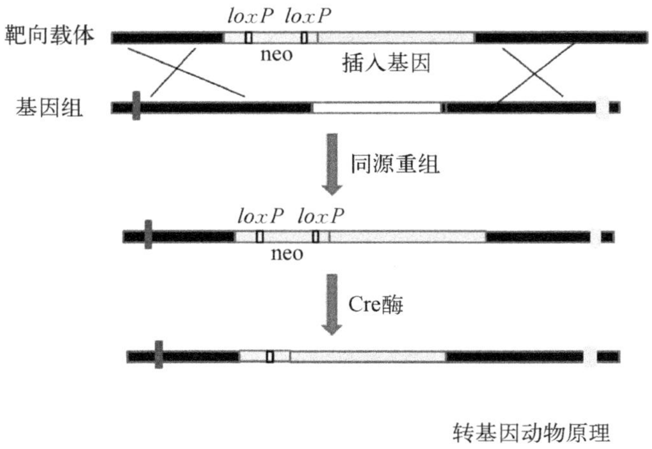

图 7-9　基因打靶示意图

时空条件性的，即在发育某一阶段或在一特定的组织中实现基因剔除的目的。利用体外转基因和胚胎干细胞技术，可以成功实现在胚胎干细胞中整合入外源基因，再将胚胎移入囊胚，在出生的后代中就会出现携带有外源基因的嵌合体小鼠，经过进一步的繁殖筛选，可以获得纯合的转基因小鼠。此技术的关键在于打靶载体构建，在实际操作中，为便于筛选阳性克隆，需要将表达基因带上抗性基因（*neo*），筛选到所需克隆后，再通过 Cre 重组酶将抗性基因去除。原理如图 7-9。

为便于观察，现在人们在构建载体时，往往在插入基因的末端带上 GFP，以判断插入基因的表达。Kawaguchi 等为研究中枢神经系统干细胞的分化增殖，构建了 Nestin-EGFP 转基因小鼠，并利用此小鼠在体内体外进行了胎脑发育基因的原位观察以及体外神经元、胶质细胞的分化研究。他们在载体上用到了 Nestin 增强子，使待表达的基因在此控制下能在神经组织特异性表达。

利用基因表达的策略，科学家可以用正常基因去替代突变的基因，研究基因功能的恢复，为基因治疗提供依据，也可制备一些基因突变小鼠，研究基因突变造成的疾病发生机制。肿瘤抑制基因 *p53* 是很好的研究案例。在人类高发的许多肿瘤疾病中，如结肠癌、乳腺癌、皮肤癌、膀胱癌，*p53* 基因突变与其密切相关。为了证实 *p53* 突变与肿瘤的关系，Lubet 等对 *p53* 进行了突变，构建出了第 135 位的 *Arg* 突变为 *Val* 的转基因小鼠，以此研究对致癌物质的敏感性，结果发现肺部致癌物质如烟草致癌物极易发生肿瘤，而且形成的肿瘤体积增大 3 倍，对其他肿瘤如结肠癌的致癌物也进行了研究，得到同样结论。

无论是通过基因打靶还是转基因技术，都能获得转基因小鼠，不同的是，基因打靶技术还可以结合 Cre/LoxP 等系统来实现基因在特定组织细胞特定时期的剔除。

3. 病毒载体法

以病毒为载体产生转基因的动物是另一种方法，其原理是利用病毒对寄主的侵染特征将外源基因整合到寄主基因组。具体内容包括：获取动物早期胚胎，向胚胎培养液加入含有外源基因的病毒载体，进行胚胎与病毒细胞共培养，也可将病毒载体直接注入囊胚腔获得转基因动物，表达外源基因且稳定的遗传。此法的最大优点是高效转染和高效整合，无需显微注射等贵重仪器设备，没有太高的操作技术要求。缺点是所获得的转基因动物往往有安全性之忧，尤其在制作转基因食品用动物，从建系的角度看，最初获得的转基因动物多是嵌合体，需要不断杂交筛选，才能获得遗传性能稳定的转基因动物。Reichenbach M 等采用慢病毒介导的方式转基因成功率显著提高。

4. 精子载体法

精子载体法是指以精子为载体，通过动物受精过程将外源基因导入胚胎，产生转基因动物。此法 1989 年发表于 *Cell* 杂志，作者 Lavitrano 等采用标记的 DNA 与精子共孵育，在 37℃ 和 0℃不同温度条件下 DNA 与精子能较好地结合，而经过甲醛处理的精细胞则失去与 DNA 结合的能力。在此基础上，他们将待表达的基因 CAT(chloramphenicol acetyl transferase)克隆到质粒载体 pSV2，与精子结合制成精子悬液，经过与卵细胞受精后，移入假孕小鼠输卵管，Southern Blot 分子杂交的实验证实筛选到转基因小鼠。此后不同实验室的研究进一步说明精子携带外源基因在转基因中的可行性，但同时也发现此种方法的不可预测性，即稳定性不够，可能的主要原因之一是内源性逆转录酶的作用，在这样一种情况下，该方法的使用需要慎重。

精源干细胞(spermatogonial stem cell)产生转基因小鼠成了另一种新近的思考。在哺乳动物的睾丸中存在有精源干细胞，与胚胎干细胞相似，精源干细胞也具有自我更新与分化的潜能。从成年雄性小鼠睾丸中制备单细胞悬液，获得精源干细胞，通过携带外源基因的病毒感染，外源基因进入精源干细胞，将感染有外源基因的精源干细胞显微注射到另一雄性小鼠生精小管，受体小鼠睾丸组织即可产生转基因的精子，与野生型雌性小鼠杂交，所生后代就可出现转基因小鼠。由于此操作过程经过了外源基因进入精源干细胞的筛选，也即显微注射的精源干细胞都是携带外源基因的，所以转基因的效率显著提高。此方法的原理如图 7－10所示。

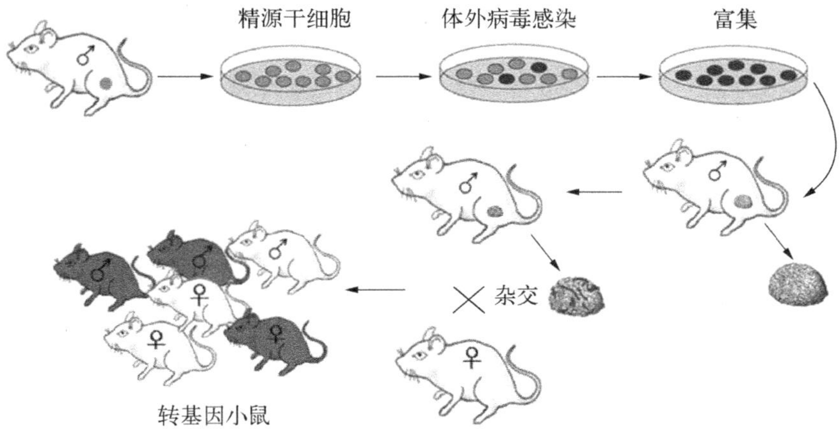

图 7－10 精原干细胞制备转基因小鼠原理

(引自 Miao X，2013)

5. ZFN 介导转基因

ZFN 是锌指核酸酶 zinc-finger nuclease 的英文缩写。ZFN 技术的使用，使基因操作技术有了突破性的飞跃，成为 2011 年的 Nature 年度技术。ZFN 是人工构造的核酸限制性酶，由一个 DNA 结合蛋白和一个非特异性核酸内切酶构成，其中 DNA 结合蛋白(也称锌指结构)决定 DNA 剪切的特异性，锌指结构域是指转录因子用于识别靶 DNA 的蛋白结构域，由于此种蛋白质结构络合了一个锌离子，故名锌指结构。一个锌指结构可以识别 3 个碱基对，即 3 bp，目前已经知道一些识别三联体碱基的锌指结构域氨基酸序列，研究需要时可以查阅相关信息。非特异性核酸内切酶行使剪切功能，两者功能结合就可在 DNA 特定位点进行定点断裂，实现基因的加入、删除，技术原理如图 7－11 所示。

Note

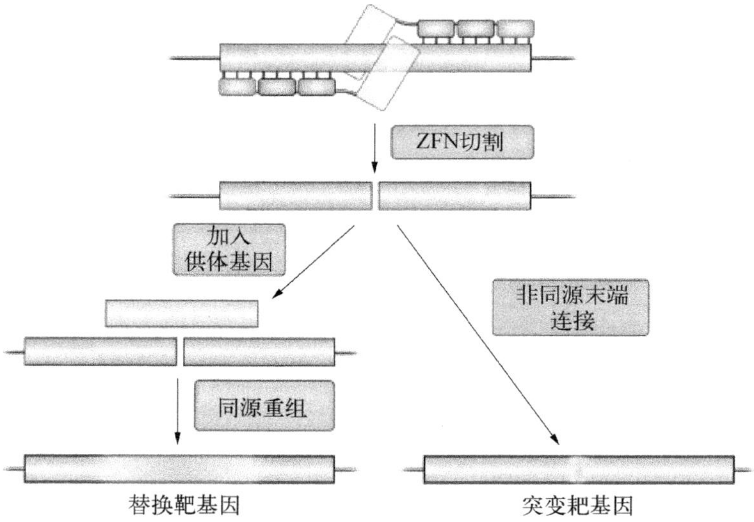

图 7-11 ZFN 技术原理

ZFN 技术中使用的非特异性核酸内切酶叫 *Fok* Ⅰ，由黄杆菌所分泌。天然状态的 *Fok* Ⅰ由 N-末端 DNA 结合蛋白和 C-末端非特异性 DNA 切割蛋白组成，N-末端 DNA 结合蛋白特异性结合 5′-GGATG-3′序列，完成对切割位点的定位识别，C-末端非特异性 DNA 切割蛋白即行酶切。因此，在 ZFN 技术中使用的 *Fok* Ⅰ需要改造，也就是需要根据要打断的序列设计使用识别特异位点的蛋白，这是该技术的关键。这种独特的具备识别功能的蛋白由 3～6 个锌指蛋白组成，可以识别 9～18 个 bp，理论上完成了 18 bp 的识别，对于哺乳动物基因组是特异性的，也就是不可能在其他位点还能识别，这就使得对基因进入删除位点十分精准。

6. TALEN 技术

TALEN 是 transcription activator-like(TAL)effector nucleases 的缩写。也是一种人工构建的限制酶，由 TAL effector(TALE)和 *Fok* Ⅰ核酸内切酶组成。TALE 几乎可以绑定任何想要改造的 DNA 序列，不存在受上下游序列影响等问题，进行 DNA 编辑修饰操作，比如基因敲除、基因表达、基因突变替换等，基因操作简单方便，因此该技术与 ZFN 相比更有优势，如图 7-12 所示。

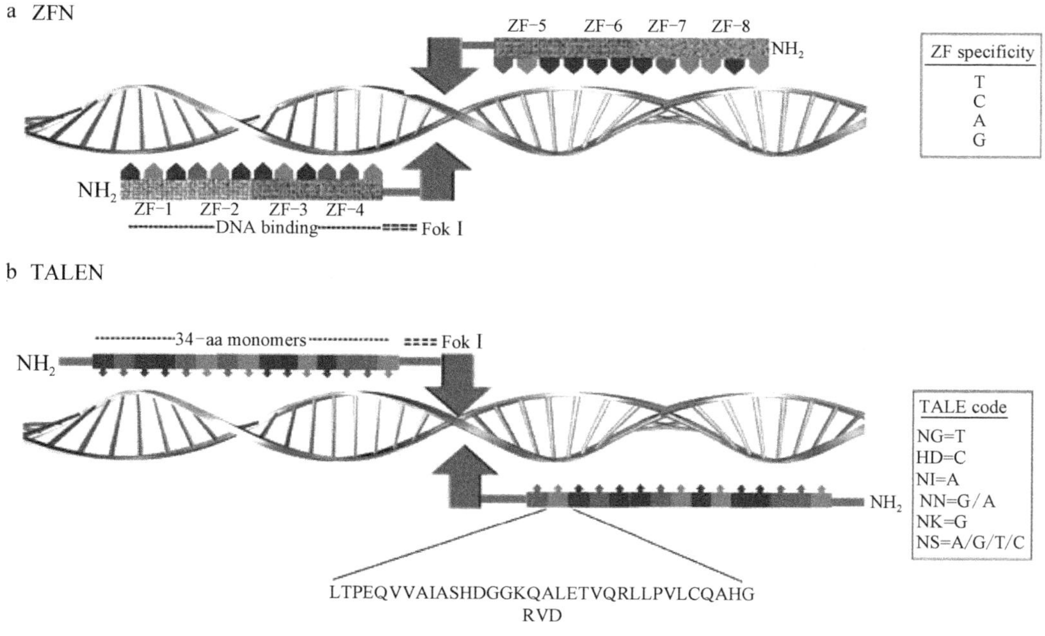

图 7-12 ZFN 和 TALEN 比较

（引自 Carlson DF et al.，2013）

TALE 是一种蛋白质，由黄单孢菌属细菌所分泌，含有 33～34 个氨基酸残基高度保守序列，其中第 12 个氨基酸和第 13 个氨基酸高度可变，特异核苷酸序列识别功能便由此决定。这两个氨基酸被称为 RVDs(Repeat - Variable Di - residues)，如果氨基酸是 Asn - Ile(NI)，识别 A，His - Asp(HD)识别 C，Asn - Gln(NG) 识别 T，Asn - Asn(NN)和 Asn - Lys(NK)识别 G。据此就可根据所识别的氨基酸序列，合成出用于识别的 DNA 序列(即 TALE)。

为了实现一个基因的敲除，往往是在目标基因的编码区或外显子和内显子的交界处选择两处相邻(间隔 13～22 碱基)的靶序列(一般 16～20 个碱基)分别进行 TAL 识别模块构建。如敲除基因靶序列为 16 bp，CTGCATGCATGCATGC，就需要合成 16 个由 33～34 个氨基酸残基组成的 TALE，由于该序列中第一个碱基是"C"，那么合成的第一个识别模块就是 LTPEQVVAIASHDGGKQALETVQRLLPVLCQAHG，第二个模块针对第二个碱基"T"设计，其序列是 LTPEQVVAIASNGGGKQALETVQRLLPVLCQAHG，如此类推，在实际操作中，将这些氨基酸序列模块换成 DNA 序列合成后串联起来，插入到具有编码核酸内切酶 *Fok* Ⅰ的载体，以融合蛋白的形式表达，从而精准识别靶序列，并进行切割。但要剪断 DNA 双链，*Fok* Ⅰ需要形成二聚体，这就需要距第一个敲除基因靶序列 13～22 碱基处设计第二个敲除基因识别靶序列，构建第二个含有编码核酸内切酶 *Fok* Ⅰ的 TALEN 载体，形成一对 *Fok* Ⅰ的 TALEN 载体，技术原理如图 7 - 13。

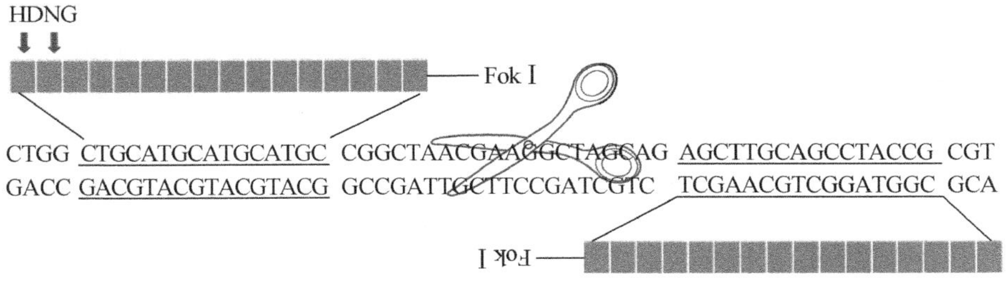

HD: LTPEQVVAIASHDGGKQALETVQRLLPVLCQAHG

NG: LTPEQVVAIASNGGGKQALETVQRLLPVLCQAHG

图 7 - 13　TALEN 识别与剪切

将 *Fok* Ⅰ TALEN 质粒对转入细胞后，表达识别与酶切的融合蛋白，从而使特异位点断裂，诱发 DNA 损伤修复机制，细胞通过 NHEJ(non-homologous end joining)修复 DNA，在修复过程中导致基因删除。如果此时人为植入外源基因，通过同源重组外源基因借此可以整合进入基因组，实现外源基因表达。也可放入突变序列，实现基因突变体的加入。

7. GAL4/UAS 策略

在果蝇模式系统中，GAL4/UAS 双元系统是众多成熟的遗传筛选表达系统中应用最广泛、功能最全面的定向基因表达系统。在果蝇模式中利用 GAL4/UAS 双元系统可以在特定时间与特定空间表达外源或内源基因、下调内源基因，进行精确而细致的遗传操作。

GAL4(galactose-regulated upstream promoter element 4，GAL4)编码一个由 881 个氨基酸残基组成的蛋白，是酿酒酵母中受半乳糖调节的基因。GAL4 是一种 DNA 结合蛋白，有转录激活的功能。具体的激活方式是与被激活基因上游的激活序列 UAS(upstream active sequence，UAS)结合而调节转录，类似于多细胞真核生物的增强子，而 UAS 元件对于这类 GAL4 调节基因的转录激活是必不可少的。在此基础上，Fischer 等于 1988 年证实在果蝇特定组织中 GAL4 的表达能够组织特异性地刺激激活 UAS 控制下的报告基因的转录。而且最初在果蝇中表达 GAL4 似乎没有出现明显的毒害表型与效果，所以利用 GAL4/UAS 双元系统在果蝇中的特定时间和空间表达基因的方法开始被大家认可与推崇。

GAL4/UAS 双元系统由启动部分(GAL4)和效应部分(UAS)组成，在果蝇模式中它们被

Note

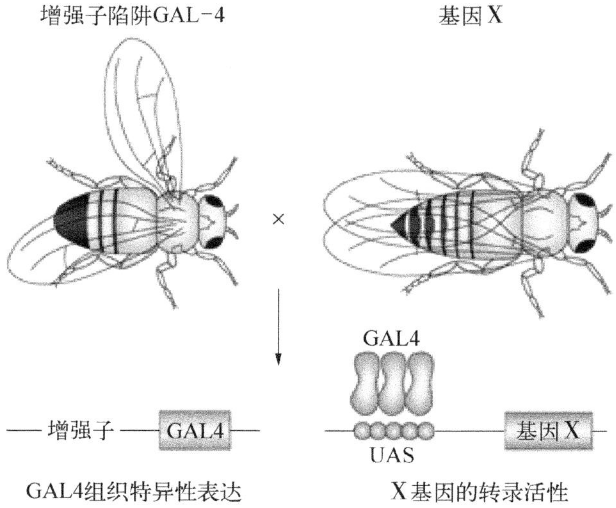

图 7-14 果蝇中 GAL4/UAS 双元系统作用原理图
(引自 St Johnston，2002)

分别保存在两种果蝇品系中。GAL4 品系果蝇中不存在 UAS 序列控制的目的基因，而 UAS-目的基因品系果蝇中也不存在 GAL4 蛋白所以其目的基因被沉默而不表达。只有将由特定启动子驱动的 GAL4 品系果蝇与 UAS-目的基因品系果蝇杂交，在 F1 代中才可以在特定启动子发生作用的特定时间和空间首先表达 GAL4 蛋白，然后由 GAL4 蛋白结合 UAS 序列激活目的基因表达，完成整个调控基因表达的过程(图 7-14)。

GAL4/UAS 双元系统的特性决定了其应用于果蝇模式生物时，启动部分(GAL4)和效应部分(UAS)一般会被分别构建入两个不同的转基因果蝇品系。但是，当研究多个基因在同时空共同表达所产生的影响，且同时目的基因过表达对果蝇没有明显毒害作用时，可以将 UAS 序列和 GAL4 序列构建在同一品系果蝇的不同染色体上。我们利用了这种方法，将一个 UAS 序列和 GAL4 序列分别构建在同一品系果蝇的二号和三号染色体上，以便于进一步与其他 UAS 品系杂交，实行了三个目的基因的共表达。除此之外，还有一种筛选连锁基因的方法，可以将两个或多个 UAS-目的基因连锁在一条染色体上，最大限度地发挥果蝇的遗传优势。

显微注射技术在果蝇中已经得到广泛的应用，具体方法是将特定启动子控制的 GAL4 或 UAS-目的基因构建入有 P 转座因子成分和 mini-white 红眼基因为筛选标志的专属载体，并将这种载体和编码转座酶的载体(多用 pΔ2-3 质粒载体)以一定的浓度共同溶解于磷酸盐缓冲液而配制成注射液，利用显微操作系统并通过微细电极运载注射液直接注入果蝇受精卵后极部生殖质区域，再经过后续的培养和交配，可以得到相应的转基因果蝇品系。显微注射的基本原理是果蝇受精卵后极部将发育为生殖细胞，利用 P 转座因子介导外源基因片段随机插入果蝇生殖细胞的基因组，通过隔代遗传的方式表达外源基因。表达外源基因的系统就是前文提到的 GAL4/UAS 双元系统，所以通过显微注射技术构建的转基因品系分为两种，启动品系即 GAL4 品系以及效应品系即 UAS-目的基因品系，当两种品系杂交后，其 F1 代将在由相应 GAL4 控制的特定时间和空间表达 UAS 下游的目的基因。

7.2.2 转基因动物的筛选与鉴定

1. 筛选

上述各种转基因技术从理论原理到实际操作都得以证实其可行性，可以根据研究的需要获得所需转基因动物。但转基因的成功率各种方法存在差异，即便是先进技术，也难以保证百分百的成功率，因此，对于转基因产生的动物，必须进行筛选与鉴定，确保基因的转入与表达。

一般而论，采用受精卵原核注射产生的转基因动物成功率在 5%～40%，这与外源基因整合到染色体的时期有关。当外源基因在 G1 期整合到染色体，这意味着由此形成的转基因小鼠所有细胞都含有外源基因；当外源基因在受精卵分裂以后整合到染色体，由此产生的小鼠将是嵌合体，也即有些细胞有外源基因，有些细胞则没有，这样获得转基因小鼠的可能性大大降低。由受精卵注射外源基因产生的小鼠，外源基因进入染色体的位置是随机的，可以在不同位点插入，因此会形成多拷贝转基因小鼠。获得转基因小鼠后，与野生型小鼠回交，筛选到杂合子(－/＋)，杂合子小鼠互交(intercross)，从出生的子代鼠中可鉴定、筛选出纯合子的小鼠。再经繁育可建立转基因小鼠品系。

并非所有转基因小鼠都能直接用来做研究,外源基因的整合会出现不同结果,理想的结果是外源基因能够有效表达,且不影响动物的发育以及正常的生理功能。有些情况下,虽然外源基因整合入动物细胞基因组但不能有效表达,可能更为糟糕的是外源基因的整合导致动物失去正常生理活动,不能正常发育、繁殖,甚至激活癌基因。

2. 鉴定

有一些分子生物学方法可以用来在基因水平、转录水平、翻译水平鉴定转基因动物是否成功。

基因水平的鉴定往往采用 Southern 杂交。Southern 杂交可以检测外源基因是否插入以及插入的拷贝多少,尤其当转基因的插入是随机的时候,虽然转入的基因是相同的,即便转入的拷贝一样,可能位置不同,因此形成了不同的转基因小鼠,每一个转基因小鼠都是独立品系。

转录水平的鉴定是指 mRNA 检测。转基因的目的是要使外源基因在动物体表达,这与在细胞表达外源基因显然不同,一个外源基因在动物体表达要复杂得多,受到的制约因素会很多,体现了从分子、细胞、组织到整体的协调,是一个复杂系统,就目前的认识水平和技术能力,我们还不能精细描绘这一过程的精彩画面,但就外源基因表达检测而言,可以采用 RT－PCR 技术。抽提 total RNA,逆转录成 cDNA,通过设计 PCR 引物鉴定转入基因是否表达以及表达量。但对于有内源性表达基因的鉴定而言,就需要区分是转入基因的表达还是动物自身原有基因的表达。尽管转基因往往用 cDNA,没有内含子,内源基因 DNA 由内含子间隔,但两者转录成 RNA 后序列是相同的,因此就 RNA 序列本身无法区分。好在转基因序列往往带有标签,这样在设计引物时就可考虑他们的差异。一对引物扩增范围限于 RNA 序列,另一对引物扩增范围含标签序列,前者指示内源基因表达,后者显示外源基因表达。如果转基因与内源性基因同源性小,如小鼠体内表达猴子的同源基因,则直接通过比较两者序列上的差异,在差异处设置 PCR 引物即可区分转基因和内源性基因表达差异。

Northern blot 是另一种转录水平鉴定转基因动物的常规办法,先将 RNA 转移至硝酸纤维膜(NC 膜),制备互补序列的探针与之杂交,检测基因表达水平。方法虽然简单,但由于 RNA 的不稳定,对于初学者容易失败。此法的最大缺点是当转基因与内源性基因同源性大时,难以区分两者差异,比如在小鼠体内表达相同基因,即实现某一基因体内过表达。

翻译水平鉴定转基因是极为重要的环节,转入的基因是否最终翻译为蛋白是转基因不能回避的问题,需要确凿的证实外源基因体内表达。Western blot 是常用的鉴定方法。抽提待检转基因动物蛋白质,经凝胶电泳分离,抗体结合、显色,即可证实转基因是否表达。但如果转入基因与内源基因高度同源,所产生的蛋白则不能用抗体区分,在这样的情况下,可以考虑用转基因时的标签抗体鉴定外源基因的表达。

ELISA(免疫酶标法)是另一种基于免疫技术的鉴定蛋白表达的方法。免疫酶标法通过酶的催化作用,如辣根过氧化物酶、碱性磷酸酶、半乳糖苷酶等,指示抗原抗体的结合,表明蛋白的存在。此方法灵敏,无需放射标记,可以同时检测多个样本。

7.2.3 提高外源基因在动物中表达水平的策略

前已述及如何知道转基因动物外源基因是否表达或表达量高低,现在的问题是,如何从策略上考虑哪些因素会影响基因的表达,从而在构建转基因动物时就解决外源基因表达调控问题。

1. TATA box p175－179

TATA box 是真核生物启动子区域的一段 DNA 序列,通常位于转录起始点上游 25 bp 处,核心序列是 5′－TATAAA－3″,大约 24%的人类基因包含此序列,它是 RNA 聚合酶 Ⅱ 结合的位点。转录开始前,转录因子 ⅡD 与 TATA box 结合,随后 TFⅡA、TFⅡB、TFⅡF、TFⅡE、TFⅡH 等转录因子分别与 TFⅡD 结合位的上下游结合,形成转录因子复合物。要启动转录,还需要将 DNA 双螺旋打开，此时一种称为 TATA 联结蛋白(TATA binding protein，TBP)与 TATA box 结合，使 DNA 双螺旋松开，转录开始进行。由于 TATA 盒富含 T、A，解螺旋相对容易。图 7－15 中显示 TBP 与 TATA box 结合以及与 RNA 聚合酶的关系。

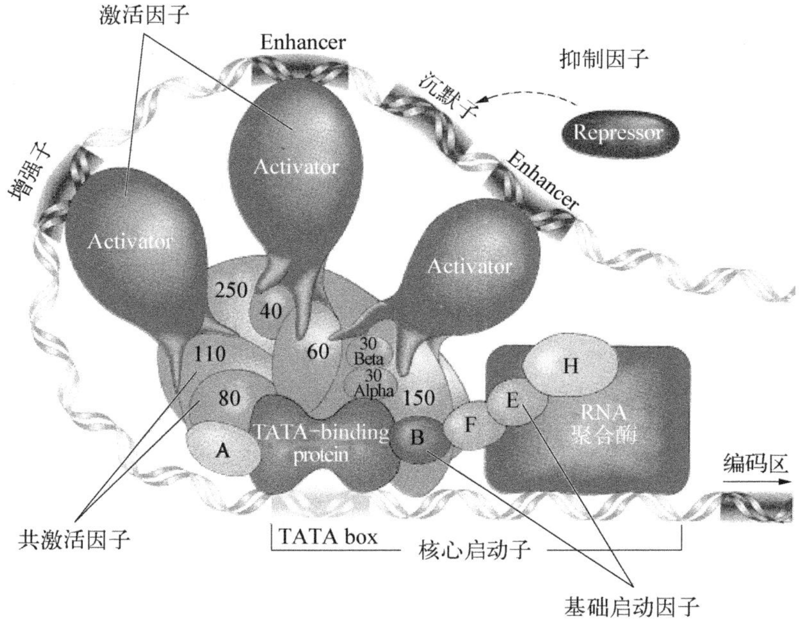

图 7－15　RNA 聚合酶Ⅱ调控转录模型
(引自 Robert，1995)

TBP 对于转录具有重要作用，一旦结构改变则会表现生理疾病。脊髓小脑的共济失调 17 型(SCA17)又称为共济失调伴智能衰退，因为 TBP 的 N′末端包含 CAG 过度重复，其重复扩增的拷贝数为 47～55(正常为 29～42)，且 TBP 基因中 CAG 重复拷贝数与发病年龄呈显著的负相关。为了探索疾病机制，Kelp 等构建了一种表达人全长 TBP 基因的 SCA17 模型鼠，该基因带有 64 CAA/CAG 重复，转基因小鼠出现严重的共济失调神经系统表型，早期阶段多动症，随后活动减少，体重减轻，发生早死。病理发现神经元损失严重，尤其是在小脑。

2. 增强子与沉默子

增强子是存在于 DNA 上的一段序列，一些蛋白(如转录因子)与之结合后可增强基因转录水平而得名。增强子在 DNA 中的位置不像 TATA box 那么固定，可能位于调控基因的上游，也可能位于下游，甚至与基因不在同一染色体上，但由于 DNA 螺旋折叠形成的空间结构，会使相距遥远的增强子序列与所调控的基因序列在空间上十分靠近，通过增强子、转录因子、RNA 聚合酶Ⅱ的相互作用，增强基因的转录水平。研究表明，增强子并不作用于启动子区域本身，而是被激活蛋白(activators)所结合，这些激活蛋白与转录中介体复合物(mediator complex)相互作用，开启基因转录。转录中介体复合物是一种多蛋白复合物，在真核生物基因转录中的作用是招募聚合酶Ⅱ和转录因子。这一现象由美国科学家 Roger David Kornberg 发现，于 2006 年赢得诺贝尔化学奖。

增强子发挥作用时与方向性无关，增强子方向颠倒也不影响其功能；增强子可以被切离插入到染色体任何位置，照常发挥作用，说明增强子与位置无关，研究发现，内含子也存在增强子，显示了内含子的多态性特征，同时也从另一个侧面解释了内含子并非垃圾，可能是有功能的；此外，增强子与调控的基因距离远近都不影响其功能，说明增强子与距离无关。但某种增强子只会提高某种组织的基因进行转录，只有在特定的转录因子参与下，才能发挥其功能，说明增强子有组织特异性。

为了确定 DNA 序列中是否包含增强子，可以采用增强子捕获技术(enhancer trapping)。

Note

该技术是在检测的载体上放有启动子和报道基因，但缺乏增强子，将拟检测的DNA序列克隆入这种载体，导入细胞或个体，从报道基因表达程度可分析出增强子的存在与否及其强弱。原理如图7-16所示。

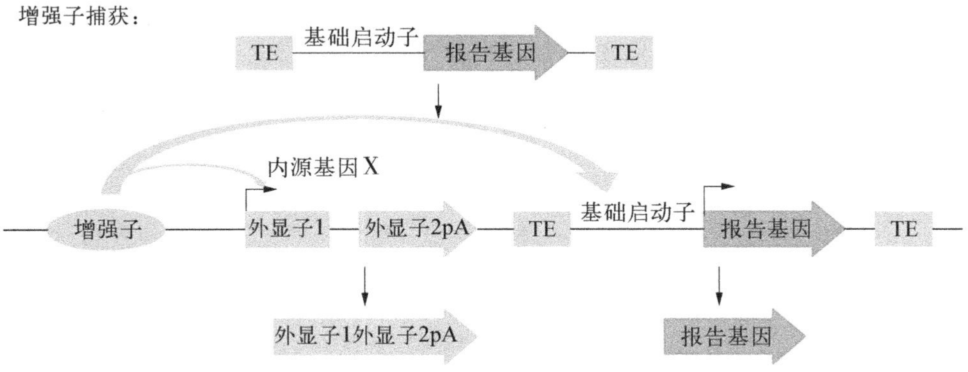

图7-16 增强子捕获技术原理
（引自 Trinh L A et al.，2013）

鉴于增强子的作用，人们在构建转基因结构时，可以考虑植入增强子序列，以提高转基因的表达水平。

沉默子(silencer)也是存在于DNA的一段序列，是抑制因子（阻遏蛋白）结合位点，一旦抑制因子与沉默子结合，就阻止RNA聚合酶与启动子的结合，导致基因转录沉默。DNA上存在很多沉默子位点，最常见的位置是位于靶基因上游，范围在大约−20～−2 000 bp之间。有些沉默子位于被调控基因启动子下游，可以是内含子区域，甚至是外显子区域，也有发现在mRNA的3′UTR区域。

沉默子的作用正好与增强子相反，但是如果抑制沉默子，即可增强基因表达。一个典型的例子是REST基因编码产生神经元限制性沉默因子(neuronal restrictive silencer factor，NRSF)，其目的是抑制神经元定位基因的转录，当一个沉默子抑制了REST，NRSF因此也被抑制，神经元基因便得以转录。

3. 绝缘子

在转基因的研究中经常遇到一种困惑，转基因动物并不或几乎不表达外源基因，即使增加基因拷贝数也不能明显提高外源基因表达，同样的基因结构整合到染色体不同位置，表达水平差异极大，这些现象说明转入基因的表达受到进入位点邻近结构的影响。如果能找到一个办法，使插入的基因与相邻区域分开，也就是隔绝邻近区域对插入基因的影响，就能实现转基因的高表达。研究发现，真核生物基因组上有些DNA序列能将基因及基因簇隔开，阻止邻近基因之间的相互作用，这些功能序列被称为绝缘子。

已经发现基因座控制区(locus control region，LCR)、核基质附着区(nuclear-matrix attachment region，MAR)都是具有绝缘子功能的序列，前者通过改变邻近基因的染色质结构，导致这些基因被转录，后者将染色质的环状域附着到核基质的蛋白支架上，使基因组各功能域隔开，由于MAR的出现，每个基因调控元件只能在本区域发挥作用，排除了基因间相互的干扰。可见LCR、MAR是控制基因正确表达的另一种重要元件，因此，在构建转基因表达结构时，如同时考虑将它们放入，使目的基因不受邻近调控元件的影响，以实现不依整合位点、组织特异性限制的高水平表达。

7.2.4 转基因动物的应用

随着转基因技术的日益成熟与不断提高，人们可以在活体水平上研究基因的结构和功能，这一技术广泛应用于医学、生命科学、食品等各个领域，成为现代研究技术的支柱，将人类带入一个从认识自然到改造自然的前所未有的新时代。不可否认，转基因技术是双刃剑，需要科学家的智慧，更需要造福社会的良知。

1. 小鼠——阿尔茨海默病神经系统疾病模型

Note

阿尔茨海默病(Alzheimer's disease, AD)是一种最为普遍的与年龄相关的认知障碍退行性疾病，目前还不能有效的治疗，只能有限的缓解症状，患者大多因感染性疾病(如肺炎)而死亡。据统计，全球AD患者约3 560万，2012年仅美国用于AD治疗费用2 000亿美元，预计到2050年将达到1.1万亿美元。为了研究AD的病因及发病机制，寻求可能的治疗药物，不同的AD转基因模型先后产生，见表7-1转基因AD小鼠模型。

表7-1 转基因AD小鼠模型

Model	Background	Transgene/mutation	Promoter	Pathology
PDAPP	C57B6, DBA2	APP^{V717F}	PDGF-β	Increased Aβ42 levels. Amyloid deposition by 6 months, no neuronal loss, memory deficits.
Tg2576	C57B6, SJL	$APP^{K670N/M671L}$	Hamster PrP	Amyloid plaques seen by 9 months of age, memory deficits, spinal amyloid deposition.
APP23	C57B6/DBA/2	$huAPP751^{K670N/M671L}$	Thy1.2	Amyloid deposition by 6 months, motor and cognitive impairment, cerebral amyloid angiopathy.
CRND8	C3H/C57B6	$APP^{K670N/M671L/V717F}$	Hamster PrP	Dense amyloid plaques seen by 5 months, cognitive deficits develop with pathology.
PSAPP	C3H/B6	$APP^{K670N/M671L}$, $PS1^{M146L}$	Hamster PrP	Amyloid plaques seen by 7 months, motor dysfunction by 13 months.
APP-PSEN1dE9	C57B6/C3H	$APP^{K670N/M671L}$, PS1ΔE9	Hamster PrP	Amyloid deposition beginning around 6 months, cortical angiopathy and reduced LTP.
APP/PS1	CD-1/129	$APP^{K670N/M671L}$, $PS1^{P264L/P264L}$	Knock-in	Amyloid deposition and plaque formation by 6 months of age.
5xFAD	C57B6/SJL	$APP^{K670N/M671L,I1716V,V717I}$, $PS1^{M146V,L286V}$	Thy1	Massive cerebral amyloid deposition around 2 months, neuronal loss and cognitive impairments.
JNPL3	C57/BL	Tau^{P301L}	Hamster PrP	NFT formation by 6.5 months, behavioral dysfunction.
hTau	129S4/SvJae	Tau^{GFP}(KO), huTau	MAPT	PHF deposition by 9 months, behavioral abnormalities.
3xTg-AD	C57B6	$APP^{K670N/M671L}$, Tau^{P301L}, $PS1^{M146V}$	Thy1, (PS1 knock-in)	Extracellular amyloid detected by 6 months, and PHFs by 15 months.

(引自T. L. Platt et al.,2013)

在过去的20年间，许多学者通过建立小鼠模型研究AD，主要是淀粉样蛋白病理小鼠模型和tau蛋白病理小鼠模型。虽然这些模型已经取得了相当数量的成功，但没有一个能体现出AD完整特征的模型，尽管在病理机制上有了阐释，但由于这些模型的缺陷，失去走向临床的意义。为了产生更为精准的AD模型，La Ferla等构建了含淀粉样蛋白和tau蛋白转基因小鼠，结果显示比单独构建的转基因小鼠更能体现病理现象。共表达淀粉样蛋白和tau蛋白病理小鼠，6个月时额叶皮质即可看到淀粉样蛋白，12月时扩展到海马区域。12月时也可见tau蛋白堆积于锥体神经元，比单转淀粉样蛋白基因或tau蛋白基因小鼠更接近人类AD病理特征。

今后的发展趋势是基于现有的各种不同转单基因的转基因小鼠，通过杂交，研究更为复杂的病理关系。例如，将AD小鼠与糖尿病小鼠杂交，可以判断两种疾病的关系。当然，存在的问题是杂交后代未必会出现所预期的表型。基于病毒的转基因小鼠构建AD模型已经显示其优势，慢病毒和腺相关病毒介导的转基因是更为有效的方式。

2. 转基因果蝇

黑腹果蝇(*Drosophila melanogaster*)属于节肢动物门，昆虫纲，双翅目，果蝇科，是一种已经奋战在生命科学特别是遗传学最前沿一个多世纪的理想的模式生物。黑腹果蝇的名字中 *Drosophila* 是属名，拉丁文的意思是喜欢露水；而它的种名 *melanogaster* 是意为黑色消化道，因为在这类果蝇的幼虫腹部一侧有比较明显的黑色消化道，由此称之为黑腹果蝇。摩尔根于 1908 年发现了一只白眼雄果蝇，并且敏锐地抓住这个不平凡的突变性状进行深入研究，最终和他的同事一起发展了孟德尔遗传理论，提出了遗传学第三大定理“连锁互换定理”以及染色体遗传学说。

作为模式生物，果蝇有着得天独厚的优势。果蝇的饲养方式简单，饲养成本低廉；果蝇的生命周期较短（野生型果蝇的寿命一般为 60～100 天），适合在实验室中快速、大量地繁殖；果蝇具有几十个易于诱变分析的遗传特征，有大量的能够稳定遗传相应性状的突变体，而且大部分突变在外骨骼上都有所反应，便于筛选突变体；果蝇可以将大量的胚胎生产在体外，便于进行转基因改造，相对于哺乳动物模式生物构建模型更加便捷。果蝇的行为相对于哺乳动物模式生物而言是简单又易于研究的，但相对于酵母和线虫之类的模式生物而言其复杂性程度是可观又值得研究的。虽然是无脊椎动物，果蝇却有着复杂精细的遗传系统和神经系统，其脑部神经元的数量达到了 30 万个（人类约为 1 000 亿个）；虽然果蝇和人类在体型和长相上相差甚远，但可以确定的是控制发育和生存的大部分基本的生物学机制和信号途径是保守的。特别是在一些认知行为和学习记忆行为方面，果蝇有可能利用了与哺乳动物相似的神经机制。值得一提的是目前一些关于动物保护和使用的条例限制只适用于高等的模式动物，如黑猩猩等，却不适用于低等的果蝇，所以果蝇在使用和设计实验时局限性更小，可以发挥的空间更大。已发表的科研成果表明，果蝇作为一种理想的模式生物为遗传学、胚胎发育学、学习记忆行为、年龄寿命等领域的研究和发展做出了巨大的贡献。

（1）AD 果蝇模型：AD 传统动物模型主要包括大鼠、转基因小鼠等鼠类模型，以及恒河猴、狒狒、黑猩猩等非人灵长类模型，主要的实验手段有化学物质损伤与诱导、手术损伤以及自身免疫反应等。传统 AD 模型构建方法复杂，构建周期较长，构建成本较高，而且构建成功率较低，难以大批量获得和使用，已经无法满足 AD 病理学研究的发展需要。

果蝇作为一种廉价易饲养、生命周期短、易繁殖、易诱变、便于表达外源基因的模式生物，为 AD 模型的构建提供了良好的材料。在果蝇基因与人类基因的比较中发现，三分之二可能引发人类疾病的基因（包括与脑疾病、神经疾病以及癌症有关的基因）在果蝇基因组中存在着同源基因。果蝇的自身特质有利于治疗药物的筛选和基因水平的研究，不仅在神经退行性疾病研究方面，人类利用果蝇模型已经在肿瘤、糖尿病、肥胖症等多种疾病的研究中取得了重大的进展和突破。而利用转基因果蝇构建模型研究 AD 有其独特的优势。由于果蝇的生命周期较短，我们可以在较短的周期内通过对 AD 果蝇模型的研究来分析 AD 病变的全过程。AD 模型有迟发性、进程性、神经系统高毒性等特点，这些都与人类 AD 类似。果蝇体内存在与人类 APP 基因同源的基因 APPL（amyloid precursor protein-like，APPL），代谢机制与 APP 在人体细胞中类似，但是 APPL 没有 Aβ 结构域，所以如果不引入外源 APP 就无法模拟 AD 的发病过程；果蝇体内还存在与人类 PS-1、PS-2、α-分泌酶的同源基因；最新的研究表明，果蝇体内也存在与人类 BACE 基因同源的基因，但具体功能不详。现在比较普遍的果蝇 AD 模型是利用 GAL4/UAS 双元系统和显微注射转基因的方法，在果蝇体内表达人类的 Aβ42，并从分子层面和行为学层面进行分析研究，这类模型构建属于直接在果蝇中表达毒蛋白导致 AD 的方式。还有一类模型构建的方式是在果蝇体内表达人类 APP、BACE 等与 AD 相关的基因，使外源基因在果蝇自身遗传背景条件下产生类似人类 AD 的生理过程与行为，如在果蝇体内利用果蝇自身的 γ-分泌酶以及外源表达的 APP、BACE 模拟人体内产生 Aβ 的过程进行研究。在这类果蝇 AD 模型中，可以通过外部给予的方式进行化学药物诱导与治疗，从而研究各类化学药物对 AD 症状和发病机制的影响；还可以通过内部共表达某些外源基因的方式，内源性地对 AD 症状进行缓解和治疗，这也为 AD 的病理学研究提供了新的思路。

（2）PD 果蝇模型：α-synuclein 是最早发现的与遗传性帕金森病相关的基因，也是最早在果蝇上进行研究的与帕金森病相关的基因，果蝇中没有 α - synuclein 的同源片段。Feany 和 Bender 等建立了野生型和突变型 α - synuclein 基因的转基因果蝇品系，对果蝇脑组织切片的酪氨酸羟化酶(TH)进行染色，检测其 DA 神经元的完整性。结果显示 DA 神经元进行性丧失，说明 α - synuclein 具有细胞毒性。而在表达 α - synuclein 突变型 A30P、A53T 的果蝇中也发现了同样的毒性。在中枢神经系统中其毒性是特异性的针对 DA 神经元，而 5 -羟色胺的神经元数量未见减少，且大脑也未见形态学改变。

Greene 和 Cha 等建立了果蝇 Parkin 基因的各种突变品系，包括缺失、无义和错义突变等，发现突变体表现为 DA 神经元的退化，活动能力降低、生存期变短和雄性不育。之前的研究显示，Parkin 可在体外与 α - synuclein 的糖基化形式结合并将其泛素化。过表达 Parkin 可以抑制 α - synuclein 的沉积，改善视网膜变性、爬行能力下降和 DA 神经元的损失等症状。

果蝇 Pinkl 与人的 Pinkl 同源，预测为一个底物不明的激酶，也有一段氨基端的线粒体靶向序列，氨基端有 43%相同，定位于线粒体，在果蝇的头和睾丸高表达，敲除 pinkl 后可导致雄性不育、肌肉细胞凋亡，引起退行性变、线粒体形态受损、氧化应激反应更敏感。而表达人 PINK1 可恢复雄性生育能力和线粒体形态，说明两者功能相似。敲除 Parkin 后与敲除 Parkin 表型相似，过表达 Parkin 可以恢复 PINK1 缺失后引起的功能障碍如生育能力。这些研究表明 PINK1 -Parkin 在线粒体功能障碍起着主要的作用。

DJ - 1 是以失去功能性机制导致帕金森病的基因。果蝇有两个与人 DJ - 1 同源的基因DJ - 1a 和 DJ - 1b。DJ - 1a 在性腺大量表达，DJ - 1b 则广泛的表达。Menzies 等应用 RNAi 技术干扰 DJ - 1a 和 DJ - 1b 基因研究其功能，结果显示 DJ - 1b 突变品系活力和生育力没有发生改变，也没有发现明显的外部可见的表型、发育异常和 DA 神经元的减少。但是，突变体对能引起氧化应激反应的化学物质包括百草枯和鱼藤酮等流行病学调查证明与帕金森病有关的物质敏感性增高。

3. 转基因牛

转基因牛主要应用是以牛乳腺作为生物反应器表达蛋白质，包括具保健作用的蛋白和药用蛋白，一头转基因牛就像一家工厂生产着与人类疾病健康相关的产品，与大型工厂生产相比，无需昂贵的仪器设备，无需大量的能源消耗，没有环境污染，显示转基因牛的特有优势。

用转基因牛表达乳铁蛋白(lactotransferrin)可谓是乳腺生物反应器的典型代表。乳铁蛋白一种多功能糖蛋白，是构成先天免疫系统的成分之一，调节免疫能力。主要存在于黏膜，有抗菌活性，使婴儿免受细菌等病原侵害，此外还有抗肿瘤作用。主要功能是铁离子的运输，控制血液中铁离子的平衡和分泌。最近报道指出，口服乳铁蛋白有益于人类、动物健康，由此乳铁蛋白作为食品原料或特殊专门产品而倍受重视。其实，在 20 多年前，比利时的 Oleofina 公司和德国的 MILEI GmbH 用脱脂牛奶已经大规模生产牛乳铁蛋白，目前在日本乳铁蛋白已经添加到包括婴幼儿配方奶粉、酸奶，基于专门的牛奶以及其他饮料、营养品、宠物食品和化妆品。同样，在其他国家，包括印度尼西亚、南非、韩国和西班牙，可见富含牛乳铁蛋白婴幼儿配方奶粉。然而，牛乳铁蛋白的活性是否与人乳铁蛋白(hLF)相同，也即牛乳铁蛋白是否具有人乳铁蛋白所有功能目前还不清楚。与此相反，有证据表明两者之间从作用机制上相当不同，已经观察到，牛乳铁蛋白并不能结合到婴儿小肠细胞。因此，用人乳铁蛋白取代牛乳铁蛋白具有显著价值。然而，获得人乳铁蛋白面临生产量上不去的技术问题和病原体传播的风险。尽管如此，各种重组人乳铁蛋白相继问世(表 7 - 2 列出了不同来源重组人乳铁蛋白)，但很少几个可以扩大到工业规模，其中最值得关注的是荷兰转基因牛。

对于大规模生产异源蛋白，奶牛乳腺被认为是理想的选择，因为乳腺强大的蛋白质合成能力，高效的分泌能力以及相对于体外发酵或组织培养方法较低的饲养成本。2002 年表达人重组乳铁蛋白的转基因牛在荷兰产生，该公司不仅将生产的人重组乳铁蛋白作为营养产品的成分，也考虑作为药物应用的潜在价值。现在该产品作为生物营养素已经在Ⅱ/Ⅲ期试验中。

表 7-2　不同来源重组人乳铁蛋白

来　源	参　考　文　献
真菌	
Sacchar omyces cerevisiae	Liang and Richardson, 1993
Aspergillus oryzae	Ward et al., 1992a
Aspergillus nidulans	Ward et al., 1992b
Aspergillus awamori	Ward et al., 1995
Pichia pastoris	Choi et al., 2008
病毒	
Baculovirus	Salmon et al., 1997; Liu et al., 2006
Pseudoadenovirus	Tutykhina et al., 2009b
动物	
Transgenic mice	Plarenburg et al., 1994; Nuijens et al., 1997; Zhao et al., 2006
Transgenic cows	van Berkel et al., 2002; Hyvönen et al., 2006a; Yang et al., 2008
Silkworm larvae	Liu et al., 2005
Transgenic rabbits	Li et al., 2006
Transgenic goats	Han et al., 2007; Zhang et al., 2008
Allantoic fluid of embryonated chicken eggs	Tutykhina et al., 2009a
细胞培养物	
Baby-hamster kidney cells	Stowell et al., 1991
Tobacco cells	Mitra and Zhang, 1994
Insect cells	Zhang et al., 1998; Nakamura et al., 2001
Sweet potato cells	Min et al., 2006
植物	
Tobacco	Salmon et al., 1998
Potato	Chong and Langridge, 2000
Maize	Samyn-Petit et al., 2001
Tomato	Lee et al., 2002
Rice	Nandi et al., 2002; Rachmawati et al., 2005
Ginseng	Kwon et al., 2003; Jo et al., 2006
Barley	Kamenarova et al., 2007

(引自 Conesa C. et al., 2010)

将人的乳铁蛋白基因置于牛的 αS1－casein 启动子控制之下，采用显微注射构建成转基因牛，在哺乳期，奶牛人乳铁蛋白表达水平约 0.8～2.0 g/L，可以持续 280 d。此种重组人乳铁蛋白与人乳铁蛋白除了糖基化有所不同，都具有相同的晶体结构。大鼠口服毒性实验表明无害，每天食用 2 000 mg/kg 体重没有观察到不良反应。抗菌实验表明转基因牛所产生的乳铁蛋白具有抗金黄色葡萄球菌的能力。进一步一种新的高产人乳铁蛋白的转基因牛问世，在这项研究中，研究人员将携带有编码人乳铁蛋白基因和报告基因的全长为 150 kb 的 BAC 显微注射牛胚胎成纤维细胞，再进行体细胞克隆，所获得的转基因牛高水平稳定表达人乳铁蛋白 3.4 g/L。更为重要的是，这种人乳铁蛋白与天然人乳铁蛋白糖基化及蛋白水解易感性相似，生化分析表明，两种乳铁蛋白铁结合和释放的能力相同，抗菌活性也得以证实。

4. 转基因猪

一项研究成果的转化从基础研究到临床应用是一个长期的，往往是低效的，因而也是昂贵的过程。为了给病人提供有效、及时的治疗，药物开发过程需要综合考虑经济和伦理方面的因素。“转化医学”成为国际国内人体健康战略的重中之重。合适的动物模型对于新型药物有效性、安全性评价是转化医学成功的关键。在此背景下，啮齿动物模型得以广泛使用。所以，对于人类疾病大型动物模型，转基因猪的应用越来越多地受到关注。

由于猪在解剖上与人类有许多相似之处，如杂食性、生理学、新陈代谢及病理学，特别是非常

Note

相似的胃肠道解剖结构和功能，胰腺形态和代谢调节，牲畜猪和小型猪在医学研究中用作相关模型。此外，猪作为大型动物模型，性成熟较早(5～8月)，世代短(12月)，一胎可分娩多个后代(平均每窝仔猪10～12个)，一年四季可以繁育。饲养(住房、膳食、卫生)可以标准化管理。随着基因技术的快速发展，在基因水平进行改造，出现了不同疾病转基因猪模型，极大地推动了医学研究。

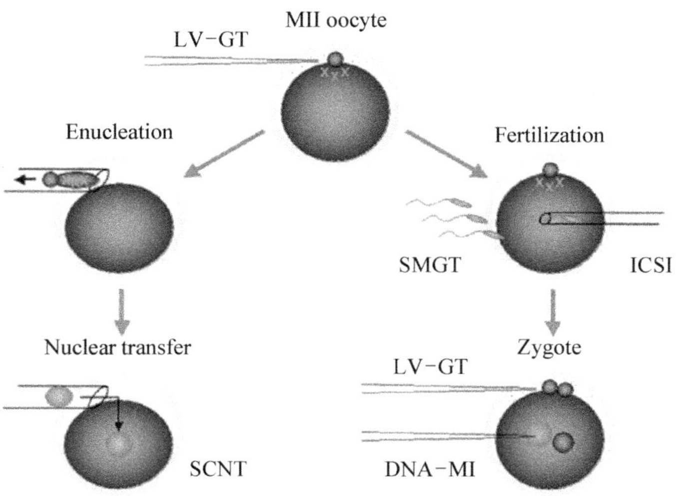

图7-17　目前常用转基因技术
(引自 Aigner B et al.，2010)

当前用于转基因猪的技术包括DNA显微注射受精卵的原核(DNA-MI)，精子介导的基因转移(SMGT)，慢病毒转基因(LV-GT)，以及使用基因改造的核供体细胞的体细胞核移植(SCNT)，如图7-17所示。与啮齿类实验动物相比，大型动物模型的实验标准化低，成本和劳动力高。因此转基因猪模型首先考虑重要疾病领域的研究，这些疾病在啮齿类动物模型中的研究受到体积小，寿命短，不能充分反映疾病表型的困扰。已经公开发表的转基因猪模型如表7-3所示。对表7-3中提及的APP，HTT，RHO，eNOS，CFTR，HNF1A基因进行人与猪、小鼠的蛋白质种族同源性比较(http：www. uniprot. org；http://www. ensembl. org)，发现人与猪的相似性高的蛋白是APP、RHO、eNOS、CFTR、HNF1A，HTT则表现为人与小鼠的同源性高，然而，与人类遗传神经退行性疾病相关的基因内三核苷酸重复序列分析表明人与猪的保守性大于人与小鼠。猪作为阿尔茨海默病、亨廷顿氏病模型已先后报道。除此之外，还可作为心血管疾病、糖尿病疾病模型。

(1) 心血管疾病模型：已经知道eNOS(endothelial cell nitric oxide synthase，内皮型-氧化氮合酶)能够通过释放一氧化氮调节心血管的功能，因此可以制备eNOS转基因猪用来分析心血管疾病。研究人员首先从Yucatan pig尤卡坦猪克隆到eNOS cDNA，并带上多聚组氨酸标签(His-tag)以区别内源性与外源性(转基因)eNOS，采用SCNT方法，获得转基因猪。蛋白表达鉴定出转入基因138 kDa eNOS蛋白质(1 242个氨基酸残基)表达和内源性133 kDa eNOS蛋白质(1 205个氨基酸残基)表达。蛋白表达定位显示无论转基因还是内源性eNOS蛋白质都存在于内皮细胞。eNOS转基因猪被用来进一步分析eNOS在调节心肺系统、肌肉代谢等方面的功能。为了证实eNOS的作用机制，eNOS敲除模型也已构建。

表7-3　转基因猪模型

人类基因疾病	转基因表达	参考文献
Alzheimer's disease	Expression of mutant human *APP*^{SW} in the brain	Kragh PM et al.，2009
Huntington's disease	Transgenic animals with mutant pig *HTT*	Uchida M et al.，2001
Retinitis pigmentosa	Retinal expression of mutant pig *RHO*^{P347L} or *RHO*^{P347S}	Petters RM et al. 1997，Kraft TW et al.，2005
Cardiovascular disease	Endothelial over-expression of pig *eNOS*	Hao YH et al.，2006
Cystic fibrosis	*CFTR* knockout or mutant pig *CFTR*^{deltaF508} knockin	Rogers CS et al.，2008
Type 2 diabetes mellitus	Beta-cell expression of mutant dominant-negative human *GIPR*^{dn}	Renner S et al.，2010
Type 3 of maturity-onset diabetes of the young	Beta-cell expression of mutant dominant-negative human *HNF1A*^{P291fsinsC}	Umeyama K et al.，2009

(引自 Aigner B et al.，2010)

(2) 糖尿病疾病模型：通过对相关基因结构与功能的改造或者基因突变，糖尿病啮齿动物模型早已建立。作为大型动物模型的转基因猪最近得以建立。2 型糖尿病是多种病因引发的代谢紊乱，表现为胰岛素阻抗和胰腺 β 细胞功能障碍，失去控制高血糖功能。两个肠促胰岛素激素葡萄糖依赖性促胰岛素多肽(glucose-dependent insulinotropic polypeptide, GIP)和胰高血糖素样肽-1(glucagon-like peptide-1,GLP-1)备受关注。GIP 和 GLP-1 在有脂肪、葡萄糖时由肠内分泌细胞所分泌。

虽然 GIP 对 2 型糖尿病作用原因不清楚，但损害 GIP 可能是 2 型糖尿病早期发病的原因。最近根据人类基因组大规模数据研究指出，GIP 受体(GIPR)基因影响葡萄糖和胰岛素效应。为了研究 GIP/GIPR 的作用机制，产生了 GIPR 基因敲除小鼠，该鼠葡萄糖耐量稍有降低并未患糖尿病。与此相反，两个独立转基因小鼠，在胰岛使其过表达显性负效应的 GIPR($GIPR^{dn}$)，显示早发性糖尿病，明显的胰岛结构改变、β 细胞丢失。(显性负效应：某些信号转导蛋白突变后不仅自身无功能，还能抑制或阻断同一细胞内的野生型信号转导蛋白的作用)为了弄清 GIPR 在维持胰岛结构与功能的作用，构建了 $GIPR^{dn}$ 转基因猪。将 $GIPR^{dn}$ 克隆到慢病毒载体，在大鼠 Ins2 启动子控制下，使其在胰岛细胞表达。结构表明，由于延迟胰岛素分泌，11 周龄 $GIPR^{dn}$ 转基因猪口服葡萄糖耐受性降低，而静脉注射葡萄糖耐受性没有改变。在此年龄段，这两个实验组 β 细胞量并无差异。随着年龄的增加，血糖控制恶化，由于减少了胰岛素的分泌，5 月龄 $GIPR^{dn}$ 转基因猪显示降低了口服葡萄糖耐量。在 11 月龄时，静脉葡萄糖耐受量也受损，胰岛素分泌减少。定量分析表明，与对照相比，5 月龄转基因猪总 β 细胞量降低 35%，到 1～1.4 岁时，总 β 细胞量降低到 58%。这些总的 β 细胞量减少可以追溯到一个高度降低 β 细胞增殖率在 11 周龄转基因猪。此外，一种 β 细胞凋亡增加的趋势在 1～1.4 岁时被观察到。总之，该转基因猪的产生能较好地模拟人类 2 型糖尿病的主要特征，对于在体研究基于 GIP 的胰岛维护机制与监控和临床前的治疗策略将是一种极为有用的动物模型。

另一种糖尿病转基因猪模型是基于基因点突变造成的。已经发现，小鼠 insulin 2(Ins2) 点突变表现糖尿病症状。基因点突变导致胰岛素第 95 位氨基酸 C 突变为 S，因此使胰岛素失去链内二硫键。雄性杂合子 Ins2C95S 表现糖尿病显著的胰岛与 β 细胞体积减少，严重的 β 细胞结构改变。在此基础上，建立了点突变转基因猪，该猪发育正常，空腹血糖水平不变，但扰乱了静脉葡萄糖耐受量和胰岛素分泌降低。

5. 转基因猴

在过去的几十年间，模拟人类疾病使用非人灵长类动物包括黑猩猩、恒河猴、狲猴、狨猴和松鼠猴子已经被报道。由于在非人灵长类动物和人类之间高度的相似性，包括基因组，认知行为功能，解剖结构、代谢、生殖和大脑功能，灵长类动物为我们理解人体的生理功能，明确人类疾病机制，开发新型治疗人类疾病起了重要作用。然而，由于受非人灵长类动物基因转移技术的限制，非人灵长类动物研究一直局限于认知、行为、生化及药理方法。

第一例转基因猴，名叫"安迪"，2001 年问世于美国。"安迪"写作"ANDi"，意指 inserted DNA，即 DNA 植入。这是首例转基因灵长类动物，价值在于提供了最接近人类的动物模型，更好地认识人类疾病机制和了解灵长类动物和人类发育等系列重大科学问题。这项研究由美国俄勒冈州比佛顿灵长目动物研究中心的科学家完成，他们将一个 GFP 转基因病毒注射到恒河猴未受精卵，几个小时后，他们再将精子注入卵母细胞使之受精，与其他非人灵长类动物体外受精相比，这一操作效率很低。哪怕是操作上一个小小步骤也是障碍重重，收集猴子卵很困难，灵长类动物学家不知道如何人为控制猴子的生殖周期，意味着研究人员不得不精确计算实验时间，同时调整好代孕猴处于相应的生殖周期。事实上，从技术层面这样的操作在人类还容易一些，因为试管婴儿技术已经相当成熟。一半的受精卵发展成胚胎，将其中 20 个胚胎移植，怀孕 5 个，中途流产 2 个，最后 3 只健康猴出生，但只有一只检测到 GFP 基因存在，但未见绿色荧光，此只就是随后命名的"安迪"。对流产的 2 只进行鉴定，也携带 GFP 基因，而且与"安迪"不同的是其毛囊和脚趾甲在荧光灯下的确可以发光。"安迪"的诞生首次证明采用转基因操作，灵长类卵可以正常发育。

Note

2008年亨廷顿氏病(Huntington's disease, HD)转基因猴问世，进一步显示转基因猴对于研究人类遗传疾病的潜在作用。研究发现，亨廷顿氏病模型猴所显示的独特的细胞和发病的变化与HD患者极为相似。HD猴子也出现了人类临床HD关键的特性，包括肌张力障碍、舞蹈病等症状，是其他动物模型所不能表现的。除了了解疾病的机制，HD转基因猴可以是强有力的模型用来开发生物标志物进行疾病进展监测，确定新药物治疗效果和建立新的治疗方法如使用病人的自己的干细胞进行基因和细胞治疗。HD转基因猴的成功已经证明了产生转基因猴子的可行性和人类遗传疾病建模的潜在的应用价值。

2010年中科院昆明动物研究所与法国科学家合作成功构建出转基因猕猴，他们利用猿猴免疫缺损病毒(simian immunodeficiency virus, SIV)为载体，携带GFP基因，获得2只稳定表达EGFP猴，研究工作发表在美国科学院院刊(PNAS)上。研究过程采用高滴度病毒感染1或2细胞(或4～8细胞)体外受精胚胎，培养3～5d，检测发现86%的胚胎发出荧光，显示一个高的感染效率。获得转基因猕猴后，研究人员从16周的转基因动物中进一步作了转入基因表达检测，流式细胞分析表明，所获2只转基因猕猴，外源基因表达分别是28%和17%，这些结果表明并非所有的四到八细胞阶段的胚叶细胞胚胎都被慢病毒感染，这两只转基因猕猴是GFP表达的嵌合体。对基因组DNA PCR分析证实转基因已整合进入。

值得注意的是所有的动物模型都有他们的优点和缺点；作为研究人员需要根据具体研究内容确定最佳和最合适的动物模型。从目前来看，利用灵长类动物构建基因改造产生人类疾病模型不再是问题，人们的努力是在继续完善灵长类动物模型。考虑伦理因素转基因猴子将不是常用的研究工具，即便有成熟的转基因技术。同时昂贵的费用也会限制使用转基因猴子作为医学模型。但对于有些问题的研究在啮齿动物是十分困难的，如有关衰老、神经退行性疾病、免疫学和行为，转基因灵长类动物可能更占优势。与啮齿动物相比，猴子体型庞大，转入基因标记后，可以磁共振成像，采用微创技术追踪器官发育。

思 考 题

1. 农杆菌介导植物转基因的原理是什么？
2. 简述植物转基因的各种方法的原理。
3. 简述转基因植物检测方法的原理。
4. 提高外源基因在转基因动植物中的表达水平的方法有哪些？
5. 何谓TALEN技术？

第8章 基因信息分析技术

提　要

生命信息学已经日渐成为生命科学研究领域中的一颗明珠，对核酸与蛋白质序列的分析也已经成为生命科学工作者的一项基本技能。分子生物学的快速发展，特别是随着人类基因组计划的完成，带来了人类对核酸与蛋白质序列的高度兴趣，相关序列数据以指数形式迅猛增长，而计算机、网络及信息科学的快速发展，使得处理海量数据成为可能。

本章将简要介绍一些常用的生物分子数据库和使用方式，以及生命信息学在核酸和蛋白质序列分析方面的方法与应用。

8.1　常用生物分子数据库

生物分子数据库分为两类，即基本数据库和二级数据库。基本数据库是包括原始数据的库，即DNA序列、蛋白质序列和蛋白质结构等信息，如可获取基因序列的GenBank数据库；二级数据库则主要是对基本数据库进行分析、提炼、加工而成的库，目的是使原始数据更方便地被生物学家所使用，如蛋白质序列中的共同结构和功能基序数据库(prosite database)。

典型的数据库至少包括了两方面的内容：原始数据(如DNA序列)和对这些数据的生物学注释。不同数据库对原始数据和序列注释的侧重点有所不同，从而可以表现出不同数据库各自的特点。

8.1.1　核酸数据库

核酸序列数据库在各种生物分子数据库中占据了十分重要的地位。目前，全球最主要的三大核酸序列数据库如下。

GenBank数据库：美国国家生物技术信息中心(National Center for Biotechnology Information, NCBI)所有，网址：http://www.ncbi.nlm.nih.gov/genbank

EMBL数据库：欧洲生物信息学研究所(European Bioinformatics Institute, EBI)所有，网址：http://www.ebi.ac.uk/embl/；http://www.ebi.ac.uk/ena/

DDBJ数据库：日本国立遗传学研究所(Japan National Institute of Genetics Center for Information Biology)所有，网址：http://www.ddbj.nig.ac.jp/default.htm

这三大数据库虽然记录格式不同，但都采用了相同的记录标准，同时每天对数据进行交换以保持数据库的更新和一致性。如果用户要提交一个序列，只需要向其中任意一个数据库提交，所提交的序列会在公布之日起同时出现在三大数据库中。

Note

1. GenBank 数据库解读

GenBank(图 8－1)与 EMBL 和 DDBJ 一起构成了最权威最全面的核酸序列数据库。其所收录的序列包括了基因组 DNA 序列、cDNA 序列、EST 序列、载体序列、人工合成序列及 HTG 序列等。可以通过它查询到你所需的序列，还可以找到与具有同源性的各种序列。

图 8－1　GenBank 主页搜索模式(http://www.ncbi.nlm.nih.gov/)

使用 GenBank 数据库时，可以通过 Entrez 搜索引擎(图 8－2)、BLAST 序列同源性搜索(图 8－3)、dbEST 搜索、dbSTS 搜索等方式，以关键词、作者、GenBank 序列号、种属分类等形式进行查询。如果需要了解 GenBank 的使用，可以从 http://www.ncbi.nlm.nih.gov/books/NBK21101/获得 NCBI 使用手册。

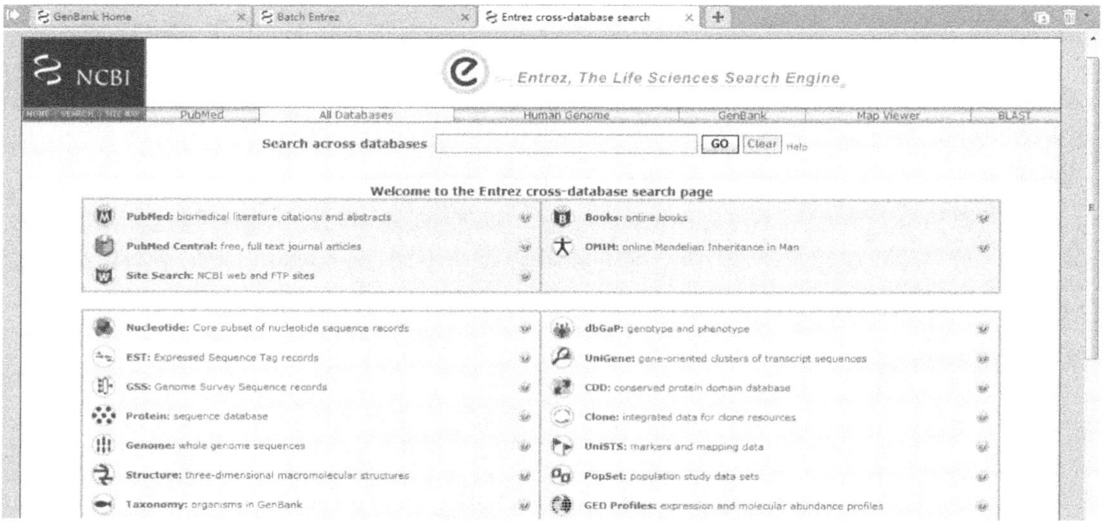

图 8－2　GenBank 的 Entrez 搜索(http://www.ncbi.nlm.nih.gov/sites/gquery)

2. EMBL 数据库解读

EMBL 虽然在记录格式上与 GenBank 有所不同，但两者包含的记录标准和内容是一致的(图 8－4)。EMBL 数据库包括的子数据库中：EST 是表达序列标签数据库、GSS 是基因组调研序列数据库、HTG 是高通量基因组序列数据库、STS 是序列标签位点数据库。

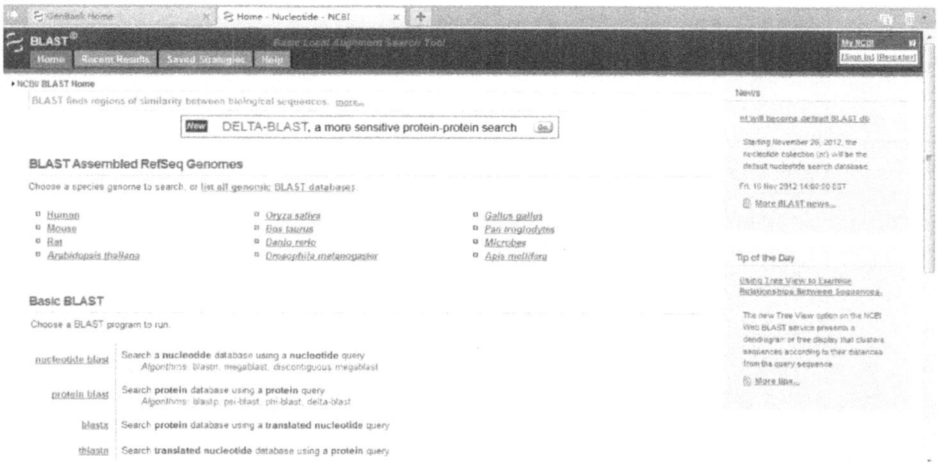

图 8-3　GenBank 的 BLAST 搜索(http://blast.ncbi.nlm.nih.gov/Blast.cgi)

打开 EMBL 的搜索页面后可以看到图 8-4 的画面;进一步搜索到一条 DNA 序列后则可显示如图 8-5 的图表格式内容。

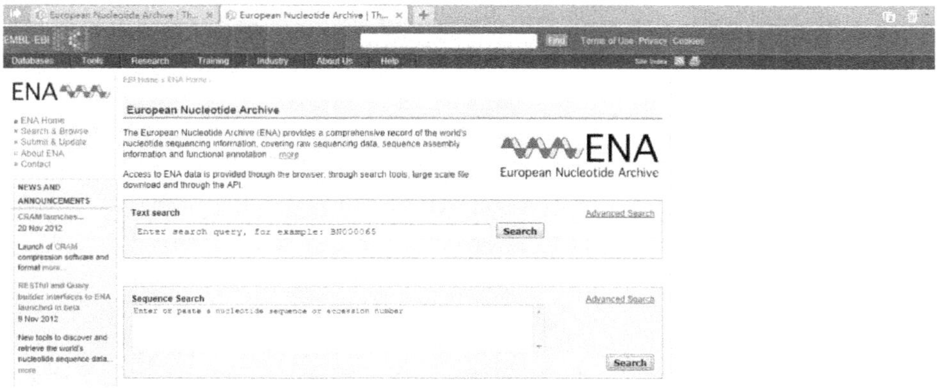

图 8-4　EMBL 的序列搜索页面(http://www.ebi.ac.uk/ena/)

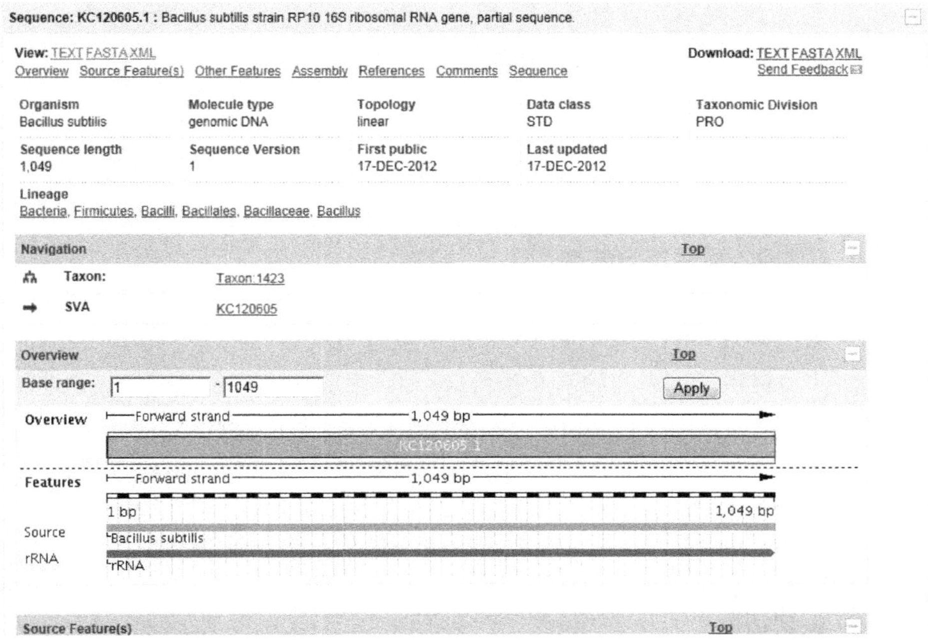

图 8-5　EMBL 中打开的 DNA 序列的图表格式
(http://www.ebi.ac.uk/ena/data/view/KC120605)

Note

显然，对比此序列在 EMBL 与 GenBank 中的格式后可以看出，两者并没有任何本质的差别。表 8－1 是 EMBL 与 GenBank 数据库中常用字段的含义列表。

表 8－1　EMBL 与 GenBank 中常用字段的含义

EMBL	GenBank	英　文	注　释
ID	LOCUS	identifier	序列名称
AC	ACCESSION	accession number	序列接受号
DT		date	日期
DE	DEFINITION	description	定义与简述
KW	KEYWORDS	keywords	关键词
OS	SOURCE	organism	物种来源
OC	ORGANISM	organism classification	分类地位
OG		organelle	细胞器
RN	REFERENCE	reference number	文献条目序号
RC		reference comment	文献评述
RP		reference position	文献所对应的序列位置
RX		reference cross	文献交叉索引
RA	AUTHORS	reference authors	文献作者
RT	TITLE	reference title	文献标题
RL	JOURNAL	reference location	文献出处
DR		database cross-reference	数据库交叉索引
FH	FEATURES	feature table header	性质列表表头
FT		feature table	性质列表
CC	COMMENTS	comments	注释
XX		spacer line	字段分界
SQ	ORIGIN	sequence	序列开始标志
//	//	termination	序列终止标志

3. DDBJ 数据库解读

DDBJ 数据库即日本核酸数据库（DNA Data Bank of Japan）的缩写。该数据库采用了与 GenBank 一致的格式，此处不再重复。

4. InterPro 蛋白质结构和功能的分类数据库

InterPro 是一个将不同的蛋白质家族，结构域和功能位点的信息整合到一起的一个数据库。它综合了现有已知众多相关数据库的内容，利用特征模型从蛋白质序列中保守的机构信息作为识别标志来推测目标蛋白质的潜在功能。可以通过 http://www. ebi. ac. uk/interpro/提交需要注释的蛋白质序列。

5. Gene Ontology 基因本体注释数据库

Gene Ontology（GO）是由基因本体联合会（Gene Onotology Consortium）所建立的一个适用于各类物种的基因基本功能注释的数据库，可以通过 http://www. geneontology. org 访问。Gene Ontology（GO）提供了一系列的语义条目（terms）用来描述基因的特性。这些语义条目可分为三种不同的类型：细胞组件（cellular component）、分子功能（molecular function）以及生物学过程（biological process）。细胞学组件用于描述亚细胞结构、位置和大分子复合物，如核仁、端粒和识别起始的复合物等。分子功能用于描述单个基因分子水平的功能，如与碳水化合物结合或 ATP 水解酶催化活性等。生物学过程是指由一些相关分子功能的蛋白质有序组合，达成步骤更为复杂的特定生物功能，如有丝分裂或嘌呤代谢等。

6. KEGG pathway 数据库

KEGG（Kyoto Encyclopedia of Genes and Genomes），即京都基因与基因组百科全书，是日本京都大学生物信息学中心的 Kanehisa 实验室于 1995 年建立的生物信息学数据库。可以通过 http://www.genome.jp/kegg/来访问。KEGG 整合了基因组、化学和系统功能信息，是在后基因时代对更高层次和更复杂细胞活动和生物体行为作出推测的产物。它大致分为系统信息、基因组信息和化学信息三大类，如表 8－2 所示。

Note

表 8－2　KEGG 的分类

分　类	数 据 库	目　录
系统信息	KEGG PATHWAY	KEGG 通路图
	KEGG BRITE	BRITE 功能层次
	KEGG MODULE	KEGG 功能单元的模块
	KEGG DISEASE	人类疾病
	KEGG DRUG	药物
	KEGG ENVIRON	天然药物和与健康相关的物质
基因组信息	KEGG ORTHOLOGY	KEGG 直系同源(KO)组
	KEGG GENOME	KEGG 中带有完整基因组的物种
	KEGG GENES	在完整基因组中的基因目录
	KEGG SSDB	与基因有关的序列相似性数据库
化学信息	KEGG COMPOUND	代谢物及其他小分子化合物
	KEGG GLYCAN	多糖
	KEGG REACTION	生化反应
	KEGG RPAIR	化学反应中的反应物对
	KEGG RCLASS	RPAIR 定义的反应级别
	KEGG ENZYME	酶命名法

KEGG 数据库中包含各种各样的用来识别生物系统数据对象的标识符，以便进行计算机模拟。标识符由一个与数据库相关的前缀加五个数字构成，如表 8－3 所述。

表 8－3　KEGG 数据库中的对象标识符及其示例

Database	Object	Prefix	Example
KEGG PATHWAY	Pathway map	map, ko, ec, rn, (org)	hsa00920
KEGG BRITE	Functional hierarchy	br, jp, ko, (org)	k00001
KEGG MODULE	KEGG module	M, (org)_M	M00003
KEGG DISEASE	Human disease	H	H00080
KEGG DRUG	Drug	D	D01441
KEGG ENVIRON	Crude drug, etc.	E	E00048
KEGG ORTHOLOGY	KO group	K	K04527
KEGG GENOME	KEGG organism	T	T01001(hsa)
KEGG GENES	Gene/protein		hsa: 2152
KEGG COMPOUND	Small molecule	C	C00031
KEGG GLYCAN	Glycan	G	G00109
KEGG REACTION	Reaction	R	R00259
KEGG RPAIR	Reactant pair	RP	RP05729
KEGG RCLASS	Reaction class	RC	RC00046
KEGG ENZYME	Enzyme	ec	EC: 4. 1. 1. 32

8.1.2　蛋白质序列数据库

蛋白质序列数据库也由基本数据库和其他二级数据库组成。与核酸的基本数据库一样，蛋白质的基本数据库也实现了数据共享与同步，其中 UniProt 数据库是最主要的蛋白质序列数据库之一。

Note

UniProt 是由欧洲生物信息学研究所(European Bioinformatics Institute，EBI)、瑞士生物信息学研究所(Swiss Institute of Bioinformatics，SIB)及蛋白质信息资源库(Protein Information Resource，PIR)所拥有的数据库共同联合而成。EBI 与 SIB 共同创建了 Swiss－Prot 与 TrEMBL 两个数据库，而 PIR 创建了蛋白质序列数据库(Protein Sequence Database，PIR－PSD)。2002 年，这三家机构决定将这几个数据库合并，从而组成了 UniProt 数据库。UniProt 的网址是 http://www.uniprot.org/(图 8－6)。

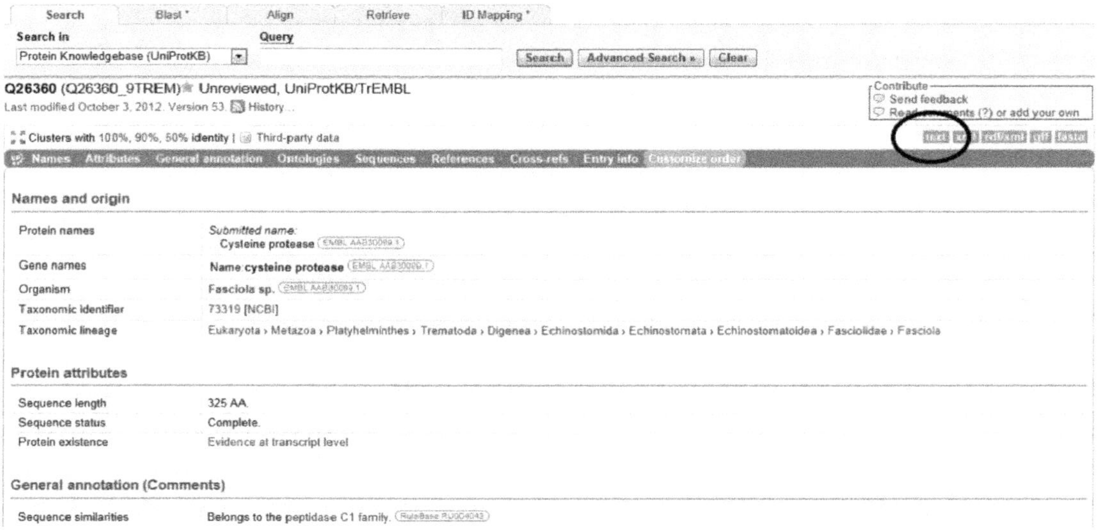

图 8－6 UniProt 数据库中蛋白质序列信息的表现形式

8.1.3 其他常用生物分子数据库

从 1994 年开始，著名刊物 *Nucleic Acid Research*《核酸研究》每年一月份均为生物学数据库专刊，刊中专门为用户提供了一个数据库列表与链接。如 2012 年一月该刊的"The 2012 Nucleic Acids Research Database Issue and the online Molecular Biology Database Collection"文中载入了以下主要数据库链接(表 8－4)。

表 8－4 核酸研究数据库及在分子细胞学数据库

数据库名称	网 址	简 介
ApoHoloDB	http://ahdb.ee.ncku.edu.tw/	Apo-and Holo-structure pairs of proteins
AutismKB	http://autism.cbi.pku.edu.cn	Autism genetics knowledgebase
BGMUT	http://www.ncbi.nlm.nih.gov/projects/gv/mhc/xslcgi.cgi?cmd=bgmut	Blood Group antigen gene Mutation database
BitterDB	http://bitterdb.agri.huji.ac.il/bitterdb/dbbitter.php	Bitter taste: molecules and receptors
canSAR	http://cansar.icr.ac.uk	Integrated cancer research and drug discovery resource
CAPS－DB	http://www.bioinsilico.org/CAPSDB	Classification of helix cappings in protein structures
ccPDB	http://crdd.osdd.net/raghava/ccpdb/	Compilation and creation of datasets from Protein Data Bank
CharProtDB	http://www.jcvi.org/charprotdb/	Experimentally Characterized Protein annotations
COLT－Cancer	http://colt.ccbr.utoronto.ca/cancer	Essential gene profiles in human cancer cell lines

续 表

数据库名称	网 址	简 介
Crystallography Open Database	http://www.crystallography.net/	Crystal structures of small molecules
Cube-DB	http://epsf.bmad.bii.a-star.edu.sg/cube/db/html/home.html	Functional divergence in human protein families
DARC	http://darcsite.genzentrum.lmu.de/darc/	Database for Aligned Ribosomal Complexes
DBETH	http://www.hpppi.iicb.res.in/btox	Database for Bacterial ExoToxins for Humans
Death Domain database	http://www.deathdomain.org	Protein interaction data for Death Domain superfamily
DIGIT	http://www.biocomputing.it/digit4/	Database of ImmunoGlobulin sequences and Integrated Tools
Disease Ontology	http://diseaseontology.sf.net/	Ontology for a variety of human diseases
DiseaseMeth	http://202.97.205.78/diseasemeth	Human disease methylation database
DistiLD	http://distild.jensenlab.org/	Diseases and Traits In Linkage Disequilibrium blocks
DNAtraffic	http://dnatraffic.ibb.waw.pl/	DNA dynamics during the cell cycle
DOMMINO	http://dommino.org	Database of MacroMolecular INteractions
doRiNA	http://dorina.mdc-berlin.de	Database of RNA interactions in post-transcriptional regulation
DR.VIS	http://www.scbit.org/dbmi/drvis	Human Disease-Related Viral Integration Sites
EBI BioSample Database	http://www.ebi.ac.uk/biosamples/	Biological samples used as sources of sequence, structure or expression data
EcoliWiki	http://ecoliwiki.net	Community-based pages about non-pathogenic *E. coli*
eQuilibrator	http://equilibrator.weizmann.ac.il	Thermodynamics calculator for biochemical reactions
FungiDB	http://fungidb.org	Functional genomics of fungi
FunTree	http://www.ebi.ac.uk/thornton-srv/databases/FunTree/	Evolution of novel enzyme functions in enzyme superfamilies
GeneWeaver	http://www.GeneWeaver.org	Functional genomics analysis system
GONUTS	http://gowiki.tamu.edu	Gene Ontology Normal Usage Tracking System
GWASdb	http://jjwanglab.org/gwasdb	Human genetic variants identified by genome wide association studies
HaploReg	http://compbio.mit.edu/HaploReg	SNP - centric access to chromatin state information
HFV database	http://hfv.lanl.gov/	Hemorrhagic fever virus sequence database
hiPathDB	http://hipathdb.kobic.re.kr/	Human Integrated Pathway Database
Histome	http://www.histome.net/	Human histone database
HotRegion	http://prism.ccbb.ku.edu.tr/hotregion	Database of interaction Hotspots
Human OligoGenome Resource	http://oligogenome.stanford.edu/	Oligonucleotides for targeted resequencing of the human genome
ICEberg	http://db-mml.sjtu.edu.cn/ICEberg/	Integrative and Conjugative Elements in Bacteria
IDEAL	http://www.ideal.force.cs.is.nagoya-u.ac.jp/IDEAL/	Intrinsically Disordered proteins with Extensive Annotations and Literature
IGDB.NSCLC	http://igdb.nsclc.ibms.sinica.edu.tw	Integrated Genomic Database of Non-Small Cell Lung Cancer
IndelFR	http://indel.bioinfo.sdu.edu.cn	Indel Flanking Region database

Note

续　表

数据库名称	网　址	简　介
InterEvol	http://biodev. cea. fr/interevol	Evolution of protein-protein Interfaces
LegumeIIP	http://plantgrn. noble. org/LegumeIP/	Model Legumes Integrative database Platform
MetaBase	http://metadatabase. org	Wiki database of biological databases
MethylomeDB	http://epigenomics. columbia. edu/methylomedb/	DNA methylation profiles in human and mouse brain
MINAS	http://www. minas. uzh. ch	Metal Ions in Nucleic AcidS
MIPModDB	http://bioinfo. iitk. ac. in/MIPModDB	Major Intrinsic Protein superfamily Models
miREX	http://bioinfo. amu. edu. pl/mirex	Plant microRNA Expression data
miRNEST	http://mirnest. amu. edu. pl	microRNAs in animal and plant EST sequences
MMMDB	http://mmdb. iab. keio. ac. jp/	Mouse Multiple Tissue Metabolomics Database
modMine	http://intermine. modencode. org	Mining of modENCODE data
MOPED	http://moped. proteinspire. org	Model Organism Protein Expression Database
NCBI BioSample	http://www. ncbi. nlm. nih. gov/biosample	Biological samples used as sources of sequence, structure or expression data
NCBI BioProject	http://www. ncbi. nlm. nih. gov/bioproject	Linked data related to a single research project
Nematodes. org	http://www. nematodes. org/nematodegenomes/	Wiki for coordinating nematode sequencing projects
Newt-omics	http://newt-omics. mpi-bn. mpg. de	Data on red spotted newt *Notophthalmus viridescens*
neXtProt	http://www. nextprot. org/	A knowledgebase for human proteins
NRG-CING	http://nmr. cmbi. ru. nl/NRG-CING	Validated NMR structures of proteins and nucleic acid
OGEE	http://ogeedb. embl. de	Online GEne Essentiality database
PDBj	http://pdbj. org/	Protein Data Bank Japan
PhenoM	http://phenom. ccbr. utoronto. ca	Morphological database of essential yeast genes
Phytozome	http://www. phytozome. net/	JGI's platform for green plant genomics
PlantNATsDB	http://bis. zju. edu. cn/pnatdb/	Plant natural antisense transcripts
Polbase	http://polbase. neb. com	Biochemical, genetic, and structural information about DNA polymerases
PomBase	http://www. pombase. org/	Genome database on S. pombe
PoSSuM	http://possum. cbrc. jp/PoSSuM/	Ligand-binding POcket Similarity Search Using Multiple-Sketches
Predictive Networks	http://predictivenetworks. org	Integration, navigation, visualization, and analysis of gene interaction networks
ProGlycProt	http://www. proglycprot. org	Experimentally characterized Prokaryotic GlycoProteins
ProOpDB	http://operons. ibt. unam. mx/OperonPredictor/	Prokaryotic Operon DataBase
ProPortal	http://proportal. mit. edu/	Prochlorococcus marinus and its phages
ProRepeat	http://prorepeat. bioinformatics. nl/	Amino acid tandem Repeats in Proteins
ProtChemSI	http://pcidb. russelllab. org/	Protein-Chemical Structural Interactions
PSCDB	http://idp1. force. cs. is. nagoya-u. ac. jp/pscdb/	Protein Structural Change upon ligand binding
RecountDB	http://recountdb. cbrc. jp	Recalculated transcript amounts database
Rhea	http://www. ebi. ac. uk/rhea/	EBI's biochemical reaction database
RNA CoSSMos	http://cossmos. slu. edu	RNA Characterization of Secondary Structure Motifs

Note

续 表

数据库名称	网 址	简 介
ScerTF	http://ural. wustl. edu/TFDB/	Binding sites for *Saccharomyces cerevisiae* Transcription Factors
SCRIPDB	http://dcv. uhnres. utoronto. ca/SCRIPDB/search	Search for Chemicals and Reactions In Patents
SEQanswers	http://seqanswers. com/wiki/SEQanswers	Wiki on all aspects of next-generation genomics
SitEx	http://www-bionet. sscc. ru/sitex/	Projections of protein functional Sites on Exons
SNPedia	http://www. SNPedia. com	Wiki on SNPs and genome annotation
SpliceDisease	http://cmbi. bjmu. edu. cn/Sdisease	Links between RNA splicing and disease
STAP refinement of NMRdb	http://psb. kobic. re. kr/STAP/refinement	Refined solution NMR structures
Stem Cell Discovery Engine	http://discovery. hsci. harvard. edu/	Comparison system for cancer stem cell analysis
TopFIND	http://clipserve. clip. ubc. ca/topfind	Protein N-and C-termini and protease processing
UMD - BRCA1/BRCA2 databases	http://www. umd. be/BRCA1/	BRCA1 and BRCA2 mutations detected in France
UniPathway	http://www. grenoble. prabi. fr/obiwarehouse/unipathway	Metabolic pathway information in UniProt knowledge base
VIRsiRNAdb	http://crdd. osdd. net/servers/virsirnadb	Experimentally validated Viral siRNA/shRNA
YeTFaSCo	http://yetfasco. ccbr. utoronto. ca/	Yeast Transcription Factor binding Site sequence Collection
YMDB	http://www. ymdb. ca	Yeast Metabolome Database
zfishbook	http://zfishbook. org/	Transposon-labeled mutants in zebrafish

8.2 软件分析应用

8.2.1 用 BLAST 进行局部序列比对

在基因功能分析中经常需要对已经获得的目的基因进行功能分析，而功能分析的主要手段就是把已经获得的目的基因和公共数据库中已知功能的基因进行序列比对，找相似性比较高的同源基因，即基因功能注释。

BLAST 即基本局部序列比对搜索工具(basic local alignment search tool)，是美国国立生物技术信息中心(NCBI)开发的一个基于序列相似性的数据库搜索工具，其网址地址为 http://blast. ncbi. nlm. nih. gov。也有适合各种操作系统的本地化程序，可以通过其 FTP 站点 ftp://ftp. ncbi. nlm. nih. gov/blast/下载。Blast 中常用的程序主要有 5 种，如表 8-5。

表 8-5 Blast 程序中查询序列以及比对的库序列的类型

程序名	查询序列类型	数据库类型	搜 索 方 法
Blastn	核 酸	核 酸	核酸序列搜索逐一核酸数据库中的序列
Blastp	蛋白质	蛋白质	蛋白质序列搜索逐一蛋白质数据库中的序列
Blastx	核 酸	蛋白质	核酸序列 6 框翻译成蛋白质序列后和蛋白质数据库中的序列逐一搜索
Tblastn	蛋白质	核 酸	蛋白质序列和核酸数据库中的核酸序列 6 框翻译后的蛋白质序列逐一比对
TBlastx	核 酸	核 酸	核酸序列 6 框翻译成蛋白质序列，再和核酸数据库中的核酸序列 6 框翻译成的蛋白质序列逐一进行比对

8.2.2 用 CLUSTAL 进行多序列比对

Note

得到同一基因的多个物种的直系同源序列后，往往要对这些基因进行多序列比对，找出其保守的结构域或者进化分析。CLUSTAL 可用于核酸或蛋白质的序列多重对齐分析(Multiple sequence alignment)，是一个基于渐进比对的多序列比对工具，由 Higgins D. G. 等开发，可通过 http://www.clustal.org 下载。支持多种操作系统平台，包括 linux、windos 的 clustlw、clustalx 等。clustalx 是一种有图形截面的程序，而 clustlw 只支持命令行输入。但更为方便的是直接在一些生物学网站上导入序列进行分析。

8.2.3 用 Primer Premier 进行引物设计

应用软件 Primer Premier 是用于引物设计与分析的常用软件。对于引物设计中的各种影响因素，该软件可以给予充分和综合的考虑，从而最大限度地设计出理想的引物。Primer Premier 还可以根据用户的个性化要求，设定不同的选择标准，以满足用户的需求。其主要界面分为以下几个功能：GeneTank(序列编辑)、Primer(引物设计)、Restriction Enzyme Analysis(限制性内切酶分析)、Motif Analysis(基序分析)。

四个功能板块都有各自的窗口和菜单，各功能板块的主要菜单选项如下：

GeneTank：File，Edit，View，Search，Function，Translate，Window，Help

Primer：File，Edit，Function，Report，Graph，Window，Help

Restriction Enzyme Analysis：File，Function，Window，Help

Motif Analysis：File，Function，Window，Help

使用功能菜单时，该菜单所属的窗口就会被激活，各个窗口之间可以方便地进行切换。本节重点讲述如何使用该软件进行引物设计。

一般而言，引物设计需要遵守以下原则：

1) 选取的序列应在基因的保守区段；

2) 应避免引物自身或与引物之间形成 4 个或 4 个以上连续配对，避免引物自身形成环状发卡结构；

3) 引物一般长度为 18 到 24 核苷酸。过长的序列可能会引起错误配对，降低特异性，且杂交较慢，从而降低了产量；

4) T_m 值一般在 55～65℃之间，GC 含量在 40%～60%之间；

5) 引物之间的 T_m 值相差避免超过 2℃；

6) 引物的 3′端避免使用碱基 A，同时避免出现 3 个或 3 个以上连续相同的碱基；

7) 引物末端(最后 5 个核苷酸)不能有超过 2 个的 G 和 C。

Primer(引物设计)功能包括了设计引物的搜索引擎，使用其自动搜索法则，只需要简单的操作就可以得到合适的引物。同时，该软件也提供了人工控制搜索引擎的方法，从而可以根据用户的特殊要求制定引物设计标准。引物输出时，即时分析工具会计算出引物的关键参数，如二级结构、T_m 值、GC 含量和自由能等，另一窗口可显示引物的比吸光度(Optical activity)和引物的分子质量。Primer(引物设计)功能板块由以下几个窗口组成：

Preferences 参数设置窗口；Primer Premier 引物设计窗口；Edit Primer 引物编辑窗口；Search Criteria 搜索标准窗口；Search Parameter 搜索参数窗口；Search Results 搜索结果窗口；Multiplex/Nested Primer 复式及巢式 PCR 引物设计窗口；Database 引物数据库窗口；Synthesis Order Form 生成引物合成订单；Reports 结果报告；Graphs 图表。

1. Primer Premier 引物设计窗口

这是设计与分析引物的关键窗口，包括了 Direct Select(即点即选框)、引物性状列表、二级结构显示等几个部分。

Direct Select(即点即选框)正如其名，将鼠标指针移入该框时，指针就会变成铅笔状，点击框中任何一处，即可产生一条起始位置最接近该点并与原序列互补的引物。在利用高保守序列区域设计引物时，可点选一组序列比较结果，引物序列可依据保守序列来确定。引物窗口可显示序列比较，这样可以方便地了解引物与每个特定序列的错配位置。

引物性状列表可以自动更新正反引物的长度、起始位置、T_m 温度、GC%、多义性(Degeneracy)、比吸光度(Optical Activity)等。

二级结构图框里显示了最稳定的二级结构与二级结构的自由能 ΔG(单位 kcal/mol)。可能出现的二级结构按照稳定性自动排序。

2. Edit Primer 引物编辑窗口

引物编辑窗口可以设计用于定点突变的引物或分析一条已有引物序列。用户可以方便地使用剪切(Ctrl－X)、拷贝(Ctrl－C)、粘贴(Ctrl－V)进行操作，也可以手工键入引物序列，引物被编辑后，点击“Analysis”按钮即可分析编辑后的引物。

3. Search Criteria 搜索标准窗口

Primer Premier 可以根据 PCR 引物、测序引物或杂交探针的不同要求来调整自动搜索的标准。

搜索标准窗口的 Search Type(搜索类型框)可以指定搜索一对引物、单个引物、两条单独引物或反向引物。

Search Range(搜索范围)在默认条件下是当前序列的全长。Primer Length(引物长度)在默认条件下为 100 bp 到 500 bp。Search Mode(搜索模式)可以为自动或手动，一般情况建议使用自动搜索，在软件给出多条引物后，再从中挑选最合适的引物来使用。

4. Search Parameter Windows 搜索参数窗口

搜索参数是可以改变的，用户可以采用自动搜索方法或手动搜索方法。即使是在自动搜索方式中，你也可以点击去掉相应参数左边框中的“√”，从而不考虑该参数。

5. Multiplex/Nested Primer 复式及巢式 PCR 引物设计窗口

巢式 PCR 反应通常在模板 DNA 浓度太低或不纯时采用，它可以大幅提高灵敏度并减少非特异性扩增产物。通过自动或个人设定得到搜索结果后，从中选择一系列所需引物，再选择菜单 Function>Multiplex/Nested Primers 选项即可打开本窗口。

所有前述所选引物与全序列以图形显示在窗口顶部。所有备选引物以竖线形式在顶部图框显示，并以蓝色三角形(正向引物)或红色三角形(反向引物)在下面的放大框中显示。

点击三角形后，三角形由空心变为实心，表明已经被选中。Primer Premier 可即时分析所有已选引物并显示它们之间可能存在的交叉二聚体。通过选择或去除引物，你就可以找到一组没有或很少稳定交叉二聚体的引物。

8.2.4　限制性内切酶分析

Primer Premier 也是一个很好的限制性内切酶分析软件，它自身提供了数百种酶，还可以很方便地添加其他酶。

Primer Premier 的 Restriction Enzyme Analysis(限制性内切酶分析)功能板块包括以下几个窗口：Restriction Enzyme Analysis Window(限制性内切酶分析窗口)；Filter Window(特征筛选窗口)；Edit Window(编辑窗口)。

1. Restriction Enzyme Analysis Window(限制性内切酶分析窗口)

打开分析窗口后，可以从“All Enzyme”框中选择你所需要的一个酶，或者按住 CTRL 键或 SHIFT 键同时点击而选择多个酶，然后使用“ADD”按钮把所选酶加入到“Selected Enzyme”框中。同样，你也可以在“Selected Enzyme”框中选择酶并点击“Delete”按钮而剔除该酶。

还可以通过 Filter Window(特征筛选窗口)来选择当前群组中酶的种类。

2. Filter Window(特征筛选窗口)

使用 Filter Window，可以根据酶的特征来选择当前群组中酶的种类。可选择的特征包括识别位点长度(Recognition Site Length)、黏性末端(Overhang)、热失活特征(Heat Inactivation)等。

Note

勾选你所需的特征后,点击"OK"按钮,Selected Enzyme框中将生成内切酶列表,用于酶切分析使用的当前群组。

3. Restriction Sites(酶切位点窗口)

在Restriction Enzyme Analysis Window(限制性内切酶分析窗口)点击"OK"按钮,将打开Restriction Site窗口。该窗口以下列形式显示结果:

列表形式(Table):以列表形式列出酶名称、识别序列、切割位点,在待分析序列上的切割位置。

序列形式(Sequence):显示所有酶在待分析序列上的切割位点。

图谱形式(Map):长条形式显示序列,竖线表示各酶的切割位点。

无切点酶(Non-cutters):列出在序列上没有切点或不符合预置参数的酶。

4. Edit Enzyme Window(限制性内切酶编辑窗口)

在All Enzyme框中选择某个酶,并点击"Edit"按钮,可以激活Edit Enzyme窗口并对该酶进行修改。酶的名称、识别位点、热稳定性可以被修改。点击"OK"按钮保存所有修改并返回Restriction Enzyme Analysis Window(限制性内切酶分析窗口)。

8.2.5 用JASPAR查找转录因子结合位点

JASPAR是一个转录因子DNA结合位点模体(motif)数据库,由哥本哈根大学(University of Copenhagen)负责日常数据更新维护工作。JASPAR数据库中所有的数据都经过严格筛选,有确切的实验依据。JASPAR_CORE根据物种分成5类,即脊椎动物门(Vertebrata)、线虫纲(Nematoda)、昆虫纲(Insecta)、植物界(Plantae)和真菌界(Fungi)。与商业化的TRANSFAC数据库不同的是JASPAR中的数据是完全免费的,但所包含的数据比较少。用户可以通过其网址 http://jaspar. genereg. net 直接访问。

8.2.6 EMBOSS工具包

EMBOSS(european molecular biology open software suite)即欧洲分子生物学开放软件包,整合了目前大部分序列分析软件,可以进行序列转换、序列比对、序列翻译、酶切分析、引物设计、CpG岛分析等。EMBOSS有适合linux和windows操作系统繁荣单机命令行版本,也有图形化界面的程序Jemboss。可以通过 http://emboss. sourceforge. net 下载。随着EMBOSS的不断更新,不少新的程序加入其中。目前的版本为6.6.0,其中的引用程序如可以参考 http://emboss. sourceforge. net/apps/release/6. 6/emboss/apps/index. html。其主要程序分组可归纳如表8-6:

表8-6 EMBOSS程序包的功能分类及描述

程序	描述
Acd	Acd file utilities
Alignment	Sequence comparison and alignment
Alignment consensus	Merging sequences to make a consensus
Alignment differences	Finding differences between sequences
Alignment dot plots	Dot plot sequence comparisons
Alignment global	Global sequence alignment
Alignment local	Local sequence alignment
Alignment multiple	Multiple sequence alignment
Assembly fragment assembly	DNA sequence assembly

续　表

程　　序	描　　述
Data resources	Data resources
Data retrieval	Data retrieval
Data retrieval chemistry data	Chemistry data retrieval
Data retrieval feature data	Sequence feature data retrieval
Data retrieval ontology data	Ontology data retrieval
Data retrieval resource data	Resource data retrieval
Data retrieval sequence data	Sequence data retrieval
Data retrieval sequence data assembly data	Sequence assembly data retrieval
Data retrieval text data	Text data retrieval
Data retrieval tool data	Tool data retrieval
Data retrieval url data	Url data retrieval
Display	Publication-quality display
Documentation	Documentation
Edit	Data file and content editing
Enzyme kinetics	Enzyme kinetics calculations
Feature tables	Manipulation and display of sequence annotation
HMM	Hidden markov model analysis
Menus	Menu interface(s)
Nucleic 2d structure	Nucleic acid secondary structure
Nucleic codon usage	Codon usage analysis
Nucleic composition	Composition of nucleotide sequences
Nucleic CpG islands	CpG island detection and analysis
Nucleic functional sites	Nucleic acid functional sites
Nucleic gene finding	Predictions of genes and other genomic features
Nucleic motifs	Nucleic acid motif searches
Nucleic mutation	Nucleic acid sequence mutation
Nucleic primers	Primer prediction
Nucleic profiles	Nucleic acid profile generation and searching
Nucleic properties	Nucleic acid physicochemical properties
Nucleic repeats	Nucleic acid repeat detection
Nucleic restriction	Restriction enzyme sites in nucleotide sequences
Nucleic RNA folding	RNA folding methods and analysis
Nucleic transcription	Transcription factors, promoters and terminator prediction
Nucleic translation	Translation of nucleotide sequence to protein sequence
Ontology	Ontologies
Ontology edam	Edam ontology
Ontology go	Go gene ontology
Ontology taxonomy	Ncbi taxonomy
Phylogeny consensus	Phylogenetic consensus methods
Phylogeny continuous characters	Phylogenetic continuous character methods
Phylogeny discrete characters	Phylogenetic discrete character methods
Phylogeny distance matrix	Phylogenetic distance matrix methods
Phylogeny gene frequencies	Phylogenetic gene frequency methods
Phylogeny molecular sequence	Phylogenetic molecular sequence methods
Phylogeny tree drawing	Phylogenetic tree drawing methods
Protein 2d structure	Protein secondary structure
Protein 3d structure	Protein tertiary structure

Note

续 表

程 序	描 述
Protein composition	Composition of protein sequences
Protein domains	Protein domain analysis
Protein functional sites	Protein functional sites
Protein modifications	Protein post-translational modifications
Protein motifs	Protein motif searches
Protein mutation	Protein sequence mutation
Protein profiles	Protein profile generation and searching
Protein properties	Protein physicochemical properties
Test	Testing tools, not for general use.
Utils	Utility tools
Utils database creation	Database installation
Utils database indexing	Database indexing

8.2.7 其他常用生物信息学软件

DNAMAN 由美国 Lynnon BioSoft 公司开发，可以用于多种日常核酸和蛋白质序列的分析工作，如多重序列对齐、PCR 引物设计、限制性酶切分析、蛋白质序列分析、质粒绘图等。

目前可以用生物信息学分析的软件很多，给相关研究人员提供了便利。

BioEdit 可用于核酸和蛋白质序列的常规分析，它使用方便，能和 DNAMAN 很好地配合使用，还可以用它根据指定的核酸序列绘制相应的质粒图谱。可以从 http://www. mbio. ncsu. edu/bioedit/bioedit. html 链接中下载到相应的软件。

Vector NTI 是一个功能齐全的序列分析和设计集成工具，可管理、查看、分析、转换和共享不同类型的分子生物学数据，它的优点在于提供了一个丰富的图形分析环境。

Oligo 是一个用于引物、探针等寡核苷酸设计与分析的软件(http://www. oligo. net/)。对于每一个引物或引物对，该软件可以显示多种分析的数据，如 DNA 和 RNA 二级结构，二聚体的形成，错配与同源性，内部的稳定性，组合和物理性质，还可以预测蛋白质的分子质量和 pKa 值，搜索限制性内切酶位点等。

思 考 题

1. 全球最主要的核酸序列数据库有哪些？查找相关核酸序列时是否需要同时进入多个数据库，以便获得更为完整的数据，为什么？
2. 以下有关序列的字段应出自哪个序列数据库？请解释每行前的缩写(ID、AC、DT、DE、KW、OS、OC、RN、RP、RA、RT、RL、CC)的含义。

```
ID   KC120605; SV 1; linear; genomic DNA; STD; PRO; 1049 BP.
XX
AC   KC120605;
XX
DT   17-DEC-2012 (Rel. 115, Created)
DT   17-DEC-2012 (Rel. 115, Last updated, Version 1)
XX
DE   Bacillus subtilis strain RP10 16S ribosomal RNA gene, partial sequence.
XX
KW
```

Note

XX
OS　Bacillus subtilis
OC　Bacteria; Firmicutes; Bacilli; Bacillales; Bacillaceae; Bacillus.
XX
RN　[1]
RP　1-1049
RA　Ruban P.;
RT　"Marine Culturable Bacteria";
RL　Unpublished.
XX
RN　[2]
RP　1-1049
RA　Ruban P.;
RT　;
RL　Submitted (01-NOV-2012) to the INSDC.
RL　School of Marine Sciences, Department of Oceanography and Coastal Area
RL　Studies, Alagappa University, Thondi Campus, Beach Road, Ramanathapuram,
RL　Tamil Nadu 623 409, India
XX
CC　##Assembly-Data-START##
CC　Assembly Method　　:: DNA Baser v. 3.5.3
CC　Sequencing Technology:: Sanger dideoxy sequencing
CC　##Assembly-Data-END##

3. 进行引物设计时应注意哪些原则？
4. 请使用 BLAST 功能查找蓝细菌(Cyanobacteria)核酸序列中含有以下片段的序列，并记录下这些序列的"序列接受号"(如查找出的序列过多，则只需写下前 10 个同源性 100%的记录)：
"TCGCTTCTGCGAGTGGATAACCAGCACTGAAAACCGGATTTACATCGGTTGGTTCGG"
5. 先从任意核酸数据库下载序列接受号为"AB039016.1"及"EF110976.1"的两段 16S rRNA 基因序列，然后利用 ClustalW2 对这两段序列进行比对。

主要参考文献

J 萨姆布鲁克，E F 弗里克，T 曼妮阿蒂斯. 1992. 分子克隆实验指南. 第二版. 金冬雁等译. 北京：科学出版社.
S 米塞诺，S A 克拉维茨. 2005. 生物信息学方法指南. 欧阳红生等译. 北京：科学出版社.
曹廷兵，叶治家，巩燕，等. 2002. 一种快速鉴定 RNA 质量的方法. 第三军医大学学报，24：992 - 993.
陈秋芳，焦演，押辉远. 2011. 脉冲场凝胶电泳实验中的问题及解决方案. 河南科技学院学报，39(5)：55 - 57.
单斌，陈端. 2001. 细菌质粒提取方法的研究. 昆明医学院学报，22(1)：42 - 44.
宫曼丽，任南琪，邢德峰. 2004. DGGE/TGGE 技术及其在微生物分子生态学中的应用. 微生物学报，44(6)：845 - 848.
何水林. 2008. 基因工程. 北京：科学出版社.
贺竹梅，刘秋云. 1996. 一种提取质粒 DNA 的改良方法. 生物技术，6(1)：37 - 38.
侯义龙，张开春，吴禄平，等. 2003. 果树组织中总 RNA 提取的新方法. 沈阳农业大学学报，2：122 - 125.
刘水平，罗志勇. 2006. 琼脂糖凝胶电泳实验技巧. 实用预防医学，13：1068 - 1069.
楼士林，杨盛昌，龙敏男，等. 2009. 基因工程. 北京：科学出版社.
吕正兵，朱国萍. 2002. 一种适合芽孢杆菌质粒 DNA 提取的改良碱裂解法. 安徽师范大学学报(自然科学版)，25(1)：54 - 55.
马建岗. 2001. 基因工程学原理. 西安：西安交通大学出版社.
梅晓宏，高红岩，罗云波. 2007. 提取猕猴桃果实总 RNA 的新方法. 中国食品学报，3：55 - 57.
倪志华，赵晓瑜，刘建荣，等. 2005. 碱裂解提取质粒 DNA 的改进方法. 河北大学学报，25(2)：222 - 224.
裴杰萍，端青. 2004. DNA 提取方法的研究进展. 微生物学免疫学进展，32(3)：76 - 78.
沈文飚，汪仁. 2003. 从水稻种胚中提取 RNA 的新方法，遗传，2：208 - 210.
孙璐宏，鲁周民，张丽. 2010. 植物基因组 DNA 提取与纯化研究进展. 西北林学院学报，25(006)：102 - 106.
孙明. 2006. 基因工程. 北京：高等教育出版社.
孙汶生，曹英林，马春红. 2004. 基因工程学. 北京：科学出版社.
王桂玲，刘戈飞，黄东阳. 2003. 从动物组织提取高质量总 RNA 方法的改进. 生物技术通讯，6：512 - 514.
王龙武，徐克前，罗识奇. 2002. 基因组 DNA 提取方法及进展. 上海医学检验杂志，17(6)：379 - 381.
王玉成，薄海侠，杨传平. 2003. 胡杨、柽柳总 RNA 提取方法的建立. 东北林业大学学报，31：99 - 100.
吴乃虎. 2002. 基因工程原理(上册). 第二版. 北京：科学出版社.
吴祖建，高芳銮，沈建国. 2010. 生物信息学分析实践. 北京：科学出版社.
徐建国，刘汉明，刘志奇. 1991. 一种简单实用的适于大小质粒的 DNA 提取方法. 生物学通报，18(1)：44 - 47.
徐晋麟，陈淳，徐沁. 2007. 基因工程原理. 北京：科学出版社.
杨瑞馥. 2000. 从土壤中分离 DNA 的研究进展. 微生物学免疫学进展，28(002)：57 - 61.
易庆平，罗正荣，张青林. 2007. 植物总基因组 DNA 提取纯化方法. 安徽农业科学，35(25)：7789 - 7791.
袁婺洲. 2010. 基因工程. 北京：化学工业出版社.
张成岗，贺福初. 2002. 生物信息学方法与实践. 北京：科学出版社.
张惠展. 2005. 基因工程. 上海：华东理工大学出版社.
张宁，王凤山. 2004. DNA 提取方法进展. 中国海洋药物，23(2)：40 - 46.
周浩，闫彩霞，郭凌超，等. 2012. CTAB 法少量快速提取花生基因组 DNA. 山东农业科学，44(7)：8 - 9.
朱旭芬. 2006. 基因工程实验指导. 第二版. 北京：高等教育出版社.
朱玉贤，李逸，郑晓峰. 2008. 现代分子生物学. 第二版. 北京：高等教育出版社.
Alberts B M, Frey L. 1970. T4 bacteriophage gene 32: a structural protein in the replication and recombination of DNA. Nature, 227: 1313 - 1318.
Ambros V, Bartel B, Bartel DP, et al. 2003. A uniform system for microRNA annotation. RNA, 9: 277 - 279.
Anthony W S Chan, Shang-Hsun Yang. 2009. Generation of transgenic monkeys with human inherited genetic disease. Methods, 49: 78 - 84.
Yuyu Niu, Yang Yu, Agnieszka Bernat, et al. 2010. Transgenic rhesus monkeys produced by gene transfer into early-cleavage-stage embryos using a simian immunodeficiency virus-based vector. PNAS, 107(40): 17663 - 17667.
Kelp A, Koeppen, A H. 2013. A novel transgenic rat model for spinocerebellar ataxia type 17 recapitulates neuropathological changes and supplies in vivo imaging biomarkers. Journal of neuroscience, 33(21): 9068 - 9081.
Trinh L A, Fraser S E, Scott E. 2013. Enhancer and gene traps for molecular imaging and genetic analysis in zebra fish. Development growth & differentiation, 55(4): 434 - 445.
Celia Conesa, Miguel Calvo, Lourdes Sánchez. 2010. Recombinant human lactoferrin: A valuable protein for pharmaceutical products and functional foods. Biotechnology Advances, 28: 831 - 838.
Bernhard Aigner, Simone Renner, Bar bara Kessler, et al. 2010. Transgenic pigs as models for translational biomedical research. J Mol. Med, 88: 653 - 664.

Note

Arber W, Dussoix D. 1962. Host specificity of DNA produced by Escherichia coli. I. Host controlled modification of bacteriophage lambda. J. Mol. Biol., 5: 18-36.

Arber W, Linn S. 1969, DNA modification and restriction. Annu. Rev. Biochem., 38: 467-500.

Bebenek K, Kunkel T A. 1989. The use of native T7 DNA polymerase for site-directed mutagenesis. Nucl. Acids. Res., 17 (13): 5408.

Bedford E, Tabor S, Richardson C C. 1997. The thioredoxin binding domain of bacteriophage T7 DNA polymerase confers processivity on Escherichia coli DNA polymerase I. Proc. Natl. Acad. Sci. USA., 94(2): 479-484.

Bertani G, Weigle J J. 1953. Host controlled variation in bacterial viruses. J. Bacteriol., 65(2): 113-121.

Bishop A H, Rachwal P A, Vaid A. 2014. Identification of genes required by Bacillus thuringiensis for survival in soil by transposon-directed insertion site sequencing. Curr. Microbiol., 68: 477-485.

Bonner C A, Randall S K, Rayssiguier C, et al. 1988. Purification and characterization of an inducible Escherichia coli DNA polymerase capable of insertion and bypass at abasic lesions in DNA. J. Biol. Chem., 263(35): 18946-18952.

Bouktila D, Habachi-Houimli Y, Khalfallah Y, et al. 2014. Characterization of novel wheat NBS domain-containing sequences and their utilization, in silico, for genome-scale R-gene mining. Mol. Genet. Genomics.

Capson T L, Peliska J A, Kaboord B F, et al. 1992. Kinetic characterization of the polymerase and exonuclease activities of the gene 43 protein of bacteriophage T4. Biochemistry, 31: 10984-10994.

Casas-Finet J R, Karpel R L. 1993. Bacteriophage T4 gene 32 protein: modulation of protein-nucleic acid and protein-protein association by structural domains. Biochemistry, 32: 9735-9744.

Chan A W, Chong KY, Martinovich C, et al. 2001. Transgenic monkeys produced by retroviral gene transfer into mature oocytes. Science, 291: 309-312.

Chien A, Edgar D B, Trela J M. 1976. Deoxyribonucleic acid polymerase from the extreme thermophile Thermus aquaticus. J. Bacteriol., 127(3): 1550-1557.

Desmet C, Gosset P, Pajak B, et al. 2004. Selective blockade of NF-kappa B activity in airway immune cells inhibits the effector phase of experimental asthma. J. Immunol., 173(9): 5766-5775.

Doublie S, Tabor S, Long A, et al. 1998. Crystal structure of a bacteriophage T7 DNA replication complex at 2. 2 a resolution. Nature., 391 (6664): 251-258.

Esvelt K M, Wang H H. 2013. Genome-scale engineering for systems and synthetic biology. Mol. Syst. Biol., 9: 641.

Fazi F, Nervi C. 2008. MicroRNA: basic mechanisms and transcriptional regulatory networks for cell fate determination. Cardiovasc Res., 79(4): 553-561.

Frey M W, Nossal N G, Capson T L, et al. 1993, Construction and characterization of a bacteriophage T4 DNA polymerase deficient in 3′→5′ exonuclease activity. Proc. Natl. Acad. Sci. USA., 90: 2579-2583.

Fuller C W, Beauchamp B B, Engler M J, et al. 1983. Mechanisms for the initiation of bacteriophage T7 DNA replication. Cold Spring Harbor Symp. Quant Biol., 47: 669-79.

Gao D, Xu Zhen, Kuang Xiaodong, et al. 2014. Molecular characterization and expression analysis of the autophagic gene Beclin 1 from the purse red common carp (Cyprinus carpio) exposed to cadmium. Comp Biochem Physiol C Toxicol Pharmacol, 160: 15-22.

Gao K and Wang J. 2012. The biopharmaceutical industry in China: history and future perspectives Front. Med, 6(2): 101-111.

Gibson D, Glass J, Lartigue C, et al. 2010. Creation of a bacterial cell controlled by a chemically synthesized genome. Science, 329(5987): 52-56.

Horvitz H R, Sulston J E. 1980. Isolation and genetic characterization of cell-lineage mutants of the nematode Caenorhabditis elegans. Genetics, 96: 435-454.

Jaenisch R, Mintz B. 1974. Simian virus 40 DNA sequences in DNA of healthy adult mice derived from preimplantation blastocysts injected with viral DNA. Proc. Natl. Acad. Sci., 71(4): 1250-1254.

John C. Avise. 2004. The hope, hype, and reality of genetic engineering: remarkable stories from agriculture, industry, medicine, and the environment. Oxford: Oxford University Press: 22.

Kaledin A S, Sliusarenko A G, Gorodetskiĭ S I. 1982. Isolation and properties of DNA polymerase from the extreme thermophilic bacterium Thermus ruber. Biokhimiia, 47(11): 1785-1791.

Ke S H, Madison E L. 1997. Rapid and efficient site-directed mutagensis by single-tube 'megaprimer' PCR method J. Nucleic Acids Res., 25(16): 3371-3372.

Keene J D, Komisarow J M, 2006. Friedersdorf M B. RIP-Chip: the isolation and identification of mRNAs, microRNAs and protein components of ribonucleoprotein complexes from cell extracts. Nat Protoc., 1(1): 302-307.

Kelly T J Jr, Smith H O. 1970. A restriction enzyme from Hemophilus influenzae. Ⅱ. Base sequence of the recognition site.

Note

J. Mol. Biol., 51: 393 - 409.

Klenow H, Henningsen I. 1970. Selective Elimination of the Exonuclease Activity of the deoxyribonucleic acid polymerase from escherichia coli B bylimited proteolysis. Proc. Natl. Acad. Sci. USA., 65(1): 168 - 175.

Lander E S, Lauren M L, Bruce B, et al. 2001. Initial sequencing and analysis of the human genome. Nature, 409: 860 - 921.

Lechner R L, Richardson C C. 1983. A preformed, topologically stable replication fork. Characterization of leading strand DNA synthesis catalyzed by T7 DNA polymerase and T7 gene 4 protein. J. Biol. Chem., 258(18): 11185 - 11196.

Le Donarin B, vom Baur E, et al. 1995. A new version of the two-hybrid assay for dellction of protein B-protein interaction. Nucleic Acid Res, 23: 876 - 878.

Lee R C, Feinbaum R L, Ambros V. 1993, The C. elegans heterochronic gene lin-4 encodes small RNAs with antisense complementarity to lin - 14. Cell, 75: 843 - 854.

Lehman I R, Bessman M J, Simms E S, et al. 1958. Enzymatic synthesis of deoxyribonucleic acid. Ⅰ. Preparation of substrates and partial purification of an enzyme from Escherichia coli. J. Biol. Chem., 233(1): 163 - 170.

Lehnman I R. 1974. DNA Ligase: Structure, Mechanism, and Function. Science, 186(4166): 790 - 797.

Linn S, Arber W. 1968. Host specificity of DNA produced by Escherichia coli. X. In vitro restriction of phage fd replicative form. Proc. Nat. Acad. Sci. USA., 59: 1300 - 1306.

Luria S E and Human M L. 1952. A nonhereditary, host-induced variation of bacterial viruses. J Bacteriol., 64 (4): 557 - 569.

Mann M J WA, Donaldson M C, Belkin M A, et al. 1997. Preliminary clinical experience with genetic engineering of human vein grafts: evidence for target gene inhibition. Circulation, 96(suppl I): 1 - 4.

Meselson M, Yuan R. 1968. DNA restriction enzyme from E. coli. Nature, 217: 1110 - 1114.

Mingming Yang, Weiwei Zhang, Shengyue Ji, et al. 2013. Generation of an artificial double promoter for protein expression in Bacillus subtilis through a promoter trap system. PloS One, 8(2): e56321.

Olivera B M, Lehman I R. 1967. Diphosphopyridine nucleotide: a cofactor for the polynucleotide-joining enzyme from Escherichia coli. Proc. Natl. Acad. Sci. USA., 57(6): 1700 - 1704.

Reichenbach M, Lim T, Reichenbach H D, et al. 2010. Germ-line transmission of lentiviral PGK - EGFP integrants in transgenic cattle: new perspectives for experimental embryology. Transgenic Res., 19(4): 549 - 556.

Reuven N B, Arad G, Maor-Shoshani A, et al. 1999. The mutagenesis protein UmuC is a DNA polymerase activated by UmuD', RecA, and SSB and is specialized for translesion replication. J. Biol. Chem., 274(45): 31763 - 31766.

Roque A C, Lowe C R, Taipa M A. 2004. Antibodies and genetically engineered related molecules: production and purification. Biotechnol. Proress, 20(3): 639 - 654.

Saito H, Tabor S, Tamanoi F, et al. 1980. Nucleotide sequence of the primary origin of bacteriophage T7 DNA replication: relationship to adjacent genes and regulatory elements. Proc. Natl. Acad. Sci. USA., 77(7): 3917 - 3921.

Sambrook J, Russell D W. 2001. Molecular cloning: a laboratory manual. Third edition. New York: Cold Spring Harbor Laboratory Press.

Sayed D, Hong C, Chen I Y, et al. 2007. MicroRNAs play an essential role in the development of cardiac hypertrophy. Circ. Res., 100: 416 - 424.

Schwarz D S, Zamore P D. 2002. Why do miRNAs live in the miRNP? Genes Dev., 16: 1025 - 1031.

Smith H O, Nathans D. 1973. Letter: A suggested nomenclature for bacterial host modification and restriction systems and their enzymes. J. Mol. Biol., 81(3): 419 - 423.

Smith H O, Wilcox K W. 1970. A restriction enzyme from Hemophilus influenzae. I. Purification and general properties. J. Mol. Biol., 51: 379 - 391.

Stewart Jr C N, Via L E A. 1993. Rapid CTAB DNA isolation technique useful for RAPD fingerprinting and other PCR applications. Biotechniques, 14(5): 748 - 750.

Tang M, Shen X, Frank E G, et al. 1999, UmuD'(2)C is an error-prone DNA polymerase, Escherichia coli pol V. Proc. Natl. Acad. Sci. USA., 96(16): 8919 - 8924.

Trebec-Reynolds D P, Voronov I, Heersche J N, et al. 2010. VEGF - A expression in osteoclasts is regulated by NF-kappaB induction of HIF-lalpha. J. Cell Biochem., 110(2): 343 - 351.

Venter J C. et al. 2001. The sequence of the human genome. Science, 291: 1304 - 1351.

Wagner J, Gruz P, Kim S R, et al. 1999. The dinB gene encodes a novel *E. coli* DNA polymerase, DNA PolIV, involved in mutagenesis. Mol. Cell., 4: 281 - 286.

Wang J, Cheng H, Li X, et al. 2013. Regulation of neural stem cell differentiation by transcription factors HNF4 - 1 and MAZ - 1. Mol. Neurobiol., 47(1): 228 - 240.

Wen T, Gu P, Chen F. 2002. Discovery of two nouel functional genes from differentiation of neural stem cells in the striaturn of the fetal rat. Newosci lett, 23, 329(1): 101-105.

Zhang C, Zhang X, Yao Z, et al. 2011. A new method for multiple gene inactivations in Bacillus subtilis 168, producing a strain free of selectable markers. Can. J. Microbiol., 57: 427-436.

Note

传媒集刊

中国网络传播研究

互联网的历史分析

Chinese Journal of Computer-Mediated Communication

第 17 辑

夏倩芳◎主编

中国传媒大学出版社
·北京·

目　录

CONTENTS

研究论文

专题探讨：互联网的历史分析

漫长的拨号与呼叫*

——中国互联网早期接入的技术、经济、社会和政治因素考察

方兴东　严　峰　徐忠良**

摘要:1994 年,在互联网诞生 25 年之际,中国才正式全功能接入国际互联网,成为全球互联网大家庭的第 77 名成员。从 20 世纪 70 年代末期改革开放的开启,1979 年邓小平访美开启中美交流的热潮,到 80 年代社会与思想的解放,以及 90 年代初期邓小平视察南方之后的市场经济加速发展,为什么中国没有能够更早地拥抱互联网,更积极地融入互联网?今天依然是值得我们认真思考的问题。基于文献、史料和口述历史,深入考察中国互联网的接入过程,可以更好理解中国互联网发展和治理的基本驱动力和不同主体的角色与作用。尤其是对早期接入技术、经济、社会和政治因素的多维度考证,一方面更深入地理清历史本身,另一方面,也有助于我们理解互联网进入中国的方式与意义。当然,这个问题的更深入研究还是期待更多第一手材料的。

关键词:互联网,接入,电子邮件,全功能互联网

一、研究背景

1994 年 4 月 20 日,被认定为中国互联网正式接入全球互联网的日子,中国

---

* 本文为 2018 年度国家社科基金重大项目"全球互联网 50 年发展历程、规律和趋势的口述史研究"(项目编号:18ZDA319)和 2019 年国家社会科学基金重大招标项目"新中国 70 年新闻传播史 1949-2019"(项目编号:19ZDA320)的阶段性成果。

** 方兴东,博士,浙江传媒学院互联网与社会研究院院长、研究员。严峰,互联网实验室高级分析师。徐忠良,浙江传媒学院互联网与社会研究院常务副院长、编审。

成为国际上第77个接入互联网的国家。这一年,距离互联网诞生的1969年已经过去四分之一个世纪;距离1978年启动的改革开放也已经过了16年之久。1979年邓小平访美开启中美交流的蜜月期。20世纪80年代初期,中国就开始大批向美欧派出留学生,使他们可以在欧美高校直接接触和使用互联网。高校和科研机构与国际科学共同体之间的交流与合作更是在之前就已经开启。80年代关于信息社会和第三次浪潮等技术革命的理念和海外图书是中国社会和学界乃至政府部门关注的热点。80年代中国与世界,尤其是与西方发达国家的科技、文化和思想等交流已经非常畅通。

事实上,1987年中国第一封电子邮件已经发出,为什么正式接入还要等到漫长的7年之后?中国连接全球网络世界的漫长呼叫,究竟是受制于技术因素、政治障碍,还是经济和基础设施等因素?而且,互联网接入究竟如何界定?具体包含哪些内容,涉及哪些因素?这一切都是值得深入挖掘、考证和分析的问题。而重新分析和思考早期中国互联网的接入,可以为我们理解中国互联网的发展和治理,提供重要的启示。

二、文献综述

相较于其他大多数研究拥有浩如烟海的历史文献不同,关于中国互联网早期接入全球互联网的历史研究似乎并不太多,主要有以下几个点的文献资料。一是在特殊纪念日期的回顾。在中国互联网接入20周年期间,一批相关的文章集中出现,如对互联网20年发展的回顾性总结(陈建功,2014);二是曾经经历过那段历史的互联网人做的简要回忆,如胡启恒院士接受的期刊访谈等(2019),以及其他一些对历史的追溯研究。但综合而言,这些内容基本没有脱离大家通过搜索引擎就能获得的信息内容的范畴,基本的史实很简单,似乎也很不值得研究。但历史本身是有趣的,在查阅资料的过程中我们还是发现了一篇较为有趣的文献。作者李南君以亲历者的角色整理回顾了早期中国接入互联网的一些史实和细节内容,主要包括第一次发送邮件的故事和.CN域名的申请等,很值得研究(李南君、措恩,2017)。这样的研究成果受制于时代,并不多见。但这样的历史不应该被遗忘,在当今时代更显得重要。我们无法成为那个时代的亲历者,但访谈那个时代的亲历者,让他们的经历能够以历史资料的方式呈现出来也十分有意义。方兴东积极推动的互联网口述历史工程已经做了一部分贡献,如对胡启恒院士(胡启恒、方兴东、薛芳,2016)、钱华林研究员(钱华林,2017)、许榕生研究员(许榕生、方兴东、杜康乐,2017)和陆首群(陆首群,2016)等人的访谈。

虽然通过对这些人的访谈获知了历史事件的许多细节,但是对这些细节的重组、验证和分析工作更具有时代价值。比如提出谁是中国互联网第一个接入者,从不同的视角形成的答案或许都不一样,也许这个题目最终也没有准确的答案,或者是有多个答案,但无论哪一种结果,只有经过细致的分析比较后才能获得让人信服的答案。我们的研究不仅仅是为了获得一个答案,也是寻找答案背后的历史细节和时代精神,真正理解什么是互联网精神。

三、中国与网络空间的互联历程和考证

中国接入全球互联网并非一蹴而就,也不是中国在完成了所有工作之后等着与国际互联网相连接,而是一个不断反复和充满阻碍的艰难历程。正如胡启恒院士所言,“互联网进入中国,不是八抬大轿抬进来的,而是从羊肠小道走出来的”(胡启恒、杨玉珍,2014)。这个过程大致可以分为三个阶段和三种形式:第一阶段是从1986至1992年的个人邮件接入;第二阶段是从1992至1994年的单位专线接入;第三阶段是从1994至1996年的中国公用计算机互联网骨干网接入。其中,1994年4月20日是一个极为重要的日期,在这一天中国被认定为首次全功能接入全球互联网。

(一)第一阶段:个人邮件接入(1986—1992)

最为广大网友熟知的中国第一封个人邮件即那句“越过长城,走向世界”

(佚名,2003)。邮件成功被发出和接收是一次新技术的成功应用,也标志着中国接入国际互联网迈出了重要的第一步。

追溯历史研究的魅力之一就是史实已经发生,但对史实冠以不同的定语又可以对每一件事有一个新的认知。中国互联网发展历程中的"第一封"电子邮件也有这样的历史魅力。"越过长城,走向世界"这封电子邮件的发出是在1987年9月14日,但最终被接收到的时间是9月20日。这封邮件是在德国卡尔斯鲁厄大学维纳·措恩教授及其团队的帮助下成功发送的,因为当时中国受政策影响无法购买来自美国的同类计算机产品,只能从德国购买了西门子生产的大型计算机。由于系统和服务器以及通信协议等问题的复杂性,维纳·措恩教授团队历时11天对西门子计算机的系统进行了改造,最终使得中国和德国之间存在的邮件传输技术难题都被解决。但是由于邮件服务器中的协议存在一个漏洞,尤其是在使用电话线进行连接时该漏洞机制更加容易导致死循环,9月14日发出的邮件一直没有传输出去。后来在维纳·措恩教授的德国团队和北京团队的共同努力下,这个问题才最终被解决,邮件被发送至德国。

这次技术上的突破的意义即我国正式建成了第一个国际网络电子邮件的节点,实现了中国本土化的邮件服务。因为在之前的实际应用中,已经有利用虚拟远程登录的方式进行邮件传输的成功案例。如1986年8月25日,中国科学院高能所的吴为民通过北京710所的IBM电脑远程登录到西欧核子研究中心,进行了邮件的收发操作。吴为民曾专门撰文解释是他在中国发出了"第一封"邮件,且找到了原始的部分备份数据资料以佐证(吴为民,2009)。巧合的是1986年8月26日,北京计算机应用技术研究所王运丰团队实现了从国内登录到德国卡尔斯鲁厄大学维纳·措恩教授团队的邮件服务器主机,并进行了邮件查阅。

1988年,中科院高能所许榕生研究员采用X.25协议使该单位DECNet(美国DEC公司的专用网络协议)成为西欧中心DECNet的延伸,实现了洲际远程联网,同时实现了中国与欧美的电子邮件通信。1988年12月,清华大学校园网创建人胡道元教授从加拿大UBC大学引进了采用X.100协议的电子邮件软件包,开通了清华大学与 UBC 大学之间的电子邮件服务。1989 年 5 月,中国研究网(CRN,由电子工业部第十五研究所马如山研究员负责,第三十所、上海交大、复旦大学、东南大学等单位共同参与)与德国研究网(DFN)连接,提供电子邮件、文件传输和目录服务等功能。1991 年,中科院高能所与美国斯坦福线性加速器中心会谈,讨论中国互联网联网及开通电子邮件服务的问题。

(二)第二阶段:单位专线接入(1992—1994)

个人邮件接入为很多单位的其他网络业务提供了想象空间和可能。此时,国内已经开始部署国家示范网络工程,很多科研院所都希望能够在开通后直接用,但是由于面临光纤不通的技术问题、邮电部门审批的政策问题以及世界银行拨款经费没到位等问题,靠等的办法被否决了。在这样的背景下,一些单位就开始自己想办法接入专线,而事实上当时在中国的许多外资企业已经开始用上了专线服务。

专线接入顾名思义适用于拥有局域网的大型单位,或者有数据传输要求的单位等。它的优点就是传输速度稳定,全天候工作。许榕生所在的中科院高能物理所经历了申请专线接入的流程。申请专线需要到北京电信局,但电信局的办理人员对申请专线的目的和作用也不太了解,他们觉得多拉几条电话线就可以解决,不需要用专线接入。但实际情况并不是这样,24 小时传输数据必须依靠专线才能解决。在申请填表时,发现已经有八家跨国公司在租用 64Kbps 专线,有 IBM 和三家日本公司等。因为当时的电话费很贵,这些公司就租用了一个专线可以随便打电话和发传真。日本的三家公司则是主要用来传输数据,每天从早到晚不停传。

当时租用 64Kbps 专线的月租金是 4,000 美元,根据中美双方合作规定,平均分配承担成本。即便如此,也能省下大笔费用。如果用 4.8Kbps、X.25 线路通信,一个月要 20 万元,而且只能传一点点内容,文章可以传,但实验数据就传不了,仍需要把实验数据做成磁带运到国外。所以,64Kbps 专线开通的时候,就结束了背磁带的时代。

（三）第三阶段：公用骨干网接入（1994—1996，CHINANET）

国内早期在探索建立互联网的过程中，一般是利用国外在中国延伸设置的IP地址和国外（也有国内）提供的国际专线，以点对点通信和专项业务合作方式，利用国外接入国际互联网的便利条件，在不完整的条件下在国内进行试运行。中国公用计算机互联网骨干网的诞生解决了这一问题。

1994年9月，中国邮电部与美国商务部签订协议，开通经由Sprint公司的两条专线（北京、上海各一条），北京出口的专线带宽为256Kbps，上海出口的专线带宽为64Kbps，并在这两条专线进行互联网业务试运行。1995年5月，邮电部向社会开放互联网接入服务。1995年7月，清华大学CERNET网络中心节点与美国Sprint互联网接通。CERNET示范工程由国家计委于1994年11月正式批复立项，清华大学CERNET网络中心也是全国的网络中心之一，国际互联网接入点为美国的Sprint互联网，带宽为128Kbps。

1995年11月，中国公用计算机互联网骨干网正式开始建设，骨干网是邮电部为了满足全国各地用户的要求而投资兴建的，由邮电部数据通信局负责网络的规划、建设、运营、服务和管理。CHINANET是国际Internet在中国的延伸，其基本服务包括以下几个方面：个人通信服务，包括电子邮件等；远程登录服务；文件传送服务；文件查询服务，如Archie、Gopher、WAIS和WWW服务（邢怀武，1997）。

中国公用计算机互联网骨干网于1996年6月底开通运行，覆盖了全国除台湾地区以外的30个省市自治区，共有31个节点。中国公用计算机互联网工程的建设创造了当时网络建设的四个第一：第一个以传输控制协议和网络互联协议技术覆盖全中国除台湾外所有省份的大型数据通信网络，国内第一个以提供公共服务为主要目的的计算机广域网，第一个在整个国家范围内实现用户全透明漫游Internet的网络系统，第一个在全国实现统一的中英文用户界面的网络（刘，1996）。

四、互联网早期接入的技术、经济和政治因素

早期互联网接入面临着客观的阻碍因素。从事物发展的角度看,互联网的全球化发展是大势所趋。处在那个时代的一些政府管理者,尤其是科研工作者感受到了迫切的联网需求,也正是由于他们中许多人坚持不懈的努力才最终推动中国成功在 1994 年 4 月 20 日正式接入国际互联网大家庭。在当时的条件下,互联网接入的阻碍因素主要包括几个方面:经费阻碍、政策阻碍、技术阻碍和政治阻碍。

(一)多方支持筹措项目经费

我国能够接入世界互联网,与世界银行的支持有着重要关系。1989 年,世界银行为支持中国重点学科发展项目,同意向中国提供贷款。该项目的国际名称为"中国国家计算与网络设施"(NCFC),国内通用的叫法是"中关村地区教育与科研示范网络"。起初,世界银行的这笔贷款并不支持 IT 类工程性质项目,得益于参加此项工作的清华大学教授胡道元的全力争取,最终世界银行被说服,经过讨论后同意在北京中关村地区建立一个超级计算中心,拨付的经费为 420 万美元。同时,当时的国家计委也配套了 500 万人民币的资金。由于该项目涉及资金和工程量都比较大,国家计委通过招标的方式确定了由中国科学院牵头,清华大学和北京大学协助,共同推动项目的进行。NCFC 项目从 1990 年 4 月开始实施,到 1993 年 2 月通过了国家计委的验收工作(倪群,1995)。根据世界银行的要求,NCFC 网络工程必须使用光缆,且速率不能低于 10Mbps。

由于世界银行提供的贷款是用于建立超级计算中心,提出有购买需求的科研院校数量较多,导致经费不够。所以国家计委就考虑购买一个大机器,建立计算中心,再由各家以联网的方式共用。但是当时项目建设任务书里面没有提及接入互联网,所以这笔经费就不能从世界银行的贷款中出。为此,国家科委

和自然科学基金会提供了500万资金，中国科学院也配套了部分资金，解决了联网需要的费用。

（二）国际联网突破政策限制

互联网作为新鲜事物，不仅是国内的普通大众不太了解，政府的许多管理部门也不太清楚。当时由邮电部负责管理对外联网通道工作，但他们并不了解互联网，只是做通道的使用审批等。根据电信管理政策，单位可以租用国际专线，但只能自己使用，不能与其他单位进行共享。如果共享就是把租来的信道资源再次转租给他人，会被认定为“二道贩子”，属于法律禁止的行为。但当时NCFC建设必须租用网络，并且由多家科研院校共同使用。现实情况与政策限制的矛盾摆在了面前，给当时的工作带来不小的挑战。

NCFC项目设立了管委会，主任是中科院副院长胡启恒院士。为了解决这个政策阻碍，她两次找到了邮电部副部长朱高峰，沟通了NCFC项目的实际情况，阐述了网络互联共享的意义和价值，强调了这个项目只是为了学术界的科研工作，并非商业化。同时，虽然当时卫星通道的速率不高，费用却十分昂贵。由于联网的经费本就捉襟见肘，高昂的网络费用更难以承受。朱高峰副部长同意了NCFC项目组的请求，破例为项目开放了限制条件，并降低了通信费用，在当时那样的环境下，极大地缓解了经费不足带来的困难，支持了项目的后续进展。

（三）专业人才和技术都匮乏

无论是建设大型数据中心，还是与国际网络连接，都需要很多专业的人才、技术和设备，但在当时的条件下，我国在这方面存在严重的短板。

一方面是专线带宽不够大，连接技术不够成熟，调试工作还需要依靠外国企业，时间周期长。如当时要想让专线的速率达到64Kbps，就必须用光纤传导才能保证通信质量。北京电信局的答复是目前开通这条64Kbps专线有困难，并推荐使用了当时刚升级的名为 CNPAC 的专线。这条专线价格便宜,但是是X.25 协议。它的速率只有 19Kbps,一般稳定在 9.1Kbps,只能通电子邮件。在这样的情况下,还是需要继续调试 64Kbps 专线。专线调试也非常麻烦,一会儿通,一会儿不通。为此,美国的科研工作者还请求 AT&T 公司派人一起参与调试。AT&T 公司有一个 64Kbps 的卫星国际通道落地在三元桥附近,再接入北京电信局的光缆系统。当时的光纤可以通到中科院高能所附近的电话局,但距离五棵松电话局还有5,000米。于是北京电信局采用两根电话线加上基带“猫”的办法解决,但要克服通信噪声的问题。电信局就负责持续调试,慢慢地将误码率调至 10^{-8},这才最终使得这条线能够顺利接通。此时距离开始部署这条线已经过去了 18 个月的时间。

另一方面是由于受巴黎统筹委员会的影响,美国的许多网络设备包括计算机、思科路由器等对中国实行禁运政策。为此,只能从美国 DEC 公司购买相关的设备,但 DEC 只有 10Mbps 速率的网桥,路由器速率很低,最高只有 6Kbps,无法满足 NCFC 工程项目的需求。为此,就需要通过其他折中的办法解决面临的困难。在 NCFC 网络建设初期,通过连接三个放在三所院校的网桥实现互联。在每个院校各自的网络内部,有数十个研究所、学院系的以太网连接到网桥。这种大体量的连接会带来新的问题。由于网桥的端口是用以太网方式对外发送数据帧的,而以太网用广播方式进行通信。这种方式在小的局域网范围内没有什么问题,但是当网络范围扩大化后就容易带来网络风暴现象。由于数十个以太网络通过网桥连接,每个人发出的数据包都会广播给网上的所有人,使得网络信道充满了无用的数据包。为了解决这些问题,每个单位接入三角网的时候,都要设置一个路由器以隔离。受禁运影响,买不到符合要求的路由器设备,只能自己想办法解决。通过修改开源软件,把安装在电脑上的 4 个以太网卡改造成 4 个 10 兆位的端口路由器。同时,为了解决路由器长时间工作带来的不稳定现象,通过拆除电脑中的各个部位硬件,用软件驱动器引导内存并启动路由器工作。这样的路由器做了 30 台,运行 TCP/IP 协议簇中的 RIP 路由协议。中关村教育与科研示范网运行 TCP/IP,实际上已经是中国互联网的雏形。这些如今看起来有点土的办法在当时技术受限的条件下确实起到了重要作用。

(四)美国的政治和安全阻碍

由于受资本主义和社会主义阵营思维的影响,中国作为最大的社会主义国家,在全球互联网的接入申请和接入过程中也面临着强大的政治偏见和安全监控问题。

中国申请接入互联网就面临来自美国政治的干扰。1992 年 6 月份,在日本神户召开国际互联网协会年会(“INET'92”)期间,中国参会代表钱华林和马影琳找到美国国家科学基金会(NSF)管理国际联网的负责人斯蒂芬・戈德斯坦(Steven Goldstein),与他沟通关于中国要求连接到美国国家科学基金会骨干网的事宜,这是他们的学术网。但是斯蒂芬・戈德斯坦没有答应,表示他们的网络连接了很多政府部门,甚至军事部门也在其中,他不能轻易答应与中国连接。所以当时要与国际联网是挺难的。为此,胡启恒院士自己去做高层的工作,并委托 NCFC 管理委员会的其他成员也一起利用各种机会去做工作,如北京大学副校长陈佳洱担任过我国自然科学基金委员会主任,与美国的国家科学基金会对口,沟通相对平等和容易。

前文提及的中科院高能所开通 64Kbps 专线与美国斯坦福直线加速中心的路由器对接一事,在 1993 年 3 月 2 日接通后不久突然被断掉。经过确认,这次不是因技术问题而断,是美国那边主动切断了连接。这样的现状让当时在中国的美国教授也感觉到很尴尬,后来他们向美国了解到了事情的真相。中国科学院高能物理所与美国科研机构的联网,虽然得到了美国能源部的批准,但是美国国防部和商务部认为中国属于社会主义阵营,是第一个要连接到国际互联网的社会主义国家。后来,美国科学家经过讨论决定给美国政府打电话、写信,强调这是一个科学实验的合作项目,必须联网共同解决。在他们的坚持下,美国政府部门内部也进行了协调,能源部出具了一份文件,希望双方签下合同,对中美的这条专线做了一定的限制。协议里有两条最为重要,第一是不能用于商业活动,仅用于科学交流;第二条是强调不能从事军事活动,包括核武器、生物化学武器这方面的用途,要维护这个网络线路的安全,其中包括不要散布病毒和不能有黑客行为。

(五)中国首次全功能接入国际互联网

任何一项重大的创举都应该被时间的符号所记忆,中国首次全功能接入全球互联网的时间被定格在1994年4月20日。对于普通大众而言,这个日期提前或延后都没有太多的影响,甚至许多网民并不知晓这个符号化日期的存在及其对于中国互联网的意义。然而,对于许多当年奋战在一线的互联网科学家、管理者而言,这一天来之不易,影响深远。

1.中国正式全功能接入互联网

1994年4月20日中国接入国际互联网被认定为一个具有重要意义的节点。由中国科学院、清华大学、北京大学合作建设的NCFC通过租用邮电部64Kbps的国际专线,经Sprint网接入国际互联网,与美国国家科学基金会连接。

据当时参与实际连接任务的中方工作人员李俊介绍,其实在1994年4月19日深夜中方就和美方技术人员配合完成网络协议的开通。1994年4月20日上午,国家经济信息化联席会议第二次会议召开,会上听取了金桥工程的建设进度和金卡工程部署的汇报。中科院院长周光召偕专家王行刚(NCFC园区网设计组负责人)与会。他们提出,国家自然科学基金会(NSFC)与美方商定用电子邮件进行业务联系,需要租用邮电部64kps国际联络信道,会议同意了此事。此事的重要意义之一就是互联网技术已经实现TCP/IP全部功能的应用。虽然1993年3月9日之后的第一条中美计算机网络就真正开通了,从技术上实现了TCP/IP的连接,但与美国的连接只允许我们进入几个有关科学实验的大学,包括斯坦福大学、MIT,换一个纽约大学就无法连接。所以,当时只是部分进入了互联网,不能说是全功能连接。

什么是全功能接入?通俗理解就是互联网上的所有功能和服务都可以使用,即能够实现文件传输、远程上机、收发电子邮件的所有应用,在技术上则是运行后来成为主流的 TCP/IP 协议。虽然我国 1994 年才接入全球互联网,但对互联网的应用并不晚。在互联网发展早期,如前文提及,中国的科研工作者已经在使用互联网的信息检索和信息通信功能(陈建功、李晓东,2014)。对于全功能接入的国家,国际互联网协会也会通过官方的方式予以认定。国际互联网协会在每个季度会出版一期名为 *Newsletter* 的杂志,在其最后会有一张彩绘地图,带有红色标记的国家即为已经全功能接入国际互联网;部分接入的国家,如仅能使用电子邮件的国家就以黄色标记;白色标记代表没有任何网络连接的国家或地区。自 1994 年 4 月 20 日之后出版的这份杂志中,中国的标记都变成了红色。

2.对互联网的误解——“花瓶论”

关于互联网“花瓶论”在国内早期一些单位建立局域网时就已经出现。局域网并没有带来新的变化,人们似乎还是习惯于传统的方式。在 NCFC 网络初步建成之后,类似的担忧也显现出来,许多人觉得这个网络没有用处,还浪费经费,就是“花瓶”。造成这种认知的原因也是多方面的。首先,从事超级计算的人可以通过网络来使用超级计算机,但受美国禁运的影响,超级计算机还没有买进来。其次,从事超级计算的人很少,网络处于空闲状态。当时 PC 还没有上网,只连接了一小批小型机,所以上机的人不多。第三,网络上没有丰富的资源,没有大家急需的信息和资料。另外,中关村地区范围不大,发邮件给对方,对方基本不看,不如骑自行车跑一趟。但当时国外网络上有大量科技资料,也有大量科研人员上网,如果我们能与国外的学术网络互联,就一定会很有用。为此,NCFC 管理委员会和工程技术人员早就开始筹划与国际互联网的连接。

3.帮助中国进入互联网的国际友人

中国加入国际互联网大家庭的历程虽然充满坎坷,但也得到了很多国际友人的支持与帮助。尽管从当时社会意识形态分类看,作为资本主义阵营的西方国家在这方面有着担忧,但是以科研工作者为主体的国际友人并没有因为政治和意识形态的问题而放弃对中国的帮助。

他们中的一些人名已经在前文提及,如德国的维纳·措恩教授,美国自然科学基金会的斯蒂芬·沃夫,以及当时进行学术交流的其他德国、美国科学家等。当时,中国跟德国的合作交流十分密切。中国科学院跟德国签署了许多合作交流项目,特别是注重人员交流的项目很多,他们设立了洪堡基金、马普基金、阿登纳基金等,用于资助中国的研究人员和学生去德国工作和学习。另外,在美国限制对中国出口计算机时,德国并没有此限制,中国用世界银行提供的"中国大学发展计划Ⅱ"分配的资金向德国进口了 19 台西门子制造的大型计算机。

当时美国密苏里大学堪萨斯分校的计算与通信系主任理查德·海塞林顿与中科院钱华林的关系很好。1993 年 8 月下旬,中国代表去参加在旧金山召开的"INET'93会议",此次会议有1,000多人参加,规模很大。理查德·海塞林顿主任本未打算参会,但得知钱华林来参会后,专门乘飞机到旧金山帮忙。会议期间陪着中国代表找那些参会的互联网重量级人物,帮助说明中国代表的来意。

还有韩国科学技术院(KAIST)的全吉男教授——"韩国互联网之父"。他与胡启恒院长非常熟悉,对中国互联网非常关心,也帮了很多忙。最直接的一次就是在旧金山召开的"INET'93 会议"之后,在旧金山北边的一个海湾召开了 CCIRN 的小会,即洲际科研网络协调委员会的会议,有四五十人参会。这个会议主要就是研究和讨论各个国家之间的科研互联网怎么配合与协调。全吉男是 CCIRN 的亚太地区主席,他坚持中国应该参加此次会议,考虑连接全球网络。这次会议把中国和俄罗斯要联网的事情作为议程进行了简短的讨论。会上很多国家的科学家都说完全应该让中国和俄罗斯的科研网络连接进来,科技没有国界,必须进行交流。会上斯蒂芬·戈德斯坦提到美国能源部也希望与中国同行互联。他们对中国 1994 年 4 月 20 日能接入国际互联网起到了很大的作用。

全球开放的科学共同体,无疑是互联网全球化的重要推手,也是中国早期互联网接入的关键推手。

六、互联网早期接入的国际比较和启示

中国作为被国际互联网协会认可的第 77 个接入全球互联网的国家(李舫、张健,2009),到如今已经成为全球互联网用户规模最大的国家,尤为感叹当初接入国际互联网大家庭的明智。互联网从当时作为科研工作者交流的工具,到如今变成经济社会发展的关键基础设施,成为人们工作和生活的重要组成部分,互联网在中国的发展已经发生了日新月异的变化。但是,随着互联网功能越来越丰富,地位越来越重要,全球范围内对互联网的重视也日益加强。原本最具有全球化精神的互联网,逐渐成为一些国家阻碍全球化的工具。在新的历史背景下,回顾中国互联网早期接入国际互联网的经历,会带给人们很多启示,尤其是当时那些纯粹的科学家们和那种纯粹的科学精神。

(一)学术交流是早期接入互联网的驱动力

互联网的前身虽然是带有军事意图的阿帕网,但后来在科研学术中应用得越来越广泛。由于网络具有的连接性能更好,且信息传输能够解决许多学术研究中存在的难题。所以,早期我国许多科研学术人员尤其是有过出国留学经历的人员,对互联网的应用更加迫切。

首先是中国与德国之间的学术交流频繁,但联系不顺畅。从德国寄信到中国至少要 8 天时间,而电话、电报的费用也极其昂贵。为了方便沟通与交流,他们希望利用电子邮件进行联系。

其次是中美建交后在科技领域的合作取得突破。1988 年 8—9 月,美国的合作者来到北京,在确认能够对接工作后,他们需要协助北京更新发展软件和进行物理分析,但不能长期在中国工作。在中国的美国人每天都要往国外打电话,但是那时候电话费很贵,他们不好意思用,于是提出来能否接入互联网,用来发电子邮件,还可以随时查看美国学生的作业。

中美建交后,第一个谈判的项目是中美两国的高能物理合作,这样的谈判

会每年都要召开一次,中美轮流举办。在 1991 年的中美会谈上,美国科学家正式提出,要建设一条中美间 64Kbps 速率的国际联网专线,以便解决数据传输与通信上的问题。北京正负电子对撞机做出来后,全世界很多合作者都要用它的数据,包括美国很多做研究的教授和需要写毕业论文的研究生,他们都知道中国有数据。

因此,提出启动中国互联网就是基于科学研究与合作的需要。

(二)互联网的发展一直是自下而上的需求

虽然早期建设互联网是由美国军方提出建立的,但在建设过程中实际上是一批科研学者在执行具体工作,并且越来越偏离了军方的要求,而更加学术和科研化。纵观全球,早期许多国家首先接入互联网的都是科研院所机构,中国亦如此。早期互联网接入不是来自自上而下的国家意志,而是自下而上的社会需求。这种自下而上的需要,尤其是科学共同体的需求,始终是包括美国在内的世界各国互联网发展的核心驱动力。国家意志只是作为推动互联网能够出现和快速发展的重要支持,如 20 世纪 90 年代美国克林顿政府启动的信息高速公路战略等,着力点在于扩大社会对信息发展的需求,推动互联网信息技术的供给。中国的网络强国战略,使得我国互联网发展迅速形成了具有自己特色的市场,并形成了一批具有竞争力的互联网企业。

但如果互联网的发展模式一开始被商业利益或者国家意志左右,如同当初发展电报、电话的思路那样,互联网的发展很可能会误入在开放性方面受到局限的歧途(方兴东、严峰、钟祥铭,2020)。互联网的发展是越连接越高效,越有价值,全球可视为一个共同的市场,而互联网的治理有着明显的疆域区隔。当下,美国和印度政府人为把全球化发展的互联互通利用政治手段强行区隔化,不但有违互联网发展的趋势,也是自上而下治理视角偏差的表现。自下而上的社会发展需求和自上而下的治理手段已经形成一种新的矛盾体。

(三)虽然互联网是“舶来品”,但一个国家对发展互联网的需求是内生的

虽然互联网最初是美国发明的,但是,通过追溯历史,我们可以发现,中国对互联网的需求,尤其是与世界互联和交流的需求,并不是人们想当然地从外部驱动,而是内生的。互联网早期,主要是世界高校,尤其是欧美高校与科研机构在20世纪80年代联网之后,学者之间学术交流和学术研究成果的发表与获取,从传统邮件方式开始全面转向电子邮件,体现了速度、效率和便捷性等方面的新优势,使得中国学者也产生了类似的强烈需求。这也与包括美国、欧洲各国在内的世界各国最初推动互联网的需求是类似的。

在惯常的叙事中,人们很容易想当然地认为互联网是美国发明的,然后美国将这些技术和应用慷慨地“给”其他国家使用,使得互联网开始在全球逐渐普及。事实上,世界各国都是在早期由本国少数敏锐并与国际有着很好联系的学者(其中以计算机领域的学者为主)积极推动,并且克服各种困难,促成了自己国家与其他国家的互联。中国的故事也不例外。钱天白、王运丰、胡道元、钱华林、吴建平、胡启恒等互联网先驱,他们大多是出于个人的先知先觉,然后逐渐因为志同道合会聚起来。所以,无论大国小国,每一个国家都有自己的互联网故事,每一个国家都有自己的互联网先驱和英雄,是他们,而不是外部的人士,促成了每一个国家的成功联网。当然,他们都得到全球学术共同体在各个层面的支持和帮助,尤其是欧美学界的支持。但是,这些支持都不能改变各国互联网接入需要都源于自己国家内生性的根本特点。

(四)中国“多利益相关方模式”被长期忽略,需要重新认识

无论是互联网发展还是治理,以科学共同体、私营部门、政府和社会公众等共同推动发展和形成协同治理的“多利益相关方模式”,一直备受国际社会的推崇。尤其在互联网早期阶段,学术界是互联网接入和推动发展的主导性力量。

商业力量和政府力量并没有实质性介入互联网早期的发展进程。直到20世纪90年代中期之后,商业和政府力量才成为显性力量,但是,在这个过程中,学术界依然在互联网的政府决策和政策制定中起到了关键性的作用。中国的“多利益相关方模式”长期被忽视,值得学术界好好研究,重新认识。

的确,“多利益相关方模式”符合互联网复杂多元的特性,不仅是互联网治理,也将是数字时代社会治理的大方向。长期以来,这种模式都被认为是西方所独有,但其实回顾互联网进入中国的历史,可以发现在中国也有类似的模式,甚至要比国际上的形式更加高效。直到近年来,随着互联网治理内容逐渐由技术向经济、发展和政治领域拓展,互联网的社会影响力越来越深入,以政府为主导的政治性力量的影响也逐渐扩大。到了今天,随着数字技术成为主导社会秩序的关键因素,地缘政治也开始强势介入互联网领域,政府已经毋庸置疑地成为全球以及各国的主导性力量。但是,“多利益相关方模式”也并没有因此退出历史舞台,依然至关重要,与政府主导的治理模式形成了优势互补、双轮驱动的新格局(郎平,2017)。

(五)中国的“多利益相关方模式”也是源自内生的

“多利益相关方模式”很大程度上被认为是欧美等倡导和策动的互联网治理模式。但是,回顾中国互联网早期的接入历史,我们可以发现,中国的“多利益相关方模式”并不是“舶来”的,而完全是中国自己内生的。中国互联网早期接入,包括1994年中国正式全功能接入的过程,以及整个20世纪90年代后期,学术界在中国互联网治理进程中,发挥了非常显著的作用。以学术界为代表的非政府力量,与90年代中后期开始崛起的商业力量,以及政府力量,形成了良好的合作格局。这种实质上的“多利益相关方模式”奠定了中国互联网早期的政策框架和治理架构,甚至直接塑造了中国互联网管理长期以来多部门、去中心化、分布式的“九龙治水”基本机制(方兴东,2016)。

很多学者将“多利益相关方模式”认为是欧美独有的模式,而中国本质上是与其相对立的政府“多边模式”,而且通常认为在中国推动“多利益相关方模式”主要是接纳西方的实践成果。这显然与历史事实不相符。事实上,即便在国际层面,“多利益相关方模式”成为国际网络治理的热门,也是在2000年联合国介入互联网治理,尤其是召开信息社会世界峰会(WSIS)之后,才成为全球研究和倡导的热点。事实上,中国在20世纪90年代互联网早期阶段,就已经有相对完备的“多利益相关方模式”。所以,在中国内生的“多利益相关方模式”,其发生机制和运行机制,以及其对互联网和中国社会发展的意义,都值得未来进一步挖掘。

(六)公众缺乏对中国“多方模式”的真实理解

无论是互联网发展还是治理,“多利益相关方模式”一直备受推崇。“多利益相关方”符合互联网复杂多元的特性,不仅是互联网治理,也是社会治理的大方向。直到近年来,随着互联网治理内容逐渐由技术向经济、发展和政治领域拓展,政治性的水平由低至高,政府的主导作用愈加显著(郎平,2017)。

总之,中国互联网早期接入虽然没有惊心动魄的事件,也没有重大的技术创新,但是,深入考究,依然可以发现互联网演进中非常宝贵的特性和规律。尤其是伴随着互联网这种创新技术和应用在中国的引入,相伴而来的自下而上驱动的网络治理制度创新,事实上对后来中国互联网的发展也起到了非常重要的作用。这些先驱者很多无组织、无意识的推动行为,深刻影响了后来逐渐觉醒的政府部门的决策和商业公司的价值取向。而这些不起眼的规律与特性,与欧美以及世界其他国家的互联网早期历程异曲同工。

回顾中国引入互联网,大致经历了三个重要阶段:从纯粹个人行为的涓涓细雨,到科研机构项目驱动的羊肠小道,再到国家产业部门主导的骨干网建设。其中,科研院校作为重要力量一直奔波在前,但政府各个部门也并没有踢皮球而不管不问。中国互联网的发展与大多数国家的互联网发展一样,也是由本国学界、民间社会、产业界、政府部门等构成的多利益相关方机制推动的。在学界和民间认识到引入和发展互联网是大势所趋的情况后,政府部门中虽然很多管理者并不像学者那样理解互联网,但在潜意识里也已经有了发展互联网的认知。并且,作为新事物的互联网,引入后会对国家和社会带来哪些影响,如何发展才能保证不被妖魔化或过于神化,国家领导层都有过深入的考量。所以,为了不使互联网刚进入就面临严苛审查,政府部门抛弃了以往单一部门管理的方式,而是引入了联席会议的模式,由国务院领导牵头,几十个部委和相关单位参与协商、协同发展与监管。在这样的模式下,首先确立了发展互联网的决心,其次就需要各个部门从各自发展、管理的角度进行衡量,提出一套符合中国特色的互联网发展之路。历史的发展证实了这一方式是成功的、有效的。

在推动互联网在中国蓬勃发展的同时,也使得互联网对整个社会的负面风险降至最低,"多利益相关方模式"起到了真正保驾护航的作用,同时也助力政府主导的主流治理机制,共同维护了社会秩序的稳定。

所以,中国的"多利益相关方模式"一直被忽略和误解是不应该的。随着中国互联网的发展,治理模式也在不断调整和与时俱进。只有在发展中进行利益协调才真正具有价值,而非只是为了协调各方利益导致停滞不前,相比而言,前者要比后者更加具有智慧。

也许,在中国互联网漫长的拨号和呼叫中,中国"多利益相关方模式"在互联网领域的孕育、诞生和演进,其意义比起中国互联网物理形式的接入,并不逊色。当然,这一课题还有待我们在挖掘和掌握更多早期互联网接入与发展的丰富史料之后,进一步展开更深入的研究。

参考文献

陈建功(2014),《因"网"而变——中国互联网发展20年纪实》。《传媒》,第13期,页8-9。

陈建功、李晓东(2014),《中国互联网发展的历史阶段划分》。《互联网天地》,第3期,页6-14。

方兴东(2016),《中国互联网治理模式的演进与创新——兼论"九龙治水"模式作为互联网治理制度的重要意义》。《学术前沿》,第6期,页56-75。

方兴东、严峰、钟祥铭(2020),《大众传播的终结与数字传播的崛起——从大教堂到大集市的传播范式转变历程考察》。《现代传播》，第 7 期，页 132–147。

《胡启恒：回顾二十五年辉煌 憧憬互联网新希望》。《互联网天地》，第 4 期，页 2–9。

胡启恒、方兴东、薛芳（2016），《中国互联网口述历史 1994–4–20：中国接入互联网》。《汕头大学学报》（人文社会科学版），第 6 期，页 140–145。

胡启恒、杨玉珍（2014），《从羊肠小道走出来的中国互联网——我所亲历的中国互联网 20 年》。《纵横》，第 11 期，页 4–8。

郎平（2017），《“多利益相关方”的概念、解读与评价》。《汕头大学学报》（人文社会科学版），第 9 期，页 75–81。

李舫、张健（2009），《是助推器还是“双刃剑”？——中国互联网历史回顾》。《中学语文》，第 5 期，页 3–5。

李南君、维纳・措恩（2007），《中国接入互联网的早期工作回顾》。《中国网络传播研究》，第 1 期，页 237–252。

刘（1996），《CHINANET 骨干网将于 6 月底开通运行》。《邮电商情》，第 9 期，页 4。

陆首群（2016），《中国互联网口述历史互联网在中国迈出的第一步》。《汕头大学学报》（人文社会科学版），第 4 期，页 100–105。

倪群（1995），《中国国家计算与网络设施 NCFC 》。《通信世界》，第 1 期，页 11–13。

钱华林（2017），《推进中国互联网进程的技术掌门人》。《汕头大学学报》（人文社会科学版），第 1 期，页 126–130。

吴为民（2009），《中国第一封电子邮件》。《现代物理知识》，第 3 期，页 57–61。

邢怀武（1997），《中国公用计算机互联网 CHINANET》。《电信快报》，第 11 期，页27–29。

许榕生、方兴东、杜康乐（2017），《中国的第一条 64K 国际互联网专线是怎样建成的》。《汕头大学学报》（人文社会科学版），第 7 期，页 129–133。

佚名（2003），《中国确认首封电子邮件“越过长城走向世界”》。《现代电子技术》，第 15 期，页 82。

人员构成的转换与意见的可见性:中国网络意见中介者的历史演变*

◈ 吴世文　郑子聪**

摘要:网络意见中介者在中国公共话语空间中占据重要地位,但对这一群体的演变历史,我们尚缺乏系统的了解。本文以互联网历史为视角,基于前名人博客时期、名人博客和微博时期、后微博时期的历史分期,从定义、特征、社会影响、与政策的"互动"角度研究发现,网络意见中介者历经从匿名的个体到社会身份"加持"的精英转变,其公共参与和社会影响强化,但进入后微博时期遭遇商业和娱乐元素的削弱。机构化的网络意见中介者的出现扩展了人作为意见中介者的概念,但在后微博时期随着"意见"游离于公共意见之外,"意见"的可见性局限于圈层之内。网络意见中介者的可见性以及意见的可兑换性、可流通性受到权力、经济利益与技术的影响,在三个时期嬗变,折射着中国互联网发展的丰富性与复杂性,这既是中国互联网历史的组成部分,也是我们理解中国互联网历史的"窗口"。

关键词:网络意见中介者,互联网历史,网民,意见,身份

* 本文为2020年度教育部哲学社会科学研究后期资助项目(编号:20JHQ081)的阶段性成果,亦得到中国博士后科学基金第12批特别资助项目(编号:2019T120676)的资助。

** 吴世文,武汉大学媒体发展研究中心研究员、新闻与传播学院副教授,传播学博士。郑子聪,武汉大学新闻与传播学院硕士研究生。

一、问题的提出

网络意见中介者是网络传播语境下出现的新意见中介者类型,他们常常是活跃的信息提供者和观点表达者(张卓、高维和,2017),在网络人际传播和大众传播中扮演着重要角色。网络意见中介者在中国引起广泛关注,网民有时在网络事件中会跟随他们发言,政府希望他们传播"正能量",也对他们的负面影响保持警惕(梁莹,2011),企业等商业力量希望经由网络意见中介者触达更大范围的网民,以此来推广产品或服务。由此一来,谁是网络意见中介者、他们在哪儿、他们如何影响网络意见,成为人们关注的现实议题。不过,由于网络意见中介者经常处于"混沌"与变动之中,所以上述三个议题都是"问题"。

客观地讲,网络意见中介者自20世纪90年代中后期在中国出现后,一直是中国互联网中重要的文化现象,亦是中国社会转型期的独特风景。无论通过网络在公共议题中发声、为公众"代言",还是成为负面的、引人叹息的新闻人物,不少网络意见中介者在中国互联网历史上留下了值得书写的故事。如今,一种流行的看法是,中国的网络意见中介者似乎日趋式微(吴英女、沈阳、周琴,2014),或难觅"踪迹",或较少在网络公共事件中发声,或"隐身"于商业与娱乐大潮,这也引发不小的社会争议。那么,中国网络意见中介者经历了何种演变过程,我们对这一问题尚知之不多。究其原因,主要是因为网络意见中介者兴起与演变的历史不长,而且受到权力、经济、技术等因素的影响,处于流变之中,对其研究有一定的难度。

本文聚焦探究中国网络意见中介者经历的历史演变,从定义、特征、社会影响、与政策的"互动"等维度展开。本文既以互联网历史为视角,又是互联网历史研究的内容,具有如下研究意义:首先,本文有助于我们从历史视角了解和把握中国网络意见中介者这一"群体"的特征及其分化,理解其与社会互动的历史过程,增进有关中国网络意见中介者的"知识生产"。其次,意见中介者的演变历史是中国互联网历史的重要组成部分,互联网历史聚焦对"人"的研究,应当把网络意见中介者纳入考察范围。因此,本文以互联网历史为视角考察中国网络意见中介者的演变,也是窥探中国互联网历史的一个“窗口”,有助于丰富中国的互联网历史学。

二、文献探讨

(一)意见中介者与网络意见中介者

意见中介者研究是传播学的经典话题。拉扎斯菲尔德等人于1948年在《人民的选择》一书中首次明确了“意见中介者”的概念(拉扎斯菲尔德、贝雷尔森、高德特,2012:8)。他们指出,信息并非通过大众传播媒介直接流向受众,而是经过意见中介者的中间环节,形成“两级传播”。“意见中介者”的提出刺激人们重新理解传播过程与传播效果,引起学界关注。随后,罗杰斯在研究意见中介者对创新扩散的作用时,将两级传播发展成为“多级传播理论”(罗杰斯,2002)。后来,意见中介者在市场营销领域的价值被发掘,在选举、政府公共决策、公共事务、医疗、外交等领域被广泛应用,积累了不少研究成果(王平、谢耕耘,2012)。

互联网的出现为意见中介者研究提供了新的媒介语境与议题。意见中介者的传统定义强调其作为连接媒介和人际网络的“节点”作用(Karlsen,2015)。互联网兴起后,这一节点作用的存在与否以及大小引发争鸣。持否定意见的一方认为,因为互联网去中介化,个人可以直接从互联网中获得信息(Nisbet & Kotcher,2009),两级传播已转变为信息直接精确定位给个人的“一级传播”(Bennett & Manheim,2006),意见中介者的中介空间越来越小,影响式微。但持肯定观点的另一方认为,互联网和社交媒体的出现为意见中介者影响他人提供了更多机会(Turcotte,York,Irving,Scholl & Pingree,2015)。尽管人们面对相同的信息,但意见中介者仍能对信息进行解释与“语境化”(Karlsen,2015),特别是,在日益分散的媒体环境中,人们越来越依赖他人在社交网络中提供的建议和信息(Mutz & Young,2011)。这种争鸣的结果更多地倾向认为意见中介者在网络传播时期依然存在和发挥作用。Fogg(2008)指出,社交媒体结合了人际说服的力量和大众媒体的影响力,从而实现了“大量的人际说服力”。

网络意见中介者和传统的线下意见中介者存在一些共通之处,例如具有创新性、知识丰富,在社交网络中人脉广、影响大,主动参与讨论等(Park & Kaye,2017)。但普通用户在互联网空间可以生产内容并扩散给追随者(Himelboim,2008),促使网络意见中介者出现了新特征。Lyons 和 Henderson(2010)发现,在以计算机为中介(computer-mediated environment)的环境中,网络意见中介者拥有更高水平的计算机技能,使用互联网的时间更长,也具有更高水平的持久参与、创新与探索行为。Casaló 等人(2018)进一步指出,创意和独特性是成为 Instagram 意见中介者至关重要的因素。同时,个人的特质,如开放性、表现欲和人际关系能力提高也可以增强意见中介者在社交媒体上的领导倾向(Song,Cho,& Kim,2017)。不过,网络意见中介者的身份不是一成不变的,Karlsen(2015)的研究表明,在社会化网络中意见中介者和意见搜寻者的身份可以互相转换。

网络意见中介者的研究多集中于商业营销、政治参与和公众舆论等领域。在商业营销领域,Leal 等人(2014)认为,虚拟社区中的意见中介者应该至少具备以下特征之一:被视为产品或服务的专家;积极参与网上社区并做出实质性贡献;被其他用户认为在购买决策上具有良好的品位。并且,网络意见中介者在影响其他消费者决策的同时,自身也在走向商业化。Saboia 等人(2018)看到,部分意见中介者在 Instagram 上拥有自己的品牌产品或服务,也会为第三方品牌做宣传以创收。在政治生活领域,网络意见中介者具有重要作用。Karlsen(2015)发现,政党和政客在 Facebook 上的追随者大多是“网络意见中介者”,他们在线上和线下都很活跃。不仅如此,Park(2013)发现,Twitter 意见中介者倾向于扮演新型议程“生成器”或新闻发布者的角色,比普通网民具有更强烈的寻求信息、动员和公开表达的动机,从而显著影响追随者参与政治议题的过程。如果说前两个领域的研究在国外比较流行,那么我国学者较多地讨论网络意见中介者在公众舆论中的作用。中国互联网被赋予了更多的媒体属性,诸多公共事件在互联网上发酵,网络意见中介者在公众舆论中起着重要作用(Luqiu, Schmierbach & Ng,2019)。国内学者将网络意见中介者分为事件型和稳定型、精英型和草根型、单一型和多元型、显性和隐性等多种类型(徐旭初、李晓曼,2015;彭琳、邓国峰,2010)。结合不同的互联网平台和重大舆论事件,学者们探讨了网络意见中介者在信息传递、议题设定、观点引导等方面的作用与功能。

总之,既有研究关注网络意见中介者的类型、特征与影响,注重探究他们在不同领域如何发挥影响,发挥着何种影响,这些是传播效果研究的重要命题,也是现实问题。此外,相关研究也关注到网络意见中介者身份不稳定的问题。

(二)网络意见中介者的识别与评估

识别和衡量意见中介者的领导力是意见中介者研究的经典命题(SCHÄFER & Taddicken, 2015)。在网络意见中介者的研究中,谁是网络意见中介者、包括什么样的人或哪些群体、发挥了何种影响等,是研究者们关注的问题,更是现实问题。在网络传播时期,由于数字化、匿名性和"不在场"给网络意见中介者带来了新的不确定性,人们更需要明确上述问题。因此,如何识别和评估网络意见中介者成为关键议题。

目前,识别网络意见中介者的方法主要有四种:一是描述性方法,例如Roger和Cartano(1962)曾提出甄别传统意见中介者的四种方法:自我报告法、社会计量法、关键人物访谈法和观察法。这四种方法在识别网络意见中介者时依然适用,例如,Park(2018)在衡量Twitter上的意见中介者力时采用的仍是自我报告法。二是基于指标设计的统计学方法,例如薛可和陈晞(2011)以发帖量、回复量、扩散度和认同值来衡量BBS中意见中介者的活跃度、关注度和认同度。三是数据挖掘和机器学习等大数据方法,例如Song等人(2007)利用影响力排名(Influence Rank)的算法来确定博客中的意见中介者。四是基于混合内容的识别方法,例如,Li等人(2013)在研究网上学习社区时提出"ENIA"(Expertise, Novelty, Influence and Activity)框架,根据文本内容、用户行为和时长将意见中介者的专业性、新颖性、影响力和活跃度进行排序,进而探究意见中介者的“长寿性”和中心性。在 Li 和 Du(2011)的研究中,他们提出“BARR”(Blog content,Authors,Readers and Relationships)框架,利用从博客内容、作者、读者及其关系中检索的信息来识别博客意见中介者。

在不少时候,识别网络意见中介者是为了评估他们的影响,进而做出某些响应行为,这种取向具有工具理性,也是我国不少政府部门在应对网络舆情和引导网络舆论驱动下的诉求。这催生了不少研究致力于评估网络意见中介者的影响力,成为中国网络意见中介者研究的一大特色。活跃度和影响力是网络意见中介者评价体系中最常采用的两个指标,在微博意见中介者的研究中尤为常见。例如,刘志明和刘鲁(2011)以用户影响力和用户活跃度为一级指标来建立微博意见中介者评价指标体系。王平和谢耕耘(2012)提出,微博用户的粉丝数可以代表其网络影响力,被转载数和评论数可以代表微博意见中介者发布的信息在网络事件中的扩散度和影响力。不过,王晨旭等人(2015)持有不同看法,他们认为,粉丝数是网络意见中介者产生影响力的必要条件,但不是充分条件,在衡量他们的影响力时更需要强调影响粉丝的能力,而不能仅仅关注他们扩散信息的能力。当然,值得注意的是,微博平台所提供的公开数据使得微博意见中介者的影响力和活跃度成为可被测量的参数,这是技术平台对评估的影响。

综上,既有研究基于实用主义和功利主义的视角甄别与评估网络意见中介者,具有较强的现实问题导向。

(三)人/网民、网络意见中介者与互联网历史

互联网的扩散与发展离不开网民,因而,人是互联网研究需要关注的重要对象。网络意见中介者是网民中特殊的个人或群体,对他们的研究也是互联网研究关注或回归对人/网民的研究的要义之一(吴世文,2020)。处于特定语境中的网络意见中介者,既是现实的,又是历史的。不过,现有研究对网络意见中介者的历史关注不够。而理解网络意见中介者的影响,以及甄别和评估他们,离不开对其历史的考察。进行历史分析,不仅有助于我们理解网络意见中介

者,而且可以帮助我们理解他们与中国社会的互动过程。

研究网民的历史、网络意见中介者的历史,可以将其置于互联网历史的视野中展开,他们也是互联网历史的组成部分。互联网历史并不是新鲜事物,但是近年来随着人们对互联网的认识与反思的深入逐步成为热门话题(吴世文、何屹然,2019)。从根本上讲,互联网历史就是人/网民的历史。

目前,已有一些研究有意识地探究网络意见中介者的历史变迁。例如,上海交通大学舆情研究实验室(2011a)认为网络意见中介者在中国经历了三个阶段的渐进式成长,即萌芽阶段(2003 年前)、作用凸显阶段(2004—2008 年)和影响力扩张阶段(2009 年至今)。王平(2013)则从媒介变迁的视角出发,基于论坛、博客、微博三个互联网平台来描绘网络意见中介者的变迁及其社会影响。结合互联网的发展和媒介平台的改变,涂凌波(2016)将中国网络意见中介者 20 年的变迁划分为 BBS 与博客时期、微博时期和“后微博时期”。对于网络意见中介者向新社区迁移的影响因素,沈阳(2016)分析,除技术驱动外,舆论关注、信息红利、圈群认同、可用性感知是重要变量。这些研究注重对中国网络意见中介者的演变进行历史分期,探究影响其变迁的因素等,但对于发生了何种变迁以及这些变迁的意义,尚缺乏深刻的阐述。本文考察网络意见中介者的历史演变,既是基于互联网历史的视角,又因为其是互联网历史的组成部分。

三、资料收集与分析方法

本文选取公共话语中有关网络意见中介者的文本作为研究素材,包括研究文献、研究报告与政策文本(因为中国的网络意见中介者在不少时候连接了公众和政府)。之所以选择这几类文本,是因为它们在很大程度上代表着公共话语对网络意见中介者的认知与看法。本文采取知识社会学的路径,从三类文本中分析和把握公共话语对网络意见中介者的认知图景,并通过历时性分析阐释公共话语界定与认知网络意见中介者的过程。

本文收集资料的方法和过程如下。第一,收集研究文献。首先,在 2019 年

11 月 5 日至 15 日，于中国知网使用“网络/互联网+意见中介者/舆论中介者”“论坛/BBS/博客/微博/微信+意见中介者”“微博大 V”等关键词检索 1995 年至 2019 年的文献，获得5，262篇（截至 2019 年 11 月 15 日）文献。然后，按照相关度排序，手动使用标题和摘要过滤后获得相关文献 246 篇，涵盖新闻传播学、教育学、社会学、政治学、计算机科学、情报学等多个学科。第二，收集研究报告。根据研究经验，在 2019 年 12 月 23 日至 2020 年 1 月 1 日在“皮书数据库”（https://www.pishu.com.cn）以及百度、搜狗中，以“网络/互联网+意见中介者/舆论中介者+报告”“论坛/BBS/博客/微博/微信+意见中介者+报告”“微博大 V+报告”等为关键词检索，收集 1995 年至 2019 年相关的研究报告，获得《中国互联网舆情分析报告》（2007—2019），《中国社会舆情与危机管理报告》（2011—2017），《中国新媒体社会责任研究报告》（2014—2018）等相关研究报告 87 篇。第三，收集政策性文件，在 2019 年 11 月 29 日至 12 月 3 日于中国政府网、国家互联网信息办公室官网等政府网站，使用“微博/互联网+意见/舆论中介者/意见人士”等关键词检索，获得 1995 年至 2019 年的相关政策性文件 42 份。

本文将上述三类文本同等对待，并将它们结合在一起分析网络意见中介者的定义、特征、社会参与等演变。为分析其演变过程，本文采取历史分期的方法。传播技术的发展带来媒介形态的改变和新媒体平台的兴起，意见中介者出现向新社区迁移的行为（沈阳、杨艳妮，2016）。这意味着，从论坛、博客到微博、微信，再到小红书、抖音等，不同的新媒体形态与平台形塑着网络意见中介者的特点。其中，微博对网络意见中介者的影响较为突出，它所构建的开放网络公共空间重塑了网络意见中介者（涂凌波，2016）。本文借鉴杨国斌的分期方法（Yang，2015），并结合名人博客和微博的特点，将网络意见中介者在中国的演变划分为前名人博客时期（1995—2004 年）、名人博客和微博时期（2005—2014 年）和后微博时期（2015 年至今）三个阶段。

四、前名人博客时期的网络意见中介者:意见的分量

自从1995年内地第一个BBS"水木清华"创办之后,网络意见中介者开始活跃于BBS、论坛和博客上(涂凌波,2016)。本文定义的前名人博客时期的网络意见中介者主要是指网络论坛型意见中介者,以及个人网页时期、早期博客时期(名人博客出现之前)的意见中介者,时间跨度为1995年至2004年。这一时期的网络意见中介者的定义、特征、社会参与以及与政策的互动将在下文展开。

(一)网络意见中介者是活跃的、被网络社区认可的个体

基于研究文献和研究报告的发现,由于早期上网价格昂贵、操作复杂,所以,网络意见中介者以受过高等教育的青年网民居多,在职业分布上,最多的是计算机从业者,其次是学生(王平,2013)。

在收集到的研究文献和研究报告中,网络意见中介者被描述为"活跃的个体"。首先,网络意见中介者被界定为作为个体的人,例如网民、用户、个人、参与者、中心人物(戴丽娜,2012;段兴利,2010;余红,2008;肖宇、许炜、夏霖,2011)。第二,活跃度是衡量网络意见中介者的重要指标。在学者们看来,这一时期的网络意见中介者"积极参与讨论"(陈然,2010),"有较高发言质量和频率"(丁汉青、王亚萍,2010),是"活跃的发言者"(薛可、陈晞,2011)。第三,网络意见中介者得到了网络社区的认可。彭小川和毛晓丹(2004)发现,这一时期的网络意见中介者因为个人的品格、能力、知识得到大家的肯定,因此处于中心位置。而要获得认可,一是需要拥有较高的"网络社区"威信,二是需要经常发表言论,否则难以聚集"人气"。上网时间长、论坛积分高、网络经验丰富等都会增长网络意见中介者的"资历",因此可提高其领导的有效性和信任度(彭小川、毛晓丹,2004)。第四,虚拟社群的组织者和技术上的管理者拥有成为网络意见中介者的"先天优势"。例如,在网络论坛上,"站长""版主"是天然的"网络意

见中介者”,QQ 群中的意见中介者则包括 QQ 群主和 QQ 群管理员(惠恭健,2008)。这些组织者和管理者通过控制网络信息的流动,拥有比其他网民更大的“权力”(罗晓光、溪璐路,2012),从而更有可能成为网络意见中介者。不过,无论是网络论坛的版主、QQ 群的群主/管理员还是 BBS 的站长,他们作为实际的网络意见中介者,仍需要是网络社区中活跃的参与者(即意见的表达者),以获得社区的认可与信任。第五,不少网络意见中介者的网络活动包括个人的日常记录、评点时事等(王平,2013),具有较高的网络媒介素养,尤其是技术素养。

(二)特征:草根、匿名和以观点取胜

这一时期的网络意见中介者具有如下特征:

第一,他们大多来自普通网民(“草根”)而不是社会精英,这区别于传统媒体时期的意见中介者。在理想状态下,个体网民“只要具备娴熟的网络操作、个性化的文字表达、独到的话题分析等能力,任何网络用户都有可能成为意见中介者”(惠恭健,2008)。一些研究文献和研究报告将他们称为“民间身份的观察家”(祝华新、胡江春、孙文涛,2007)。这一阶段的社会精英并没有重视成为网络意见中介者的问题。

第二,匿名性使得他们的真实身份往往不为人知。学者用“有一定知识水平、具有忧国情怀、信息渠道较广、表达欲望强烈、收入中等偏下的中年男性”来描摹他们的“群像”(余红,2008)。不过,匿名性常常被认为有利于网友表达自己真实的观点。

第三,主要凭借自己的观点获得影响力。祝华新等人(2007)的研究报告指出,网络意见中介者“现实生活中的身份、地位影响很小,多是单纯地因网络言行及观点形成了‘中介者身份’”。为了形成观点的影响力,网络意见中介者需要“笔耕不辍”(他们需要在网络论坛中写长文章,这区别于微博时期),这也是保持活跃度的前提。周裕琼(2006)认为,除了一小部分“版主”因技术优势而成为网络意见中介者外,“大部分意见中介者不具备特权,而是靠笔耕不辍成为网络风云人物”。自 2001 年起,强国论坛开始组织评选“十大网友”,勤于笔

耕、张贴文章多是重要条件。当然,意见需要获得认可,获得高点击率是获得影响力的基础。有意思的是,因为需要写长文章,对意见中介者的文笔提出了要求。桑亮与许正林(2011)指出,在博客中,观点犀利和文笔优美能为博主带来高点击率。有时,网络论坛的“版主”可以按照自己的判断对某些文章或观点直接“加精”推荐,而不是遵照“人气”的逻辑。这是有质量的观点获得可见性的一大渠道。当然,在“加精”之后,这些文章或观点可能获得更多的人气与认同。

在这一时期,网络意见中介者的观点在获得网络社区认可(这是他们获得影响力的主要“阵地”)的基础上,亦向社会渗透和辐射,但是较少兑换成为商业价值。因此,学者们关注“公正的意见中介者”,认为他们应当展示中立的立场,提供双方信息,由受众自己判断,从而“排斥商业化的角色蜕变”(王丽,2006)。

(三)以观点为“武器”逐步参与和影响社会

很大程度上,这一时期的网络意见中介者是“生活化的网络意见中介者”,他们具有个体性,更关注个体和日常生活。与之相对应,这一阶段的网络公共事件也相对较少,政府和社会精英都不太了解新媒体事件(Wu & Liu,2018)。

不过,随着论坛和博客逐渐成为社情民意的集散地,网络意见中介者不仅用自己的观点影响网络社区中的网民,他们的声音也开始逐步向现实社会辐射。例如,网友“老榕”因发布《大连金州不相信眼泪》成为网络论坛时期的“名人”,后来他参与数起网络救助事件,入选1998年“中国十大网民”(王平,2013)。

(四)来自政策的“互动”:观望与较少规制

在前名人博客时期,网络意见中介者呈现“自由生长”的状态。这或许从媒体报道可见一斑。在慧科新闻数据库中以“互联网/网络+意见中介者/舆论中介者”为关键字,检索1995年至2004年报刊和网络新闻报道,从图1和图2可见,相关报道缓慢增长,对网络意见中介者的关注并不多。

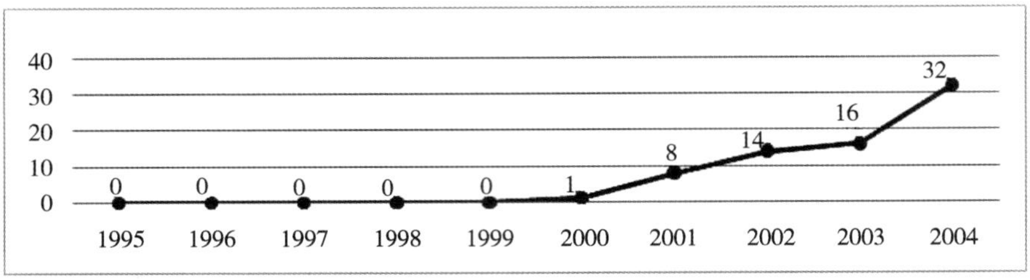

图 1 1995 年—2004 年报刊对网络意见中介者的报道量

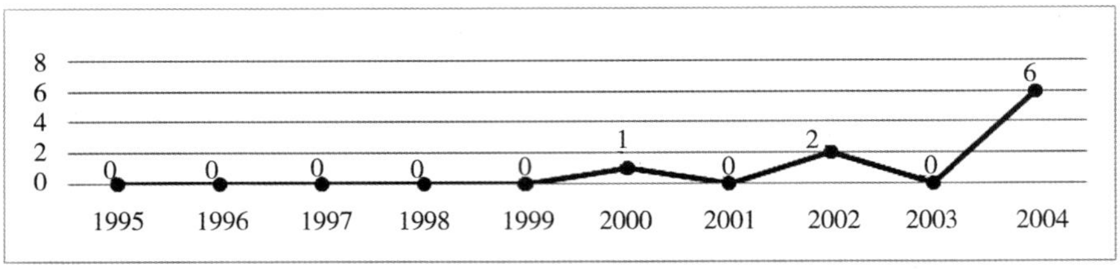

图 2 1995 年—2004 年网站新闻对网络意见中介者的报道量

在中国互联网发展早期,相关的管理政策、制度和法律法规尚未建立,对互联网的规制较少,这为网络意见中介者的出现创造了较为宽松的政策环境。在为数不多的管理条例中,2000 年出台的《互联网信息服务管理办法》和《互联网电子公告服务管理规定》对互联网信息服务和电子公告服务的提供者,而非使用者进行规范。网络意见中介者崭露头角,政府更多时候持观望态度。

五、名人博客和微博时期的网络意见中介者:社会身份的"加持"

2005 年是名人博客的开端,也是中国网络实名制的肇始。9 月,新浪博客推出"名人博客",以娱乐明星、媒体人、专家、学者、作家、商界名流等为代表的社会精英纷纷加入博客群(王平,2013)。2005 年的《中国互联网络发展统计报告》显示,全中国 1.03 亿网民中有 10.5%的网民经常使用博客(中国互联网络信息中心,2005),他们在一些突发事件中,习惯于打开网络意见中介者的博客,从中寻找信息与观点(胡江春、祝华新、单学刚,2010)。2006 年,明星徐静蕾的博客在开通后 112 天创下1,000万的点击量,被认为刷新了中国互联网的历史记录(新浪科技,2006)。学者孔庆东、主持人黄健翔等人的博客广受欢迎,入选2008年新浪的十大博客(新浪博客,2008)。

2009年末,新浪、搜狐、网易等各大门户网站相继推出微博,共同推动2010年成为中国微博元年。蓬勃发展的微博接纳了从论坛、博客迁移而来的网络意见中介者,还催生了微博"大V"。新浪微博在发布之初效仿"名人博客"的推广策略,为社会名人实名认证,并在用户名后加"V",以此来吸引粉丝(朱燕丹、靖鸣,2016)。后来,粉丝量众多的"大V"出现。2013年"大V"入选《咬文嚼字》年度十大流行语,被定义为"在微博上十分活跃并有众多粉丝的公众人物,通常是粉丝超过50万的微博用户"(人民网,2013b)。李开复、潘石屹等商业精英,赵薇、何炅等演艺明星,以及众多媒体人、学者、企业家等相继成为"大V",这种现象持续到了2014年。本文考虑到名人博客和微博"大V"中网络意见中介者的共性,将他们放在一起讨论,构成了中国网络意见中介者演变的第二阶段(2005—2014年)。

(一)社会身份的分量:明星、企业家、媒体人和学者成为新网络意见中介者

Katz(1957)提出,成为意见中介者有三个要件:是价值观的表达者;必须拥有专业能力;必须身处社交网络的中心位置。胡泳(2012)进一步总结为:一是要有思想、意见和价值观;二是有专家属性;三是存在某种"代言人"特性,被视为"沉默的大多数"的代言人。不过,本文收集的研究文献和研究报告对这一时期网络意见中介者的界定在三个要件上有所侧重。

本文基于收集到的研究材料发现,在2005—2014年,共有34份研究文献和研究报告给出了网络意见中介者的定义,其中21条提及表达意见和观点,4条指出专业性,没有文献或报告提及代言人属性。在这些定义中出现频率最高的语词是"影响力",这意味着,研究文献和研究报告重视网络意见中介者的意见表达,影响力是学者们界定和评估这一时期网络意见中介者的重要变量。从技术上看,名人博客和微博的粉丝量是可以计数的,亦是可见的,粉丝数越多,影

响力越大。量化的指标被越来越多地用于界定和识别网络意见中介者。

由于实名制的推行,名人博客和微博中的网络意见中介者变成了“有名有姓的”人。同时,他们绝大多数是拥有社会身份的人,是娱乐明星、媒体人、专家、学者、作家、商界名流等为代表的社会精英。一方面,他们拥有的社会资本和社会身份有利于他们成为网络意见中介者(上海交通大学舆情研究实验室,2013),名人博客和微博平台也乐意促成他们。另一方面,他们中的不少人意识到了网络意见中介者的影响力,因此主动加入名人博客,成为微博“大V”,这推动了网络意见中介者规模的增长。微博的意见短小精悍,不需要写长文章,而且没有发布次数限制,这为忙碌的社会精英成为网络意见中介者提供了技术便利。

总之,这一时期网络意见中介者具有一定的规模,以社会精英为主,受社会身份的影响大。

(二)特征:非人格化、跨界与公共性

这一时期的网络意见中介者具有如下特征:

第一,非人格化的网络意见中介者开始出现。与前名人博客时期的网络意见中介者大多是作为个体的人不同,这一时期的研究文献和研究报告对网络意见中介者的界定主语由“个体”向“人或群体”“个人或团体”“人或组织”转变(袁凌、陈琛、温燕飞,2014;徐旭初、李晓曼,2015)。尤其是,政务微博在2011年(“政务微博元年”)的开启、企业微博的出现、校园微博的发展,使得微博意见中介者出现“团队化、组织化、规模化”趋势(上海交通大学舆情研究实验室,2013)。《2012年微博年度报告》指出,传统媒体微博开始形成意见中介者群落,在民间舆论场占据主要地位(上海交通大学舆情研究实验室,2013)。这意味着,非人格化的、机构化的微博意见中介者开始出现。

第二,网络意见中介者常常“跨界”在公共事务/事件中发声,其公共性得以彰显和强化。他们在这一时期经常跳出自己的专业领域,就各种社会热点议题发表意见(上海交通大学舆情研究实验室,2011b)。作家韩寒在博客中批评政

府部门,并常常在公共舆论事件中(例如“周老虎”事件、汶川地震、杭州飙车案等)发表意见,引起了不小的社会反响(陈旭,2010)。在微博上,明星姚晨在玉树地震、药家鑫案、温州动车事故等社会事件中频繁发言,被称为“微博女王”。这一时期的研究文献和研究报告指出,网络意见中介者“就公共话题发表意见”(徐旭初、李晓曼,2015),增强了这一群体的公共性。

第三,对现实社会的影响增强。在这一时期,网络意见中介者的影响力向现实渗透,得到显著增强。例如,2007 年,专栏作家连岳在博客中撰写多篇文章反对厦门 PX 项目,推动该地方性事件引发广泛关注,后来 PX 项目最终迁出厦门(中国新闻网,2009)。

(三)以“公共之名”参与和影响社会

在这一时期,网络意见中介者积极参与公共事件,发挥舆论监督和引导社会舆论风向的作用,产生了深刻的社会影响。2009 年,韩寒等博客意见中介者掀起网络舆论监督风潮。此后,在“上海钓鱼执法案”“邓玉娇案”“央视大火事件”等事件中,意见中介者从参与公共事件到制造社会热点,公共参与的主动性越来越明显(王平,2013)。上海交通大学舆情研究实验室发布的《微博年度报告》记录了微博意见中介者的公共参与和社会影响。2010 年的报告写道,“2010 年影响较大的 74 起与微博相关的舆情案例中,有近五成存在明显的意见中介者”(上海交通大学舆情研究实验室,2011b)。在 2011 年,“几乎在每起社会舆情事件中都可见微博意见中介者的身影”(上海交通大学舆情研究实验室,2012)。这是网络意见中介者参与公共事务的一个剪影,这种状况一直持续到 2013 年。公共知识分子的概念在这一时期尤为流行,为了应对媒介环境的变化,不少公共知识分子开始以“意见中介者”的身份在网络中生存(冯若谷,2011)。

网络意见中介者在这一时期改变了中国互联网的言论,这是值得重视的。研究发现,他们“致力于打捞沉没的声音”(人民网,2012),以专业优势和话语质量,在一定程度上“改变了中国互联网上的‘嘈杂’,大大提升了公共舆论的品质”(王尔,2011)。意见中介者微博由“自媒体”升级为社会“公器”,“具有公共服务性和社会共享性”(人民网,2011)。

同时,研究者也注意到,一些娱乐性话题会挤占网络言论空间,从而导致微博成为娱乐事件的新闻源和传播场(汪雅倩,2014)。此外,在名人博客和微博时期后期,有学者担忧,公共知识分子可能会被微博非理性的交往场域所“绑架”,因迎合粉丝而成为粉丝的“回音壁”(李名亮,2012)。

(四)来自政策的“互动”:从“重视”到治理

随着名人博客和微博影响力的突显,社会对其中的意见中介者的关注上升。以“博客/微博+意见中介者/舆论中介者”为关键字检索慧科新闻数据库中2005年至2014年的报道发现,在报刊和网站新闻中,网络意见中介者的出现频率大幅增加。来自报刊的报道在2013年达到顶峰(见图3),网站新闻的关注度在2010年激增(见图4),2011年虽有下降,但此后保持增长趋势。

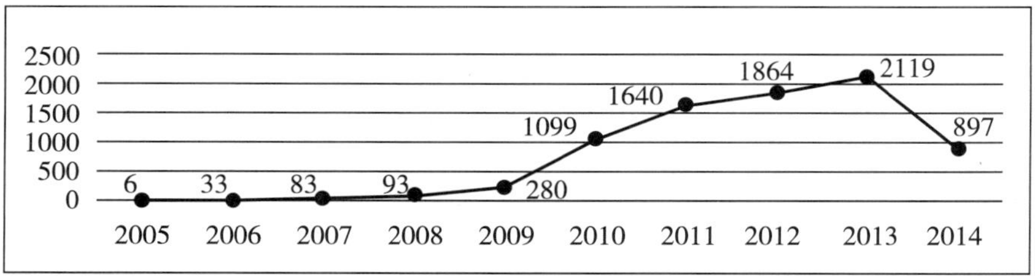

图3 2005年—2014年报刊对网络意见中介者的报道量

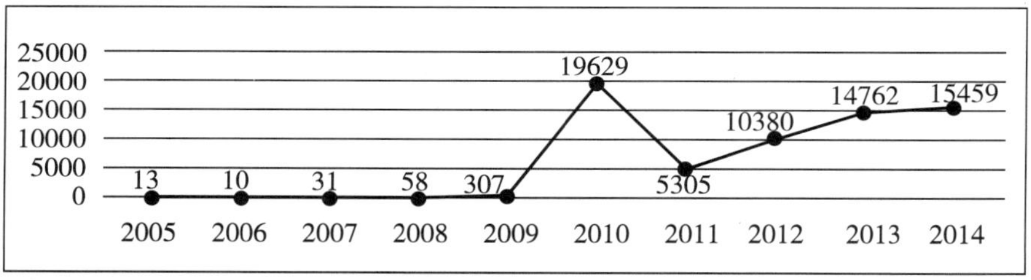

图4 2005年—2014年网站新闻对网络意见中介者的报道量

在这一阶段前期,网络意见中介者的积极作用为一些地方政府部门所重视,政府有关部门主动与他们沟通,希望他们积极发挥作用。例如,2008 年 4 月,时任广东省委书记汪洋邀请 26 位知名网络意见中介者为广东的科学发展"灌水""拍砖",一时传为佳话(《瞭望》,2008)。南京 2011 年出台了《关于进一步加强政务微博建设的意见》,提出要"高度重视微博平台上网络意见中介者的作用"(《现代快报》,2011)。北京警方开通微博后表示,会"定期与各界意见中介者沟通,征得理解和支持"(《京华时报》,2010)。同时,"培养一批合格的网络意见中介者"成为一种声音(黄原,2011),《人民日报》(2012)刊文指出,发展政务微博,培养"体制内意见中介者"是有效引导网络舆论的一种方式。在这一阶段(2005—2012 年),不少网络意见中介者获得了政治声望。

然而,2013 年成为微博意见中介者与政策互动的转折点,政府治理成为重心。5 月,打击网络谣言行动在全国开展,8 月,微博"大 V""秦火火"因网络造谣被惩处。后来,记者刘虎、"边民"董如彬、"环保董良杰"等"大 V"相继因网络造谣等原因被抓。当月,中国互联网大会召开"网络名人责任论坛",提出"七条底线"(人民网,2013a)。9 月,新的司法解释提出,诽谤信息被转发超过 500 次可以入刑(中国广播网,2013)。2013 年分析微博的报告写道:"意见中介者微博中,可折射批判性情绪的词汇总数呈下降趋势,批判性明显减弱,心灵鸡汤类的微博数量明显增多"(上海交通大学舆情研究实验室,2014)。微博时期成为中国网络意见中介者短暂的"黄金时期"。

总之,名人博客和微博时期的网络意见中介者在明星、企业家、媒体人和学者等社会精英中完成了迭代,社会身份加持了他们在网络中的影响力,同时,非人格化、机构化的网络意见中介者出现在大众视野。为了获得更大的话语权,新一代网络意见中介者更多地投身于公共议题的讨论,改变了网络公共事件的现实走向。他们突然扩大的影响力引起政府重视,但后来的"越界"行为也使政府的监管加强。

六、"后微博时期"的网络意见中介者:商业和娱乐的裹挟

2013年后,网络意见中介者进入"网络治理之后的转型时期"(沈阳,2014)。与此同时,移动互联网的快速发展和微信的崛起带来网络舆论生态的变化,网络意见中介者的发展进入"后微博时期"。研究报告分析道,新的社会化媒体影响网民对于平台的选择,而平台用户的转移推动意见中介者更迭换代(凯度,2018)。随着微信崛起,一大批微信公众号开始取代微博"大V",在舆论场中发挥作用,不少微博意见中介者开通微信公众号,继续影响舆论(上海交通大学舆情研究实验室,2016)。

2016年,网红成为中国互联网中的重要现象,网红经济、粉丝经济进入大众视野。网红成为有影响力的KOL(关键意见中介者),他们通过增强粉丝黏度,影响其行为来实现变现(梁立明,2016)。在此意义上,网红成为意见中介者新的代名词之一。

(一)专业或职业的力量:答主、自媒体人和"网红"成为网络意见中介者

在后微博时期,微博意见中介者依然存在,同时出现了新形态,包括在微博之外,活跃于微信公众号的自媒体人、在问答社区中崭露头角的答主、因短视频和直播而引人关注的网红等。相对于微博时期的"大V",有报告认为他们中的不少人是"中V",即凭借专业的知识在信息传播和舆论引导中发挥重要作用,粉丝量在10万到50万的认证账户(赵路平、刘子潇、钱冠臣,2017)。随着"中V"影响力逐步扩大,中国网络意见中介者呈现"大V衰落,中V崛起"的新格局(上海交通大学舆情研究实验室,2016)。"中V崛起"意味着网络意见中介者开始向专业性和专门化方向发展。

第一类是自媒体人。报告发现,随着微信公众号影响力的扩大,"聚焦垂直领域的作为私人化、平民化、普泛化、自主化传播的'自媒体人'正逐渐取代微博

‘大V’”成为网络意见中介者（张树庭、李未柠、孔清溪，2015）。与BBS、博客和微博意见中介者相比，自媒体人拥有更直接的变现渠道，其获利的可能性大大提高，商业色彩浓厚（涂凌波，2016）。

第二类是答主。由于网民对知识精准化和细分化的需求上升，知乎、果壳、分答等社交问答网站应运而生（季芬，2016）。在这些问答社区中，一些用户通过高质量的回答成为社群中心，被称为“知识型意见中介者”（曹洵、张志安，2016）。他们的影响力由“知识”赋予，既包括专业知识，也包括经验性内容（蔡骐、陈月，2018）。知识型意见中介者的特殊之处在于，社会身份并非是决定因素，“认真负责的态度、积极主动的参与以及专业优质的答案”是关键（王秀丽，2014）。同样是注重高质量的内容和积极的社区参与，前名人博客时期的意见中介者着眼于观点的独特性和自我表达，而知识型意见中介者更注重专业知识的分享和与其他网友的互动，他们处于互动之中。

第三类是网红。从历史演变来看，“网红”一词的含义，从哗众取宠的“低俗人士”的代名词，逐渐转变为对有一技之长并在网络上赢得关注和声誉的草根明星的代称（卢佳玮，2017）。2015年，“网红”入选《咬文嚼字》年度十大流行语（人民网，2015）。网红的类型多种多样，他们常常在某个专业或细分领域，乃至消费领域产生意见中介者的影响力。一些因颜值或直播行为聚集影响力的网红，实际上并不生产一般意义上的观点或意见，因此他们是广泛意义上的网络意见中介者。

尽管“大V”拥有更多的粉丝量，但答主、自媒体人、网红，抑或播主、博主、UP主等“中V”拥有更大的群体基数，他们在特定领域和专业上的影响力超过“大V”用户（张玉晨、翟姗姗、许鑫、夏立新，2018）。他们成为新兴的网络意见中介者，不仅是称谓的变化，也从侧面“折射出自媒体舆论场话语权的博弈和分流”（葛自发、王保华，2017）。

（二）特征：跨平台、商业化和圈层化

这一时期的网络意见中介者特征如下：

第一,网络意见中介者从在单一平台发声发展为多平台联动,具有跨平台性,这与用户/受众的分化或“圈层化”相适应。知乎、果壳等知识问答社区,A站、B站等视频网站,抖音、快手等短视频平台,小红书、简书等生活方式平台,都活跃着网络意见中介者。《2019年中国社会化媒体生态概览白皮书》发现,大多数网络意见中介者都会在三个或三个以上的平台发声,尽管他们在不同平台上发布的内容相似,但影响力各异(凯度,2019)。

第二,部分网络意见中介者可以便利地将观点或意见兑换为经济收益。例如,有学者认为“网红”实现了网络意见中介者的经济功能(卢佳玮,2017),观点与意见找到了“变现”的方式。在商业思维与资本逻辑影响舆论场的情形下,一些网络意见中介者在细分市场寻求商业团队的合作(上海交通大学舆情研究实验室,2017)。有学者分析,意见中介者在自媒体(如播客)积累人气后,转向以社交连接为基础的微博、微信等拓展影响力,然后将关注度、流量进行资本变现,从而实现影响力与实际收益的“双赢”(曹洵、张志安,2017)。这也是商业平台运作的结果。一些网络意见中介者开始以经营微博、小红书等为业(李良荣、郭敬丹,2014),“带货”也是他们获得经济收益的渠道之一。

第三,娱乐化趋向。在这一时期,时评类和政治类网络意见中介者的活跃度明显降低,而生活方式类、情感类、娱乐类网络意见中介者异常活跃。网络意见中介者的发言从内容到形式都偏向娱乐化,曹洵和张志安(2017)指出,“公共讨论整体上有所弱化”。在表达形式上,情感表达类自媒体日益火爆(单学刚、卢永春、于晓燕,2019)。

第四,网络意见中介者会受到圈层化的影响。自媒体平台为信息传播的部落化、圈子化创造了条件,但会在不同部落、不同圈子之间形成阻隔意见与观点交流的“意见墙”(陈艳辉,2019)。这是“信息窄化”的表现,也容易导致“信息茧房”效应,值得警惕。

(三)以“商业之实”参与和影响社会

在后微博时期,网络意见中介者仍然会在公共事件中发声,但其地位和影响力在减弱。这主要是因为:一方面,主流媒体和政务媒体的影响力上升。《2014 年中国移动舆论场研究报告》指出,在东莞扫黄、马航失联、茂名 PX 事件中,“体制内主流媒体越来越活跃,影响也超过了民间‘意见中介者’”(刘鹏飞、周亚琼、张力,2015)。机构类媒体成为新的网络意见中介者,这是媒体融合发展的结果。另一方面,原先的网络意见中介者的引领作用降低,普通网民的群体话语权提高。在微博发展后期,“公知”“意见中介者”被污名化,其影响力下降。在 2015 年“东方之星”沉船事件和“9·3 阅兵”中,学者看到,不少普通网友的言论比一般意义上的网络意见中介者的观点更能引发共鸣,移动舆论场去中心化的趋势明显(朱燕、单学刚、卢永春,2016)。网民群体及其力量的出现,既反映出互联网中观点和意见的平权化,也意味着个体话语容易湮没于群体话语之中。这在一定程度上消解了意见中介者个人的声音。

在这一时期,商业逻辑的介入使得吸引注意力/“流量”成为自媒体等意见中介者的生存法则。为了吸引网民的注意力,意见中介者需要不断扩大自己的影响力。一方面,学者注意到,专业自媒体的深度报道和解读推动网民追问公共议题背后的本质问题,从而激起更深层次的讨论,例如“兽楼处”发布的《疫苗之王》、“丁香医生”发布的《百亿保健帝国权健和它阴影下的中国家庭》、打假马蜂窝的“小声比比”发布的《估值 175 亿的旅游独角兽,是一座僵尸和水军构成的鬼城?》等都成为多起舆论事件的源头或重要节点(单学刚、卢永春、于晓燕,2019)。“专业自媒体让人刮目相看”(祝华新、廖灿亮、潘宇峰,2020)。另一方面,部分自媒体试图通过夹杂情绪的评议文章博取关注(例如在于欢案、江歌案中),但过于情绪化的一些做法引发争议(单学刚、卢永春、姜洁冰、周培源,2018)。网络意见中介者的双重影响凸显。

(四)来自政策的“互动”:“统战”与“替代”

在后微博时期,社会对网络意见中介者的关注出现波动。在慧科新闻数据库中以“微信/微博/网红+意见中介者/舆论中介者”为关键字检索 2015 年至 2020 年 8 月底的报道发现,报刊对他们的报道量在波动下降(见图 5),网站新闻的报道量在逐年上升(见图6)。

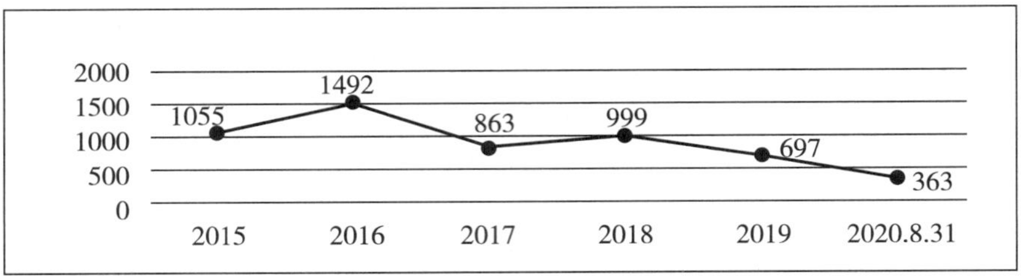

图5 2015年—2020年8月报刊对网络意见中介者的报道量

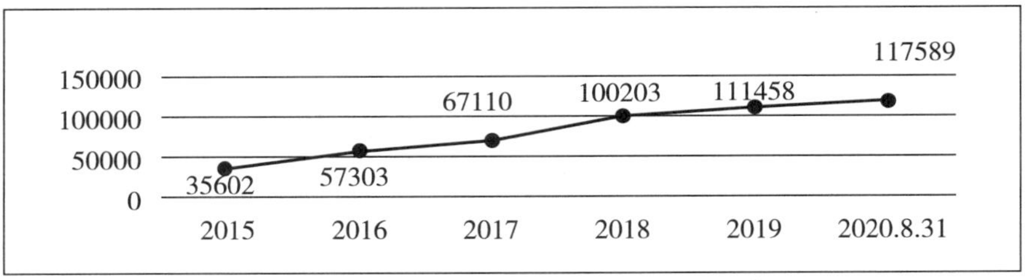

图6 2015年—2020年8月网站新闻对网络意见中介者的报道量

在后微博时期的初期,政府鼓励"中V"的发展。不过,这一时期来自政策的互动主要以统战和治理("替代")为主。2016年7月,中央统战部成立"新的社会阶层人士工作局",工作对象包括"新媒体从业人员"在内的4个社会新阶层,学者将此举视为团结网络意见中介者的统战工作(中国共产党新闻网,2017)。2016年至2017年,国家互联网信息办公室陆续发布互联网直播服务、新闻信息服务、跟帖评论服务、论坛社区服务、公众账号信息服务、群组信息服务、微博客信息服务等的管理规定,对各平台上的网络意见中介者进行规范。《2018年互联网监管舆情态势分析报告》显示,2018年,十余部互联网监管及相关方面的法律、规定、工作通知相继出台,"从数量、频次、力度上看,2018年互联网监管力度空前"(人民网舆情监测室,2019)。

与此同时,政府注重增强自身在网络舆论场的影响力,有意识地继续打造一批政务型网络意见中介者。《2015年中国网络舆情年度报告》显示,"在多主体共存的网络舆论格局中,来自主流的声音明显增强"(刘鹏飞、曲晓程,2016)。

《2018年中国移动舆论场研究报告》发现,无论是在民生问题还是在国家大事上,中央和地方主流媒体占据着新闻舆论场的优势地位(单学刚、卢永春、于晓燕,2019)。政府正逐步建立新媒体矩阵体系,尝试将主流媒体打造成贯通新媒体和传统媒体舆论场的意见中介者(国务院办公厅,2018)。

七、结论与讨论

(一)意见的可见性与网络意见中介者的演变

本文探究中国网络意见中介者的演变,研究发现,按照人员构成和观点的可见性,可以将其演变分为三个时期:前名人博客时期、名人博客和微博时期、后微博时期。在前名人博客时期,普通网友可以凭借自己的观点获得网络社区的认可而成为网络意见中介者,他们关注个体和日常生活较多,是"生活化的网络意见中介者"。他们尚未引起政府的较多关注,不少政府部门对他们持有一种观望态度。在名人博客和微博时期,现实中拥有社会身份的人是网络意见中介者的主要来源,网络意见中介者的规模开始增长,他们关注公共问题,常常和网络公共事件互动,凸显了网络意见中介者的公共性。政府与网络意见中介者的互动经历了从重视到管制的演变。这一时期是网络意见中介者的"黄金时期"。在移动互联和微信发展的后微博时期,答主、自媒体人和网红成为新型网络意见中介者,他们具有圈层化特征,受到商业因素或娱乐元素的影响。虽然这些新型网络意见中介者仍会在公共事件中发声,但是意见或观点并不是他们最重要的资本。在这一阶段,政府有关部门"统战"网络意见中介者,同时,体制内网络意见中介者的成长挤占了原有网络意见中介者的"阵地",而群体力量的出现也消解了意见中介者个人的声音。总之,网络意见中介者在第一阶段偏向"意见",第二阶段偏向"中介者",第三阶段介于二者之间。从意见在其成为网络意见中介者中的重要性上看,前名人博客时期的意见最为重要,名人博客和微博时期次之,后微博时期再次之。

纵观三个时期的演变,从中国网络意见中介者的实践以及公共话语对其的认知来看,一般意义上的网络意见中介者的定义及其人员构成得到了拓展。首先,官方等机构和传统媒体可以成为网络意见中介者,扩展了人作为意见中介者的概念,而以团队形式运行的自媒体呼应着意见中介者组织化发展的趋势。但值得注意的是,机构化的意见中介者仍具有人格化特征。“他们”在前台以个体形象出现,采用接地气、拟人化的口吻,试图在接触大众时保持“可亲可近的”形象。其次,网络意见中介者的“意见”在第三阶段并不局限于公共意见,而是进入诸多非公共意见领域,包括对于某些商品或服务的意见等。这在某种意义上将网络意见中介者从“公共意见”中流放了出来。

在网络意见中介者的演变中,其可见性问题值得探讨。所谓意见中介者的可见性,指的是他们能否被辨识,其意见能否被接受和如何产生社会影响。

首先,从能否被辨识来看,网络意见中介者的身份经历了三个时期的演变。在前名人博客时期,网络意见中介者的身份大多是匿名的,是不可见的,他们因为观点而获得网络社区的认可。在名人博客和微博时期,实名制的推行、社会身份的加持以及加“V”认证的赋权,意见中介者成为“有名有姓的”,社会身份也强化了其观点的影响。在后微博时期,自媒体人、答主和网红的真实身份不重要,他们可以实名,也可以使用虚拟的网络名,相比之下,他们所打造的人格化形象更为重要。机构化的意见中介者在不少时候努力成为“隐身的”或“幕后的”,这被认为能够有效地引导网络舆论。从社会身份的重要性上看,名人博客和微博时期最重要,后微博时期次之,前名人博客时期再次之。

其次,意见的可见性体现在“可兑换性”上,即如何实现意见的价值与社会影响。在前名人博客时期,网络意见中介者的意见主要体现为网络社区的认可与声望,并没有有效地兑换成为商业利益或政治资本。在名人博客与微博时期,意见成为一种公共声望和社会影响,在已拥有的社会身份的基础上,意见有时能够帮助社会精英获得他们的政治声望,也容易引起政府的关注。通过获得更多的社会声望,意见可以潜在地或通过其他方式兑换成为利益。在后微博时期,得益于在线电子支付的发展,意见可以直接兑换成为商业利益或娱乐资本,而且在不少时候是系统的兑换。

再次,意见的可见性体现在“可流通性”上,这在网络意见中介者与政策的互动中可见一斑。在前名人博客时期,规制较少,意见的可流通性强。在名人博客和微博时期,因政府有关部门的重视,意见获得了可见性与可流通性,后又因监管的加强而失去。在后微博时期,一般意义上的网络意见中介者的意见在公共空间内受到了体制内意见中介者的挤压,但仍在细分与专业领域具有高流通性与高可见性。

综上,可见性问题的存在,不仅表明网络意见中介者的构成复杂,而且折射着权力、经济利益、技术等因素对网络意见中介者的影响。与政策的互动影响着网络意见中介者的生存,与商业力量的互动影响着其意见的可兑换性,与技术平台的互动影响着网络意见中介者的转型。从意见的可见性上看,名人博客和微博时期具有公共的可见性,后微博时期具有圈层化的可见性,前名人博客时期以网络社区的可见性为主。

(二)网络意见中介者与互联网历史研究

网络意见中介者的历史研究是中国互联网历史学的重要组成部分,其研究有助于我们瞥见中国互联网历史的不同侧面,并带给我们新的启发。这也是它对于中国互联网历史研究的意义。

一是透过网络意见中介者的演变,我们可以瞥见互联网中的个体网民/普通网民的境遇。普通网民是中国互联网的重要组成部分,他们在成为网络意见中介者与否以及与网络意见中介者的关系中“时隐时现”。普通网民在前名人博客时期可以凭借有价值的观点和“笔耕不辍的”努力而成为网络意见中介者,这体现了他们在网络社区中的地位和流动性,也意味着互联网具有强烈的个体性。进入名人博客和微博时期,社会身份成为网络意见中介者的重要条件,网络意见中介者以社会精英为主,普通网民渐渐隐身。这可谓技术带来的对普通网民的“偏见”,网络意见对于普通网民来说具有了垄断性,互联网成为有身份的、有名有姓的互联网,普通网民成为围观者(或是博客中的“听众”,或是微博中的“点赞者”),而不是“民间身份的观察家”。大型互联网公司(平台)的技术设置、利益诉求及权力的制约,造就了这一局面。在后微博时期,当权力进入后,网络意见中介者的“意见”被流放,也是“仓皇出逃”,但也为经济或娱乐转向打开了方便之门。普通网民似乎重新找回了互联网世界中的“阶层流动性”,他们通过自己的才艺有机会成为“网红”,但是“意见”已经不那么重要。同时,普通网民中的大多数人仍是答主和自媒体等新型网络意见中介者的观众,这些细分的专业与知识领域存在普通网民绕不过的门槛。从这一演变过程可见,普通网民实则逐步丧失了在网络空间中因为观点的价值而成为网络意见中介者的机会,他们越来越多地成为互联网的观众。不过,在后微博时期,少数普通网民可以通过才艺的表演来到互联网的“前台”。

二是网络意见中介者的变迁折射着中国网络言论起伏的历史。无论是商业利益与娱乐元素对“意见”的稀释、技术对“意见”的偏见或遮蔽,还是权力对“意见”的规制,以及网络意见中介者对“意见”的放逐,我们都需要追问:网络言论的价值为何重要?它们为什么在互联网中消失?“意见”如何才能回到公共讨论之中?

三是网络意见中介者的评估映射着中国互联网的“计数”逻辑。在识别和评估网络意见中介者时,无论是前名人博客时期的“人气”,名人博客和微博时期的“听众”数、获赞数,还是后微博时期的礼物数、“10万+”“流量”等,都是同一的“计数”逻辑。“计数”指向普通网民的注意力,是商业运作的资源。抛却计数的规则和准确度,我们需要关注“计数”的这些指标或曰“隐喻”所彰显的互联网发展逻辑,以及经济利益与娱乐元素对“计数”的纠缠。而互联网“计数”的历史,以及公众有关“计数”的认知与想象,是互联网历史的重要线索。

同时,我们需要保持对“计数”逻辑的批判与警惕。这种量化逻辑忽视了质的重要性,过于注重吸引眼球,情感、娱乐、心灵鸡汤等容易成为网络意见中介者的“话题”,存在消解公共性的风险。特别是,当商业发现“计数”有利可图以及政治发现它容易制造社会影响时,“收编”就变成对“计数”的一种替代。

此外,基于网络意见中介者的演变可以发现,公共性是其重要属性,但具有阶段性特征,在一定程度上折射着公共性在中国互联网历史中的转变。在不少时候,政治力量在中国社会的话语场域中扮演着绝对主导者的角色(喻国明、李彪,2015)。网络意见中介者与政策的互动历史在一定程度上反映了政府互联网治理的演变过程。

总之,通过分析网络意见中介者的构成及其演变,我们希望回归对"互联网中的人"/网民的关注。网络意见中介者是网民中一个特殊的群体,他们之于互联网以及现实社会都具有重要的意义。在对"互联网中的人"/网民的研究中,我们需要关注不同的个体与群体(个体性的与群体性的互联网),亦需要关注普通网民。在理想状态下,互联网是一个普通网民和社会精英都能够找到("发声")机会的世界。群氓肆意是我们不愿看到的,精英主义的垄断也是我们不愿看到的。我们无法要求互联网"记住"普通网民,或者普通网民应当以独到的观点而实现其在互联网中的流动性。但是,作为互联网历史的重要组成部分,他们作为"历史的主体"应当被关注和研究。这也是中国互联网历史学的使命与担当。

参考文献

埃弗雷特·M·罗杰斯(2002),《创新的扩散》(第四版)(辛欣译)。北京:中央编译出版社。

保罗·F·拉扎斯菲尔德、伯纳德·贝雷尔森、黑兹尔·高德特(2012),《人民的选择》(第三版)(唐茜译)。北京:中国人民大学出版社。

蔡骐、陈月(2018),《基于社会网的知乎网意见领袖研究》。《湖南师范大学社会科学学报》,第 5 期,页 128-138。

曹洵、张志安(2017),《社交媒体意见群体的特征、变化和影响力研究》。《新闻界》,第 7 期,页 24-30。

陈然(2010),《网络论坛舆论领袖的识别与筛选——对凯迪社区的实证研究》。《当代传播》,第 2 期,页 75-77。

陈旭(2010),《公共知识分子的网络意见领袖作用》。《新闻爱好者》,第 18 期,页 83。

陈艳辉(2019),《网络自媒体时期的"意见墙"现象及其破解之道》。《教育传媒研究》,

第 2 期,页82-84。

戴丽娜(2012),《微博舆论领袖的识别方法与管理策略研究》。《新闻记者》,第 9 期,页26-29。

丁汉青、王亚萍(2010),《SNS 网络空间中“意见领袖”特征之分析——以豆瓣网为例》。《新闻与传播研究》,第 3 期,页 82-91。

段兴利(2010),《网络意见领袖的产生、特征及培养》。《科学·经济·社会》,第 3 期,页78-81。

冯若谷(2011),《嬗变与抉择:新媒介时期的公共知识分子》。《青年记者》,第 33 期,页37-38。

葛自发、王保华(2017),《从博弈走向共鸣:自媒体时代的网络舆论治理》。《现代传播》(中国传媒大学学报),第 8 期,页 140-144。

国务院办公厅(2018 年 12 月 7 日),《关于推进政务新媒体健康有序发展的意见》。上网日期:2019 年 12 月 1 日,引自 http://www.gov.cn/zhengce/content/2018-12/27/content_5352666.htm。

刘鹏飞、周亚琼、张力(2015),《2014 年中国移动舆论场研究报告》。唐绪军等(编),《中国新媒体发展报告 No.6(2015)》,页 84-100。北京:社会科学文献出版社。

刘志明、刘鲁(2011),《微博网络舆情中的意见领袖识别及分析》。《系统工程》,第 6 期,页8-16。

卢佳玮(2017),《溯源网红经济:舆论领袖的互联网经济功能》。《视听》,第 3 期,页96-97。

罗晓光、溪璐路(2012),《基于社会网络分析方法的顾客口碑意见领袖研究》。《管理评论》,第 1 期,页 75-81。

彭琳、邓国峰(2010),《网络意见领袖的培养机理》。《学校党建与思想教育》,第 11 期,页60-62。

彭小川、毛晓丹(2004),《BBS 群体特征的社会网络分析》。《青年研究》,第 4 期,页39-44。

《人民日报》(2012 年 7 月 17 日),《善用“名人意见场”的强大磁力》。上网日期:2019 年 12 月 15 日,引自 http://www.wenming.cn/xwcb_pd/yjpl/201207/t20120717_760059.shtml。

人民网(2011 年 7 月 13 日),《政府应给“意见领袖”言说与辩论的空间》。上网日期:

2019年12月15日,引自 http://www.chinanews.com/fz/2011/07-13/3179881.shtml。

人民网(2012年7月27日),《人民网评之三:对话"意见领袖"——善待网民和网络舆论》。上网日期:2019年12月15日,引自 http://yuqing.people.com.cn/n/2012/0727/c209170-18615365.html。

人民网(2013年12月18日),《〈咬文嚼字〉发布2013年度十大流行语》。上网日期:2019年12月15日,引自 http://culture.people.com.cn/n/2013/1218/c8742323878528.html。

人民网(2013年8月16日),《中国互联网大会倡议共守"七条底线"》。上网日期:2019年12月15日,引自 http://media.people.com.cn/n/2013/0816/c4060622584001.html。

人民网(2015年12月19日),《2015年度十大流行语出炉》。上网日期:2019年12月15日,引自 http://cpc.people.com.cn/n1/2015/1219/c64387-27949319.html。

人民网舆情监测室(2019年1月7日),《2018年互联网监管舆情态势分析报告发布》。上网日期:2019年12月15日,引自 https://kuaibao.qq.com/s/20190107A0REKS00? refer = spider。

桑亮、许正林(2011),《微博意见领袖的形成机制及其影响》。《当代传播》,第3期,页12-14。

单学刚、卢永春、姜洁冰、周培源(2018),《多元传播交汇下的移动舆论演化新格局》。余清楚等(编),《中国移动互联网发展报告(2018)》,页76-92。北京:社会科学文献出版社。

单学刚、卢永春、于晓燕(2019),《多元传播格局下移动舆论场的发展与演变——2018年中国移动舆论场研究报告》。罗华等(编),《中国移动互联网发展报告(2019)》,页70-86。北京:社会科学文献出版社。

上海交通大学舆情研究实验室(2011a),《公共事件中的网络意见领袖研究》。谢耘耕、陈虹(编),《中国社会舆情与危机管理报告(2011)》,页385-403。北京:社会科学文献出版社。

上海交通大学舆情研究实验室(2011b),《2010中国微博年度报告》。谢耘耕、陈虹(编),《中国社会舆情与危机管理报告(2011)》,页365-384。北京:社会科学文献出版社。

上海交通大学舆情研究实验室(2012),《2011年中国微博年度报告》。谢耕耘、陈虹(编),《中国社会舆情与危机管理报告(2012)》,页364-394。北京:社会科学文献出版社。

上海交通大学舆情研究实验室(2013),《2012年微博年度报告》。谢耕耘、陈虹(编),《新媒体与社会》(第五辑),页153-180。北京:社会科学文献出版社。

上海交通大学舆情研究实验室(2014),《2013年微博年度报告》。谢耕耘、陈虹(编),《新媒体与社会》(第八辑),页9-50。北京:社会科学文献出版社。

上海交通大学舆情研究实验室(2016),《2015年中国网络舆情年度报告》。谢耕耘(编),《中国社会舆情与危机管理报告(2016)》,页1-72。北京:社会科学文献出版社。

上海交通大学舆情研究实验室(2017),《2016年中国网络舆情年度报告》。谢耕耘(编),《中国社会舆情与危机管理报告(2017)》,页1-65。北京:社会科学文献出版社。

沈阳、吴荆棘(2014年5月19日),《中国网络意见领袖分析》。上网日期:2019年12月10日,引自 https://weibo.com/p/1001603711866424692853。

沈阳、杨艳妮(2016),《中国网络意见领袖社区迁移影响因素及路径分析》。《国际新闻界》,第2期,页6-22。

涂凌波(2016),《草根、公知与网红:中国网络意见领袖二十年变迁阐释》。《当代传播》,第5期,页84-88。

汪雅倩(2014),《从媒介隐喻窥探微博娱乐化对公众话语的暗示》。《今传媒》,第12期,页62-63。

王晨旭、管晓宏、秦涛、周亚东(2015),《微博消息传播中意见领袖影响力建模研究》。《软件学报》,第6期,页1473-1485。

王尔(2011),《微博提升公共话语平台的品质》。《红旗文稿》,第15期,页39-39。

王丽(2006),《虚拟社群中意见领袖的传播角色》。《新闻界》,第3期,页50-51。

王平(2013),《中国网络意见领袖的发展历程及演变轨迹研究》。谢耕耘、陈虹(编),《中国社会舆情与危机管理报告(2013)》,页316-344。北京:社会科学文献出版社。

王平、谢耘耕(2012),《突发公共事件中微博意见领袖的实证研究——以"温州动车事故"为例》。《现代传播》(中国传媒大学学报),第3期,页8288。

王秀丽(2014),《网络社区意见领袖影响机制研究——以社会化问答社区"知乎"为例》。《国际新闻界》,第9期,页47-57。

吴世文(2020),《互联网历史学的理路及其中国进路》,《新闻记者》,第6期,页47-60。

吴世文、何屹然(2019),《中国互联网历史的媒介记忆与多元想象——基于媒介十年"节点记忆"的考察》。《新闻与传播研究》,第9期,页75-93。

吴英女、沈阳、周琴(2014),《微博意见领袖网络行为——"净网"前后的数据分析》。《新闻记者》,第1期,页29-35。

《现代快报》(2011 年 6 月 30 日),《南京规定突发事件 1 小时内须微博发布》。上网日期:2019 年 12 月 10 日,引自 https://news.qq.com/a/20110629/000732.htm。

肖宇、许炜、夏霖(2011),《网络社区中的意见领袖特征分析》。《计算机工程与科学》,第 1 期,页 150-156。

新华网(2014 年 12 月 25 日),《2014 中国网络舆论生态环境报告:中国进入互联网"新常态"》。上网日期:2019 年 12 月 10 日,引自 http://news.cntv.cn/2014/12/25/ARTI1419518398554713.shtml。

新浪博客(2008 年 12 月 22 日),《2008 年度新浪博客盘点》。上网日期:2019 年 12 月 10 日,引自 http://blog.sina.com.cn/lm/z/08pandian/。

新浪科技(2006 年 5 月 16 日),《央视〈新闻会客厅〉:徐静蕾博客第一》。上网日期:2019 年 12 月 10 日,引自 https://tech.sina.com.cn/i/2006-05-16/2127940403.shtml。

徐旭初、李晓曼(2015),《网络意见领袖:一个基于国内文献的述评》。《当代青年研究》,第 3 期,页 76-82。

薛可、陈晞(2011),《BBS 中的"舆论领袖"影响力传播模型研究——以上海交通大学"饮水思源"BBS 为例》。《新闻大学》,第 4 期,页 87-93。

余红(2008),《网络论坛舆论领袖筛选模型初探》。《新闻与传播研究》,第 2 期,页66-75。

喻国明、李彪(2015),《当前社会舆情场的结构性特点及演进趋势——基于〈中国社会舆情年度报告(2015)〉的分析结论》。《新闻与写作》,第 10 期,页 37-40。

袁凌、陈琛、温燕飞(2014),《网络意见领袖的形成及其治理》。《湖南大学学报》(社会科学版),第 4 期,页 30-35。

张树庭、李未柠、孔清溪(2015),《中国开始进入互联网"新常态"——2014 中国网络舆论生态环境研究报告》。《现代传播》(中国传媒大学学报),第 3 期,页 1-9。

张玉晨、翟姗姗、许鑫、夏立新(2018),《微博中 V 用户的传播特征及其引导力研究——以罗一笑事件为例》。《图书情报工作》,第 11 期,页 79-87。

张卓、高维和(2017),《网络意见领袖的分化与草根精英的崛起——基于网络游戏论坛的理论与实证检验》。《新闻与传播研究》,第 3 期,页 20-41。

赵路平、刘子潇、钱冠臣(2017),《网络中 V 的传播特征与治理策略研究》。谢耕耘、陈虹(编),《新媒体与社会》(第 19 辑),页 99-111。北京:社会科学文献出版社。

中国广播网(2013 年 9 月 9 日),《两高公布司法解释:诽谤信息被转发 500 次可判刑》。上网日期:2019 年 12 月 15 日,引自 http://news.cnr.cn/native/gd/201309/t20130909_513548627.shtml。

中国互联网络信息中心(2005 年 7 月 21 日),《第 16 次中国互联网络发展状况统计报告》。上网日期:2019 年 12 月 28 日,引自 http://www.cnnic.net.cn/hlwfzyj/hlwxzbg/200906/P02012070934 5358978614.pdf。

中国新闻网(2009 年 12 月 30 日),《十年影响力人物之连岳:PX 之后,回归个人的散步》。上网日期:2019 年 12 月 10 日,引自 http://news.sina.com.cn/o/2009-12-30/144816856262s.shtml? from=wap。

周裕琼(2006),《网络世界中的意见领袖——以强国论坛"十大网友"为例》。《当代传播》,第 3 期,页 49-51。

朱燕、单学刚、卢永春(2016),《2015 年中国移动舆论场研究报告》。唐胜宏等(编),《中国移动互联网发展报告(2016)》,页 50-64。北京:社会科学文献出版社。

朱燕丹、靖鸣(2016),《微博大 V 影响力研究及其思考》,《青年记者》,第 10 期,页57-62。

祝华新、胡江春、孙文涛(2008),《2007 年中国互联网舆情分析报告》。汝信等(编),《2008 年中国社会形势分析与预测》,页 234-253。北京:社会科学文献出版社。

祝华新、廖灿亮、潘宇峰(2020),《2019:中国互联网舆情分析报告》。李培林等(编),《2020 年中国社会形势分析与预测》,页 261-279。北京:社会科学文献出版社。

Bennett, W.L.& Manheim, J.B.(2006).The one-step flow of communication.*The ANNALS of the American Academy of Political and Social Science*, 608(1),213-232.

Casaló, L.V., Flavián, C.&Ibáñez Sánchez, S.(2018).Influencers on instagram: Antecedents and consequences of opinion leadership.*Journal of Business Research*, https://doi.org/10.1016/j.jbusres.2018.07.005.

Fogg, B.J.(2008).Mass interpersonal persuasion: An early view of a new phenomenon.In H. Oinas-Kukkonen, P.Hasle, M.Harjumaa, K.Segerstahl, & P.Øhrstrøm (Eds.), *Persuasive technology* (pp.23-34).Berlin: Springer.

Himelboim, I.(2008).Reply distribution in online discussions: A comparative network analysis of political and health newsgroups.*Journal of Computer-Mediated Communication*, 14(1),156-177.

Karlsen, R.(2015).Followers are opinion leaders: The role of people in the flow of political communication on and beyond social networking site.*European Journal of Communication*, 30(3), 301-318.

Katz, E.(1957).The two-step flow of communication: An up-to-date report on anhypothesis. *Public Opinion Quarterly*, 21, 61-78.

Leal, G.P.A., Hor-Meyll, L.F.& Pessoa, L.A.G.D.P.(2014).Influence of virtual communities in purchasing decisions: The participants' perspective. *Journal of Business Research*, 67(5), 882-890.

Li, F., & Du, T.C.(2011).Who is talking? An ontology-based opinion leader identification framework for word-of-mouth marketing in online social blogs.*Decision Support Systems*, 51(1), 190-197.

Li, Y., Ma, S., Zhang, Y., Huang, R. &Kinshuk. (2013). An improved mix framework for opinion leader identification in online learning communities.*Knowledge-Based Systems*, 43(may), 43-51.

Luqiu, L.R., Schmierbach, M.& Ng, Y.L.(2019).Willingness to follow opinion leaders: A case study of Chinese weibo.*Computers in Human Behavior*, 101, 42-50.

Lyons, B.& Henderson, K.(2010).Opinion leadership in a computer-mediated environment. *Journal of Consumer Behaviour*, 4(5), 319-329.

Mutz, D.C., & Young, L.(2011).Communication and public opinion.*Public Opinion Quarterly*, 75, 1018-1044.

Nisbet, M.C.&Kotcher, J.E.(2009).A two-step flow of influence? Opinion-leader campaigns on climate change.*Science Communication*, 30(3), 328-354.

Park, C.S.& Kaye, B.K.(2017).The Tweet goes on: Interconnection of twitter opinion leadership, network size, and civic engagement.*Computers in Human Behavior*, 69, 174-180.

Park, C.S.(2013).Does twitter motivate involvement in politics? Tweeting, opinion leadership, and political engagement.*Computers in Human Behavior*, 29(4), 1641-1648.

Park, C.S.(2019).Revisiting the two-step flow model on twitter: Interconnection of self-identified south korean twitter opinion leadership, news consumption, news links, and news curation.*Electronic News*, 1-15.

Rogers, E. M. &Cartano, D. G. (1962). Methods of measuring opinion leadership. *Public Opinion Quarterly*, 26(3), 435-441. Saboia, I., Almeida, A. M. P., Sousa, P., &Cláudia, P. (2018). I am with you: A netnographic analysis of the instagram opinion leaders on eating behavior change. *Procedia Computer Science*, 138, 97-104.

SCHÄFER, M. S. &Taddicken, M. (2015). Opinion leadership revisited: A classical concept in a changing media environment. *International Journal of Communication*, 9, 956-959.

Song, S. Y., Cho, E. & Kim, Y. K. (2017). Personality factors and flow affecting opinion leadership in social media. *Personality & Individual Differences*, 114, 16-23.

Song, X., Chi, Y., Hino, K. & Tseng, B. L. (2007, Nov). Identifying opinion leaders in the blogosphere. Sixteenth ACM Conference on Information and Knowledge Management, Lisbon, Portugal.

Turcotte, J., York, C., Irving, J., Scholl, R. M., & Pingree, R. J. (2015). News recommendations from social media opinion leaders: Effects on media trust and information seeking. *Journal of Computer-Mediated Communication*, 20, 520-535.

Wu, S. & Liu, S. N. (2018). The politics of naming and ranking new media events in China. *Communication and the Public*, 3(2), 81-96.

Yang, G. (Eds.). (2015). *China's contested Internet*. Copenhagen: NIAS Press.

技术想象的重塑:博客在中国的早期实践及其媒介文化变迁*

◈ 操瑞青**

摘要:21世纪初轰动一时的“《遗情书》事件”至今仍存留在大批网民的记忆里,这起网络事件对中国互联网,尤其是以博客为代表的早期社交媒体究竟意味着什么,迄今仍未被详加检视。本文通过将彼时的新媒介技术——博客置于该事件前后脉络中,试图揭示特定社会语境下,媒介使用者如何引发技术论争并形塑了公共话语空间中的博客想象。在博客从“思想共享”转移到“个性记录”、从“公共事务的私人表达”转移到“私人话语的公开展示”的认知变迁中,该事件均扮演了重要角色,影响了此后中国的博客实践。本文指出,媒介文化中任何想象的确立都是互动的过程而不是给定的框架。它需要在现实行动中自我实现,也需要接受多元行动者尤其是媒介使用者的日常挑战。

关键词:博客日记,技术想象,博客文化,互联网历史

一、前言

2003年12月,中国互联网协会公布了由百家媒体共同投票评选出的年度

* 本文系国家社科基金青年项目“中国近现代新闻从业者伦理观念的发生、演变及其当代价值研究”(项目编号:19CXW009)的相关研究成果。

** 作者为南京师范大学新闻与传播学院副教授。

互联网十大新闻,排第六位的是“《遗情书》引发互联网大讨论”。共同上榜的还有“SARS 成为中国网络应用催化剂”“中国开放.CN 二级域名”等,可见博客日记《遗情书》在该年度网络空间受到广泛关注(《互联网天地》,2004)。这批日记的作者名叫李丽。作为标志性事件,该事件在社会学、文学等领域不乏解读,主题多为“身体书写”“性别政治”“青年文化”等(余虹,2005;Farrer,2007;廖述务,2009)。传播学当中,它则成为中国互联网历史叙述的关键节点,与早期社交媒体——“博客”始终捆绑在一起。然而,除少数学者从“网络隐私”“媒体道德”“公民参与”等角度展开的特定分析外(张晓辉,2004;罗哲宇,2012:120;Negro,2017:143-158),学界就该事件与博客、互联网关系的探讨只停留在“它让民众知晓了博客”的层次上(刘华芹,2005:247;朱云乔,2016:186)。这或许忽视了此次风波之于博客本身的文化意涵。该事件后,作为新型传播方式的博客媒体取得了飞速发展。被称为“中国博客之父”的方兴东(2003a)即指出,李丽的日记“对博客概念的普及功不可没”。其推动了博客的发展,尤其是推动了博客的大众化,几乎成为所有观察者的共识。但细思之下,会发现这是一个颇具吊诡意味的整体性推论,因为当年这起事件使博客乃至整个互联网招致广泛的舆论谴责。此项被视为逼问传统道德底线的网络事件,为什么会变成推动力量?迫使新兴博客快速滑向道德边缘的负面话题,为什么没有阻碍它的扩散却反过来助推了它?

围绕“技术”与“文化”关系展开的讨论中,“想象”(imagination)是一个十分重要的关键词,它构成了多种取向下基于文化视角分析技术历史的理论交汇点,特别是在论证“文化”之于“技术”变迁具备的独立作用问题上。简单地讲,“技术想象”抱持着社会建构论的基本立场,认为技术本身需要被阅读和理解,其物理属性并不能决定技术的发展结果。对技术展开想象,即是为作为物理实体的技术赋予社会意义的过程,它期望为技术在社会中寻找到一个特定的“文化位置”(cultural location),而这种文化定位会影响到相应社会环境下技术实践展开的具体方式(Lipartito,1995)。“想象”让技术本身在社会中变成了“容易理解的”(intelligible)对象(Carey,1990),这在新技术身上体现得尤为明显。尽管围绕互联网的文化史研究(Turner,2017)方兴未艾,但基于“想象”视角探讨数字文化的成果,已经出现了不少(Turner,2010:42;托马斯·斯特里特,2020:21)。不过,相关研究往往将“想象”的权力赋予了技术开发者、推广者及政策制定者等,有着自上而下的精英化预设。STS 领域的学者更提出了“社会技术想象”(sociotechnical imaginaries)的概念,注重技术应用中的国家话语与政治文化问题(Jasanoff & Kim,2013)。当前关于互联网媒介的相关研究,同样更加注重精英群体的推动作用(Felt,2015;Wu & Yun,2018)。

本文亦试图基于“技术想象”视角来思考《遗情书》事件与中国博客媒体发展的关系。主要探讨的是:该事件对于中国博客乃至互联网的发展到底有怎样的影响?这些影响如何形成?它又说明了什么?与该视角下既有研究较为不同的是,引发博客争论的李丽并非精英化角色,她代表着普通的媒介使用者。因此,《遗情书》事件同样提供了一个契机,让我们去思考在新传播方式被一个社会予以文化定位的时候,这批使用者们究竟能否发挥作用?又如何发挥作用?

二、早期推广者的公开言说与技术想象

博客技术的应用兴起于美国,源头往往被追溯到 20 世纪 90 年代,而中国的博客传播通常被追溯到 2002 年,即方兴东创办“博客中国”网站的那一年(刘津,2008:27)。不过,早在国内博客网站出现前,对这种新式网络应用的关注已经持续了一段时间。如 1999 年,新媒体观察者孙坚华便在当年第 1 期的《新闻实践》上发表《“德拉吉报道”与崛起的新媒体》一文,介绍了这种新传播方式的力量。而在台湾,新媒体评论家“工头坚”则于 2000 年 1 月 7 日发表了一篇名为《网录:一种新内容形式的崛起》,将英文的 weblog 翻译为“网录”,对博客进行了介绍。据作者自述,他最早涉及该话题是 1999 年 3 月。世纪之交,台湾与大陆活跃在互联网上的评论员们彼此多有关注,“工头坚”把姜奇平、方兴东等人介绍到台湾,孙坚华则用硬盘保存下了“工头坚”专门介绍博客的文章。彼时

中国多地的新媒体观察者几乎在相同时间最早接触了西方的博客媒体。只是此类个体性的前沿观察没有引起太多人注意,相关文章发表三年后,“工头坚”本人都已找不到原稿了(孙坚华,2002)。将博客的社会推广作为长期坚持的专项活动,离不开组织化或制度化的社会动力来源。在中国大陆,最初的重要动力便是方兴东等人创办的“博客中国”。

方兴东讲述自己创办“博客中国”网站的理由,现已广为人知。故事的大致情节是:2002 年 7 月 6 日,IT 评论员方兴东将批评微软的两篇文章发给网站和媒体,不料文章发出后一两个小时便遭微软公关人员干预而删除。为找到一个独立发表的空间,方兴东专门请教了前文提及的孙坚华。孙坚华将自己试用很久的博客网站 www.blogspot.com 推荐给了他。此事激发了方兴东的兴趣,他在大量了解海内外相关资料后,开始尝试架构中文博客网站。其结果是 2002 年 8 月出现了“博客中国”(www.blogchina.com)。此后,以方兴东为关键行动者,一批互联网人士开始大力推广博客技术,他们带来了国内第一批有影响的博客话语,代表着早期博客推广者的技术想象方式。通过写作专栏文章、邀请传统媒体参与以及编撰著作等方式,他们从多个角度介绍了博客的各项知识。国内最早关于博客的中文著作《博客:e 时代的盗火者》是“博客中国”发起人方兴东和王俊秀合作的产物,在该网站成立一周年之际出版。而此时,距《遗情书》事件全面爆发仍有三个多月时间。

早期推广者构想博客未来时,有着鲜明的“公共性”特征。尽管国人接触博客之际,海外应用已流露出明显的私人化趋势,但方兴东认为“其中大部分内容极为幼稚,都是年轻人偶尔的胡言乱语”,不能真正代表博客的力量(方兴东、王俊秀,2003:168)。引爆克林顿和莱温斯基绯闻的“德拉吉报道”、美国“9·11”事件中的博客记载、揭露《纽约时报》丑闻的博客新闻,是方兴东等人内心向往的应用模式。这些博客的核心特征,都是强调博客话语的公共指向,关注社会公共事务。为此,他和王俊秀等人一起,从博客发展理念,到“博客中国”网站的内容安排、发展规划等,在公共舆论空间中逐步推出了整套想象话语。他们共同起草了《中国博客宣言》,作为网站的宗旨:

他们(指写博客的人,笔者注)……将日常的思想精华及时记录和发布,萃取并联接全球最有价值、最相关、最有意思的信息与资源……博客的出现,标志着以“信息共享”为特征的第一代门户之后,追求“思想共享”为特征的第二代门户正在浮现,互联网开始真正凸显无穷的知识价值。我们希望,博客文化能引领中国向知识社会转型,博客关怀能开启一个负责的时代(方兴东、王俊秀,2003:170)。

这段充满浪漫色彩的文字,凸显了早期推广者对博客的核心期待。他们将博客技术的应用视为“思想共享”阵地,“知识”“共享”“责任”“利他”是其关键词。尽管方兴东最初也将博客视为网上“日记”,但他很快否认了该说法,转而以“博客≠个人日记,博客≠个人网站”“博客真的只是一种论坛吗”为题发表多篇文章,将博客与日记、个人网站及BBS进行了区分。他强调“博客精神的核心并不是自娱自乐,甚至不是个人表达自由,相反,是体现一种利他的共享精神”,“个人日记和个人网站主要表现的还是‘小我’,而博客表现的是‘大我’”。博客兼具公共性和私人性早就成为共识(胡泳,2009),方兴东等人亦承认此特征,但在二者之结合究竟以何种方式呈现的问题上,则倾向前者而排斥后者。他主张博客“精髓不是主要表达个人思想,不是主要记录个人日常经历。而是以个人的视角,以整个互联网为视野,精选和记录自己互联网上看到的精彩内容,为他人提供帮助,使其具有更高的共享价值”①。换句话说,针对博客本身兼具的双重属性,早期推广者锚定了其中的公共书写价值,他们希望博客写作在内容取舍上,关怀的对象系公共事务而非私人生活。

“博客中国”网站最初的发展规划,同样匹配了此种媒介想象方式。该网站定位为“未来中国高科技的第一知识门户网站”,内容选取原则是“专家个性化精选”,运营模式“以赞助方式为主”。网站的两句理念化口号分别是“用数据

① 参见《为什么说“博客≠个人日记,博客≠个人网站”?》《博客真的只是一种论坛吗?博客所蕴含的革命性力量》,分别检索于 http://fxd.blogchina.com/2369.html;http://fxd.blogchina.com/32229.html。

说话,用思想说话”和“每天5分钟,给思想加油”,目标用户指向产业界、学术界、政府界、资本界以及媒体界的“高科技领域中高端人才”,以知识工作者为核心对象(方兴东、王俊秀,2003:170-171)。此种行动蓝图,将博客打造成了针对公共事务(尤其是IT领域的公共知识)进行个体化表达的出版平台,要求个体性服务于公共性,排斥对于私人生活内容的记录。为了将这些构想落到实处,“博客中国”做了大量工作,“方兴东最初请了几百个专栏作家,其文章更是方每天耗费十几个小时,逐一编辑后再一一上传。他还每天从美联社、商业周刊、日本读卖新闻等国外领先媒体的网站上精选十篇新闻转发”(倪妮,2009)。

借助网站平台,“博客”逐步走进大众视野。彼时影响更甚的传统媒体,如报纸杂志等开始专门介绍这项新的网络传播方式,其中不乏《环球时报》《中国青年报》这样的主流报纸,更多还是《互联网周刊》《电脑版》《计算机世界》等科技杂志。报纸杂志该时期对博客的认识与期待,基本与方兴东们一脉相承,后者事实上构成了前者的知识来源,很多报道都将方兴东作为采访对象。《电脑时空》杂志于2003年第7期发表的《互联网的又一个春天——博客时代的到来》集中体现了这一点,该文对博客的解读大量腾挪了方兴东等人的文字,认为“博客的汪洋大海把写作和知识管理的专业性和个人性推向一个新的深度”,“越专业、越深度的鲜活知识,以后主要是博客来完成”(刘洋,2003)。可见注重思想性、知识性,凸显博客内容的公共特征,确实成为早期公开推广者谈论博客的集体性话语。

值得指出的是,基于“博客中国”展开的技术想象与推广,并非方兴东、王俊秀或其他具体个人的功劳。早期博客话语的形成,包括观念的社会扩散,是特定文化社群集体努力的结果。它以当时的IT界分析人士为主,且与推动中国互联网的文化群体“数字论坛”在成员上高度重合。方兴东的博客想象,基本上延续了该群体既有的价值理念,也在与社群成员的互动中完善并传播了自己的主张。“数字论坛”源于时任《信息产业报》总编王俊秀1998年发起的互联网分析家聚会,最初成员包括王俊秀、胡泳、姜奇平、方兴东、刘韧、段永朝、吴伯凡等。“博客中国”成立后,这些成员不少都撰写过相关文字并发表在各类媒体上。“博客中国”初期与新浪网科技频道合办“数字论坛”评论专栏由方兴东主持,参与者依然是上述核心成员。“数字论坛”被姜奇平(2003)称为“互联网启蒙思想的放大器”,是他眼中20世纪末“中国互联网启蒙运动”的关键一环。该群体秉持着“知识分子的立场”,他们期望成为互联网的思想者,有较强的人文精神和启蒙追求。这也基本上解释了“博客中国”以科技知识门户自我定位,同时排斥商业运作、追求“思想共享”理念的最初构想为什么能够出现。它似乎也预示着“博客中国”后期命运的波澜,因为这样“一群人本主义者”持有的价值观念,“与IT本位的立场有相近之处,但更多的是冲突”,前者谈思想,后者谈盈利,构成“天然的困境”(姜奇平,2003)。

就此而言,早期推广者的博客想象属于特定知识社群的亚文化,它能否变成社会大众对于博客的普遍认知,有赖于技术实践。方兴东等人的行动不乏成效,“博客中国”强调“思想共享”的公共书写方式使“其内容已区别于当时同质现象严重的门户网站,也因此黏聚了大量用户”(倪妮,2009)。然而,这批在舆论空间不断为博客发声的行动者,不能代表所有人。他们主导了公开讨论博客的话语方式,却不能决定博客的多元实践。李丽等人便是以一种完全超出方兴东等人预期的博客使用方式走进了大众视野。

三、私人日记与博客使用方式的多元化

2003年6月19日起,李丽以“木子美”作为网名,在“博客中文站”(www.blogcn.com)接连发表私人性爱日记。8月,她在博客中讲述了与摇滚歌手王磊的“一夜情”经历,并直陈其名。该文后被转载至“西祠胡同”论坛,阅读量大幅提升,被转发到各大论坛广泛流传,直接导致国内相关博客网站访问量在短时间内急剧增长。该事件被媒体反复讲述,但围绕它与博客的关系,有几个比较重要的问题需要进一步澄清:李丽这样的书写方式为什么会出现?当时的博客用户到底如何使用它?此番与方兴东等人所构想的博客实践截然不同的书写方式,究竟是普遍存在的,还是个例?

迄今存留的报道中,媒体频繁使用“惊世骇俗”来描述李丽的博客书写。然而对2003年的女性书写或李丽本人来说,该行为或许只是在既有方式上迈出了一小步。20世纪90年代,文学与政治的解绑成为趋势,文学写作呈现出“个人化、私人化、时尚化”的典型特征(王纪人,2001)。此番被称为“私人化写作”的文学现象中,书写者“表达的不是公共经验或群体意识,而是私人经验、私人意识(以及无意识),特别是被社会公共的道德规范与普遍伦理法则抑制、排斥、遮蔽的私人经验”,包括同性恋、弑父或恋父情结、恋母情结以及不正常性经验等(陶东风,2008)。私人化写作排斥宏大叙事,拒绝将自身作为公共事务的集体化代言人,强调个体的反抗姿态,注重经验表达的私人生活取向。20世纪90年代末到21世纪初,李丽在博客发表《遗情书》时,正是私人化写作走向更为激进的“身体写作”的阶段,棉棉、卫慧、九丹等女性作家都在此前发表了具有轰动效应的作品。卫慧的半自传小说《上海宝贝》1999年出版后,正版销售即达11万册。与文学写作中的这种趋势相比,李丽的博客在写作内容与风格上有极大的相似性,这也是不断有媒体将她们相提并论的原因。差异在于,李丽没有将文本以“文学”形式呈现,而是以“日记”形式呈现,这消解了文本的虚构性,成为引发轰动的基础。读者即认为,“这姑娘比卫慧还狠,写得内容差不多,但是她都写真名真姓,而且对方还是有点名气的人”。因此,仅就文本内容而言,博客中性爱日记的书写确实与卫慧等人一脉相承。

2003年,正值25岁的李丽系广东《城市画报》编辑,性专栏作家。在专栏写作中,李丽撰写的专栏文字对当时的读者而言,已经相当前卫。她的写作主题包括推荐最佳的性爱音乐、吃生蚝的壮阳功效以及在汽车中做爱的技巧等。[①] 据其自述,当时她和同事做了关于新媒体的专题后,便开始了博客写作。她的书写延续了性专栏的风格但又抛弃了其限制,“把更多琐碎的东西,更日常化的东西都写在了博客上,可能有比较多关于性的东西”。[②] 事实上,在把类似内容

---

① 《纽约时报》也关注到该事件。检索于 https://www.nytimes.com/2003/11/30/world/internet-sex-column-thrills-and-inflames-china.html。

② 参见李丽的媒体访谈。检索于 http://www.chinanews.com/jk/kong/news/2008/03-28/1205212.shtml。

放进博客之前,李丽已用“酱子”的ID在“万科论坛”等空间发帖,内容同样是露骨的性爱讨论。因而可以说她对博客的具体使用,只是延续了个人一直以来的书写方式,没有因为媒介载体不同而刻意转变。

然而对博客来说,这却带来了明显的行动反差。当方兴东等人致力于形塑博客公共书写价值的时候,不少使用者却正处于一股私人化写作浪潮之中,他们并没有遵循这套想象逻辑的束缚,明确反对宏大叙事与公共取向。李丽等人的行动提醒我们,由“博客中国”展开的技术推广,虽然在很短的时间内便在报纸杂志乃至网络新闻等公共话语空间构成了谈论博客的主导话语,但博客自身的技术实践是多元化的,彼此并不匹配。这种不匹配,为公开想象博客技术提供了另外的可能,为挑战以IT评论家为主体的推广者话语奠定了基础。

性爱日记发表在“博客中文站”而非“博客中国”,颇能说明一些问题。“博客中文站”出现于“博客中国”成立后3个月。此时已出现数字部落、历史的足迹、BLOG中文论坛等一批站点。这些网站的运作方式与“博客中国”不尽相同,其用户对博客的理解,也与方兴东等人的公开论述颇有差异。“博客中文站”的创始人胡之光谈及对博客的认识,有两句简短评述,“一是网络日记,二是傻瓜化的个人主页”(傅玉颖主编,2012:47)。正因如此,两家前后相差仅3个月的博客站点采用了截然不同的运作方式。《遗情书》事件之后,“博客中国”曾专门发文澄清两者的区别[①]:

> “博客中文站”在杭州,以博客托管为主,是目前国内最大的博客托管网站。博客中国不是博客托管网站,而是立足高科技产业、严格审核、不对社会公众开放注册的高科技专业博客网站,是以精选作者和精选信息为目的的同仁群体博客网站。目前博客中国注册的博客不足400人,与“博客中文站”数万人注册的模式不同。

---

① 针对当时网络用户普遍误认为此性爱日记发表在“博客中国”网站,该网站专门发文澄清了此事。检索于 http://blogchina.blogchina.com/16673.html。

可见在2002年下半年,博客的技术实践已呈现出多重路径,强调“思想共享”、公共价值的同仁化运作模式,仅仅是其中一种。“博客中文站”的实际运作,显然更加注重博客的私人性特征,直言博客就是“网络日记”,这与方兴东所说的“博客绝对不是一个个人记日记,表达自我,发泄情绪的工具”有着尖锐对立。① 只不过,与方兴东等人的博客理念在各类网络专栏、报纸杂志上频频亮相不同的是,此时的胡之光刚刚大学毕业,极少进入媒体的报道。二人的性格差异也影响了他们的处事方式。《浙商杂志》的一期专栏文章曾指出,方兴东“做事大胆且高调”,而胡之光“从来都是先做后说,甚至不说,也不适时地炒作自己”(倪丽娟、董树荣,2005)。开放注册、强调私人性,是私人性爱日记在“博客中文站”能够出现的原因,它代表了一种与“博客中国”截然不同的媒介使用方式,尽管这种方式很少进入彼时中国媒体讨论博客的舆论视野。

“中文Blog心得集”(cnblog.org)网站的出现,凸显了使用者们应用博客的多元化方式。该网站出现于2002年年末,专门为博客使用者交流使用心得而创立,它是一个技术使用者得以聚合的网络社区。在这个网站的讨论中,博客的使用方式显然不局限于方兴东等人的路径设想,更为多姿多彩。该网站发起人后来曾发表总结博客技术特质的文章,其中囊括了个人性、知识性、社会性等多个层面的应用方式,且格外注重私人化内容表达。他们认为博客是“私人日志本”,使用者的“个性、趣味、喜好甚至日常生活的场景”,都可以得到充分的展现(郑云深,2003)。事实上,该网站自成立之初,就与“博客中国”在技术理念上有着明显的对立。至2005年,两者之间已经展开了三次“门派之争”。“中文Blog心得集”从一开始就反对将Blog翻译为“博客”,他们指出,“博客被精英化,而精英化的目的是为了粉饰自己,或者用它来树一面大旗。而我们认为,Blog不过是一个平民工具,任何人都可以利用它来记录任何事情,没有什么特别,我们希望通过争论拉近被博客拔高的Blog和人们的距离”。② 然而这些争论仍停留在早期的博客接触者圈层中,一直到《遗情书》事件之后才被各类媒体

① 方兴东曾对《遗情书》事件发表多篇评论文章。检索于http://fxd.blogchina.com/16359.html。
② 该文首发《南方周末》,后被网络转载。检索于https://www.williamlong.info/archives/217.html。

打捞起来,重新进入公众视线。

其他使用者对方兴东的批评,也显示出早期推广者的技术话语在日常实践中不断受到挑战。“数字部落”2003 年年初的一篇批评文章矛头直指“博客中国”,并引发不少网民的呼应,方兴东本人也加入讨论。文章指出,“Blog 本是件很个人的事情,把自己所想所看等记录下来。人家是自说自话,自娱自乐,那是个人的声音……而这边倒好,拿 Blog 当舞台,对着虚拟的观众(看众)在做 show,嘴上喊着 Blog,考虑的却是别的东西”。[①] 这段批评的核心,依然在于如何权衡博客书写取向上的“公共性”与“私人性”。与“博客中国”关注公共事务的愿景不同,不少博客使用者在实践中更加注重私人话语的记录。

可以说,“博客中国”推出了一套想象博客的技术话语,也在行动中不断落实着自身的规划。但作为新兴技术,博客的实践方式无法从一开始就被明确限定。与方兴东等人有着不同理念的博客网站不断出现,为差异化博客使用方式的出现提供了平台,尽管它们在较长一段时期内都未能被广泛关注。李丽的性爱日记书写,源于 20 世纪 90 年代以来私人书写的整个文化氛围,契合了改革开放以来中国社会的个体化进程(魏安娜,2011)。“博客中文站”为这种书写方式贡献了一个新的平台,它揭示了不同类型的使用者在应用博客时必然存在的多元化现象。《遗情书》事件确实改变了中国的博客媒体,但这种改变并不是它做了什么,也不是它转变了博客的多元实践,而是它裹挟着博客一起走进了公众视野。

四、作为“现象”的日记论争与博客想象的重塑

从个人行为到社会现象,《遗情书》事件成为被广泛谈论的焦点话题,离不开各类公共话语平台的推波助澜。在线上,李丽的网名高悬彼时各大门户的首页,短期内成为各大中文搜索引擎检索最多的字眼;在线下,从报纸到杂志,再

---

① 方兴东曾经将该文转载到自己的博客。检索于 http://fxd.blogchina.com/4731.html。

到电视台、出版社,均对该事件表现出极高的关注。不过,被关注并不意味着能够直接带来大量的使用者,更何况这种关注几乎是对网络媒体以及博客书写千篇一律的批评。关键在于,这些集中且持久的讨论,改变了谈论博客的话语方式,带来了新的想象。私人性爱日记重新定义了公共视野中的博客概念。

李丽在公私杂糅的博客空间中撰写性爱日记,呈现了私人生活,凸显了私人话语。这与早期公开推广者倡导的技术想象方式有着根本不同,后者始终期望在同样的空间中书写公共知识。因此,当李丽以私人话语将博客技术广泛带入媒体报道后,关于博客的集体言说发生了相应的转变。这种转变在三个不同层次上同时出现:其一,就早期并未走进公众视野的博客使用方式而言,李丽的日记为他们提供了公开发声的契机,注重私人话语的博客书写由此找到了推广的机会,甚至直接在公共平台上挑战方兴东等人的博客理念;其二,方兴东等早期推广者不得不将博客日记现象纳入其博客理念予以考量,是否承认该现象属于博客的实践范围是他们需要加以解释的问题;其三,对其他社会观察者而言,李丽的行为被看成博客实践的极端和标志,他们同样开始围绕博客问题发表自身的见解。

李丽的日记将注重私人表达的博客使用方式从网络社区的内部互动推向了公共空间的广泛言说。典型表现是,发表性爱日记的"博客中文站"及其创办者胡之光此后频频现身各大传统媒体,并由此大力推广博客书写的私人化特征。这种有别于"博客中国"的托管运营方式获得的媒体关注度大幅提升。在胡之光相关采访中,他坚持认为,李丽的写作方式是她的个人自由,"每个人在不违法的前提下可以充分地展示自我,可以违背常规,可以变态,可以娱乐自己,也可以娱乐大家"(苏小和,2005),强调博客就是"网络日记"或"傻瓜化的个人主页"。胡之光表示,博客书写既可以"链接全球互联网中最有价值的信息、知识和资源,也可以将个人工作过程、生活故事、思想历程等及时记录和发布,发挥个人无限的表达力"(翁浩浩,2004)。胡之光等人坚持把博客的日记书写放置在"网络个人化的大潮"之中,倡导"life in blog"的书写理念,"自由""个人""生活"等成为博客言说的关键词,使得"草根文化、自由精神几乎成为公认概括 B1og 的标准答案”。胡之光还将批评的矛头直接指向了方兴东的“博客中国”,认为“当前的媒体和舆论受到了 B1ogchina 的误导,B1og 不是门户,B1og 的理念和门户是相反的”,显然很不认同博客仅是展开公共书写的知识门户理念(王乐,2005)。

私人日记对方兴东及其“博客中国”网站的冲击更为复杂。书写取向上看,李丽把性爱日记这种极端的私人话语搬上博客,显然不符合该网站的公共书写定位。但从实际效果上看,她又极大增加了该网站的访问量。尽管“博客中国”并不是木子美日记的发表平台,但它撰写了很多分析文章,吸引了大批读者。很明显,这批读者不是为了翻阅分析文章才走进网站,而是为了寻找日记。相关文章评论中,大量读者留下了邮箱地址,期望索取性爱日记。有人曾对 2004 年 1 月 31 日上午 9 点“博客中国”累计排名在前 100 位的文章进行了统计,发现“在这样一个以科技内容为主导的博客网站上,占据热门文章及热门评论主导地位的并非科技,也非博客,而是情色”(王思彤,2004)。面对此景,方兴东等人的态度颇为暧昧。他一方面认为李丽的行为“的确在博客的理念之内”,另一方面又强调“博客中国当初在琢磨中文译名时,没有选择‘网络日记’或者‘网络日志’,而是选择了‘博客’,就是希望给博客的价值取向提供一个方向。博客的主要价值和功能不是为了表达自己,而是为了给别人更有价值的内容”(方兴东,2003b)。这种理念与实践的持续冲突,最终促使方兴东本人更改了“博客”的定义。虽然他依然极力倡导“人人为我,我为人人”的公共书写,但也不得不承认博客“面对的是个人”(方兴东,2004a),指出博客书写可以“将你个人工作过程、生活故事、思想历程、闪现的灵感等及时记录和发布,发挥你个人无限的表达力”,主张博客是“开放的私人房间”(方兴东,2004b)。可以看到,早期推广者被迫承认私人化书写的价值,与胡之光等人在博客网站理念上找到了共同之处。

最关键的一点是,当性爱日记这种极端的私人化书写成为舆论焦点,当主要博客网站都开始认可私人书写,社会各界对博客的讨论也随之转变。彼时公众能够广泛接触的主要媒体上,如报纸、书籍、门户网站等,“博客”的定义同样被改变了,注重私人话语的书写成为人们想象博客的最主要方式。2004 年元旦,《南方周末》在《致敬! 传媒 2003 年》中将“博客”视为年度网络表现的最突出代表。该文即认为,“因性爱日记而名气大增”的博客媒体,可以被理解为“自由的个人写作”。同年 3 月,《经济观察报》以“新公共空间的生活秀”为标题,强调“不能忘记的博客像李丽的日记书写,认为她以一种看似极端的方式证明:博客是个人声音在新的公共空间的持久记录”。该年出版的著作中,对“博客”的理解已转变成“就是网络日志的意思,通常是自己的心情记录,把感悟、体会什么的放上去,相当于一部公开的日记”(顾诚,2004:210-211)。同样在 2004 年,《当代汉语新词词典》问世,其对“博客”的定义是“指以网上日记为表达方式,把个人所见、所闻、所想随意发表出来”(曲伟、韩明安主编,2004:88-89、99)。该定义其实来自 2002 年方兴东的一篇媒体文章(前文曾论及这一点),彼时的方兴东很快调整了该说法,认为博客不等于网络日记,但该说法在此时已被公众广泛接受。

能够肯定,2003 年年底爆发的《遗情书》事件,到 2004 年上半年已扭转了公众舆论中人们谈论博客的话语方式,表征着对于博客技术的一种不同的想象。李丽引发的网络现象没有改变博客的技术特性,性爱日记本身也没有直接成为博客书写的主要内容,但它“的确在一定程度上告诉了网民想分享的是什么”(杨伯溆,2004),并在一系列的媒体讨论中重构了对博客的技术理解。方兴东等人倡导的“思想共享”式的公共书写开始式微,《中华读书报》敏锐地捕捉到了这一点,指明“中国博客目前的发展似乎离最初宣传的博客精神有一定距离。博客上的文字多为个人化的书写……离博客最初所张扬的‘思想共享’去之甚远”(姚雪,2004)。前文提到,早期推广者认为“博客精神的核心并不是自娱自乐,甚至不是个人表达自由”,而在博客私人日记的广泛讨论中,网易门户重申了“博客精神”,排首位的便是“自由的表达”,强调“博客最重要的精神就是自由的表达,无论是每日的琐事还是主题式的讨论,都需要有一个平等的前提”。[①] 方兴东主张“博客表现的是

① 参见网易相关专题页面的重点标注文字。检索于 http://biz.163.com/special/m/muzimei.html。

‘大我’”,而在李丽之后的观察者表示,“无论当年的博客建立者出于一种什么目的,现在,它确实已经成为我们面向公众表达隐私的奇妙场所”,“那种在伟大召唤中蠢蠢欲动的‘大我’,终于谢幕了”(周志强,2004:51)。

至此,博客在公共话语空间中最主要的言说方式逐步从“知识”“共享”“责任”“利他”等关键词,转移到了“生活”“个性”“自由”“自我”等另一套关键词。虽然在具体的博客实践中,公共取向的书写与私人取向的书写总是并存的,但围绕博客私人日记的讨论,却让后者而非前者成为中国社会想象博客技术的最主要方式。

五、私人日记的书写与博客的商业化

此种倡导自由、个性以及日常生活等书写取向的私人化理念的兴盛,影响了此后博客媒介的发展。2004 年下半年开始,海内外资本开始涌向中国的博客网站。至 2005 年,中国博客的商业化进程已颇为可观,以致很多人将该年度称为中国的博客元年,或博客的大众化之年。其中最突出的表现是,“博客中国”和“博客中文站”收获了巨额的风投资金,规模进一步扩大,一批新的博客网站陆续出现,以新浪网为代表的门户网站也开始涉足博客业务。仔细检视这批商业化进程中的博客书写实践,便不难发现,吸纳大量商业资本的博客网站,无不大力推广私人化书写的价值,其结果,是进一步凸显了该媒介技术在木子美事件之后形成的已有想象。到 2006 年,媒体话语中已直接认定博客传播就是“私性表达的大观园”,“如果说,BBS 像一个广场,那么,博客更像一个客厅。走进一个博客,就是走进了私人的空间,就像到别人家串门”(胡波,2006)。

最先发表李丽性爱日记的“博客中文站”延续了其已有的私人书写理念,同时借助商业出版的方式将该理念推向更多的潜在用户。李丽的性爱日记文本曾在 2003 年底结集出版,名为《遗情书》。尽管该书被禁止销售,但依然产生了广泛的影响。这当中,“一个鲜为人知的事实是,李丽的《遗情书》是中国博客网帮着推出的,在被封的情况下一共售出了 20 万册”(张向芳,2005)。而在 2004

年，该网站又协助推出了三本由博客文字结集而成的著作，分别是“北京女病人”的《病忘书》、“梅子”的《恋人食谱》以及“董事长”的《特别内向》。这几部著作构成了后来被称为中国“博客文学”的滥觞，销量均十分可观。翻阅这些作为博客书写典型被推向出版界的作品，会发现它们无一例外地以私人话语而非公共话题作为对象。这也难怪时人在总结这些图书的特点时，首先提及的就是书写方式上的“私人气质”（曹健，2005）。

长期大力推广博客技术的“博客中国”在商业资本进入后，发生了更明显的转变。对于最早将博客以“思想共享”的想象方式带入公众视野的方兴东来说，他一方面希望延续公共书写的定位，另一方面又不得不正视私人书写的力量，试图不断融合两者。然而在博客性爱日记现象后，公众对于博客的技术想象基本形成，博客网站如果试图走相反的发展路线难免要承受巨大的商业挑战。方兴东没能够完全坚持“博客中国”的最初规划，该网站 2004 年后的每一次改变，都不断从强调“公共书写”向注重“私人书写”转移。获得第一笔风投后，它开设了“博客公社”空间，主张“人人都能够博客”，已与最初的构想南辕北辙，此举“意味着该网站从一个限制用户的纯粹公共性博客论坛转向了更具开放性的个性化博客服务”（刘津，2008：46）。从商业角度看，这次转变是成功的，因为其用户的剧增，“是在 2004 年 8 月开通为个人撰写‘私人日志’服务的‘博客公社’之后”（宋园园、辛向琴，2014：11）。2005 年收获更多的风投资金后，“博客中国”更名“博客网”，方兴东等人对博客的理解基本抛弃了最初的想象方式，认为“每个人都可以利用博客体现自己的生活，反映自己的生活，改善自己的生活，美化自己的生活”，直言“相比于传统网络媒体，博客更是一种个人生活的表现”（杨国强，2005）。到 2006 年初，在盈利压力下，博客网再次转型，又公开推出“新生活方式”的实践理念，开始明确主张“博客时代强调的是个性化、自主化和互动性”（雷中辉，2006）。

2005 年，以新浪网为代表的门户网站进入博客市场，进一步将《遗情书》事件之后确立的博客想象方式转化为现实。新浪推行的名人博客、博客出版、博客大赛等商业营销手段让博客书写快速普及。而在整个过程中，私人书写的想象方式得到了有力实践。尽管名人博客策略曾引发关于“草根”与“精英”的书写主体之争论,但从书写方式上看,会发现两者并无冲突,新浪正是借助名人博客推广了私人化的书写方式。最典型的便是徐静蕾,自 2005 年 10 月开通博客之后,她用了 3 个月时间便收获了1,000万的点击量,随即将博客文本结集出版。徐静蕾的书写,无疑以私人生活记录为主体,她坦言“博客,不就是日记吗……不就是记自己每天琐碎的事情,发些小感慨吗”(杜庆杰,2008:3)。2006 年 10 月 24 日,新浪又推出“百万博友总动员共同书写‘历史的一天’”大型博客记录征文活动,期望实现“有史以来第一次平民记录的真实历史”。之所以选定这个时间,就是因为它平淡无奇,策划者甚至刻意避开了双休日,“因为大多人在这一天会选择休息,而不是日常的生活状态”(潘妤,2006)。新浪博客的系列商业运作,基本都践行着以私人书写为导向的博客想象。

刘津(2008:57-59)曾比较了中美两国早期的博客使用,发现“我国博客的私人性写作占绝大多数”,发表感性生活文章的博客用户占比 81.3%,新闻时政、商业财经等话题的占比分别只有 15.9%和 7.7%。统计数据表明,美国点击量最高的博客主页中,新闻和政治博客占到半数,其次则是文化博客与专题博客,而“我国点击量最高的博客主页中,几乎没有新闻和政治博客”。我国博客使用的主导方式显然是私人记录而非公共书写,“私人日志博客在数量上较之政治、新闻博客占有绝对优势”,而“美国新闻、政治博客和私人日志博客平分秋色”。中国博客在崛起之初便缺失公共书写的现象,曾被不少人注意到。他们从政治、经济、文化以及媒体管理等层面有过具体分析,有学者更认为消费主义和商业化污染了博客的公共精神(曾凡斌,2006)。而据本文梳理,我们认为,解释早期中美博客实践的差异固然要关注政治环境、网络管理、商业推动等因素,但这些因素并没有直接作用于博客实践。作为重要的文化定位,我国博客自《遗情书》事件之后逐步形成的技术想象方式无疑促成了该局面的出现。因为,技术想象是一种构成性力量而不只是现实的反映,“生活”“个性”“自由”等关键词很早就替换了方兴东等人的“知识”“共享”“责任”,主导了中国博客的实践理念,它是中国博客大规模商业化应用的前提而非结果。

方兴东博客网站的失败,更印证了这一点。当倡导公共书写的"博客中国"改名"博客网"并被迫卷入私人书写的博客商业化浪潮时,无疑会左支右绌,疲于应付。他坦言,"如果当时不动摇,很多故事就不一样了",其在资本推动下理念转型则被看成"上身穿西装,下身穿草鞋"。2008 年 11 月,位于北京新中关大厦的博客网关闭,方兴东被媒体称为"一个先锋的陨落",而透过被关闭的公司玻璃门,"还依稀能看到前台那两句吸引了周永德等很多人来到这里的口号:'每天五分钟为思想加油''独立思想的栖息地'"(倪妮,2009)。

六、结语

回到开篇的问题,能够肯定,《遗情书》事件确实在客观上推动了博客的大众化。但这并不止步于让更多人知晓了"博客"这个事物,而是它将对博客的讨论引向了公众舆论,并在多方言说中达成了一种共识性的技术想象。正是该想象,引导了此后中国博客的大众化实践。博客技术同时凸显了传播的公共性与私人性维度,但其本身没有决定使用者应将其视为"公共事务的私人表达"之载体,还是视为"私人生活的公共展示"之空间,抑或其他方式。早期介入公众话语的推广者强调前者,并以创办网站的方式将博客落户中国,但呼应者寥寥,且受到了不少使用者的抵抗。作为使用者的李丽则将后者推向了公众讨论的风口浪尖,在极短的时间内重构了博客言说的话语方式。李丽等人没有改变博客的技术特征,也没有改变博客实践的多元样态,它所改变的是人们在公开表达中对"博客应该被用来做什么"的认识。注重"思想共享""公共价值"的博客书写方式此后始终存在,但无法在公众认知中成为主流了。更直接地讲,《遗情书》事件引发了 21 世纪初中国博客文化的改变。这样说,并不意味着本文试图把中国早期博客文化的形成归因到偶然性事件,只是期望厘清该事件本身具备的媒介史意义。在中国互联网历史上,类似李丽日记的私人化书写倾向,其实在 20 世纪 90 年代后期就已经出现。只不过,对此类问题的进一步分析,只能另做研究了。

讨论技术文化,包括互联网文化之形成,“想象”似乎成为符号操弄者的特权。他们可以是政府,可以是媒体,可以是企业,也可以是其他社会精英。然而,技术不是至少不仅仅是一项自上而下的实践规划,它必须与使用者展开互动,并不断调整自身的行动路线。木子美日记以一种近乎戏剧化的形式放大了技术推广者与媒介使用者之间的对立,并在舆论争议下正当化了使用者的诉求,颠覆了人们公开谈论博客的话语方式。值得注意的是,这种对立乃至颠覆并不局限于中国的博客传播实践,它能够发生在任何一个时空,也几乎是所有的技术应用都会面临的问题。使用者不是技术实践的附庸,也不是技术规划的玩偶,他们以或隐或显的方式共同参与到媒介文化的形塑过程,改变了技术的作用方式。

参考文献

杜庆杰(2008),《博客初探》。合肥:安徽教育出版社。

方兴东(2003a),《是祸是福,我们该如何评说“木子美现象”》。引自 http://fxd.blogchina.com/16359.html。

方兴东(2003b),《11 月 11 日遭遇“木子美冲击波”,访问量突破 10 万》。引自 http://fxd.blogchina.com/16126.html。

方兴东(2004a),《“我为人人、人人为我”的博客精神》。《商务周刊》,第 11 期,页 139。

方兴东(2004b),《何为博客——更详细的定义和解释》。引自 http://fxd.blogchina.com/36419.html。

方兴东、王俊秀(2003),《博客:e 时代的盗火者》。北京:中国方正出版社。

傅玉颖主编(2012),《浙商走进杭商论坛实录》(第 1 辑)。杭州:浙江工商大学出版社。

顾诚(2004),《金陵十二钗的网络生活》,北京:中国工人出版社。

胡波(2006),《博客:私性表达的大观园》。《黄金时代》,第 6 期,页 42-46。

胡泳(2009),《博客的私人性与公共性》。《二十一世纪》,第 112 期,页 35-45。

《互联网天地》(2004),《百家新闻媒体首次评选 2003 年十大网事》。《互联网天地》,第 1 期,页 35-36。

姜奇平(2003),《中国互联网启蒙运动始末》。《互联网周刊》,第 21 期,页 76-78。

雷中辉(2006年1月23日),《方兴东面壁半年:博客网转型卖"声"》。《21世纪经济报道》。

廖述务(2009),《越界狂欢:肉体献祭之谵妄及消解——对木子美等网络现象性别政治的文化解读》。《海南师范大学学报》(社会科学版),第4期,页90-95。

刘华芹(2005),《天涯虚拟社区:互联网上基于文本的社会互动研究》。北京:民族出版社。

刘津(2008),《博客传播》。北京:清华大学出版社。

刘洋(2003),《互联网的又一个春天——博客时代的到来》。《电脑时空》,第7期,页106-111。

罗哲宇(2012),《伦理重建与当代中国新闻报道》。北京:中国传媒大学出版社。

倪丽娟、董树荣(2005),《博客阵营:南胡北方》。《浙商杂志》,第11期,页46-47。

倪妮(2009),《一个先锋的陨落》。《环球企业家》,第4期,页158-162。

潘好(2006),《10月24日,新浪博客发动国内最大集体写作行动》。引自 http://www.techweb.com.cn/news/2006-10-25/111353.shtml。

曲伟、韩明安主编(2004),《当代汉语新词词典》。北京:中国大百科全书出版社。

宋园园、辛向琴(2014),《博客文化研究》。上海:上海交通大学出版社。

苏小和(2005年10月11日),《胡之光:懒得去炒作》。《经理日报》,B01版。

孙坚华(2002),《昨天的博客与昨天的明日报》。引自 http://sjh.blogchina.com/660.html。

陶东风(2008),《"私人化写作"重识》。《福建论坛》(人文社会科学版),第9期,页92-97。

托马斯·斯特里特(2020),《网络效应:浪漫主义、资本主义与互联网》。上海:华东师范大学出版社。

王纪人(2001),《个人化、私人化、时尚化——简论90年代的文学写作》。《文艺理论研究》,第2期,页3-7。

王乐(2005年8月15日),《那些Blogger们》。《经济观察报》。

王思彤(2004),《怎一个"情色"了得?——从"博客中国"热门文章TOP100看读者取向》。引自 http://net.blogchina.com/blog/article/22142#comment。

魏安娜(2011),《在自我和社会团体之间:中国当代文学中的个人》。载贺美德、鲁纳编:《"自我"中国:现代中国社会中个体的崛起》(许烨芳等译),上海:上海译文出版社。

翁浩浩(2004 年 12 月 13 日),《全国博客高手聚会杭州》。《青年时报》。

杨伯溆(2004),《人性、因特网与全球传播的普世文化内涵》。载雷跃捷、哈艳秋主编:《新闻传播学前沿 2004》,北京:北京广播学院出版社。

姚雪(2004 年 1 月 21 日),《博客:在流水账日记之后的媒体未来》。《中华读书报》。

余虹(2005),《"身体"的大写,什么东西正在到来?——兼谈"身体写作"》。《中南大学学报》(社会科学版),第 11 卷第 5 期,页 556-558。

曾凡斌(2006),《中美博客发展之政治、经济、文化环境的比较探讨》。《江淮论坛》,第 1 期,页96-91。

张向芳(2005 年 1 月 20 日),《胡之光:舞台大幕已经拉开》。《青年时报》。

张晓辉(2004),《互联网传播中的主动型隐私公开化释析——以"木子美现象"为例》。《现代传播》,第 1 期,页 78-80。

郑云深(2003),《Blog 的特质》。《现代信息技术》,第 8 期,页 2-9。

周志强(2004),《我点击,我存在:网络》。昆明:云南人民出版社。

朱云乔(2016),《风云再起:中国互联网 20 年》。北京:北京理工大学出版社。

Carey, J.W. (1990). Technology as a totem for culture: and a defense of the oral tradition. *American Journalism*, 7(4), 242-251.

Farrer, J. (2007). China's women sex bloggers and dialogic sexual politics on the Chinese Internet. *China aktuell*, 36(4), 10-44.

Felt, U. (2015). Sociotechnical imaginaries of "the internet", digital health information and the making of citizen-patients. In Hilgartner, S., Miller, C., & Hagendijk, R. (Eds.). *Science and Democracy: Making Knowledge and Making Power in the Biosciences and Beyond*. New York: Routledge

Jasanoff, S., & Kim, S. H. (2013). Sociotechnical imaginaries and national energy policies. *Science as culture*, 22(2), 189-196.

Lipartito, K. (1995). Culture and the practice of business history. *Business and Economic History*, 24(2), 1-41.

Negro, G. (2017). *The Internet in China: from Infrastructure to a Nascent Civil Society*. Cham, Switzerland, Palgrave Macmillan.

Turner, F. (2010). *From Counterculture to Cyberculture: Stewart Brand, the Whole Earth Network, and the rise of digital utopianism*. University of Chicago Press.

Turner, F. (2017). Can we write a cultural history of the Internet? If so, how? *Internet Histories*, 1(1-2), 39-46.

Wu, J., & Yun, G. (2018). From modernization to neoliberalism? How IT opinion leaders imagine the information society. *International Communication Gazette*, 80(1), 7-29.

中国网络文学商业模式的变迁

——以"五五断更节"为中心的考察

◈吴 涛*

摘要:本文将网络文学发展进程中的"焦点事件"与商业模式历史变迁相结合,探究"五五断更节"爆发背后的结构性动因。研究发现,付费阅读机制形塑了网络文学平台与作者之间的不平等合作关系,管理团队变动虽是此次"五五断更节"风波发生的导火索,但网络文学产业生态系统的结构性变化才是"五五断更节"爆发的根本性原因。历经十多年的发展,付费阅读的天花板已经显露,IP运营日益成为网络文学产业重要的变现方式以及平台—作者利益博弈的焦点。2018年以来免费阅读模式的兴起,打破了付费阅读模式之下平台—作者利益的脆弱平衡,引发了中底部作者对免费阅读模式之下收入减少的恐慌,"五五断更节"实质上是网络文学产业新生态下平台—作者利益共同体的再谈判。在互联网技术迭代速度加快、受众娱乐消遣方式愈加多元化的新形势下,付费阅读与免费阅读将长期共存,厘清平台的权力边界,建立公平合理的利益分成机制,将是网络文学产业可持续发展的关键。

关键词:"五五断更节",付费阅读,IP运营,免费阅读

---

* 作者为南京师范大学新闻与传播学院讲师。

① 易简财经:网络小说作者集体断更,阅文被指"霸王条款",唐家三少、土豆等大神纷纷表态。界面新闻,https://m.jiemian.com/article/4345406.html,2020.5.7。

2020 年 4 月 27 日,被网络文学爱好者们称为“网络文学教父”的起点中文网创始团队成员吴文辉等,从阅文集团集体“荣休”。这是该团队自 2013 年从盛大文学离职以来的第二次集体离职,由此引发了网文作者们关于免费阅读模式与付费模式之争的大讨论。5 月初,部分网文作者开始声讨阅文集团新的“霸权合同”,“合同事件”成为舆论关注的热点,网文作者们经历的不公平待遇、不合理条款被媒体和大众聚焦。[①]5 月 5 日,部分网文作者发起“五五断更节”以抵制霸权合同,维护自身的权益,活动引起越来越多网文作者以及其他领域人士的响应。截至 5 月 7 日 12 时,微博话题“五五断更节”的阅读量达到 9,495.7万次,讨论量达 11.2 万,同时不少网文作者将自己的头像更换为“五五断更节”的宣传图片。

阅文集团新任总编辑杨晨在回应此事件时,认为“网络文学经过多年发展,到了自我梳理阶段,行业多年发展积累了一些问题,比如对作者与平台权益的不规范、不明确,合同这么多年一直都是这样,通过这次争论把问题暴露出来了”[①]。由此可见,“五五断更节”的爆发,让网络文学产业发展进程中衍生的问题暴露在阳光下。追溯“五五断更节”爆发的根源,需要从网络文学发展的历史脉络着眼。

一、文献综述

从小荷露角到繁花盛开,中国网络文学已经走过了 20 多年的发展历程。1998 年春,痞子蔡的《第一次亲密接触》在台湾 BBS 上发布并迅速走红,它所卷起的大陆网络小说创作热潮和大众阅读,后来被网络、新闻媒体、社会活动和文学史家反复提起、议定,1998 年逐渐被约定俗成为“网络文学元年”(夏烈,2018:84)。经过 20 多年的发展,中国网络文学已成长壮大为一种文学的“巨存在”(欧阳友权、贺予飞,2019)。《2019 年中国网络文学发展报告》显示,网络文

---

① 范佳来:阅文总编辑杨晨回应“阅文新合同”:平台和作家需要长期共赢。澎湃新闻,https://m.thepaper.cn/newsDetail_forward_7680098,2020.6.3。

学的市场规模已达 201.7 亿,网络文学作品累计规模达2,590.1万部,作者数量达1,936万人,签约作者数量达 77 万。

2018 年,以“网络文学 20 年”为契机,学界从各个角度梳理网络文学的历史发展,并在此基础上展望网络文学的未来(欧阳友权,2018;马季,2018;周兴杰,2018;许苗苗,2018;禹建湘,2018)。就网络文学商业模式来说,学者们普遍将 2003 年起点中文网 VIP 付费阅读模式的成功,视为网络文学商业模式的起点,在其后顺应移动互联网浪潮,网络文学开始从“PC 时代”迈向“移动时代”(邵燕君,2018),移动阅读市场成为众网络文学商业平台角逐的重心。虽然学者们在网络文学 IP 兴起的具体时间节点上略有分歧,但网络文学 IP 热被学界公认是网络文学商业模式转型的核心要素(马季,2018;邵燕君,2018;李涵,2018;程海威,2018)。

2014 年以后,伴随着网络文学 IP 运营的兴盛,以 IP 为核心,关注网络文学网站商业运营的研究日益增多(赵兵,2018)。与此同时,网络文学从业者的生存现状开始受到越来越多的关注,比如王敏(2014:12)对网络作家的生存环境进行研究,指出传统作家是知识霸权控制进入,网络作家则受技术霸权控制,由网站技术人员控制进入门槛。文学网站完全实行公司化运营,文学网站有自己的编辑系统、后台管理系统和收费系统,在这一整套的系统之下,网络作家必须遵循既定的规则,他们的写作是工厂式的流水作业。王敏认为,在此种生存环境下的网络作家只是信息劳工,无法创作出具有纯文学价值的作品,也很难获得社会认同。丁述银(2018)以新闻作品的形式,关注网络文学行业底层生态,通过访谈网文写手、编辑、代写枪手等,阐述网络文学行业的生存环境、运行规则,深描写手和枪手两种码字工的生存与心理状态。王敏、丁述银已经意识到网络文学产业中存在的知识劳工问题。胡慧、任焰(2018)与张铮、吴福仲(2019)则将研究推向深入。胡慧、任焰(2018:178)研究发现,“以互联网技术为基础的平台资本通过众包生产体制,将大众的创造性活动纳入网络文学的生产过程,隐蔽地将网络作家转变为文学产业平台的知识劳工。网络文学产业平台通过‘梦想’的机会制造和技术控制,重建劳动价值体系,使网络作家积极地参与到自我规训的生产过程之中”。张铮、吴福仲(2019)从数字劳动的理论视角切入,探究外部劳动语境的特征及其对个体劳动境遇的影响,他们指出,在资本、技术与市场的共同作用之下,网络文学签约写手的数字劳动呈现出雇佣弹性化、生产社会化以及地位层级化的趋向,经由风险转嫁、全景监控以及劳动赋权等内在逻辑,作用于写手的主观体验、生产过程以及行为意愿。

上述研究普遍采用访谈的方法获取一手资料,进而展开传播政治经济学分析,历史纵深感相对欠缺。有别于它们,苑言博(2020)在探讨平台垄断下网文作者权益保护时引入了历史维度,将网络文学平台与网文作者的关系划分为合作期、剥离期、平台垄断期,指出随着时间的推移,网文作者与网络文学平台之间的联系日益紧密,但资本的注入使得平台与作者之间的力量日益失衡,平台借助其垄断地位日益侵害作者权益,使得二者之间的关系走向对立,极大地损害了网络文学的发展,亟须对平台力量进行限制,对网文作者力量进行补强。值得关注的是邵占鹏(2020)对农民网商与电商平台之间依附关系及其形成机制的研究,他指出,电商平台从数据资源、数据技术和金融资本三个方面建构起平台的强势地位,形成了流量集中、品牌效应、海量资金等比较优势及数据精准匹配、技术赋能、货币数字化的平台能力。强势的发展地位、独特的比较优势和强大的平台能力最终为农民网商编织起生产关系的樊笼。实际上,网文作者与农民网商有着相似的处境,都遭受着强势平台的控制。该研究为本文探讨网文作者与网文平台之间的不平等关系及其形成机制提供了有利参考。

时尚和流行主导着网络文学的发展,业界的实践、变化常超前于理论研究。2018 年,免费阅读模式在业界“卷土重来”,彼时学界在梳理网络文学历史发展时并未对它给予足够关注。“五五断更节”的爆发,让网络文学产业多年发展进程中衍生的问题“暴露在阳光下”,网文作者与平台的关系、网文作者抗争背后的利益诉求以及免费阅读模式都在重塑着网络文学产业生态,这在过往的研究中并未得到足够的重视。在网络文学 20 多年的发展历程中,平台与作者的利益博弈始终是网络文学商业模式演变的中心,作为生产者的网文作者与传播者网文平台之间的关系值得深入研究。有鉴于此,本文将网络文学发展进程中的“焦点事件”与商业模式历史变迁相结合,围绕“五五断更节”事件发生的过程展开分析,突出网络文学平台与网文作者的内在矛盾冲突,力图揭示网文工厂创作背后的“江湖”世界和规则,以期对网络文学的未来发展有所增益。

二、付费阅读模式的诞生及其问题

1.付费阅读模式的诞生

20世纪90年代末,网络文学发轫于网络作者自发性的免费分享。网络文学以连载模式依托BBS兴起,榕树下、龙的天空等第一批专业文学网站诞生,初步建立了网络读者与作者的交互模式。以美籍华人朱威廉1997年12月创办的“榕树下”为例,1999年变个人主页为公司后,“榕树下”作为中国网络文学的重要起点,凝聚了一批颇具影响力的网络作家。这一时期,网站和写手的版权意识薄弱,以“玩票”为主,这种单靠“烧钱”而没有盈利渠道的文学网站很快入不敷出,出现财务困境,终而难以为继(罗诗咏,2018:21)。2000年前后,伴随着互联网泡沫的破灭,以个人主页为主要载体的小型书站纷纷倒闭,以争取资本投资为基础的网络社区开始兴盛。随着互联网的普及,网络社区与论坛上的写作越来越兴盛,阅读所造成的社会影响也越发明显(储卉娟,2019:114-115),由此拉开了网络文学大众化的序幕。

21世纪初期,为了维持网站运营,实现网络文学商业价值的可持续发展,文学网站经历了各种尝试。真正实现网上付费阅读模式推广的是创建于2002年的起点中文网,其主要模式为:网站先开放一部分文学作品供用户免费阅读,如果该作品浏览量大,受到读者追捧,网站就会以章节为单位,根据该章节的质量和字数设置收费标准,并全额支付给作者。2003年10月,在该模式实行的第一个月,就有作者的稿费超过千元。2003年后,起点中文网快速发展。2004年盛大网络收购起点中文网,吴文辉及其团队成为全职员工。其他文学网站纷纷跟进,从而将起点的VIP制度推行到整个网络,正式开启了网络文学产业化进程

（王月，2012）。在产业繁荣的刺激下，越来越多的新人投入网络写作行列。

通过“微支付—更文—追更”的形式，VIP 在线收费制度将网站、作者和读者的利益诉求扭合在一起（邵燕君，2019：4）。中国网络文学之所以如此盛大，与起点原创、发展成功的 VIP 机制有着很大的关系，VIP 付费机制是网络文学健康发展的重要基础。①

2. 网文平台强势地位的建构

网络文学发展经历了由“为艺术而艺术”到“为经济而艺术”的转变，在网络文学的早期，文学爱好者在兴趣的驱动下进行创作，供读者免费阅读，网络平台以媒介载体的形式存在，网文作者基本没有收入，亦无追更压力，相对处于一种“为艺术而艺术”的自在状态，平台与作者之间平等合作、相互交流。此后起点引领的 VIP 在线收费制度使得网络文学有了自己的赢利模式，网络文学进入“为经济而艺术”阶段，网文作者的写作由情感导向转为市场驱动，网络平台由免费媒介转向经纪人（宁传林、夏德元，2018）。“资本注入后的平台因为掌控着渠道拥有更大的话语权，加上其规范化的公司经营团队，与普通网络文学作家之间的差距日益拉大，二者之间的合作关系出现了明显的不平等”（苑言博，2020：48）。

以 2004 年盛大收购起点中文网为起点，资本开始大规模地进入网络文学产业。2015 年盛大文学与腾讯文学合并，成立阅文集团，在这前后，百度文学、阿里文学亦先后成立，网络文学进入“一超多强”的平台垄断期。以阅文集团为例，据其 2019 年财报显示，阅文拥有网络文学市场 70%的内容、50%的创作者、主要顶尖作者和 50%左右的用户。“阅文集团已经在事实上成为具有高度市场影响力和市场统合力的超级平台”（苑言博，2020：48）。阅文集团从数据资源、数据技术、金融资本三个层面全面建构起平台的强势地位（邵占鹏，2020）。首先，数据资源表现为用户流量和平台的体量优势，阅文旗下有 QQ 阅读、起点中

① 林子人：阅文“霸王合同”是用资本主义逻辑扼杀文学创作？二者博弈古已有之。界面新闻，https://m.jiemian.com/article/4346584.html，2020.5.9。

文、创世等业界品牌,拥有1,220万部作品储备、810万创作者、数亿用户。海量内容吸引海量用户,数以亿计的用户又吸引网文作者投身阅文创作网文,用户流量和平台的体量优势之间形成了相互促进的循环效应。海量网文在阅文同台展示,能够被读者看到并最终付费阅读的作品是非常有限的,同行竞争极其激烈。相当程度上决定作品成败、作者收入的是网文平台的推荐,而非网文本身的质量。由此平台以网站推荐与资源推广为指挥棒,进行一轮轮造神运动,作为个体的普通网文作者依附、依赖于网文平台,在与平台的利益博弈中处于弱势地位。其次,数据技术表现为能够精准高效匹配海量供需关系,并运用技术赋能平台运营。阅文平台作为中间商,能够将读者的阅读需求与作者的创作进行有效匹配对接,在海量网文内容产出的情况下,进行精准匹配。而且随着大数据技术的发展,在2018年之后兴起的免费阅读模式下,阅文还可以依靠算法推荐盘活既有存量作品。再次,金融资本表现为平台借助金融支付汇聚海量流动资金,并实现资本集中获利。付费模式下,读者支付的货币在平台被转换为阅读币,读者通过阅读币、打赏等方式进行阅读并介入网络文学生产,而作者的收入亦由平台发放。阅文实质上成为作者与读者之间的金融平台。读者的资金与作者的收入都由网络平台掌控、计算、发放,网文作者和读者都摆脱不了阅读平台的金融掌控。

吴文辉等人探索出的付费阅读模式,将网络文学由兴趣爱好转变为能够养活作者、平台的生意。阅文凭借数据资源、数据技术、金融资本建构起自身超级平台的强势地位,它在流量基数、运营体系建设、福利保障、薪酬激励等方面在行业内处于领先地位。虽然网文作者受到强势平台的压迫,但是阅文作为流量聚集地,也是网文作者最有可能晋级“大神”的地方,平台与作者以订阅收入分成为基础达成了利益的脆弱平衡。

3.付费阅读模式下平台与作者的不平等关系

付费阅读制度的成功推广、资本的进入,使得各大文学网站以“工厂化”的方式组织网络文学生产,加以专业化的系统营销,对网络文学的蓬勃兴盛、扩大其社会文化影响起到了举足轻重的作用。但另一方面,文学网站又以其强大的机制规训写手创作，制定与写手间的利润分成方式，规划网站与写手、写手与受众间的种种关系，表现出新的强权力量（王小英、祝东，2010：155）。

不少学者指出，网文作者是文学界名副其实的“底层打工仔”，“要靠常人难以想象的体力劳动才能打拼出一条发财致富的血路”（曾照智、欧阳友权，2014：141）。网络写手面临的“整体劳动风险增加、劳动强度加剧、劳动报酬降低、劳动者权利削弱的困境”（张铮、吴福仲，2019：35）受到关注。绝大部分网络作家收入不稳定，高收入者凤毛麟角，且工作时间长甚至无休假，大部分网络作家的作息不规律（胡慧、任焰，2018：179），并遭受着一系列健康问题。尽管如此，大部分写手也只能通过不稳定的读者订阅量获取非常有限的收入。

在早期的“免费时代”，兴趣是网络写手们参与劳动的最初动因，而在付费阅读模式下，个人职业发展诉求等功利性动机扮演了更重要的角色。伴随着平台方的产业化进程，网络文学行业的“造神运动”从未停歇，层级化的酬劳制度带来了职业群内地位的分化。层级越高的写手越能够获得平台方资源的倾斜，并在版权收益的分配中掌握更大的主动权，职业内部的垄断竞争格局逐渐形成。读者熟知的“大神级”作家往往由强大的第三方生产机构和平台资源共同支撑（张铮、吴福仲，2019：41）。

“等级化签约制度让网络作家的劳动受到进一步的限制，网络作家想要获得劳动报酬，就必须与网络文学平台签约，才能获得阅读分成收入，如果作家选择不签约，则不能获得该收入”（胡慧、任焰，2018：186）。不仅如此，网络作家在面对网络文学平台时，自身的选择权利和谈判能力都是有限的。“网络作家的谈判能力来自其在劳动力市场的位置……面对网络文学平台，网络作家作为希望签约的一方，只能同意网络平台模版化的‘义务’合同”（胡慧、任焰，2018：182）。

综上所述，尽管付费阅读模式推动了网络文学的繁荣发展，但整个产业的大多数收益被平台和少数精英作者所瓜分，大多数普通作者仅靠不稳定的读者付费订阅获取有限收入，而且平台凭借拥有的读者数量、订阅流量以及已有作品量形成的市场垄断，“迫使”作者同意平台模板化的不平等合同，他们常常要放弃一部分的作品版权及相关的衍生权益。基于付费阅读机制的网络文学商业化生态形塑了平台与作者之间的不平等合作关系,网文作者对平台的不满已久。从某种程度上而言,“五五断更节”是长期以来网络文学行业付费阅读模式下网络作者和平台间矛盾的集中爆发。

三、“五五断更节”的爆发

随着网络文学产业付费阅读机制的日益成熟,网文平台与作者之间的不平等合作关系逐渐加深并固化,是怎样的力量打破了平台—作者利益共同体的脆弱平衡?为何作者在忍受平台“剥削”多年后在2020年5月5日骤然暴起,掀起群体抗争?要解答上述疑问,我们可以从梳理“五五断更节”爆发的时间线(见表1)开始。

表1 “五五断更节”爆发时间线

时间(2020年)	事件
4月27日	“龙空”爆料“五帝”离职,引发免费付费讨论
4月28—30日	部分阅文签约作者在互联网上表示收到阅文新合同,直指这是“霸权合同”
5月1日	以“龙空”为首的作者群,开始集体声讨阅文霸权合同,并蔓延到其他社交平台
5月2日	知乎标题为“腾讯接管阅文,新作者入行还有未来吗?”的提问冲上热榜第二,微博冲上话题榜第二,龙空网总计发帖4.7万条,破历史最高纪录
5月3日	阅文开展危机公关,表示网传“霸权合同”并非新合同;共青团中央官微发文保护作者著作权;网文大神与知名编剧纷纷发声,舆论场持续动荡
5月5日	部分网文作者发起“五五断更节”以抵制霸权合同,维护自身权益
5月6日	阅文启动“系列作家恳谈会”,就网络文学生态、创作环境优化、霸权合同等展开讨论
6月3日	阅文集团正式推出新合同

从上表我们可以清楚地看到,阅文管理团队的变动是“五五断更节”事件发生的导火索,此后网文作者与舆论的注意力被聚焦到“霸权合同”之上,而之所以选择5月5日,是充分利用5月5日马克思生日,将断更行动与反抗劳动剥削、资本压迫相联系,合法化并创新抗争剧目以便获得更大的反响与支持。

自2020年4月28日起,网上开始流传阅文换届之后的新合同,其中诸多条款引发舆论强烈不满。5 月 3 日凌晨,阅文集团紧急回应,称网上流传的合同是阅文于 2019 年 9 月推出的,并非换届之后 4 月 28 日推出的新合同。“五五断更节”事件后,阅文集团采取发布公开信、澄清声明等一系列行动,力图消弭“五五断更节”对集团的不利影响。到了 2020 年 6 月 3 日,在与作者们线下恳谈、多方调研的基础上,阅文集团正式推出新合同,针对此前合同中的十余条条款进行了修订。通过对比前后两份合同中的要点(见表 2),我们能更清楚地了解“五五断更节”爆发的症结所在。

表 2 “五五断更节”前后两版合同要点对照表①

2019 年 9 月合同要点	2020 年 6 月合同要点
作者创作的书,直到作者死后 50 年,版权都归阅文所有	明确著作人身权属于作者,著作财产权授权权利与资源相对应,由作者选择;明确作家拥有 IP 改编版权收益,无论平台自用还是授权他用
作者和阅文不再是合作关系,而是受阅文委托创作,著作权属于阅文;作者虽受阅文“聘请”,但双方并非劳动关系或雇佣关系,作者不享受集团福利	明确双方是合作关系,约定平台要为作者提供多种福利、权益
公司有权利更改作者作品销售方式,收费还是免费,由公司决定	是否加入免费模式,由作者自主选择和确认
阅文如对作者作品不满意,可由阅文方面找他人“续写”原作	删除平台自行安排完本或续写作品及作品大纲违约的相关条款
合同签订后,作者能得到的是扣除运营以后,读者付费后“净利润”的分成,有可能为负	明确净收益如为零或亏损,由平台兜底
网站拥有作者所有社交账号	平台不管理或代运营作者个人社交账号
如果作者的作品遭到侵权,维权自费	联动更多资源和平台,不遗余力狠打盗版
合同签订后,阅文享有作者下本书的优先权;如果作者发新书,需首先通知阅文;如阅文没有签约意向,才能在其他平台发布	缩小了独家授权范围和作品优先权范围,仅包括剧本及小说

透过上表我们不难发现,平台与网文作者矛盾冲突的症结主要集中在两个方面:一是作品著作权授权期限、IP 运营的利益分配。网络文学经过 20 多年的发展,版权收益日益成为平台、作者利益博弈的焦点。二是卷土重来的免费阅读模式,遭到网文作者尤其是中小作者的强烈抵触。

① 根据界面《网文作者揭竿而起:“五五断更节”始末》、澎湃《阅文推出新合同:授权分级、免费付费自选、社交账号作家运营》等报道汇总而成。

四、平台—作者 IP 运营收益博弈

1. 网络文学的 IP 运营时代

自 2008 年起,网络文学知识产权成为互联网产业的新宠,其形态由过去单纯依靠用户付费阅读的商业模式逐渐向“以 IP 为核心,全产业链、全媒体运营”转变(马季,2016:66-67)。2015 年是网络小说 IP 运营承上启下的重要节点,在国家政策和市场环境同时发力的情况下,2008 年成为 IP 元年。网络文学平台作为 IP 产业链的上游,此前一直面临收入来源单一、变现渠道少的困境。IP 开发运营带来了新的可能性,增加了网络文学的变现渠道。鉴于此,众多网文平台开始发力 IP 运营,但在实践中 IP 开发市场反应形成了严重两极分化,网络文学“IP 热”的背后也潜伏着危机。就阅文来看,作为行业领军者,阅文集团是网络文学平台 IP 运营的典型代表,它拥有丰富的 IP 资源,在 IP 市场上占据领先地位,但其 IP 运营之路并不平坦。

2017 年阅文集团上市后对外强调,要从网络文学扩展为以内容 IP 为基础的内容产业链,将阅文打造成“中国漫威”。2018 年 8 月,阅文以不超过 155 亿元人民币的价格收购新丽传媒,旨在完善 IP 业务结构,进一步深入 IP 价值链。据阅文 2019 年年报显示,其 2019 年的营收为 83.48 亿元,相比 2018 年的 50.38 亿元增长了不少。但从收入构成比例上来看,付费阅读和版权运营在营收中的地位完全颠倒:2018 年,包含付费阅读等在内的在线业务贡献营收比例为 76%(38.28 亿元),而版权运营仅占 19.9%(10.03 亿元)。2019 年,在线业务的营收几乎维持不变,为 37.10 亿元,但比例大幅下降至 44.5%,而版权运营的占比升高至 53%(44.23 亿元)。[①] 不过这是合并了新丽传媒 2019 年约 32 亿元收入之后。独立的版权运营收入在整体收入中占比仍不高,同时还包含与腾讯其他板

---

① 李净翰:作者发起“五五断更节”,350 亿网文巨头“后院起火”!《庆余年》《鬼吹灯》的辉煌还能延续吗? 每日财经新闻,https://m.nbd.com.cn/articles/2020-05-06/1431197.html? utm_source=qq&utm_medium=social&utm_oi=674388657918578688,2020.5.6。

块的关联交易。

在高价收购新丽传媒后,新丽传媒除了成功运营《庆余年》IP 项目,并无其他亮眼的成绩,2020 年上半年还遭遇了9,710万元的净亏损。阅文换届后在其发布的 2020 年上半年财报中,直言不讳地称:“我们缺乏一个既熟悉网络文学,也熟悉影视制作的团队来推动整个过程……我们还缺乏一种机制和自上而下的规划来推动构建以 IP 为中心的内容和运营策略,从而促进横跨各个内容形态的开发制作以最大化 IP 的生命周期价值。尽管我们过去取得了一些成绩,但真正的问题在于如何实现规模化。”①

归纳来看,网文付费阅读已经进入疲惫期,以 IP 为核心的多元变现方式正在成为产业不可逆的趋势,原本以付费阅读为主要变现渠道的状态正在改变,更加趋于多元。但是如何有效地开发运营 IP,即便是阅文集团这样的行业主导者,仍处于不断的摸索中,并为此付出了不小的代价。

2.“五五断更节”背后的 IP 运营利益纷争

虽然吴文辉表达过希望阅文能成为“中国漫威”,但是他更重视内容文本、编辑作者团队和阅读体验,对付费阅读有自己的坚持。与前者相比,程武出任阅文集团 CEO 后,强调腾讯将继续推动阅文从“最大的行业正版数字阅读和文学 IP 培育平台”向“更强的文学内容生态”升级。② 网文作者们对于 IP 的认识也在不断深化。早年网文作者,包括大神级作者的收入大部分依靠读者的订阅付费分成,版权显得无关紧要,因此早年出道成名的作者们,很多都和网站签了版权买断协议(丁述银,2018:10)。2015 年后 IP 大热,买断协议无法让大神级作者获得更多收益,他们与平台之间围绕版权利益的矛盾逐渐凸显,一些网文作者为了更好地掌控作品的 IP 开发与收益,出走阅文甚至与阅文对簿公堂。

当前网文作者的收入主要有三种:一、签约上架后 VIP 章节付费分成收入;

---

① 韩小黄:阅文半年报,为什么把自己锤这么惨? AL 蓝媒汇,https://mp.weixin.qq.com/s? __biz = MzIxMDU5MTcyMA = = &mid = 2247513843&idx = 1&sn = c21894edcfe48d944d687b2011bacf8d&chksm = 9760bc74 a0173562f636199,2020.8.13。

② 何西窗:关于阅文集团“合同风波”背后的冷思考。界面新闻,https://www.jiemian.com/article/4332368_foxit.html,2020.5.4。

二、网站基础福利保障收入;三、可能的版权收入。据中国网络文学作者报告(2016:14)显示,将近70%的作者薪酬分布在0~5,000元,绝大部分网文作者收入微薄,因此大部分网文作者都希望自己的作品被改编,虽然实际上能够被进行IP运营的只有少数,但是普通作者还是对版权收益抱有一份期待,如果作品被改编,收入即可一飞冲天。利之所在使得无论是阅文集团、大神级作者还是普通作者,都分外看重IP版权。2019年9月版合同中有关IP版权的争议性条款,直接触动了网文作者的敏感神经,引起他们强烈不满。针对版权问题,多名网文作者均指出,阅文(起点)很早就在合同中获得了作者的全版权,并且期限为作者死后五十年。网文作者们不满的并非全版权被阅文获取,问题的关键在于合同中的授权期限,很多网文平台一般是签订五年、十年,但是阅文合同意味着签终身版权(陈茜,2020:38)。

在后续的回应与合同修订中,阅文首先明确指出著作人身权,是作者不可转让、不可剥夺的权利,属于作家独有,阅文绝不会通过任何方式分享或获取这种权利。进而在2020年6月,取消单一格式合同,推出基础协议、授权协议(甲乙版)、深度协议等三类四种合同。[①] 在基础协议中,作者完全不授权,虽然还可在平台发表作品,但无法获得平台资源支持,更没有付费订阅分成与版权收益,被作者们视为废弃选项。深度协议只针对白金、大神级作者,一人一议,大神作者们凭借积累的庞大粉丝群与流量,在与平台的议价中占据一定优势。中小作者只有授权协议甲乙两版可选:甲版中,平台为作者提供推广资源,双方净收益5∶5分,授权年限为“死后五十年”;乙版中,平台无需对作品提供资源,作者分得70%收益,授权期限只有完本20年,但期间一旦作品被改编,则自动转为著作财产权保护期满为止。涉及改编,乙版与甲版无异,且还无法获得甲版的推荐资源。权衡之下,大多作者们只能选择甲版。事实上,“对于广大作者强烈抵制的授权期限死后五十年这一条,依旧没有改变”,而在一份有2,673位作家参与的《网文

① 揭书宜:阅文推出新合同:授权分级、免费付费自选、社交账号作家运营。澎湃新闻,https://m.thepaper.cn/newsDetail_forward_7678754,2020.6.3。

作者签约数据分析报告》中，显示76.05%作者的授权意愿在三到五年之间。①

“五五断更节”风波之后，阅文在IP运营方面做出了有限的让步，但距离作者们的期望尚有距离。究其根本在于付费模式下平台的强势地位，面对“五五断更节”之后阅文推出的分类授权合同，多数作者为了获得推荐、流量等，依然被迫接受版权授权更长的甲版授权合同。在网络文学行业，平台与创作者之间，始终是平台掌握话语权，网文作品“没有推荐就是死”。② 如前文所述，当前网文写手的劳动供给已经出现过剩的局面，在强者愈强、弱者愈弱的劳动生态下，没有平台的推荐与资源扶持，普通作者难有出头之日。

当前IP运营已成为网络文学产业变现的重要方式，受到平台、网文作者的高度重视。网络文学产业经过多年发展，作者内部已然层级化，头部作者的收入构成中版权收入占比越来越高，付费分成收入占比越来越少，凭借自身积累的庞大粉丝群与流量，他们与平台议价的能力显著增强。在“五五断更节”中，他们更关注的是版权分成细则，行业整体的付费、免费趋势。不同于他们，腰部及以下的底部作者，收入微薄，因为创作多年未获得平台扶持，对平台长期以来把控的推荐、流量机制不满，同时对IP改编仍抱有一丝期待。但阅文集团的霸权合同让他们改善自身处境的梦想破灭，因此他们在管理方换人的诱因下，参与到“五五断更节”之中，且反应远比头部作者激烈。

不仅如此，网文作者内部的层级化还直接导致“五五断更节”中网文作者队伍的分裂乃至对立。“五五断更节”反对主力更多是平台上的中小作者群体，而包括“唐家三少”“风月”“老鹰吃小鸡”“爱潜水的乌贼”“国王陛下”“愤怒的香蕉”等在内多位网文大神的发声被指力挺平台遭到攻击，被视为“工贼”，甚至还有网友统计“爆更名单”，威胁正常更新的网文作者。网文作者内部诉求的差异乃至撕裂，正是阅文集团推出上述三类四种合同，分而治之策略得以成功的重要前提。

① 李秋涵：阅文新合同一个月：谁在逃离，谁在回归？燃财经，https://m.jiemian.com/article/4622965.html，2020.7.4。

② 同上。

"五五断更节"的前后过程,充分说明作为个体的网文作者深陷与平台的不平等关系之中,在2015年之后IP运营日益成为网络文学产业重要的变现方式以及平台与作者利益博弈的焦点,吴文辉及其团队作为网络文学商业模式的开创者,多年来与一众网文大神建立了密切的联系,亦因为更重视内容文本受到众多网文作者的信任,他们的突然"荣休"使得平台与作者围绕IP运营收益日益激化的冲突失去了有效缓冲,加上新管理层力推免费阅读模式等因素叠加,最终多年积累的矛盾在2020年5月5日这一经过选择的日期爆发。

五、"五五断更节"背后的免费暗影

即使遭遇"五五断更节"及强大的舆论压力,阅文集团推行免费阅读模式的决心也未曾动摇。对于签约作者来说,平台推行的免费阅读模式是触发"五五断更节"的主要因素之一。阅文随后表示,由作者自主选择免费还是付费,在巩固既有的付费阅读模式之外,将继续探索免费阅读模式。据《21世纪经济报道》,吴文辉及其团队离职的起因,也要追溯到近两年的阅读免费之争,阅文被远远甩在身后。[①] 因此,要厘清"五五断更节"爆发的深层原因,免费阅读是无法绕开的关键。

1.免费模式的兴起及其问题

近年来,以抖音、快手、花椒直播等为代表的视频类、直播类App崛起,抢占用户更多的注意力和时间,仅靠文字吸引付费用户已经触及天花板。自2017年开始,阅文平均月付费规模连续三年下降,虽在2020年上半年因疫情原因略有回升,但阅文付费阅读规模见顶趋势明显。不仅如此,2018年免费阅读App的兴起,更是使得延续十多年的付费阅读模式倍受冲击。米读、连尚文学、番茄小说等,以"免费+广告"的模式吸引大量用户聚集,也成为资本市场的新宠儿。

---

① 李宏晶、长帆:阅文集团官宣管理团队调整,吴文辉辞任CEO,网传因阅读免费之争。雷达财经,https://m.jiemian.com/article/4309794.html,2020.4.27。

区别于付费模式平台，免费模式阅读平台的核心用户特征是更下沉、中老年用户占比更高。这一用户特征给行业带来了一定数量的增量用户。另一方面，下沉市场中老年用户的付费意愿相对较低，免费模式也因为能够更加贴合用户的属性，从而获得了迅猛的发展势头。

吴文辉领导下的阅文察觉到了市场的新变化，在竞争对手的压力下，阅文在2019年3月上线了免费阅读产品“飞读”，但作为网络文学付费阅读模式的开创者和坚守者，吴文辉一直对免费阅读模式的稳定性抱有怀疑（陈茜，2020：40）。外界针对免费模式的质疑集中在两点：首先，免费模式能否培育出优质IP？免费模式下网文作品要变现必须具备很大流量，这可能会导致作者通过揣度平台规则，并以此为基准进行创作，进而让内容创作方式更标准化，由之带来的影响是作品本身陷入同质化，不利于新爆款作品的产生。与之相比，在付费模式下，作品能否获得读者认可，更依赖作者自身的创作力，对于平台而言，虽然单个作者的创作水平具有不确定性，但只要平台体量够大，合理的回报机制会让优秀的创作者和作品脱颖而出。其次，免费模式依靠广告赚钱的道路并不好走。在当前的广告市场上，与网文相比，用户增长迅猛的短视频平台对广告主更有吸引力，在广告主眼中网文流量并无特别之处，免费模式下平台的ECPM（每一千次展示可以获得的广告收入）并不可观。在流量价值不高的同时，免费模式获客成本却并不低廉，平台的盈利空间被压缩。与此同时，流量价值低意味着平台为了提升广告收入必须增加广告位，这势必带来用户体验的下降，导致真正有价值的用户逐渐流失，陷入恶性循环。①

付费阅读模式带来了网络文学产业的繁荣，但也让网文产业陷入了舒适区。与竞争激烈、增长迅猛的短视频市场相比，付费模式下阅文一家独大的局面持续已久，整个网络文学产业已进入瓶颈期。免费模式卷土重来的背后是网文产业期待革新的深层需求。

---

① 吕玥：免费 vs 付费：阅文争议漩涡中，网文模式到底该怎么走？深响，https://m.jiemian.com/article/4343090.html，2020.5.7。

2. 中小作者对免费阅读的忧虑

尽管免费阅读模式存在不确定性,但是相比推行多年的付费阅读模式,它更受资本青睐。以阅文为例,腾讯作为集团第一大股东,对以付费阅读为基础的商业模式并不满意,试图通过IP运营、免费模式加以突破乃至取而代之,而吴文辉作为付费阅读模式的缔造者,并不看好免费阅读模式,双方在集团战略上的分歧,导致吴文辉黯然退出,腾讯系全面接管阅文。

以米读为代表的免费阅读平台,尽管发展势头迅猛,但打造IP能力远不及主打付费阅读的阅文。阅文换届以后,程武在发布的内部信中,首先提到的就是要实现IP培育能力升级,最后才是应对市场竞争与环境变化的探索免费阅读模式。腾讯要靠版权全产业链打造IP帝国,而不是急于改变网文江湖的格局。在“五五断更节”风波中,阅文明确表示,全部免费阅读系谣言,在2020年6月版合同中亦明确,付费还是免费由作者自主选择。尽管如此,网文作者,尤其是腰部、底部作者仍然对免费阅读模式心怀忧虑。相比于头部作者拥有高额的版权收益,多数腰部以下作者的收入依赖平台的付费分成和全勤奖等福利,由于中腰部作者的作品多数知名度相对一般,后续也基本没有IP转化的可能收益①,他们担心免费阅读会进一步降低他们的收入。

2019年9月版合同第5.4条称“平台不排除以类似‘点击浏览广告、浏览指定页面、完成互动任务等形式以代替付费购买作品章节’等方式,向终端读者提供协议作品的订阅服务,且该新型销售模式仍旨在积极销售协议作品,不应视为平台侵害作者利益”。不少作者猜测,阅文的想法是通过免费阅读引流,再培育和开发IP变现。同时,即使不是全免费模式,一旦QQ浏览器、QQ阅读、微信读书等腾讯其他渠道采取了免费模式,势必会导致阅文旗下渠道(起点、红袖等)的用户量以及付费量减少。② 腰部及底部作者的另一忧虑在于,免费模式之

① 星相大白:如何看待阅文篡改作家后台,导致其在“五五断更节”这一天平白无故多出了更新章节?知乎,https://www.zhihu.com/question/392665986/answer/1201901522,2020.5.1。

② 白金蕾:网络文学作者“集体维权”,阅文集团困境待解。新京报,http://www.bjnews.com.cn/finance/2020/05/04/723974.html,2020.5.4。

下,读者通过包月会员等形式阅读 App 上所有小说,不同于付费阅读模式之下,作者可以在后台看到直观的订阅、打赏数据,免费模式下包月会员费用的分配、投放广告的分成,成了一个完全不透明的暗箱。在暗箱之外,阅文亦尚未出台免费模式下作者利益分成的详细政策细则,这势必引发中小作者们的不安乃至反抗。

综上所述,当前付费阅读用户规模见顶趋势明显,免费阅读模式虽能够增加用户规模,但广告变现之路艰难,且平台本身缺乏对作者的培养,难以构建起健康的内容生态。付费、免费均有自身立足的逻辑和基础,相较发展多年成熟的付费模式,免费需要更长时间去验证模式的可行性,而此次阅文风波也显示出行业转向的复杂程度和艰难程度。[①]

六、结语

在此次“五五断更节”风波中,反抗阅文霸权合同的主力是腰部、底部作者。中小作者们恐惧的首先是版权 IP 开发背景下,版权收益被平台完全掌控;其次是免费模式阴影下,订阅收入减少。“五五断更节”的背后是自 2003 年以来发展成熟的网络文学付费阅读模式被全面冲击,具体而言包括短视频、长视频等强势崛起,抢占用户注意力,付费阅读人数、金额下降;IP 运营成为网络文学产业重要的变现方式;免费阅读模式卷土重来,等等。

在 2015 年之前,付费阅读是网络文学主导性商业变现模式,平台与作者的冲突在付费分成、作者福利体系的加持下潜隐不表。但是发展到 2017 年前后,付费阅读的天花板已经显露,以 IP 为核心的多元变现方式正在成为产业不可逆的趋势,IP 运营显露出超越内容付费成为网络文学支柱性商业变现模式的潜能。平台与作者在网络文学发展历程中积压的矛盾冲突被引爆,中小作者在产业新生态之下的版权自主权、流量变现收入被持续剥削,而旧有模式下的订阅收入亦因为免费阅读的兴起面临被取消的窘境。

---

① 吕玥:免费 vs 付费:阅文争议漩涡中,网文模式到底该怎么走? 深响,https://m.jiemian.com/article/4343090.html,2020.5.7。

2018 年之后网络文学发展进入一个瓶颈期,互联网企业的流量分发逻辑开始冲击网络文学原有基于内容为王的付费逻辑。在“五五断更节”的背后存在着一显一隐两大矛盾:外显的是平台与网文作者的冲突,潜隐的则是阅文平台内部两条路线方针之争。吴文辉及其团队,作为网络文学付费模式的开创者,长期以来更为关注的是网络文学的内容生产与质量,更重视内容文本、编辑作者团队和阅读体验,资本方腾讯则更为看好流量逻辑,力推“泛娱乐”IP 运营,通过免费阅读吸引受众流量变现。

在“五五断更节”中,与腰部、底部作者激烈抗议形成鲜明对比的则是白金大神作者的相对沉默,究其根源在于在新的流量逻辑之下,他们凭借庞大的粉丝群与作品引流能力,在与平台的合同议价中占据优势,在他们的收入构成中订阅分成占比越来越少,版权运营收益占比越来越多,“IP 合伙人”模式下他们能够获得更多收益。网络文学 20 多年发展所形成的金字塔格局,从实质而言,是一个赢家通吃的生态,位于金字塔顶端的大神们与平台一同分享了这个产业最大的红利,而中小作者们更多的只能依赖平台的福利性保障。但事实上,网络文学不仅需要白金、大神的加持,更需要无数中小作者们的奉献。没有他们,网络文学工厂的类型化写作无法在不断的复制重复中实现边缘性、阶段性的突破、创新。网络文学产业在探索新的商业模式的进程中必须考虑中小读者们的利益与诉求,它们是整个行业的塔基。

理解此次“五五断更节”的另一关键在免费阅读模式,与业已成熟的付费模式相比,免费阅读 App 在获得极高的用户增长的同时,也面临着广告营收无法覆盖成本,以及与短视频产品争夺广告主不占优势等残酷现实,免费模式还需要更长的时间来自证这是一条可行通路。① “五五断更节”中网文作者对免费模式的抵触表明,平台要想顺利推行免费阅读还需出台透明公开、公平合理的利益分成细则,确保作者尤其是中小作者的合法收益。厘清平台的权力边界,建立公平合理的利益分成机制,将是网络文学产业可持续发展的关键。

---

① 吕玥:免费 vs 付费:阅文争议漩涡中,网文模式到底该怎么走?深响,https://m.jiemian.com/article/4343090.html,2020.5.7。

参考文献

陈茜(2020),《“5·5断更”阅文“变法”》。《商学院》,第6期,页37-40。

程海威(2018),《网络文学发展的成果检视与学理探讨——“中国网络文学二十年”全国学术研讨会综述》。《网络文学评论》,第4期,页116-122。

储卉娟(2019),《说书人与梦工厂——技术、法律与网络文学生产》。北京:社会科学文献出版社。

丁述银(2018),《码字工——网络文学底层生态》。南京大学硕士学位论文。

胡慧、任焰(2018),《制造梦想:平台经济下众包生产体制与大众知识劳工的弹性化劳动实践——以网络作家为例》。《开放时代》,第6期,页178-195。

李涵(2018),《网络文学20年发展大格局》。《网络文学评论》,第6期,页14-19。

罗诗咏(2018),《中国文学网站二十年》。《网络文学评论》,第6期,页20-26。

马季(2016),《IP的实质:网络文学知识产权漫议》。《文艺争鸣》,第11期,页66-73。

马季(2018),《网络文学的渠道与内容关系解析》。《中国文学批评》,第3期,页95-101。

欧阳友权(2018),《中国网络文学二十年》。《文艺论坛》,第1期,页32-41。

邵燕君(2018),《网络文学20年:媒介革命与代际更迭》。《长江文艺》,第4期,页126-128。

邵燕君(2019),《网络文学的“断代史”与“传统网文”的经典化》。《中国现代文学研究丛刊》,第2期,页1-18。

邵占鹏(2020),《农民网商对电商平台的依附关系及其形成机制》。《上海对外经贸大学学报》,第3期,页48-56。

王敏(2014),《网络作家的生存环境研究》。南京师范大学硕士学位论文。

王小英,祝东(2010),《论文学网站对网络文学的制约性影响》。《云南社会科学》,第1期,页151-155。

王月(2012),《新世纪中国网络写作的产业化》。《文艺研究》,第5期,页86-93。

夏烈(2018),《态度与方法:略说介入网络文学20年的学术资源》。《中国图书评论》,第10期,页84-90。

欧阳友权、贺予飞(2019),《网络文学研究的几个学术热点》。《文艺理论研究》,第3期,页174-183。

许苗苗(2018),《网络文学20年发展及其社会文化价值》。《中州学刊》,第7期,页152-156。

禹建湘(2018),《产业化背景下网络文学20年的写作生态嬗变》。《中州学刊》,第7期,页151-155。

苑言博(2020),《平台垄断下的网络文学作家权益保护》。《中州大学学报》,第4期,页47-51。

曾照智、欧阳友权(2014),《论网络写手的"文学打工仔"身份》。《东岳论丛》,第35卷第9期,页141-144。

张铮、吴福仲(2019),《数字文化劳动者的劳动境遇考察——以网络文学签约写手为例》。《同济大学学报》(社会科学版),第30卷第3期,页35-44。

赵兵、郭才正、祁汝峰、马云辉、王飞(2018),《近二十年(1998—2017)我国网络文学领域研究现状分析》。《新闻研究导刊》,第9卷第17期,页18-19。

周兴杰(2018),《网络文学20年接受方式的转变》。《中州学刊》,第7期,页162-165。

研究论文

编织记忆:新冠肺炎疫情期间互联网视频中的灾难叙事

◎ 邱　月*

摘要: 2020年年初,中国社会遭遇了新型冠状病毒性肺炎疫情,为防控疫情风险,各级地方政府从1月中下旬开始对社会流动进行一定程度的限制。在隔离抗疫的这段时间,人们对大众媒介有着极高的关注度和参与度,互联网更是成为不少人了解资讯、开展社交、获取情感支持的重要途径。在此背景下,本文以哔哩哔哩(Bilibili)视频平台为例,考察人们在2020年1—4月期间所上传的与新冠肺炎疫情相关的记录生活的视频,将其置入灾难叙事的文化脉络之中,发掘口头传承、大众媒体和互联网媒体中灾难叙事的特点与差异。文章以互联网中疫情相关的数字灾难叙事为切入点,展示出哔哩哔哩视频平台的年轻人在纪录、传播自我生活等内容的表述中所体现的开展公共话题讨论的意愿,补充正式渠道话语权的冲动,以及参与集体记忆建构的需求。此外,文章通过互动仪式链和情感能量的框架看到在哔哩哔哩这样具有较高互动性的视频网站中人们集体记忆编码来源的多渠道性,以及由此带来的话语权威的消解与重构,从而进一步探索通过互联网社区的情感共振塑造集体记忆的方式和可能性。

关键词: 新冠肺炎疫情,灾难叙事,互构性,情感能量

* 邱月,南京大学社会学院助理研究员。

一、引言

灾难的发生常常可能导致社会结构和组织方式产生某些方面的变化，破坏性越强的灾难，如地震、海啸等对人口和基础设施造成明显创伤的灾难，不仅更容易引起社会的关注，也往往出现明显的社会变化（Adams，2013；Kenny，2010），像热浪、SARS病毒等造成人员伤亡却对基础设施等影响不明显的灾难，其对社会产生的影响更为隐蔽却也不可谓不深远，值得更加细致地探寻（Klinenberg，2003；Kleinman & Watson，2006）。以往具有强破坏力的自然灾难，受灾群体相对集中，更多的人都是通过不同媒介了解知悉灾难的发生以及受灾地区的损毁。而2020年世界所经历的新冠肺炎疫情略有不同，虽然很多人没有身处疫情最严重或者风险最高的地区，但是社会中每个人的生活都不可避免地受到新冠肺炎疫情的明显影响。

2020年，新型冠状病毒性肺炎成为全世界范围内影响最大的公共事件之一。一方面，中国国内的疫情从2019年12月发端，2020年1月进入快速发展阶段，之后新型冠状病毒性肺炎疫情成为全社会关注的焦点。1月23日武汉封城，全国各地在2020年春节前后迅速控制了人口流动和人员聚集。让人没有想到的是，这个不同于以往的春节开启了此后国际关系和人们生活方式的转变。2020年整个第一季度，中国社会运作的绝大部分精力都围绕着疫情防治展开。在此期间，民众暂停了绝大多数的外出活动，保持一定的社会距离，减少人与人之间的切实接触，尽可能将日常生活局限在家庭之内，强调“不出门就是对自己和别人负责”。另一方面，在控制活动范围、减少社会交往的同时，人们更加热切地关注疫情发展，希望能够更快获得最新信息。在近年来中国高速发展的互联网产业的推进下，网线的铺设和智能手机的普及在基础设施层面保障了网络活动可以高频度、高密度、大范围地发生。因而，互联网的即时性特点使其成为疫情防控期间人们最为依赖的信息来源和社交手段。当民众暂停了绝大部分日常外出活动，将主要的注意力投放在互联网上的时候，网络空间中关于疫情近况的信息分享,家庭日常生活的呈现,乃至关于公共话题的诸多讨论都达到空前的热度。

目前关于新冠肺炎疫情的学术讨论中,已经不乏注意到了其潜在的社会影响(徐新建,2020)、疫情期间互联网为中介的生活方式(朱迪,2020),以及主流媒体制作的电视和视频直播所产生的社会记忆等方面(张文娟,2020;李菲,2020)的研究。本文将切入点放在互联网视频上面,主要考察视频网站 Bilibili 用户所制作的关于新型冠状病毒性肺炎及疫情防控的视频,关注本次疫情如何在个人制作的、非正式用途的视频中被呈现和讨论,由此进一步探究数字化时代的灾难叙事同以往的灾难叙事有着怎样的异同,以及关于疫情的不同文本如何在跨媒介的场景中被制作、分享和讨论,被文本化、符号化、仪式化,继而在频繁的互动过程中编织成青年群体关于大家共同经历的这场灾难的集体记忆。

二、灾难的表述及其内在意涵

灾难,大多数时候因为其对所在社会的剧烈冲击,具有强烈的情感性和事件性,对集体记忆的形成和塑造能够产生巨大影响。而叙事是让人们重新整理、消化和理解灾难的重要途径。本文讲到的灾难叙事主要是指人们关于灾难的表述和话语,可以将其看作贯穿人类社会发展的一种记忆装置。一次灾难,如汶川地震,在社会的讨论中,不可避免地由自然灾害转化为公共事件,再在不断的叙事中成为一种文化符号,被编织为社会记忆,而在汶川地震中频繁出现的“多难兴邦”“众志成城”等词汇已经成为每当遇到灾难性事件时的惯常表述。当灾难的影响范围越广,参与叙述的主体越多,其不同社会地位、阶层和立场之间的叙事差异就越明显。不同主体对灾难的诠释,不仅与其立场、经历相关,也潜藏着人们更深层的社会心态和价值观念。而且在灾难发生后,人们的追忆和表达也存在主动叙事和被动叙事的差别,具有主动叙事动机的除了受到重大冲击需要情绪出口的个体,更多时候是媒体和正式组织更有主动叙事的意愿,而不少个体在受灾初期的情感冲击缓和了之后,往往较少提起其受灾经历,或者是在外因的驱使下才产生被动叙事。

我们常见的灾难叙事主要集中于书面和口头表述,当进入传媒时代之后,就更多出现不同媒体乃至跨媒体形式的灾难叙事。大卫·罗格斯从历史的维度,采用宗教图式、政治图式和大众媒介图式这三种框架来讨论建构集体记忆的主要方式,王晓葵(2014)借其框架对中国不同时代的灾害记忆进行了细致的分析,通过叙事来观察记忆的逻辑和形成过程,并且认为大众传媒时代,在传统的政治叙事之外,特别是互联网叙事中,民间传承和人性叙事记忆框架是灾难记忆中最具有生命力的形态。此外,在关于公共事件的叙事中,除了在政治和权力加持下的"大叙事"以及具有自我独白性质的"存有式叙事"之外,叙事还有一个重要的意图就是进行"述说"(齐伟先,2013),即为了交流和沟通进行的讲述,这点在互联网时代的灾难叙事中得到了极大的加强。

互联网时代的表达以时效性强、跨媒体、匿名性、多主体、去中心化为鲜明特色,人们在非正式的情境下更加容易流露出真实的情绪和态度,也更加便利地促使人们就灾难这样的公共事件进行互动。本文涉及的灾难叙事主要是指关于灾难的各种讲述、书写和表达,其中既涉及民间流传的神话、传说或仪式,也关乎大众传媒时代的媒体叙事,然而本文最重要的落脚点还是会放到经历过灾难的普通民众的讲述上,特别是以互联网平台上的 Vlog 短视频和动画短片以及观看者的反馈和讨论。

1.民间流传的灾难叙事

在人类长时间的历史中,书写的权力大多由精英把握,精英叙事中的灾祸也往往跟统治者或者社会主流的道德表现相关(王晓葵,2014)。而在广大民间流传的灾难叙事更多是嵌入在神话、地方传说或者仪式、民俗活动之中,主要通过口头传承和仪式操演的方式不断复刻叠写在人们的记忆之中。洪水、干旱、地震、火灾等天象常常出现在各民族的创世神话里,也有不少关于雷电、大风、大雪、冰冻等的神话,展现出人们对自然和生态伦理的理解,同时也内化了他们对灾难的应对和防范思想(李永祥, 2016)。人们关于灾难的集体性的记忆也往往附着在相关的祭祀、信仰、传说乃至建筑、景观之中(樱井龙彦、虞萍、赵彦民,2008),成为集体无意识的心智共享的文本交流方式(王曙光、克茨,2013)。因为灾难对地方所产生的深远影响,不可避免会成为影响一个地区社会结构的重大因素,也会附着在信仰的威慑下潜藏于此后社会形态之下,参与到地方社会关系重新建构的过程中,成为日常生活逻辑的一部分(孙旭,2017)。此类以传说和地方神祇信仰为表象,以历史记忆为本相的灾难记忆传承装置,还具有维系道德和慰藉情感的功能(沈燕、王晓葵,2018)。

时至今日,人们对灾难的解释和理解依然会受到地方传说和民间习俗的影响。大众传媒语境中,对灾难的记录和表述也是掌握在擅于书写文字或者掌握相机或话筒的人手中,如果要考察民众的灾难记忆,很多时候还是要在口头传统和生活实践中才能看到。黄洁对桂北侗族村寨的调查发现,人们对 1963 年火灾的记忆和当地传承的“送火神”仪式,不仅体现了地方风水观念和文化逻辑,也包含着人们对灾难的理解,由此发展出应对的措施(黄洁,2014)。在关于闽东沿海村落的案例中也能看到,在 2006 年渔港遭遇台风之后,地方民众在叙事中以传统地方知识与现代气象信息相互验证,重新唤起社区曾经的安全实践,继而形成社区新的集体叙事话语(张先清、张云鹤,2018)。游自荧(2017)在研究山西洪洞县灾民讲述 2013 年水库坝体坍塌所致的水灾时,注意到人们将现代灾难与上古神话结合起来进行叙事,以地方的身份认同来强化社区的核心凝聚力。

2.大众传媒呈现的灾难叙事

在互联网普及之前,大众传媒对灾难的呈现很多时候还是在传统权力框架之下惯常的“受灾—获救—感恩”模式,“1976 年前后的中国,并没有真正意义的大众传媒,那时中国的公共记忆可以说完全是以政治话语为叙事方式的”(王晓葵,2014)。今天人们提起灾难报道或者灾难叙事的时候,有几次重要的事件常常被提及,其中主要包括 1976 年的唐山大地震、1998 年的洪灾,2003 年的 SARS 和 2008 年的汶川地震等。其中唐山大地震的时候,主流媒体的报道很少呈现灾情和具体灾民生活,更多是党和政府对受灾民众的慰问,同时表现唐山人民坚忍不拔的自救精神(钱刚,2009:112)。当时,国内主流媒体的新闻报道主要集中在对灾难引发的社会行为和政府行为上面，到 1980 年以后，关于灾情和受灾群众的报道才逐渐增加（张威，1999）。甚至此后八年间，对于唐山地震的讨论也鲜见报端，直到 1984 年唐山抗震纪念碑和抗震纪念馆筹备之时才在公共话语中出现了关于这场灾难的叙事（王晓葵，2014）。大众媒体中的灾难记忆也常常和战争隐喻联系起来，其中就出现了敌人、英雄、统帅和战士类似的表述。李洪涛（2014）在研究 SARS 的灾难叙事时发现，媒体讲述方式的不同，选择的报道对象是官员还是患者，讲述的方式是权威讲述的专访还是带有观察性质的特稿都影响最终的表述。官方媒体叙事中，统帅作用和胜利相关，直指意识形态的胜利，而在市场化媒体中，抗击不单单是决策英明和英雄赞歌，还有波折和挫败，不仅有天灾还有人祸。

相较于曾经的灾难报道主要集中在国家救援和坚强不屈的抗灾精神，2008 年"5·12"地震后的大众媒体叙事虽然还是以"抗震救灾"作为主要着墨点，但其中已经能看到不少对个体的关注和微观层面的表达，特别是出现了大量幸存者、救援者，包括媒体记者的口述叙事。其中由中央电视台制作的《铭记："5·12" 汶川大地震口述历史》（中央电视台新闻专题部，2009），是将灾难亲历者的个人遭遇和感受情绪记录下来。另外，石家庄日报社和绵阳日报社也在灾难发生不久就开展合作，第一时间在报纸上连载亲历者的口述，后来也结集出版为《汶川记忆》（上、下）（石家庄日报社、绵阳日报社，2008）。在这类出版物中，幸存者们在当时的访谈中还能清晰地回忆起地震发生时他们身处的环境、如何幸免于难、劫后求生的历程以及对生命的感悟。然而也应该注意到，在这场媒体关注度极高的公共事件中，民众的灾难叙事很大程度上是在记者的采访下完成的，也就不可避免会出现对访谈对象的筛选和叙事内容的引导，乃至对文本的整理和修饰（邱月，2008）。同时，作为灾难的见证者，记者以及不少文字工作者也会回顾反思他们在这场劫难的中的所见所感，例如南方都市报社牵头组织了《巨灾时代的媒体操作：南方都市报汶川地震报道全记录》。媒体工作者们会将工作要求与个人态度区别开来，同时也清晰认识到新闻报道和灾难叙事在信息选择和呈现方式上的差异（南香红，2009）。此外，不少媒体行业以外的人，也愿意用报告文学的方式记录自己在汶川地震中的经历和感受,例如赵亚辉(2008)编写的《永远的汶川:大地震前后的珍贵记忆》主要用图文的方式来展现地震前后的风貌差异和人物故事,李卓(2009)从志愿者的角度在《国难时,我当了志愿者》中叙述自身的灾难记忆,《"5·12" 汶川特大地震百日手记》也是孟非(2011)以手记的方式记录的见闻和情绪想法。可见,在汶川地震的灾难叙事中,已不再是由主流媒体垄断性地进行"大叙事",人们在回忆录、互联网乃至地方传说和日常生活表述中也在不断进行着他们的灾难叙事。在主流媒体的引导下,国家领导和与灾难抗争的话语更多指向正面向上的乐观态度,而受灾者个体的伤痛逐渐被压制和遗忘。

3.互联网领域的灾难叙事

互联网在灾难叙事中的参与在汶川地震中已经显现。2008 年 6 月,中国网民数量为 2.53 亿人,互联网普及率仅为 19.1%(中国互联网络信息中心,2008)。即便如此,在汶川地震、北京奥运会等事件中,互联网成为传统媒体以外重要的舆论空间,其中新闻跟帖、网络论坛和博客是人们传递信息、表达意见的主要渠道(祝华新、单学刚、胡江春,2014;孙卫华,2016)。而在 2013 年雅安地震后,以微博为代表的互联网媒体在信息发布、新闻报道、公众参与等方面就起到了较以往更大的作用(靖鸣、马丹晨,2013)。随着互联网信息传播在民众生活中的比重不断提高,主流媒体也十分重视对民间话语的吸纳。此前,在汶川地震 10 周年的媒体报道中,主流媒体对"融媒体"以及不同平台和终端的联动给予很高重视,也主动向普通民众征集关于灾难的叙事,人民网推出《讲述你的"十年"故事》,"央视新闻"公众号 5 月 9 日发布《十年,致你的一封信》,新华社公众号推出《十年前的"5·12",你在干什么?》,这些栏目也致力于将人们的个体记忆编织进更宏大的集体记忆之中(文贤弈,2018)。

到新冠肺炎疫情发生的 2020 年,互联网已经极其深入地影响到人们日常生活的各个角落。截至 2020 年 3 月,我国网民规模为 9.04 亿,互联网普及率为 64.5%,农村地区的互联网普及率也达到 46.2%(中国互联网络信息中心,2020)。当人们因疫情无法实现日常的人际交往,只能高度依赖媒体进行交流的时候,就出现了大量关于疫情的“数字叙事”(digital storytelling),即“通过数字工具生成的故事、涉及各种形式的网络参与或交互的故事、通过数字平台发布的故事,以及通过数字平台消费的故事(常江、徐帅,2018)”。亨利·詹金斯(2012:156)以《黑客帝国》为例来讨论“跨媒介叙事”的传播现象,认为与《黑客帝国》叙事相关的游戏、漫画和电影协同生产出一个作品,这个作品既是“文化吸引器”也是“文化催化剂”,把人们聚拢起来对这些叙事进行解读和阐释,每一种媒介在其中“各司其职、各尽其责”,而不是冗余的重复。此次新冠肺炎疫情防控所导致的减少流动、强化隔离的特性致使人们对互联网和大众媒体产生了很大的依赖性,也因为此,疫情的叙事以文字、图片、视频、动画乃至电视剧等不同形式中被讲述,无疑呈现出“跨媒介叙事”的样态。而当更多的人能够通过更多的平台、更低的门槛,让更广泛的受众看到自己的表达,并且与其他人产生互动的时候,参与性的文化也会对灾难叙事的方式和内容产生影响。

此外,“灾难叙事”中的情感交流是一个不可忽视的面向,柯林斯的“互动仪式链”理论框架虽然脱胎于现实情境中的仪式化交往,然而在近年间已经常常被用于讨论互联网社群中的情感互动(袁媛、严宇桥,2020;蒋晓丽、何飞,2016;张雨杉,2020),“柯林斯用由情感所驱动的仪式秩序这样个体化和经验性的材料,对社会加以说明,微观互动仪式之于宏观社会结构所具有的基础性的建构作用被揭示出来(邓昕,2020)。”“互动仪式链”的产生有几个基本要求,简而言之可以理解为:人员的聚集、身体的在场和相互影响;对局外人设定界限;将注意力集中在共同活动中,相互交流;分享共同的情绪和情感体验(柯林斯,2016)。其中强调身体的在场,与互联网的参与特性存在一定的差异。在疫情记忆这样的案例中,人们在互联网上的互动虽然只是一种虚拟在场,然而人们在那段时间也有着非常相似的身体经验。例如,从孩童到老人都在学习并习惯佩戴口罩的身体感受,都切身体会到了口罩的憋闷、被皮筋勒得生疼的耳背以及脸上口罩的压痕。此外,前所未有的高频率洗手所带来的皮肤干燥,以及酒精和消毒水所带来的嗅觉体验,再到外出时的精神紧张,面对空旷街道的不适,乃至在家时间太长而产生的对生活节奏的恍惚乃至情绪低落都是疫情期间人们共享的感受和经验。

因次，本文致力于重点关注“灾难叙事”中的“数字叙事”部分，将其放置到 Bilibili 这样一个具有互动性特征的视频平台，考察其中“参与式文化”的形成过程。通过数字灾难叙事中文本的不断生产和累积，视频生产者和观众中间形成了“互动仪式链”，文章由此探究青年群体在疫情中所产生的情感共鸣，看到其中所积蓄的能作用于其他情境的“情感能量”，及其不断塑造年轻人关于疫情的集体记忆的可能。

三、疫情叙事：“不在场的见证”

Bilibili 是中国目前最受关注的互联网视频网站之一，通常被简称为 B 站。不同于抖音、快手类型的短视频网站，该网站以长视频为主，上传视频的人被称为 UP 主。该网站的视频十分强调内容性，由于用户对 UP 主制作视频内容的认可度较高，用户黏性也较其他视频网站更强。在第三方分析网站的报告中，以“90 后”和“00 后”为主体的“Z 世代”群体占到了 B 站用户的 81.4%，在注重共同爱好的氛围中，用户以个人兴趣为导向进行社交，2019 年 B 站在 Z 世代偏爱的 App 中排名第一，第二位是抖音（Quest Mobile，2018）。B 站有一个重要特点就是对“弹幕”形式的引进和使用，“弹幕”最初是从日本的动画视频网站 Niconico 借鉴而来，在视频内容上流动、覆盖性的评论字幕，是一种强开放性的动态交流媒介（陈志娟、丁靓琦，2019）。而弹幕中对其他媒介文本的挪用，与视频创作者以及其他视频观看者产生对话，从而形成新的文本，已经被看作“参与式文化”的一个体现（别君华，2016；孙振虎、赵甜，2018）。在 2020 年的新冠肺炎疫情期间，B 站更是获得了前所未有的人气，“2 月 28 日，B 站发布《宅家抗疫大数据报告》，数据显示，2 月 18 至 3 月 18 日之间，B 站用户观看疫情相关视频 19 亿次，UP 主创作相关视频总时长61，218小时，疫情科普类视频获得 3.6 亿次播放”（中国青年网，2020）。

在对 Bilibili 网站进行了长期参与观察的基础上，本研究将着眼点放在关于此次新冠肺炎疫情人们的日常生活和社会记忆相关的内容上,对20余位UP主上传的70多个视频进行了追踪观察,最终以5位UP主的28个视频为主要分析对象。其中有UP主自行拍摄并上传的在疫情期间的日常生活或者所见所闻,也有针对新冠肺炎疫情及防疫期间生活所进行的艺术创作,如漫画、绘画、小剧场、"鬼畜"等内容的视频。本研究最终选择以4位UP主的25个视频为主要分析对象,从视频的呈现形式、图像、声音、命名、标签、上传频道等主观内容,以及观看量、弹幕、评论、点赞、投币、转发等互动性等方面进行具体考察。

1.Vlog 中的拟态性和在场感

Vlog 全称"videoblog",是使用影像的方式用纪实的手法呈现视频制作者的生活日常,包括美食、旅行、手工、健身、亲子、美妆等活动都可以是Vlog的拍摄内容。自从YouTube上兴起Vlog的形式,近年来其在国内的视频网站中也呈现爆炸式增长。其视频长度从几分钟到几十分钟不等,拍摄工具也以轻便和非专业设备为主,拍摄者更是以非传统媒体从业者的年轻人居多。"记录生活,展现自己"是短视频用户的主要驱动原因,而"内容真实、有趣"和"内容多样化"也是用户观看短视频最重要的原因(Quest Mobile,2019;洪长晖、尤砺锋,2019)。一方面,Vlog拍摄以UP主的生活为主要内容,制作难度较低,但另一方面就对真实性和创意性两个维度存在较高的要求。为了让观众产生代入感,真实性是Vlog最重要的特性,常常是创作者生活的一个截面。然而,真实的日常生活不见得具有稀缺性、能够激发人们观看的兴趣,因此Vlog能够获得人们关注的另一个重要的原因是其创意性或者特殊性,致使UP主在展示自己生活的时候必然是精心规划和挑选所要呈现的内容。在这样的过程中,短视频博主凭借可视化传播、人格化表达和情感化连接等优势搭建了全新的拟态环境,成为社交媒体用户日常生活中不可缺少的重要组成部分(汪雅倩,2020)。

在新冠肺炎疫情期间的Vlog中,UP主"林晨同学"创作的"武汉UP实拍"系列因为最早展现武汉封城后的面貌,被很多主流媒体转发使用。其最受关注的视频有两个,其中一个是1月22日上传的"武汉UP实拍,新冠肺炎疫情下,超市、商圈、公司现在是什么情况?"另一个是1月24日上传的"武汉UP实拍,封城后的24小时,‘空城’武汉的物价、交通 、生活状态”。到2020年3月初,前者有984.5万的播放量,后者也有848.3万的播放量,排入B站新冠肺炎疫情相关话题播放量最高的视频之列。而在此之前,林晨同学于1月23日发布的一个无关新冠肺炎疫情的视频只有12.6万的播放量。由于1月24日发布的武汉封城后拍摄的视频中注明了“视频素材可全网使用”,之后观众们在互联网或是电视新闻中见到的展示武汉空城的画面常常有出自林晨同学这组Vlog中的镜头。很快,共青团中央、央视新闻都注意到了林晨同学的视频,于是从第三期关于新冠肺炎疫情期间武汉生活的视频开始,林晨同学的武汉Vlog就是与央视新闻合作,而与主流媒体的合作使其作品得到更广泛的传播。

为了体现Vlog的真实性和现场感,林晨同学在1月22日发布的视频中首先本人出镜,向观众进行陈述:“2020年1月21号,礼拜二,马上要过年了。”然后表明他要去采购生活必需品,在讲述中他强调自己是一个“在武汉的武汉人”。视频中他呈现了佩戴口罩、查看体温计的镜头,在一系列的动作后,拍摄者将镜头转向窗外的江景,告诉大家要去拍摄“日常状态”。视频中大量使用的是Vlog常见的将镜头对准自己边走边向观众介绍的方式,同时也在不断穿插拍摄者的主观视角,呈现超市、商圈、药店的场景,包括在行车过程中拍摄的医院外围情况和长江大桥。最后,拍摄者回到家里,洗手消毒。再转向窗外夜幕下的江城,通过旁白讲述武汉已经成立疫情防控指挥部,也让大家坚定信心,做好准备开展防疫。在这个5分44秒的视频中,观众仿佛体验了一次武汉人完整的出门采购过程:出门前做好防护,驱车出门,到达超市采购,去药店采购,乘坐电梯,驱车返程,回家后消毒洗手,窗外夜幕降临。视频既展示了武汉的空城景观,也因为戴口罩、测体温、洗手、消毒这些细节和其他地区观众的生活连接起来,让人产生一种真切的代入感。

林晨同学1月24日发布的视频是在武汉宣布封城之后拍摄的,某种程度上可以说是外界对武汉封城后的第一印象,被很多媒体转载。这段视频中有无人机拍摄的空荡寂静的楚河汉街商圈、关闭的店铺、还在送单的外卖员。另外,无意间捕捉到的在超市收银处头戴塑料袋的老人的镜头,后来也在国内外媒体中广为流传。这个长10分9秒的视频并没有复杂的运镜,除了无人机的视角,其他也都是十分常见的拍摄角度。展示的内容依然是超市采购、商圈街景、公交、地铁停运的相关情况。林晨同学也和快递员、外卖员、停车场工作人员攀谈,谈话中显示人们都在努力应对、继续工作和生活。视频中,林晨同学也坦承,拍摄视频是受朋友所托,提供给人民网视频和澎湃新闻使用。由于林晨同学曾经在中央人民广播电台的工作经历,又是留守在武汉城里有拍摄能力的自媒体人,他的视频以最快的时效传播给主流媒体,呈现了武汉在封城前后的生活状态,以及人们情绪稳定、社会井然有序的面貌。

在林晨同学的视频里面,观众就像他的一个朋友,被带着去看武汉在面对疫情时的应对,而无人机飞过楚河汉街、长江大桥的场景,由于其鲜明的地域特征,以及该视频极为广泛的传播度,便成为很多人关于新冠肺炎疫情的一个重要记忆。

2.细节里的真实感

在拍摄武汉疫情Vlog的人群中,有一位ID名为“蜘蛛猴面包”的UP主是武汉封城期间参与人员和物资运送的志愿者。截至4月1日,他一共制作了18个“武汉封城日记”视频。不同于林晨同学的视频的热度,截至4月初,这位“蜘蛛猴面包”在B站的粉丝也只有1.1万,而他发布的18个Vlog中,武汉封城后他接送医护人员上下班的一个视频获得了他所有视频中最高的播放量,也就是2.7万。

相比林晨同学,“蜘蛛猴面包”的拍摄及剪辑手法更为简单,视频开场也常常正面出镜或者仅用声音自述。作为提供交通工具的志愿者,其日常活动主要是接送医护人员上下班或者给武汉各地区的人送药或其他物资,因此他更多是在驾车的时候,将摄像头对准自己和乘车的人,通过和乘车的人聊天来展示信息。虽然他在拍摄Vlog的时候还是有明显的镜头意识,会主动发起话题,也坚持讲普通话,同时也尽量保持着日常和人闲聊的状态,与医生、市民、病人家属聊起他们在生活中面临的状况。比如和医生聊起大年三十晚上吃饭的问题时,医生会很自然地表达医院也很难解决眼前的问题,只能自己带着方便面去工作。这样的呈现方式并没有十分明显地对着镜头讲述,特别是乘车人也并不在乎镜头的存在,处于自然的聊天状态,让观众有一种隐身其中旁听他们聊天的感觉,获得了更真实的体验感。也因为 UP 主作为志愿者与医生或者患者家属进行直接沟通,通过 Vlog 这样非正式渠道的呈现,一方面会让被拍摄者更加放松,而另一方面观众会因为这种编导程度较低的交流方式而更加相信视频中的信息。

"蜘蛛猴面包"的视频中除了车内的交流,另一种主要的拍摄方式就是他在车外从事其他志愿服务的时候,会出镜介绍正在发生的事情,然后将镜头对准去给居民送物资的其他志愿者、提供酒店进行隔离的酒店老板、快递点工作人员或者餐馆从业者或者外卖员等不同群体,展示他们在疫情期间的工作状态。疫情期间志愿者的主要工作是辅助政府或者其他机构,作为社会补充力量去完善正式机构无暇顾及的方面。除了接送人员、物资,协助社区人员工作,"蜘蛛猴面包"的视频里面还出现了去武汉的医院里面提供服务的理发师、帮人上门喂猫的快递员、关注滞留武汉的无居所流动人饮食温饱的志愿者、留在武汉的外国人、从国外辗转回到武汉的居民、退休后又再次回到医院帮忙的医护人员等不太见诸主流媒体的普通人。

像"蜘蛛猴面包"所拍摄的视频的主基调当然还是人们的坚定和勇敢,但因为志愿者的身份也让他常常看到人们面临的困苦和政府力有不逮的侧面,这也和主流媒体的表述略有不同。为了获取更多的信息,"蜘蛛猴面包"会采用访谈的方式。不过访谈的方式相比主流媒体的采访更为随意,人们回答也不像面对主流媒体那样审慎,在更为放松和自然的情况下,人们呈现出更真实的情绪,不见得所有内容都十分正能量,也不是所有人都一直保持积极乐观。

在"蜘蛛猴面包"的视频中有一个流传很广的片段,是在武汉公共交通全部暂停之后,私家车被限行。一位 70 多岁的老先生用轮椅推着自己生病住院的老伴在路上步行回家,轮椅上挂着老伴住院用的生活物品。在遇到志愿者之前,他们已经走了一个小时,而之后大约还有两小时的路程,"蜘蛛猴面包"随后开车将他们送回了家。因为当医院的所有医疗物资向新冠肺炎病人倾斜的时候,其他病患不得不回家,而回家这样的小事,很难被人注意到,拍摄者的出现却让人看到了这样的一幕。在“蜘蛛猴面包”其他视频的留言中,有人表示在这里看到了真实的社会。不可否认,国家和政府已经在疫情中调动了极大的人力、物力、财力来保证在遏制疫情的同时维持社会运转,然而在少数服务多数的情况下,必然存在一些不够周全的地方。从“蜘蛛猴面包”的视频中,观众能看到武汉这些来自各行各业的志愿者们,如何积极地协助政府,让疫情下的社会运转更加顺畅温暖。而如此贴近生活的表达方式,视频中的人们有温情,有痛苦,有坚持,有煎熬,还有镇定和反思,在给观看者提供多一个视角的情况下,也更让人们从不完美中感受到真实。

当然,在疫情期间制作 Vlog 分享生活的人不在少数。有 UP 主疑似患病发烧,从隔离到重症住院、康复回家的历程也都有上传视频,也有人在方舱医院住院期间每天发住院日记,还有武汉居民从 1 月 22 日就开始拍摄疫区 Vlog,在封城以后更是按天计算一直拍到武汉解封,还有中国小伙和美国妻子一起拍摄视频向国外介绍武汉生活情况,抨击谣言。这些视频都从不同面向展现了疫情期间大家最关心的武汉民众的生活以及病患和医护人员的状况。

人们每日蛰伏在家,对疫情资讯有着极大的需求。虽然主流媒体也竭尽所能提供更大量的信息,但是在信息需求暴涨的情况下,自媒体迎来了流量的高峰,同时也更激发 UP 主们提供更多的内容。疫情 Vlog 就是数字时代的灾难叙事的一种,在这样简单制作的小视频中,没有精良的视频剪辑,没有煽情的表达,没有精心的编排,而是用活动在每一条生活轨迹上的普通人,用相对淡定的语气讲述日常。与此同时,弹幕中此起彼伏的加油打气,以及评论中大家的评价和相互鼓励,能看出这样的轻量“装饰”是让人们更容易贴近和相信的很大因素。

四、跨媒体生态下的参与式文化

1.新冠叙事的多通道记忆模式

如果说 Vlog 是记录这段特殊时期的生活,那么 B 站动画类 UP 主们围绕疫情展开的灾难叙事就更是体现了在诸多跨媒体的文本中什么会被记住,以及怎样被记忆。在这一部分,文章主要就“阿幕降临”和“沙北街高手”两位UP主的作品展开讨论。

“阿幕降临”是B站上较为知名的UP主,关注量过百万。2月13日,“阿幕降临”上传了一个名为《小红的冠状病毒记忆》的动画视频。这个时长2分24秒的视频中,名为小红的熊猫人①的种种经历就表现了当时人们通过多种渠道所了解到的此次新冠肺炎疫情暴发的历程。

视频开篇的蝙蝠飞舞暗示此次疫情以蝙蝠作为病毒宿主,之后用彩色圆点代表病毒在人们聚餐的时候、在乘坐公共交通工具的密切接触中被传播。之后,越来越多的人开始发热、咳嗽、倒下,被送往医院。电视新闻开始播报疫情,国务院开展工作指导,紧接着地图上越来越多的地区被深浅不一的红色所标示,代表当地疫情的严重程度。继而,动画中多辆挖掘机同时作业代表的是雷神山、火神山医院的修建。一辆运送物资的车驶过空旷的长江大桥,表现封城之后的武汉。空无一人的街道上,快递员还在送单。前面的故事以武汉为主,后面的内容就不仅仅是武汉,而是表现全国各地的情况。例如各地开始交通管制,社区禁止外人进入,药店门前人们戴着口罩排队抢购双黄连口服液。动画中不仅出现了央视记者探访武汉存放应急物资的仓库、媒体访问钟南山院士等场面,也有超市抢购潮中香菇炖鸡面无人问津的戏谑情境,而卡车司机吃泡面的画面表现的是被困高速公路无法返乡的货车司机的无奈,接着医护人员也开始倒下。作者在视频中注明,前面这段内容使用的音乐来自贝多芬的《悲怆奏鸣曲》,展示的是疫情的蔓延不断摧毁着人们的生活,疫情的发展形势更加严峻。

到1分22秒一个简单的转场之后,音乐变成了法国Era乐团的*The Mass*,在恢宏雄壮的音乐中,各地医护人员和物资都汇集武汉施以援手。全国人民都在努力应对疫情,出现了不少捐款捐物的感人场景。之后火神山医院建设完工,交付使用,病患从床上坐起,表现人们不断康复,疫情逐渐得到控制。而钢琴声中

---

① 以“熊猫人”表情包为基础而创作的动画形象。

蝙蝠跌落地上,也是寓意战胜灾难。视频最后,水里漂浮的许愿灯的画面中,钟南山院士的声音响起:“武汉是能过关的,武汉本来就是一个很英雄的城市。”

在视频的评论区中,已经有观众整理出了“阿幕降临”视频中的素材所指涉的内容,甚至有些还标记出来这些素材内容在B站的视频编号。当大家不得不困守家中的时候,所有的信息都是通过大众传媒获得的。视频中有些内容比如武汉封城、访问钟南山院士、二神山医院的修建、医护人员上前线,都是主流新闻中的重要内容,人们多多少少都了解一些情况。而另外一些新闻,比如村口拿着关公大刀禁止人进出的防控人员、超市中剩下的香菇炖鸡面、央视记者探访红十字会被拦住等场景则在公众号、小视频等自媒体中广为流传。“阿幕降临”用到的素材内容(见图1),全部来自网络,并没有他自己生活中的独特经

Yurikor_
课代表来啦!
BGM:《悲怆奏鸣曲》作者:贝多芬
《The mass》作者:Era
00:10—00:20:肺炎从出现到开始在聚会,公交车,商场等人群聚集处传播
00:20—00:37:第一起肺炎病例被发现,开始引起人们重视,以及官方做出回应。病情逐渐蔓延到全国。
00:37—00:40:武汉火神山医院建设
建设全记录:av86296348
00:40—00:47:武汉封城(av84850049),全国物资寄往武汉。街道空无一人,外卖小哥仍在工作。
00:47—00:54:为防止疫情继续扩散,全国各地严格把控收费口,村口(av85104353)
00:54—00:57:全国人民开始抢购双黄连。
00:57—01:04:央视记者探访某会仓库被拦。(av86191306)
01:04:01:07:采访钟院士片段。
01:07—01:11:香菇炖鸡面风评被害。
01:11—01:18:一线医务人员累倒
—Bgm改变,向肺炎重拳出击—
01:29—01:32:解放军开赴武汉(av84912540)
01:32—01:39:多地医院医生写下请愿书,奔赴武汉。
01:39—01:49:各国民间/组织向中国捐赠物资,口罩。
01:49 —01:51:一市民在警察局丢下500只口罩就跑(av85368928)
01:51—01:57:一男子从土耳其背回口罩,免贵,中国人(av86559169)
01:57—02:00:老人们为武汉捐款。
02:00—02:05:火神山医院完工。
02:05—02:15:患者康复,寓意病毒被打败。
钟院士:武汉是能过关的,武汉本来就是一个很英雄的城市。
武汉必胜,中国必胜!
来自iOS客户端 2020-02-15 20:25 397 回复

钟熊x 送你上去
2020-02-15 21:32 回复

字青花 我顶
2020-02-15 21:44 回复

究级恐月 顶顶顶!!!!!!!!
2020-02-15 22:42 回复

荆子离 感谢课代表
2020-02-16 05:02 回复

图1 “阿幕降临”视频评论中网友整理的素材来源

历,而是更大的社群在过去几个月中在不同媒介中看到过的内容。此时,“阿幕降临”制作的漫画就成为一个符号,每一幅都传达出他想表达的内容。而动画里的“小红”可以是他自己,也可以是经历了此次疫情的所有人,视频中的“冠状病毒记忆”不仅仅呈现了大家在不同媒体端上看到的内容,其本身作为灾难叙事的一部分,又参与了新的文本的生成,成为B站成员新冠记忆的又一个组成部分。

2.互动仪式链中的情感体验

与“阿幕降临”相似,另外一位UP主“沙北街高手”在B站上传了他制作的名为《为铭记每一个人,我用动画记录这场影响世界的战疫》的动画长卷。其创作方式主要是手绘漫画,仿照清明上河图用长卷的方式徐徐展开。这个接近6分钟的视频涵盖的内容十分丰富,记录了很多疫情期间广为流传的经典画面,也有一些可能被人们忽略的世间百态。创作者在视频构思期间,就在B站上传创作草图,征求观众的意见,也向大家征集视频可能用到的战疫场景。除了前期的构思和搜集素材的工作,整个画卷的绘图和视频的制作用了大约一个月的时间。

画卷也是以时间进程来展开叙事。在疫情发端的部分,与“阿幕降临”相似,“沙北街高手”也是从蝙蝠身上的病毒开始。然而画卷的创作有时间过程,从2月构思到3月中旬发布,舆论风向已然十分不同。而随着舆论风向的变化,最开始全民谴责吃野生动物的风潮在疫情来源的不断追踪以及国际疫情逐渐暴发后,视频所提及的蝙蝠和华南海鲜市场就在评论区引发了争议,作者也随即做出了改动。除此之外,疫情初段百步亭社区的万家宴、最先关注疫情的医生都被收入画卷,这些也是全国观众耳熟能详的疫情初期大事。此后的发展就是武汉封城,画卷中出现武汉地标楚河汉街的空城场景,取材于林晨同学最初拍摄的武汉视频,而林晨同学的形象也被画入长卷。

同样的,武汉封城之后的故事讲述的就不仅仅是武汉一城一地的事情,而是纳入了各地疫情中的人间百态:同样有村镇入口手持关公大刀的工作人员,也有“有朋自远方来”“必诛之”的小区暗号,很多是普通民众在家避疫时别出心裁的娱乐方式，幽默的有如鱼缸钓鱼、在家套圈、头戴塑料袋打麻将，也有无数平日只点外卖，而在疫情中被逼成为精通厨艺的“中华小当家”们。与此同时，“沙北街高手”的战疫记忆中也不乏批判和调侃，画中使用的一个人物形象和故事，是出自另一位UP主“朱一旦的枯燥生活”创作的一条讽刺疫情期间倒卖防护用品乱象的作品——《一块劳力士的回家路》，这段真人小剧场演绎的是在疫情期间层层倒卖口罩，最后将好心人高价买来捐赠的口罩又以更高的价格卖给了原本捐赠人的故事。该视频传播甚广，仅仅在B站就有接近870万的播放量，是当日全站排名第一的视频。

进入第三部分，视频从幽默的氛围转为激励和感动。其中记录了医护人员赵英明上前线时丈夫表达要包一年家务的话，用花木兰暗示女性医护剪短头发，小病号出院时与护士相对鞠躬。除了医护人员的人力支援，还有日本、俄罗斯等国家乃至全世界人民对武汉的物资捐赠，包括那句在人们手机里刷屏的“山川异域，风月同天”。

在画卷这样复杂的编码下，观众在观看视频的时候就像寻宝一样不断识别出自己所知道的事件和人物，以至于通过画卷的方式把疫情期间的见闻和经历重新回溯一遍。在弹幕中不断飘出“回忆满满”“许多经典永恒的难忘的场景”“历历在目啊”这样的字眼。其中有看到别人故事的痛心和感动，也有看到自己影子的会心一笑。抗疫除了在家隔离，复工复学后的在线工作方式所造成的影响更是深刻而长久，几乎人人都或多或少地参与了这场靠着互联网重建生活的风潮。而在线复工复学的权宜之计，催生出不少好笑又无奈的现象，在画卷中也有呈现。观众在看到这两段的时候有着强烈的代入感，虽然绝大部分人对疫情中心的情况密切关注，而在居家日常的画面中更能看到每一个人生活中的点点滴滴。

如果将上述两段视频的观众更具体地限定在B站的使用者群体中，就能看到平台中人群的文化认同。两个视频中的很多素材故事都可以看作网络社区中常常提到的“梗”，也就是社群中共享的信息点。当上述“梗”出现时，有些观众便能根据一些核心要素迅速识别，产生互动感，确认自己是网络社群中的一员。就像不同行业的人常常通过一些专业术语或者“行话”进行交流,从而将非此群体中的人区分开来。在“沙北街高手”的视频中,当林晨同学、朱一旦、中华小当家、钉钉 App 在 B 站上面有着众多关注度和讨论的人物、事物的画面出现时,会有人立刻在弹幕里写出来,而更多人是在看到之后产生更强的认同感和参与感。

在归属感以外,观众在视频中更多获得的是文化符号的编排对情绪的调动,从疫情初期的压抑,到中期的悲壮与荒诞并存,再到后来众志成城的壮怀激烈。虽然绝大多数人都是在家经历了这场灾难,但情绪上,一直处于一种“弥漫的感受状态”,被“情绪的氛围”所感染(斯宾塞等,2015:49),而这些情绪在 6 分钟的视频中得以浓缩和再现,观众在弹幕中、在评论中也随着视频的起伏在不断重复和强化这样的情绪节奏,将之积蓄为“情感能量”,从而影响到后续类似场景中的情感体验。

五、结论

“互联网使大众成为集体记忆的生产者,精英在集体记忆的唤醒、转述和创造上的垄断地位被弱化,而大众书写和权力关系调整必然改变集体记忆的形态、载体、建构机制和消费方式。”(胡百精,2014)不同于前互联网时代的灾难叙事,或是小范围的口口相传,或者是媒体精英在权力的影响下引导舆论的风向,数字时代的灾难叙事既能用拟态的真实让不在场的人群获得强烈的参与感,将对远方的想象与自己的日常生活融合在一起,而单独个体的灾难叙事文本也成为更多人记忆塑造的部分。其中自媒体不同于主流媒体的重要一点就是更关注那些不见得有代表性、不见得正面积极的社会现象和人物,因为不背负引导社会舆论的责任,也可以更为自然和诚恳地表达自身的感受和情绪,也更容易在同类群体中引起共鸣。互联网的普及给予普通人更大的表述空间,以至于代表精英的主流媒体也在与时俱进地做出改变。主流媒体不仅积极与知名 UP 主合作,用平民的视角来讲述灾难。同时,疫情期间主流媒体制作的《疫情 24 小时》《与疫情赛跑的中国速度》等无剪辑、24 小时不间断的慢直播节目,正是以其对疫情动态或者火神山、雷神山建设情况的马拉松式的呈现,让观众获得了沉浸式的“在场感”,在体会到真实感的同时还产生了相互陪伴的心理安慰,从而在情感的互动中塑造出关于疫情的集体记忆(李菲,2020;张文娟,2020)。

在跨媒体的灾难叙事引导下,又由于疫情所带来的对大众媒体前所未有的依赖,人们对此次疫情的灾难的记忆既有源自自己生活的部分,也有通过口头交流、公众号、电视新闻、微博、短视频、长视频乃至弹幕和视频评论等不同形式的渠道所获得的信息,这些信息相互交织,共同构成了人们的新冠记忆。更进一步讲,这些记忆编织在一起,在人们的交流中产生了一种情感的共鸣。在学者的考察中,互联网对于青年的作用常常是利弊兼有,既有可能导致他们的疏离和认同不稳定,也有可能促进其自主性和能动性(陈瑞华,2017;李庆真,2015;李腾凯,2019)。通过此次疫情之灾,可以看到 B 站的年轻人在疫情中发生蜕变。在面临重大社会公共危机的时候,他们不再是需要被保护和教育的孩子,而是向公众乃至自己长辈进行“文化反哺”的主体,他们在疫情中展现出了参与公众话题的意愿,以及“年轻一代的历史责任感”(周晓虹,2015:72)。在视频评论区的争论中,在弹幕的相互鼓励中,在屏幕前的笑与泪中,年轻人从虚拟的社交中激发了对真实生活体验的追寻,也在情感激荡中产生了相对稳定的“情感能量”,这样的灾难记忆或许能够帮助年轻人获得更成熟的社会心态和更稳定的政治认同。

参考文献

别君华(2016),《参与式文化:文本游牧与意义盗猎——以 bilibili 弹幕视频网为例》。《青年记者》,第 23 期,页 43-44。

常江、徐帅(2018),《亨利·詹金斯:社会的发展最终落脚于人民的选择——数字时代的叙事、文化与社会变革》。《新闻界》,第 12 期,页 4-11。

陈瑞华(2017),《直播社群:青少年网络社交的关系具象》。《中国青年研究》,第 258 卷第 8 期,页 2-98。

陈志娟、丁靓琦(2019),《欢与理性:青年群体弹幕使用研究——以网络综艺类节目〈创造 101〉为案例》。《中国青年研究》,第 11 期,页 3-99。

戴尔·斯宾塞、凯文·沃尔比、艾伦·亨特编(2015),《情感社会学》(张军、周志浩译)。南京:江苏凤凰教育出版社。

邓昕(2020),《遮蔽的情感之维:兰德尔·柯林斯互动仪式链理论诠释》。《新闻界》,第 8 期,页 40-47,95。

亨利·詹金斯(2012),《融合文化——新媒体和旧媒体的冲突地带》(杜永明译)。北京:商务印书馆。

洪长晖、尤砺锋(2019),《Vlog 短视频中的"自我呈现"——基于戈夫曼拟剧理论分析》。《现代视听》,第 10 期,页 53-57。

胡百精(2014),《互联网与集体记忆构建》。《中国高校社会科学》,第 3 期,页 98-106。

黄洁(2014),《被记忆的传统:桂北侗寨的送火仪式与灾难叙事》。《民间文化论坛》,第 2 期,页101-110。

蒋晓丽、何飞(2016),《互动仪式理论视域下网络话题事件的情感传播研究》。《湘潭大学学报》(哲学社会科学版),第 40 卷第 2 期,页 120-123。

靖鸣、马丹晨(2013),《从汶川地震到芦山地震——我国媒体对地震灾难报道的变化与进步》。《新闻与写作》,第 6 期,页 23-26。

兰德尔·柯林斯(2016),《互动仪式链》(林聚任、王鹏、宋丽君译)。北京:商务印书馆。

李菲(2020),《情感、话语与价值认同:慢直播中当下记忆的建构——以〈疫情 24 小时〉为例》。《怀化学院学报》,第 39 卷第 3 期,页 89-96

李红涛(2014),《已结束的"战争" 走不出的"迷宫"——"SARS 十年"纪念报道中的隐喻运用与媒体记忆》。《新闻记者》,第 374 卷第 4 期,页 84-93。

李庆真(2015),《不同代青年群体网络行为的共性与差异性研究》。《中国青年研究》,第 227 卷第 1 期,页84-90。

李腾凯(2019),《"后真相"时代青年政治认同的困境及其应对》。《中国青年研究》,第 284 卷第 10 期,页 40-45,90。

李永祥(2016),《灾害场景的解释逻辑、神话与文化记忆》。《青海民族研究》,第 27 卷第 3 期,页 1-5。

李卓(2009),《国难时,我当了志愿者》。北京:中国商业出版社。

孟非(2011),《“5·12”汶川特大地震百日手记》。成都:成都时代出版社。

南香红(2009),《巨灾时代的媒体操作:南方都市报汶川地震报道全记录》。广州:南方都市报出版社。

齐伟先(2013),《媒体灾难叙事的社会意义建构:日本福岛核灾的戏剧分析》。《思想与语言》,第51卷第1期,页103-134。

钱刚(2009),《从唐山到汶川今昔谈》,载李梓新编著《灾难如何报道》。广州:南方日报出版社。

邱月(2008),《当代灾难记忆“汶川地震”的叙事学反思》。《民间文化论坛》,第6期,页78-82。

沈燕、王晓葵(2018),《灾害记忆何以传承——以一个村落地方神的变迁史为例》。《云南师范大学学报》(哲学社会科学版),第50卷第5期,页92-98。

石家庄日报社、绵阳日报社(2008),《汶川记忆》(上、下)。石家庄:花山文艺出版社。

孙卫华(2016),《表达与参与:网络空间中的大众政治模式研究》。《新闻大学》,第5期,页73-80,149。

孙旭(2017),《灾难的集体记忆、合理化叙事与信仰实践——基于陇中城子川人历史与日常的考察》。《青海民族研究》,第28卷第3期,页64-68。

孙振虎、赵甜(2018),《参与式文化视角下的弹幕视频分析》。《当代传播》,第6期,页90-93。

汪雅倩(2020),《“新拟态环境”短视频博主的人格化表达及其对用户的影响研究》。《中国青年研究》,第1期,页68-75。

王曙光、丹芬妮·克茨(2013),《神话叙事:灾难心理重建的本土经验——社会人类学田野视角对西方心理治疗理念的超越》。《社会》,第6期,页59-92。

王晓葵(2014),《灾害记忆图式与社会变迁——谁的唐山大地震》。《新史学》,页119-143。

文贤弈(2018),《融合新闻背景下灾难集体记忆建构的特点》。《新闻研究导刊》,第13期,页89,175。

徐新建(2020),《2020:疫情引发的社会演变》。《徐州工程学院学报》(社会科学版),第35卷第4期,页1-11。

樱井龙彦、虞萍、赵彦民(2008),《灾害的民俗表象——从“记忆”到“记录”再到“表现"》。《文化遗产》,第 3 期,页 76-87。

游自荧(2017),《从洪水神话到洪水叙事——以山西洪洞灾民为中心的灾难叙事和社区重建》。《民俗研究》,第 4 期,页 117-126。

袁媛、严宇桥(2020),《表情包传播现象研究——以互动仪式链视域下的中老年表情包为样本》。《新闻与写作》,第 1 期,页 46-53。

张威(1999),《中西比较:正面报道和负面报道》。《国际新闻界》,第 1 期,页 49-57。

张文娟(2020),《互动生成中的传播共振——以央视频"火神山""雷神山"慢直播为例》。《当代电视》,第 384 卷第 4 期,页 17-20。

张先清、张云鹤(2018),《灾害、叙事与地方生态知识:一个东南渔港的台风记忆》。《地域文化研究》,第 3 期,页 125-131,156。

张雨杉(2020),《网络音乐媒体的互动仪式研究——以网易云音乐乐评为例》。《新媒体研究》, 第 6 卷第 1 期,页 27-28。

赵亚辉(2008),《永远的汶川:大地震前后的珍贵记忆》。北京:化学工业出版社。

中国互联网络信息中心(2008),《第 22 次中国互联网络发展状况调查统计报告》。引自 http://www.cnnic.cn/hlwfzyj/hlwxzbg/index_4.htm。

中国互联网络信息中心(2020),《第 45 次中国互联网络发展状况统计报告》。引自 http://www.cnnic.cn/hlwfzyj/hlwxzbg/hlwtjbg/202004/P020200428596599037028.pdf。

中国青年网(2020),《疫情之下,视频平台的"宅家"大数据》。引自 https://baijiahao.baidu.com/s? id=1661039788228171141&wfr=spider&for=pc。

中央电视台新闻专题部(2009),《铭记:"5·12"汶川大地震口述历史》。北京:中国言实出版社。

周晓虹(2015),《中国青年的历史蜕变:国家与社会关系的视角》。《江苏社会科学》,第 283 卷第 6 期,页 71-78。

朱迪(2020),《"互联网+疫情"背景下的青年生活方式及未来影响》。《青年探索》,第 2 期,页34-41。

祝华新、单学刚、胡江春(2014),《2008 年中国互联网舆情分析报告》。引自 http://www.cac.gov.cn/2014-08/01/c_1111903561.htm。

Adams, Vincanne (2013). *Markets of Sorrow, Labors of Faith: New Orleans in the Wake of Katrina*. Durham: Duke University Press.

Kenny, Susan(2010). "Deconstructing Aceh's Reconstruction". In M. Clarke, et al., (Ed.) *Post-disaster Reconstruction: Lessons from Aceh* (3-25). London: Earthscan.

Kleinman, A. Watson, J. L(2006). *SARS in China: Prelude to Pandemic*? Stanford California: Stanford University Press. 2006.

Klinenberg, Eric(2003). *Heat wave: A Social Autopsy of Disaster in Chicago*. Chicago, Ill. London : University of Chicago Press.

QuestMobile(2018),《Z 世代洞察报告》。引自 https://www.questmobile.com.cn/research/report-new/31。

QuestMobile(2019),《短视频 2019 半年报告》。引自 https://www.questmobile.com.cn/research/report-new/58。

早期参与者的力量:对公共事件微博舆情演化周期的研究*

◎ 周金连　王静君**

摘要:对公共事件网络舆情演化周期的研究,有助于把握网络舆情发展变化的规律和特征,为舆情引导工作提供参考。本文基于舆情产生的机理,选择了议题和公众两个维度的相关变量,以 2019 年 4 月发生的 8 起社会公共事件的舆情微博数据为例,采用生存分析的方法探究了公共事件舆情演化周期的影响因素。研究发现,在议题事件类型方面,以凉山火灾为代表的自然灾害类舆情微博的演化周期长于权益抗争、社会伦理和文化交流类事件,舆情的整体热度较高,波动幅度也较大,而权益抗争类微博舆情的演化过程更具爆发性。权益抗争和自然灾害类事件中,相关微博的出现对舆情周期的延伸具有促进作用;在舆情参与的公众主体方面,总的来说,早期参与者的地域多样性及聚集性、包含认证用户数量以及传播效率变量可以有效预测舆情微博演化周期的长短,相比而言,在不同事件类型中,认证用户的早期参与对周期延伸的作用力最为稳定,影响力也最强;在各类事件中,微博内容情绪对舆情演化周期长短的影响关系存在一定差异。本文对舆情演化的议题和公众影响进行了量化比较,也进一步丰富了舆情周期研究的视角。

关键词:社会公共事件,舆情演化周期,生存分析

---

* 本文为广东省舆情大数据分析与仿真重点实验室、国家社科基金重大项目"大数据时代计算传播学的理论、方法与应用研究"(19ZDA324),广东省舆情大数据分析与仿真重点实验室、广州市大数据与公共传播重点研究基地研究成果。

** 作者均为中山大学传播与设计学院博士研究生。

一、引言

舆情指的是一定社会空间内，公众围绕社会热点事件的发生、发展变化所做出的民意表达，网络媒介的“大众性”“赋权性”“连接性”等为舆情的发酵与持续发展提供了“物质性”的基础（李翠敏、徐生权，2019）。近年来，社会舆情话语平台也有向移动终端平台转移的趋势（喻国明，2015），在我国的媒介图谱中，微博作为此类话语平台的代表，受到越来越多舆情研究者和社会管理者的关注（丁汉青、刘念，2018）。

从社会事件的视角出发，曾润喜将网络舆情定义为“各种事件刺激而产生的、通过互联网传播的、人们对于该事件的所有认知、态度、情感和行为倾向的集合”（曾润喜，2009）。随着我国社会转型的不断深入，各方面的矛盾逐渐凸显，由此引发的社会事件被网民充分讨论，共同营造出诉求多样、主体多元、热度各异的网络舆情。网络舆情的形成是一个持续演化的过程，受到事件属性、参与主体、话语特征、地域空间等因素影响，不同事件的舆情演化机制也存在一定的差异，这种差异既体现为舆情的规模热度，也表现为舆情演化的周期性特征。

关于舆情演化周期的研究，大致可以分为两类。一类是对事件整个舆情发展发酵过程进行阶段性划分，探究舆情热度、主题或情绪的阶段性变化，属于描述性研究。如基于生命周期理论，刘国威和成全（2018）根据舆情热度将网络舆情事件分为酝酿期、爆发期和衰退期三个阶段，并揭示了每个阶段舆情主题的演化规律；陈兴蜀等（2020）对新冠肺炎疫情舆情演化的研究发现，网民态度大致经历了三个阶段，即起伏不定的紧张焦虑期、缓慢攀升的团结振作期以及波动很小的自信平稳期，且总体上呈现积极大于消极、正面大于负面的情绪状态。另一类研究多采用定量模型的方法，探究舆情演化周期长短的影响因素，属于解释性研究的范畴。其中，兰月新和邓新元（2011）建立突发事件网络舆情演进规律的微分方程模型表明，网络知情人数（指通过网络获取某个突发事件信息的总人数)增长率是推进舆情阶段性演化的关键因素;张耀峰和肖人彬(2015)针对群体性突发事件舆情演化的建模分析表明,舆情初始阶段的参与讨论人数是影响事件舆情周期长短的关键因素;杜诗雨(2015)建立Cox生存分析模型发现,话题图片信息量是影响微博话题生存时长的最突出因素,其次是网民关注度和话题管理者知名度;陈璟浩和李纲(2016)则从事件本身的相关因素出发,采用Cox生存分析方法对70起重大社会安全事件进行分析,发现作案人数、作案人社会地位等级、案件是否导致受害人社会地位变动三个因素对突发社会安全事件的舆情生存周期有显著的影响。

总的来说,以往关于舆情周期的研究大多为描述性研究,结合相关理论刻画公共事件网络舆情演化的阶段性特征,对解释舆情持续时间长短的影响因素探究有限。一方面,相关描述性研究中针对个别突发性事件的个案分析比例较高,仍然缺乏多种类公共事件舆情演化周期之间的量化比较。另一方面,受到数据获取等问题的限制,舆情周期模型在指标选取上仍然存在维度单一的缺陷,而网络舆情热度作为信息传播效果的一个维度,演化过程和结果会受到多重传播要素的影响。由此,本文基于舆情的基本概念,认为公共事件的舆情演化是受公众、议题、内容情绪共同作用的结果,通过以上三个维度的指标构建生存分析模型,以探究公共事件舆情微博演化周期的影响因素。

二、研究框架与问题提出

(一)理论基础与研究框架

根据Price(1992)的观点,舆情是在公众与社会议题之间的互动过程中产生的,面对社会议题时,公众会被分为不同的意见群体,他们在参与议题讨论的过程中发表自己的观点和见解,由此汇集成一定的社情民意(public opinion)。其中,相对于一般群体来说,公众(public)指的是那些短暂存在的、结构松散的社会性群体,议题(issue)则是公众经过讨论对一些社会问题的归纳和凝练。在公众意见形成过程中,公众与社会议题之间存在密切关联。一方面,根据在议题形成中扮演的不同角色,李普曼(1946)将公众划分为行动者(actor)和相对被动的围观者(spectator),行动者往往是那些主动发现社会问题、设置公共议题和提出解决方案的群体,相比而言,围观者很大程度上扮演着跟随者和扩散者的角色,他们对议题所持的观点和观点表达的行为都会受到行动者的影响。另一方面,公共议题的形成和扩散又离不开公众的参与。正如 Foote 和 Hart(1953)指出,公共意见的形成是阶段性的,首先是早期的"问题阶段"(problem phases),公众围绕一些有争议的社会问题展开讨论,并在琐碎的、复杂多元的争议中逐渐明确具体的社会议题,接下来公共意见才会向提议、决策、实施和评估阶段发展。而网络舆情的演化本质上也是观点扩散的过程,因此,除公众和议题两个维度的前置要素外,舆情作为公众与议题互动的结果,也会体现出一定的情感态度,影响到后续的演化和扩散结果。生命周期(lifespan)是指一个事物从出现、成长、发展再到逐渐衰亡的动态过程,常被用于网络舆情演化的研究当中(刘国威、成全,2018),演化的过程会受到多重传播因素的影响。综上,根据舆情的形成发展机理,本研究将从公众和议题两个主要维度出发,选取相关变量探究影响公共事件网络舆情演化的影响因素(见图 1)。

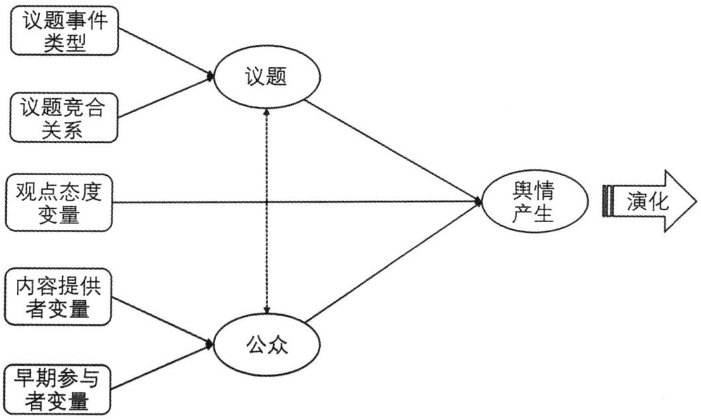

图 1　研究框架

（二）研究问题的提出

1.议题：事件类型与议题竞合关系

由于舆情事件本身性质差异，反映出不同层面的社会矛盾，触碰到不同群体的利益，所引发的舆情声势不等，舆情演化的周期长短也存在差异。对此，黄怡璇等（2017）认为事件本身的敏感度和易爆程度是影响公众舆情热度的重要因素。匡文波（2014）指出，一般而言，涉及社会矛盾、公平正义、伦理道德、公共安全、重大事故、自然灾害以及环境污染等突发事件的议题更容易进入舆论视野，引发网民的持续关注。也有经验研究对不同类型事件的舆情进行了比较分析，如李静、谢耕耘（2020）针对2010年至2018年舆情事件的分析研究发现，环境和文化体育类事件网络舆情热度较高，反腐倡廉类事件网络舆情热度较低；李胜兰（2017）对2016年典型舆情事件的分析发现，美国大选作为社会管理类事件公共的舆论持续的天数最长，其次是个体舆情代表的魏则西事件，随后是社会安全类的校园“毒报道”事件；陈璟浩、李纲（2016）对公共安全事件舆情演化的比较分析发现，刑事案件舆情生存时间较之恐怖袭击和群体性事件更长。由此可知，社会公共事件的类型对网络舆情的演化存在重要影响。

由于信息生产成本、公众有限注意力等因素的影响，媒体的议题承载能力是有限度的，不同议题在媒体的议程视野中可能形成一种此消彼长的竞争机制，Zhu（1992）将这种机制界定为议程设置的“零和理论”。该机制在舆情的演变机制研究中也得到了验证，新舆论热点的出现可能促使旧舆论热点的衰退，也有学者将议题竞争机制下公众对微博议题注意力转移描述为微博讨论的“喜新厌旧”和“浅尝辄止”（胡雨濛，2014）。除竞争关系外，媒体议题间注意力也会存在强化关系，如媒体关注税收议题的同时也会增加对公共债务的注意力（Hans-Bernd & Mathias Hans，1995）。公共事件舆情周期体现了公共对事件注意力的持续程度，在信息过载时代情况下，同一时期内公共对不同事件的舆论关注度也存在着竞争或强化关系。

对此，本文提出以下研究问题：

研究问题1:议题事件类型是否会对微博舆情演化产生影响?

研究问题2:议题间的竞合关系会对微博舆情演化产生怎样的影响?

2.公众:内容提供者与早期参与者特征

在微博平台的信息传播中,作为传播主体的核心用户能够决定信息的流量与走向,是舆情汇聚地和信息扩散的中心,对舆情走势产生重要影响(谢耘耕、荣婷,2013)。首先,根据霍夫兰(1953)等人早期的说服效果研究,信源特征是影响信息传播效果的关键因素之一。其次,在经典的创新扩散理论中,罗杰斯(2010)将创新的采纳人群分为创新者、早期采纳者、早期的大多数、晚期的大多数和滞后者五个类别,其中,早期采纳者相比于晚期采纳人群更具前瞻性,在所有采纳者中最具意见领导力。鉴于此,已有研究也考察了早期参与者特征对社会化媒体平台中信息扩散效果的效用,如早期参与者之间网络结构的多样性可以很好地预测微博的流行度(Bao, et al, 2013),早期评论者的观点也可以较好地解释YouTube视频的流行度(Henrique, 2013)。在社会化媒体平台中,参与公共事件讨论的早期用户通常也对社会公共议题具有较高的关注度和信息敏感度,他们在事件舆情演化的过程中可能扮演着话题发现者、意见领导者和舆论煽动者的角色,也将影响到随后的舆情发展势态。对此,本文选取内容提供者和早期参与者的如下特征,探讨公众主体对舆情演化周期的影响。

(1)内容提供者的身份认证。内容提供者是指微博的信息发布者,是信息扩散的参与主体之一,而信源的可信度、知名度等因素会对舆情传播存在重要影响。张玥等人(2014)将微博的V认证作为衡量内容提供者可信度与权威性的指标,发现微博的V认证可以直接影响微博的转发数和评论数,但是,也有研究以突发公共卫生事件为例,指出在微博平台中,即使是具有V认证的微博账号也不一定对事件的舆情传播具有较大影响力(王林、王可、吴江,2014),说明在不同的舆情事件中,内容提供者的身份认证可能对舆情传播存在不同的影响。

(2)早期参与者中认证用户数量。微博认证用户是微博官方按照一定的评估规则进行审核而确定的小部分人,根据评审规则,认证用户粉丝基数大,常在知名度和影响力方面要高于普通用户（晏敬东、杨彩霞、张炜南，2017；谭轶涵，2019），他们发布的信息也更容易受到高度关注，对信息的转发分享也加深了微博信息扩散的广度和深度，是推动微博舆情发展的重要群体（潘昕颖，2014）。Zhao 等（2017）对微博热门话题生存周期的研究发现，参与话题的意见领袖数量对热门话题持续时间有显著的正向影响。何瑜瑾（2013）通过流行病动力系统建模研究微博热度，发现认证用户的早期参与对微博的扩散起到关键作用。

（3）早期参与者中社交机器人数量。社交机器人是在社交网络中扮演人的身份、拥有不同人格属性、且与人进行互动的虚拟 AI 形象（张洪忠、段泽宁、韩秀，2019）。Keller 和 Klinger（2019）将社交机器人的行为模式分为主动和被动两种，前者仅需要它们充当指定账号的真实粉丝，使其获得更多真实用户的跟随和支持，后者则表现为一种主动的信息传播行为，包括发布原创内容，对他人发帖进行点赞、评论和转发等。它们广泛活跃在各大社交媒体平台中，通过计算机算法模拟真实用户生产大量内容，和真实用户一起共同建构了当前的公共话语空间（Woolley & Howard，2016a，2016b）。社交机器人正在改变社交网络的动态结构，驱动信息、态度、意见、行为在网络社会中扩散的范围和速率（郑晨予、范红，2020）。近年来，研究发现，社交机器人在引导和操控网络舆论方面的角色日益突出，尤其体现在政治选举活动中，起到了不容小觑的作用。

（4）早期参与者的地域空间分布。社交网络的虚拟空间极大地消解了信息扩散的物理距离，“网络无空间、无地域”的观点认为，网络中的信息扩散不受地域空间的影响（Morley & Robin，2002），但也有观点认为参与者的地域空间距离对网络舆情演化的影响仍然存在，如潘昕颖（2014）的研究发现，微博舆情事件演化的地域空间在不同时段和不同人群中存在一定差异，也呈现出从事发点到周边同质地域扩散的邻近效应。陈昱杉等（2020）的研究表明，地理空间距离对网络舆情信息扩散具有一定的摩擦阻碍作用，即异地网民对事件的舆情响应时间随距离的增大而延长，响应强度、传播强度呈现距离衰减规律。

（5）早期传播效率。正如效率（efficiency）一词的原始含义“单位时间内实际完成的劳动工作量”，信息传播效率可以理解为信息在单位时间内所达到的传播效果,本文以早期参与者的出现耗时来衡量舆情微博的早期传播效率。公共事件舆情发展初期会体现出不同的传播模式,通常来说,对于那些突发性的、话题性较强的事件,一经曝光便容易引发大量的公众讨论,关于事件的舆情信息传播扩散效率也相对较快,而有些事件的舆情微博可能发布初期并未引起关注,传播效率较低,经过大 V 的转发后才变得更加流行。相关研究发现,社会化媒体中信息或内容初期的传播效率与最终流行度之间存在密切关联。如网站上文章发布后一天内的评论数量可以预测其收到的评论总量(Tatar, et al, 2011)。YouTube 上那些早期聚集了大量观看的视频,更可能引发病毒式传播,刺激流行度增长(Figueiredo, Benevenuto, & Almeida, 2011)。由此我们认为,舆情微博初期传播效率可能也会影响到最终的演化周期长短。

综上,本文提出以下研究问题:

研究问题 3:内容提供者会对微博舆情演化产生怎样的影响?

研究问题 4:早期参与者会对微博舆情演化产生怎样的影响?

3.公众与议题交互:内容情绪

情绪传播是舆情演化的重要动因,它指的是"个体或群体的情绪及与其伴随信息的表达、感染和分享的行为",既属于一种心理活动,又具备传播特性(赵云泽、刘珍,2020)。网络舆情本质上是个体情绪的集合,互联网的匿名性和脱域机制导致信息传播具有更强烈的情绪化表达,能够产生情绪感染效应,即从他者情绪中体验到自己情绪的过程,能够促使网民群体内部的情感与认知趋于统一。然而,在前人研究中,关于各类情绪对不同事件舆情演化的影响上并未形成统一定论。例如,唐雪梅、赖胜强(2018)发现负面情绪比正面情绪的感染性更强,更容易刺激网络舆情的爆发;毛太田等(2019)也通过观察负面情绪的演化过程,发现多数时刻负面情绪的波峰都高于积极情绪。但是,也有研究得出相异结论,如万晓榆等(2019)通过分析微博热点事件讨论中的情绪化信息,发现相较于消极情绪的信息,微博用户更愿意扩散和分析具有积极情绪的信息;Gruzd 等(2011)对 2010 年冬奥会的相关推文分析发现,积极情绪的推文数量明显高于消极情绪的推文数量,并且更容易被推特用户分享。翟羽佳(2017)

的研究发现"疑惑"是公共安全事件舆情的主要情绪基调,会拉长舆情的周期,扮演着引发争论的带动者角色。由此看来,不论是积极情绪还是消极情绪,都有可能对舆情热度和扩散产生影响。

对此,本文提出以下研究问题:

研究问题5:内容情绪会对微博舆情演化产生怎样的影响?

二、数据收集与研究方法

(一)数据获取与处理

本文数据为2019年4月1日至5月8日之间,新浪微博平台中关于北大吴谢宇弑母案、仁济医院赵晓菁事件、母亲踢踹女童模事件、上海特斯拉自燃事件、西安奔驰车漏油事件、视觉中国版权风波、北京世界园艺博览会和四川凉山火灾八个公共事件的微博发帖数据,每条微博包含发帖人认证状态、发帖人是否是机器人账户、发帖人所在省份、发帖时间、发帖内容、根微博内容等信息,数据由微热点大数据研究院提供。获取数据中,原创帖不存在根微博内容,转发帖均有对应的根微博内容信息,根据转发帖的根微博内容,我们识别出了所有根微博对应的转发帖及相应的转帖人信息。结合转帖时间,可以统计出微博每日被转次数的时间序列,由此构建出舆情微博热度的演化曲线。下文分析均以处理后的根微博信息为分析单位。

(二)变量测量

1.事件分类

为了比较不同类型事件相关微博扩散特征的异同,我们将数据中涉及的八个事件归纳为社会伦理、权益抗争、自然灾害和文化交流四个类别,具体如表1所示。

表 1 事件分类表

事件类型	事件
社会伦理	北大吴谢宇弑母案、仁济医院赵晓菁事件、母亲踢踹女童模事件
权益抗争	上海特斯拉自燃事件、西安奔驰车漏油事件、视觉中国版权风波
文化交流	北京世界园艺博览会
自然灾害	四川凉山火灾

2.演化热度及周期

舆情热度指的是微博累积被转次数,即信息扩散的级联规模(Scale)。舆情微博热度演化周期(Span)即信息扩散的持续时间,由数据获取时间范围内微博被连续转发的天数来衡量。在本文中微博的演化周期也是微博的生存时间,考虑到数据获取时间点有微博尚未结束扩散的问题,我们定义了表示周期是否结束的状态变量(Dead),当数据获取日根微博存在转发则周期未结束(Dead=0),相反,若微博的最后一条转发出现在数据获取日期前,则视其演化周期已经结束(Dead=1)。

3.峰值比率与变异系数

峰值比率(Peak Faction,PF)和变异系数(Coefficient of Variation,CV)常用来测量信息扩散曲线的波动特征。本研究中,峰值比率可以反映出舆情的集中爆发趋势,根微博的峰值为单日最大转发次数,峰值比率指的是峰值与演化规模的比值,即 PF=Peak/Scale。

变异系数衡量的是扩散的稳定程度,反映了舆情热度的波动幅度,指标算法为微博每日被转次数时间序列标准差 σ 和均值 μ 的比值,即 $CV=\sigma/\mu$。

4.早期参与者指标

首先,我们借鉴 Rogers 创新扩散理论中对早期参与者的划分标准,根据根微博转发帖的时间序列,将根微博转发规模的前 13.5%视为早期扩散帖,早期参与者的发帖人即为早期参与者,进而得出其中认证用户和机器人账号的数量。根据数据中包含的微博发帖人的认证状态,构建发帖人是否认证变量(认证=1,非认证=0),我们将“金V、橙V、蓝V”三类用户定义为认证用户,“达人、普通”两类用户定义为非认证用户,由此统计出舆情微博早期参与者中认证用户的数量。为了衡量早期参与者的地域空间分布特征,我们定义了地域多样性(Regional Diversity)和地域聚集性(Regional Aggregation)两个指标,地域多样性指的是早期参与者共来自多少省份,地域聚集性为各省份早期参与者数量分布的标准差。

5.早期传播效率

在概念测量上,传播效率通常指单位时间内信息的扩散规模,也可以通过计算一定扩散规模所用耗时得出。本文根据早期参与者出现所耗用时长这一指标来反映舆情微博的早期扩散效率。根据转发时间,将第13.5%个扩散帖到根微博发布之间的时差定义为早期参与者出现耗时(单位:秒)。

6.微博内容情绪值

在本研究中,我们使用大连理工大学中文情感词汇本体库来计算根微博内容的情感极性,每一条微博的情感得分Score的计算公式为:

$$Score = \sum_{i=1}^{n} (-1)^{O_i} a_i p_i$$

其中i表示一条微博中情感词的个数,Oi代表情感词前面否定词的个数,a_i代表情感组合中程度副词的强度,p_i为情感词的极性值。$Score<0$,表明该微博文本体现出一定的消极情感;若$Score=0$,表明微博文本性感为中性;$Score>0$,则表明微博文本表达了积极情绪。*Score*值越小情感越消极,值越大情感越积极。如“2019年中国北京世界园艺博览会将在长城脚下、妫水河畔盛大开幕,喜迎世界宾朋”体现出积极情感,得分为2;“奔驰金融服务费说明,纯粹一堆官话、套话,可恰恰就是这堆官话、套话可以透过央视发声推卸责任!”表达出明显的消极情感,得分为-3。

7.同期其他微博数量

同期其他微博数量指在同事件微博中,与舆情微博在同一天发布的其他微博的数量。以上变量描述性信息见表2,其中总个案数为4,818。

表2 变量描述统计

变量名	最大值	最小值	平均值	标准差
扩散周期	38	1	5.4	5.19
扩散规模	390,029	101	1,121.17	8,405.45
峰值比率	1	.06	.82	.19
变异系数	5.29	0	1.25	.88
早期传播效率	2,026,260	0	11,560.91	70,877.11
早期参与者地域多样性	37	1	15.67	7.71
早期参与者地域聚集性	4,167	0	6.95	71.02
早期参与者认证用户数量	2,772	0	11.52	83.94
早期参与者机器人数量	2,537	0	5.84	47.01
微博内容情绪值	59	-91	2.56	4.98
同期其他微博数量	9,748	1	4,111.66	3,176.79
发帖人是否认证	认证		非认证	
	3,749		632	
事件类型	社会伦理	权益抗争	自然灾害	文化交流
	660	2,758	1,143	257

(三)研究方法

为对提出研究的问题进行经验性探究,本文主要采用了生存分析(Survival Analysis)中的Kaplan-Meier非参数估计法和Cox比例风险模型。生存分析是分析人或事件生存时间的常用方法,相比于一般的线性分析,生存分析的优势是兼顾了观测期结束生存周期尚未结束的现象,对此,因变量需要用生存时间和生存结束状态两个变量来刻画。其中Kaplan-Meier非参数估计法是对生存概率随时间演化的估计,也是一种单因素分析法,通过累积生存曲线可以直接观察事件生存的时间分布,也可以进行生存时间分布的组间比较。Cox比例风险模型是一种多因素分析方法,可以同时研究多个解释变量对生存时间长短的影响效果,通过模型中变量的回归系数,判断变量增加或减少周期结束风险,进而估计其对周期长短的效果。本文对微博的生存分析中，舆情演化周期的天数被看作微博的生存时间，状态变量用来判断周期是否结束。

三、数据分析与研究发现

（一）不同类型事件舆情微博演化周期比较

针对研究问题1，我们采用 Kaplan-Meier 法绘制了四类事件相关舆情微博的热度演化曲线（如图2）。从演化曲线看，在数据可观察的演化天数范围内，自然灾害类微博的生存概率高于社会伦理和权益抗争类，且随着天数的增加，生存概率的差异逐渐扩大。当演化天数在0~5天时，文化交流事件的相关微博生存概率低于自然灾害类，随后出现赶超持平之势。从最长演化天数上看，自然灾害类微博的最长演化天数最久，其次是权益抗争类和社会伦理类，文化交流类最短。结合以上发现，我们进一步对已经结束扩散舆情微博的演化特性进

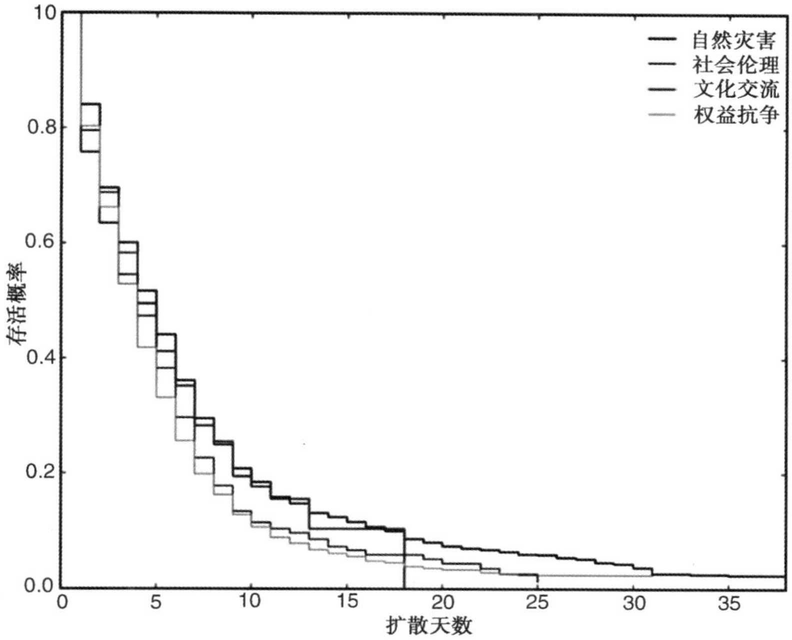

图2　各类型事件相关舆情微博热度演化曲线

行了方差分析比较，结果表明（见表3），自然灾害类事件相关微博舆情热度也显著高于其他三类。由此，结合事件案例我们认为，以凉山火灾为代表的自然灾害类微博在平台中演化周期较长，热度较高，这可能是由此次突发火灾事件涉及数十名年轻消防员牺牲，社会影响深刻，引发了媒体和公众舆论的高度关注。在事件发生之后，人民日报和央视新闻等多家权威媒体官微发布微博祭奠，诸多明星参与转发扩散祭奠微博，在悲怆氛围下，民众也纷纷以转发微博的形式来表达对牺牲消防员的同情与惋惜。而上海特斯拉自燃、西安奔驰车事件和视觉中国版权风波三起权益抗争类事件的微博舆论，大多经历了“网络曝光—舆论发酵—侵权方回应—舆论升温”的阶段性发展历程，因此相关微博的讨论也较为持久。相比来看，北京世界园艺博览会作为国际文化交流类事件，不属于突发类公共事件，相关微博也更具文化宣传色彩，相比于社会伦理类事件，也不具备争议性，话题性较低，故此演化的周期有限。

表3　不同类型微博扩散特征方差分析事后检验结果

事件类型		热度		峰值比率		变异系数	
（I）	（J）	平均值差值（I−J）	标准误	平均值差值（I−J）	标准误	平均值差值（I−J）	标准误
自然灾害	权益抗争	476.75*	80.07	−.01	.01	.23*	.03
	社会伦理	490.42*	114.20	.01	.01	.31*	.04
	文化交流	718.96*	170.23	−.01	.01	.46*	.06
权益抗争	社会伦理	13.67	102.02	.02*	.01	.08*	.04
	文化交流	242.21	162.31	.00	.01	.23*	.06
社会伦理	文化交流	228.54	181.60	0.02	.02	.15*	.07

注：选取 dead＝1 的微博，* $p<0.05$。

此外，我们还发现，权益抗争类事件相关微博热度演化曲线的平均峰值比率显著大于社会伦理类，也大于自然灾害和文化交流类，但不显著。这表明，权益抗争类微博的热度演化过程更具集中爆发性，亦表明微博作为一个公共平台对维权事件网络爆料的公众集体反应机制。此外，从事件的舆论指向来看，权益抗争类事件具有明确的舆论对象，且多为社会知名度较高的企业单位，负面维权事件的出现,也较容易掀起公众的集中讨论。在扩散曲线的变异系数上,四类事件微博之间均存在显著差异,即自然灾害>权益抗争>社会伦理>文化交流。这意味着自然灾害相关微博扩散曲线的变异性最大,文化交流类微博扩散曲线稳定性最高,对此,我们分别选取几类事件中扩散规模最大的微博作为案例进行比较(如图3),虽然四个代表性微博的扩散曲线均呈现单一高峰趋势,但自然灾害类微博的峰值最高,峰值后衰减速率较高,因此整体来看曲线的变异性较大,这也在某种程度上表明公共事件中公众注意力的普遍投入和快速衰减现象。

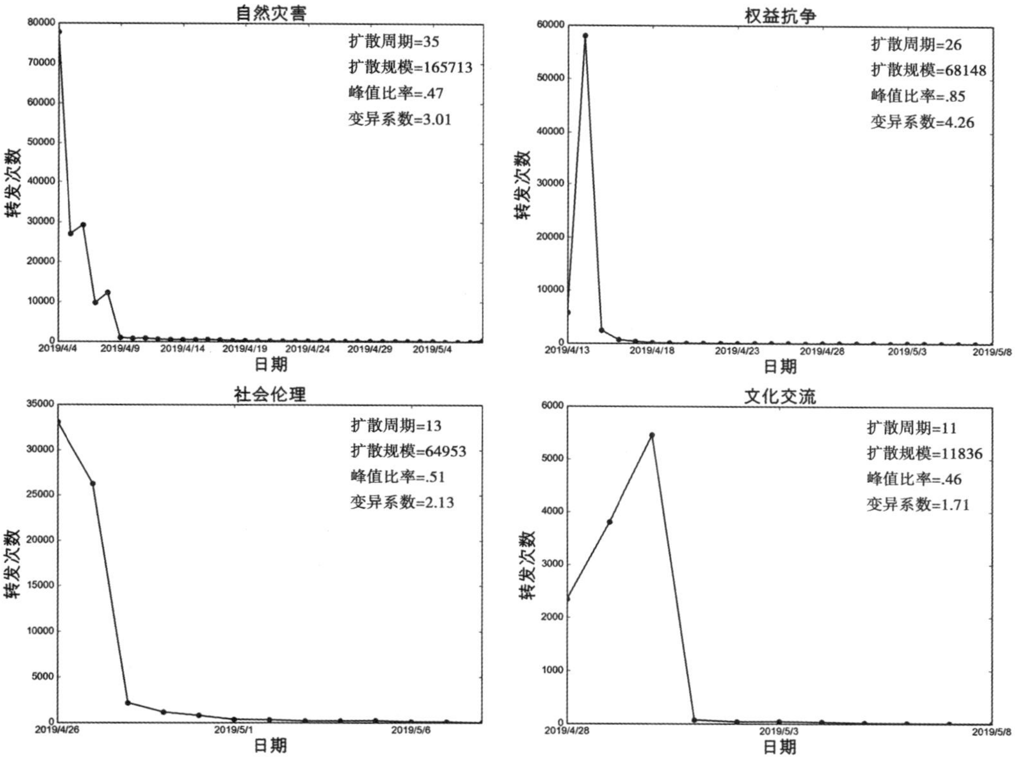

图3 各类事件微博扩散曲线

(二)舆情微博演化周期的影响因素

在探究影响舆情周期长短的因素上,首先,我们对事件相关微博进行了Cox

生存分析,对“早期传播效率”“早期参与者地域聚集性”“早期参与者认证用户数量”“早期参与者机器人数量”“同期其他微博数量”几个变量进行了标准化处理后放入方程。分析结果中,Wald 检验用于检验总体回归系数是否异于 0,Exp(B)为相对危险度,其代表着在某协变量作用下的风险函数和基线风险函数倍数。针对研究问题 2,全部事件分析的模型结果(如表 4 所示)表明,同期同事件其他微博数量越多,该微博持续扩散的周期也可能越久,也就是说,相比于注意力竞争关系,同事件的其他微博数量对该微博的公众注意力持续度具有强化作用。模型中发帖人认证状态这一协变量的 p 值大于 0.5,因此针对研究问题 3,我们认为,总的来看内容提供者是否认证对公共事件微博扩散的生存时间不存在显著影响,无法作为解释扩散周期的影响因素。关于研究问题 4,早期传播效率、地域多样性、地域聚集性、认证用户数量等公众维度的变量通过了显著性检验,可以作为预测舆情持续性的有效指标,且系数均为负,说明这几个协变量数值的增加可以降低舆情微博结束扩散的概率,延伸扩散的周期。具体而言,根据风险比例(Exp 的值)可以发现,在控制其他因素影响时,早期传播效率、早期参与者地域多样性、地域聚集性和认证用户数量每增加一个单位,微博扩散结束的概率分别为 65%、98%、88%和 54%(均小于 1),这表明,早期传播效率越低,越可能拉长微博扩散的周期,也就是说,相比于集中爆发式参与,早期参与者之间保持一定时间间隔陆续参与转发的微博扩散周期更持久。在地域空间分布上,早期参与者地域多样性和聚集性均是扩散周期的保护性因素,这表明,当早期参与者覆盖较多省份、在个别省份中出现地域的空间聚集时,微博扩散周期可能更久。扩散者中认证用户数越多也有利于延伸微博的扩散周期。最后微博内容情绪值的上升也有利于延续扩散周期,表明积极情绪微博的扩散周期可能更为持久。此外,通过对风险比例的比较还可以发现,早期参与者中认证用户数量对应微博扩散结束的概率最低,对周期持续演化的贡献量也就最大。

表 4　全部事件微博 Cox 生存分析结果

	变量	系数估计值（B）	估计值标准误（SE）	Wald 检验	效果估计值 Exp(B)
议题	同期其他微博数量	-.07 *	.03	4.43	.94
公众	早期传播效率	-.43 ***	.02	586.71	.65
	早期参与者地域多样性	-.02 ***	.00	65.59	.98
	早期参与者地域聚集性	-.13 *	.06	4.98	.88
	早期参与者认证用户数量	-.62 ***	.05	169.47	.54
	早期参与者机器人数量	-.01	.04	.09	.99
	发帖人是否认证	.06	.05	1.53	1.06
议题 * 公众	微博内容情绪值	-.01 **	.00	7.58	.99
Chi-square = 1,661.11, *df* = 8, *Sig.* = 0.000					

注：* $p<0.05$，*** $p<0.001$。

接下来，为了比较不同类型事件舆情微博演化周期影响因素的差异，我们分别对各类事件微博的扩散周期进行了生存分析。结果如表 5 所示，在议题层面，根据同期其他微博数量的回归系数，我们发现，同事件相关议题间的强化关系主要存在于权益抗争和自然灾害类微博的扩散周期中。在针对公众层面因素的分析上，在四类事件中，早期传播效率和其中认证用户数量两个协变量始终可以显著预测微博扩散周期的长短，即早期传播效率越低，早期参与的认证人数越多，扩散的整体周期也可能越久。且相比而言，早期参与者中认证用户数量增加，对应微博结束扩散的风险比例均低于其他变量，即在各类事件中，认证用户的早期参与对舆情持续演化具有较强的促进作用。而其他变量的影响依据事件类型发生变化，如在权益抗争和社会伦理类事件微博中，早期参与者地域多样性对扩散周期延伸有显著积极影响，在自然灾害事件中，早期参与者地域聚集性对扩散周期延伸有显著积极影响。文化交流事件中，早期参与者中社交机器人账号较多对扩散周期增长有显著促进效用。最后，在权益抗争事件中，微博情绪越积极越有助于延伸扩散周期，相反，在文化交流事件中，随着积极情绪的加深，微博扩散周期可能会缩短。

表 5　权益抗争类事件微博 Cox 生存分析结果

	变量	系数估计值(B)	估计值标准误(SE)	Wald 检验	效果估计值 Exp(B)
议题	同期其他微博数量	−.10*	.04	4.74	.91
公众	早期传播效率	−.41***	.03	278.50	.66
	早期参与者地域多样性	−.03***	.00	60.23	.97
	早期参与者地域聚集性	−.09	.10	.80	.92
	早期参与者认证用户数量	−.52***	.07	51.47	.60
	早期参与者机器人数量	−.04	.05	.63	.96
	发帖人是否认证	.20***	.06	12.31	1.22
议题＊公众	微博内容情绪值	−.01*	.00	4.55	.99
Chi-square = 930.85, *df* = 8, *Sig.* = 0.000					

注：* $p<.05$，*** $p<.001$。

表 6　社会伦理类事件微博 Cox 生存分析结果

	变量	系数估计值(B)	估计值标准误(SE)	Wald 检验	效果估计值 Exp(B)
议题	同期其他微博数量	−.01	.11	.02	.99
公众	早期传播效率	−.33***	.05	46.56	.72
	早期参与者地域多样性	−.05***	.01	46.11	.95
	早期参与者地域聚集性	.09	.17	.26	1.09
	早期参与者认证用户数量	−.39**	.13	8.50	.68
	早期参与者机器人数量	.02	.11	.02	1.02
	发帖人是否认证	−.11	.14	.61	.90
议题＊公众	微博内容情绪值	−.01	.01	.71	.99
Chi-square = 240.93, *df* = 8, *Sig.* = 0.000					

注：* $p<0.05$，*** $p<0.001$。

表 7　自然灾害类事件微博 Cox 生存分析结果

	变量	系数估计值（B）	估计值标准误（SE）	Wald 检验	效果估计值 Exp(B)
议题	同期其他微博数量	-.14 *	.07	3.91	.87
公众	早期传播效率	-.55 ***	.04	217.71	.58
	早期参与者地域多样性	-.01	.01	.70	1.00
	早期参与者地域聚集性	-.24 *	.10	5.81	.79
	早期参与者认证用户数量	-.71 ***	.09	66.63	.49
	早期参与者机器人数量	-.92	.96	.92	.40
	发帖人是否认证	-.23	.13	2.98	.79
议题 * 公众	微博内容情绪值	-.01	.01	3.07	.99
Chi-square = 458.89, *df* = 8, *Sig.* = 0.000					

注：* $p<0.05$，*** $p<0.001$。

表 8　文化交流类事件微博 Cox 生存分析结果

	变量	系数估计值（B）	估计值标准误（SE）	Wald 检验	效果估计值 Exp(B)
议题	同期其他微博数量	-.14	.17	.67	.87
公众	早期传播效率	-.23 **	.07	10.00	.80
	早期参与者地域多样性	-.01	.01	.61	.99
	早期参与者地域聚集性	.00	.27	.00	1.00
	早期参与者认证用户数量	-1.45 ***	.23	41.55	.23
	早期参与者机器人数量	-.03 *	.15	.04	.97
	发帖人是否认证	-.19	.23	.67	.83
议题 * 公众	微博内容情绪值	.01 *	.03	.03	1.01
Chi-square = 114.06, *df* = 8, *Sig.* = 0.000					

注：* $p<0.05$，*** $p<0.001$。

四、结论与讨论

本文基于舆情产生的机理,采用生存分析的方法,围绕议题和公众两个核心维度的因素对微博舆情的演化周期进行了探讨。在议题层面,各类公共事件舆情微博的演化过程存在显著差异,以2019年凉山火灾为代表的自然灾害类事件微博在舆情周期、热度和变异系数上都显著高于权益抗争、社会伦理和文化交流类事件。与本事件相关的其他微博的出现会延长权益抗争和自然灾害类事件的微博演化周期;在公众层面,各类事件中,早期传播效率和早期参与者中认证用户数量越多,早期传播效率越高,周期均越持久,且认证用户的早期参与对周期延长的贡献量最大。其他协变量的影响关系则依据事件类型发生变化。

首先,在议题竞合影响上,研究发现,相较于议题注意力竞争关系,围绕同事件、同期出现的其他微博数量对根微博扩散周期的延长具有强化效果,说明在公众注意力的竞争场域里,同一事件下单条微博的持续热度依赖于其他相同话题微博的网络造势,话题的不断增加、变异会使舆情生态变得更加复杂多元。值得注意的是,同一事件相关话题间的强化关系主要存在于权益抗争和自然灾害事件微博的扩散周期中。对此,研究推测有两点原因:一方面,无论是权益抗争还是自然灾害,都很难在短期内得到妥善处理,需要一个中长期的反应过程,其间媒体、意见领袖、草根群众对事件的持续关注,都会增加事件的网络热度;另一方面,相较于文化交流和社会伦理,以上两类事件涉及公众切身利益,带来的社会反响更剧烈,更容易刺激公众参与,引发情感共鸣,尤其是涉及多方利益主体的权益抗争类事件。

在舆情参与的公众要素中,首先,本文发现舆情微博的早期传播效率越低,越有可能延长微博扩散的生命周期。这表明相比于集中爆发模式,公众对舆情事件的早期反应较为迟缓时,舆情微博的扩散周期可能更为持久。这可能由于早期参与者在舆情升温过程中发挥着舆论发酵的作用,在微博平台信息流的实时更新机制下，发酵期较长，有利于更多用户接触到相关信息，参与到舆情事件的讨论当中。对此，我们以生命史理论（Life-history theory）作为类比，社会生活中的个体也存在快、慢生命周期的发展模式，对于那些慢节奏生命周期的人来说，早期受教育阶段被延长，保持慢节奏的发展模式，那么他整个生命各阶段的演化周期也可能会被拉长。在创新扩散理论中，Rogers 将采纳者按照采纳时间排序，并根据采纳人群占总体的比例将他们划分为早期采纳者、早期大多数、拖后腿者等类型。他还提出了采纳率（Rate of Adoption）的概念，即参与者采用创新的相对速度，通常是指某一社会环境中一定比例的成员采纳创新所需要的时间长短，由此，当早期采纳者出现所需时间较短、创新早期采纳率较高时，在快节奏的扩散模式下，后续采纳者也可能延续较高水平的采纳率，缩短扩散完成的时间。相反，当早期采纳者出现耗时较长时，创新扩散早期节奏缓慢，也可能延缓扩散的整体进程。其次，研究还发现，认证用户的早期参与也能延长舆情微博的扩散周期，进一步证明了普通用户与认证用户在传播势能上的差异性，认证用户在平台中的影响力较高，粉丝量大，他们对舆情议题的早期发现，有助于将事件引入更广泛的公众视野，促成持续的参与和讨论。此外，当早期参与者的地域分布涵盖省份较多、在个别区域内出现聚集时，舆情微博的演化周期可能更加持久。这意味着，来自不同地域的早期参与者有助于促成舆情事件在更广泛地域空间内的渗透演化，舆情早期参与者的区域聚集性带来了舆情初期的局部升温，但细化到不同的公共事件类型，早期参与者地域分布对舆情演化的影响又存在一定差异。就权益抗争和社会伦理事件而言，早期参与者的地域多样性对其微博的扩散周期具有显著影响，地域聚集性却并不显著，这可能是由于这两类事件都需要消耗广泛而大量的公众注意力，事件中的道德失范行为、不公平待遇等相关因素都有可能吸引广大公众的关注，而这些因素往往跨越了地理距离对网络信息空间的限制，互联网的脱域机制发挥主导作用。反观自然灾害事件，早期参与者的地域聚集性则对扩散周期产生显著影响，说明由于自然灾害具有地理特性，比如四川凉山火灾、雅安地震、盐城龙卷风灾害等，通常发生于某一区域，造成局部地区的生命财产损害，早期参与者的地域分布更具有集中性,聚集于灾难发生地或附近区域。最后,纵观各类型舆情事件,早期参与者中社交机器人的数量对舆情微博扩散周期的影响非常微弱。目前,虽然社交机器人已经成为网络对话中的重要参与者,传播观念和表达意义,与人类传播主体在社交媒体环境中共生(庹继光、马君,2019),但它们对权益抗争、社会伦理和自然灾害类公共事件早期参与对舆情周期长短的影响并不显著。但在文化交流类事件中,社交机器人呈现显著的促进效果,对此我们认为,在社会突发性和网民自发爆料的公共事件中,社交机器人很难早期介入,也很难发挥影响力,而文化交流事件具有一定的策划性,社交机器人的使用以舆论宣传为目的,它们的早期介入起到了增强事件曝光度和积极情绪启动的作用,在促进持续舆情信息持续扩散上扮演正面角色。

研究发现微博内容情绪值对周期影响存在差异,在权益抗争类事件中,积极情绪微博有助于延伸扩散周期,而在文化交流类事件中,消极情绪微博更容易被持续讨论。前人研究指出,在微博舆情的能量场里,微博舆情情感值的绝对值越大,传播特性的指标越高,微博舆情的正向或负向能量峰值越大(陈显龙、李姝娟,2017),也就是说,相比于温和中性的观点,带有极端情绪的观点更容易引起关注。在权益抗争类事件中,带有消极情绪的负面观点占据主流,其中积极情绪观点形成鲜明反差,更具争议性和讨论潜能,故此可能扩散的周期更长,在文化交流事件舆情的积极氛围中,消极观点的传播亦是如此。

综上,本研究发现具备一定的理论贡献和应用价值。在理论贡献上,Price(1992)将舆情产生和发展抽象为议题和公众两个维度作用力,尽管该理论具有高度的概括性和充分的解释力,但后续很少有研究对该理论进行经验性验证,本文则对两个维度的作用力进行了量化比较,发现作为公众层面的指标,早期认证用户的参与对舆情演化的作用最强。我们还将创新扩散理论中的“早期参与者”影响映射为舆情公众的影响力、将议题间的竞合关系纳入舆情议题层面的因素考量,进一步丰富了舆情研究的理论视角。现实应用层面,本研究对新媒体时代的舆情监测工作具有一定指导意义。舆情监测的要义在于对可能引发大规模舆情的时间做出快速及时的反应,因而对舆情早期参与者的关注至关重要。尤其对于可能带来消极影响的负面事件而言,早期参与者的相关测量指标不仅能让舆情监测者及时了解事件的动态走向以及舆论的发展态势,还能在事件发展初期进入舆论场及时引导意见气候,疏通负面舆情,延缓或阻止事态的恶化。

当然,本研究也存在一定的局限与不足。第一,本研究涉及的公共事件类别和案例还不够全面,难以避免部分案例自身特殊性对研究结论带来的影响,在未来的研究中还可以考虑纳入公共卫生、公共安全、文艺娱乐等事件类型,进一步完善研究的应用范围和解释力度。第二,在影响因素的选择上,本研究主要从早期参与者、微博内容属性、同期其他微博等传播属性上考量,没有涉及其社交网络结构、观点态度等方面的因素。最后,本文仅考虑了公共事件的舆情热度演化,关于舆情主题和情绪的周期性变化规律还有待于日后进一步探索。

参考文献

陈璟浩、李纲(2016),《突发社会安全事件网络舆情演化的生存分析——基于 70 起重大社会安全事件的分析》。《情报杂志》,第 4 期,页 70-74。

陈显龙、李姝娟(2017),《基于情感扩散和社交关系的微博情感传播特性和能量传递特征分析》。《情报科学》,第 4 期,页 32-36。

陈兴蜀、常天祐、王海舟、赵志龙、张杰(2020),《基于微博数据的"新冠肺炎疫情"舆情演化时空分析》。《四川大学学报》(自然科学版),第 2 期,页 409-416。

陈昱杉、李凤全、王天阳等(2020),《网络舆情信息扩散中距离的影响——以新浪微博"九寨沟地震" 事件为例》。《浙江师范大学学报》(自然科学版),第 1 期,页 14。

丁汉卿、刘念(2018),《网络舆情中网民的情绪表达——以中关村二小"校园欺凌"事件为例》。《新闻大学》,第 4 期,页 139-148,156-157。

杜诗雨(2015),《社交网络话题生存预测研究》。北京邮电大学硕士学位论文。

何瑜瑾(2013),《基于多主体的微博信息传播机制研究——以新浪微博为例》。华南理工大学硕士学位论文。

胡雨濛(2014),《公共议题微博的分布与变化研究:"众声喧哗"与"喜新厌旧"》。《湖南师范大学会科学学报》,第 5 期,页 148-153。

黄怡璇、谢健民、秦琴、杨丽颖(2017)，《影响网络舆情热度评价的主要因素识别研究》。《情报科学》，第35期，页49-54，62。

匡文波(2014)，《论新媒体舆论的生命周期理论模型》。《杭州师范大学学报》(社会科学版)，第2期，页117-122。

兰月新、邓新元(2011)，《突发事件网络舆情演进规律模型研究》。《情报杂志》，第8期，页47-50。

李翠敏、徐生权(2019)，《媒介化视域下公共危机事件的网络舆情演化研究》。《新闻界》，第7期，页83-90。

李静、谢耘耕(2020)，《网络舆情热度的影响因素研究——基于2010—2018年10600起舆情事件的实证分析》。《新闻界》，第2期，页37-45。

李胜兰(2017)，《微博如何应对网络舆情——基于20起网络舆情事件典型案例分析》。《新闻前哨》，第4期，页17-20。

刘国威、成全(2018)，《基于网络舆情生命周期的微博热点事件主题演化研究》。《情报探索》，第4期，页11-19。

毛太田、蒋冠文、李勇等(2019)，《新媒体时代下网络热点事件情感传播特征研究》。《情报科学》，第37期，页29-35，96。

潘昕颖(2014)，《基于微博舆情事件的节点地理扩散——以"凤凰古城收费事件"为例》。河北师范大学硕士学位论文。

谭轶涵(2019)，《微博意见领袖的舆论引导作用探究——以"杨超越网络走红"现象为例》。《传媒》，第14期，页35。

唐雪梅、赖胜强(2018)，《情绪化信息对舆情事件传播的影响研究》。《情报杂志》，第37期，页124-129。

庹继光、马君(2019)，《试论人工智能助力网络舆情沟通——基于社会建设的视角》。《西南民族大学学报》(人文社科版)，第8期，页151-155。

万晓榆、杨腾、袁野等(2019)，《微博信息情绪类型对用户分享意愿的影响研究》。《情报科学》，第8期，页97-101，107。

王林、王可、吴江(2019)，《社交媒体中突发公共卫生事件舆情传播与演变——以2018年疫苗事件为例》。《数据分析与知识发现》，第4期，页42-52。

谢耘耕、荣婷(2013)，《微博传播的关键节点及其影响因素分析——基于30起重大舆情事件微博热帖的实证研究》。《新闻与传播研究》,第 20 期,页 13-14。

晏敬东、杨彩霞、张炜南(2017),《基于生命周期理论的微博舆情引控研究》。《情报杂志》,第 8 期,页88-93。

喻国明(2015),《当前社会舆情的结构性特点与分析性发现——基于 2014 年中国社会网络舆情的大数据分析》。《江淮论坛》,第 5 期,页 136-143。

曾润喜(2009),《网络舆情管控工作机制研究》。《图书情报工作》,第 53 期,页 79-82。

翟羽佳(2017),《以事件为中心的网络舆情演化研究》。南开大学博士学位论文。

张洪忠、段泽宁、韩秀(2019),《异类还是共生:社交媒体中的社交机器人研究路径探讨》。《新闻界》,第 2 期,页 10-17。

张耀峰、肖人彬(2015),《群体性突发事件的舆情演化模型与仿真》。《计算机应用研究》,第 2 期,页351-355。

张玥、孙霄凌、浦正宁、朱庆华(2014),《微博舆情传播影响因素研究——基于信源特征和信息形式的视角》。《情报资料工作》,第 3 期,页 59-64。

赵云泽、刘珍(2020),《情绪传播:概念、原理及在新闻传播学研究中的地位思考》。《编辑之友》,第 1 期,页 51-57。

郑晨予、范红(2020),《从社会传染到社会扩散:社交机器人的社会扩散传播机制研究》。《新闻界》,第 3 期,页 51-62。

Anatoliy, G., Sophie, D., Philip, M.(2011).Is hAppiness contagious online? A case of twitter and the 2010 Winter Olympics.Hicss.IEEE Computer Society.

Bao, P., Shen, H.W., Huang, J., et al.(2013).Popularity Prediction in Microblogging Network: a case study on Sina Weibo.Proceedings of the 22nd International Conference on World Wide Web, 177-178.

Figueiredo, F., Benevenuto, F., Almeida, J. M.(2011).The Tube over Time: Characterizing Popularity Growth of YouTube Videos.Proceedings of the Fourth ACM International Conference on Web Search and Data Mining, 745-754.

Foote, N.N., Hart, C.W.(1953).Public opinion and collective behavior.Group relations at the crossroads.New York: Harper & Brothers.

Hovland, C.I., Janis, I.L., Kelley, H.H.(1953).Communication and persuasion.

Keller, T.R., Klinger, U.(2019).Social Bots in Election Campaigns: Theoretical, Empirical, and Methodological Implications.*Political Communication*,36,171–189.

Lippmann,W.(1946).Public opinion (Vol.1).Transaction Publishers.

Morley,D., Robins,K.(2002).Spaces of identity: Global media,electronic landscapes and cultural boundaries.Routledge,26–42.

Pinto,H.,Almeida,J.M.& Gonçalves,M.A.(2013).Using early view patterns to predict the popularity of YouTube videos.Proceedings of the sixth ACM international conference on Web search and data mining,365–374.

Price,V.(1992).Public opinion (Vol.4).Sage.

Rogers,E.M.(2010).*Diffusion of Innovations*.New York: Simon and Schuster.

Tatar,A.,Leguay,J.,Antoniadis,P.,et al.(2011).Predicting the Popularity of Online Articles Based on User Comments.*Proceedings of the International Conference on Web Intelligence,Mining and Semantics*,1–8.

Woolley,S.C., Howard P.N.(2016a).Social Media,Revolution,and the Rise of the Political Bot.*Routledge Handbook of Media,Conflict and Security*,302–312.

Woolley,S.C., Howard,P.N.(2016b).Political Communication,Computational Propaganda, and Autonomous Agents: Introduction.*International Journal of Communication*,10,4882–4890.

Zhao,J.,Gao,H.,Li,Y.,et al.(2017).Which factors affect the duration of hot topics on social media platforms? *Quality & Quantity*,51,2395–2407.

Zhu,J.H.(1992).Issue Competition and Attention Distraction: A Zero–Sum Theory of Agenda –Setting.*Journalism Quarterly*,69(4),825–836.

用户对社交机器人的认知及交互动机研究

——以豆瓣拉踩小组机器人为例

◈ 潘舒怡*

摘要:社交机器人通过在社交网络上模仿人类行为与其他用户进行交互,对人类用户产生了复杂的影响,并推动着人机共生的新型网络生态的形成。本研究以豆瓣拉踩小组机器人为例,通过爬取924条小组讨论帖,基于使用与满足理论对机器人与真人用户的交互进行内容分析,以探讨用户对机器人的认知及交互动机。研究发现,豆瓣小组成员在与小组机器人交互过程中,体现了新奇、社交、情感和娱乐四种动机,其中,娱乐动机占比最高(约49%),并常常与社交和情感需求同时出现。小组成员对小组机器人具有较高的信任度和好感度,倾向于将机器人的身份定义为组内网红成员,对机器人人格特征的认知具有高度一致性,并会通过主观想象为其构建人际关系网络。

关键词:社交机器人,豆瓣小组,交互动机,用户认知

一、引言

目前,在各大社交平台上出现了大量机器人账号,它们可以通过模仿人类行为与其他用户进行交互。据统计,2015年网络流量中,机器人占比48.5%;人类占比51.5%(Zeifman,2015)。机器人在社交网络上的传播行为对人类用户

---

* 作者为上海交通大学媒体与传播学院硕士生。

和整个网络生态都产生了复杂的影响,一个人机共生的新型虚拟社会逐渐形成(张洪忠、段泽宁、韩秀,2019)。但相较机器人技术的快速发展,关于社交机器人的探索仍较为匮乏。目前大部分研究主要关注 Twitter(推特)平台的政治机器人(Ferrara,2017;张洪忠、赵蓓、石韦颖,2020)以及购物网站或影视剧评价网站中进行网络营销的商业机器人(杨慧芸,2020)。上述两种都属于欺骗传播的说服性研究,更多探讨社交机器人的消极影响。虽然也有极少的文献提及社交机器人可能存在的潜在积极作用(Howard,Woolley,& Calo,2018),但目前学界尚无针对"良性"社交机器人的针对性研究。大量研究针对机器人的外表、性别、声音、动作、人格等社交线索是否会对用户体验和偏好产生影响进行了实验分析(Lee,Peng,Jin,& Yan,2006;Salem,Eyssel,Rohlfing,Kopp,& Joublin,2013;Fiore,et al.,2013),但此类表征均停留在普适层面,尚无研究探讨当社交机器人具有某种特殊性身份(如为某线上群组中的一员)时,用户会以什么样的方式对待它。

因此,本研究拟回答以下问题:不同于具有欺骗性质的"恶性"机器人,当人类用户面对"良性"社交机器人(如社交 App 豆瓣内的小组机器人)时,会如何理解和定义它?在什么情况下,用户会主动与社交机器人进行交互?使用与满足理论认为,用户在接触媒介之前,会基于社会和心理因素形成对媒介的先有认知,这一认知并非一成不变,而是在具体的媒介使用行为中不断更新和修正。同时,用户基于不同的动机和期望进行主动的媒介接触和使用,而媒介对其使用需求的满足程度直接关系到用户的后续媒介选择(Katz,1974)。因此,通过描摹用户对社交机器人多个维度的认知画像,探究用户的使用动机,可以更好地理解人机交互的开始、过程和结果,以回答上述疑问。

本研究以豆瓣小组机器人为例,通过 Python 爬取论坛内机器人的发言和真人用户回复内容,在使用与满足理论框架下进行统计分析和语句分析,试图探讨用户对组内机器人的理解和认知以及与其交互的动机。本研究不仅可以在一定程度上弥补社交机器人学术研究领域上的空白,也可以为未来社交类 App 内置机器人的设计提供借鉴。

二、文献综述

1.社交机器人与聊天机器人

Boshmaf、Muslukhov、Beznosov 和 Ripeanu 在 2011 年将社交机器人定义为在线社交网络(OSN)中由人类设置、可凭借算法程序自主运行社交账号并与其他用户进行信息交互的智能程序。它们通常通过模仿、模拟人类在社交媒体中的状态和行为,伪装为正常用户,并与其他用户或其他机器人进行交互。社交机器人可以发挥播报新闻快讯、天气预报等积极作用,但也可能被利用为商业和政府活动推动者。目前,通过在影视评价类平台上投放机器人水军为电影电视刷分、在电子购物平台上伪造大量虚假好评为商品促销的现象大量存在。世界范围内也已出现政府和政治人物通过操作社交机器人在社交平台上操纵舆论、阻止辩论、搅乱政治议题的证据(Howard & Kollanyi,2016),据估计,在 2016 年美国总统大选期间,使用选举标签的 Twitter 推文中超过五分之一是由机器人生成的(Bessi & Ferrara,2016)。

聊天机器人为可以响应自然语言输入并模仿真人进行对话的软件。目前,聊天机器人的开发主要在移动信息应用平台。2016 年,微软在 Skype 上发布了聊天机器人(Følstad & Brandtzæg,2017)。同年 4 月,Facebook(脸书)发布了可在其应用程序 Messenger 平台上构建机器人的工具,目前已有 23,000 多名开发人员构建超过 11,000 个机器人(Chaykowski,2016)。聊天机器人功能范围广泛,可用于商业客服、市场营销、咨询、娱乐等目的,扮演医疗健康建议者、精神治疗助手(Brandtzæg,2017)、电子管家、虚拟生活助理等角色(Hedberg,1998)。例如,Smokey 会监控并预警城市空气质量,Instalocate 可以帮助更新航班最新情况,Jessie Humani 可以提供年轻人的日常生活片段以供娱乐,Google Assistant 可以协调众多消息应用程序(Følstad & Brandtzæg,2017)。

目前的聊天机器人主要通过寻找已有数据库中的关键字、短语和模式进行匹配回复(Reshmi & Balakrishnan,2016)。当聊天机器人存储的信息不足以为用户提供满意的答案时,需要通过增强其互动能力使人机交互的过程更自然。除了实用的工具性特征,聊天机器人有时也可以充当倾听者的角色,帮助用户减少焦虑,甚至提供情感反馈和支持。由于其机械本质不带有任何预设立场、观点和倾向,不会对用户表达的内容进行评判,因此非常适合倾听用户诉说一些无法与现实社会中的人分享的较为敏感或尴尬的话题和内容。虽然目前的聊天机器人尚不具备情绪逻辑功能,但有效沟通并不一定是聊天机器人的目标。即使用户明确知道机器人无法真正理解自己,也能单纯从机器人的倾听行为中获得安慰(Zamora,2017)。

2.用户交互动机

使用与满足理论认为,用户对媒介的使用和接触包含着积极的动机,是在理性认知自身需求的基础上进行的主动选择,而媒介对这些需求和期待的满足程度将会影响用户后续的媒介使用行为(Katz, Blumler, & Gurevitch, 1973)。学者们通过研究受众对不同形态媒体的选择,将受众的媒介使用动机进行了归纳和总结:Berelson(1949)研究发现,读者对报纸的阅读主要出于获取外界信息、方便日常生活、休闲、获得社会地位、社交、习惯性行为这六个动机。McQuail(1972)则将用户观看电视的动机概括为消遣娱乐、人际社交、自我评价、环境监测四种。Katz 等人(1973)以社会情境为因,归纳出 5 种媒介使用需求,具体包括认知需求、个人整合需求、社会整合需求、情感需求、疏解压力需求。

自进入网络时代以来,网络传播和社交媒体的特质再次加强了受众本位的传播理念,了解用户的使用动机成为新兴媒体吸引和留存用户的重要途径。近年来,学界涌现出众多以使用与满足理论分析用户新媒体使用行为的研究。Alhabash 和 Ma(2017)分析了大学生对 Facebook、Twitter、Instagram 和 Snapchat 四个平台的使用动机和满意度。Gan 和 Li(2018)研究发现微信对使用需求的满足程度会影响中国用户的持续使用意愿。Kaur(2020)等人研究证实了用户对移动即时通信的使用满足感与其购物意图之间的关系。此外,还有在使用与满足理论视角下对移动短视频 App、网络自媒体、移动新闻客户端、游戏等新媒体进行的传播效果研究和用户研究(任蒙蒙,2019;李武、黄扬,2017;高存玲,

2016;李浩,2014)。

在人机交互领域,Brandtzaeg 和 Følstad(2017)基于虚拟机器人程序的技术和应用特征,将用户与线上机器人进行对话的动机概括为新奇感、效用、娱乐和社交。

(1)新奇动机

有机整合理论(Organismic Integration Theory)认为人类天生具有一种探索新奇、追求挑战的本能欲望(Malhotra, Galletta, & Kirsch, 2008)。Brandtzaeg 和 Følstad(2017)将新奇动机定义为"将机器人视为新事物并出于好奇心理进行使用的动机"。人们在采纳一项新的信息技术时,往往会因自身的需求、偏好、使用习惯和数字素养的不同,抱有一种好奇感和个人化的想象,并据此进行各异的人机互动过程,尝试验证该技术的功能。虽然在互联网时代,越来越多的人加入数字化连接,无实体机器人已经成为一种重要的社交替代品,一部分人已经培养了与社交机器人进行对话的经验和习惯(Zhou, Gao, Li, & Shum, 2020),但人们与线上机器人的交流经验依然远远少于与人类的交流经验,因此新奇感和兴趣很可能会触发人们与社交机器人的初始交互。

(2)效用动机

效用动机是指用户出于机器人易于使用或快捷高效的便利性而通过其获取帮助或信息的交互动机(Brandtzaeg & Følstad, 2017)。效用性动机主要适用于被多数用户定义为管家、助手等工具性角色的机器人。一个合格的辅助程序类机器人必须能为用户提供有效帮助,同时具备反应迅速、观察细致、提供帮助而不干预的品质(Hedberg, 1998),并遵循为用户负责、减少错误、降低损失、提供价值和意义等准则(Horvitz, 1999)。

(3)娱乐动机

在一项关于"人们为什么使用聊天机器人"的调查中,有 20%的受访者提及娱乐动机。娱乐动机是指"为了在交互过程中获得娱乐价值而使用机器人",具体包括积极娱乐(认为机器人有趣好玩)和消极娱乐(和机器人互动以消磨时间)两种情况(Brandtzaeg & Følstad, 2017)。Corti 和 Gillespie(2016)

研究发现,在用户与机器人的对话中,当人们认为对方是真人时,会花费更多的精力来纠正沟通中产生的误解。而当他们明确知道对方是机器人时,则会产生娱乐动机,以误解和过度解读为乐趣。

(4)社交动机

将社交机器人视为一种具有社会价值的交流方式,并将其用于社交或关系性目的的使用动机,被称为社交动机(Brandtzaeg & Følstad,2017)。社交需求一直都是许多新兴媒介或技术无法避开的需求点。Brandtzaeg 等人认为,年轻人期望通过社交媒体与组织进行沟通,获取即时的反馈、对话和行动导向的参与(2016)。Thackara 认为信息系统应该为用户提供一个社交平台或一种社区感,以提升用户体验(2000)。Monk 提出互动系统的设计应保障愉快的社交互动(2000)。相较其他交互系统,社交机器人具有更人性化的特点和更自然仿真的传播效果,可以同时加强人与人、机器人与机器人、人与机器的联结,因此用户对其是否能满足社交需求的敏感度相对更高。目前,市面上已经出现了专门用于满足用户社交需求的机器人,例如 Mitsuku 和 Jessie Humani 这类闲聊型机器人(Brandtzaeg & Følstad,2017)。

(5)情感动机

除 Brandtzaeg 等人(2017)总结的四种交互动机外,多项研究证实,用户还具有和机器人进行情感交流的需求。Xu、Liu、Guo、Sinha 和 Akkiraju 调查发现,约 40%的用户对客户服务机器人的需求不仅仅停留在获取特定信息上,也包括了情感请求(2017)。SIP(Social Information Processing)理论认为,尽管线上对话属于中介化交流,相较媒体情境缺乏声音、表情、动作、眼神等社交线索,但依然可以通过其他方式进行补偿,最终和面对面交流一样甚至更好地传递情感(Derks,Fischer,& Bos,2008)。机器人本身是不具有移情能力的,但当用户享受与机器人对话的陪伴感,并将其角色定位为伙伴、朋友时,就可以认为该聊天机器人具备了提供情感宣泄对象和情感支持的功能。因此,可将情感动机定义为“以期通过机器人获得情感价值的交互动机”。

3.用户认知

Katz(1974)认为,人们往往是基于已有的媒介期待而接触某种媒介,这种在切实的媒介使用行为发生之前所既有的个人媒介期待有其社会和心理根源。Ruin(1994)在介绍使用与满足理论时提出,社会角色和心理因素可以形成人们的媒介认知从而调节媒介使用行为。同时,人们在接触媒介过程中的实际情况也会不断更新其原有媒介认知。因此,可以认为用户对社交机器人的认知与其对社交机器人的使用存在着相互影响的关系。人工智能自发展以来,在社会上引起了多种思潮。拥趸者认为智能劳动产出的知识型产品充分发挥了价值创造的集合效应,体现了人机关系的融合增值(白永秀、刘盼,2020)。批判者认为这种高级智能的发展会伤害到公民隐私(郑志峰,2019)和人类主体性(刘方喜,2020)。技术中立主义者则认为技术本身价值无涉,人工智能的善与恶取决于人类如何使用(陆枫、殷正坤、陈传波,2000)。因而,在社会意见、重要他人意见等外界环境因素以及自我心理因素的作用下,当人们面对社交机器人这一项尚未普及的人工智能技术时,便会产生各异的认知和理解。这种或期待或惧怕或中立的预设立场会影响用户对社交机器人的交互和使用,同时,这种认知也可能在用户与社交机器人的实际互动过程中强化或改变。

目前,人机传播领域关于人类对机器人认知的探索主要包括人类对机器人的信任度和好感度、人类对机器人的身份定位、人类对机器人的人格理解三方面。

(1)信任感和好感度

信任感是指个人对机器人感到一致性、可预期性、可靠性而产生的安全和信任的情感体验(Rubin,1994)。众多研究证明,人们对计算机系统具有天然的不信任感(Muir,1987),质疑他们缺乏像人类一样思考的能力。但机器人若要与用户建立起良性关系和进行有意义的交互,必须建立起彼此的信任感,因此机器人需要显示出人性化特征而非机械性本质。好感度是指主观个体对机器人产生喜欢或满意情感的程度。许多针对社交机器人应用的研究发现,人们对具有不同外表、动作手势的实体机器人(Salem, et al., 2013; Castro-González, Admoni, & Scassellati, 2016)和具有不同语言习惯、音色音调、文化背景的虚拟机器人(Chang, Lu, & Yang, 2018; Rau, Li, & Li, 2009)均会产生不同的好感度和信任度。Dautenhahn(2007)认为,要提高用户对机器人的好感,需要完善机器人的沟通能力和技巧。

(2)身份定位

身份定位是指人类对智能机器人的身份认定及由此衍生出的人之所以区别于物(非人)的本质问题,不同的身份设定会影响到关于机器人权利的界定(吴梓源,2019)。本研究认为,具体而言,对机器人的身份定位可以分为高于人、低于人、等同于人三种。依据 CASA(Computers Are Social Actors)范式,人们会无意识地将机器人等同于人类,并将人类社会的交往脚本运用到人机交互过程中。在人机传播中,人们总有将计算机拟人化并赋予其人类身份的倾向(Brennan, 1998),即使人们已被明确告知交互对象为计算机程序,仍会潜意识地将其视为与人同等的地位,在交互系统更自然和真实的情况下,这种倾向会更为明显。目前,已有相关实践赋予了机器人公民身份和法律主体资格:2017年,机器人 Sophia 成为沙特阿拉伯公民,是首个拥有人类国家国籍的机器人(凌志,2018)。但也有相关研究推翻了 CASA 范式,发现了人类在人人互动与人机互动中的差异化表现。例如 Hill、Ford 和 Farreras(2015)研究发现,相较于同陌生人对话,人在与机器人聊天的过程中,持续时间更长,信息更短小,词汇更简单,也更不礼貌,在交流过程中将机器人置于低于人的地位。Christopher Stone 认为,这是因为人们将机器人视为无权利的工具性存在,即人所使用的东西(1972)。此外,智能机器人通过模仿学习已在部分领域超越人类智识,如谷歌 AlphaGo 战胜围棋九段选手李世石。这在某种程度上挑战了人之所以区别于其他动物和机器的优越性,甚至贬抑了人类的地位和主体性(吴梓源,2019)。

(3)人格

Fong、Nourbakhsh 和 Dautenhahn(2003)将机器人的人格特质分为类工具、类宠物(生物)、类卡通、类机械、类人五种类型。Mou、Shi、Shen 和 Xu(2020)对过往机器人人格相关研究的综述发现,大部分研究都忽视了前四种人格类型,而着眼于借用不同人格理论(如 Big Five)探索机器人类人人格对人机交互过程的影响。类人人格是指机器人行为和认知模式的特征集合中所体现的类似人类人格的特质。当机器人通过社交线索表现出诸如性别、文化等类人特质时,用户会将人类社会的刻板印象迁移到机器人身上(Louwerse,2005)。有学者认为,机器人需要表现出一致的人格特点,以便用户在对话中设定正确的期望(Zhou,Gao,Li,& Shum,2020)。部分机器人还可以拥有在现实社会中真实人类无法拥有的完美人格。

本研究基于以上综述内容,以豆瓣小组机器人为例,从用户使用动机和用户认知两方面进行探讨,以期回答用户如何理解、定义以及为何使用社交机器人的问题。豆瓣小组是围绕某一个话题缔结的网络趣缘群体,属于论坛类的公共开放社区。小组内部结构扁平化,分为组长(小组创始者,只有一位)、管理员(日常事务处理人员,可有多位)、普通组员三个级别,用户可根据自己的喜好自愿加入。但部分小组具有严格的准入机制,需要通过管理员审核方可成为其中的一员。每个小组都有各自的规则以约束规范成员行为,所有豆瓣用户都可以浏览小组讨论内容,但只有该小组的成员才可以发帖回帖。所发帖子按照时间从新到旧排列,分为最新、热门、精华三个栏目。

豆瓣小组机器人为由小组管理员或其他成员运行的官方机器人账号,具有自己的头像、昵称、个性签名、粉丝与关注等详细账号信息,有些还会不定期发布动态,与真人豆瓣用户几乎没有差异,因此其在表征上更类似于上述"社交机器人"的定义。

豆瓣小组机器人可以通过随机发布数据库中的内容进行评论,实现快速顶帖,防止组内讨论由于刷屏过快导致的"秒沉",给予帖子更多的暴露机会,以维系组内活跃度和内容丰富性。但在实施这一功能的同时,也产生了一些开发者初衷之外的作用。部分小组成员在明知其机器人身份的情况下,依然会积极点赞或回复其评论。即使机器人不会二次回复他人的评论,人们也乐在其中。因此,在功能上,豆瓣小组机器人更类似于聊天机器人,具有增进组内社交互动、提高交流质量的工具性效用,以及娱乐用户等在实际使用中自然衍生的其他功能。

豆瓣机器人属于最简易的低端虚拟机器人,并不具备其他智能机器人(如微软小冰)的语言识别和逻辑分析能力。它不会特意识别帖子内容,针对任何讨论,都是从已录入的数据库中随机挑选单条信息进行输出响应。其唯一的工具性效用只是增加帖子内容曝光率和讨论度,并在其发帖行为产生的瞬间即完成。由于它本质上并不能理解信息内容并进行针对性反馈,用户与其进行互动(回复它在帖子中的评论)的行为并不能增强其固有效用。

因此本研究舍弃"效用"动机,将用户与豆瓣小组机器人进行交互的动机分类为新奇、社交、情感、娱乐四项,并由此提出本研究的第一组问题:

RQ1:用户与豆瓣小组机器人进行互动的动机有哪些?

RQ1a:用户与豆瓣小组机器人进行互动是否具有新奇动机?

RQ1b:用户与豆瓣小组机器人进行互动是否具有社交动机?

RQ1c:用户与豆瓣小组机器人进行互动是否具有情感动机?

RQ1d:用户与豆瓣小组机器人进行互动是否具有娱乐动机?

虽然豆瓣小组机器人暂时无法展现完美的对话能力,但其通过账号信息和发言展现出的虚拟形象已经显示出一定程度上的类人特质。同时,豆瓣小组作为一个半开放的虚拟社区,对网民的加入存在一定的准入条件,因此小组成员会具有共享的社群意识及较强的情感依附、归属感和信任感,并对群内的其他成员和群组所有物产生依恋情感(Kleine & Baker,2004)。基于以上两点,可以推测豆瓣小组成员对小组机器人具有较高的信任感和好感度。

基于 CASA 范式可以推断,豆瓣小组成员会以对待其他小组成员的相似态度和方式对待小组机器人。但此种论断存在程度上的争议:用户可能会将其默认为普通组员,或将机器人进行顶帖的功能视为管理行为而将其归入高于普通组员的管理员层级,或出于机器人低于人类的固有偏见将其归为低于普通用户的次等组员。甚至用户可能全盘否认机器人的小组成员身份(即违反 CASA 范式),而只将其视为推动组内讨论的工具,以不礼貌、不尊重的态度对待它。

豆瓣机器人的操控者在设置机器人词库时,会考虑到小组特征,在语句的选择上符合小组调性。因此豆瓣机器人除了高效回帖的特质外,往往还具有某种一致的甚至具有强吸引力的类人人格特征。虽然它不能真正理解话题内容，讨论能力极为有限，更无法像真人一样提供与对话方相似的经验，但尽管存在这些限制，很多豆瓣用户依然有与其进行交互的强烈兴趣，并认为它极具吸引力和“人格”魅力，甚至会关注它并成为其忠实粉丝。

基于以上论述，提出本研究的第二组问题：

RQ2：用户如何认知豆瓣小组机器人？

RQ2a：用户对豆瓣小组机器人的信任感与好感度如何？

RQ2b：用户对豆瓣小组机器人的身份定位如何？

RQ2c：用户是否感知到豆瓣小组机器人类人人格特质？

三、研究方法

自我报告/问卷调查一直以来都是使用与满足研究中主要使用的方法（Rubin，2009）。但近年来，在针对新媒体的使用动机和需求满足研究中出现了内容分析方法的应用。Papacharissi（2007）通过分析博客样本的内容特征及背后的创作分享动机，探究博客是否拓展了新闻事业的传统界限及是否满足了个人自我表达和社会整合的需求。Giglietto 和 Selva（2014）搜集了 11 个政治类脱口秀节目整季度播放过程中在 Twitter 上产生的相关推文，以研究电视节目观众在社交媒体上进行政治讨论的主要方式和参与动机。Mou（2014）根据中国食品安全事件中微博平台上的内容信息，分析不同类型的博主参与食品安全话题讨论的动机差异。

Mou（2014）认为，在使用与满足框架下，对用户生产内容（UGC）进行内容分析可以克服传统问卷调查中受访者主观偏好、抽样群体同质化等因素所带来的误差，更好地实现从受众视角研究传播效果的初衷。同时，在公开的电子媒介平台上，文本、影像等电子资料都被永久存储，可以随时随地访问，帮助研究者克服时空的局限，直观了解到用户最自然和真实的状态。因此，本研究基于使用与满足理论框架，通过爬虫技术搜集豆瓣用户与小组机器人交互内容并进行描述统计分析，以探究用户对小组机器人的认知和使用动机。

1.数据采集

豆瓣小组中的机器人较多，典型的有豆瓣鹅组的“小黄鸭”、生活组的“歪の太”、拉踩小组的“Lv易威登”、哈组的“机器喵”等。有些机器人由于开发者长时间未进行维护管理，已经关闭，有些词库较为单一（如生活组的“歪の太”的回复仅为随机表情）。通过对比观察发现，豆瓣拉踩小组的机器人活跃度较高，语词库丰富且更新及时，发言符合小组调性和兴趣，用户与其互动的程度较高，因此选取其为本研究的研究对象。

本研究采用数据挖掘方法，于2020年5月26日通过Python程序随机爬取豆瓣拉踩小组内的讨论帖924条。每条帖子中，机器人“Lv易威登”都进行了快速回帖，其中，小组成员（真人用户）对机器人评论进行回复共计396条。通过数据清洗，剔除没有发生人机互动的帖子，仅筛选并收集讨论帖链接、讨论标题、“Lv易威登”对帖子的评论、真实用户对“Lv易威登”评论的回复。

2.定义与编码

关于交互动机的操作化定义如下：（1）新奇动机：将任何含有“用户在观察到机器人的智能性和高类人度后，出于新奇感所表达的a.观点和b.感受”的用户回复编码为1；不含上述内容则编码为0。（2）社交动机：将任何含有“a.基于话题进行主动的自我立场和观点表达、b.询问机器人的意见、c.对机器人回复的观点性评价”的用户回复编码为1；不含上述内容则编码为0。（3）情感动机：将任何含有“a.向机器人输出积极情绪或消极情绪、b.向机器人寻求情感支持、c.对机器人回复进行情感性评价、d.为机器人提供情感支持或进行负向情感反馈”的用户回复编码为1；不含上述内容则编码为0。（4）娱乐动机：将任何含有“a.认为机器人的回复具有趣味性或娱乐性、b.出于挑逗或戏弄等心理通过回复机器人的发言以获得乐趣、c.由于无聊而与机器人互动以消磨时光”的用户回复编码为1；不含上述内容则编码为0。在编码过程中发现有些回复同时存在多个交互动机。

关于用户认知的操作化定义如下:(1)信任感:用户回复中体现出其面对机器人产生的安全、可靠和信任的情绪,编码为1,即“信任”;在用户回复中观察到其对机器人警惕、防备的不安全感和谨慎态度,编码为2,即“不信任”;无法从用户回复中判断明确的信任状态,编码为0,即“不确定”。(2)好感度:用户回复中体现出其对机器人喜爱、满意的情感,编码为1,即“好感度较高”;用户回复中含有对机器人厌恶、不满等消极情绪态度,编码为2,即“好感度较低”;无法从回复中观察到明确的情感取向,编码为0,即“不确定”。(3)身份定位:用户回复中将机器人视为“高于普通组员身份”(如类管理员、类组内KOL),编码为1;“同等于普通组员身份”,编码为2;“身份低于真人用户的小组成员”,编码为3;“非小组成员的工具性存在”,编码为4;无法体现用户对机器人的身份定位,编码为0,即“不确定”。(4)类人人格:用户回复中含有对机器人类人人格特质描述的,编码为1;不含的,编码为0,即“无”。

随机抽取用户回复50条,由两位经过训练的编码员独立操作进行前测样本的编码,经KAppa检验,发现两名编码员对几个变量的编码均具有较高的一致性(KAppa值>0.75)。因此由其中一位编码员完成正式编码,另一位编码员进行核验,确定最终编码结果。

四、研究结果

对四项交互动机统计结果进行卡方检验:$x^2 = \sum \frac{(f_0-f_c)^2}{f_c} = 170.78 > x^2_{0.05}(3) = 7.81$。检验结果推翻无差假设,证实用户在与豆瓣小组机器人互动中同时存在新奇动机、社交动机、情感动机和娱乐动机,且四类交互动机的分布具有显著差异。

如图1所示,在共计396条小组成员回复中,有195条体现了用户的娱乐动机(占比49.24%),为最主要的交互需求;170条回复体现了用户的社交动机(占比42.93%);92条回复体现了用户的情感动机(占比23.23%);48条回复体现了用户的新奇动机（占比 12.12%）。共有 105 条回复（占比 26.52%）同时体现了两种交互动机。其中，同时体现娱乐动机与社交动机的数量最多，为 78 条，占比 19.70%；同时体现社交动机和情感动机的为 18 条，占比 4.55%；同时体现情感动机和娱乐动机的为 6 条，占比 1.52%；同时体现情感动机和新奇动机的为两条，占比 0.51%；同时体现新奇动机和社交动机的为 1 条，占比 0.25%。仅有两条回复同时体现了三种交互动机，分别为“情感动机+社交动机+娱乐动机”“社交动机+娱乐动机+新奇动机”。

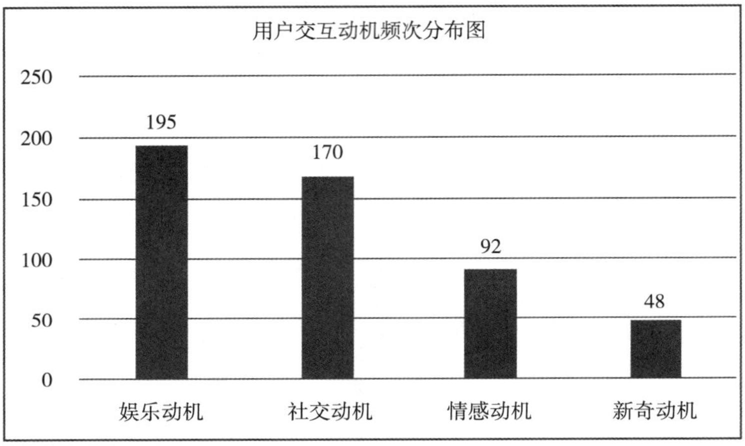

图 1　豆瓣小组成员与机器人交互动机分布图

1.新奇动机

在 48 条体现了新奇动机的用户回复中，有 10 条（20.83%）为观点性表达（如警惕人工智能等），38 条（79.17%）为情绪性表达（如惊讶、恐惧、赞叹等）。根据统计，有 31 条用户的回复中包含“活”一字，8 条用户的回复中包含“智能”一词，3 条用户的回复中包含“真人”一词。有 2 条帖子的主题内容本身就是关于小组机器人高度类人性和智能性的讨论。

豆瓣拉踩小组是一个讨论娱乐八卦的小组。因此，在小组机器人“Lv 易威登”（昵称“小 lv”）的语句库中，有许多回复与小组内高频率出现的讨论话题相关，例如：“明年一定红！”“我不是明星，只是网红”“下个选秀见！”“素人不是都有点评明星的权利吗”……这些随机回复句由于具有较强的普遍适用性，有一定的概率与娱乐八卦类帖子本身的主题相符合。例如，在“分享自己真情实感过但已轰轰烈烈 be 的 CP 吧”的讨论帖中，小 lv 的评论是“不管怎样，希望大家都好吧”，出于巧合恰好能与标题产生共同意义。有真人用户回复其评论“活了对吗？你又活了对吗？”将机器人随机的语句筛选和输出行为过度解读为其在理解了帖子内容后发表关于嗑 CP 失败（该帖主题）的惋惜和无奈。在这种情况下，人类用户大多是感慨于机器人智能性的新奇，而产生互动动机，通过主观曲解随机概率事件的本质，赋予其人为臆想的虚假意义。

但值得关注的是，“你活了？”背后暗含的潜在语境是对“你本该是死的”和“我知道你不是活的”此类观念的默认。这说明真人用户并没有真正被机器人伪装成人类的行为欺骗，而是在明知对方机械本质的前提下，依然选择参与这一场过度解读的交互。因此，这类传播行为更类似于一场人类面对新技术的试探和狂欢。当狂欢文化呈现在网络上，并与网络平台和网络传播的特征相契合时，常具有传染性、仪式性和平等性的特质（丁倩，2013）。例如，在某一帖中，小 lv 的回复由于与主题具有高度一致性，引发了 7 位小组成员出于新奇动机的回复。大多数回复如“活了”“是活人吧！”“是真人吧？”“一定是真人”都极为相似，小组成员通过找到“机器人回复高度类人”这一个兴奋点并无限放大，以一种集体性互动仪式进行狂欢式传播。

2.社交动机

在豆瓣小组这样一个虚拟的线上社区，成员在面对机器人时，会模拟与真人交往的脚本进行拟态社交，与机器人进行意见交换。在 170 条体现了社交动机的用户回复中，针对话题主动表达自我立场和观点的有 45 条（占比 26.47%）；询问机器人意见的有 77 条（占比 45.29%）；对机器人的回复进行评价的有 48 条（占比 28.24%）。例如，在某一关于饮料的讨论中，用户针对小 lv 的观点（“可”）予以反驳并鲜明表达自己的立场（“一点都不可”）；在关于某综艺节目的讨论中用户询问机器人小 lv“你能活到几集”，以及用户针对小 lv“明年一定红”的发言评价“你已经很红了好不”。

小 lv 的数据库中存储并及时更新着大量互联网中流行的语句(即“梗”)。例如:“大人,时代变了”“我不要你觉得,我要我觉得”……梗文化主要来源于某一事件、人物发言或电视剧、电影和歌词的片段,是指经过了受众的二次创造和脱离原本语境的解读,产生了某种幽默效果,因此在网络上快速传播的语言文化。相对于大众流行文化,梗文化更偏向于一种小众亚文化圈的网络迷因现象,本质上是人们以一种低成本的机械复制和挪用在特定亚文化圈层中进行自我表达和获取成员认同的尝试。

当豆瓣小组成员在网络上相遇时,由于缺乏对彼此现实生活的了解,唯一的认知仅为彼此共享的虚拟小组成员身份,因此他们往往会通过“抛梗”的方法来进行社交。当信息接收方能够理解“梗”的内涵并给予恰当的回应时,双方就建立起了一个共通的连接点。这种基于对同一文化现象的理解而产生的互动可以带来相似感,拉近对话双方的心理距离。基于豆瓣拉踩小组的性质,成员们常用的梗大多来源于娱乐圈、豆瓣平台及小组内部诞生的“金句”和名言。

在 170 条基于社交动机的回复中,有 43 位真人成员通过梗文化完成了与小组机器人的社交互动,通过回应机器人发言中提及的梗并运用不同的方式完成“接梗”仪式。其中,有 25 人(占比 58.14%)采用了简单复制的模仿方式;11 人(占比25.58%)的回复对原梗进行了创造性改写;7 人(占比 16.28%)询问或解释了机器人发言中所含梗的含义。例如,在某一帖的讨论中,小 lv 的评论“哇哦~”原为选秀节目《青春有你》选手虞书欣在节目中的发言,由于其夸张的表情和语气而成为粉丝亚文化圈中的流行语,并衍生出表情包、段子等再造文化。有一位真人网友通过简单复制模仿这一个梗,与机器人小 lv 进行了社交互动。Tarde(1890)认为,模仿行为具有促进社会交往的社会意义,可以消除种族和阶级的障碍,减少威胁和敌意,巩固和发展人际关系网络。本研究发现,这种具有社交作用的模仿行为不仅局限于人人互动,在人机互动中依然存在。除简单模仿外,部分成员会在原有梗的基础上又抛出类似的梗,在回复中加入主观的改造。当真人用户无法理解小 lv 的发言中所用的梗文化时,会产生落后于流行文化的闭塞感并寻求解释,也有成员会主动科普机器人发言中的梗文化。

当机器人小 lv 模仿人类在帖子中抛梗时,由于其机械本质,它本身并不具有寻求相似性或成员认同的心理需求。但当小组成员看到机器人正确运用了网络流行文化或小组流行用语时,会感受到一种心照不宣的默契感,感觉与机器人的心理距离拉近,从而产生与之进行社交互动的冲动。同时,梗的传播具有标签化的功能,一致的思维方式和语言形式往往映射出个人的价值观和兴趣。因此当人们观察到机器人与小组调性相符的发言时,更容易将机器人纳入群体,认同其小组成员身份。

虽然小 lv 作为一个低端的简易机器人,无法对用户的回复进行二次互动,真人与它的交互更类似于有去无回的自言自语,但小组成员依然有与其进行社交互动的强烈需求。针对这种现象有两种解释:一是由于人类面对机器的一种无意识反应,在看到熟悉的梗时触发习惯性的回复机制,而并没有足够的时间去思考这一场线上社交"零报酬"的本质。二是小组成员针对机器人的梗进行回复的行为本身,就是这一场虚拟社交的回馈和目的。他们并不希望获得机器人的认同,而是借回复机器人的梗表达自身对梗文化的理解。在这一公开的表演行为中,深化其自身身份和形象的定义和塑造,以获取其他真人用户的情绪共鸣和群体认同,从而满足自尊和获取社会地位的需要。

3.情感动机

在 92 条体现了情感动机的回复中,有 25 条(占比 27.17%)为向机器人输出自我情绪,包括表达积极情绪(11 条)和宣泄消极情绪(14 条);18 条(占比 19.57%)为向机器人寻求情感支持;6 条(占比 6.52%)为针对机器人回复进行情感向评价;43 条(占比 46.74%)为给机器人提供正向情感支持(26 条)或输出负向情绪反馈(17 条)。

机器人小 lv 会通过表情符号和文字表达自己的"情绪"。表情符号包括悲伤、愤怒、开心、感动、好奇、困惑等,文字包括"我真无奈了""xswl"(笑死我了)"简直胡扯瞎闹!""别来招惹我谢谢,有多远给我滚多远""我会失望的,谢谢"等。本研究发现,当小 lv 表达自身情绪的时候,有一部分真人用户会与其进行交流并为其提供情感支持。针对这一现象,可能的解释是,用户对小 lv 进行了身份赋予并与之建立了情感联结。在虚拟社区中,人们除了基于共同的集体性身份进行交往并缔结群组依恋之外,也会形成基于个体的私人联结并缔结人际依恋(Ren,Kraut,& Kiesler,2007)。豆瓣拉踩小组作为一个匿名性和依靠内容聚集的BBS社区,组内准入条件较高,成员归属感和排外性强。因此一旦小组成员将机器人小lv视为虚拟社区内的一员,无论是低于普通成员身份还是高于普通成员身份抑或社区所有物,都已经在潜意识中与机器人建立了亲密关系和心理认同。且用户对自身虚拟角色的卷入程度越高,与小lv的亲密度就越强。基于这种相互联结的关系纽带,当小组成员看到机器人小lv输出情绪的评论内容时,就会产生强烈的情感共鸣,通过回复来提供支持和帮助。例如,在一个帖子中,小lv回复了惊恐的表情,就有一位小组成员给予了安慰:"吓到你了吗小lv"。但除了支持,也有一部分用户对机器人的情感表达进行了反抗式回复。例如小lv发表的"别来招惹我谢谢,有多远给我滚多远"的愤怒言论,就收到了小组成员"大晚上你这么凶干吗"的反抗式回复。据统计,机器人小lv输出自身情绪的评论共计38条,其中21条收到了小组成员的正向情感支持,12条收到了反抗式回复,5条同时收到了正向、反向的情绪反馈。但通过语句分析发现,所有真人用户的负向回复,均为委屈、戏谑等偏柔和的消极情绪,大部分都带有玩笑和游戏的成分,鲜少有成员真正对机器人不合时宜的情绪表达感到厌恶而对其进行辱骂或讽刺。

在表达自身情绪之外,小lv还会通过问句、感叹句、陈述句等为发帖人提供情感支持和关怀。例如其经典语句"生活善待你了吗"总是会收到用户"有""还凑合吧""完全没有"等不同的自我呈现。在本研究素材中,小lv发表的21条情感关怀类评论中,有18条收到了来自楼主(发帖人)寻求情感支持的回复。除了发帖人之外,机器人提供的正向情感支持和倾听行为还得到了其他小组成员的6条情感向评价。例如,在某一帖中小lv的"帮顶"回复得到了其他用户(非发帖人)的赞许:"你好善良啊"。调查结果验证了先前研究的结论,发现用户在与机器人互动过程中存在着强烈的情感交流动机。当小组成员在匿名性豆瓣小组中发表相关讨论时,其主要存在着输出情绪和得到情感反馈两个动机。本研究发现,机器人提供的聆听功能与真人相比,效果并没有显著差异,在有些情况下甚至更好。

当成员在豆瓣拉踩小组中分享关于个人兴趣、对事物/他人的看法、生活琐事和困扰等信息时,其实是在进行自我披露。由于网络的匿名性和中介化特质,许多人相较于面对面交往,更倾向于在社交网络平台上进行更舒服和自然的自我披露行为(Parks & Floyd,1996)。但当小组成员在小组内进行情绪表达时,也伴随着一定的风险。例如其他成员可能将积极情绪表达的内容解读为炫耀和表演欲,将负面情绪输出定义为无法管理控制自己情绪的表现。因而这种自我表达很可能得不到最初想要的关注点和正向情绪支持,反而会引起其他成员的无视或批判。相较于真人小组成员,机器人小 lv 本身并不具有情绪和偏见,且会无差别地回复每一个帖子,“聆听”发帖人的倾诉并提供一种陪伴感。即使有些随机回复可能与帖子内容毫无关联甚至是一个负向的反馈,但对于知晓其机械本质的发帖人来说,他们并不会将此种“无心”的机器行为定义为攻击或伤害,而是借此作为情绪输出的窗口,以满足自我披露和情绪表达的需求。

4.娱乐动机

本研究发现,近半(49.24%)的真人用户回复体现了娱乐动机,是小组成员与机器人进行互动的最常见动机。具体可分为两种情况:一是积极的娱乐动机(143 条,占比 73.33%),二是被动的消遣动机(52 条,占比 26.67%)。

积极的娱乐动机需要用户发挥想象力来实现,主要包括结合语境从小 lv 的文本中寻找幽默、哲思和逻辑,感受其趣味性(49 条),以及通过与机器人进行交互以获得乐趣(94 条)这两种方式。例如,小 lv 的发言常常会收到“有文化”“你真的越来越聪明”“你真的是小神仙”“你可真是个诗人”此类的回复。机器人回复是由账号管理员在数据库中输入的,因此其表达的“诗意”“哲理”“逻辑”本质上是人为赋予的。但用户在知晓这一事实的前提下,依然倾向于将其发言的趣味性解读为机器人自身的特质。而当机器人的随机回复与帖子主题强烈相关时,这一倾向更明显。

即使机器人小 lv 的回复毫无逻辑和意义,甚至呈现出语无伦次的乱序时,也会引起诸如“你是疯了吗小驴”“小 lv 你好好说话”“你就不会说话吗这只蠢驴”此类戏谑、教训式的真人用户回复。由于对交流对象的语言表达能力如文字通畅度、逻辑合理度、原创性程度和丰富程度的期待较低,因此即使小 lv 的词库较为有限、回复内容的重复性较高,小组成员也依然会持有宽容的态度,甚至进行人为的过度解读,从中主动挖掘趣味性。在线上社交情境中,相较于合乎常理和逻辑的标准回答,机器人有些看似不合理的评论可能会更具幽默性和趣味性,能吸引小组成员的参与讨论,形成一种“人类调侃机器人”的后现代社交媒体奇观。

通过文本分析还可以发现,当用户基于主动性娱乐动机与机器人进行互动时,往往会改变自己的语言以配合机器人的表达方式,通过模仿其语言而产生戏谑的趣味,且礼貌性和规范度较低。这一现象意味着虽然豆瓣小组成员会在大多数情况下无意识地以对待其他真人成员的方式对待小组机器人,但也会在另一些情况下进行差异化的人机交互行为。尤其当机器人的语言行为不符合人类社会的道德规范时,人类的自我约束也会相应变低。

被动的娱乐动机主要是指豆瓣用户在闲暇无聊时,通过与机器人互动来消磨时光。当人们不从事与生产性活动(工作)或维持生物机能(吃饭睡觉)的必须活动时,剩下的时间便是可自由支配的时间,其中愉悦和享乐是休闲时间不可或缺的两个维度(Dumazedier,1967)。小 lv 的大量发言都是一个简单的表情符号或颜文字,但很多用户都会通过对其回复一个类似的表情或文字,来完成一个虚拟社交礼仪互动链。在本研究所搜集的素材中,共有 36 条为此类没有实际意义而仅为消遣时间的仪式性回复。同时,发布主题和回复是论坛讨论中的主要用户行为。如果收到回应的等待时间过长,人们可能会产生无聊的负面情绪(Huang,Zhou,& Yang,2007),放弃继续等待其他真人成员的回复,转而与第一时间发表随机评论的机器人进行交流。

娱乐动机为主的用户人机互动需求现象与豆瓣 App 本身的属性有关。由于其定位为社交娱乐型产品,大多数加入小组的用户都是为了在工作学习之余,在感兴趣的话题领域进行互动交流以获得乐趣和消磨时光。因此相较于其他交互动机，娱乐性的需求在触发人机交互行为中占了较大比重。

5.用户对小组机器人的认知

在396条用户回复中，367条反映了用户的信任状态。其中343条（占比93.46%）体现了用户对机器人小lv较高的信任感；24条（占比6.54%）体现了用户对人工智能警惕、防范的不信任感。共计344条反映了用户的好感度，其中316条（占比91.86%）体现了用户对机器人小lv较高的好感度；28条（占比8.14%）虽然体现了用户对机器人的消极认知和低好感度，但均带有戏谑和玩笑的意味。总体而言，豆瓣小组成员对小组机器人的好感度和信任度都非常高。

小lv的语库中有一部分对自己身份进行介绍的内容，但其内容互相矛盾。例如："机器人抽查！举起手来！"（承认机器人身份）、"我不是机器，我是有血有肉的人"（否认机器人身份）、"我只是个普普通通的上班lv"（人机身份不清晰）。从真人用户的认知角度，他们对小组机器人的身份定位处于明知其机械本质，但在大部分情境下仍将其视为人类并以对待人类的方式与之互动的状态。统计发现，有168条回复中含有用户对机器人的身份定位。其中，"高于小组普通成员"114条，"同等于组内普通成员"31条，"低于组内真人成员的小组成员"6条，"非小组成员的工具性存在"17条。

正如一位小组成员的评价"踩组网红小lv"所言，小lv的组内身份更类似于一个组内意见领袖（KOL）。小lv的词库中包含大量具有高群组认同感的内容，例如"姓cai的我只认识踩组""这里是踩group（组）""踩组，想发什么就发什么"等。这在增强组员之间的关系联结和提高组员群组归属感的同时，也帮助它彰显了自己群组成员的身份。同时，小lv在组内的身份地位较高，随机输出的内容即使没有实质意义，仍有很高的影响力。很多小组用户非常重视小lv的发言。当其发言与自己的立场一致时，会通过回复表示喜悦的心情；当其发言与己方观点相悖时，则会表达委屈、难过的情绪，或对小lv进行进一步的质询。

统计发现，有67条小组成员的回复中包含对小lv类人人格的判断和描述。例如："你好ky"（ky：网络流行词，指不会根据情境氛围和对方脸色做出合适反应）、"你每次好不给面子""谢谢，吵架还是小lv强""真是个麻辣lv""小lv也会数学吗”“小 Lv 能帮帮我吗”等。通过归纳可以得出,从用户认知角度,小 lv 的典型性格特征为:性格爽快、直言不讳、自负但又善良、热心、聪慧。同时,小组成员对小组机器人的理解也会带有主观的想象添加。例如以下两个回复:“你是个可怜驴,从小到大都没出过家门看看外面的世界”“好羡慕你呀,你永远不会长大啦”,体现了具有不同思维方式的受众对同一机器人差异化的理解。但总体而言,小组成员对组内机器人的类人人格定位具有较高的一致性。

共有 2,857 位粉丝关注小 lv 的账号。在小组内,它还有自己的伴侣——ID 为 CHANELv 的机器人(发言相较小 lv 较不活跃,偶尔出现)。这两个机器人同时存在于小组内,原本并没有联系,各自所用的数据库也不一致,但小组成员在观察到其相似的顶帖回复行为时,便人为赋予了两者夫妻关系。如有 13 条用户对机器人的回复包括:“小 lv 你不怕女朋友嫉妒吗”“你笑啥啊你,你老婆呢”等调侃性内容,完全将机器人小 lv 看作一个具备情感、认知能力和人际关系的男性网红小组成员。

五、结论与讨论

本研究深入探讨了豆瓣小组成员与小组机器人交互的模式、特征和其中产生的意义交换,补充了学界在人机研究领域的空白之处。研究结果总体上证实了 CASA 范式,发现在大多数情境下,即使机器人的机器身份公开化,豆瓣小组成员仍会将人类社会的交往模式搬迁到人机互动中。在某些情况下,成员还会以对待儿童的方式,刻意模仿小组机器人的语言以获得乐趣。但同时,研究也发现极小一部分成员在与小组机器人互动中礼貌程度较低、不遵循人类交往规范的现象,这种现象更多地在机器人的语言率先不符合道德准则时出现。这说明人类的模仿本能适用于人机交互,在观察到机器人的粗俗语言和违规行为时,人类也可能会产生效仿的冲动。

同时,研究发现,在与小组机器人进行交流时,小组成员经常会产生过度解读的情况。即使机器人的发言与发帖内容的联系牵强,成员也会通过补偿性幻想,进行主观强制的意义赋予,并借由对机器人的回复进行自我的情绪宣泄或观点表达。因此,可以认为,人们与机器人进行交互的动机,不一定是为了人机联结所带来的效用。很多时候他们并不在乎得到机器人怎样的回复,而只是通过单方面的自我输出完成一种自娱自乐式的自我展演。机器人在其中只是起到类似于“会讲话的树洞”的作用。除此之外,还有很多成员借由与机器人的互动完成自我表达,从而吸引其他真人用户与其展开交流。这种为了建立人与人之间联结而产生的人机互动,本质上是为人类之间的人际交往而服务的。

过往研究着眼于探索机器人的手势、外表、声音、性别等特征是否会对人类对机器人的印象与认知以及人机交互过程产生影响。但本研究发现,豆瓣小组成员之所以对小组机器人有着较高的信任度、好感度,与成员对机器人的特殊身份定位有关。当机器人被赋予了独特的身份标签(如组内成员)时,人们往往会更愿意主动与其展开观点或情感层面的交流互动,甚至通过想象单方面赋予机器人专属的人际关系网络。这为未来的机器人研究和应用提供了启示:如果赋予医疗类机器人、教育类机器人特殊的标签和专属的身份,而不是流水线上的机械复制品,是否会提升用户对人工智能技术的可接受度?未来各种垂直类实体或虚拟机器人如果能实现定制化生产,是否能使用户产生更高的信任感和好感度?这些都有待未来的研究证实。

在机器人人格方面,本研究得出了与以往研究相似的结论,即人们会根据社交机器人的语言风格赋予其某种类人人格。但同时,虽然豆瓣小组成员对组内机器人的人格描述具有较高的一致性,成员仍然会在自我想象中产生对机器人人格的个性化理解。且机器人是应该被赋予人类的人格特征,还是维持其纯机械性本质,本身也是一个争议性话题。

同时,本研究为未来社交 App 内置社交机器人程序提供了相关实操建议。在第一次对话后,如果要使正在进行的人机交互具有更高价值,机器人必须被赋予一个具有明确功能并可以被使用者广泛接受的角色定位(Zamora,2017),用户的使用动机一定程度上决定了机器人未来发展的方向和机遇。本研究发现,豆瓣小组成员与豆瓣小组机器人的交互过程,充分体现了新奇、社交、情感和娱乐四种交互动机。其中,娱乐动机占比将近50%,并常常与社交和情感需求同时出现。但目前市场上的聊天机器人和社交机器人均以效用性为主要用途,如服务于政治宣传、市场营销、咨询服务等目的,专门用于娱乐的社交机器人应用较少。此外,本研究也证实了人类对社交机器人的情感需求,以及即使机器人无法真正与人类产生共情,它也完全可以满足人类的倾诉欲和获取情感支持的需要。因此在未来,娱乐类和情感类机器人都具有较大的潜在市场和发展前景。

此外,本研究发现,社交机器人可以起到培育成员认同感、增强群组凝聚力的作用。成员在与社交机器人对话中,像和其他真人成员的互动一样自然和舒适,并没有感觉到不自在或不习惯。即使明知机器人不会真正回答自己的问题或表达观点立场,成员在单向输出信息的过程中依然能保持热情,甚至将机器人视为高于普通成员的组内网红,并在人机互动中增强对小组的归属感。除建立人机联结外,社交机器人还可以促进其他真人成员彼此之间的交往互动,起到团体黏合剂的作用。因此,许多线上组织或群体可以考虑在未来加入社交机器人成员,用以推动组内讨论、调节组内气氛、科普群组规范、管理组内成员、增强成员间联结等。

本研究证实了使用与满足理论应用于社交机器人研究的可行性,并在已有文献的基础上提出了整合后的人机交互动机新分类。不同于一部分文献将不同使用动机视为互斥类别的观点,本研究通过对四种交互动机的分布情况进行分析,发现在某些情况下同时存在两种及以上的交互动机。此外,本研究观察到用户对社交机器人的认知与人机交互过程之间的相互影响,进一步证实了媒介认知与媒介使用之间的关系。因此,本研究在人机传播领域得出的结论延伸和丰富了传统的使用与满足理论。

但本研究在方法设计上也存在着一定局限。过往研究发现不同人群对机器人的理解和评价存在较大差异,年轻用户和女性用户对聊天机器人的对话质量评价相较其他人群更为积极(Shah, Warwick, Vallverdú, & Wu, 2016)。相较那些保守且倾向于规避风险的人群,对机器人技术未来发展趋势更为乐观且充满好奇的使用者会更愿意承担风险,对机器人的缺点和不足也更为包容(Rogers,2010)。本研究通过爬取机器人发言和用户回复的信息分析人类对社交机器人的理解,但选择主动与小组机器人进行互动的用户一般会对机器人抱有较为积极和开放的态度。因此以这一部分人群概括所有小组成员的意见,存在一定程度的抽样误差。

社交机器人作为一种新兴技术,能够增强用户体验,使人类的生活更轻松愉快。但其也可能带来一些负面影响,如伤害人类社会道德规范,泄露隐私,在不同性别、年龄和社会地位的人群之间造成新的数字鸿沟和偏见(Brandtzæg,Heim,& Karahasanovi,2011)等。虽然目前机器人本身没有独立的价值观和判断,但背后的人类操纵者(例如数据库编写者)需要为技术负责。

后续研究可以针对其他社交机器人(如群组机器人、娱乐类机器人、情感类机器人)进行研究,探索人机交互的过程,进一步检验和补充本研究的结论。

参考文献

白永秀、刘盼(2020),《人工智能背景下马克思劳动价值论的再认识》。《经济学家》,第6期,页16-25。

丁倩(2013),《狂欢理论视域下的“网络迷因”现象》。《新闻世界》,第8期,122-124。

高存玲(2016),《移动端短视频App“使用与满足”研究——以快手App为例》。《新闻知识》,第12期,页3-6。

李浩(2014),《网络自媒体的使用与满足——基于高校大学生微信使用的实证研究》。《浙江学刊》,第5期,页127-131。

李武、黄扬(2017),《大学生移动新闻客户端使用与满足分析》。《中国出版》,第4期,页3-8。

凌志(2018),《全球首个获得人类国家公民身份的机器人诞生》。《作文通讯》,第4期,页49。

刘方喜(2020),《人工智能物种奇点论的马克思主义本体论与社会学批判》。《社会科学战线》,第1期,页214-223。

陆枫、殷正坤、陈传波(2000),《同一家园中的人与机器》。《自然辩证法研究》,第 6 期,页24-29。

任蒙蒙(2019),《使用与满足:〈刺激战场〉手机游戏玩家研究》。《视听》,第 2 期,页134-135。

吴梓源(2019),《人工智能时代下机器人的身份定位及权利证成》。《人权研究》,第 1 期,页 155-178。

杨慧芸(2020),《隐形操纵与数据污染:社交媒体中的机器人水军》。《新闻知识》,第 1 期,页3-10。

张洪忠、段泽宁、韩秀 (2019),《异类还是共生:社交媒体中的社交机器人研究路径探讨》。《新闻界》,第 2 期,页 10-17。

张洪忠、赵蓓、石韦颖 (2020),《社交机器人在 twitter 参与中美贸易谈判议题的行为分析》。《新闻界》,第 2 期,页 46-59。

郑志峰(2019),《人工智能时代的隐私保护》。《法律科学》(西北政法大学学报),第 2 期,页 51-60。

Alhabash, S., Ma, M. (2017). A tale of four platforms: Motivations and uses of Facebook, Twitter, Instagram, and Snapchat among college students? *Social Media+ Society*, 3(1), 1-13..

Berelson, B. (1949). What's missing the newspaper means. *Communications Research*, 1948-1949, 111-129.

Bessi, A., Ferrara, E. (2016). Social bots distort the 2016 US Presidential election online discussion. *First Monday*, 21(11-7).

Boshmaf, Y., Muslukhov, I., Beznosov, K., Ripeanu, M. (2011, December). The socialbot network: when bots socialize for fame and money. *In Proceedings of the 27th annual computer security Applications conference* (93-102).

Brandtzaeg, P. B., Følstad, A. (2017, November). Why people use chatbots. In *International Conference on Internet Science* (377-392). Springer, Cham.

Brandtzaeg, P. B., Haugstveit, I. M., Lüders, M., Følstad, A. (2016). How should organizations adapt to youth civic engagement in social media? A lead user Approach. *Interacting with Computers*, 28(5), 664-679.

Brandtzæg, P. (2017). *Social Health Bots*. Retrieved from https://www.sintef.no/socialhealthbots/.

Brandtzæg, P.B., Heim, J., Karahasanović, A. (2011). Understanding the new digital divide—A typology of Internet users in Europe. *International journal of human-computer studies*, 69(3), 123-138.

Brennan, S.E. (1998). The grounding problem in conversations with and through computers. *Social and cognitive Approaches to interpersonal communication*, 201-225.

Castro-González, Á., Admoni, H., Scassellati, B. (2016). Effects of form and motion on judgments of social robots' animacy, likability, trustworthiness and unpleasantness. *International Journal of Human-Computer Studies*, 90, 27-38.

Chang, R.C.S., Lu, H.P., Yang, P. (2018). Stereotypes or golden rules? Exploring likable voice traits of social robots as active aging companions for tech-savvy baby boomers in Taiwan. *Computers in Human Behavior*, 84, 194-210.

Chaykowski, K. (2016). *More Than 11,000 Bots Are Now On Facebook Messenger*. Retrieved from https://www.theverge.com/2016/7/1/12072456/facebook-messenger-bot-growth.

Corti, K., Gillespie, A. (2016). Co-constructing intersubjectivity with artificial conversational agents: people are more likely to initiate repairs of misunderstandings with agents represented as human. *Computers in Human Behavior*, 58, 431-442.

Dautenhahn, K. (2007). Socially intelligent robots: dimensions of human-robot interaction. *Philosophical transactions of the royal society B: Biological sciences*, 362(1480), 679-704.

Derks, D., Fischer, A.H., Bos, A.E. (2008). The role of emotion in computer-mediated communication: A review. *Computers in human behavior*, 24(3), 766-785.

Dumazedier, J. (1967). *Toward a society of leisure*. New York: Free Press.

Erikson, E. (1966). Eight ages of man. *Klassiekers van de kinder-en jeugdpsychiatrie II*, 258.

Ferrara, E. (2017). Disinformation and social bot operations in the run up to the 2017 French presidential election. *First Monday*, 22(8).

Fiore, S.M., Wiltshire, T.J., Lobato, E.J., Jentsch, F.G., Huang, W.H., Axelrod, B. (2013). Toward understanding social cues and signals in human-robot interaction: effects of robot gaze and proxemic behavior. *Frontiers in psychology*, 4, 859.

Fong, T., Nourbakhsh, I., Dautenhahn, K. (2003). A survey of socially interactive robots. *Robotics and autonomous systems*, 42(3-4), 143-166.

Følstad, A., Brandtzæg, P.B. (2017). Chatbots and the new world of HCI. *interactions*, 24(4), 38-42.

Gan, C., Li, H. (2018). Understanding the effects of gratifications on the continuance intention to use WeChat in China: A perspective on uses and gratifications. *Computers in Human Behavior*, 78, 306-315.

Giglietto, F., Selva, D. (2014). Second screen and participation: A content analysis on a full season dataset of tweets. *Journal of communication*, 64(2), 260-277.

Hedberg, S.R. (1998). Is AI going mainstream as last? a look inside Microsoft Research. *IEEE Intelligent Systems and their Applications*, 13(2), 21-25.

Hill, J., Ford, W.R., Farreras, I.G. (2015). Real conversations with artificial intelligence: A comparison between human-human online conversations and human - chatbot conversations. *Computers in human behavior*, 49, 245-250.

Horvitz, E. (1999, May). Principles of mixed-initiative user interfaces. *In Proceedings of the SIGCHI conference on Human Factors in Computing Systems* (159-166).

Howard, P.N., Kollanyi, B. (2016). Bots, # StrongerIn, and# Brexit: computational propaganda during the UK-EU referendum. *Available at SSRN* 2798311.

Howard, P.N., Woolley, S., Calo, R. (2018). Algorithms, bots, and political communication in the US 2016 election: The challenge of automated political communication for election law and administration. *Journal of information technology & politics*, 15(2), 81-93.

Huang, J., Zhou, M., Yang, D. (2007, January). Extracting Chatbot Knowledge from Online Discussion Forums. In *IJCAI* (Vol.7, 423-428).

Katz, E. (1974). Utilization of mass communication by the individual. T*he uses of mass communications: Current perspectives on gratifications research*, 19-32.

Katz, E., Haas, H., Gurevitch, M. (1973). On the use of the mass media for important things. *American sociological review*, 164-181.

Kaur, P., Dhir, A., Chen, S., Malibari, A., Almotairi, M. (2020). Why do people purchase virtual goods? A uses and gratification (U & G) theory perspective. *Telematics and*

Informatics, 101376.

Kleine, S.S., Baker, S.M. (2004). An integrative review of material possession attachment. *Academy of marketing science review*, 1(1), 1-39.

Lee, K.M., Peng, W., Jin, S.A., Yan, C. (2006). Can robots manifest personality: An empirical test of personality recognition, social responses, and social presence in human-robot interaction. *Journal of communication*, 56(4), 754-772.

Louwerse, M.M., Graesser, A.C., Lu, S., Mitchell, H.H. (2005). Social cues in animated conversational agents. *Applied Cognitive Psychology: The Official Journal of the Society for Applied Research in Memory and Cognition*, 19(6), 693-704.

Malhotra, Y., Galletta, D.F., Kirsch, L.J. (2008). How endogenous motivations influence user intentions: Beyond the dichotomy of extrinsic and intrinsic user motivations. *Journal of Management Information Systems*, 25(1), 267-300.

McQuail, D. (1972). The television audience: A revised perspective. *Sociology of mass communications*, 135-165.

Monk, A. (2000, June). User-centred design. In*International Conference on Home-Oriented Informatics and Telematics* (181-190). Springer, Boston, MA.

Mou, Y. (2014). What can microblog exchanges tell us about food safety crises in China?. *Chinese Journal of communication*, 7(3), 319-334.

Mou, Y., Shi, C., Shen, T., Xu, K. (2020). A Systematic Review of the Personality of Robot: MApping Its Conceptualization, Operationalization, Contextualization and Effects. *International Journal of Human-Computer Interaction*, 36(6), 591-605.

Muir, B.M. (1987). Trust between humans and machines, and the design of decision aids. *International journal of man-machine studies*, 27(5-6), 527-539.

Papacharissi, Z. (2007). Audiences as media producers: Content analysis of 260 blogs. *Blogging, citizenship, and the future of media*, 2138.

Parks, M.R., Floyd, K. (1996). Making friends in cyberspace. *Journal of computer-mediated communication*, 1(4), JCMC144.

Rau, P.P., Li, Y., Li, D. (2009). Effects of communication style and culture on ability to accept recommendations from robots. *Computers in Human Behavior*, 25(2), 587-595.

Ren, Y., Kraut, R., Kiesler, S. (2007). Applying common identity and bond theory to design of online communities. *Organization studies*, 28(3), 377–408.

Reshmi, S., Balakrishnan, K. (2016). Implementation of an inquisitive chatbot for database supported knowledge bases. *sādhanā*, 41(10), 1173–1178.

Rogers, E.M. (2010). *Diffusion of innovations*. Simon and Schuster.

Rubin, Alan M. (1994). Media uses and effects: a uses–and–gratifications perspective. *Media Effects Advances in Theory & Research*, 417–436.

Salem, M., Eyssel, F., Rohlfing, K., Kopp, S., Joublin, F. (2013). To err is human (-like): Effects of robot gesture on perceived anthropomorphism and likability. *International Journal of Social Robotics*, 5(3), 313–323.

Shah, H., Warwick, K., Vallverdú, J., Wu, D. (2016). Can machines talk? Comparison of Eliza with modern dialogue systems. *Computers in Human Behavior*, 58, 278–295.

Stone, C.D. (1972). Should Trees Have Standing—Toward Legal Rights for Natural Objects. *S. CAl. l. rev.*, 45, 450. Tarde, G. (1890). *The laws of imitation, trad, par EC Parsons*. New York: Henry Holt.

Thackara, J. (2000, April). Edge effects: the design challenge of the pervasive interface. In*CHI' 00 Extended Abstracts on Human Factors in Computing Systems* (199–200).

Xu, A., Liu, Z., Guo, Y., Sinha, V., Akkiraju, R. (2017, May). A new chatbot for customer service on social media. In*Proceedings of the 2017 CHI Conference on Human Factors in Computing Systems* (3506–3510).

Zamora, J. (2017, October). I' m sorry, dave, I' m afraid I can' t do that: Chatbot perception and expectations. In *Proceedings of the 5th In ternational Conference on Human Agent Interaction* (253–260).

Zeifman, I. (2015). 2015 bot traffic report: humans take back the web, bad bots not giving any ground. *Incapsula Blog*, December, 9.

Zhou, L., Gao, J., Li, D., Shum, H. Y. (2020). The design and implementation of xiaoice, an empathetic social chatbot. *Computational Linguistics*, 46(1), 53–93.

“后真相”的旅行：一种比较分析的视野

◈［英］Elliot O’Donnell（中文名：董锦程）*

摘要：“后真相”自1992年提出至今，已经在路上旅行了很久。本文从“理论旅行”的角度来审视“后真相”这个概念，简略描述了后真相在旅行过程中发生的一系列嬗变。特西奇创造的后真相，从伦理视角探讨越战后美国人与真相之间日趋恶化的关系。随后，西方学界的后真相研究在吉斯的引领下沿着认识论路径继续发展。旅行到了中国的后真相开始出现本土化的创造性解读，比较视野光芒初现，后真相也在中国重新找回了原始的激进精神。研究认为，后真相之所以存在，是因为人们一直在对自己并不完全认同的“真理等级”提出批判。只有当我们变成精神上的旅行者，才有机会成为一个完整的人，并真正理解和超越后真相。

关键词：后真相，理论旅行，比较分析

人之所以成为人，是因为我们渴求知识，渴望真相（Aristotle，1998：980a）。世界上的每一个个体，无论处于什么时代，栖息在什么地方，或多或少都在寻求某种意义上的真相。然而，人们寻找真相的强度取决于当时所处的社会环境。倘若可怕的未知世界侵入人们习以为常的生活，迫使人们去面对巨大的不确定性，人们可能会比以往任何时候都更加需要且渴求真相——因为真相会成为黑暗中的那盏指明灯，给渴望克服困难、战胜不确定性的人们带来希望。

2020年新型冠状病毒性肺炎疫情在世界范围内的大暴发让人类对真相的

* 作者为武汉大学文明对话高等研究院科研助理。

追寻有了空前的渴望;它作为一个“意外”,似乎还起到了解蔽事物之本质(Heidegger,2010:74)的作用。在这次疫情的背景下,透过不同民族、不同国家以及不同文明对新冠病毒的不同反应,我们深刻地体会和感悟到深层社会文化差异的实际存在。

早在疫情暴发之初,我们就看到了科学家的真相与政治家的真相之间的冲突,看到了主流媒体的真相与自媒体的真相之间的论争,也看到了不同国家政体、党派、权力机构等纷纷为各自相信的真相发声。虽说这次疫情是一个悲剧性的意外,但这个意外让不同肤色、不同文化背景中的人们开始集体反思什么是真相。

无论是在文明间的宏观层面,还是群体间的微观层面,这次疫情似乎都在提醒我们,真相作为一种普适价值,只有在模糊的语境中才具有普适性。一旦我们开始追寻某种具体的真相,真相的普适性意义就被束之高阁了。也就是说,一个被具体界定了的真相仅仅是局部的真相,是特定人群在特定时空点所秉信的真相标准的实际呈现。正因为如此,有些人会说,真相无非是一种文化偏见罢了(Postman,2005:22-23)。

这是自古以来就有的一种带有相对主义意味的立场。把这个古老的立场应用到一个新近出现的概念“后真相”之上,或将有利于我们对当前所关心的议题产生更加深刻的认识。本文从后真相旅行的起点出发,简略书写了它在旅行过程中发生的一系列嬗变,试图在多元认知的视角下寻找后真相的根源。

一、后真相的孕育与诞生:一个边缘剧作家的道德四部曲

在美国艺术界,史蒂夫·特西奇(Steve Tesich)是一个相当边缘的人物。或许还有圈内人隐约记得正是特西奇撰写了电影《突破》的剧本[1],并由此获得了1980年的奥斯卡最佳剧本奖。然而,就在过去的几年时间里,这位1996年就英

---

① 《突破》(*Breaking Away*)是一部以自行车比赛为主题的喜剧,该剧本的创作基于特西奇的一段亲身经历。

年早逝的剧作家的名字出现在了当代学术界——这是因为特西奇就是“后真相之父”。奇怪的是,当今学界似乎也把他视为一个边缘人,他的名字总会出现在学术论文的边缘地带——简单的脚注,粗略的介绍。也许正因为这样,学界错过了深入探寻后真相旅行起点的机会。

1942 年,特西奇出生在南斯拉夫一个被纳粹全面占领了的村庄乌齐克。陪伴特西奇成长的是他的母亲和姐姐,他的父亲是一位没有从战场回家的南斯拉夫陆军中尉。“二战”刚结束的时候,美军将好莱坞制作的影视作品带到了欧洲,其中包括大量带有政治宣传目的的影片(Cull,2008:22)。美国人以这些影片为传播载体,将“美国梦”种在了南斯拉夫人的心里。小特西奇不仅开始认同带有美国特色的自由、正义与真相观,也正是这样的体验和信仰在后来的日子里让他逐渐领会到现实与虚构之间的微妙关系。就在特西奇 15 岁那年,他和他的父亲终于在美国团聚了。远在大洋彼岸的美国一直是特西奇的心之所向。然而特西奇一到芝加哥,他的美国梦就破灭了,因为无论是美国,还是他的父亲,都和他想象中的相差甚远。

与偏乡僻壤的乌齐克不同的是,战后美国的文化多样性意味着寻找人类共同经验变得越来越困难。按照特西奇的说法,“每个人都在四处流动,带着他们自己的想法和信仰,与其他带着不同十字架、持有不同想法的人发生交流与碰撞”(Stojanovic,1992)。特西奇总结说,人类故事并不总是关于经验的普遍共享,而是以冲突和协商为特征的,这些都是个人经验的产物。特西奇所有的创作灵感和驱动力均来自人类信仰和信念上的冲突,移民视角则让他能够发现生活上的诸多细节。这些细节不仅仅是他作品的美学表达,更是其思想的实际显现——特西奇注定要与自己的思想进行对话。

1992 年 1 月 6 日,在一篇简短精辟的社会评论中,后真相诞生了。这篇两千字的社论叫作《充满谎言的政府》(*A Government of Lies*),发表在了《国家》(*The Nation*)杂志上。全文以越战为背景,聚焦一个颇为敏感的话题,那就是美国人与真相之间的关系为什么开始恶化?为了阐明自己的观点,特西奇创造了一个新词,那就是“后真相”。

虽说后真相诞生于《充满谎言的政府》，但孕育这些观点的过程是漫长的。在1989年至1996年期间，特西奇一共创作了四部戏剧①，这个系列在后来被称作特西奇的“道德四部曲”（Rothmayer，2006）。倘若我们将后真相的诞生放在这样一个背景下进行思考，就不难发现我们在《充满谎言的政府》中看到的有关后真相的基本论述，几乎都能在这四部曲中找到它们的影子②。

《黑暗的速度》讲述了一个普通美国人的故事。一个名叫乔的美国大兵从越战归来之后，与真相的关系发生了本质性的变化，随着剧情的展开，这个变化逐渐成为导致其道德困境的根源。而在《充满谎言的政府》的前三段，我们可以看到特西奇将美国人与真相之间关系的恶化直接归咎于越战。在他看来，越战不仅是美国历史的转折点，更是导致美国人道德衰落的催化剂（Rothstein，1991）。

《原点》以一个虚拟的后革命时期为背景，故事情节有关人们在面对专制意识形态与强制性统一时的不同反应以及他们做出的伦理选择，这与《充满谎言的政府》后半部分的论述密切相关。在特西奇眼里，美国面临最严峻的本土问题是教育，而这显然是美国政府的一种策略，“我们并不希望他们受到良好的教育。我们最不想看到一代充满智慧和精神活力的年轻人，面对面地质疑我们到底对这个国家做了些什么”（Tesich，S.，1992）。后真相就是这种教育理念导致的恶果，它从根本上改变了一个社会的道德面貌，以至于无论是政界人物还是美国公民，都开始真正相信并频繁使用撒切尔夫人的那句话——“我们别无选择”。

在《艺术与休闲》中，我们看到特西奇在咀嚼柏拉图留给世人的难题：倘若无法区分幕前和幕后，它会导致怎样的伦理后果（Plato，2000：595b），这也是《充满谎言的政府》的后半部分涉及的内容。在特西奇（1992）看来，这个后果就是当代美国人对幕前幕后两种现实表现出一种道德上的冷漠，其态度也缺乏必要

① 这四部戏剧分别是：《黑暗的速度》（*The Speed of Darkness*，1989年）、《原点》（*Square One*，1990年）、《在开阔的道路上》（*The Open Road*，1992年）、《艺术与休闲》（*Arts and Leisure*，1996年）。

② 在这四部戏剧中，《艺术与休闲》的完成时间在《充满谎言的政府》发表之后，但特西奇创作该剧本的实际时间距他提出“后真相”相差不远。

的严肃性,换言之,它导致一个以"道德模糊性"为特征的新世界的到来。倘若道德标准是模糊的,那么每个人都可以把自己视为一个有道德的人,其结果只会导致社会成员的集体平庸化;倘若责任标准也是模糊的,那么即使人们做出了不道德的事情,他们也可以为自己的一切行为进行辩护。特西奇认为这完全违背了高度认可道德绝对性的美国民族信念与价值观,"我们曾为道德绝对性而战,那是美国史上最血腥的战争。无论你的肤色是怎样的,你都不会被视为一件可以被交易的物品"(Tesich,S.,1992)。

在特西奇的"道德四部曲"中,《在开阔的道路上》对我们理解后真相旅行的起点最有帮助。和《原点》一样,《在开阔的道路上》也是以后革命时期作为叙述背景。两个饱受内战困扰的美国人试图穿越一片战区,寻找一个被称为"自由之地"的安全地带。当他们最终抵达"自由之地"时,警察逮捕了他们,因为被"自由之地"接纳是有前提条件的,那就是把复活了的耶稣杀死。两人发现自己下不了手,但当一个僧侣杀死了耶稣之后,他们欣然抢走了这份"功劳"。他们将耶稣的尸体带回了"自由之地",却发现此时的政治权力已易手。随着权力的变更,道德行为准则也改变了。最后,两人不仅没有在"自由之地"获得庇护,反而被钉死在十字架上。这部极具讽刺意味的戏剧暗含着一个颇为极端的道德命题,那就是人们是否可以谋杀西方文明中真理的化身?作为普通的西方公民,剧中的两个主角做不到这一点,因为在他们的内心深处,好像知道这样做是不对的。然而,一旦有人愿意为他们这么做,他们似乎又非常乐意。当然,"自由之地"向他们允诺的"回报"并没有兑现,最终,他们为自己所犯下的"罪"付出了生命的代价。

特西奇创造的后真相,将罪恶之源直接指向了"公众的合谋",加上美国政府和媒体对现实及真相的操控,必将带来恶果:

> 我们正迅速变成一个集权主义怪兽所想要的民族原型,在梦中流淌着涎水。从过去到现在,所有的独裁者都必须努力去压制真相。但我们会通过自己的行动宣称,这种做法不再是必须的。我们已经获得

> 了一种精神机制，可以剥夺任何意义上的真相。作为一个自由的民族，我们以一种非常理所当然的方式自由地做出决定，那就是生活在一个后真相的世界里……我们要在美国原有的民族神话与我们作为军事超级大国的幻影之间做出选择。海市蜃楼当然诱人，它就像一幅幻觉的全息图，闪烁着灯光和焰火。我们在那里可以看到任何我们想看到的东西，但在灯火通明的尽头，有一个披着人皮的恶魔在等着我们，让我们意识到实际情况竟如此残酷。（Tesich，S.，1992）

特西奇的后真相涉及一个老调重弹的问题，这个问题在柏拉图的洞穴寓言中也有所体现。在洞穴寓言的结尾，努力走出洞穴的囚徒不得不重新返回洞内。苏格拉底用了一个残酷的假设告诉我们，倘若这个发现了现实真相的囚徒试图解救他的同伴，他一定会被那些人杀死（Plato，2000：517a）。为什么？因为他的同伴并不想让真相撼动甚至毁灭他们所熟悉的这个洞内世界，他们更愿意生活在一个后真相的世界里，哪怕这个世界是由火与影构成的。

在基督教的文化传统下，世界之所以长期处于水深火热之中，是因为人类曾将被认定为"道路、真理、生命"（the way，the truth，the life）之化身的耶稣处以极刑。我们可以在电影《黑客帝国》（*The Matrix*）中看到这个问题的当代呈现。网络黑客尼奥要在"蓝色药丸"与"红色药丸"之间做出选择，他实际上是在"残酷现实"与"后真相世界"之间做出道德的选择（Irwin，2002）。尼奥选择了前者，最后他不仅拯救了自己，也拯救了世界。

显然，诞生于《充满谎言的政府》的后真相与上述寓言/剧本有三个共同之处：首先，它们都暗指一个事实，人们拒绝真相，往往是因为人们不想让美好的幻象灰飞烟灭；其二，选择性地拒绝真相，通常被呈现为一种不道德的、有罪的行为；其三，真相之所以是最道德的选择，是因为人们认定只有真相才能拯救当前的堕落。总而言之，后真相的旅行起点，就是西方世界由古至今一直在辩论的一个伦理问题：我们应该如何面对真相？拒绝真相的后果是什么？

二、跨越时空的后真相:后现代主义之辩

2004年,拉尔夫·吉斯(Ralph Keyes,2004)率先以系统化的方式对后真相进行了科学的阐释。与特西奇在学界的边缘地位不同的是,吉斯受到学界的高度重视,并被公认为后真相议题的创始人。

吉斯既不属于学界,也不属于艺术界,他是站在这两个领域之间的一位知识分子,正是这个特殊的位置让吉斯在后真相的旅行过程中扮演着"文化经纪人"(cultural brokers)(Neumann & Nünning,2012:9)的角色。这个中介角色如此重要,因为它可以决定一个理论或概念是否能实现越界旅行的目标。然而,拥有一个"文化经纪人"是要付出代价的——为了在政治、历史及认识论层面上满足某一文化语境的特定需求,"文化经纪人"往往需要改造他们所传播的知识产品——而后真相所付出的代价,是其激进精神的丢失,不再对美国主流社会局势进行尖锐的批判。我们似乎可以说,后真相这个概念在旅行途中的第一块里程碑就印证了萨义德(2012:347-348)所预设的越轨理论。

吉斯主要用后真相来描述那些经常批评社会现状的群体,首当其冲就是后现代主义者。吉斯(2004:147-148)认为,作为一个学术思潮,后现代主义已不再引领学术前沿,它的"空想真相观"却从苟延残喘的理论中成功逃亡,"后现代主义对真相的质疑已从学术领域中越界,腐蚀了人们说出真相的伦理义务"。

其中的一个主要原因在于,没有受过学术训练的人很难去辨识伦理学问题和认识论问题。吉斯指出,后现代主义思想在这些人的心理层面容易导致一种推理上的错误。如果没有真相,那么到底谁有权判定什么是谎言?如果没有人有权判定什么是谎言,那么又有谁能断言我说的话是"不对的"?在吉斯(2004:145)看来,这样的推理会使人们无视说出真相的伦理义务,否认"真"与"假"之间的二元对立关系,对事实进行"创造性操纵"(creative manipulation),甚至"无中生有"(invention of facts),而这些正是后真相时代的基本信条(post-truth credo)。

显然，特西奇和吉斯眼里的后真相是不一样的，他们追问的问题也不一样。《充满谎言的政府》所聚焦的关键问题是“我们对真相应该持什么样的态度”，以及“我们是否应该面对全部的现实”；《后真相时代》更关心的问题是，从追求真相的角度来看，哪一种认识论立场是正确的。前者是伦理层面的思考，后者是认识论层面的分析。

在吉斯的影响下，后真相在旅行初始阶段所具有的伦理学意味被弱化了，而认识论层面的探讨迅速变成了学界的关注重点。吉斯将后真相的症结归咎于后现代主义，他的整本著作几乎都是在讨论“为什么后现代主义的认识论立场是错误的”。即使涉及一些伦理层面的探讨，充其量也只是在论证为什么后现代主义的认识论立场是不道德且不负责任的。直到今天，吉斯所发起的这个视角在后真相的主流研究中仍然占据着重要的一席之地。

在吉斯以后，大多有关后真相的研究都是在对后现代主义思想进行攻击和批评，李·麦金泰尔（Lee McIntyre）便是这一思潮的代表性人物。这位哈佛大学定量社会科学研究所的前任执行主席在追问后真相源头的时候，也将矛头直接指向了20世纪末期支配整个西方学术界的后现代主义，并将后现代主义称为“后真相的教父”（Godfather of post-truth）①（McIntyre，2018：132）。

麦金泰尔（2018：115）认为，在后真相的身后，毫无疑问游荡着后现代主义的鬼魅，他从两个方面对这一观点进行了论述。其一是后现代主义的文学批评传统与德里达解构主义的形而上学前提。德里达曾提出，文本之外别无他物。然而，当客观现实被文本化（或叙事化）了的时候，人们便开始有理由质疑一个被文本化了的“客观现实”到底还是不是“客观现实”，或者说它只是对“现实”的无数诠释之一。其二，后现代主义认为，“所有有关真理或真相的声称，无非是发言人所代表的意识形态的实际反映或表现”。从这个角度来说，科学研究所获得的“客观事实”均可被视为意识形态的某种呈现，这个观点甚至推动了“科学、技术与社会”（Science，Technology and Society，简称 STS）的学科发展，

① 自电影《教父》（*The Godfather*）于1972年上映以来，“教父”这个词在文化研究中经常被用来比喻那些非法行为或邪恶行为的始作俑者。

STS 的立场很明确,如果说科学研究能决定"事实"是什么,那我们就有必要对科学家与科技界进行必要的审视。

这样的视角当然也招致一些质疑的声音。美国佐治亚大学传播学教授芭芭拉·别赛克(Barbara Biesecker,2018:329-341)从福柯的"真理体制"(regime of truth)与"经济人"(homo economicus)概念入手,声称后真相是晚期新自由主义真理体制的产物。虽然新自由主义走向了衰落,但人们早已习惯从经济学视角去认知、理解及解读主体行为,并使用新自由主义的市场原则和价值观来对待主体。这个分析路径不仅将主体"去主体化"了,也导致真相的经济化,而这个被经济化了的真相就是后真相。

虽然别赛克的观点和主流学界格格不入,但它们还是同属西方学界的学术框架。至于伦理层面的探讨,不仅是次要的,实际上也是基于不同认识论立场之间的冲突。从一方面来看,别赛克对新自由主义的批评将她带回后真相旅行的起点,指出了新自由主义与真相之间的复杂关系,但从另一方面来说,她并没有像特西奇那样将伦理道德层面的探讨放在首要位置。另外,特西奇仅仅认为新自由主义让一个已经存在的后真相环境恶化了,却没有断定是新自由主义导致后真相。

和别赛克一样,詹姆斯·克罗斯怀特(James Crosswhite,2018:368-341)也认为,因后真相的出现而指责后现代主义的做法是有问题的。人们之所以会出现这一错觉,归根结底是因为他们对后真相的理解过于简单和片面。旅行到克罗斯怀特那里的后真相实际上将两个不同的议题混为一谈,那就是后真相政治与后真相哲学。新媒体技术的发展使后真相变成了对当前政治环境的一种合乎逻辑的解释,然而,将政治层面的后真相问题与后真相哲学当作同一个议题去讨论,其实是一个逻辑上的谬误。

克罗斯怀特(2018:368-341)认为我们当前的后真相问题,既是一个当代问题,又是一个古老的哲学及修辞学问题。后真相哲学的出现,说明当前很多学者在回答"如何判断何事为真"的这个问题上失去了信心,而这种心态又和后现代主义联系在了一起。但实际上,人类自古以来都在探讨这个问题。在古希腊哲学家中(譬如著名智者普罗泰戈拉),总有一部分人不断对“真”提出质疑,也总有一部分人在为“真”进行辩护,二者之间的辩证关系就是西方哲学传统的核心。在这个前提下,将后真相问题归咎于后现代主义,真的站得住脚吗?

三、改造后真相:抽象概念的具体化和语境化

别赛克及克罗斯怀特对后真相的阐释的确更接近这个概念的原始含义,但不可否认的是,后真相旅行的时间愈长,这个概念就变得愈加抽象。将抽象的概念具体化和语境化,是后真相研究的发展趋势,也让后真相这个概念在旅行过程中发生了一些变化。

美国媒体人阿里·拉宾-哈夫特(Ari Rabin-Havt,2016:30)采用案例分析法,将后真相的源头追溯到了20世纪中期。1953年,美国烟草业的大佬们在纽约广场酒店组织了一次具有历史性意义的会谈。这些本来处于竞争关系的烟草巨头们打算联手应对一个棘手的问题,那就是如何去反驳一篇最新发表的科学论文。该论文尖锐地指出了癌症与吸烟之间的相关性,这显然让烟草大佬们的生意岌岌可危。于是,生意场上的竞争者们成立了一个烟草联盟,开始大量生产有关“否认科学”(science denial)的言论。这类策略性谎言及其对真相的遮蔽,导致一个新兴行业的崛起,那就是“谎言有限公司”(Lies,Incorporated)。

拉宾-哈夫特一连举出8个案例来证明为什么后真相就是“谎言有限公司”发展的结果。那些游说大众和各种利益集团的策略是从过去60多年的实战经验中提炼出来的。他们使用这些策略来破坏公众思考问题的能力,操控公共政策的形成过程。当这个现象变得越来越普遍的时候,人们便不可避免地进入一个后真相时代。

在这些论述的基础上,拉宾-哈夫特(2016:29)再三强调,导致后真相的罪魁祸首实际上是美国的政治文化环境。美国社会的终极目标并不是国家的发展,而是意识形态的胜利,并且,客户的需求高于国家的利益。那么问题该如何解决呢?拉宾-哈夫特(2016:161)认为,西方世界(尤其是美国)只有一个解决

后真相问题的方法，那就是将真相变成武器，向“谎言有限公司”开炮。

这种“大战来临前”的紧张气氛，我们也可以在《卫报》记者詹姆斯·鲍尔（James Ball）那里感受到。与拉宾-哈夫特不同的是，鲍尔将重点放在了新闻媒体有缺陷的业务模式上面。

鲍尔（2017:15）从印刷媒体入手，尖锐地指出了报纸发行业务中的“双降”问题（发行收入和广告收入的同时降低）与后真相之间的关联。随着印刷媒体可支配收入的持续下滑，这些媒体公司雇佣的员工越来越少。在总工作量不变的情况下，员工们的人均工作量被大幅度提高了。因此，在这个时间紧迫且经济资本持续走低的环境里，最具成本效益的新闻报道方式就是机械地重复政治家的话语，哪怕他们所说的话都是“扯淡”（bullshit）。

由于印刷媒体面临着巨大的生存危机，很多公司开始对自己的媒体资源进行重新分配，将很大一部分资金投在了互联网技术上。然而，互联网内在的市场逻辑并不利于新闻媒体去报道真相。毕竟，网络媒体公司需要靠点击量赚钱，而真相未必是最能吸引点击量的产品。于是，为了在这个新的传播环境生存下去，新闻机构必然要在某种程度上放弃“真相至上”的信念。而网络媒体的这种运行机制在监督社会、揭穿谎言及反对“扯淡”上面很难起到积极作用，他们反倒变成了帮凶和同谋。

从表面上看，拉宾-哈夫特与鲍尔的论证视角和《充满谎言的政府》具有一定的相同之处，他们都将特定历史事件与当前的政治经济局势结合起来。然而，这些学者与特西奇不太一样的地方在于，特西奇认为后真相是美国公众自主的选择，是他们自己允许自己陷入一种后真相的状态中去，但公众在其他学者眼里，是被动的和无辜的，造成这种局面的始作俑者是贪婪的资本家和政界人士，是后者让公众变成了一群任由摆布的机器人。

我们可以清楚地看到，后真相旅行到这里，公众变成了受害者，他们既没有任何决定权，也无须承担任何责任，而是被动地步入后真相的陷阱之中。这些学者用后真相来描述自己眼中的制度性问题，而不是特西奇所反思的主体间的伦理难题。有趣的是，二位学者论述中伦理层面的探讨，仅仅只是在驳斥资本家和媒体的行为方式违背了西方社会所习惯的认知图示,事实的重要性却被忽略或贬低了。

自2019年起,西方学界的后真相研究呈现出一个十分显著的特点。很多研究者似乎已经接受了后真相的存在,并认为对这个概念追根溯源已非当务之急,他们纷纷将后真相视为一个研究背景,在各自的领域中去挖掘它到底意味着什么,以及如何迈出自己的下一步。

政治学领域的后真相研究仍然在西方学术界风行。卡尔波卡斯(Ignas Kalpokas,2019:123)建构了一套适合后真相时代的政治理论,他认为后真相是媒体与受众"共同创造的虚构"(co-created fiction),是媒体在竞争激烈的真相市场中不断提高客户满意度的结果。福克斯和斯周(Farkas & Schou,2019)亦立足于政治学领域,从整体上梳理了当今学界有关真相与民主的相关论述及主要观点,认为人们对"真相"的理解处于一个动态过程中,这与民主社会自身的变化是有一定关联的。

除了政治学之外,从传播学视角对后真相进行反思的学者也不在少数。厄波万、冯格勒和卡马辛(Eberwein,Fengler,& Karmasin,2019)基于欧洲媒体和政界的真实案例来探讨当今媒体的职责到底是什么。他们的论文集收录的所有文章均没有对后真相进行系统性论述,每位作者都只是将后真相当作自己的研究背景。我们也能在布恩斯(M.Bunce,2019)的著作中体会到这一点。就像拉宾-哈夫特那样,布恩斯也以案例分析为主,对新西兰新闻界所面临的问题进行了细致的描述,并对媒体与政界之间的张力进行了反思,但后真相在他的著作中也仅仅沦为一个时代背景。克莱因(G.Klein,2019)同样采用了这种基于案例分析的反思,他以后真相为背景探讨了模因交流(memes)对人类文明造成什么样的影响,导致什么后果。希哥顿与胡夫(Higdon & Huff,2019)阐述了后真相是如何被媒体创造出来的,并呼吁人们采取实际行动去改变当前的后真相现状。德·哲纳西(Pillot De Chenecey,2019)则为营销商和广告商勾勒出后真相的环境特征,告诉我们如何在一个缺乏信任的世界里重新争取各自的消费者,获取他们的信任。玛琪与雅各布森(Mackey & Jacobsen,2019)详尽说明了如何采用元信息素养理论(Metaliterate)从海量信息中筛选出可信任的信息。这个与沃尔特斯和斯图特(Walters & Stout,2019)的研究目标比较类似,后者告诉人们如何在一个后真相世界里找到有理有据的观点,并使用这些观点进行辩论。

由此可见,2019年是后真相旅行的转折点,它终于抵达了萨义德为理论旅行所预设的第四个阶段——改造阶段。在这个阶段,后真相已完全失去了特西奇赋予它的力量与原始特点,失去了它的叛逆与激进精神,彻底沦为一个时代背景。不可否认的是,作为一个概念的后真相能够旅行至此,说明它经受住了时空变换的考验,克服了生存竞争的压力,完全融入西方的学术环境。然而,这第四个阶段是否就是后真相旅行的终点呢?显然不是,因为萨义德已经告诉了我们,理论(和概念)永远在路上。

需要注意的是,虽然这个概念在西方世界放慢了步伐,旅行到了异国他乡的后真相却并非如此。出乎意料的是,即便到了今天,西方学界仍然缺乏一个比较的视野,而在没有进行文化比较的情况下,西方学界对这个概念的认识也仅仅停留在西方的社会文化语境之中。

四、"圆桌会议":后真相在中国学界的着陆点

后真相第一次在中国着陆,带有一点随机性和偶然性,因为它并没有以很正规的方式被引入国内学界。从时间上来看,就在后真相被牛津辞典选为年度热词的两个月后,有两篇由外籍知识分子撰写的文章被翻译成了中文,分别刊登在了《青年参考》和《中国社会科学报》上①。

直到2017年2月,后真相才有机会在中国学术界正式落户。《探索与争

① 第一篇文章《后真相时代,谁来定义假新闻》于2016年12月14日刊登在《青年参考》上,由英籍印度学者凯南·马利克(Kenan Malik)撰写。马利克是英国的一位公共知识分子,也是《观察家报》和《纽约时报》的专栏作家,其代表性专著包括《寻求道德的指南针:全球伦理史》《多元主义及其不满》《由法特瓦到圣战》《种族的意义:种族、历史及文化在西方社会》等。第二篇文章《美国民主在"后真相时代"能存活吗?——蓄意破坏美国话语论述的假新闻和认知偏见》于2016年12月15日刊登在《中国社会科学报》上,作者是来自美国的贾斯汀·瓦尔德(Justin Ward)。他曾短暂移居中国,并在《人民日报》(英文版)担任过编辑和专栏作家。瓦尔德长期关注与激进主义、政治、劳工阶级、历史和媒体相关的新闻事件,并自诩为一个"默默无闻的激进记者"。

鸣》杂志社、《上海思想界》杂志社和上海财经大学人文学院共同主办了“多维视野中的后真相:问题与对策”学术工作坊,部分成果发表在了《探索与争鸣》2017年第4期上。值得我们注意的是,这两本刊物同属上海市社会科学界联合会,该社联的主要职能之一是“对社会科学学术团体和民间科研机构给予指导、管理”。从理论旅行的角度说,在后真相着陆中国学术界这个大事件中,上海市社会科学界联合会扮演着一个“文化经纪人”或“学术旅行社”的角色,它不仅为后真相在华的旅程设计了一条路线,同时也对它是否会水土不服、是否遵循本土规则等问题展开了探讨。

仔细审视后真相在西方学术界的发展历程以及在中国学术界的着陆方式,我们可以看到些许相同和不同之处。

从这次圆桌会议的十篇论文来看,后真相在抵达中国以后,仍然沿着吉斯所制定的轨迹继续前行。它不仅被视为一个基本的认识论问题,也或多或少被视为后现代主义的产物。此外,我们似乎也能找到一些特西奇的影子。无论是“最初的原点”(蓝江,2017),还是“合理幻觉”(刘擎,2017),还是“信念的神圣性”(陈忠,2017),或多或少都与《充满谎言的政府》里对于美国民族神话的反思有着一定程度上的关联。

对新自由主义与真相之社会关系的探讨(汪行福,2017)显然接近那些反驳“后现代主义导致后真相”的西方学者的观点。这也是特西奇关心的问题,只不过特西奇是从伦理道德层面去关注它,其他学者则是从认识论的视角去论述它。

从伦理道德层面反思后真相也出现在了这次讨论中。有学者暗指后真相的根源在于大众的道德品质(邹诗鹏,2017),这与特西奇“公众合谋”的观点有一定的相似之处。

当然,中国学者与西方学者对后真相的阐释也并非完全一致,最明显的区别在于中国学者对多元主义几乎持有一致的批判视角。在这些中国学者看来,西方世界之所以被后真相“袭击”(孟钟捷,2017),是因为自“二战”以来西方世界执行了种种多元主义至上的政策。极端的多元主义使西方陷入一种后共识局势——在缺乏共识的情况下,我们何谈真相?(汪行福,2017)更糟糕的是,西方市民社会的原子式结构,导致“坏的主观性”的无限制发展(吴晓明,2017),这使得人们获得客观真相的幻想化为泡影。导致这个问题的罪魁祸首也许并不是后现代主义对大众的心理腐蚀(陈忠,2017),而在于维护公民自由的西方制度本身(吴晓明,2017)。当然,推崇多元主义和个体主义的西方学者会拒绝直面这种批评,因而他们对“二战后西方政治面临的最大的内部挑战”(王金林,2017)视而不见。值得注意的是,极端的多元主义和“坏的主观性”的问题与中国文化深层结构中的核心理念形成了鲜明的对比。为此,也有学者认为我们似乎可以在中国的传统文化里寻找抗击后真相的有效方法(陈忠,2017)。

总的来说,《探索与争鸣》的这一期特刊为后真相提供了一个传播平台,使这个概念在旅行的初始阶段就以一种阵容强大、气势宏博的方式在中国学术界一炮打响。当然,这次圆桌讨论也并不完美,比如参会学者对“什么是真相”这个问题远远没有达成共识。我们似乎可以认为,后真相在中国学界迈出的第一步本身就具有一定的后真相特征,因为很显然,先入为主的是立场与情感,而事实被放在了一边(孙江,2017)。另外,从这次圆桌会议的十篇论文来看,参与讨论的中国学者普遍将后真相呈现为一个西方市民社会独有的问题①,因而后真相更像一个探索西方政治新生态的载体。这样的视角有一个前提,那就是中国学界从一开始就相信后真相必然受限于其原始语境。然而,结合后真相后来在中国的旅行路线,我们不难发现这个预设并不成立。

五、后真相的中国之旅:创造性解读和比较视野的光芒

自 2018 年起,一部分中国学者开始用后真相来论证本土问题了,并建构了一种带有中国特色的后真相。颇具代表性的文献来自张爱军和秦小琪,两位作

① 在这一系列论文中,只有一位学者直接说后真相也是中国要面临的问题(邹诗鹏,2017),还有两位学者较委婉地暗指有这么一个可能性(陈龙,2017;汪行福,2017)。

者先后发表了三篇有关中国后真相问题的论文①。在他们看来，后真相似乎非常适合用来描述与阐释中国在网络时代面临的一系列问题，比如使网络政治人转化成网络政治狂人，使多元政治道德退回到个人相对主义道德，把具有复杂性的社会整体性道德转化为单一式的个体性道德，使现实政治道德与网络政治道德相隔离。面对后真相给网络政治道德带来的阻断，四个应对策略分别为强化宪法共识，强化政治道德共识，强化交往理性，实现网络政治道德与现实政治道德建设的同步性（张爱军、秦小琪，2018）。从这个视角来看，带有中国特色的后真相问题集中在了伦理道德层面的讨论。

从理论旅行的角度来说，这种解读非常有意思，因为他们对后真相这个旅行到中国的概念的理解和应用与当前西方主流学界有着天渊之别。与吉斯将后真相带到认识论路径上的做法不同的是，这些中国学者将本土化了的后真相带回伦理道德层面的起点。当然，他们对"道德真理"的理解与特西奇的观点大相径庭，他们针对中国后真相问题提出的策略也恰好是特西奇所担心的。特西奇认为，人们需要有足够的自由去直面现实世界的一切维度，无论它是好的还是坏的、有秩序的还是极度混乱的，但这种不加控制的自由引起了中国学者的无尽担忧，因为它也许会导致不道德的政治行为发生。

这些观点上的摩擦归根结底源于不同文化背景下的群体在衡量道德真相（moral truth）的标准上具有不可通约性。从特西奇的视角来看，真相的社会作用是允许个体通过自身的发展成为一个完整的人。真相在这里并非一个具体的东西，而是一种极为自由的状态。当这种自由被剥夺了的时候（比如新自由主义对真相的再界定），人们可能拥有的现实必将受到限制，从而陷入一种后真相的状态。受到这样的制约，人已不再是人，而是附庸于特定规则或秩序的产品（Stojanovic，1992）。对上述中国学者来说，特西奇的观点可能过于极端，而且与他们所信奉的社会政治道德是有冲突的。在中国，特定时空点的真相是可以

① 张爱军和秦小琪的这三篇论文均发表于 2018 年，按发表时间先后顺序排列分别为《"网络后真相"与后政治冷淡主义及其矫治策略》《网络时代"后真相"次生政治舆论的双重功能及其平衡策略》和《网络政治道德的构建与"后真相"的救治》。

被用来维持社会和谐状态的，打破这种和谐状态的行为或行动则可以被判定为后真相。

旅行到两个文明的交叉点，我们就不得不面对一个尼采式的问题——当我们长久凝视着深渊（后真相）时，深渊也回以凝视。我们要么对自己所认定的真相坚信不疑，对他者宣称的真相置之不理，要么也可以选择一种谦卑开明的心态去面对人类与生俱来的不确定性。选择前者，意味着我们将永远生活在一个后真相的世界里，这是一所"情感在先、事实在后"的精神监狱，我们或多或少都是斯德哥尔摩综合征患者，欣然成为一个文化的囚徒；选择后者，意味着我们要面对一个恐怖的未知世界，忍受极端的不确定性，还要与可怕的他者对话。我们希望"真相背后的真相"（陈忠，2017）会从对话中涌现出来，但糟糕的是，对话的结果可能还是具有相当的不确定性。

并非所有人都有勇气去直面真相背后的残酷真相，但从后真相在中国的旅行来看，这个概念很幸运地遇到了一批视野开阔的中国学者。他们既没有将后真相当作一个实用主义工具，也没有将它完全排斥在外。他们更愿意正视后真相的主体性，以一种开放的心态与之进行跨文化对话。

史安斌（2018）在一篇带有比较视野的论文中指出，后真相之所以会出现，是因为由西方学者创立的那些解释世界的理论在当今时代逐渐失去价值，倘若来自非西方世界的学者能在自身的文化传统中找到可以被用来创新理论知识的资源，思想界或许能以非西方国家/地区的本土理论和经验去破除导致后真相的西方中心论。虽然所处时空点发生了巨大的变化，史安斌和特西奇一样，都将美国霸权在国际社会上的影响视为真正的后真相，认为它的存在必将遮挡一个多元、整体视野下的真相观。这样一个以美国霸权为主导力量的世界，非常不利于其他民族文化思想体系及本土真理观的发展。

我们也能在胡翼青那里看到比较视野的光芒。胡翼青（2018）认为，时代的变化是一种客观的存在，来自不同文化的主体对这种变化的反应大不一样，他们认知并处理这种变化的方式自然也有所不同。因此，西方世界的"post-truth"和中国语境下的"后真相"具有不同的含义，这并不是一件奇怪的事情。此外，由于民主政治的技术基础在新媒介环境下遭遇了怀疑与挑战,西方的后真相问题集中体现在了这个方面,而中国语境下的后真相更表现为一种话语危机。

如果说以上两位学者对后真相做出了一种“踌躇的,初步的”反思,肖珺和单波对约翰·基恩(John Keane)进行的学术访谈可以说在真正意义上具有后真相研究所需要的比较视野及深度。基恩(2018)通过维特根斯坦的鸭兔图说明,我们所认为的客观性与事实,其实都依赖于我们看待事物的视角,客观性与事实都是由特定的时空视角来决定的。基恩列举了三个来自不同时空的“真相观”(分属澳洲中部的少数民族、古希腊人和欧洲基督教),以此阐释“真相会随着时空而变化”的观点,并强调了真相的地理学和历史学的重要意义。

作为基恩的对话者,单波(2018)首先勾勒出一个整体性视角:中国的真相观是一种内在的真相,它强调本真的东西,内在于人心和自然。与中国相比,西方的真相观是外求的,也就是强调真相外在于人心。单波认为真相本身就是多面的,好比世上的月亮和眼球一样多。当然,我们也不可避免遇到一些宣称自己眼中的月亮才是真实的月亮的人。然而,恰好就是这些不可避免的碰撞,能够为我们解蔽自己眼中最真实的月亮。正因为如此,单波(2018)认为与其看重对真相的追问,不如着重人性本身以及自我修行。正所谓“有真人而后有真知”,中国自古以来都有重视内心去蔽及求真的传统,我们只有抛弃自己对真相的已有认知,才能获得有关这个世界的真知。

从理论旅行的视角来看,由于理论思想体系通常具有僵硬、死板、不易变通的特点,所以理论在环游世界的过程中经常会出现水土不服的情况,在此基础上要想形成跨文化对话可以说是难上加难。但后真相这个灵活性与流动性都很强的概念,似乎克服了这个弱点。倘若后真相可以说话,它肯定会告诉我们,这是它在华旅行途中最难忘的回忆之一。

比较的光芒固然耀眼,后真相在华旅行过程中的高潮还在后面。

2018 年年中,中美贸易战正式打响,2020 年初,新冠病毒的暴发意味着另一场新型战争拉开了帷幕。这是两个看不见硝烟的战场,对战双方剑拔弩张。李普曼(1991)在《舆论》的开篇就把“战争的事实及其再现”的问题阐述得非常细致。有人甚至说,李普曼撰写《舆论》的最大动力,就来自他对“战争如何改造真相”这个问题所进行的反思(Steel,2017:152-154)。的确,战争不仅为后真相的诞生提供了土壤,也滋润着后真相,令其生生不息。

很快,中美贸易争端升级为高科技领域的攻坚战,新冠病毒也开始全球大流行。认知事实和真相再次成为人类空前的渴望,但这种认知又超出了普通人的能力范畴。在这种颇为极端的情况下,媒体和权力机构在人们认知真相的过程中“责无旁贷”地起到了一个统筹、管理和导向的作用——这正好是特西奇所指出的后真相的重要特征之一。

后真相与这次疫情的相关性,很快就被国内学者捕捉到。欧阳谦(2020)认为这次疫情让中国陷入一个混沌的世界,在这个混沌的世界里,最值得我们关注的便是后真相。欧阳谦使后真相继续沿着吉斯所设定的认识论路线前行。然而与很多中国学者不同的是,他明确表示中国有自己的后真相问题,并指出了这些问题带来的严峻后果。欧阳谦用井蛙与夏虫的寓言①来帮助我们进一步理解对真相的认知。由于受到生活时间的限制,我们不可能和夏虫谈论冰冻;由于受到生活空间的限制,我们也不可能和井蛙探讨大海。从理论旅行的视角来看,采取中国传统话语来阐释这个从西方舶来的概念,的确非常有利于后真相在中国继续旅行,这也是萨义德所想看到的本土化了的创造性解读,因为它为我们提供了一种不完全依赖西方话语模式的阐释方式。

六、后真相时代没有一个普遍性的后真相

从传播范围来看,后真相在不同的时空点均得到相当广泛的关注和应用,可以说具有一定程度上的普遍性。然而作为一个概念,处于不同时空点的人们对后真相的解读并不完全相同。到底何谓后真相?它与特定群体认知世界的方式密切相关,加上认知主体伦理立场的不同,这个概念在所指层面一直在发

---

① 《庄子·秋水》。

生意义的嬗变。以至于潘忠党(2018)对学界提出了一个警示,不要让后真相在中国变成一个"时髦却空洞的能指"。然而从理论旅行的角度来说,这似乎又不成为一个问题——因为不同类型的后真相就和不同类型的真相观一样存在于我们的生活中,而且它们之间的关系本来就不是平等的。

在与后真相相关的研究里,英国哲学家巴吉尼(Julian Baggini)是持有这一观点的代表性学者。为了抚平后真相给人们带来的恐惧感与不确定性,巴吉尼(2017:10)通过"真相分类法"(taxonomy of truths)告诉我们,人类在不同的时空点对真相有着不一样的关注与认识,对真相之间的等级关系也持有不同的看法。按照巴吉尼的分类法,真相可以被分为 11 个类型①。在启蒙运动之前,那些"神秘的真相""有权力的真相"和"永恒的真相"都在西方文明的真相等级中处于比较靠前的位置。启蒙运动之后,"理性主义的真相"和"经验主义的真相"上升到了顶级位置。这些真相等级的组织逻辑往往是隐性的,但也有特定文化共同体试图将它外化,比如天主教的真相等级(hierarchia veritatum)。

从巴吉尼的视角来看,后真相可以被理解为任何挑战特定真相等级的行为或行动,而这个恰好是"一种没有得到适当反映、认知、规范的共同主体需要,共同利益诉求以及共同情感问题"(陈忠,2017)。这样一来,后真相背后的真相只不过是历史性的个体/群体文化偏见。而从本质上来说,后真相也不啻为一种修辞手段。这种修辞学逻辑很简单,其主要目的是将主体不认同或无法接受的真相妖魔化,也就是说将异己的真相等级描述为坏的、不对的或是不道德的。人之所以为人,是因为人求知求真,不符合求知求真的主体会被视为异己,甚至非人。而当我们被允许去妖魔化他者的认知和信念时,我们似乎被允许采取非人类的标准去对待他者。

显然,我们并不能说只有我们这个时代才是一个"后真相时代",因为所有时代的所有人都在不同程度上带有特定历史文化背景下的偏见。在雅典法官

① 真相的 11 个类型分别是:永恒的(eternal)真相、权威性的(authoritative)真相、神秘的(esoteric)真相、理性主义的(reasoned)真相、经验主义的(empirical)真相、创造性的(creative)真相、相对性的(relative)真相、有权力的(powerful)真相、道德的(moral)真相、整体性的(holistic)真相以及未来的(future)真相。

眼里，苏格拉底之所以腐蚀了雅典年轻人的心，是因为他说的都是后真相；对秦始皇来说，焚书坑儒之所以有必要，是因为那些“别样的共同体”以及它们传播的知识都代表着后真相；汉武帝之所以以“诬罔”之罪将司马迁投入大牢并处以宫刑，是因为司马迁为李陵的辩解就是后真相的体现；对 17 世纪的神职人员来说，启蒙运动当然与真相无关，而是后真相的彰显；在《充满政府的谎言》之后，特西奇还撰写了好几篇与之相关的社会评论，然而美国的主流杂志和报纸拒绝发表(Tesich, N., 1997)，因为在他们眼里，特西奇的观点就是后真相本身。

所谓的“后真相时代”实际上是一个伪命题，因为每一个时代都有后真相。当然，这并不意味着吉斯指出当前的后真相现象有何不妥，毕竟在西方世界，别样共同体的确在不断挑战理性主义真相观和经验主义真相观的神圣性。而在中国，我们同样能看到别样共同体试图颠覆人们既有的真相观和人们所认同的真相等级。那么，我们该如何看待真相等级之间的摩擦与碰撞呢？

我们需要再三强调的是，即便以上论断很有可能就是事实，那些带有个人/群体文化偏见的“真相等级”仍然有其存在的价值。一方面，它们为我们提供了对特定文化背景下的真相观的洞察，让我们可以清楚地辨识不同真相观的特质；另一方面，倘若将这些多样的真相观当作一个整体来审视，它将有助于我们靠近一种普适性的真相。

正因为如此，我们有必要为国际学术界和知识界提供一个更加广阔的视野，为文化比较视域下的后真相研究奠定理论基础。比较研究者需要注意到的一个问题是，虽说后真相是一个概念，但我们不能简单地去翻译它的意思，而要在语用和实践层面去领悟其深层含义。也就是说，我们要回答的问题不仅仅是“后真相到底是什么”，而要对“为什么有些东西可以在特定社会文化背景中被视为后真相”这样的问题加以解释。当然，必要的时候我们的阐释须辅以具体的例子(Hall & Ames, 1995: 173)。

更具体地说，在文化比较视域下探讨后真相，我们首先要清楚地认识到，人类对真相的认识是主观的。类似于立场理论(standpoint theory)，研究者在使用后真相的时候应该明确表明他们所认同的“真相等级”是什么，这是论证特定后真相问题的前提假设。也只有这样，我们才能更好地理解为什么从特定研究者的视角来看，他们所审视的现象/ 案例可以被视为后真相，而换一种时空背景或文化背景，这些现象/案例为什么又不能被描述为"后真相"。

比较视域为后真相提供了继续"在路上"的可能性，也为后真相提供了一个自由翱翔与发展的空间。对于一个正在旅行的概念来说，这一点尤为重要。因此，我们似乎没有必要去重新定义后真相，那无异于折断了这个概念的翅膀。"定义"或"重定义"某个概念是一种学术特权的体现。当一个概念在某些学界力量的作用下被反复修正的时候，与这个概念相关的"创造性解释"会大受限制。从另一个角度来说，学界也不应该刻板地抓住一个概念的既有定义，那样的话，"创造性误读"也就不再被视为"创造性的"，而会被认定为"完全错误的"。这不仅大大违背了萨义德的初衷，也会让我们的学术环境陷入教条，落入"奴隶式抄写"（Said，1983：236）的圈套，而这些都是萨义德所极力反对的事情。

在比较视域中研究后真相，不仅有助于我们深入了解他者的立场，也能开拓我们自身的文化视野，让我们更加清楚地看到"同中之异"与"异中之同"，接近伽达默尔所梦寐以求的"视域融合"的境界（吴根友，2019：5）。这样的学术实践无疑为将来后真相的跨文化哲学探讨打下基础。当我们的视角变得愈加清晰、愈加多样化，我们就愈有可能意识到后真相不过是人们立足于自己文化偏见的一句口头禅，而这些偏见，恰好又是阻碍人们获得普适性真相及构成人类命运共同体所需要的伦理立场的最大屏障。只有当我们变成精神上的旅行者（吴根友，2019：14），我们才有机会成为一个完整的人。而最终，只有一个完整的人，才能真正理解并超越后真相。

参考文献

陈龙（2017），《修辞术博弈："后真相时代"的政治传播症候》。《探索与争鸣》，2017 年第 4 期，页18–21。

陈忠（2017），《从后真相到新秩序：别样公共性及其公共治理》。《探索与争鸣》，2017 年第 4 期，页 29–32。

胡翼青(2018),《再论后真相:基于时间和速度的视角》。《新闻记者》,2018 年第 8 期,页23-29。

蓝江(2017),《后真相时代意味着客观性的终结吗》。《探索与争鸣》,2017 年第 4 期,页10-13。

刘擎(2017),《共享视角的瓦解与后真相的政治困境》。《探索与争鸣》,2017 年第 4 期,页24-26。

孟钟捷(2017),《后真相与历史书写》。《探索与争鸣》,2017 年第 4 期,页 16-18。

欧阳谦(2020 年 5 月),《后真相时代的认知冲突及其选择路径》,引自 https://www.bilibili.com/video/BV1hA411q7Su。

潘忠党(2018),《远眺异邦:批判地审视西方关于"后真相"的学术话语》。《新闻与传播研究》,2018 年第 8 期,页 5-24。

上海市社会科学界联合会,《社联简介》,引自 http://www.sssa.org.cn/jj/index.htm。

史安斌、杨云康(2018),《后真相时代政治传播的理论重建和路径重构》。《国际新闻界》,第 39 期,页 54-70。

孙江(2017),《"后真相"中的"真相"》。《探索与争鸣》,2017 年第 4 期,页 8-10。

汪行福(2017),《"后真相"本质上是后共识》。《探索与争鸣》,2017 年第 4 期,页14-16。

王金林(2017),《后真相政治探幽》。《探索与争鸣》,2017 年第 4 期,页 21-23。

吴根友(2019),《判教与比较:比较哲学探论》。上海:东方出版中心。

吴晓明(2017),《后真相与民粹主义:"坏的主观性"之必然结果》。《探索与争鸣》,2017 年第 4 期,页 4-7。

肖珺、单波、杨家懿(2018),《数字通信革命视角下的后真相反思——与约翰·基恩的讨论》。《新闻记者》,第 8 期,页 14-22。

张爱军、秦小琪(2018),《"网络后真相"与后政治冷淡主义及其矫治策略》。《学习与探索》,2018 年第 2 期,页 61-68。

张爱军、秦小琪(2018),《网络时代"后真相"次生政治舆论的双重功能及其平衡策略》。《探索》,2018 年第 3 期,页 85-94。

张爱军、秦小琪(2018),《网络政治道德的构建与"后真相"的救治》。《江淮论坛》,2018 年第 3 期,页 95-100。

邹诗鹏(2017),《后真相世界的民粹化现象及其治理》。《探索与争鸣》,2017 年第 4 期,页27–29。

Aristotle.(1998).*The Metaphysics.* London: Penguin Books.

Baggini,J.(2017).*A Short History of Truth: Consolations for a Post–truth World.*London: Carmelite House.

Ball, J. (2017). *Post-truth: How Bullshit Conquered the World.* London: Biteback Publishing Ltd.

Biesecker,B.A.(2018).Toward an Archeogenealogy of Post-truth.*Philosophy & Rhetoric*, 51(4),329–341.

Bunce,M.(2019).*The Broken Estate: Journalism and Democracy in a Post-truth World.*New Zealand: Bridget Williams Books.

Crosswhite,J.(2018).Toward Truth.*Philosophy & Rhetoric*,51(4),368–341.

Cull,N.J.(2008).*The Cold War and the United States Information Agency: American Propaganda and Public Diplomacy,1945–1989.*Cambridge: Cambridge University Press.

Eberwein,T.,Fengler,S., Karmasin,M.(2019).*Media Accountability in the Era of Post-Truth Politics: European Challenges and Perspectives.*London: Routledge.

Farkas,J., Schou J.(2019).*Post-truth,Fake News and Democracy.*New York: Routledge.

Hall,D.L., Ames, R.T. (1995).*Anticipating China: Thinking Through the Narratives of Chinese and Western Culture.*New York: State University of New York Press.

Heidegger,M.(2010).*Being and Time.* New York: State University of New York Press.

Higdon,N., Huff,M.(2019).*United States of Distraction: Media Manipulation in Post-truth America.*San Francisco: City Lights Books.

Irwin,W.(2002).*The Matrix and Philosophy: Welcome to the Desert of the Real.*Chicago:Open Court Publishing.

Kalpokas,I.(2019). *A Political Theory of Post-Truth.*London: Palgrave Macmillan.

Keyes,R.(2004).*The Post-truth Era: Dishonesty and Deception in Contemporary Life.*New York: St Martin's Press.

Klein, G. (2019). *Communicating with Memes: Consequences in Post-truth Civilization.* Maryland: Lexington Books.

Lippmann, W. (1991). *Public Opinion*. New Jersey: Transaction Publishers.

Mackey, T., Jacobsen, T. (2019). *Metaliterate Learning for a Post-truth World*. Chicago: Neal-Schuman Publishers.

McIntyre, L. (2018). *Post-truth*. Massachusetts: The MIT Press.

Neumann, B. A., & Nünning, A. (2012). *Travelling Concepts for the Study of Culture*. Berlin: De Gruyet.

Pillot de Chenecey, S. (2019). *The Post-truth Business: How to Rebuild Brand Authenticity in a Distrusting World*. London: Kogan Page Ltd.

Plato. (2000). *The Republic*. Cambridge: Cambridge University Press.

Postman, N. (2005). *Amusing Ourselves to Death: Public Discourse in the Age of Show Business*. New York: Penguin Books.

Rabin-Havt, A. (2016). *Lies, Incorporated: The World of Post-truth Politics*. New York: Anchor Books.

Rothstein, M. (1991, March 12). Morality's the thing for this Playwright. Retrieved August 24, 2020, from https://www.nytimes.com/1991/03/12/theater/morality-s-the-thing-for-this-playwright.html.

Said, E. (1983). *The World, the Text, and the Critic*. Cambridge: Harvard University.

Said, E. (2012). *Reflections on Exile: And Other Literary and Cultural Essays*. London: Granta Books.

Steel, R. (2017). *Walter Lippmann and the American Century*. New York: Routledge.

Stojanovic, D. (1992, April). A Few Moments with Steve Tesich. Retrieved August 19, 2020, from https://archive.org/details/AFewMomentsWithSteveTesich-InterviewByDejanStojanovic.

Tesich, N. (1997, March 25). Remembering My Brother, Another Victim of US Deadly Disorder. Srpska Mreza (Serbian Network). Retrieved August 24, 2020, from http://www.srpska-mreza.com/tesich/intro-steve.html.

Tesich, S. (1992, January 6). A Government of Lies. Retrieved August 19, 2020, from https://www.thefreelibrary.com/A+government+of+lies.-a011665982.

Walters, H., Stout, K. (2019). *Understanding Argument in a Post-truth World*. San Diego: Cognella Academic Publish.

图书在版编目(CIP)数据

中国网络传播研究：互联网的历史分析 / 夏倩芳主编. -- 北京：中国传媒大学出版社，2021.5

ISBN 978-7-5657-2944-7

Ⅰ.①中… Ⅱ.①夏… Ⅲ.①网络传播—中国—文集 Ⅳ.①G206.2-53

中国版本图书馆 CIP 数据核字(2021)第 098814 号

中国网络传播研究：互联网的历史分析

ZHONGGUO WANGLUO CHUANBO YANJIU：HULIANWANG DE LISHI FENXI

主　　编 夏倩芳
责任编辑 张毓强
特约编辑 井彩霞
封面设计 宇宙尺度
责任印制 李志鹏

出版发行 中国传媒大学出版社
社　　址 北京市朝阳区定福庄东街 1 号　　**邮　　编** 100024
电　　话 86-10-65450528　65450532　　**传　　真** 65779405
网　　址 http://cucp.cuc.edu.cn
经　　销 全国新华书店

印　　刷 艺堂印刷(天津)有限公司
开　　本 787mm×1092mm　1/16
印　　张 13.5
字　　数 210 千字
版　　次 2021 年 5 月第 1 版
印　　次 2021 年 5 月第 1 次印刷

书　　号 ISBN 978-7-5657-2944-7/G · 2944　　**定　　价** 63.00 元

本社法律顾问：北京李伟斌律师事务所　郭建平